Win-Q

건설기계정비
기능사 필기

시대에듀

합격에 윙크[Win-Q]하다!

Win-Q

Win Qualification

Always with you

사람이 길에서 우연하게 만나거나 함께 살아가는 것만이 인연은 아니라고 생각합니다.
책을 펴내는 출판사와 그 책을 읽는 독자의 만남도 소중한 인연입니다.
시대에듀는 항상 독자의 마음을 헤아리기 위해 노력하고 있습니다.
늘 독자와 함께하겠습니다.

자격증 · 공무원 · 금융/보험 · 면허증 · 언어/외국어 · 검정고시/독학사 · 기업체/취업
이 시대의 모든 합격! 시대에듀에서 합격하세요!
www.youtube.com ➔ 시대에듀 ➔ 구독

PREFACE

건설기계정비 분야의 전문가를 향한 첫 발걸음!

건설기계정비기능사는 건설기계정비에 관한 지식과 기술을 바탕으로, 건설기계의 각종 장비와 시험기를 사용하여 건설기계 고장 부위를 진단하고 점검·정비할 수 있으며, 유지관리하는 직무를 위한 자격입니다. 건설기계정비기능사는 기업건설기계회사(볼보코리아, 두산인프라코어, 현대중공업 등), 일반 건설기계 정비업체 및 건설기계 검사소, 장비 관련 방위산업체(두산, 로템, STX 등), 자동차, 유체기계 등의 지식을 보유하고 있으므로 자동차, 유체기계, 기계설계 분야의 직종으로 전직이 가능합니다.

본 도서는 수험생들이 건설기계정비에 대해 좀 더 쉽게 다가가고 이해할 수 있도록 구성하였습니다.

건설기계정비기능사 필기시험 출제기준에 따라 각 단원별로 중요하고 반드시 알아두어야 하는 핵심이론을 제시하고, 빈출문제를 통해 핵심내용을 다시 한번 확인할 수 있도록 구성하였습니다. 과년도 기출문제와 최근 기출복원문제를 통해 출제경향을 파악하여 시험에 대비할 수 있습니다. 국가기술자격 필기시험은 문제은행 방식으로 반복적으로 출제되기 때문에 기출문제를 분석해서 풀어보고, 이와 관련된 이론들을 학습하는 것이 효과적인 학습방법입니다.

이와 같이 학습한다면 건설기계정비기능사 필기시험 합격을 향해 한 발자국 더 나아갈 수 있습니다.

윙크(Win-Q) 시리즈는 필기 고득점 합격자와 평균 60점 이상의 합격자 모두를 위한 훌륭한 지침서입니다. 무엇보다 효과적인 자격증 대비서로서 기존의 부담스러웠던 수험서에서 필요 없는 부분을 제거하고 꼭 필요한 내용들을 중심으로 수록한 윙크(Win-Q) 시리즈가 수험준비생들에게 '합격비법노트'로서 자리 잡길 바랍니다. 수험생 여러분들의 건승을 기원합니다.

편저자 씀

[건설기계정비기능사] 필기

시험안내

개요
건설기계정비에 관한 지식과 기술을 바탕으로 건설기계 각종 장비와 시험기를 사용하여 건설기계 고장 부위를 진단하고 점검 · 정비할 수 있으며, 유지관리하는 직무이다.

진로 및 전망
- 기업건설기계회사(볼보코리아, 두산인프라코어, 현대중공업 등)
- 일반 건설기계 정비업체 및 건설기계 검사소
- 장비 관련 방위산업체(두산, 로템, STX 등)
- 자동차, 유체기계 등의 지식을 보유하고 있으므로 자동차, 유체기계, 기계설계 분야의 직종으로 전직이 가능하다.

수행직무
- 건설기계정비에 관한 지식과 기능을 바탕으로 각종 공구 및 장비와 시험기를 사용하여 건설기계의 엔진, 전기장치, 동력전달장치, 유압장치 및 작업장치 등을 점검 · 정비할 수 있는 역할과 직무를 수행할 수 있다.
- 건설기계의 구조 및 기능을 이해하고, 건설기계의 결함 부위를 점검 · 정비할 수 있다.
- 각종 공구 및 시험장비를 사용하여 건설기계의 결함 부위를 점검 · 수리할 수 있다.
- 숙련된 지식과 기능을 바탕으로 현장에서 정비를 할 수 있다.

시험일정

구분	필기원서접수 (인터넷)	필기시험	필기 합격자 발표일	실기원서접수	실기시험	최종 합격자 발표일
제2회	3월 중순	4월 초순	4월 중순	4월 하순	5월 하순	6월 하순
제3회	6월 초순	6월 하순	7월 중순	7월 하순	8월 하순	9월 하순
제4회	8월 하순	9월 하순	10월 중순	10월 하순	11월 하순	12월 중순

※ 상기 시험일정은 시행처의 사정에 따라 변경될 수 있으니, www.q-net.or.kr에서 확인하시기 바랍니다.

시험요강
❶ 시행처 : 한국산업인력공단
❷ 시험과목
　㉠ 필기 : 건설기계 점검 및 정비, 안전관리　　㉡ 실기 : 건설기계 기본정비 실무
❸ 검정방법
　㉠ 필기 : 객관식 4지 택일형 60문항(60분)　　㉡ 실기 : 작업형(4시간 정도)
❹ 합격기준
　㉠ 필기 : 100점을 만점으로 하여 60점 이상　　㉡ 실기 : 100점을 만점으로 하여 60점 이상

검정현황

필기시험

실기시험

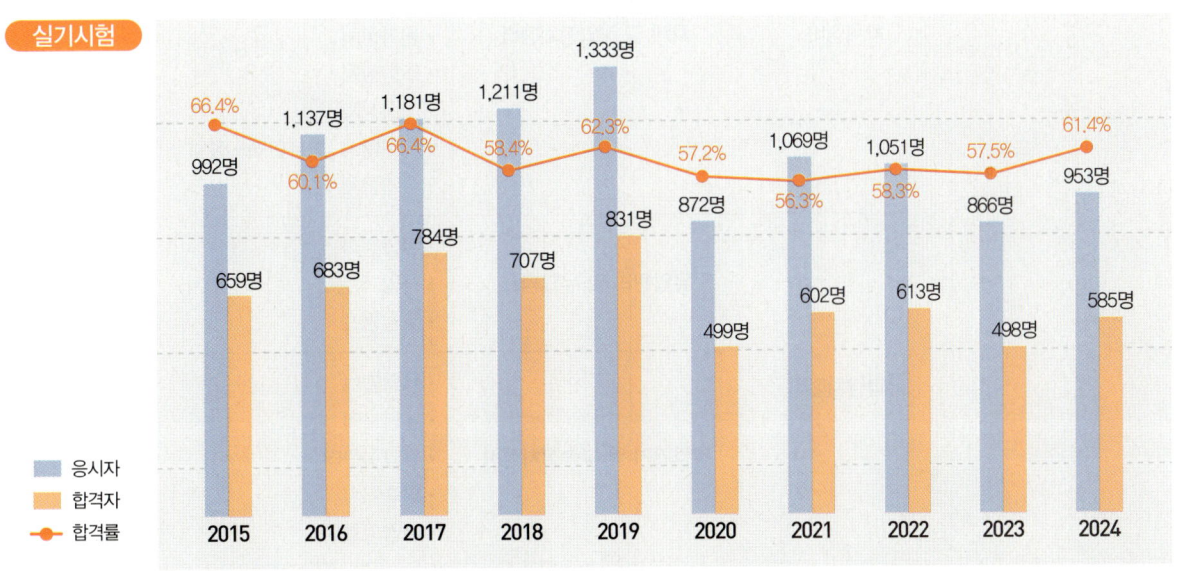

시험안내

출제기준

필기과목명	주요항목	세부항목	세세항목
건설기계 점검 및 정비, 안전관리	엔진정비	엔진본체 및 주변장치정비	• 엔진 일반 • 헤드 및 실린더와 연소실 • 흡·배기밸브 및 캠 축 • 피스톤 및 피스톤 링, 커넥팅 로드 • 크랭크 축 및 플라이 휠 • 윤활장치 • 냉각장치 • 흡·배기장치 • 연료와 연소 • 연료장치 • 전자제어센서 • 엔진제어장치 • 유해 배기가스 처리장치
	차체정비	차체 및 작업장치정비	• 클러치 • 토크 컨버터 • 변속기 • 자재이음 및 종감속장치 • 현가장치 • 조향장치 • 제동장치 • 타이어식 및 무한궤도장치 • 작업장치
	유압장치정비	유압원리 및 유압펌프	• 유압원리 • 유압 작동유 • 유압펌프
		유압기기 및 부속장치정비	• 유압밸브 • 유압모터 • 유압실린더 • 부속기기 • 유압기호

필기과목명	주요항목	세부항목	세세항목
건설기계 점검 및 정비, 안전관리	전기장치정비	전기 및 전자장치정비	• 기초전기전자 • 축전지 • 예열장치 • 시동장치 • 충전장치 • 계기장치 • 등화장치 • 냉·난방장치
	주부재 용접 접합	주부재 용접	• 피복아크용접 • 가스 및 탄산가스용접
	작업장 안전관리	산업안전보건	• 안전기준 및 재해 • 안전보건표지 • 기계 및 기기 취급 • 전동 및 공기구 • 수공구
		작업현장의 안전	• 기관 및 전기 작업안전 • 차체 작업안전 • 유압장치 작업안전 • 작업장치 작업안전 • 용접 작업안전

[건설기계정비기능사] 필기

 CBT 응시 요령

기능사 종목 전면 CBT 시행에 따른
CBT 완전 정복!

"CBT 가상 체험 서비스 제공"
한국산업인력공단
(http://www.q-net.or.kr) 참고

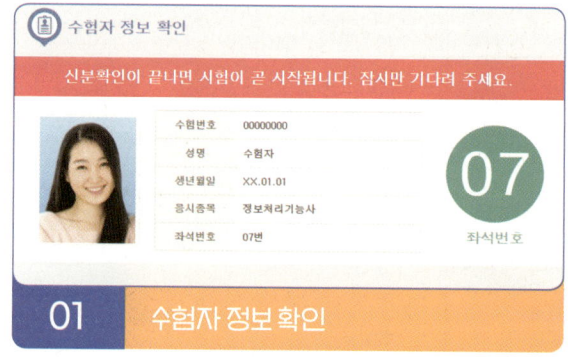

01 수험자 정보 확인

시험장 감독위원이 컴퓨터에 나온 수험자 정보와 신분증이 일치하는지를 확인하는 단계입니다. 수험번호, 성명, 생년월일, 응시종목, 좌석번호를 확인합니다.

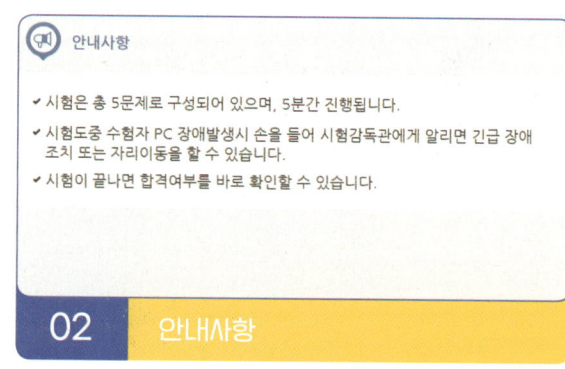

02 안내사항

시험에 관한 안내사항을 확인합니다.

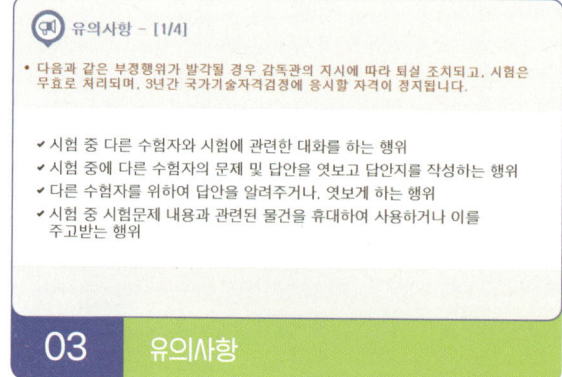

03 유의사항

부정행위에 관한 유의사항이므로 꼼꼼히 확인합니다.

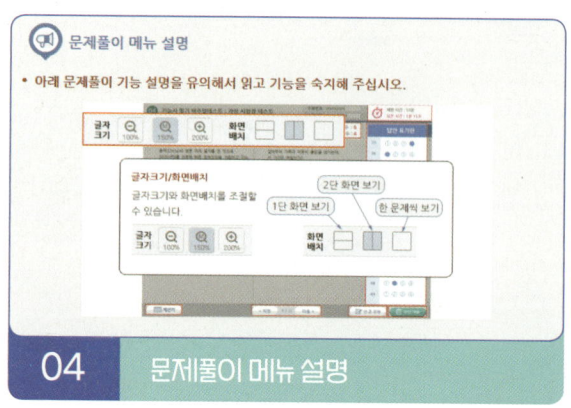

04 문제풀이 메뉴 설명

문제풀이 메뉴의 기능에 관한 설명을 유의해서 읽고 기능을 숙지해 주세요.

FORMULA OF PASS · SDEDU.CO.KR

CBT GUIDE

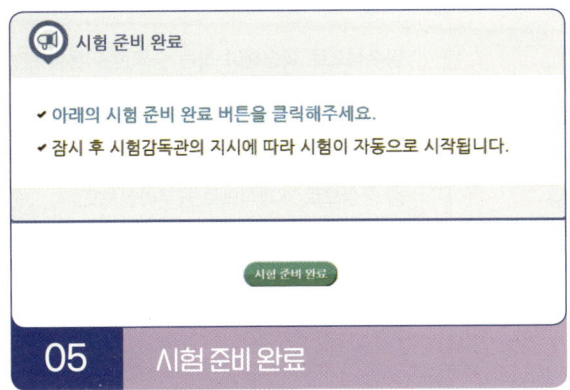

05 시험 준비 완료

시험 안내사항 및 문제풀이 연습까지 모두 마친 수험자는 시험 준비 완료 버튼을 클릭한 후 잠시 대기합니다.

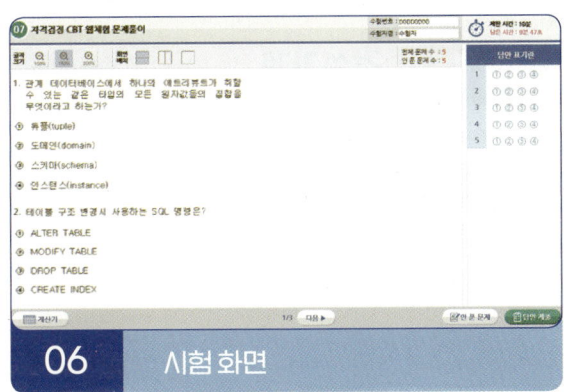

06 시험 화면

시험 화면이 뜨면 수험번호와 수험자명을 확인하고, 글자크기 및 화면배치를 조절한 후 시험을 시작합니다.

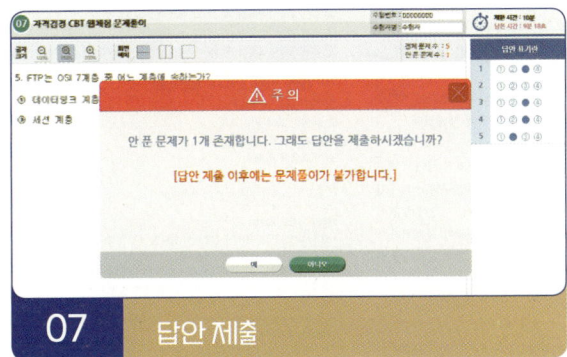

07 답안 제출

[답안 제출] 버튼을 클릭하면 답안 제출 승인 알림창이 나옵니다. 시험을 마치려면 [예] 버튼을 클릭하고 시험을 계속 진행하려면 [아니오] 버튼을 클릭하면 됩니다. 답안 제출은 실수 방지를 위해 두 번의 확인 과정을 거칩니다. [예] 버튼을 누르면 답안 제출이 완료되며 득점 및 합격여부 등을 확인할 수 있습니다.

CBT 완전 정복 Tip

내 시험에만 집중할 것
CBT 시험은 같은 고사장이라도 각기 다른 시험이 진행되고 있으니 자신의 시험에만 집중하면 됩니다.

이상이 있을 경우 조용히 손을 들 것
컴퓨터로 진행되는 시험이기 때문에 프로그램상의 문제가 있을 수 있습니다. 이때 조용히 손을 들어 감독관에게 문제점을 알리며, 큰 소리를 내는 등 다른 사람에게 피해를 주는 일이 없도록 합니다.

연습 용지를 요청할 것
응시자의 요청에 한해 연습 용지를 제공하고 있습니다. 필요시 연습 용지를 요청하며 미리 시험에 관련된 내용을 적어놓지 않도록 합니다. 연습 용지는 시험이 종료되면 회수되므로 들고 나가지 않도록 유의합니다.

답안 제출은 신중하게 할 것
답안은 제한 시간 내에 언제든 제출할 수 있지만 한 번 제출하게 되면 더 이상의 문제풀이가 불가합니다. 안 푼 문제가 있는지 또는 맞게 표기하였는지 다시 한 번 확인합니다.

[건설기계정비기능사] 필기

구성 및 특징

핵심이론
필수적으로 학습해야 하는 중요한 이론들을 각 과목별로 분류하여 수록하였습니다. 시험과 관계없는 두꺼운 기본서의 복잡한 이론은 이제 그만! 시험에 꼭 나오는 이론을 중심으로 효과적으로 공부하십시오.

10년간 자주 출제된 문제
출제기준을 중심으로 출제 빈도가 높은 기출문제와 필수적으로 풀어보아야 할 문제를 핵심이론당 1~2문제씩 선정했습니다. 각 문제마다 핵심을 찌르는 명쾌한 해설이 수록되어 있습니다.

STRUCTURES

과년도 기출문제

지금까지 출제된 과년도 기출문제를 수록하였습니다. 각 문제에는 자세한 해설이 추가되어 핵심이론만으로는 아쉬운 내용을 보충 학습하고 출제경향의 변화를 확인할 수 있습니다.

2012년 제1회 과년도 기출문제

01 건설기계의 축전지 충전상태를 측정할 수 있는 것은?
① 압력계
② 저항시험기
③ 비중계
④ 그롤러 테스터

해설
축전기의 충전상태는 전해액의 비중으로 나타나며 비중계로 측정한다.

02 실린더 내경보다 행정이 큰 기관은 무슨 기관인가?
① 장행정기관
② 정방 행정기관
③ 단행정기관
④ 가변 행정기관

해설
피스톤 행정과 실린더 내경 크기
• 장행정기관 : 피스톤 행정 > 실린더 내경
• 단행정기관 : 피스톤 행정 < 실린더 내경
• 정방 행정기관 : 피스톤 행정 = 실린더 내경

03 전자제어식 디젤분사장치의 고압 영역은 압력형성, 압력저장 및 연료계량의 영역으로 구분한다. 압력 형성을 하는 것은?
① 고압 펌프
② 레일압력 센서
③ 커먼 레일
④ 스피드 센서

해설
고압 펌프는 적은 물을 사용하여 압축시켜서 큰 압력(50bar)을 생성한다.

04 디젤기관…
① 연료…
② 연료…
③ 윤활…
④ 압축…

해설
점도지수…

254 ■ PART 02 과년도 + 최근 기출복원문제

2025년 제2회 최근 기출복원문제

01 4행정 4기통 기관에서 3번 실린더의 배기행정을 할 때 압축행정을 하는 실린더는?(단, 점화 순서는 1-2-4-3이다)
① 4번
② 3번
③ 2번
④ 1번

해설
1-2-4-3 순서인 기관에서는 1-배기, 2-폭발, 4-압축, 3-흡입이다. 3-배기이면 배기 → 폭발 → 압축 → 흡입 순서이므로 3배기 → 1폭발 → 2압축 → 4흡입이 된다.

02 실린더 헤드 볼트를 풀 때의 요령은?
① 풀기 쉬운 것부터 푼다.
② 중심에서 외측으로 향해 푼다.
③ 외측에서 대각선 방향으로 풀어 중앙으로 온다.
④ 고정 토크로 한 번에 전부 일렬로 푼다.

해설
실린더 헤드의 중앙에서 바깥쪽을 향하여 대각선 방향으로 조이므로 풀 때는 바깥쪽에서 중앙을 향하여 대각선 방향으로 푼다.

03 실린더 블록의 동파 방지를 위해 설치하는 것은?
① 오일 히터
② 예열플러그
③ 서모스탯 밸브
④ 코어 플러그

해설
코어 플러그는 실린더 헤드와 블록에 설치하는 동파 방지용 플러그이다.

04 디젤기관의 직접 분사식 연료 분사압력 범위로 옳은 것은?
① 60~100kgf/cm²
② 100~120kgf/cm²
③ 200~300kgf/cm²
④ 3,000~4,000kgf/cm²

해설
디젤기관 연소실 분사압력
• 직접 분사식 : 200~300kgf/cm²
• 예연소실식 : 100~120kgf/cm²
• 와류실식, 공기실식 : 100~140kgf/cm²

05 연료분사 펌프에서 연료의 분사량을 조정하는 것은?
① 딜리버리 밸브
② 태핏간극
③ 제어 슬리브
④ 노 즐

해설
제어 슬리브
• 제어 피니언의 회전운동을 플런저에 전달하는 역할을 한다.
• 플런저의 유효행정을 변화시켜 연료의 분사량을 조절한다.

정답 1 ③ 2 ③ 3 ④ 4 ③ 5 ③

2025년 제2회 최근 기출복원문제 ■ 525

최근 기출복원문제

최근에 출제된 기출문제를 복원하여 가장 최신의 출제경향을 파악하고 새롭게 출제된 문제의 유형을 익혀 처음 보는 문제들도 모두 맞힐 수 있도록 하였습니다.

이 책의 목차

빨리보는 간단한 키워드

PART 01 | 핵심이론

CHAPTER 01	건설기계	002
CHAPTER 02	안전관리	201

PART 02 | 과년도 + 최근 기출복원문제

2012년	과년도 기출문제	254
2013년	과년도 기출문제	293
2014년	과년도 기출문제	306
2015년	과년도 기출문제	334
2016년	과년도 기출문제	373
2017년	과년도 기출복원문제	386
2018년	과년도 기출복원문제	411
2019년	과년도 기출복원문제	424
2020년	과년도 기출복원문제	450
2021년	과년도 기출복원문제	464
2022년	과년도 기출복원문제	478
2023년	과년도 기출복원문제	501
2024년	과년도 기출복원문제	513
2025년	최근 기출복원문제	525

빨간키

빨리보는 간단한 키워드

CHAPTER 01 건설기계

[01] 엔진정비

1. 엔진 일반

▎ 2행정 기관의 장단점

장 점	단 점
• 밸브 개폐 기구가 없거나 간단하여 마력당 무게가 작다(배기량이 같은 상태에서 그 무게가 가볍다). • 가격이 저렴하고 취급하기 쉽다. • 크랭크축 1회전마다 동력이 발생하므로 회전력 변동이 작다. • 실린더 수가 적어도 작동이 원활하다. • 4행정 사이클 기관에 비하여 1.6~1.7배 출력이 양호하다.	• 배기행정이 불안정하고 유효행정이 짧다. • 연료와 윤활유 소비량이 많다. • 고속운전이 곤란하고, 역화(逆火)현상이 일어난다. • 평균 유효압력과 효율을 높이기 어렵다. • 피스톤 및 피스톤링의 손상이 크다.

▎ 4행정 기관

흡입, 압축, 연소, 배기라는 4가지 피스톤 행정을 1사이클로 하여 크랭크축이 2회전할 때 1회의 사이클이 완료되는 기관이다.

▎ 4행정 사이클 디젤기관의 작동순서

- 흡입 행정 : 피스톤이 상사점으로부터 하강하면서 실린더 내로 공기만을 흡입한다(흡입밸브 열림, 배기밸브 닫힘).
- 압축 행정 : 흡기 밸브가 닫히고 피스톤이 상승하면서 공기를 압축한다(흡입밸브, 배기밸브 모두 닫힘).
- 동력(폭발) 행정 : 압축행정 말 고온이 된 공기 중에 연료를 분사하면 압축열에 의하여 자연착화한다(흡입밸브, 배기밸브 모두 닫힘).
- 배기 행정 : 연소가스의 팽창이 끝나면 배기밸브가 열리고, 피스톤의 상승과 더불어 배기 행정을 한다(흡입밸브 닫힘, 배기밸브 열림).

▎ 가솔린 엔진과 디젤엔진의 비교

가솔린기관	디젤기관
가솔린(휘발유) 사용	디젤유(경유) 사용
소형·경량	대형·중량

가솔린기관	디젤기관
소음·진동이 작다.	소음·진동이 크다.
흡입 시 혼합기(가솔린+공기)흡입	흡입 시 순수 공기만 흡입
점화불꽃착화	압축착화(자연착화)
압축비가 낮다.	압축비가 높다.
점화플러그 및 공기혼합계통	고압연료분사장치

2. 헤드 및 실린더와 연소실

■ 피스톤 행정과 실린더 내경 크기
- 장행정기관 : 피스톤 행정 > 실린더 내경
- 단행정기관 : 피스톤 행정 < 실린더 내경
- 정방행정기관 : 피스톤 행정 = 실린더 내경

■ 실린더 보어 게이지 취급 시 안전사항
- 스핀들은 공작물에 가만히 접촉하도록 한다.
- 보관 시 건조한 헝겊으로 닦아서 보관한다.
- 스핀들이 잘 움직이지 않으면 고급 스핀들유를 바른다.

■ 디젤기관의 연소실 중 직접분사식의 장단점

장 점	단 점
• 연료 소비량이 다른 형식보다 적다.	• 분사압력이 가장 높으므로 분사펌프와 노즐의 수명이 짧다.
• 연소실의 표면적이 작아 냉각 손실이 적다.	• 사용연료 변화에 매우 민감하고, 노크 발생이 쉽다.
• 실린더 헤드의 구조가 간단하여 열 변형이 적다.	• 기관의 회전속도 및 부하의 변화에 민감하다.
• 와류 손실이 없다.	• 다공형 노즐을 사용하므로 값이 비싸다.
• 시동이 쉽게 이루어지기 때문에 예열 플러그가 필요 없다.	• 분사상태가 조금만 달라져도 기관의 성능이 크게 변화한다.

3. 흡배기 밸브 및 캠축

■ 밸브 간극 : 밸브 스템 엔드와 로커암(태핏) 사이의 간극

밸브 간극이 클 때의 영향	밸브 간극이 작을 때의 영향
• 소음이 발생된다.	• 후화가 발생된다.
• 흡입송기량이 부족하게 되어 출력이 감소한다.	• 열화나 실화가 발생된다.
• 밸브의 양정이 작아진다.	• 밸브의 열림기간이 길어진다.
• 밸브의 열림기간이 길어진다.	• 밸브스템이 휘어질 가능성이 있다.
	• 블로바이로 기관출력이 감소하고 유해배기가스 배출이 많다.

▌ 캠축 캠의 마모가 심할 때 일어나는 현상
- 흡배기 효율이 낮아진다.
- 소음이 심해진다.
- 밸브의 유효행정이 적어진다.
  ※ 캠이 한계값 이상 마멸되면 교환하여야 한다.

4. 피스톤 및 피스톤 링, 커넥팅 로드

▌ 피스톤의 구비조건
- 피스톤은 열전도율이 커서 방열효과가 좋아야 한다.
- 열팽창이 작아야 한다.
- 고온, 고압에 견뎌야 한다.
- 가볍고 강도가 커야 한다.
- 내식성이 커야 한다.

▌ 피스톤 간극이 클 경우 나타나는 현상
- 블로바이(Blowby)에 의해 압축압력 저하
- 피스톤 슬랩현상
- 엔진 출력 저하
- 엔진오일 소비 증대

▌ 기관의 피스톤이 고착되는 원인
- 냉각수가 불충분할 때
- 피스톤과 실린더의 틈이 너무 작을 때
- 피스톤과 실린더의 중심선이 일치하지 않을 때
- 전력운전 중에 급정지하였을 때
- 기관오일이 부족하였을 때
- 기관이 과열되었을 때

▌ 크랭크축의 오일 베어링 간극이 작을 경우 나타나는 현상
- 오일 공급 불량으로 유막이 파괴될 수 있다.
- 윤활 불량으로 마찰 및 마모가 증대된다.
- 심하면 피스톤이 소결될 수도 있다.

5. 크랭크축 및 플라이 휠

■ 크랭크축이 회전 중 받는 힘
휨(Bending), 전단력(Shearing), 비틀림(Torsion)

■ 크랭크축의 오버랩
핀저널과 메인저널이 겹치는 부분

■ 4행정 사이클 기관에서 1행정에 180°를 회전하므로, 3행정을 끝내려면 크랭크축의 회전각도는 540°이어야 한다.

6. 윤활장치

■ 윤활유의 역할
냉각작용, 응력분산작용, 방청작용, 마멸 방지 및 윤활작용, 밀봉작용, 청정분산작용

■ 유압이 높아지거나 낮아지는 원인

높아지는 원인	낮아지는 원인
• 유압조절밸브가 고착되었다.	• 오일펌프가 마모되었을 때
• 유압조절밸브 스프링의 장력이 매우 크다.	• 오일펌프의 흡입구가 막혔을 때
• 오일의 점도가 높거나(기관의 온도가 낮을 때) 회로가 막혔다.	• 윤활유의 점도가 낮을 때
• 각 저널과 베어링의 간극이 작다.	• 윤활통로 내에 공기가 유입되거나 베이퍼로크 현상이 났을 때

■ 오염된 엔진오일의 색과 원인
- 검은색 : 장시간 오일 무교환 시
- 우유색 : 냉각수 혼입
- 붉은색 : 가솔린 유입
- 회색 : 연소가스 생성물 혼입

7. 냉각장치

■ 냉각수 온도 센서 점검 방법
온도에 따른 저항값을 측정하여 비교해 본다.

$$코어막힘률(\%) = \frac{신품주수량 - 구품주수량}{신품주수량} \times 100$$

▌ 부동액 사용 시 주의사항

- 부동액을 주입할 때는 냉각수를 완전히 배출하고, 세척제로 냉각계통을 청소해야 한다.
- 부동액 원액과 연수를 혼합한다.
- 비중액의 세기는 비중계로 측정한다.
- 부동액의 배합은 그 지방 최저 온도보다 5~10℃가량 낮게 맞춘다.
- 혼합 부동액의 주입은 기관이 냉각되었을 때 냉각수 용량의 100%를 주입한다.
- 사용 도중 냉각수를 보충할 때 부동액이 에틸렌글리콜인 경우 물만 보충한다.
- 부동액은 차체의 도색 부분을 손상시킬 수 있다.

▌ 엔진과열 원인

- 윤활유 또는 냉각수 부족
- 물펌프 고장
- 팬 벨트 이완 및 절손
- 온도조절기가 열리지 않음
- 냉각장치 내부의 물때 과다(물재킷 스케일 누적)
- 라디에이터 코어의 막힘 및 불량
- 이상연소(노킹 등)
- 압력식 캡의 불량

▌ 라디에이터 캡의 스프링이 파손되었을 때 가장 먼저 나타나는 현상은 냉각수 비등점이 낮아진다.

▌ 팬 벨트의 장력

너무 클 때	• 각 풀리의 베어링 마멸이 촉진된다. • 물펌프의 고속 회전으로 엔진이 과랭할 염려가 있다.
너무 작을 때	• 물펌프 회전속도가 느려 엔진이 과열되기 쉽다. • 발전기의 출력이 저하된다. • 소음이 발생하며, 팬 벨트의 손상이 촉진된다.

8. 흡기장치

▌ 공기청정기(Air Cleaner)

흡입 공기의 먼지 등을 여과하는 작용 이외에 흡기 소음을 감소시키며, 역화 발생 시 불길을 저지하는 역할을 한다.

■ 공기청정기가 막히면 나타나는 현상
- 배기가스의 색깔이 검어진다.
- 연료의 소비가 많아진다.
- 엔진의 출력이 저하된다.
- 흡입효율이 감소한다.

■ 과급기
- 체적 효율을 향상시켜 기관 출력 증대를 목적으로 설치된다.
- 과급기를 설치하면 엔진 중량과 출력이 증가된다.
- 흡입 공기에 압력을 가해 기관에 공기를 공급한다.
- 4행정 사이클 디젤기관은 배기가스에 의해 회전하는 원심식 과급기가 주로 사용된다.

9. 배기장치

■ 배기가스 중 검은 연기를 내는 원인
- 압축압력이 낮아 압축온도가 낮을 때
- 노즐에서 관통력과 무화가 약할 때
- 노즐로부터 분사 상태가 나쁠 때
- 공기청정기가 막혀 있을 때
- 분사시기가 어긋나 있을 때
- 분사압력이 과다하게 낮을 때
- 연료 공급 과다 등으로 불완전연소가 될 때

10. 연료와 연소

■ 디젤기관에서 노킹(노크)의 원인과 방지법

원 인	방지법
• 연료의 세탄가가 낮아 착화지연 기간이 길다. • 압축비, 연소실 및 실린더의 온도, 흡기온도, 압축압력이 낮다. • 착화지연 기간 중 연료분사량이 많다. • 연료의 분사압력이 낮으며 분사노즐의 분무상태가 불량하다.	• 착화성이 좋은(낮은) 연료(세탄가가 높은 연료)를 사용하여 착화지연을 짧게 한다. • 압축비를 높이고, 연소실 및 실린더의 온도, 흡기온도, 압축압력을 높인다. • 착화까지는 분사량을 적게 하고 착화 후 많은 연료가 분사되며 분무를 양호하게 한다. • 연료의 분사시기를 알맞게 한다.

■ 디젤엔진의 연소과정
- 착화지연기간 : 노즐에서 연료가 분사된 후부터 연소가 일어나기까지의 기간(노킹의 원인이 되는 기간, 미약연소 기간)
- 폭발연소기간(화염 전파기간) : 착화 지연기간에 축적된 연료가 일시에 폭발적으로 연소하는 기간(노킹이 일어나는 기간, 정적연소 기간)
- 제어연소기간(직접 연소기간) : 연소압력이 가장 큰 시기로 노즐에서 분사되는 즉시 화염에 의해 직접 연소되는 기간(노즐의 분사가 끝나는 기간, 정압연소 기간)
- 후연소기간(후기 연소기간) : 미연소가스나 불완전연소한 연료가 연소하는 기간(후적이 생겨 이 기간이 길어지면 과열 및 열효율 떨어짐)

11. 연료장치

■ 디젤엔진에서 연료장치의 구성 순환순서

연료탱크 → 연료공급펌프 → 연료필터 → 분사펌프 → 분사노즐

■ 분사노즐의 기능이 불량할 때 일어나는 현상
- 연소 상태가 불량하다.
- 노크의 발생으로 기관 출력이 떨어진다.
- 연소실에 탄소가 쌓이며, 매연이 발생된다.

■ 연료여과기 내의 연료압력이 규정 이상이 되면 오버플로 밸브가 열려 연료를 연료탱크로 되돌아가게 한다.

■ 디젤기관 제어순서

가속페달(조속기) → 제어 래크 → 제어피니언 → 제어슬리브 → 플런저

■ 분사펌프에서 연료 분사량 조정사항
- 분사량 불균열은 전부하 시 ±3% 이내이다.
- 컨트롤래크가 고정된 상태로 한다.
- 노즐압력에 맞는 파이프를 분사펌프에 연결한다.
- 오른쪽 리드에서 플런저를 시계방향으로 돌리면 연료량이 증가한다.

12. 전자제어 센서

■ **공기유량센서(AFS)** : 흡입되는 공기량에 비례하는 신호를 보낸다.

■ **크랭크 각 센서(CAS)** : 크랭크축의 회전위치를 감지한다.

■ **수온센서(WTS)** : 기관의 냉각수 온도를 감지한다. 수온이 내려가면 저항이 증가한다.

■ **스로틀 위치 센서(TPS)** : 스로틀 개도를 검출하여 공회전 영역 파악, 가·감속 상태 파악 및 연료분사량을 조절한다.

■ **부특성(NTC) 서미스터**
　주로 온도감지, 온도보상, 액위/풍속/진공검출, 돌입전류방지, 지연소자 등으로 사용된다.
　㉠ 전자제어 연료분사장치의 온도 센서, 에어컨에서 실내·외 온도 및 증발기의 온도를 감지하는 센서에 사용

13. 엔진제어 장치

■ **전자제어장치(ECU ; Electronic Control Unit)**
　전자제어 디젤분사장치에서 연료를 제어하기 위해 센서로부터 각종 정보(가속페달의 위치, 기관속도, 분사시기, 흡기, 냉각수, 연료온도 등)를 입력받아 전기적 출력신호로 변환하는 장치이다.

■ **전자제어 디젤분사장치의 기능**
　• 흡기다기관의 압력제어
　• 시동할 때 연료 분사량 제어
　• 정속운전(최고 속도) 제어
　• 공전속도 제어 및 최고속도 제한
　• 전부하 연료 분사량 제어
　• 연료 분사시기 제어
　• 배기가스 재순환 제어

14. 유해 배출가스 저감장치

■ **블로바이 가스제어 장치** : 크랭크실 내의 블로바이 가스를 흡입계로 유도하는 장치로 엔진의 부하가 작고, 낮은 회전수일 때는 흡기매니폴드 부압을 이용하여 에어클리너로부터 외기를 도입하여 크랭크실 내의 블로바이 가스를 흡입다기관 내에 흡입한다. 엔진의 회전이 높아지면 블로 가스가 많아지므로 흡기관과 더불어, 에어클리너에도 블로 가스를 보내어 처리하는 장치이다.

■ **연료 증발가스 제어장치** : 연료탱크에서 발생한 증발가스는 엔진의 정지 중에 활성탄을 넣은 캐니스터에 유입되어 저장되고 엔진이 작동하면 저장되어 있는 증발가스는 외부의 공기와 함께 연소실로 유입되어 연소된다. 캐니스터, 퍼지컨트롤 솔레노이드밸브, 2웨이밸브 등으로 구성되어 있다.

■ **배기가스 재순환장치(EGR)** : 배기가스의 일부를 흡입다기관으로 재순환시켜 연소실 온도를 낮추므로 질소산화물의 배출을 억제하는 장치이다. EGR 밸브, EGR컨트롤 솔레노이드 밸브 등으로 구성되어 있다.

■ **촉매 컨버터** : 질소산화물의 환원반응과 일산화탄소, 탄화수소의 산화반응을 동시에 행하는 촉매를 설치하여 배기가스를 정화시키는 장치

15. 배기가스 후처리장치

■ **제1종 저감장치(매연여과장치, DPF ; Diesel Particulate Filter)**
대기환경 보전을 위해 배출가스 규제를 강화함에 따른 디젤엔진의 배출가스에서 미세한 입자상물질(PM = 그을음)을 촉매가 코팅된 필터로 여과하고 이를 엔진의 배출가스 열 또는 전기히터 등을 이용하여 산화(재생)시켜 이산화탄소(CO_2)와 수증기(H_2O)로 전환하여 오염물질을 제거하는 장치이다.

■ **PM-NOx 동시 저감장치**
배출가스 저감장치(DPF)에서 입자상물질(PM)을 저감시키고 선택적 촉매환원장치(SCR)에서 배기가스에 요소수를 분사하여 질소산화물(NO_x)을 저감시킨다.

[02] 차체정비

1. 유체 클러치 및 토크 컨버터

■ **가이드링**
유체 클러치 내에서 맴돌이 흐름으로 유체의 충돌이 일어나 효율을 저하시킬 경우 충돌을 방지하는 역할을 한다. 즉, 와류를 감소시킨다.

■ **유체 클러치 오일의 구비조건**
- 비점이 높을 것
- 착화점이 높을 것
- 점도가 낮을 것
- 융점이 낮을 것
- 비중이 클 것

■ 토크 컨버터에 공기가 흡입되면 소음이 발생한다.

2. 변속기

■ 변속기 분해 시 가장 먼저 해야 할 일은 드레인 플러그를 풀고 기어오일을 빼낸다.

■ **수동식 변속기 기어가 잘 빠지는 원인**
- 로크 볼의 마멸 또는 로크 볼 스프링이 파손되었다.
- 기어 샤프트 포크가 마멸되었다.
- 샤프트 로드 조정이 불량하다.

3. 자재 이음 및 종감속장치

■ **유니버설 조인트의 설치 목적**
추진축의 각도 변화를 가능하게 한다.

▌ 차동장치

구동토크를 좌우 구동륜에 균등하게 분배해 주는 장치

4. 현가장치

▌ 판 스프링은 강판의 탄성 성질을 이용한 것이다.

▌ 겹판 스프링은 일반적으로 굽힘 하중을 많이 받는 데 사용되는 스프링이다.

▌ 스프링 진동
- 트램핑 : 바퀴의 정적 불평형으로 인한 바퀴의 상하 진동이 생기는 현상
- 시미 : 조향장치에서 킹핀이 마모되어 앞바퀴가 좌우로 심하게 흔들리는 현상
- 로드홀딩 : 노면에 착 달라붙는 현상
- 노즈다운 : 급제동 시 앞으로 쏠리는 현상(전자제어 현가장치가 조정)
- 완더 : 한쪽으로 쏠렸다가 반대쪽으로 쏠리는 현상
- 로드스웨이 : 고속주행 시 앞바퀴가 상하, 좌우 제어할 수 없을 정도로 심한 진동 현상

5. 조향장치

▌ 브레이크 작동 시 핸들이 한쪽으로 쏠리는 원인
- 타이어 공기압이 고르지 않을 때
- 브레이크 라이닝 간극의 조정이 불량할 때
- 브레이크 라이닝의 접촉이 불량할 때

▌ 유압식 조향장치의 핸들이 무거운 원인
- 유압 계통 내에 공기가 유입되었다.
- 타이어의 공기압력이 너무 낮다.
- 유압이 낮거나 오일이 부족하다.
- 오일펌프의 회전이 느리다.
- 오일펌프의 벨트 또는 오일호스가 파손되었다.

▌ 타이어식 굴착기의 조향각도가 규정보다 작다면 스톱볼트로 수정해야 한다.

6. 제동장치

■ 유압식 브레이크의 기본원리는 파스칼의 원리이다.

■ **디스크 브레이크의 특징**
- 디스크가 노출되어 회전하기 때문에 방열이 잘 되며, 열 변형에 의한 제동력 저하가 없다.
- 자기배력작용이 거의 없어 고속에서 사용해도 제동력의 변화가 적다.
- 디스크와 패드의 마찰면적이 작기 때문에 패드의 누르는 힘을 크게 해야 한다.
- 자기배력작용이 거의 없기 때문에 조작력이 커야 한다.

■ **브레이크 유압라인에 베이퍼로크가 생기는 원인**
- 장시간 브레이크를 사용하였다.
- 라이닝 간극이 너무 작다.
- 슈 리턴 스프링 쇠손에 의한 잔압 저하 시
- 비점이 낮은 브레이크 오일을 사용

7. 무한궤도장치

■ **트랙 아이들러 완충장치인 리코일 스프링의 설치 목적**
- 트랙 전면의 충격 흡수
- 트랙 장력과 긴장도 유지
- 차체 파손 방지와 원활한 운전
- 서징현상을 방지

■ **상부 롤러(캐리어 롤러)**
- 상부 롤러는 스프로킷과 아이들러 사이에 트랙이 처지는 것을 방지한다.
- 트랙을 지지하고, 트랙의 회전을 바르게 유지한다.
- 싱글 플랜지형을 주로 사용한다.

■ 스프로킷(기동륜)
- 트랙에서 스프로킷이 이상 마모되는 원인 : 트랙의 이완
- 트랙 구동 스프로킷이 한쪽 면으로만 마모되는 원인 : 롤러 및 아이들러의 정렬이 틀렸기 때문에
- 트랙을 분리해서 정비할 경우 : 스프로킷 교환 시

■ 하부 롤러(트랙 롤러)
- 트랙이 받는 중량을 지면에 균일하게 분포한다.
- 싱글 플랜지형과 더블 플랜지형을 많이 사용한다.

■ 건설기계의 하부 롤러 축 부위에서 누유가 있을 때 플로팅 실(Floating Seal)을 교환해야 한다.

■ 트랙 슈는 주유하지 않으나 상부 롤러, 아이들러, 하부 롤러에는 그리스를 주유한다.

■ 트랙이 벗겨지는 원인
- 트랙이 너무 이완되었을 때(트랙의 장력이 너무 느슨할 때, 트랙의 유격이 너무 클 때)
- 전부 유동륜과 스프로킷의 상부 롤러의 마모
- 전부 유동륜과 스프로킷의 중심이 맞지 않을 때(트랙 정렬 불량)
- 고속주행 중 급커브를 돌았을 때(급선회 시)
- 리코일 스프링의 장력이 부족할 때
- 경사지에서 작업할 때

[03] 유압장치정비

1. 유압원리

■ 유압장치의 작동원리
밀폐된 용기에 채워진 유체의 일부에 압력을 가하면 유체 내의 모든 곳에 같은 크기로 전달된다는 파스칼의 원리를 응용한 것이다.

유압장치의 장단점
- 장 점
  - 작은 동력원으로 큰 힘을 낼 수 있다.
  - 과부하 방지가 용이하다.
  - 운동방향을 쉽게 변경할 수 있다.
  - 에너지 축적이 가능하다.
- 단점 : 고장원인의 발견이 어렵고 구조가 복잡하다.

유압 액추에이터(작업장치)를 교환하였을 경우 반드시 해야 할 작업
공기빼기 작업, 누유 점검, 공회전 작업

2. 유압 작동유

작동유의 점도

유압유의 점도가 너무 낮을 경우	유압유의 점도가 너무 높을 경우
• 내부 오일 누설의 증대 • 압력유지의 곤란 • 유압 펌프, 모터 등의 용적효율 저하 • 기기마모의 증대 • 압력발생 저하로 정확한 작동불가	• 동력손실 증가로 기계효율의 저하 • 소음이나 공동현상 발생 • 유동저항의 증가로 인한 압력손실의 증대 • 내부마찰의 증대에 의한 온도의 상승 • 유압기기 작동의 불활발

작동유 온도 상승 시 영향
- 점도 저하에 의해 오일 누설의 증가
- 펌프 효율 저하
- 밸브류의 기능 저하
- 작동유의 열화 촉진
- 작동 불량 현상이 발생
- 온도변화에 의해 유압기기가 열 변형되기 쉬움
- 기계적인 마모 발생 가능

■ 유압 회로 내에 거품이 발생하면 일어나는 현상
- 열화 촉진, 소음 증가
- 오일 탱크의 오버플로
- 공동현상, 실린더 숨돌리기 현상

■ 유압 작동유를 교환할 때의 주의사항
- 장비 가동을 완전히 멈춘 후에 교환한다.
- 화기가 있는 곳에서 교환하지 않는다.
- 유압 작동유가 냉각되기 전에 교환한다.
- 수분이나 먼지 등의 이물질이 유입되지 않도록 한다.
- 150시간마다 교환한다.

3. 유압펌프

■ 펌프에서 오일은 토출되나 압력이 상승하지 않는 원인
- 릴리프 밸브의 설정압이 잘못되었거나 작동 불량인 경우
- 유압 회로 중 실린더 및 밸브에서 압력이 누설되고 있는 경우
- 펌프 내부의 고장에 의해 압력이 새고 있는 경우

■ 유압펌프에서 소음이 나는 원인
- 스트레이너가 막혀 흡입용량이 너무 작아졌다.
- 펌프흡입관 접합부로부터 공기가 유입된다.
- 엔진과 펌프축 간의 편심 오차가 크다.
- 오일량이 부족하거나 점도가 너무 높다.
- 오일 속에 공기가 들어 있다.
- 펌프의 회전이 너무 빠르거나, 여과기가 너무 작다.
- 공기혼입의 영향(채터링현상, 공동현상 등), 펌프의 베어링 마모 등

■ 공동현상 발생 시 영향
- 소음과 진동 발생
- 펌프의 성능(토출량, 양정, 효율) 감소
- 임펠러의 손상(수차의 날개를 해친다)
- 관 부식

▌ **유압펌프의 고장 현상**
- 소음이 커진다.
- 오일의 배출압력이 낮다.
- 샤프트 실(Seal)에서 오일 누설이 있다.
- 오일의 흐르는 양이나 압력이 부족하다.

4. 유압제어 밸브

▌ 압력제어 밸브는 유압 장치의 과부하 방지와 유압기기의 보호를 위하여 최고 압력을 규제하고 유압 회로 내의 필요한 압력을 유지하는 밸브이다.

릴리프 밸브	유압 회로의 최고 압력을 제어하는 밸브로서 회로의 압력을 일정하게 유지시키는 밸브로 펌프와 제어밸브 사이에 설치된다.
감압(리듀싱) 밸브	유압회로에서 입구 압력을 감압하여 유압실린더 출구 설정 압력 유압으로 유지하는 밸브
시퀀스 밸브	유압회로의 압력에 의해 유압 액추에이터의 작동 순서를 제어하는 밸브
언로더(무부하) 밸브	유압장치에서 고압 소용량, 저압 대용량 펌프를 조합 운전할 때, 작동압이 규정 압력 이상으로 상승 시 동력 절감을 하기 위해 사용하는 밸브
카운터 밸런스 밸브	실린더가 중력으로 인하여 제어속도 이상으로 낙하하는 것을 방지하는 밸브

▌ 채터링 현상은 유압 계통에서 릴리프 밸브 스프링의 장력이 약화될 때 발생될 수 있는 현상으로 릴리프 밸브에서 볼이 밸브 시트에 완전히 접촉하지 못해 소음이 발생한다.

▌ **유량제어 밸브의 속도제어 회로**
- 미터 인 회로 : 유압실린더의 입구 측에 유량제어 밸브를 설치하여 작동기로 유입되는 유량을 제어함으로써 작동기의 속도를 제어하는 회로
- 미터 아웃 회로 : 유압실린더 출구에 유량제어 밸브 설치
- 블리드 오프 회로 : 유압실린더 입구에 병렬로 설치

▌ **방향제어 밸브**
- 방향제어 밸브는 회로 내 유체의 흐르는 방향을 조절하는 데 쓰이는 밸브이다.
- 종류 : 체크 밸브, 셔틀 밸브, 디셀러레이션 밸브, 매뉴얼 밸브(로터리형)

체크 밸브	유압 회로에서 역류를 방지하고 회로 내의 잔류압력을 유지하는 밸브
디셀러레이션 밸브	액추에이터의 속도를 서서히 감속시키는 경우나 서서히 증속시키는 경우에 사용

5. 유압모터

▎ **유압모터에서 소음과 진동이 발생할 때의 원인**
- 내부 부품의 파손
- 작동유 속에 공기의 혼입
- 체결 볼트의 이완

▎ **유압모터의 회전속도가 규정속도보다 느릴 때의 원인**
- 유압유의 유입량 부족
- 각 작동부의 마모 또는 파손
- 오일의 내부누설
  ※ 유압펌프의 토출량 과다는 규정속도보다 빨라질 수 있는 원인이 된다.

6. 유압실린더

▎ **유압실린더의 움직임이 느리거나 불규칙할 때의 원인**
- 피스톤 양이 마모되었다.
- 유압유의 점도가 너무 높다.
- 회로 내에 공기가 혼입되고 있다.
- 유압회로 내에 유량이 부족하다.

▎ **유압실린더에서 발생되는 실린더 자연하강현상 원인**
- 작동압력이 낮을 때
- 실린더 내부 마모
- 컨트롤밸브의 스풀 마모
- 릴리프밸브의 불량

7. 부속기기

▌ **유압장치 부속기기**

축압기(어큐뮬레이터), 스트레이너, 냉각기, 오일탱크, 라인필터, 온도계, 압력계, 배관 및 부속품 등

▌ **유압장치에서 금속가루 또는 불순물을 제거하기 위해 사용되는 부품**
- 필터 : 배관 도중이나 복귀회로, 바이패스 회로 등에 설치하여 미세한 불순물을 여과한다.
- 스트레이너 : 비교적 큰 불순물을 제거하기 위하여 사용하며 유압펌프의 흡입측에 장치하여 오일탱크로부터 펌프나 회로에 불순물이 혼입되는 것을 방지한다.

▌ 오일(유압)탱크 내 오일의 적정 온도 범위는 30~50℃이다.

▌ **플러싱 후의 처리방법**
- 작동유 탱크 내부를 다시 청소한다.
- 유압유는 플러싱이 완료된 후 즉시 보충한다.
- 잔류 플러싱 오일을 반드시 제거하여야 한다.
- 라인필터 엘리먼트를 교환한다.

8. 유압기호

정용량 유압 펌프		드레인 배출기	
가변용량형 유압 펌프		단동 실린더	
축압기(어큐뮬레이터)		체크 밸브	
압력계		공기·유압 변환기	
유압 동력원		솔레노이드 조작 방식	

[04] 전기전자 장치 정비

1. 기초전기전자

■ 옴의 법칙
도체에 흐르는 전류는 전압에 정비례하고 저항에 반비례한다.

$$I = \frac{V}{R}$$

여기서, I : 전류, V : 전압, R : 저항

■ 반도체
- 도체(전기가 잘 흐르는 물질)와 부도체(전기가 통하지 않는 물질)의 중간 정도 고유저항을 가진 물질이다.
- 온도가 높아지면 저항이 감소하는 제베크(Seebeck) 효과를 나타낸다.
- 빛, 열, 자력 등의 외력에 의해 다양한 반응을 보인다.
  ※ 고유저항값이 낮을수록 전기가 잘 통하는 물질(저항이 낮은 물질)이다.

2. 축전지

■ 축전지용량(Ah) = 방전전류(A) × 방전시간(h)

■ 납산 축전지
- 축전지의 용량은 극판의 크기, 극판의 수, 전해액(황산)의 양에 의해 결정된다.
- 양극판은 과산화납, 음극판은 해면상납을 사용하며 전해액은 묽은 황산을 이용한다.
- 납산 축전지를 방전하면 양극판과 음극판의 재질은 황산납이 된다.
- 1개 셀의 양극과 음극의 (+/-)의 단자 전압은 2V이며, 12V를 사용하는 자동차의 배터리는 6개의 셀을 직렬로 접속하여 형성되어 있다.

■ 축전지의 설페이션(유화)의 원인
- 과방전한 경우(단락했을 경우)
- 장기간 방전상태로 방치하였을 때
- 전해액의 부족으로 극판이 노출되어 있을 때
- 전해액의 비중이 너무 높거나 낮을 때
- 전해액에 불순물이 혼입되었을 때
- 불충분한 충전을 반복했을 때

■ **축전지 급속 충전 시 주의사항**
- 통풍이 잘되는 곳에서 한다.
- 충전 중인 축전지에 충격을 가하지 않도록 한다.
- 전해액 온도가 45℃를 넘지 않도록 특별히 유의한다.
- 충전시간은 가능한 한 짧게 한다.
- 축전지를 건설기계에서 탈착하지 않고 급속 충전할 때에는 양쪽 케이블을 분리해야 한다.
- 충전 시 발생되는 수소가스는 가연성·폭발성이므로 주변에 화기, 스파크 등의 인화 요인을 제거하여야 한다.

3. 예열장치

■ **예열장치의 종류**
- 흡기가열식 : 연소식, 전열식
- 예열플러그식 : 코일형, 실드형

코일형	• 히트 코일이 노출되어 있어 공기와의 접촉이 용이하며, 수명이 짧다. • 적열 상태는 좋으나 기계적 강도 및 내부식성이 작다. • 배선은 직렬로 연결되어 있다(예열시간 40~60초). • 저항기를 두어야 한다.
실드형	• 금속 튜브 속에 히트 코일, 홀딩 핀이 삽입되어 있다. • 코일형에 비해 적열 상태가 늦다. • 배선은 병렬로 연결되어 있다(예열시간 60~90초). • 저항기가 필요하지 않다.

■ 가솔린이나 LPG 차량은 점화플러그(스파크플러그)가 있어 연소를 도와주고 디젤은 예열플러그만 있다.

4. 시동장치

■ **전동기**
- 직권 전동기는 계자코일과 전기자 코일이 직렬로 연결되어 있다.
- 분권 전동기는 계자코일과 전기자 코일이 병렬로 연결되어 있다.
- 직권 전동기는 변속도 특성 때문에 제어용으로 부적합하고 자동차의 시동 전동기, 크레인, 전동차 등에 사용된다.
- 분권 전동기는 일반적으로 직권 전동기보다 기동 회전력이 크다.

- 기동 전동기의 원리는 플레밍의 왼손법칙을 이용한 것이다.

디젤기관이 시동되지 않는 원인
- 기관의 압축압력이 낮다.
- 연료 계통에 공기가 혼입되어 있다.
- 연료가 부족하다.
- 연료 공급 펌프가 불량이다.

디젤기관을 시동할 때의 주의사항
- 기온이 낮을 때는 예열 경고등이 소등되면 시동한다.
- 기관 시동은 각종 조작레버가 중립위치에 있는가를 확인 후 행한다.
- 공회전을 필요 이상 하지 않는다.
- 엔진이 시동되면 바로 손을 뗀다. 계속 잡고 있으면 전동기가 소손되거나 탄다.

5. 충전장치

충전장치
- 건설기계의 전원을 공급하는 것은 발전기와 축전지이다.
- 발전기는 플레밍의 오른손 법칙을 이용하여 기계적 에너지를 전기적 에너지로 변화시킨다.

렌츠의 법칙(유도 전압의 방향)
유도 전압 또는 유도 전류의 방향에 대한 법칙으로, 전자기 유도에 의해 코일에 흐르는 유도 전류는 자석의 운동을 방해하는 방향 또는 자속의 변화를 방해하는 방향으로 흐른다.

패러데이의 법칙(유도 전압의 크기)
전기분해에 의해 석출되는 물질의 양은 전해액을 통과한 총전기량에 비례한다.

교류발전기와 직류발전기의 비교

구 분		교류(AC)발전기	직류(DC)발전기
구 조		스테이터, 로터, 슬립링, 브러시, 다이오드(정류기)	전기자, 계자철심, 계자코일, 정류자, 브러시
조정기		전압조정기	전압조정기, 전류조정기, 컷아웃릴레이
기 능	전류발생	고정자(스테이터)	전기자(아마추어)
	정류작용 (AC → DC)	실리콘 다이오드	정류자, 브러시
	역류방지	실리콘 다이오드	컷아웃릴레이
	여자형성	로 터	계자코일, 계자철심
	여자방식	타여자식(외부전원)	자여자식(잔류자기)

교류발전기 전압조정기의 역할

- 다이오드를 내장시켜 놓았기 때문에 축전지로부터 역류될 염려가 없다.
- 축전지와 전기장치를 과부하로부터 보호한다.
- 전압맥동에 의한 전기장치의 기능장애를 방지한다.
- 발전기의 부하에 관계없이 발전기의 전압을 항상 일정하게 유지한다.

※ 교류발전기에서 트랜지스터식 전압조정기는 스위칭 작용을 이용하여 발생전압을 조정한다.

발전기 회전수

$$N = \frac{120f}{P}$$

여기서, N : 회전속도, f : 주파수, P : 극수

6. 계기장치

메거 테스터 : 절연저항 측정

고전압 측정 시에는 고전압 전용 측정계기를 이용하여 측정한다.

램프 시험기 : 통전시험, 배선, 퓨즈 등의 단선 유무를 검사

건설기계에 사용되는 유압계, 연료계, 온도계 등은 전기식이다.

7. 등화장치

▌ 측광단위

구 분	정 의	기 호	단 위
조 도	피조면의 밝기	E	lx(럭스)
광 도	빛의 세기	I	cd(칸델라)
광 속	광원에 의해 초(sec)당 방출되는 가시광의 전체량	f	lm(루멘)

▌ 방향지시등
- 플래셔 유닛에 점멸된다.
- 등광색은 황색 또는 호박색이어야 한다.
- 점멸주기는 1분에 60~120회 이내이어야 한다.
- 작동이 확실한가를 운전석에서 확인할 수 있어야 한다.

▌ 건설기계장비에 설치되는 좌우 전조등 회로의 연결방법은 병렬연결이다.

▌ 실드빔식은 전조등의 필라멘트가 끊어진 경우 렌즈나 반사경에 이상이 없어도 전조등 전부를 교환하여야 하고, 세미실드 빔형 전조등은 전구와 반사경을 분리 교환할 수 있다.

▌ 전조등 회로에서 퓨즈의 접촉이 불량할 때 전류의 흐름이 나빠지고 퓨즈가 끊어질 수 있다.

8. 냉방장치

▌ 에어컨시스템의 순환과정 : 압축기 → 응축기 → 건조기 → 팽창 밸브 → 증발기

▌ 압축기의 종류
- 왕복식 : 크랭크식, 사판식, 와플식, 레이디얼식(스코치요크식)
- 회전식 : 베인로터식(편심, 동심로터식), 롤링피스톤식

▌ 응축기
기화된 냉매를 액화하는 장치

▌ 건조기의 기능

저장기능, 기포분리기능, 수분제거기능, 압력전기능, 냉매량 관찰기능

▌ 팽창밸브

증발기 입구에 설치되며, 건조기로부터 들어온 고압의 냉매를 교축작용에 의해 분무상의 저압 액체 냉매로 하여 증발기에 보낸다.

▌ 증발기 : 증발기는 실내공기를 냉각하기 위한 열교환기이다.

9. 난방장치

▌ 난방장치의 송풍기
- 송풍기의 종류는 분리식과 일체식이 있다.
- 전동기 축에는 유닛의 열을 강제적으로 방출시키는 팬이 부착되어 있다.
- 장시간 고속 회전을 위해 특수한 무급유 베어링을 사용한다.
- 냉난방 장치에서 사용되고 있는 수동식 송풍기 모터 회전수 제어는 주로 저항을 이용한다.

[05] 작업장치 정비

1. 불도저 작업장치

▌ 도저의 환향 클러치 우측 레버를 당기면 우측 트랙의 동력이 끊어진다.

▌ 불도저의 1회 작업 사이클 시간(C_m)을 구하는 공식

$C_m = L/V_1 + L/V_2 + t$

여기서, L : 평균 운반거리(m), V_1 : 전진속도 (m/분), V_2 : 후진속도(m/분), t : 기어변속시간(분)

▌ 불도저의 견인력

$PS = \dfrac{FV}{75}$, 1PS = 75kgf·m/sec

여기서, F : 견인력, V : 속도

■ 불도저의 블레이드 용량

$Q = BH^2$

여기서, Q : 블레이드 용량(m^3), B : 블레이드 길이(m), H : 블레이드 높이(m)

■ 불도저의 귀 삽날(End Bit)의 정비 방법은 마모된 쪽만 교환한다.

■ 불도저가 어느 방향으로도 환향되지 않을 때의 원인
- 환향 클러치판의 과도한 마모
- 환향 클러치 스프링 고정 볼트 파손
- 링키지 조정 불량

■ 불도저의 스프로킷 허브(Sprocket Hub) 주위에서 오일이 누설되는 원인

내외측 듀콘 실이 파손되었을 때

2. 굴착기(굴삭기) 작업장치

■ 접지압(kgf/cm^2) = $\dfrac{작용하중(kg)}{접지면적(cm^2)}$

■ 굴착기 붐 실린더의 외부 누유 원인
- 실린더 튜브 용접부의 결함
- 피스톤 로드의 휨
- 실린더 헤드 패킹의 마모

■ 굴착기에서 굴삭력이 가장 클 때는 붐과 암의 각도가 90~110°일 때이다.

■ 유압식 굴착기에서 센터조인트의 기능은 상부회전체의 오일을 하부 주행모터에 공급한다.

■ 유압식 굴착기에서 주행 및 선회력이 약할 경우 그 원인
- 흡입 스트레이너가 막혔다.
- 릴리프 밸브의 설정압이 낮다.
- 유압 펌프의 토출유량이 적다.
- 작동유량이 부족하거나 흡입필터가 막혀 있다.
- 유압 펌프 기능이 저하되거나 공기가 혼입되었다.

■ 굴착기 1시간당 이론 작업량

$$Q = \frac{3,600 \times B}{C_m}$$

여기서, Q : 1시간당 이론 작업량(m³/h), B : 버킷 용량(m³), C_m : 1회 작업시간(sec)

3. 로더 작업장치

■ 로더에서 기동전동기를 탈착할 때 안전한 방법

버킷을 내려놓은 후 바퀴에 고임목을 받치고 배터리 접지선을 떼어낸 후 탈착한다.

■ 로더의 동력전달순서

엔진 → 토크컨버터 → 변속기 → 종감속장치 → 구동륜

■ 로더의 토크컨버터 출력부족의 원인
- 오일량 부족
- 오일 스트레이너의 막힘
- 펌프 흡입측 연결호스의 실 파손

4. 지게차 작업장치

■ 힌지드 버킷

석탄, 소금, 비료 등 비교적 흘러내리기 쉬운 물건의 운반에 이용되는 장치

■ 해체작업을 하기 위해 지게차를 들어 올리고 차체 밑에서 작업할 때 주의사항
- 고정 스탠드로 차체의 4곳을 받치고 작업한다.
- 잭으로 받쳐 놓은 상태에서는 밑 부분에 들어가지 않는 것이 좋다.
- 바닥이 견고하면서 수평되는 곳에 놓고 작업하여야 한다.
- 고정 스탠드로 4곳을 받치고 작업하면 작업효율이 증대된다.

■ 지게차 브레이크 드럼을 분해하여 점검하지 않아도 되는 것은 런 아웃 및 부식이다.

■ 아스팔트 믹싱 플랜트에서 골재의 수분을 완전히 제거하고 가열하는 장치는 드라이어이다.

▎ 콘크리트 피니셔에서 콘크리트의 이동순서

호퍼 → 스프레더 → 1차 스크리드 → 진동기 → 피니싱 스크리드

5. 덤프트럭 작업장치

▎ 덤프트럭의 스프링 센터볼트가 절손되는 원인은 U볼트 풀림이다.

▎ 주행속도 = $\dfrac{\pi \times 타이어지름 \times 엔진회전수 \times 60}{변속비 \times 종감속비 \times 1{,}000}$

▎ 덤프트럭의 유압 실린더 탈착 시 주의사항
- 유압 작동유는 엔진을 정지시키고 배출한다.
- 적재함을 들어올리기 전에 적재함이 비었는지를 확인한다.
- 주차 브레이크를 작동시키고 타이어에는 고임목을 설치한다.
- 적재함을 들어 올리고 적재함 하강 방지를 위해 안전목과 안전대(기둥)를 설치한다.

[06] 건설기계 용접

1. 피복아크 용접

▎ 피복금속 아크용접의 아크쏠림(자기불림) 방지대책
- 용접 전류를 줄인다.
- 교류용접기를 사용한다.
- 접지점을 2개 연결한다.
- 아크 길이는 최대한 짧게 유지한다.
- 접지부를 용접부에서 최대한 멀리한다.
- 용접봉 끝을 아크쏠림의 반대 방향으로 기울인다.
- 용접부가 긴 경우 가용접 후 후진법(후퇴 용접법)을 사용한다.
- 받침쇠, 긴 가용접부, 이음의 처음과 끝에 엔드 탭을 사용한다.

▎ 피복제에 습기가 있을 때 용접을 하면 기공이 생긴다.

용접 결함의 종류

언더컷	용접에서 모재와 용착금속의 경계부분에 오목하게 파여 들어간 것
용입불량	모재의 어느 한 부분이 완전히 용착되지 못하고 남아 있는 현상
오버랩	용착금속이 변끝에서 모재에 융합되지 않고 겹친 부분
피트	Blow Hole이나 용융금속이 튀는 현상이 발생한 결과 용접부의 바깥면에서 나타나는 작고 오목한 구멍

2. 가스 및 탄산가스 용접

탄산가스 성질
- 대기 중에서 기체로 존재하며 공기보다 무겁고 무색, 무취, 무미이다.
- 공기 중 농도가 크면 눈, 코, 입 등에 자극이 느껴진다.
- 상온에서 쉽게 액화하므로 저장, 운반이 용이하며 비교적 값이 저렴하다.

정격사용률 = $\dfrac{\text{허용사용률} \times (\text{실제용접전류})^2}{(\text{최대 정격 2차 전류})^2} \times 100$

탄산가스 아크용접
- 탄산가스 아크용접에서 허용되는 바람의 한계속도는 2m/s이다.
- 탄산가스 용접기의 토치 부품은 노즐, 인슐레이터, 링이다.

3. 서브머지드 용접

■ 서브머지드 아크용접은 용착효율이 가장 높은 용접법이다.

용착효율
- 서브머지드 아크용접 : 100%
- MIG 용접 : 92%
- FCAW(플럭스 코어드 아크) 용접 : 75~85%
- 피복아크 용접 : 65%

CHAPTER 02 안전관리

[01] 산업안전

1. 안전기준 및 재해

▍**재해 발생 시 조치요령**

운전 정지 → 피해자 구조 → 응급조치 → 2차 재해방지

▍**사고의 원인**

직접원인	물적 원인	불안전한 상태(1차 원인)
	인적 원인	불안전한 행동(1차 원인)
	천재지변	불가항력
간접원인	교육적 원인	개인적 결함(2차 원인)
	기술적 원인	
	관리적 원인	사회적 환경, 유전적 요인

▍**재해발생의 기본원인(4M)**

인적 요인 (Man Factor)	• 심리적 원인 : 망각, 고민, 집착, 착오, 억측판단, 생략행위 • 생리적 원인 : 피로, 수면부족, 음주, 고령, 신체기능 저하 • 직장 내 원인 : 직장의 인간관계, 리더십 부족, 대화 부족, 팀워크 결여
설비적 요인 (Machine Factor)	• 기계설비의 설계상 결함(안전개념 미흡) • 방호장치의 불량(인간공학적 배려 부족) • 표준화 미흡 • 정비·점검 미흡
작업적 요인 (Media Factor)	• 작업정보의 부적절 • 작업자세, 작업방법의 부적절, 작업동작의 결함 • 작업공간 부족, 작업환경 부적합
관리적 요인 (Management Factor)	• 관리 조직의 결함 • 규정, 매뉴얼의 미비치·불철저 • 교육·훈련 부족 • 적성배치 불충분, 건강관리의 불량 • 부하 직원에 대한 지도·감독 결여

▌ 보호구는 감전 사고나 전기화상 사고를 미연에 방지하기 위하여 작업자가 미리 착용해야 한다.

▌ **보호구의 구비조건**
- 착용이 간편할 것
- 작업에 방해가 안 될 것
- 위험, 유해요소에 대한 방호성능이 충분할 것
- 재료의 품질이 양호할 것
- 구조와 끝마무리가 양호할 것
- 외양과 외관이 양호할 것

▌ **화재의 분류 및 소화대책**
- A급 화재 : 일반 화재 – 냉각소화
- B급 화재 : 유류·가스 화재 – 질식소화
- C급 화재 : 전기 화재 – 냉각 또는 질식소화
- D급 화재 : 금속 화재 – 질식소화(냉각소화 금지)

2. 안전보건표지

▌ **안전보건표지**

금지표지	경고표지	지시표지	안내표지
출입금지	낙화물 경고	보안경 착용	응급구호표지
차량통행금지	인화성물질 경고	안전복 착용	비상구 표지
물체이동금지	산화성물질 경고	방독마스크 착용	녹십자표지
보행금지	몸균형상실 경고	안전모 착용	들 것

[02] 기계 및 공구에 대한 안전

1. 기계 및 기기 취급

■ 기관을 시동하기 전에 점검할 사항
- 연료의 양, 유압유의 양
- 냉각수 및 엔진오일의 양
- 장비점검, 팬 벨트 점검 등

■ 기관을 시동하여 공전 시 점검 사항
- 오일의 누출 여부를 점검
- 냉각수의 누출 여부를 점검
- 배기가스의 색깔을 점검
- 오일 압력계 점검

■ 기관이 작동되는 상태에서 점검 가능한 사항
  냉각수의 온도, 충전상태, 기관오일의 압력 등

2. 전동 및 공기구

■ 연삭기의 사용 시 안전사항
- 소형 숫돌은 측압에 약하므로 측면사용을 금지할 것
- 숫돌과 받침대 간격은 3mm 이하로 유지한다.
- 숫돌차는 기계에 규정된 것을 사용한다.
- 숫돌 커버를 벗기고 작업하면 안 된다.

■ 천공방식에 따른 천공기의 구분
- 회전식 천공기
  - 일반적으로 천공속도가 늦지만 천공깊이(길이)가 크다.
  - 실드머신, 터널보링머신, 어스오거, 어스드릴, 베노토굴착기, 리버스서큘레이션 드릴 등
- 충격식 천공기
  - 천공속도는 빠르지만 깊은 천공이나 대구경 천공은 기술적으로 곤란하다.
  - 드리프터, 크롤러 드릴, 점보 드릴 등

▌ 구멍 뚫기 작업 시 드릴이 파손되는 원인
- 드릴의 여유각이 작을 때
- 공작물의 고정이 불량할 때
- 스핀들에 진동이 많을 때

3. 수공구

▌ 스패너 작업 시 유의할 사항
- 스패너의 입이 너트의 치수에 맞는 것을 사용해야 한다.
- 스패너의 자루에 파이프를 이어서 사용해서는 안 된다.
- 스패너와 너트가 맞지 않을 때 쐐기를 넣어 사용해서는 안 된다.
- 너트에 스패너를 깊이 물리도록 하여 조금씩 앞으로 당기는 식으로 풀고 조인다.
- 스패너 작업 시 몸의 균형을 잡는다.
- 스패너를 해머 대신에 써서는 안 된다.
- 스패너를 죄고 풀 때는 항상 앞으로 당긴다.
- 장시간 보관할 때에는 방청제를 바르고 건조한 곳에 보관한다.

▌ 해머 사용 시 유의 사항
- 손잡이에 금이 갔거나 해머 머리가 손상된 것, 쐐기가 없는 것, 낡은 것, 모양이 찌그러진 것은 쓰지 말 것
- 좁은 곳이나 발판이 불안한 곳에서 해머 작업을 해서는 안 된다.
- 재료에 변형이나 요철이 있을 때 해머를 타격하면 한쪽으로 튕겨서 부상하므로 주의한다.
- 장갑이나 기름 묻은 손으로 자루를 잡지 않는다.
- 작업에 맞는 무게의 해머를 사용하고 한두 번 가볍게 친 다음 본격적으로 두들긴다.
- 처음부터 크게 휘두르지 않고 목표에 잘 맞게 시작한 후 점차 크게 휘두른다.
- 물건에 해머를 대고 몸의 위치를 정하여 발을 힘껏 딛고 작업한다.
- 불꽃이 생기거나 파편이 생길 수 있는 작업에서는 반드시 보호안경을 써야 한다.
- 사용한 공구는 면 걸레로 깨끗이 닦아서 공구상자 또는 공구 보관으로 지정된 곳에 보관한다.

[03] 작업상의 안전

1. 기관 및 전기 작업안전

▋ 전기 관련 안전사항
- 전선의 연결부는 되도록 저항을 작게 해야 한다.
- 전지장치는 반드시 접지하여야 한다.
- 명시된 용량보다 높은 퓨즈를 사용하면 화재의 위험이 있기 때문에 퓨즈 교체 시에는 반드시 같은 용량의 퓨즈로 바꿔야 한다.
- 계측기는 최대 측정범위를 초과하지 않도록 해야 한다.

▋ 전기 기기에 의한 감전 사고를 막기 위하여 필요한 설비로 접지설비가 가장 중요하다.

▋ 작업 중 전기가 정전되었을 때 해야 할 일
- 정전 시는 반드시 스위치를 끈다.
- 기계의 스위치를 끊고, 주위의 공구를 정리한다.
- 경우에 따라서는 메인 스위치도 끊는다.
- 절삭공구는 일감에서 떼어 낸다.

2. 차체작업 안전

▋ 차량 시험기기
- 시험기기 전원의 종류와 용량을 확인한 후 전원 플러그를 연결한다.
- 시험기기의 보관장소는 분진이나 이물질, 진동 소음이 없는 장소에 설치하거나 보관되어야 한다.
- 눈금의 정확도는 수시로 점검해서 0점을 조정해 준다.
- 시험기기의 누전 여부를 확인한다.

▋ 운전 중 엔진오일 경고등(엔진오일 압력 경고등)이 점등되었을 때의 원인
- 오일 드레인 플러그가 열렸을 때
- 윤활계통이 막혔을 때
- 오일 필터가 막혔을 때
- 오일이 부족할 때

- 오일압력 스위치 배선이 불량할 때
- 엔진오일의 압력이 낮은 경우

3. 유압장치 작업 안전

■ 압축비(ε) = $1 + \dfrac{V_s}{V_c}$ = $1 + \dfrac{행정체적}{연소실체적}$

■ 행정체적(총배기량)(cm³) = 실린더 단면적 × 행정 = $\dfrac{\pi D^2 S}{4}$

여기서, D : 실린더 내경(cm), S or L : 행정(cm)

■ **디젤기관 공회전 시 유압계의 경보램프가 꺼지지 않는 원인**
- 오일팬의 유량 부족
- 유압 조정밸브 불량
- 오일여과기 막힘

■ 오일여과기의 교환시기는 윤활유 1회 교환 시 1회 교환한다.

4. 건설기계 작업 안전

■ 작업복 등이 말려드는 위험이 주로 존재하는 기계 및 기구에는 회전축, 커플링, 벨트 등이 있다. 동력전달장치 중 재해가 가장 많이 일어날 수 있는 것은 벨트이다.

■ 회전 중인 물체를 정지시킬 때 안전한 방법은 스스로 정지하도록 하며, 벨트를 풀리에 걸 때는 반드시 회전을 정지시킨 후에 걸어야 한다.

■ **차체작업을 하기 위해 지게차를 들어 올리고 차체 아래에서 작업할 때 주의사항**
- 고정 스탠드로 차체의 네 곳을 받치고 작업한다.
- 잭으로 받쳐 놓은 상태에서는 차체 아래에 들어가지 않는 것이 좋다.
- 견고하면서 수평인 바닥에 놓고 작업한다.

5. 용접작업 안전

■ 토치에 점화시킬 때에는 아세틸렌 밸브를 먼저 열고 다음에 산소 밸브를 연다.

■ **가스용접 호스** : 산소용은 흑색 또는 녹색, 아세틸렌용은 적색으로 표시한다.

■ 산소용기는 40℃ 이하의 온도에 보관한다.

■ 실린더 로드 부분은 차체를 용접할 경우 용접기에서 접지를 해서는 안 되는 곳이다.

■ **전기용접 작업 시 주의사항**
- 용접작업자는 용접기 내부에 손을 대지 않도록 한다.
- 용접전류 볼륨을 적절한 위치로 조정하고 아크를 발생시킨다.
- 용접준비가 완료된 후 용접기 전원 스위치를 켠다.
- 용접 케이블의 접속 상태가 양호한지를 확인한 후 작업하여야 한다.

■ **용접 작업 시 유해 광선으로 눈에 이상이 생겼을 때 응급처치 요령** : 냉수로 씻어낸 다음 치료한다.

PART 01

핵심이론

CHAPTER 01   건설기계

CHAPTER 02   안전관리

CHAPTER 01 건설기계

제1절 엔진정비

1-1. 엔진 일반

핵심이론 01 기관의 개요

① 열기관(엔진) : 열에너지를 기계적 에너지로 바꾸는 기계장치
  ㉠ 기관에서 열효율이 높다는 것은 일정한 연료 소비로서 큰 출력을 얻는다는 의미이다.
  ㉡ rpm = 엔진 1분당 회전수
② 열기관의 분류
  ㉠ 외연기관 : 증기기관, 증기터빈(연료와 공기의 연소를 실린더 밖에서 행함)
  ㉡ 내연기관 : 가솔린기관, 디젤기관(연료와 공기의 연소를 실린더 내에서 행함)
   - 점화방법에 따른 분류 : 전기점화기관, 압축착화기관, 소구기관(세미디젤기관), 연료분사 전기점화기관[헤셀만(Hesselman)기관]
   - 기계학적 사이클에 따른 분류 : 2행정 사이클 기관, 4행정 사이클 기관
   - 냉각방법에 따른 분류 : 공랭식 기관, 수랭식 기관, 증발냉각식 기관
   - 연소방식에 따른 분류(열역학적 사이클의 분류) : 정적 사이클(가솔린 및 LPG기관), 정압 사이클(디젤기관), 복합 사이클(고속 디젤엔진)
   - 실린더의 안지름(내경)과 피스톤 행정의 비율에 따른 분류
     - 장행정기관 : 피스톤 행정 > 실린더 내경
     - 단행정기관 : 피스톤 행정 < 실린더 내경
     - 정방행정기관 : 피스톤 행정 = 실린더 내경

10년간 자주 출제된 문제

1-1. 내연기관의 열역학적 사이클의 분류가 아닌 것은?
① 정적 사이클 기관
② 복합 사이클 기관
③ 동적 사이클 기관
④ 정압 사이클 기관

1-2. 실린더 내경보다 행정이 큰 기관은?
① 장행정기관
② 정방행정기관
③ 단행정기관
④ 가변행정기관

|해설|

1-1
내연기관 열역학적 사이클 분류
- 정적 사이클(가솔린 및 LPG 기관)
- 정압 사이클(디젤기관)
- 복합 사이클(고속 디젤엔진)

1-2
실린더의 안지름(내경)과 피스톤 행정의 비율에 따른 분류
- 장행정기관 : 피스톤 행정 > 실린더 내경
- 단행정기관 : 피스톤 행정 < 실린더 내경
- 정방행정기관 : 피스톤 행정 = 실린더 내경

정답 1-1 ③ 1-2 ①

핵심이론 02 2행정 사이클 기관

① 2행정 사이클 기관의 원리
  ㉠ 2행정 불꽃점화기관은 피스톤의 상승과 하강의 2행정으로 1사이클을 완료한다.
  ㉡ 크랭크축이 1회전하여 동력을 얻는 기관이다.
  ㉢ 흡기와 배기밸브가 없고 실린더 벽면에 혼합기를 흡입하는 소기구멍과 배기가스를 배출하는 배기구멍이 피스톤의 왕복운동에 의해 개폐된다.

② 작 용
  ㉠ 상승행정 : 피스톤이 상승하면 크랭크 케이스 내로 혼합기가 유입되고, 피스톤에 배기구와 소기구가 닫히면 혼합기가 압축되어 상사점 부근에서 전기불꽃에 의해 점화, 연소하여 동력이 발생된다.
  ㉡ 하강행정 : 연소압력에 의해 피스톤이 하강하여 하사점 부근에 도달하면 배기구가 열려 연소가스가 배출되고, 크랭크 케이스 내의 혼합기가 실린더로 유입되면서 남아 있던 배기가스를 배출시킨다.
  ※ 2행정 사이클 디젤기관의 소기를 하기 위해서는 블로어(Blower)에 의해 고압 공기를 밀어 넣는다.

③ 2행정 기관의 장단점

장 점	• 밸브 개폐 기구가 없거나 간단하여 마력당 무게가 작다(배기량이 같은 상태에서 그 무게가 가볍다). • 가격이 저렴하고 취급하기 쉽다. • 크랭크축 1회전마다 동력이 발생하므로 회전력 변동이 작다. • 실린더 수가 적어도 작동이 원활하다. • 4행정 사이클 기관에 비하여 1.6~1.7배 출력이 양호하다.
단 점	• 배기행정이 불안정하고 유효행정이 짧다. • 연료와 윤활유 소비량이 많다. • 고속운전이 곤란하고, 역화(逆火)현상이 일어난다. • 평균 유효압력과 효율을 높이기 어렵다. • 피스톤 및 피스톤링의 손상이 크다.

10년간 자주 출제된 문제

2-1. 2행정 사이클 엔진에 대한 설명으로 맞는 것은?
① 크랭크축이 1회전 시 1회의 동력행정을 갖는다.
② 크랭크축이 2회전 시 1회의 동력행정을 갖는다.
③ 크랭크축이 3회전 시 1회의 동력행정을 갖는다.
④ 크랭크축이 4회전 시 1회의 동력행정을 갖는다.

2-2. 2행정 기관의 단점으로 맞는 것은?
① 가스 교환이 확실하다.
② 윤활유 소비량이 적다.
③ 고속운전이 곤란하다.
④ 열효율이 높다.

해설

2-2
2행정 기관의 장점
• 밸브 개폐 기구가 없거나 간단하여 마력당 무게가 작다(배기량이 같은 상태에서 그 무게가 가볍다).
• 가격이 저렴하고 취급하기 쉽다.
• 크랭크축 1회전마다 동력이 발생하므로 회전력 변동이 작다.
• 실린더 수가 적어도 작동이 원활하다.
• 4행정 사이클 기관에 비하여 1.6~1.7배 출력이 양호하다.

2행정 기관의 단점
• 배기행정이 불안정하고 유효행정이 짧다.
• 연료와 윤활유 소비량이 많다.
• 고속운전이 곤란하고, 역화(逆火)현상이 일어난다.
• 평균 유효압력과 효율을 높이기 어렵다.
• 피스톤 및 피스톤링의 손상이 크다.

정답 2-1 ① 2-2 ③

핵심이론 03 4행정 사이클 기관

① 4행정 사이클 기관의 원리
  ㉠ 4행정 불꽃점화기관은 흡입, 압축, 팽창(폭발), 배기의 독립된 4개 행정으로 이루어진다.
  ㉡ 피스톤이 두 번 왕복운동을 하는 동안 4행정(크랭크축은 2회전)으로 1사이클을 마친다.

② 4행정 불꽃점화기관
  ㉠ 흡입행정 : 피스톤이 상사점으로부터 하강하면서 실린더 내로 공기만 흡입한다(흡입밸브 열림, 배기밸브 닫힘).
  ㉡ 압축행정 : 흡입행정에서 열렸던 흡입밸브가 닫히고, 피스톤이 하사점에서 상사점으로 상승운동을 하면서 실린더 내에 흡입된 혼합기나 공기를 압축하는 행정으로, 혼합기 또는 공기를 예열하고 완전 무화시킨다.
  ㉢ 팽창(폭발)행정
    • 압축행정에서 피스톤이 상사점에 이르렀을 때 점화플러그의 점화 또는 분사로 연료가 연소되고, 실린더 내의 압력이 급격히 상승하게 된다. 이 압력이 피스톤을 작동시키는 힘이 된다.
    • 압축말 연료분사노즐로부터 실린더 내로 연료를 분사하여 연소시켜 동력을 얻는 행정이다.
  ㉣ 배기행정 : 폭발행정에서 피스톤이 하사점에 이르렀을 때 배기밸브가 열리고, 피스톤의 상승운동에 의해 연소가스가 밖으로 배출되는 행정이다.

③ 4행정 기관의 장단점

장 점	• 각 행정이 독립적이다. • 저속에서 고속으로의 넓은 범위 회전속도 변화가 가능하다. • 연료 소비율이 적고, 체적효율이 높다. • 기동이 쉽고, 저속운전이 가능하다.
단 점	• 밸브기구가 복잡하다. • 소음이 크다. • 마력당 중량이 크다. • 회전력이 균일하지 못하다.

10년간 자주 출제된 문제

3-1. 4행정 사이클 기관이 1사이클을 마치려면 크랭크축은 몇 회전해야 하는가?
① 1회전
② 2회전
③ 4회전
④ 6회전

3-2. 기관에서 피스톤의 측압이 가장 큰 행정은?
① 흡입행정
② 압축행정
③ 폭발행정
④ 배기행정

|해설|

3-1
4행정 사이클의 디젤기관은 피스톤이 2회 왕복운동에 한 번 착화, 팽창한다.

3-2
피스톤의 측압은 폭발행정(동력행정)에서 가장 크다.

정답 3-1 ② 3-2 ③

핵심이론 04 크랭크축과 점화 순서

① 크랭크축 : 피스톤의 왕복운동을 회전운동으로 바꾸는 역할을 하는 축으로, 커넥팅로드로부터 전달되는 힘을 회전토크로 변환시켜 플라이휠을 통해 클러치로 전달한다.

② 4기통 기관
  ㉠ 위상각 180°
  ㉡ 우수식 점화 순서 : 1-3-4-2(배기, 폭발, 압축, 흡입), 보편적
  ㉢ 좌수식 점화 순서 : 1-2-4-3(폭발, 압축, 흡입, 배기)
    ※ 4기통 기관의 작동행정은 시계 방향, 점화 순서는 반시계 방향으로 기록한다.

③ 6기통 기관
  ㉠ 위상각 120°
  ㉡ 우수식 점화 순서 : 1-5-3-6-2-4
  ㉢ 좌수식 점화 순서 : 1-4-2-6-3-5
    ※ 6기통 기관의 작동행정은 시계 방향, 점화 순서는 반시계 방향으로 실린더 번호 120°마다 기록한다.
    ※ 크랭크축 앤드 플레이(축 방향 움직임)는 스러스트 베어링 두께(스러스트 플레이트)로 조정한다.

10년간 자주 출제된 문제

4-1. 4사이클 4기통 기관의 점화 순서가 1-3-4-2이다. 4번 실린더가 압축행정을 하고 있을 때, 다음 중 맞는 것은?
① 2번 실린더 배기행정
② 2번 실린더 흡입행정
③ 3번 실린더 배기행정
④ 3번 실린더 흡입행정

4-2. 4실린더 기관의 폭발 순서가 1-2-4-3일 때 3번 실린더가 압축행정을 하면 1번 실린더의 행정은?
① 흡기행정
② 동력행정
③ 압축행정
④ 배기행정

[해설]

4-1
- 원을 그린 후 4등분하여 흡입, 압축, 폭발(동력), 배기를 시계 방향으로 적는다.
- 문제에서 4번이 압축이라고 했으므로 압축에 4번을 적고, 행정 순서를 반시계 방향으로 적는다. 즉, 압축(4)-흡입(2)-배기(1)-폭발(3)이므로 2번 실린더는 흡입행정이다.

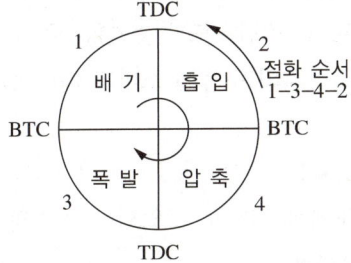

[4실린더 엔진의 점화 순서와 행정]

4-2
1-2-4-3 순서인 기관에서는 1-배기, 2-폭발, 4-압축, 3-흡입이다.
1-?, 2-?, 4-?, 3-압축이면 압축 → 흡입 → 배기 → 폭발이므로 3압축 → 1흡입 → 2배기 → 4폭발이 된다.

정답 4-1 ② 4-2 ①

핵심이론 05 내연기관의 효율과 성능

① 내연기관의 성능
  ㉠ 기관 성능곡선 : 가로축에는 회전수를, 세로축에는 출력, 토크, 연료 소비율, 기계효율 등의 관계를 하나의 그래프로 나타낸 것이다.
  ㉡ 성능곡선은 전부하 성능곡선과 부하 성능곡선으로 구분된다.

② 성능곡선의 특징
  ㉠ 출력은 기관 출력축에서 발생하는 동력으로 회전속도에 비례한다.
  ㉡ 토크는 연소에 의한 힘이 크랭크축을 돌리는 힘으로 최대 토크는 중간 정도의 회전수에서 나타난다.
  ㉢ 연료 소비율은 기관이 일정한 일을 했을 때 소요된 연료량을 시간-마력당으로 환산한 것(g/kW·h)으로, 최대 토크가 나타나는 회전속도 부근에서 최소의 연비를 나타낸다.
  ㉣ 기계효율은 공급된 에너지와 일로 전환된 에너지의 비로서, 회전속도가 증가할수록 기계마찰손실과 보조장치의 구동에 소비된 에너지가 증가하므로 감소한다.
    ※ 체적효율 : 기관에 필요한 공기의 무게와 운전 상태에서 실제로 흡입되는 공기의 무게비

③ 기타 주요사항
  ㉠ 내연기관의 공기와 연료의 혼합비가 완전연소할 때 배기가스의 색깔 : 무색
  ㉡ 내연기관의 총배기량 = 실린더의 단면적 × 행정 × 실린더 수
  ㉢ 기관 사용 전에 난기운전을 실시하는 이유 : 변속기의 이상 유무를 확인하기 위하여
  ㉣ 디젤기관에서 정상 부하 운전인데도 검은 연기의 배기가스가 발생되는 원인
    • 공기청정기가 막혔을 때
    • 연료의 분사시기가 늦을 때
    • 연료의 분사량이 너무 많을 때

10년간 자주 출제된 문제

5-1. 기관의 성능곡선도상에 표현되지 않는 것은?
① 기관 출력
② 피스톤 평균속도
③ 기관토크
④ 연료 소비율

5-2. 디젤기관에서 정상 부하 운전인데도 검은 연기의 배기가스가 발생된다. 그 원인이 아닌 것은?
① 공기청정기가 막혔을 때
② 연료의 분사시기가 늦을 때
③ 연료의 분사량이 너무 많을 때
④ 연료통의 용량이 너무 클 때

[해설]

5-1
기관 성능곡선
가로축에는 회전수를, 세로축에는 출력, 토크, 연료 소비율, 기계효율 등의 관계를 하나의 그래프로 나타낸 것이다.

5-2
배기가스가 검은색이라면 엔진에서 불완전연소가 일어나고 있는 상황이다.

정답 5-1 ② 5-2 ④

핵심이론 06 디젤기관의 특징

① 디젤기관의 특징
  ㉠ 가솔린기관에 비해 압축비가 높다.
  ㉡ 경유를 연료로 사용한다.
  ㉢ 점화방법 : 압축착화한다.
    ※ 가솔린기관에서 사용하는 점화장치(점화플러그, 배전기 등)가 없다.
  ㉣ 압축착화기관 : 공기만 실린더 내로 흡입하여 고압축비로 압축한 다음 압축열에 연료를 분사하는 작동원리
  ㉤ 국내 건설기계는 디젤기관을 사용한다.
② 디젤기관 순환운동의 순서 : 공기 흡입 → 공기압축 → 연료 분사 → 착화연소 → 배기
③ 디젤기관을 정지시키는 방법 : 연료 공급을 차단시킨다.

10년간 자주 출제된 문제

6-1. 디젤기관과 관계없는 것은?
① 경유를 연료로 사용한다.
② 점화장치 내에 배전기가 있다.
③ 압축착화한다.
④ 압축비가 가솔린기관보다 높다.

6-2. 다음 중 디젤기관에서 필요로 하지 않는 부속장치는 어느 것인가?
① 냉각장치
② 연료공급장치
③ 점화장치
④ 윤활장치

|해설|

6-1
점화장치 내에 배전기가 있는 것은 가솔린기관이다. 가솔린이나 LPG 차량은 점화플러그가 있어 연소를 도와 시동이 용이해진다.

정답 6-1 ② 6-2 ③

핵심이론 07 디젤기관의 장단점

① 디젤기관의 장점
  ㉠ 연료비가 저렴하고, 열효율이 높으며, 연료 소모량이 적어 운전 경비가 적게 든다.
  ㉡ 이상연소가 일어나지 않고 고장이 적다.
  ㉢ 토크변동이 작고, 운전이 용이하다.
  ㉣ 인화점이 높아서 화재의 위험성이 적다.
② 디젤기관의 단점
  ㉠ 마력당 중량이 크다.
  ㉡ 소음 및 진동이 크다.
  ㉢ 연료분사장치 등은 고급 재료이고, 정밀가공해야 한다.
  ㉣ 배기 중에 SO_2 유리탄소(Free Carbon)가 포함되고 매연으로 인하여 대기 중에 스모그 현상이 커진다.
  ㉤ 시동전동기 출력이 커야 한다.

10년간 자주 출제된 문제

7-1. 고속 디젤기관의 장점으로 틀린 것은?
① 열효율이 가솔린기관보다 높다.
② 인화점이 높은 경유를 사용하므로 취급이 용이하다.
③ 가솔린기관보다 최고 회전 수가 빠르다.
④ 연료 소비량이 가솔린기관보다 적다.

7-2. 디젤기관과 가솔린기관을 비교하였을 때 옳은 것은?
① 디젤기관의 압축비가 더 낮다.
② 가솔린기관의 소음이 더 심하다.
③ 디젤기관의 열효율이 더 높다.
④ 같은 출력일 때 가솔린기관이 더 무겁다.

해설

7-1
최고 회전 수는 디젤기관보다 가솔린기관이 높다.

7-2
가솔린엔진과 디젤엔진의 비교

가솔린기관	디젤기관
가솔린(휘발유) 사용	디젤유(경유) 사용
소형·경량	대형·중량
소음·진동이 작음	소음·진동이 큼
흡입 시 혼합기(가솔린+공기) 흡입	흡입 시 순수 공기만 흡입
점화불꽃착화	압축착화(자연착화)
압축비가 낮음	압축비가 높음
점화플러그 및 공기혼합계통	고압 연료분사장치

정답 7-1 ③ 7-2 ③

핵심이론 08 디젤기관의 시동 및 출력

① 디젤기관에서 시동이 되지 않는 원인
  ㉠ 연료가 부족하다.
  ㉡ 연료 공급펌프가 불량하다.
  ㉢ 연료계통에 공기가 유입되어 있다.
  ㉣ 엔진의 회전속도가 느리다.
  ㉤ 기동전압이 낮다.
  ㉥ 분사시기, 분사노즐이 불량하다.
  ㉦ 연료의 착화점이 높다.
  ㉧ 압축압력이 불량하다.

② 작업 중 기관의 시동이 꺼지는 원인
  ㉠ 연료필터가 막혔을 때
  ㉡ 연료탱크에 물이 들어있을 때
  ㉢ 연료 연결파이프의 손상 및 누설이 있을 때
  ㉣ 자동변속기의 고장이 발생했을 때

③ 기관 출력 저하의 원인
  ㉠ 피스톤 링이 과대 마모되었다.
  ㉡ 밸브 및 인젝션 타이밍이 적당하지 않다.
  ㉢ 라이너 또는 피스톤이 나쁘다.
  ㉣ 연료의 세탄가가 낮다.
  ㉤ 연료분사량이 적거나, 연료필터가 막혀 있다.
  ㉥ 노킹(Knocking) 발생 또는 압축압력이 낮다.
  ㉦ 실린더 내의 압력이 낮다.
  ㉧ 연료분사시기, 상태 및 흡배기밸브 불량으로 불완전연소된다.
  ㉨ 운동부의 마찰, 고착 및 펌프류의 동력이 증대될 때이다.

  ※ 오버헤드밸브식(OHV ; Overhead Valve Type) 엔진의 특징
    • 흡배기의 흐름에 저항이 작아 흡배기 효율이 좋다.
    • 밸브의 크기와 양정을 충분히 할 수 있다.
    • 연소실의 형식을 간단히 할 수 있다.

• 푸시로드 등 밸브를 움직이는 부품이 많아 고회전 시 밸브를 정확하게 개폐하지 못하는 단점이 있다.

10년간 자주 출제된 문제

엔진 출력을 저하시키는 직접 원인이 아닌 것은?
① 노킹(Knocking)이 일어날 때
② 연료분사량이 적을 때
③ 클러치가 불량할 때
④ 실린더 내의 압력이 낮을 때

[해설]
기관 출력 저하의 원인
• 피스톤 링이 과대 마모되었다.
• 밸브 및 인젝션 타이밍이 적당하지 않다.
• 라이너 또는 피스톤이 나쁘다.
• 연료의 세탄가가 낮다.
• 연료분사량이 적거나, 연료필터가 막혀 있다.
• 노킹(Knocking) 발생 또는 압축압력이 낮다.
• 실린더 내의 압력이 낮다.
• 연료분사시기, 상태 및 흡배기밸브 불량으로 불완전연소된다.
• 운동부의 마찰, 고착 및 펌프류의 동력이 증대될 때이다.

정답 ③

핵심이론 09 엔진부조 및 진동

① **엔진부조** : 공회전 시 엔진이 털털거리거나 주행 중 힘을 못 받는 등 엔진이 비정상적인 모든 상태
② **디젤기관에서 부조 발생의 원인**
 ㉠ 거버너 작동 불량
 ㉡ 분사시기 조정 불량
 ㉢ 연료의 압송 불량
 ㉣ 연료라인에 공기가 혼입
 ㉤ 인젝터 공급파이프의 연료 누설
  • 연료계통 : 연료펌프 불량, 인젝터 불량, 연료필터 불량 등
  • 점화계통 : 배전기 불량, 케이블 불량, 점화플러그 불량
③ **연료분사량의 차이가 있을 때 나타나는 현상**
 ㉠ 연소폭발음의 차이가 있다.
 ㉡ 엔진부조가 발생한다.
 ㉢ 진동이 발생한다.
④ **디젤기관의 진동 원인**
 ㉠ 분사량·분사시기 및 분사압력 등이 불균형하다.
 ㉡ 다기통기관에서 어느 한 개의 분사노즐이 막혔다.
 ㉢ 연료 공급계통에 공기가 침입하였다.
 ㉣ 각 피스톤의 중량차가 크다.
 ㉤ 크랭크축의 무게가 불평형하다.
 ㉥ 실린더 상호 간의 안지름 차이가 심하다.

10년간 자주 출제된 문제

9-1. 디젤기관에서 부조 발생의 원인이 아닌 것은?
① 발전기 고장
② 거버너 작동 불량
③ 분사시기 조정 불량
④ 연료의 압송 불량

9-2. 디젤기관의 진동 원인과 가장 거리가 먼 것은?
① 각 실린더의 분사압력과 분사량이 다르다.
② 분사시기, 분사간격이 다르다.
③ 윤활펌프의 유압이 높다.
④ 각 피스톤의 중량차가 크다.

|해설|

9-1
디젤기관에서 부조 발생의 원인은 연료계통의 원인이고, 발전기 고장은 충전과 방전이 원인이다.

9-2
윤활펌프의 유압이 높으면 원활한 회전을 돕는다.

정답 9-1 ① 9-2 ③

핵심이론 10 기관의 과열

① 기관 과열의 주요 원인
  ㉠ 윤활유 부족
  ㉡ 냉각수 부족
  ㉢ 물펌프 고장
  ㉣ 팬 벨트 이완 및 절손
  ㉤ 온도조절기가 열리지 않음
  ㉥ 냉각장치 내부에 물때가 많은 경우(물재킷 스케일 누적)
  ㉦ 라디에이터 코어의 막힘 및 불량
  ㉧ 냉각핀의 손상 및 오염
  ㉨ 냉각수 순환계통의 막힘
  ㉩ 이상연소(노킹 등)
  ㉪ 압력식 캡의 불량
  ㉫ 무리한 부하운전

② 기관 과열 시 피해
  ㉠ 금속이 빨리 산화하고, 냉각수의 순환이 불량해진다.
  ㉡ 각 작동 부분의 소결 및 각 부품의 변형원인이 된다.
  ㉢ 윤활 불충분으로 인하여 각 부품이 손상된다.
  ㉣ 조기 점화 및 노킹이 발생된다.

10년간 자주 출제된 문제

엔진 과열의 원인으로 가장 거리가 먼 것은?
① 라디에이터 코어 불량
② 냉각계통의 고장
③ 정온기가 닫혀서 고장
④ 연료의 품질 불량

|해설|
불량한 품질의 연료 사용 시 실린더 내에서 노킹이 발생한다.

정답 ④

1-2. 헤드 및 실린더와 연소실

핵심이론 01 실린더 블록, 실린더 헤드

① 실린더 블록
  ㉠ 내연기관 주요 부품들이 설치, 고정되고 외부로부터 보호하는 역할을 하는 기관의 몸체이다.
  ㉡ 재질은 주철 또는 경합금재를 사용한다.
  ㉢ 실린더가 있는 부분을 실린더 블록, 크랭크축이 있는 부분을 크랭크 케이스라고 하며, 크랭크 케이스는 오일 팬의 역할도 한다.
  ㉣ 실린더 블록의 윤활유 통로 막힘은 압축공기로 검사한다.
  ㉤ 코어플러그 : 실린더 블록의 동파 방지를 위해 설치한 것이다.
  ㉥ 헤드 개스킷 : 실린더 블록과 헤드 사이에 끼워져 압력가스의 누출을 방지한다.

② 실린더 헤드
  ㉠ 실린더 헤드는 헤드 개스킷을 사이에 두고 실린더 위쪽에 설치되어 연소실을 형성한다.
  ㉡ 실린더 헤드에는 밸브, 점화플러그 또는 인젝터가 설치되어 있다.
  ㉢ 기관의 냉각방식에 따라 물재킷 또는 냉각핀이 설치되어 있다.
  ㉣ 재질은 주철 또는 알루미늄 합금을 사용한다.
  ㉤ 구비조건 : 고온·고압에 견딜 것, 열팽창이 작을 것, 열전달이 잘될 것, 가공이 쉬울 것
  ㉥ 기관의 실린더 헤드를 연삭하면 압축비는 높아진다.
  ㉦ 실린더 헤드의 볼트 풀기와 조이기에 대한 안전사항
    • 한 번에 조이지 않고 2~3회 나누어 조이는 것이 좋다.
    • 토크렌치는 최종적으로 실린더 헤드의 볼트를 조일 때 회전력을 측정하고, 규정값으로 조이기 위해 쓰인다.
    • 규정값으로 조이지 않으면 냉각수 유출, 압축압력의 저하, 기관오일의 누출 등이 발생한다.
    • 실린더 헤드의 중앙에서 바깥쪽을 향하여 대각선 방향으로 조인다.
    • 조이고 풀 때는 렌치를 작업자의 몸 쪽으로 잡아당기면서 작업한다.
    • 디젤기관의 실린더 헤드 변형 점검 시 직각자와 필러게이지를 사용한다.

10년간 자주 출제된 문제

1-1. 실린더 헤드의 볼트를 조일 때 회전력을 측정하기 위해 쓰는 공구는?
① 토크렌치
② 오픈렌치
③ 복스렌치
④ 소켓렌치

1-2. 실린더 헤드의 볼트 풀기와 조이기에 대한 안전사항 중 바르지 못한 것은?
① 한 번에 조이지 않고 2~3회 나누어 조이는 것이 좋다.
② 토크렌치는 최종적으로 규정토크로 조일 때 사용한다.
③ 헤드의 바깥쪽에서 중앙을 향하여 일직선 방향으로 조이는 것이 가장 좋은 방법이다.
④ 조이고 풀 때는 렌치를 작업자의 몸 쪽으로 잡아당기면서 작업한다.

해설

1-1
실린더 헤드의 볼트를 조일 때 토크렌치를 사용하는 이유는 규정값으로 조이기 위해서이다.

1-2
실린더 헤드의 볼트를 풀 때는 바깥쪽에서 대각선 방향으로 풀어 중앙으로 온다.

정답 1-1 ① 1-2 ③

핵심이론 02 실린더

① 실린더의 개념
  ㉠ 실린더는 연소실을 형성하는 원통 부분이다.
  ㉡ 재질은 니켈-크롬 등의 고급 재료가 사용된다.
  ㉢ 실린더는 실린더 블록과 한 몸으로 주조된 일체형과 분리하여 교체할 수 있는 라이너식(건식, 습식)이 있다.
  ㉣ 실린더 호닝작업의 주목적은 내면을 매끈하게 하기 위해서이다.

② 실린더 측정게이지
  ㉠ 실린더 내경(안지름)을 측정할 수 있는 계측기 : 보어게이지
  ㉡ 실린더 마모량 측정게이지 : 텔레스코핑게이지, 내·외측 마이크로미터, 보어게이지
  ㉢ 실린더가 마멸되었을 때 일어나는 현상 : 압축 및 압력의 저하, 출력의 저하, 열효율의 저하 등
  ※ 실린더 보어게이지 취급 시 안전사항
    • 스핀들은 공작물에 가만히 접촉하도록 한다.
    • 보관 시에는 건조한 헝겊으로 닦아서 보관한다.
    • 스핀들이 잘 움직이지 않으면 고급 스핀들유를 바른다.

③ 실린더 측정법
  ㉠ 실린더의 상중하 세 곳에서 각각 축 방향과 축의 직각 방향으로 총 여섯 곳을 측정한다.
  ㉡ 최대 마모 부분과 최소 마모 부분의 안지름 차이를 마모량의 값으로 정한다.
  ㉢ 마이크로미터를 활용하여 측정 시 반드시 영점(0)을 확인한다.
  ㉣ 실린더 윗부분의 마모가 가장 크고, 하사점 아랫부분은 마모가 거의 없다.
  ㉤ 수 정
    • 내경이 큰 기관(70mm 이상)은 0.25mm 이상 마멸하면 보링을 한다.
    • 내경이 작은 기관(70mm 이하)은 0.15mm 이상 마멸하면 보링을 한다.
  ㉥ 보링값
    • 계산법 : 실린더 최대 마모 측정값 + 수정 절삭량(0.2mm)
    • 피스톤 오버 사이즈에 맞지 않으면, 계산값보다 크고 가장 가까운 값으로 선정한다.
      ※ 표준 안지름 90mm의 실린더에서 0.26mm가 마멸되었을 때 보링 치수는 안지름을 90.50mm로 한다.
  ㉦ 실린더의 수정 한계
    • 보링을 여러 번하면 실린더 벽의 두께가 얇아져 한계 이상의 오버 사이즈로 할 수 없다.
    • 내경이 큰 기관(70mm 이상)은 1.50mm까지 보링을 할 수 있다.
    • 내경이 작은 기관(70mm 이하)은 1.25mm까지 보링을 할 수 있다.
  ㉧ 피스톤 오버 사이즈
    • STD4, 0.25mm, 0.50mm, 0.75mm, 1.00mm, 1.25mm, 1.50mm 총 6단계이다.
    • 이 오버 사이즈 한계값을 넘으면, 교환해야 한다.

10년간 자주 출제된 문제

2-1. 다음 중 실린더 마모량을 점검하려고 할 때 가장 적절하지 않은 것은?
① 실린더별 측정 개소는 6개소이다.
② 실린더 보어게이지로 내경을 측정한다.
③ 과대 마모 시 언더 사이즈 수정값으로 보링한다.
④ 최대 내경값에 표준내경을 빼면 마모량이 된다.

2-2. 표준 안지름 90mm의 실린더에서 0.26mm가 마멸되었을 때 보링 치수는 얼마인가?
① 안지름을 90.30mm로 한다.
② 안지름을 90.40mm로 한다.
③ 안지름을 90.50mm로 한다.
④ 안지름을 90.60mm로 한다.

[해설]

2-2
보링 치수 = 실린더 최대 마모 측정값 + 수정 절삭량(0.2mm)
  = 90.26mm + 0.2mm
  = 90.46mm
따라서 보링 최적 치수는 실린더 내경을 계산값보다 크고 가장 가까운 90.50mm로 한다.

정답 2-1 ③ 2-2 ③

핵심이론 03 연소실(1) : 직접 분사식

디젤엔진의 연소실 형식에는 직접 분사식, 예연소실식, 와류식 등이 있다.

① **직접 분사식의 개념**
  ㉠ 구조가 가장 간단하여 2사이클 디젤기관에서 주로 사용된다.
  ㉡ 피스톤에 설치된 연소실 내에 연료를 직접 분사하는 구조이다.
  ㉢ 실린더 헤드와 피스톤 헤드 사이에 연소실을 형성하는 단실식 기관이다.

② **직접 분사식의 장점**
  ㉠ 연소실의 구조가 간단하고, 열효율이 좋고, 연료 소비량이 적다.
  ㉡ 실린더 헤드의 구조가 간단하고, 열에 대한 변형이 작다.
  ㉢ 냉각손실이 작기 때문에 시동이 쉬워 예열플러그가 필요치 않다.
  ㉣ 연소실 면적이 가장 작고 폭발압력이 높다.

③ **직접 분사식의 단점**
  ㉠ 연소의 압력과 압력 상승률이 커서 소음이 크다.
  ㉡ 연료분사압력이 가장 높아 분사펌프와 분사노즐의 수명이 짧다.
  ㉢ 다공형 분사노즐을 사용하여야 한다.
  ㉣ 노즐의 상태가 조금만 달라도 엔진 성능에 영향을 줄 수 있다.
  ㉤ 질소산화물 발생이 많으며 디젤노크도 일으키기 쉽다.
  ㉥ 엔진의 부하, 회전속도 및 사용연료의 변화에 민감하다.

  ※ 디젤기관 연소실 분사압력(kgf/cm^2)
  • 직접 분사식 : 200~300
  • 예연소실식 : 100~120
  • 와류실식, 공기실식 : 100~140

10년간 자주 출제된 문제

3-1. 다음 중 직접 분사식의 장점으로 옳은 것은?
① 발화점이 낮은 연료를 사용하면 노크가 일어나지 않는다.
② 연소압력이 낮으므로 분사압력도 낮게 하여도 된다.
③ 실린더 헤드의 구조가 간단하고, 열에 대한 변형이 작다.
④ 핀틀형 노즐을 사용하므로 고장이 적고 분사압력도 낮다.

3-2. 디젤기관의 직접 분사식은 연소실에 직접 분사하는 형식으로 연료분사압력은 보통 얼마인가?
① $50 \sim 100 \text{kgf/cm}^2$
② $100 \sim 150 \text{kgf/cm}^2$
③ $150 \sim 200 \text{kgf/cm}^2$
④ $200 \sim 300 \text{kgf/cm}^2$

|해설|

3-1
직접 분사식의 장점
- 연소실의 구조가 간단하고, 열효율이 좋고, 연료소비량이 적다.
- 실린더 헤드의 구조가 간단하고, 열에 대한 변형이 작다.
- 냉각손실이 작기 때문에 시동이 쉬워 예열플러그가 필요치 않다.
- 연소실 면적이 가장 작고 폭발압력이 높다.

3-2
디젤기관 연소실 분사압력
- 직접 분사식 : $200 \sim 300 \text{kgf/cm}^2$
- 예열소실식 : $100 \sim 120 \text{kgf/cm}^2$
- 와류실식, 공기실식 : $100 \sim 140 \text{kgf/cm}^2$

정답 3-1 ③ 3-2 ④

핵심이론 04 연소실(2) : 예연소실식

① 예연소실식(Precombustion Chamber Type)의 개념
  ㉠ 피스톤과 실린더 헤드 사이에 형성되는 주연소실 위에 예연소실을 두고 여기에 연료를 분사하여 착화한 후 주연소실로 분출되어 완전연소하는 방식이다.
  ㉡ 예연소실의 체적은 전체 압축 체적의 30~40%이다.
  ㉢ 가장 많이 사용되는 디젤기관의 연소실이다.

② 예연소실식의 장점
  ㉠ 디젤노크 발생이 적고 세탄가가 낮은 연료 사용이 가능하다.
  ㉡ 예연소실보다 주연소실의 압력 변화가 작아서 운전 시 조용하다.
  ㉢ 연료분사압력($100 \sim 120 \text{kgf/cm}^2$)이 가장 낮기 때문에 연료장치 고장이 적고 수명도 길다.
  ㉣ 사용 연료의 변화에 둔감하므로 연료 선택의 범위가 넓다.
  ㉤ 공기의 와류에 의한 혼합기 형성이 양호하여 무화가 잘되고 질소산화물 발생이 적다.

③ 예연소실식의 단점
  ㉠ 연소실 표면적에 비해 체적비가 커서 냉각손실이 크다.
  ㉡ 실린더 헤드의 구조가 복잡하다.
  ㉢ 저온 시 예열플러그가 있어야 시동이 용이하다.
  ㉣ 연료 소비율이 비교적 많고, 열효율이 낮다.

10년간 자주 출제된 문제

다음 중 예연소실식의 장점으로 옳지 않은 것은?
① 디젤노크의 발생이 적고, 세탄가가 낮은 연료 사용이 가능하다.
② 예연소실보다 주연소실의 압력 변화가 작아서 운전 시 조용하다.
③ 연료분사압력이 높기 때문에 열효율이 높다.
④ 사용 연료의 변화에 둔감하므로 연료 선택의 범위가 넓다.

정답 ③

핵심이론 05 연소실(3) : 와류실식

① 와류실식의 개념
  ㉠ 구형의 연소실에 들어오는 공기에 따라 와류를 일으키고, 이 와류 속에 연료를 분사하여 연료와 공기의 혼합을 촉진한다.
  ㉡ 와류실의 체적은 전체 압축체적의 50~60% 정도이다.
② 와류실식의 장점
  ㉠ 연료와 공기의 혼합이 원활하여 회전속도 및 평균유효 압력이 높다.
  ㉡ 엔진의 회전속도 범위가 넓고 운전이 원활하다.
  ㉢ 매연 발생이 적고, 연료 소비율이 낮다.
  ㉣ 연료 소비율이 예연소실식보다 우수하다.
③ 와류실식의 단점
  ㉠ 와류에 의한 혼합기를 형성하므로 중, 저속토크를 얻기 어렵다.
  ㉡ 연소실 표면적에 대하여 체적비가 크고 열효율이 비교적 낮다.
  ㉢ 실린더 헤드의 구조가 복잡하고, 저속에서 노크 발생이 쉽다.
  ㉣ 시동 시 예열플러그가 필요하다.

10년간 자주 출제된 문제

와류실식 디젤기관의 장점이 아닌 것은?
① 노킹이 잘 일어나지 않는다.
② 와류 이용이 좋다.
③ 분사압력이 낮아도 된다.
④ 연료 소비율이 예연소실식보다 우수하다.

|해설|
와류실식 디젤기관은 실린더 헤드의 구조가 복잡하고, 저속에서 노킹 발생이 쉽다.

정답 ①

핵심이론 06 연소실(4) : 공기실식

① 공기실의 개념
  ㉠ 실린더 헤드에 있는 공기실에 공기를 압입하고 연료를 분사하는 방식이다.
  ㉡ 공기실의 체적은 전체 압축 체적의 6.5~20% 정도이다.
② 공기실식(Air Chamber Type)의 장점
  ㉠ 기동이 쉽고, 연소압력이 낮다.
  ㉡ 연료의 성질에 대해서 둔감하고 노크가 없다.
  ㉢ 다른 어떤 형식보다 정숙한 운전을 할 수 있다.
③ 공기실식의 단점
  ㉠ 연료 소비율이 높다.
  ㉡ 후적 연소가 일어나기 쉬워 배기온도가 높아진다.
  ㉢ 분사시기, 부하 및 회전속도에 대한 적응성이 낮다.
  ※ 후적(Dribbling) : 분사가 완료된 후 분사 노즐 팁(Tip)에 연료 방울이 맺혔다가 연소실에 떨어지는 현상이다. 후적이 발생하면 후기 연소기간이 길어지고 기관이 과열하며 출력 저하의 원인이 된다.

10년간 자주 출제된 문제

6-1. 다음 중 공기실식의 특징으로 옳지 않은 것은?
① 기동이 쉽고 연소압력이 낮다.
② 연료의 성질에 대해서 둔감하고 노크가 없다.
③ 부하 및 회전속도에 대한 적응성이 높다.
④ 다른 어떤 형식보다 정숙한 운전을 할 수 있다.

6-2. 공기실식 디젤기관의 공기실 체적은 전체 압축 체적의 약 몇 %인가?
① 6.5~20%   ② 20~50%
③ 30~70%   ④ 40~90%

|해설|
6-2
공기실의 체적은 전체 압축 체적의 6.5~20% 정도이다.

정답 6-1 ③ 6-2 ①

1-3. 밸브장치(흡·배기밸브) 및 캠축

핵심이론 01 밸브장치

① 밸브장치의 개념
  ㉠ 연소실 내로 혼합기 또는 공기를 흡입하고 연소가스를 배출하기 위해 실린더마다 흡기 및 배기밸브가 설치되어 있으며, 이를 작동시키는 밸브기구가 설치되어 있다.
  ㉡ 배기밸브는 냉각이 곤란하므로 흡기밸브 헤드 지름이 더 크다.
  ㉢ 4행정 엔진의 1사이클이 완료되면 크랭크축은 2회전, 캠축은 1회전, 실린더의 흡배기밸브는 각 1회 여닫는다.
  ㉣ 밸브 스템 : 밸브 가이드 내부를 상하 왕복운동하여 밸브 헤드가 받는 열을 가이드를 통해 방출하고, 밸브의 개폐를 돕는 부품이다.
  ㉤ 밸브 리프터 : 캠의 회전운동을 왕복운동으로 바꾸는 장치로, 밸브 리프터는 기계식 밸브 리프터와 유압식 밸브 리프터로 구분된다.

② 유압식 밸브 리프터의 특징
  ㉠ 밸브 간극은 자동으로 조절된다.
  ㉡ 밸브 개폐시기가 정확하다.
  ㉢ 항상 밸브 간극을 0으로 유지해 준다.
  ㉣ 밸브기구의 내구성이 좋다.
  ㉤ 작동 소음을 줄일 수 있다.
  ㉥ 밸브구조가 복잡하다.
  ㉦ 항상 일정한 압력의 오일을 공급받아야 한다.

  ※ 밸브 헤드의 형상
  • 머시룸형, 튤립형, 플랫형, 개량튤립형 등
  • 플랫형(Flat Head Type) : 기관에서 밸브 헤드 부분과 밸브 스템 부분을 큰 원호로 연결하여 가스의 흐름을 원활하게 하고, 강도를 크게 한 것으로 제작이 용이하기 때문에 일반적으로 많이 사용된다.

10년간 자주 출제된 문제

1-1. 유압식 밸브 리프터의 장점이 아닌 것은?
① 밸브 간극은 자동으로 조절된다.
② 밸브 개폐시기가 정확하다.
③ 밸브구조가 간단하다.
④ 밸브기구의 내구성이 좋다.

1-2. 어떤 4행정 사이클 기관이 2,500rpm 회전하였다면, 제1번 실린더의 배기밸브는 1분에 몇 회 열렸는가?
① 625회
② 1,250회
③ 2,500회
④ 5,000회

|해설|

1-1
유압식 밸브 리프터는 구조가 복잡하다. 즉, 밸브 간극을 자동으로 조절하는 것으로 오일의 비압축성을 이용하여 기관의 작동온도에 관계없이 항상 밸브 간극을 0으로 유지해 준다.

1-2
4행정 엔진의 1사이클이 완료되면 크랭크축은 2회전, 캠축은 1회전, 실린더의 흡·배기밸브는 각 1회 여닫는다.
$2,500 \div 4 \times 2 = 1,250$회

정답 1-1 ③　1-2 ②

핵심이론 02 밸브 간극 및 점검

① 밸브 간극 : 밸브 스템 엔드와 로커 암(태핏) 사이의 간극
  ㉠ 밸브 간극이 너무 클 때 발생하는 현상
    - 정상온도에서 완전히 밀착되지 않아 소리가 난다.
    - 밸브가 완전히 개방되지 않는다.
    - 밸브가 늦게 열리고, 빨리 닫힌다.
    - 실린더 내에서 밸브 돌출이 작아진다.
    - 밸브가 열릴 때 충격으로 소음이 발생한다.
    - 밸브가 작게 열려 흡·배기효율이 저하된다.
    - 흡입공기량이 적고, 배기가 나쁘다.
  ㉡ 기관의 밸브 간격이 너무 좁을 때 일어나는 현상
    - 압축가스가 새서 동력이 감소된다.
    - 실화를 일으킨다.
    - 빨리 열리고, 늦게 닫힌다.
    - 역화(Back Fire)가 일어나기 쉽다.
    ※ 밸브의 개폐를 돕는 것 : 푸시로드는 로커 암을 구동하는 부품이며, 로커 암은 밸브를 열어 준다.

② 밸브장치의 측정 및 점검항목
  ㉠ 밸브 스프링의 자유 길이, 장력
  ㉡ 밸브 스템의 휨
  ㉢ 밸브 틈새(면의 접촉 상태)
  ㉣ 마멸 및 소손
  ㉤ 밸브 마진의 두께

10년간 자주 출제된 문제

2-1. 건설기계용 기관에서 밸브 간극이란?
① 밸브 스템 엔드와 로커 암 사이의 간극
② 캠과 로커 암 사이의 간극
③ 밸브 스프링과 밸브 스템 사이의 간극
④ 푸시로드와 캠 사이의 간극

2-2. 기관의 밸브간극이 너무 좁을 때 일어나는 현상 중 틀린 것은?
① 압축가스가 새서 동력이 감소된다.
② 실화를 일으킨다.
③ 적게 열리고 정확히 닫힌다.
④ 역화(Back Fire)가 일어나기 쉽다.

|해설|

2-1
밸브 간극
밸브 스템 엔드와 로커 암 사이의 0.1~0.3mm 정도의 간극으로 엔진 작동 간 발생하는 밸브기구의 열팽창을 고려하여 간극이 필요하다.

2-2
밸브 간극이 좁을 때 일찍 열리고 늦게 닫혀 동력 감소, 실화, 역화의 위험이 있다.

정답 2-1 ① 2-2 ③

핵심이론 03 흡·배기밸브, 밸브 오버랩

① 흡·배기밸브의 구비조건
  ㉠ 열에 대한 저항력이 클 것(고온에서 견딜 것)
  ㉡ 밸브 헤드 부분의 열전도율이 클 것
  ㉢ 고온에서의 장력과 충격에 대한 저항력이 클 것
  ㉣ 고온가스에 부식되지 않을 것
  ㉤ 가열이 반복되어도 물리적 성질이 변하지 않을 것
  ㉥ 관성력이 커지는 것을 방지하기 위하여 무게가 가볍고 내구성이 클 것
  ㉦ 흡·배기가스 통과에 대한 저항이 작은 통로를 만들 것
  ㉧ 열에 대한 팽창률이 작을 것
  ※ 밸브의 수명은 배기밸브가 흡기밸브보다 짧다.

② 밸브 오버랩 : 자동차 엔진의 흡기밸브와 배기밸브가 동시에 열려 있는 시기를 말한다.

③ 밸브 오버랩을 두는 이유
  ㉠ 흡입공기의 양을 많게 하여 기관 체적효율(엔진출력의 향상)을 높인다.
  ㉡ 연소실 내에서 생긴 배기가스를 관성력에 의해서 제거한다.
  ㉢ 연소실 내의 부품을 냉각시킨다.

10년간 자주 출제된 문제

3-1. 다음 중 흡·배기밸브의 구비조건이 아닌 것은?
① 열전도율이 좋을 것
② 열에 대한 팽창률이 작을 것
③ 열에 대한 저항력이 작을 것
④ 가스에 견디고 고온에 잘 견딜 것

3-2. 기관에서 밸브 오버랩은 무엇을 나타내는가?
① 흡·배기밸브가 동시에 열려 있는 시기
② 흡기밸브만 열려 있는 시기
③ 배기밸브만 열려 있는 시기
④ 흡·배기밸브가 동시에 닫혀 있는 시기

|해설|

3-1
흡·배기밸브는 열에 대한 저항력이 커야 한다.

3-2
밸브 오버랩 : 자동차 엔진의 흡기밸브와 배기밸브가 동시에 열려 있는 시기를 말한다.

정답 3-1 ③ 3-2 ①

핵심이론 04 밸브 스프링 및 서징현상

① 스프링의 재료가 갖추어야 할 성질
  ㉠ 탄성계수가 커야 한다.
  ㉡ 탄성한도가 높아야 한다.
  ㉢ 피로한도가 높아야 한다.
  ㉣ 크리프 한도가 높아야 한다.
  ㉤ 항복강도와 충격값이 커야 한다.

② 고무 스프링의 특징
  ㉠ 인장력에 약하므로 인장하중을 피하는 것이 좋다.
  ㉡ 감쇠작용이 커서 진동 및 충격흡수가 좋다.
  ㉢ 방진효과뿐만 아니라 방음효과도 우수하다.
  ㉣ 노화와 변질 방지를 위하여 0~70℃ 온도범위에서 사용하여야 하며, 기름과의 접촉과 직사광선을 피한다.
  ※ 겹판 스프링 : 일반적으로 굽힘 하중을 많이 받는 데 사용한다.

③ 밸브 서징(Surging)현상과 방지법
  ㉠ 고속 시 밸브의 고유 진동 수와 캠의 회전 수 공명에 의하여 스프링이 튕기는 현상이다.
  ㉡ 밸브 서징현상을 방지하는 방법
    • 공진을 상쇄시키고 정해진 양정에서 충분한 스프링 정수를 얻도록 한다.
    • 부등 피치의 2중 스프링을 사용한다.
    • 고유 진동 수가 다른 2중 스프링을 사용한다.
    • 부등 피치의 원뿔형 스프링을 사용한다.

④ 밸브 스프링의 점검항목
  ㉠ 직각도 : 스프링 자유고의 3% 이하일 것(자유높이 100mm당 3mm 이내일 것)
  ㉡ 자유고 : 스프링 규정 자유고의 3% 이하일 것
  ㉢ 스프링 장력 : 스프링 규정 장력의 15% 이하일 것
  ㉣ 접촉면의 상태는 2/3 이상 수평일 것
    ※ 가장 많이 사용하는 밸브 시트의 각도 : 30°와 45°

10년간 자주 출제된 문제

4-1. 스프링의 재료가 갖추어야 할 성질이 아닌 것은?
① 탄성계수가 커야 한다.
② 탄성한도가 높아야 한다.
③ 피로한도가 낮아야 한다.
④ 크리프 한도가 높아야 한다.

4-2. 밸브 스프링 서징현상을 방지하는 방법에 대한 설명 중 틀린 것은?
① 고유 진동수가 같은 2중 스프링 사용
② 부등 피치의 2중 스프링 사용
③ 고유 진동수가 다른 2중 스프링 사용
④ 부등 피치의 원뿔형 스프링 사용

[해설]
4-1
스프링의 피로한도가 작으면 금방 부서지므로 커야 한다.

4-2
밸브 서징현상을 방지하는 방법
• 공진을 상쇄시키고 정해진 양정에서 충분한 스프링 정수를 얻도록 한다.
• 부등 피치의 2중 스프링을 사용한다.
• 고유 진동 수가 다른 2중 스프링을 사용한다.
• 부등 피치의 원뿔형 스프링을 사용한다.

정답 4-1 ③ 4-2 ①

핵심이론 05 캠 축

① 역할 : 연료펌프 구동, 오일펌프 구동, 배전기 구동, 밸브 개폐 작동 등
② 캠축의 구동방식(크랭크축의 회전수 : 캠축의 회전수 = 2 : 1)
　㉠ 기어 구동식
　　• 크랭크축 기어와 캠축 기어의 물림에 의해 구동된다.
　　• 토크 전달력이 크고 회전비가 정확하나 소음 발생 및 설치의 어려움이 있다.
　㉡ 체인 구동식
　　• 캠축 구동을 체인으로 하며 크랭크축과 캠축에는 스프로킷이 설치되어 있다.
　　• 기어 구동식과 벨트 구동식의 장단점을 모두 갖고 있으나 진동 및 소음의 단점이 있다.
　　• 최근에는 헐거움을 자동적으로 조정하는 텐셔너(Tensioner)나 진동을 방지하는 댐퍼(Damper)를 두어 결함을 보호한다.
　㉢ 벨트 구동식
　　• 캠축 구동에 벨트를 사용한다.
　　• 설치가 비교적 자유롭지만, 오일 등에 의한 슬립 및 주기적인 교환이 필요하다.
　　※ 캠축의 휨과 기어의 백래시 측정 : 다이얼게이지
③ 캠축 캠의 마모가 심할 때 일어나는 현상
　㉠ 흡배기 효율이 낮아진다.
　㉡ 소음이 심해진다.
　㉢ 밸브의 유효행정이 작아진다.
　※ 캠이 한계값 이상 마멸되면 교환하여야 한다.

10년간 자주 출제된 문제

캠축 캠의 마모가 심할 때 일어나는 현상 중 틀린 것은?
① 흡배기 효율이 낮아진다.
② 소음이 심해진다.
③ 밸브 간극이 작아진다.
④ 밸브의 유효행정이 작아진다.

[해설]

캠축 캠의 마모가 심할 때 일어나는 현상
• 흡배기 효율이 낮아진다.
• 소음이 심해진다.
• 밸브의 유효행정이 작아진다.

정답 ③

1-4. 피스톤 및 피스톤 링, 커넥팅 로드

핵심이론 01 피스톤(1)

① 피스톤의 개념
  ㉠ 피스톤은 실린더 안에서 왕복하며 연소압력을 커넥팅 로드를 통해 크랭크축으로 전달하여 회전 동력을 발생시킨다.
  ㉡ 흡기, 배기, 압축행정에서는 크랭크축으로부터 힘을 전달받아 작동된다.
  ㉢ 피스톤 헤드, 링 지대(링 홈과 랜드로 구성), 스커트부 및 보스부로 구성되어 있다.
  ㉣ 재질은 가볍고 열전도성이 좋은 알루미늄 합금을 사용한다.

② 피스톤의 종류 : 캠 연마 피스톤, 솔리드 피스톤, 스플릿 피스톤, 인바스트럿 피스톤(열팽창이 가장 작은 피스톤), 슬리퍼 피스톤, 오프셋 피스톤(측압 방지용, 피스톤 슬랩을 피할 목적으로 1.5mm 오프셋시킨 피스톤)
  ※ 스플릿 피스톤의 슬릿(Slit) 설치목적 : 헤드에서 스커트부로 흐르는 열을 차단하기 위하여
  ※ 간극용적 : 피스톤이 상사점에 있을 때의 용적

③ 피스톤의 구비조건
  ㉠ 피스톤은 열전도율이 커서 방열효과가 좋아야 한다.
  ㉡ 열팽창이 작아야 한다.
  ㉢ 고온, 고압에 견뎌야 한다.
  ㉣ 가볍고 강도가 커야 한다.
  ㉤ 내식성이 커야 한다.

④ 피스톤의 특징
  ㉠ 피스톤 헤드는 연소실의 일부가 된다.
  ㉡ 피스톤 스커트부는 측압을 받는다.
  ㉢ 피스톤 스커트부가 열팽창이 가장 작다.
  ㉣ 헤드부의 지름이 스커트부보다 작다.

⑤ 내연기관의 피스톤이 고착되는 원인
  ㉠ 냉각수가 불충분할 때
  ㉡ 피스톤과 실린더의 틈이 너무 작을 때
  ㉢ 피스톤과 실린더의 중심선이 일치하지 않을 때
  ㉣ 전력운전 중에 급정지하였을 때
  ㉤ 기관오일이 부족하였을 때
  ㉥ 기관이 과열되었을 때

10년간 자주 출제된 문제

1-1. 기관의 피스톤이 실린더 내에서 운동할 때 측압을 받는 부분은?
① 스커트 부분
② 헤드 부분
③ 핀 보스 부분
④ 랜드 부분

1-2. 피스톤의 구비조건으로 적당한 것은?
① 열전도가 되지 않을 것
② 열팽창률이 많을 것
③ 고온, 고압에 잘 견딜 것
④ 중량이 무거울 것

|해설|

1-1
피스톤의 특징
• 피스톤 헤드는 연소실의 일부가 된다.
• 피스톤 스커트부는 측압을 받는다.
• 피스톤 스커트부가 열팽창이 가장 작다.
• 헤드부의 지름이 스커트부보다 작다.

1-2
피스톤의 구비조건
• 피스톤은 열전도율이 커서 방열효과가 좋아야 한다.
• 열팽창이 작아야 한다.
• 고온, 고압에 견뎌야 한다.
• 가볍고 강도가 커야 한다.
• 내식성이 커야 한다.

정답 1-1 ① 1-2 ③

핵심이론 02 피스톤(2)

① 피스톤 간극(피스톤과 실린더 사이의 간극)이 클 경우 나타나는 현상
  ㉠ 블로바이(Blowby)에 의해 압축압력 저하
    ※ 블로바이현상 : 압축 및 폭발행정 시에 혼합기 또는 연소가스가 피스톤과 실린더 사이에서 크랭크 케이스로 새는 현상
  ㉡ 피스톤 슬랩현상 : 피스톤의 운동 방향이 바뀔 때 실린더 벽에 충격을 주는 현상
  ㉢ 엔진 출력 저하
  ㉣ 엔진오일 소비 증대

② 피스톤 간극이 작을 때 : 피스톤과 실린더의 마멸이 발생한다.

③ 피스톤 간극의 측정
  ㉠ 피스톤 핀과의 직각 방향의 지름과 이 부분에 해당되는 실린더 내경의 차이로 표시되며 시크니스게이지(Thickness Gage)로 측정한다.
  ㉡ 피스톤 간극은 일반적으로 0.04~0.06mm 정도인 경우가 많다.
  ㉢ 피스톤의 평균속도 = $\dfrac{2 \times 회전수 \times 행정}{60}$

④ 실린더와 피스톤을 교환할 때 반드시 검사해야 할 사항
  ㉠ 피스톤과 실린더의 간극
  ㉡ 링 홈 간극과 사이드 간극
  ㉢ 피스톤핀과 커넥팅 로드 부싱의 간극

10년간 자주 출제된 문제

피스톤 간극이 클 경우 나타나는 현상이 아닌 것은?
① 압축압력 저하
② 실린더 마멸 증대
③ 피스톤 슬랩현상
④ 엔진오일 소비 증대

|해설|

피스톤 간극(피스톤과 실린더 사이의 간극)이 클 경우 나타나는 현상
- 블로바이(Blowby)에 의해 압축압력 저하
- 피스톤 슬랩현상 : 피스톤의 운동 방향이 바뀔 때 실린더 벽에 충격을 주는 현상
- 엔진 출력 저하
- 엔진오일 소비 증대

정답 ②

핵심이론 03 피스톤 링(1)

① **피스톤 링(Piston Ring)의 개념**
  ㉠ 피스톤 링은 피스톤 링 홈에 끼워 피스톤과 실린더 사이의 간극 변화에 의한 누기 방지와 실린더 벽의 유막 제어 및 열전도 작용을 한다.
  ㉡ 피스톤 링은 역할에 따라 헤드 쪽에 1~3개 끼워지는 압축 링과 그 아래쪽에 끼워지는 오일 링으로 구분된다.
  ㉢ 바깥 둘레가 테이퍼되어 있는 링은 지름이 큰 쪽을 아래로 하여 끼운다.
  ㉣ 피스톤 링은 형태에 따라 동심형 링, 편심형 링으로 분류된다.
  ※ 피스톤 링 익스팬더 : 피스톤 링을 탈거하고 장착 시 이용하는 공구

② **피스톤 링의 구비조건**
  ㉠ 내열성과 내마모성이 좋을 것
   ※ 피스톤 링에 크롬 도금(내마모성을 높임)이 되어 있는 것 : 1번 압축 링, 오일 링
  ㉡ 실린더 벽에 균일한 압력을 가할 것
  ㉢ 마찰이 작아 실린더 벽을 마모시키지 않을 것
  ㉣ 열팽창률이 작을 것
  ㉤ 열전도가 좋을 것
  ㉥ 고온에서도 탄성을 유지할 것
  ㉦ 오래 사용하여도 링 자체나 실린더의 마멸이 적을 것
  ㉧ 고온, 고압에 대하여 장력의 변화가 작을 것

③ **크랭크축의 오일 베어링 간극이 작을 경우 나타나는 현상**
  ㉠ 오일 공급 불량으로 유막이 파괴될 수 있다.
  ㉡ 윤활 불량으로 마찰 및 마모가 증대된다.
  ㉢ 심하면 피스톤이 소결될 수도 있다.

④ **기관의 피스톤 간극이 클 경우 나타나는 현상**
  ㉠ 압축압력 저하
  ㉡ 블로바이 가스 발생
  ㉢ 피스톤 슬랩 발생
  ㉣ 엔진 출력 저하 등

10년간 자주 출제된 문제

3-1. 내연기관에서 피스톤 링의 작용이 아닌 것은?
① 기밀 작용
② 가스 배출 작용
③ 열전도 작용
④ 오일 제어 작용

3-2. 다음 중 피스톤 링의 구비조건으로 가장 적합하지 않은 것은?
① 마멸이 작을 것
② 열전도가 좋을 것
③ 실린더보다 재질이 강할 것
④ 고온에서 탄성을 유지할 것

3-3. 기관의 피스톤 간극이 클 경우 생기는 현상으로 틀린 것은?
① 압축압력 상승
② 블로바이 가스 발생
③ 피스톤 슬랩 발생
④ 엔진 출력 저하

[해설]
3-3
기관의 피스톤 간극이 크면 압축압력은 저하된다.

정답 3-1 ② 3-2 ③ 3-3 ①

핵심이론 04 피스톤 링(2)

① **피스톤 링의 플러터(Flutter)현상**
  ㉠ 피스톤의 작동 위치 변화에 따른 링의 떨림현상으로 인해 피스톤 링의 관성력과 마찰력의 방향이 변화되면서 누출가스의 압력에 의해 링 홈의 면압이 저하되는 것
  ㉡ 문제점
  - 링 및 실린더의 마모 촉진
  - 열전도 저하로 피스톤 온도 상승
  - 슬러지 발생에 따른 윤활 부분에 퇴적물 침전
  - 오일 소모량 증가
  - 블로바이가스(Blowby Gas) 증가로 인한 엔진 출력 감소
  ※ 디젤기관의 실린더가 마모되지 않았고, 착화시기는 정확하지만 엔진의 출력이 떨어지는 이유는 피스톤 링의 고착 때문이다.
  ㉢ 방지책
  - 피스톤 링의 장력을 증가시켜 면압 증대
  - 링의 중량을 가볍게 하여 관성력을 감소시키고, 엔드캡 부근의 면압분포 증대

② **기타 주요사항**
  ㉠ 랜드(Land) : 기관의 피스톤 링이 끼워지는 홈과 홈 사이
  ㉡ 피스톤 링을 피스톤에 설치할 때 절개구 쪽으로 압축가스 및 폭발가스가 새는 것을 방지하기 위하여 절개구 방향이 측압을 피해 120° 또는 180° 방향으로 돌려 설치한다.

10년간 자주 출제된 문제

4-1. 피스톤링의 플러터(Flutter) 현상에 관한 설명 중 틀린 것은?
① 피스톤의 작동 위치 변화에 따른 링의 떨림현상이다.
② 피스톤의 온도가 낮아진다.
③ 실린더 벽의 마모를 초래한다.
④ 블로바이가스(Blowby Gas) 증가로 인한 엔진 출력이 감소한다.

4-2. 피스톤링의 절개구를 서로 120° 방향으로 끼우는 이유는?
① 벗겨지지 않게 하기 위해
② 절개구 쪽으로 압축가스가 새는 것을 방지하기 위해
③ 피스톤의 강도를 보강하기 위해
④ 냉각을 돕기 위해

[해설]

4-1
열전도 저하로 피스톤의 온도가 상승한다.

4-2
압축가스 및 폭발가스가 새는 것을 방지하기 위하여 120° 또는 180° 방향으로 돌려 설치한다.

정답 4-1 ② 4-2 ②

핵심이론 05 피스톤 핀

① 피스톤 핀은 피스톤과 커넥팅 로드의 소단부를 연결하는 핀이다.
② **연결방법** : 고정식, 반부동식, 전부동식, 열박음식이 있다.
　㉠ 고정식 : 피스톤 보스부에 피스톤 핀을 고정하는 방식으로, 커넥팅 로드 소단부에 구리부싱을 삽입한 방식이다.
　㉡ 반부동식 : 피스톤 핀을 커넥팅 로드 소단부에 고정하는 방식이다.
　㉢ 전부동식 : 피스톤 핀이 커넥팅 로드나 피스톤 보스부에 고정되지 않고 자유롭게 회전하며, 핀의 양 끝단에 스냅 링이나 와셔를 끼워서 지지하는 방식이다.
③ 재료는 크롬강, 크롬-몰리브덴강, 니켈-크롬강 등을 사용한다.

10년간 자주 출제된 문제

다음 중 기관의 피스톤 핀 연결방법에 관한 설명으로 옳은 것은?
① 전부동식 : 핀을 피스톤 보스에 고정한다.
② 고정식 : 핀을 스냅링으로 고정한다.
③ 요동식 : 핀을 피스톤 보스에 고정한다.
④ 반부동식 : 핀을 커넥팅 로드 소단부에 고정한다.

|해설|
피스톤 핀 연결방법
- 전부동식 : 핀의 양 끝단에 스냅 링이나 와셔를 끼워서 지지한다.
- 고정식 : 핀을 피스톤 보스에 고정한다.
- 반부동식 : 핀을 커넥팅 로드 소단부에 고정한다.

정답 ④

핵심이론 06 커넥팅 로드

① 피스톤과 크랭크축을 연결하여 피스톤이 받는 힘을 크랭크축에 전달한다.
② **커넥팅 로드의 구성**
　㉠ 소단부 : 커넥팅 로드의 위쪽 구멍 부분으로, 피스톤과 연결되는 피스톤 핀이 설치되는 곳이다.
　㉡ 대단부 : 커넥팅 로드의 아랫부분으로, 크랭크축과 연결되는 부분이다.
　㉢ 섕크(Shank) 또는 아이빔(I-beam) : 커넥팅 로드의 소단부와 대단부를 연결하는 부분이다.
　㉣ 커넥팅 로드 베어링
③ 가볍고 충분한 강도를 얻기 위해 I형 단면의 니켈-크롬강, 크롬-몰리브덴강으로 만든다.
④ 소단부 베어링으로는 청동부시를 사용하고 대단부는 화이트 메탈 등의 재료로 만든 저널 베어링을 사용한다.
⑤ 커넥팅 로드 대단부의 베어링이 헐거워졌을 경우 엔진 소음이 심해진다. 또 간극이 너무 작으면 엔진 작동 시 열팽창에 의해 소결되기 쉽다.
⑥ 커넥팅 로드 베어링 위쪽에 오일 분출 구멍을 설치하는 목적 : 실린더 벽에 오일을 공급하기 위해

10년간 자주 출제된 문제

6-1. 기관에서 커넥팅 로드를 구성하는 요소가 아닌 것은?
① 소단부
② 헤드부
③ 대단부
④ 섕크(Shank)부

6-2. 다음 중 커넥팅 로드 대단부의 베어링이 헐거워졌을 경우 나타나는 결과에 해당하는 것은?
① 유압이 높아진다.
② 노킹이 잘 일어난다.
③ 엔진 소음이 심해진다.
④ 크랭크 케이스 블로바이가 심해진다.

|해설|

6-1
커넥팅 로드는 소단부, 대단부, 섕크 또는 아이빔(I-beam), 커넥팅 로드 베어링으로 구성된다.

정답 6-1 ② 6-2 ③

1-5. 크랭크축 및 플라이 휠

핵심이론 01 크랭크축

① 크랭크축은 피스톤의 왕복 직선운동을 회전운동으로 바꾸어 주는 중심축이다.

② 크랭크축은 크랭크축 저널, 크랭크 암, 크랭크 핀, 균형 추 등으로 구성된다.

③ 크랭크축 회전각도 = $\dfrac{360}{60}$ × 회전 수 × 연소 지연시간

④ 크랭크축의 오일 베어링 간극이 작을 경우 나타나는 현상
  ㉠ 오일 공급 불량으로 유막이 파괴될 수 있다.
  ㉡ 윤활 불량으로 마찰 및 마모가 증대된다.
  ㉢ 심하면 소결될 수도 있다.

⑤ 다이얼게이지 측정
  ㉠ 터보차저(Turbo Charger) 터빈축의 축 방향 유격 측정
  ㉡ 구동 피니언 기어와 링 기어의 백래시 점검
  ㉢ 크랭크축의 휨의 정도와 기어의 백래시 검사

⑥ 다이얼게이지 사용 시 유의사항
  ㉠ 반드시 정해진 지지대에 설치하고 사용한다.
  ㉡ 휨을 측정할 때 게이지는 공작물에 수직으로 놓는다.
  ㉢ 보관 시 건조한 헝겊으로 닦아서 보관한다.
  ㉣ 스핀들이 잘 움직이지 않으면 고급 스핀들유를 바른다.
  ㉤ 분해 청소나 조정을 함부로 하지 않는다.
  ㉥ 게이지에 어떤 충격이라도 가해서는 안 된다.
  ㉦ 게이지를 설치할 때에는 지지대의 팔을 될 수 있는 대로 짧게 하고 확실하게 고정시켜야 한다.

⑦ 크랭크축 베어링에 스프레드(Spread)를 두는 이유
  ㉠ 베어링 조립 시 베어링이 캡에 끼워진 채로 있어 작업하기 편리하기 때문에
  ㉡ 베어링 조립 시 크러시가 압축됨에 따라 안쪽으로 찌그러지는 것을 방지하기 위해서

ⓒ 작은 힘으로 눌러 끼워 베어링이 제자리에 밀착되도록 하기 위해서

⑧ 기타 주요사항

㉠ 크랭크축의 오버랩 : 핀저널과 메인저널이 겹치는 부분

㉡ 측정값 중 가장 작은 값을 측정값으로 선택해야 하는 것은 크랭크축의 외경이다.

㉢ 4행정 사이클 기관이 3행정을 끝내려면 크랭크축의 회전 각도는 540°이어야 한다.

㉣ 분해된 크랭크축에서 점검하지 않아도 되는 것 : 축 방향 유격

  ※ 게이지의 최댓값과 최솟값 차이의 1/2이 크랭크축 휨값이다.

크랭크축 저널 수정값 계산방법

1. 저널지름이 50mm 이상일 때 수정한계값은 0.20mm이고, 50mm 이하일 때는 0.15mm이다. 저널의 언더 사이즈 기준값에는 0.25mm, 0.50mm, 0.75mm, 1.00mm, 1.25mm, 1.50mm의 6단계가 있다.

2. 크랭크축 저널을 연마 수정하면 지름이 작아지므로, 표준값에서 연마값을 빼야 한다. 이렇게 하면 그 치수가 작아져 언더 사이즈(Under Size)라고 하며, 크랭크축 베어링은 표준보다 더 두꺼운 것을 사용하여야 한다.

[예제]
표준 지름이 75.00mm인 크랭크축 저널의 바깥지름을 측정한 결과 74.68mm, 74.82mm, 74.66mm, 74.76mm이었다. 크랭크축을 연마할 경우 알맞은 수정값은 얼마인가?

[풀이]
이것을 진원으로 수정하려면 측정값에서 0.2mm를 더 연마하여야 하므로 가장 많이 마모된 저널의 지름 74.66mm − 0.2mm(진원 절삭값) = 74.46mm이다. 그러나 언더 사이즈 표준값에는 0.46mm가 없으므로 이 값보다 작으면서 가장 가까운 값인 0.25mm를 선정한다. 따라서 저널 수정값은 74.25mm이며, 언더 사이즈값은 75.00mm(표준 치수) − 74.25mm(수정값) = 0.75mm이다.

10년간 자주 출제된 문제

1-1. 기관에서 피스톤의 직선운동을 회전운동으로 바꿔 주는 장치는?

① 캠 축
② 실린더
③ 플라이휠
④ 크랭크축

1-2. 크랭크축을 V블록과 다이얼 인디케이터로 측정하여 다이얼게이지에 0.08mm를 나타내면 실제 크랭크축의 휨은 어느 정도인가?

① 0.08mm
② 0.03mm
③ 0.04mm
④ 0.09mm

|해설|

1-2

휨 점검 : 크랭크축 앞뒤 메인저널을 V블록 위에 올려놓고 다이얼게이지의 스핀들을 중앙 메인저널에 설치한 후 천천히 크랭크축을 회전시키면서 다이얼게이지의 눈금을 읽는다. 이때 최댓값과 최솟값 차의 1/2이 크랭크축 휨값이다.

$0.08 \div 2 = 0.04\text{mm}$

정답 **1-1** ④ **1-2** ③

핵심이론 02 베어링

① 베어링의 분류
  ㉠ 마찰의 종류에 따라
    • 미끄럼 마찰을 일으키는 것 : 슬라이딩 베어링
    • 구름 마찰을 일으키는 것 : 구름 베어링
  ㉡ 하중 지지에 따라
    • 축심과 직각 방향으로 하중을 받는 것 : 레이디얼 베어링, 저널 베어링
    • 축심에 따라 평행으로 하중을 받는 것 : 액시얼 베어링, 스러스트 베어링
    ※ 플라스틱 게이지 용도
      • 크랭크축 베어링의 마모나 파손의 원인을 찾기 위해 사용(베어링 간극 측정)
      • 크랭크 핀의 테이퍼와 진원도 측정
    ※ 베어링에 사용되는 비금속 재료로 별도의 윤활제가 필요하지 않는 것 : 흑연

② 미끄럼 베어링(Sliding Bearing, 부시 베어링)
  ㉠ 축을 지지하고, 회전체를 사용하지 않고 마찰저항을 줄이는 데 이용한다.
  ㉡ 저널과 베어링의 직접 접촉을 방지하고 마찰을 감소시키기 위해 윤활제를 주입한다.

③ 구름 베어링(Rolling Bearing)
  ㉠ 미끄럼 베어링에 비하여 마찰이 작고, 기동저항과 발열이 작아 고속운전을 할 수 있으며, 기계를 소형화시킬 수 있다.
  ㉡ 기본 요소
    • 회전체 : Ball, Roller
    • 내륜과 외륜 : 회전체를 안내하며 통로 구실을 한다.
    • 리테이너(Retainer) : 회전체 사이에서 간격을 유지하여 마찰을 감소시켜 주는 것이다.
    • 풀러(Puller) : 기어, 베어링과 같이 축에 끼워 맞춤한 부품을 빼낼 때 사용한다.

④ 구름 베어링의 호칭법

형식 번호	치수 기호 (너비와 지름 기호)	안지름 번호	등급 기호
예 60	8	C2	P6
㉠	㉡	㉢	㉣

  ㉠ : 베어링 계열 번호(단열 홈 베어링)
  ㉡ : 안지름 번호(베어링 안지름 8mm)
  ㉢ : 틈기호(C2의 틈)
  ㉣ : 등급기호(6급)

※ 안지름 번호
  • 00 → 10mm, 01 → 12mm, 02 → 15mm, 03 → 17mm
  • 04부터는 '×5'를 해 준다.

10년간 자주 출제된 문제

2-1. 미끄럼 베어링과 비교한 구름 베어링의 장점이 아닌 것은?
① 고속회전이 가능하다.
② 마찰저항이 작다.
③ 소음이 작다.
④ 기계를 소형화시킬 수 있다.

2-2. 축선에 직각으로 발생하는 하중을 받쳐 주는 데 사용하는 베어링은?
① 레이디얼 베어링
② 구름 베어링
③ 스러스트 베어링
④ 테이퍼 베어링

|해설|

2-1
구름 베어링은 마찰이 작고, 기동저항과 발열이 작아 고속운전을 할 수 있으며, 기계를 소형화시킬 수 있다.

정답 2-1 ③ 2-2 ①

핵심이론 03 플라이휠

① 기관 회전력의 변동을 최소화시켜 주는 장치이다.
② 주철제 바퀴 형태이다.
③ 크랭크 축에 부착되어 동력을 전달받아 클러치와 변속기로 보내 주는 역할을 한다.
④ 동력행정에서 얻은 운동에너지를 흡수, 저장하였다가 나머지 행정에 필요한 에너지를 공급함으로써 회전을 원활하게 한다.

10년간 자주 출제된 문제

3-1. 기관 회전력의 변동을 최소화시켜 주는 장치는?
① 크랭크축
② 플라이휠
③ 캠 축
④ 커넥팅 로드

3-2. 동력행정에서 얻은 운동에너지를 저장하여 각 행정에 공급하여 회전을 원활하게 하는 것은?
① 클러치 면판
② 플라이휠
③ 저속기어
④ 클러치 압력판

[해설]

3-1
플라이휠 : 기관 회전력의 변동을 최소화시켜 주는 장치

3-2
플라이휠은 동력행정에서 얻은 운동에너지를 저장하여 각 행정에 공급하여 회전을 원활하게 한다.

정답 3-1 ② 3-2 ②

1-6. 윤활장치

핵심이론 01 윤활장치(1)

① 윤활장치의 개념
  ㉠ 기관의 실린더 외 피스톤, 크랭크축, 캠축과 같이 운동 마찰 부분에 유막을 형성함으로써 고체 마찰을 유체 마찰로 바꾸어 오일을 공급하는 장치이다.
  ㉡ 윤활유의 역할
    • 마찰 감소 작용
    • 피스톤과 실린더 사이의 기밀 작용
    • 마찰열을 흡수, 제거하는 냉각 작용
    • 내부의 이물질을 씻어 내는 청정 작용
    • 운동부의 산화 및 부식을 방지하는 방청 작용
    • 운동부의 충격 완화 및 소음 방지 작용 등
  ㉢ 2행정 기관에서는 연료와 윤활유를 20~25 : 1의 비율로 혼합 공급하는 혼합식을 사용한다.

② 오일의 점도
  ㉠ 윤활유의 점도 크기를 SAE로 표시한다.
  ㉡ SAE 5W/30이라고 표시된 제품의 경우
    • 5W는 저온에서의 점도 규격 : 숫자가 작을수록 점도가 낮다.
    • 30은 고온에서의 점도 규격 : 숫자가 클수록 점도가 높다.

③ 기관의 윤활유 소비가 많은 원인
  ㉠ 피스톤 및 실린더의 마멸과 손상
  ㉡ 밸브 가이드 및 밸브 스템의 마멸
  ㉢ 기관 연소실에서 연소와 외부로부터의 누설
  ㉣ 기관 열에 의하여 증발되어 외부로 방출 및 연소
  ㉤ 크랭크 케이스 또는 크랭크축 오일 실에서의 누유

10년간 자주 출제된 문제

1-1. 다음 중 오일의 점도가 가장 낮은 것은?
① SAE 5W
② SAE 10W
③ SAE 25
④ SAE 40

1-2. 내연기관에서 오일희석(Oil Dilution)현상이 발생하는 원인이 아닌 것은?
① 시동 불량
② 초크밸브를 닫지 않을 때
③ 연료의 기화 불량
④ 고속으로 장시간 운전

1-3. 기관 윤활유 소비 증대의 원인으로 틀린 것은?
① 베어링과 핀 저널의 마멸에 의한 틈새 증대
② 기관 연소실에서 연소에 의한 소비 증대
③ 기관 열에 의하여 증발되어 외부로 방출 및 연소
④ 크랭크 케이스 혹은 크랭크축 오일 실에서의 누유

[해설]

1-1
오일의 점도
윤활유의 점도크기를 SAE로 표기하고, 숫자가 작을수록 점도가 낮다.

1-2
오일희석(Oil Dilution)
엔진오일 중에 연료의 가솔린이 혼입하고, 엔진오일이 묽어지는 현상이다. 냉각수 온도가 낮으면, 실린더와 피스톤의 틈새를 통해서 가솔린이 오일 팬 내에 들어가기 쉽고, 오일희석의 주원인이 된다. 또한, 엔진오일의 온도를 높게 설정하면 엔진오일 안의 가솔린 증발이 활발해지고, 오일희석은 완화된다.

정답 1-1 ① 1-2 ④ 1-3 ①

핵심이론 02 윤활장치(2)

① 엔진오일의 유압이 낮아지는 원인
  ㉠ 오일펌프의 마모
  ㉡ 흡입구가 막혔을 때
  ㉢ 개스킷 파손되었을 때
  ㉣ 유압조절밸브의 밀착이 불량하거나 스프링 장력이 약할 때
  ㉤ 오일라인이 파손되었을 때
  ㉥ 마찰부의 베어링 간극이 클 때
  ㉦ 오일의 점도가 너무 떨어졌을 때
  ㉧ 오일라인에 공기가 유입되거나 베이퍼 로크 현상이 나타났을 때
  ㉨ 크랭크축의 마멸, 오일펌프 기어의 마멸이 클 때

② 오일오염 점검
  ㉠ 연소실에 윤활유가 올라와 연소할 때 배기가스의 색 : 백색
  ㉡ 배기가스에 의해 심하게 오염되었을 때 오일의 색 : 검은색
  ㉢ 기관오일에 냉각수가 침입되었을 때 오일의 색 : 우유색

③ 기타 주요 정비점검
  ㉠ 기관에서 윤활유 소비가 과대한 원인 : 피스톤 링의 마멸
  ㉡ 기관에 윤활유가 부족하면 실린더 라이너가 마모된다.
  ㉢ 크랭크 케이스에 환기장치를 두는 이유 : 과열과 배압을 막기 위하여
  ㉣ 강제환기장치(PCV) : 기관의 크랭크 케이스 환기에 대한 대기오염 방지를 위한 장치
  ㉤ 스트레이너의 용량은 유압펌프 토출량의 2배 이상의 것을 사용한다.
  ㉥ 오일 스트레이너(Strainer)가 일부 막히거나 너무 조밀하면 공동현상(Cavitation)이 생긴다.

ⓢ 기관 윤활회로 내의 유압을 높이려면 유압조정기 스프링 장력을 세게 한다.

※ 바이패스밸브(By-pass Valve) : 기관의 윤활장치에서 오일필터가 막힐 경우를 대비하여 여과되지 않은 오일이 윤활부로 직접 들어갈 수 있도록 한 밸브

10년간 자주 출제된 문제

2-1. 기관의 윤활장치에서 유압이 저하되는 원인이 아닌 것은?
① 오일의 점도가 높을 때
② 크랭크축 오일 간극이 클 때
③ 오일 스트레이너가 막혔을 때
④ 오일펌프의 릴리프 밸브 접촉이 불량할 때

2-2. 다음 중 4행정 기관의 연소실에 윤활유가 유입하여 연소될 때 그 원인으로 가장 적합한 것은?
① 오일 링의 마멸
② 배기밸브의 마멸
③ 베어링의 마멸
④ 오일펌프의 고장

2-3. 기관에 윤활유가 부족할 때 발생되는 현상으로 가장 타당한 것은?
① 기관의 과냉각
② 기관밸브의 파손
③ 실린더 라이너의 마모
④ 오일필터의 손상

2-4. 기관 오일 소비가 많아지는 원인으로 가장 관계가 깊은 것은?
① 기관이 너무 냉각되어 있다.
② 기능이 약화된 라디에이터
③ 연료의 불완전연소
④ 마멸된 실린더 벽과 피스톤 링

2-5. 굴착기의 오일 스트레이너(Strainer)가 일부 막히거나 너무 조밀하면 어떤 현상이 생기는가?
① 베이퍼 로크 현상
② 페이드현상
③ 숨돌리기 현상
④ 공동현상(Cavitation)

|해설|

2-1
오일의 점도가 높으면 유압이 높아진다.

2-3
윤활유 부족에 의한 금속 간(피스톤 핀과 실린더 내벽) 고체 마찰에 의해 실린더 라이너가 마모된다.

2-4
기관의 윤활유 소비가 많은 원인
- 피스톤 및 실린더의 마멸과 손상
- 밸브 가이드(Valve Guide) 및 밸브 스템(Valve Stem)의 마멸
- 외부로부터의 누설

정답 2-1 ① 2-2 ① 2-3 ③ 2-4 ④ 2-5 ④

1-7. 냉각장치

핵심이론 01 냉각장치(1)

① 냉각장치의 개념 : 기관은 작동 중 1,000~2,500℃에 노출되고 이로 인해 기관 내 온도가 너무 높아지면 각 부품의 파손, 연소 상태 불량, 윤활유 점도 감소와 변질 등이 일어나고, 너무 낮아지면 연료의 무화 불충분으로 연료 소비량 증대, 윤활유 희석 등이 나타난다.

② 냉각방식 : 공기로 기관을 직접 냉각하는 공랭식과 냉각수를 기관 내부로 순환시켜 냉각하는 수랭식이 있다.
  ㉠ 공랭식 : 냉각수를 사용하지 않아 정비 점검이 용이하고 무게가 가벼운 장점이 있으나, 기관 전체를 균일하게 냉각시키기 곤란하고 생산공정이 증가하는 단점이 있다.
  ㉡ 수랭식 : 호퍼식, 콘덴서식, 라디에이터식이 있다.
  ㉢ 라디에이터식은 물 펌프, 라디에이터, 냉각 팬, 서모스탯, 라디에이터 캡 등으로 구성된다.
  - 물펌프 : 냉각수를 순환시킨다.
  - 라디에이터(Radiator) : 가열된 냉각수를 공기로 냉각시킨다.
  - 냉각팬 : 냉각효과를 높이기 위하여 라디에이터 사이로 공기를 강제 통풍시킨다.
  - 서모스탯 : 냉각수 온도가 80~95℃ 정도로 일정하게 유지되도록 자동으로 작동한다.
  - 라디에이터 캡 : 냉각수 비등점을 높여 냉각효율을 증대시키기 위해 압력밸브와 진공밸브가 설치된 밀폐형이다.

③ 수랭식 냉각장치에서 냉각수의 흐름 : 실린더 블록 → 실린더 헤드 → 수온조절기(정온기) → 라디에이터 상부 호스 → 라디에이터 코어 → 라디에이터 하부 호스 → 워터펌프 → 실린더 블록

10년간 자주 출제된 문제

1-1. 공랭식 엔진의 냉각장치에 냉각핀이 설치된 이유로 옳은 것은?
① 엔진을 외부 충격으로부터 보호하기 위하여
② 엔진에 높은 온도를 유지시키기 위하여
③ 엔진의 강도를 높이기 위하여
④ 냉각효과를 높이기 위하여

1-2. 수랭식 기관에서 라디에이터(Radiator)는 어떤 장치의 구성품인가?
① 연료 분사장치
② 냉각수 냉각장치
③ 연료 여과장치
④ 기관의 부식방지 장치

|해설|

1-1
공랭식 엔진의 냉각성능은 냉각핀이 좌우하는데, 날렵하게 잘 다듬어진 냉각핀은 길이가 길수록 표면적이 넓어져 냉각성능이 높다. 많이 뜨거워지는 엔진 윗부분의 냉각핀이 가장 길고, 아래로 갈수록 짧아진다.

1-2
수랭식은 엔진을 냉각시키기 위해 많은 부품이 필요하다. 라디에이터(Radiator)는 워터재킷을 빠져 나온 고온의 냉각수가 유입되는 곳으로 방열기라고도 한다.

정답 1-1 ④   1-2 ②

핵심이론 02 냉각장치(2)

① 라디에이터의 구비조건
  ㉠ 단위면적당 방열량이 클 것
  ㉡ 가볍고 작으며, 강도가 클 것
  ㉢ 냉각수의 흐름저항이 작을 것
  ㉣ 공기의 흐름저항이 작을 것
② 압력식 라디에이터 캡을 사용하는 라디에이터 내부의 게이지압력은 0.3~0.9kgf/cm², 냉각수온도는 110~120℃이다.
③ 기관의 라디에이터 과열원인
  ㉠ 냉각수가 부족하고, 냉각수 통로가 막혔다.
  ㉡ 수온조절기가 닫힌 상태로 고장 또는 작동이 불량하다.
  ㉢ 라디에이터 코어가 20% 이상 막혔다(교환한다).
  ㉣ 팬 벨트가 마모 또는 이완되었다(벨트의 장력이 부족하다).
  ㉤ 물펌프 작동이 불량하다.
  ㉥ 냉각장치 내부에 물때가 쌓였다.
  ㉦ 기관 오일이 부족하거나 라디에이터 캡이 불량하다.
④ 코어 막힘률 = $\dfrac{\text{신품 주수량} - \text{구품 주수량}}{\text{신품 주수량}} \times 100$
⑤ 라디에이터 냉각수에 기름이 떠 있는 원인 : 헤드 개스킷의 파손, 헤드 볼트가 풀린 경우, 오일냉각기에서 오일이 누출된 경우
⑥ 라디에이터에서 증기가 분출하는 원인 : 냉각수 부족, 라디에이터 캡의 패킹 불량, 라디에이터 핀 막힘

10년간 자주 출제된 문제

2-1. 기관의 냉각장치에서 라디에이터 내부압력이 대기압보다 낮아지면 열리는 라디에이터 캡의 밸브는?
① 서모스탯밸브
② 압력밸브
③ 진공밸브
④ 바이패스밸브

2-2. 라디에이터의 세척제로 널리 사용되고 있는 것은?
① 염 산
② 알코올
③ 알칼리 용액
④ 탄산나트륨

2-3. 건설기계의 냉각장치인 라디에이터 코어 막힘률은 몇 % 이상일 경우 정비하여야 하는가?
① 10% ② 20%
③ 30% ④ 50%

|해설|

2-1
압력식 캡은 라디에이터의 위쪽 물탱크 급수구에 있고, 압력조정밸브와 진공밸브로 구성되어 있다. 압력조정(가압)밸브와 진공밸브는 캡과 일체로 만들어지고, 오버플로 파이프가 연결된다.

2-2
라디에이터 세척제는 탄산나트륨, 중탄산나트륨을 사용한다.

2-3
라디에이터의 코어 막힘률이 20% 이상일 경우 세척(공기압, 물, 세척제)하거나 교환한다.

정답 2-1 ③ 2-2 ④ 2-3 ②

핵심이론 03 냉각장치(3)

① 부동액 : 에틸렌글리콜, 글리세린, 메탄올
　㉠ 부동액의 필요조건
　　• 적당한 열전달을 해야 한다.
　　• 냉각장치에 녹 등의 형성을 막아야 한다.
　　• 냉각장치 호스와 실(Seal) 재료에 적합해야 한다.
　　• 휘발성이 없고 순환이 잘되어야 한다.
　　• 비점이 높고 응고점이 낮아야 한다.
　　• 내식성이 크고 팽창계수가 작아야 한다.
　　• 냉각수와 혼합이 잘되고 침전물이 없어야 한다.
　㉡ 부동액 사용 시 주의사항
　　• 부동액을 주입할 때는 냉각수를 완전히 배출하고, 세척제로 냉각계통을 청소해야 한다.
　　• 부동액 원액과 연수를 혼합한다.
　　• 비중액의 세기는 비중계로 측정한다.
　　• 부동액의 배합은 그 지방 최저 온도보다 5~10℃가량 낮게 맞춘다.
　　• 혼합 부동액의 주입은 기관이 냉각되었을 때 냉각수 용량의 100%를 주입한다.
　　• 사용 도중 냉각수를 보충할 때 부동액이 에틸렌글리콜인 경우 물만 보충한다.
　　• 부동액은 차체의 도색 부분을 손상시킬 수 있다.

② 기타 주요사항
　㉠ 방열기는 상부온도가 하부온도보다 높으면 양호하다.
　㉡ 팬 벨트의 장력이 약하면 엔진 과열의 원인이 된다.
　㉢ 물펌프 부싱이 마모되면 누수의 원인이 된다.
　㉣ 실린더 블록에 물때가 끼면 엔진 과열의 원인이 된다.
　㉤ 건설기계의 머플러나 소음기에 카본이나 찌꺼기가 많이 쌓이면 엔진이 과열된다.
　㉥ 냉각수 온도 센서를 점검하는 방법은 온도에 따른 저항값을 측정하여 비교해 본다.

※ 인터쿨러(Intercooler) : 왕복형 공기압축기에 설치되어 있는 것으로, 저압 실린더에서 공기를 압축할 때 발생한 열을 냉각시켜 고압 실린더로 보내는 역할을 하는 장치

10년간 자주 출제된 문제

3-1. 부동액 사용에 대한 설명으로 틀린 것은?
① 부동액을 주입할 때는 세척제로 냉각계통을 청소해야 한다.
② 부동액의 배합은 그 지방 최저 온도보다 5~10℃가량 낮게 맞춘다.
③ 혼합 부동액의 주입은 기관이 냉각되었을 때 냉각수 용량의 100%를 주입한다.
④ 사용 도중 냉각수를 보충할 때 부동액이 에틸렌글리콜인 경우 물만을 보충해서는 안 된다.

3-2. 부동액으로 사용하지 않는 것은?
① 벤 젠
② 에틸렌글리콜
③ 메탄올
④ 글리세린

|해설|

3-1
부동액 사용 도중 냉각수를 보충할 때 부동액이 에틸렌글리콜인 경우 물만을 보충해도 된다.

정답 3-1 ④　3-2 ①

1-8. 흡기장치와 배기장치

핵심이론 01 공기청정기

① 공기청정기(에어클리너) : 연소에 필요한 공기를 실린더로 흡입할 때 먼지 등을 여과하여 피스톤 등의 마모를 방지하는 역할을 하는 장치이다.

② 공기청정기의 기능
  ㉠ 흡입공기의 먼지 등을 여과한다.
  ㉡ 흡입공기의 소음을 감소시킨다.
  ㉢ 역화가 발생할 때 불길을 저지하는 역할을 한다.

③ 종류 : 건식, 습식 등이 있다.

④ 건식 공기청정기의 장점
  ㉠ 입자가 작은 먼지나 이물질의 여과에 효과가 있다.
  ㉡ 설치 또는 분해, 조립이 간단하다.
  ㉢ 장기간 사용할 수 있으며, 청소를 간단히 할 수 있다.
  ㉣ 기관의 회전속도 변동에도 안정된 공기 청정효율을 얻을 수 있다.

⑤ 공기청정기가 막히면 나타나는 현상 : 공기청정기가 막히면 실린더에 유입되는 공기량이 적기 때문에 진한 혼합비가 형성되고, 불완전연소로 배출가스의 색은 검고 출력은 저하된다.

⑥ 배기가스 색깔과 연소 상태
  ㉠ 무색(무색 또는 담청색) : 정상연소일 때
  ㉡ 백색 : 기관오일이 연소될 때
  ㉢ 흑색 : 혼합비가 농후할 때, 장비의 노후 및 연료의 질이 불량할 때, 불완전연소할 때
  ㉣ 엷은 황색 또는 자색 : 혼합비가 희박할 때
  ㉤ 황색에서 흑색 : 노킹이 발생할 때
  ㉥ 회백색 : 피스톤·피스톤링의 마모가 심할 때, 연료유에 수분이 함유되었을 때, 폭발하지 않는 실린더가 있을 때, 소기압력이 너무 높을 때

10년간 자주 출제된 문제

건식 공기청정기의 장점 중 틀린 것은?
① 입자가 작은 먼지나 이물질은 여과할 수 없다.
② 설치 또는 분해, 조립이 간단하다.
③ 장기간 사용할 수 있으며, 청소를 간단히 할 수 있다.
④ 기관의 회전속도 변동에도 안정된 공기 청정효율을 얻을 수 있다.

|해설|

건식 공기청정기는 먼지나 불순물 제거에는 탁월한 효과를 발휘하지만, 필터를 주기적으로 교체해 주어야 하기 때문에 지속적인 유지비용이 든다.

정답 ①

핵심이론 02 과급기

① 과급기의 개념
  ㉠ 과급기는 실린더 내의 흡기공기량을 증대시켜 기관 출력을 증가시킨다.
  ㉡ 흡입공기에 압력(압축)을 가해 기관(실린더)에 공기를 공급한다.
  ㉢ 4행정 사이클 디젤기관은 배기가스에 의해 회전하는 원심식 과급기가 주로 사용된다.
  ㉣ 구조상 체적형(플런저형, 루트송풍기)과 유동형으로 나누어진다.
  ㉤ 고지대 작업 시에도 엔진의 출력 저하를 방지한다.
  ㉥ 과급 작용의 저하를 막기 위해 터빈실과 과급실에 각각 물재킷을 둔다.
  ㉦ 과급기(터보차저)는 소형·경량이라 탑재하기가 쉽다.
  ㉧ 흡기관과 배기관 사이에 설치한다.
  ㉨ 디젤기관에서 흡입공기 압축 시 압축온도는 약 500~550℃이다.
  ㉩ 과급기는 엔진의 출력 증대, 연료 소비율의 향상, 회전력을 증대시키는 역할을 한다.
  ㉪ 터보차저는 배기가스가 터빈을 회전시킨다.
  ㉫ 과급기의 윤활은 엔진 윤활장치에서 보내 준 오일로 한다.
  ㉬ 기관이 고출력일 때 배기가스의 온도를 낮출 수 있다.

② 터보식 과급기의 작동 상태
  ㉠ 배기가스가 임펠러를 회전시키면 공기가 흡입되어 디퓨저에 들어간다.
  ㉡ 디퓨저에서는 공기의 속도에너지가 압력에너지로 바뀐다.
  ㉢ 압축공기가 각 실린더의 밸브가 열릴 때마다 들어가 충전효율이 증대된다.
    ※ 디퓨저 : 과급기 케이스 내부에 설치되며 공기의 속도에너지를 압력에너지로 바꾸는 장치

③ 기타 주요사항
  ㉠ 터보차저에 사용하는 오일 : 기관오일
  ㉡ 배기터빈 과급기에서 터빈축의 베어링에 급유하는 것 : 기관오일로 급유
  ㉢ 디젤기관 과급기의 종류 : 콤플렉스(Complex)형, 루츠(Roots)형, 원심(Centrifugal)형

10년간 자주 출제된 문제

2-1. 건설기계의 디젤기관에 부착된 과급기의 역할 중 맞는 것은?
① 기관의 충전효율을 낮춘다.
② 흡기에 공기를 압축시켜 공급한다.
③ 회전력을 저하시킨다.
④ 배기가스를 강제로 배출시킨다.

2-2. 과급기에 대한 설명 중 틀린 것은?
① 흡입효율을 높여 출력 향상을 도모한다.
② 터보차저는 엔진 압축가스로 구동된다.
③ 구조상 체적형과 유동형으로 나누어진다.
④ 공기를 압축시켜 실린더에 공급한다.

|해설|

2-1
과급기의 개념
• 실린더 내의 흡기공기량을 증대시켜 기관 출력을 증가시킨다.
• 흡입공기에 압력(압축)을 가해 기관(실린더)에 공기를 공급한다.
• 엔진의 출력 증대, 연료 소비율의 향상, 회전력을 증대시키는 역할을 한다.

2-2
터보차저는 배기가스가 터빈을 회전시킨다.

정답 2-1 ② 2-2 ②

핵심이론 03 배기장치

① 배기 다기관 : 각 실린더에서 배출되는 가스를 모아 소음기로 방출시키는 관이다.
② 배기관이 불량하여 배압이 높을 때 기관에 생기는 현상
　㉠ 기관이 과열된다.
　㉡ 냉각수 온도가 상승된다.
　㉢ 기관의 출력이 감소된다.
　㉣ 피스톤의 운동을 방해한다.
　※ 연료 공급이 과다하면 배기가스 중에 매연 함량이 많아진다.
③ 머플러(소음기)
　㉠ 배기관에서 배출되는 배기가스의 온도와 압력을 낮추어 소음을 감소시키는 역할을 한다.
　㉡ 머플러가 손상되어 구멍이 생기면 배기음이 커진다.
　㉢ 카본이 부착되면 엔진 출력이 떨어진다.
　㉣ 카본이 많이 부착되면 엔진이 과열되는 원인이 된다.
④ 배기가스 중 검은 연기를 내는 원인
　㉠ 압축압력이 낮아 압축온도가 낮을 때
　㉡ 노즐에서 관통력과 무화가 약할 때
　㉢ 노즐로부터 분사 상태가 나쁠 때
　㉣ 공기청정기가 막혀 있을 때
　㉤ 분사시기가 어긋나 있을 때
　㉥ 분사압력이 과다하게 낮을 때
　㉦ 연료 공급 과다 등으로 불완전연소가 될 때
⑤ 기관이 공회전할 때 배기가스가 검게 배출되는 경우의 정비
　㉠ 피스톤 링을 교환한다.
　㉡ 밸브 및 인젝션 타이밍을 조정한다.
　㉢ 라이너 및 피스톤을 교환한다.
　㉣ 공기청정기를 청소 및 교환한다.
　㉤ 분사노즐을 교환한다.

10년간 자주 출제된 문제

3-1. 배압이 기관에 미치는 영향 중 틀린 것은?
① 출력이 떨어진다.
② 기관이 가열된다.
③ 피스톤의 운동을 방해한다.
④ 냉각수의 온도가 저하된다.

3-2. 배기가스 중 검은 연기를 내는 원인이 아닌 것은?
① 압축압력이 낮아 압축온도가 낮을 때
② 노즐에서 관통력과 무화가 강할 때
③ 분사시기가 나쁠 때
④ 노즐로부터 분사 상태가 나쁠 때

|해설|

3-1
배기관이 불량하여 배압이 높을 때 기관에 생기는 현상
• 기관이 과열된다.
• 냉각수 온도가 상승된다.
• 기관의 출력이 감소된다.
• 피스톤의 운동을 방해한다.

3-2
노즐에서 관통력과 무화가 약할 때 배기가스가 검은 연기를 낸다.

정답 3-1 ④　3-2 ②

1-9. 연료와 연소

핵심이론 01 디젤연료의 조건과 압력

① 디젤연료(경유)의 구비조건
  ㉠ 착화점이 낮을 것(세탄가가 높을 것)
  ㉡ 황의 함유량이 적을 것
  ㉢ 연소 후 카본 생성이 적을 것
  ㉣ 점도가 적당하고 점도지수가 클 것(온도 변화에 의한 점도 변화가 작다)
  ㉤ 발열량이 클 것
  ㉥ 내폭성 및 내한성이 클 것
  ㉦ 인화점이 높고 발화점이 높을 것
  ㉧ 고형 미립물이나 협잡물을 함유하지 않을 것

② 연료압력
  ㉠ 너무 낮은 원인
    • 연료필터가 막힘
    • 연료펌프의 공급압력이 누설됨
    • 연료압력 레귤레이터에 있는 밸브의 밀착이 불량해 귀환구(복귀구) 쪽으로 연료가 누설됨
  ㉡ 너무 높은 원인
    • 연료압력 레귤레이터 내의 밸브가 고착됨
    • 연료 리턴호스나 파이프가 막히거나 휨
    ※ 연료여과기 내의 연료압력이 규정 이상이 되면 오버플로밸브가 열려 연료를 연료탱크로 되돌아가게 한다.

③ 차량에 연료 공급 시 주의사항
  ㉠ 차량의 모든 전원을 끄고 주유한다.
  ㉡ 소화기를 비치한 후 주유한다.
  ㉢ 엔진 시동을 끈 후 주유한다.

10년간 자주 출제된 문제

1-1. 연료여과기 내의 연료압력이 규정 이상이 되면 나타나는 현상은?
① 오버플로밸브가 열려 연료를 연료탱크로 되돌아가게 한다.
② 바이패스밸브가 열려 직접 분사펌프로 보낸다.
③ 공급펌프의 작동을 중지시킨다.
④ 어떤 작동도 하지 않으며, 이때 여과성능이 가장 좋다.

1-2. 다음 중 차량 연료 공급 시 주의사항으로 적당하지 못한 것은?
① 차량의 모든 전원을 끄고 주유한다.
② 소화기를 비치한 후 주유한다.
③ 엔진 시동을 끈 후 주유한다.
④ 엔진을 공회전시키면서 주유한다.

|해설|

1-1
연료여과기 내의 연료압력이 규정 이상이 되면 오버플로밸브가 열려 연료를 연료탱크로 되돌아가게 한다.

1-2
차량에 연료 공급 시 주의사항
• 차량의 모든 전원을 끄고 주유한다.
• 소화기를 비치한 후 주유한다.
• 엔진 시동을 끈 후 주유한다.

정답 1-1 ① 1-2 ④

핵심이론 02 디젤엔진의 연소과정

① 디젤기관에서 연료 입자에 영향을 미치는 인자
  ㉠ 분사노즐의 지름이 작으면 연료 입자의 지름이 작아진다.
  ㉡ 실린더 내의 온도가 높으면 연료 입자의 지름이 작아진다.
  ㉢ 실린더 내에서 공기가 와류를 일으키면 연료 입자의 지름이 작아진다.
  ㉣ 배기압력이 높으면 연료 입자의 지름이 작아진다.
  ㉤ 연료분사의 압력이 높으면 연료 입자의 지름이 작아진다.
  ㉥ 노즐 출구에서 연료가 와류를 일으키면서 분사되면 연료 입자의 지름이 작아진다.

② 연소과정
  ㉠ 착화지연기간 : 노즐에서 연료가 분사된 후부터 연소가 일어나기까지의 기간(노킹의 원인이 되는 기간, 미약연소 기간)
  ㉡ 폭발연소기간(화염 전파기간) : 착화 지연기간에 축적된 연료가 일시에 폭발적으로 연소하는 기간(노킹이 일어나는 기간, 정적연소 기간)
  ㉢ 제어연소기간(직접 연소기간) : 연소압력이 가장 큰 시기로 노즐에서 분사되는 즉시 화염에 의해 직접 연소되는 기간(노즐의 분사가 끝나는 기간, 정압연소 기간)
  ㉣ 후연소기간(후기 연소기간) : 미연소가스나 불완전연소한 연료가 연소하는 기간(후적이 생겨 이 기간이 길어지면 과열 및 열효율 떨어짐)

10년간 자주 출제된 문제

2-1. 디젤기관의 연소 과정에서 연료가 분사됨과 동시에 연소가 일어나며 비교적 느리게 압력이 상승되는 연소 구간은?
① 착화지연기간
② 폭발연소(화염 전파)기간
③ 제어연소(직접 연소)기간
④ 후기연소(팽창)기간

2-2. 디젤기관 연료 입자의 크기에 대한 설명 중 틀린 것은?
① 노즐의 지름이 작으면 입자는 작아진다.
② 공기의 온도가 높으면 입자는 작아진다.
③ 공기의 유동은 입자를 작게 한다.
④ 배압이 작으면 입자는 작아진다.

|해설|

2-1
제어연소기간(직접 연소기간) : 연소압력이 가장 큰 시기로 노즐에서 분사되는 즉시 화염에 의해 직접 연소되는 기간(노즐의 분사가 끝나는 기간, 정압여소 기간)

2-2
배기압력이 높으면 연료 입자의 지름이 작아진다.

정답 2-1 ③ 2-2 ④

핵심이론 03 연료 분사노즐

① 분사노즐은 분사펌프에서 보내준 고압의 연료를 미세한 안개 모양으로 연소실 내에 분사한다.

② 분사 노즐의 3대 조건 : 무화, 관통력, 분포도
  ㉠ 무화(안개화)가 잘되어야 한다.
  ㉡ 관통력이 좋아야 한다.
  ㉢ 분포가 균일하게 이루어져야 한다.

③ 분사노즐의 종류
  ㉠ 개방형 노즐
  ㉡ 밀폐형 노즐 : 구멍형(단공형과 다공형), 핀틀형, 스로틀형

④ 분사노즐의 세척 : 노즐에 붙은 카본(Carbon)은 경유가 스며 있는 나뭇조각으로 떼어낸다.

⑤ 분사노즐의 과열 원인 : 분사시기 불량, 분사량 과다, 과부하에서 연속운전, 냉각 슬리브의 고장 시 등

⑥ 분사노즐 시험과 분사압력 조정방법
  ㉠ 노즐 시험 시 시험 경유의 온도는 20℃ 정도가 좋다.
  ㉡ 분사노즐에 대한 시험항목 : 분사 개시압력, 분사 각도, 분무 상태, 후적 유무
  ㉢ 분사압력 조정 : 분사노즐 압력 스프링 위에 있는 조정 스크루를 조이면 스프링의 자유 길이가 짧아지고, 분사압력이 높아진다.
  ㉣ 노즐의 분사 상태 및 분사 개시압력을 측정할 때 안전상 가장 주의해야 할 사항 : 연료 분무에 손이 닿지 않도록 한다.

⑦ 분사노즐의 기능 불량 결과 : 연소 불량, 노크현상, 카본 부착으로 배기의 매연 증가, 회전이 고르지 못하고, 출력 감소

⑧ 기타 주요사항
  ㉠ 노즐로부터 압축공기를 분출시켜 부품 등을 세척할 때 사용하는 공구 : 에어 건
  ㉡ 니들밸브와 노즐 보디 사이의 간극 : 0.001~0.0015mm
  ㉢ 연료 분사관을 보관할 때 주의할 점 : 분사관 내 방청유를 채우고 나무 또는 고무마개를 한다.

10년간 자주 출제된 문제

3-1. 디젤기관의 연료 분사노즐의 종류에 속하지 않는 것은?
① 단공형 노즐
② 핀틀형 노즐
③ 상시형 노즐
④ 스로틀형 노즐

3-2. 디젤엔진 분사노즐에 대한 시험항목이 아닌 것은?
① 연료의 분사 각도
② 연료의 분무 상태
③ 연료의 분사압력
④ 연료의 분사량

3-3. 분사노즐의 기능이 불량할 때 일어나는 원인을 설명한 것 중 틀린 것은?
① 연소 상태가 불량하다.
② 노크의 발생으로 기관 출력이 떨어진다.
③ 연소실에 탄소가 누적되면 매연이 발생된다.
④ 회전이 고르지 못하나 출력은 증대된다.

|해설|

3-1
분사노즐의 종류
- 개방형 노즐
- 밀폐형 노즐 : 구멍형(단공형과 다공형), 핀틀형, 스로틀형

3-3
분사노즐의 기능이 불량하면 회전이 고르지 못하고, 출력이 감소한다.

정답 3-1 ③ 3-2 ④ 3-3 ④

1-10. 연료장치

핵심이론 01 　연료장치의 개요

① **연료장치의 개념** : 기관에 연소 가능한 혼합가스를 만들어 연소실에 공급하기 위한 장치로서, 기관의 출력, 배기가스 농도 등에 영향을 끼치는 중요한 부속장치이다.

② **커먼레일 디젤엔진의 연료장치 구성 부품** : 연료저장축압기(커먼레일), 인젝터, 고압펌프, 고압파이프, 레일압력센서, 연료압력조절밸브

　㉠ 커먼레일 연료분사장치의 저압연료계통은 연료탱크(스트레이너 포함), 1차 연료펌프(저압 연료펌프), 연료필터, 저압 연료라인으로 구성되어 있다.

　㉡ 고압연료계통은 고압연료펌프(압력제어밸브 부착), 고압연료라인, 커먼레일 압력센서, 압력제한밸브, 유량제한기, 인젝터 및 어큐뮬레이터로서의 커먼레일, 연료리턴라인으로 구성되어 있다.

③ 디젤기관의 연료분사장치는 연료탱크, 연료공급펌프, 연료분사펌프, 연료여과기, 연료 분사밸브(노즐) 등으로 구성되어 있다.

※ 인젝션 펌프(분사 펌프)는 디젤기관에만 있다.

④ **세탄가** : 디젤연료 착화성의 성능평가를 나타내는 지표이며, 디젤의 점화가 지연되는 정도를 나타내는 수치

⑤ **벤트 플러그** : 디젤기관 연료장치에서 연료필터의 공기를 배출하기 위해 설치한다.

⑥ 연료 소비율과 단위

　㉠ 연료 소비율 = $\dfrac{\text{연료 소비량}}{\text{제동마력}}$

　㉡ 연료 소비율을 나타내는 단위 : km/L, g/MW·s, g/kW·h, g/PS·h, lbm/hp·h

　㉢ 연료마력(HP) = $\dfrac{60\,CW}{632.3\,t} = \dfrac{C \times W}{10.5\,t}$

여기서, 1PS = 632.3kcal/h
　　C : 연료 저위발열량(kcal/kg)
　　W : 연료의 무게(kg)
　　t : 측정시간(분)

※ 1HP = 0.75kW, 1PS(마력, 출력) = 735W(0.735kW)

10년간 자주 출제된 문제

1-1. 디젤기관의 연료장치 구성품이 아닌 것은?
① 예열플러그
② 분사노즐
③ 연료공급펌프
④ 연료여과기

1-2. 기관의 연료 소비율을 나타내는 단위로 가장 적절하지 않은 것은?
① km/L
② L/min
③ g/PS·h
④ g/kW·h

1-3. 5HP는 약 몇 W인가?
① 3,750
② 4,850
③ 746
④ 2,239

|해설|

1-1
예열플러그는 예열장치이다.

1-2
L/min : 유량 단위

1-3
1HP = 0.75kW
5 × 0.75 × 1,000 = 3,750W

정답 1-1 ① 1-2 ② 1-3 ①

핵심이론 02 연료탱크, 연료펌프, 연료여과기

연료 공급계통은 연료탱크, 연료펌프, 연료여과기, 연료 분사펌프, 고압파이프, 연료 분사노즐 등으로 구성되어 있다.

① **연료탱크** : 겨울철에는 공기 중의 수증기가 응축하여 물이 되어 들어가므로 연료탱크 내에 연료를 가득 채워 두어야 한다.

② **연료 공급펌프**
  ㉠ 연료탱크 내의 연료를 흡입·가압($2\sim3\text{kg/cm}^2$)하여 분사펌프로 공급해 준다.
  ㉡ 연료장치 내의 공기 빼기 작업 시 사용하는 프라이밍 펌프가 있다.
  ㉢ 공급펌프는 분사펌프의 캠축에 의해 구동된다.
  ㉣ 연료펌프의 다이어프램 교환 시 반드시 해야 할 일 : 다이어프램을 가솔린에 담근다.
  ㉤ 연료펌프의 리턴 스프링의 역할 : 로커 암을 복귀시킨다(소음 발생, 마모 촉진).
  ㉥ 연료펌프의 시험 : 흡입 시험(진공 시험), 배출량 시험, 압력 시험(배출압 시험)
    ※ 연료파이프의 연결부를 풀 때 사용하는 공구 : 오픈엔드 렌치

③ **연료여과기**
  ㉠ 연료 속의 먼지나 수분을 제거, 분리하며 여과성능은 0.01mm 이상되어야 한다.
  ㉡ 연료계통 속에 공기가 들어 있을 때 발생되는 피해 현상
    • 기관 회전이 불량하고 심하면 정지한다.
    • 기동성이 떨어지고, 분사노즐의 분사 상태가 불량해진다.
    • 분사펌프의 플런저와 배럴의 연료 압송이 불량해진다.
  ㉢ 디젤기관의 연료 여과 장치는 연료탱크 주입구, 공급펌프 입구, 주여과기(1~3개), 분사노즐 입구 커넥터로 4개소이다.

  ㉣ 디젤엔진에서 연료계통의 공기 빼기 순서 : 공급펌프 → 연료여과기 → 분사 펌프
    ※ 연료 중에 공기가 흡입될 경우 나타나는 현상 : 기관회전이 불량해진다.
  ㉤ 디젤엔진의 연료탱크에서 분사노즐까지 연료의 순환 순서 : 연료탱크 → 연료 공급펌프 → 연료필터 → 분사펌프 → 분사노즐

10년간 자주 출제된 문제

2-1. 다음 중 디젤기관에서 공기 빼기 장소가 아닌 것은?
① 연료 공급펌프
② 연료탱크의 드레인 플러그
③ 분사펌프의 블리딩 스크루
④ 연료여과기 오버플로 파이프

2-2. 디젤기관이 장착된 연료여과기를 교환한 후 반드시 해야 하는 것은?
① 밸브 간극 조정
② 공기 빼기
③ 감압량 조절
④ 토인 조정

정답 2-1 ② 2-2 ②

핵심이론 03 연료 분사펌프

① 공급펌프로부터 공급된 연료를 규정의 압력으로 실린더의 노즐로 압송한다.
  ㉠ 구성 : 펌프 보디(펌프의 뼈대), 펌프 엘리먼트(플런저와 플랜저 배럴로 구성), 딜리버 밸브(플런저 배럴 위쪽에 설치), 캠축밍 태핏, 조속기, 분사조정기 등이 있다.
  ㉡ 태핏 간극 : 플런저가 최고 위치에 있을 때 배럴의 윗면과 플런저 사이의 간극(약 0.5mm 정도)
  ㉢ 분사시기 조정 : 공급펌프의 압력과 타이밍 기어 커플링(내에 원심추와 스프링이 있다)에 의해 분사시기를 자동으로 조절한다.
  ※ 분사노즐 플런저의 리드 형식
   • 역리드 : 분사 시작점이 변하고, 종료점이 일정함
   • 양리드 : 분사 시작과 종료 시 동시에 변함
   • 정리드 : 분사 시작점은 일정하나, 종료점이 변함

② 연료 분사량 조정
  ㉠ 분사펌프의 분사량은 제어 래크, 제어 피니언과 제어 슬리브를 변경하여 조정한다.
  ㉡ 제어 슬리브 : 제어 래크가 최대 분사량(송출량) 이상으로 작동되는 것을 제한해 준다.

③ 딜리버리 밸브(Delivery Valve) : 플런저의 유효행정이 끝나고 배럴 내의 압력이 저하되면 스프링에 의해 닫혀서 연료의 역류와 후적을 방지한다.

④ 조속기(거버너, Governer)
  ㉠ 제어 래크와 직결되어 있으며 기관의 회전속도와 부하에 따라 자동으로 제어 래크를 움직여 분사량을 조정한다.
  ㉡ 디젤기관의 출력을 증대 또는 감소시키는 조속기 레버는 연료 분사펌프 제어 래크에 연결되어 있다.

⑤ 디젤기관 연료 분사펌프의 플런저, 송출밸브, 노즐 등의 분해 조립 시 주의사항
  ㉠ 먼지, 오물 등이 묻지 않도록 할 것
  ㉡ 노즐 보디와 니들밸브 등 각각의 조합을 바꾸지 않을 것
  ㉢ O링 및 개스킷은 신품으로 교환할 것
  ㉣ 닦아 내기는 경유로 할 것

⑥ 기타 주요사항
  ㉠ 타이머 : 기관의 속도에 따라 자동으로 분사시기를 조정하여 운전을 안정되게 한다.
  ㉡ 디젤기관의 연료 분사노즐에서 섭동면의 윤활은 연료(경유)가 한다.
  ㉢ 분사펌프의 플런저와 배럴 사이의 윤활은 경유가 한다.
  ㉣ 디젤기관 연료 분사계통에 널리 쓰이는 펌프 : 플런저 펌프
   ※ 양리드 플런저 : 분사펌프에서 분사 개시와 종결이 모두 변하는 형식의 플런저
  ㉤ 유닛 분사펌프의 시스템에서 가속 페달 센서의 설치 위치 : 페달 근처
  ㉥ 플런저 펌프에서 펌프의 토출량을 제어하는 방법 : 유량제어, 마력제어, 압력제어
  ㉦ 디젤기관에서 연료 분사펌프의 플런저 유효행정을 크게 하면 연료 분사량이 증가한다.
  ㉧ 분사펌프 연료 차단 솔레노이드 밸브 단품 점검 방법 : 작동음과 저항값 점검
  ㉨ 디젤 분사펌프의 각 플런저 분사량의 오차는 일반적으로 ±3% 이내이어야 한다.
  ㉩ 디젤기관 조속기의 종류 : 정속도형, 속도제한형, 가변속도형

10년간 자주 출제된 문제

3-1. 연료 분사펌프에서 연료의 분사량을 조정하는 것은?
① 딜리버리 밸브　② 태핏 간극
③ 제어 슬리브　　④ 노 즐

3-2. 유닛 분사펌프의 시스템에서 가속 페달 센서의 설치 위치는?
① 페달 근처　　② 분사펌프
③ 인젝터　　　④ 조향 핸들

｜해설｜

3-1
③ 제어 슬리브 : 제어 래크가 최대 분사량(송출량) 이상으로 작동하는 것을 제한해 준다.
① 딜리버리 밸브 : 플런저의 유효행정이 끝나고 배럴 내의 압력이 저하되면 스프링에 의해 닫혀서 연료의 역류와 후적을 방지한다.
② 태핏 간극 : 플런저가 최고 위치에 있을 때 배럴의 윗면과 플런저 사이의 간극(약 0.5mm 정도)

3-2
유닛 분사펌프의 시스템에서 페달 근처에 가속 페달 센서를 설치한다.

정답 3-1 ③　3-2 ①

핵심이론 04 전자제어식 분사펌프장치

① 전자제어식 디젤 분사 장치의 기능
　㉠ 흡기다기관의 압력제어
　㉡ 시동할 때 연료분사량 제어
　㉢ 정속운전(최고속도) 제어
　㉣ 공전속도 제어 및 최고속도 제한
　㉤ 전부하 연료분사량 제어
　㉥ 연료 분사시기 제어
　㉦ 배기가스 재순환 제어

② 전자제어식 분사펌프장치의 특성
　㉠ 각 운전점에서 최적의 거동 - 동력성능 향상으로 연료 소모가 적다.
　㉡ 기관 소음을 감소시켜 최적화된 정숙운전
　㉢ 분사펌프의 설치 공간 절약
　㉣ 더 많은 영향변수 고려 가능
　㉤ 배출가스 규제수준의 충족
　㉥ 가속 시 스모그 감소

③ 기타 주요사항
　㉠ 전자제어 연료분사장치에서 컴퓨터는 흡입공기량과 엔진 회전수에 근거하여 기본 연료분사량을 결정한다.
　㉡ 전자제어식 디젤분사장치의 고압 영역은 압력 형성(고압펌프), 압력 저장 및 연료계량의 영역으로 구분한다.
　㉢ 디젤 전자제어 분배형 분사펌프에서 TPS(타이머 피스톤 센서)의 기능 : 타이머 피스톤 위치 검출
　※ 타이머
　　• 구동 방식에 따라 내장형과 외장형으로 나누어진다.
　　• 엔진의 회전속도 부하에 따라 분사시기를 변화시키기 위해 필요하다.
　　• 타이머는 회전 방향에 따라 우회전용과 좌회전용이 있으며, 서로의 기능은 어느 것이나 같다.

| 10년간 자주 출제된 문제 |

전자제어식 디젤 분사장치의 기능이 아닌 것은?
① 전부하 분사량 제한
② 최고속도 제한
③ 시동 분사량 제어
④ 부하 분사량 제한

|해설|

전자제어식 디젤 분사 장치의 기능
- 흡기다기관의 압력제어
- 시동할 때 연료분사량 제어
- 정속운전(최고속도) 제어
- 공전속도 제어 및 최고속도 제한
- 전부하 연료분사량 제어
- 연료 분사시기 제어
- 배기가스 재순환 제어

|정답| ④

핵심이론 05 압축압력

① 디젤기관에서 압축압력 측정방법
  ㉠ 기관을 가동시킨 후 정상 온도로 올린 다음 측정한다.
  ㉡ 기관오일, 기동전동기, 배터리가 정상 상태인지 점검한다.
  ㉢ 기관의 모든 저항을 제거하고, 공기청정기를 떼어낸다.
  ㉣ 연료 콕을 닫고 조속 핸들을 멈춤 위치로 한다.
  ㉤ 측정하기 전 기관을 크래킹시켜 실린더로부터 이물질을 배출시키고 측정한다.
  ㉥ 연료장치 제거(분사노즐 분리 후) → 압축압력게이지로 측정한다.
  ㉦ 예열플러그는 정상 장착한다.

② 유압회로 압력 측정 및 조정을 위해 유압 측정 시 조건
  ㉠ 규정된 회전 수에서 측정한다.
  ㉡ 난기운전을 한 다음 측정한다.
  ㉢ 경사지가 아닌 평지에서 측정한다.
  ㉣ 작동유의 온도는 45℃ 전후에 측정한다.

③ 압축비와 체적
  ㉠ 압축비(ε) = $1 + \dfrac{V_s}{V_c} = 1 + \dfrac{행정체적}{연소실체적}$

  ㉡ 연소실 체적 = $\dfrac{행정체적}{(압축비 - 1)}$

  ㉢ 행정체적(총배기량, cm³) = 실린더 단면적 × 행정
  $$= \frac{\pi D^2 S}{4}$$

  여기서, D : 실린더 내경(cm)
  S 또는 L : 행정(cm)

  ※ 실린더 수가 주어져 있으면 그 수만큼 곱한다.

10년간 자주 출제된 문제

5-1. 디젤기관에서 압축압력 측정방법에 관한 설명 중 잘못된 것은?
① 기관오일, 기동전동기, 배터리가 정상 상태인지 점검한다.
② 기관을 가동시킨 후 정상 온도로 올린 다음 측정한다.
③ 측정하기 전 기관을 크래킹시켜 실린더로부터 이물질을 배출시키고 측정한다.
④ 분사노즐 및 예열플러그를 전부 빼고 시험한다.

5-2. 실린더의 안지름이 78mm이고, 행정이 80mm인 4실린더 기관의 총배기량은 약 몇 cc인가?
① 1,028cc
② 1,128cc
③ 1,329cc
④ 1,529cc

해설

5-1
예열플러그는 정상 장착한다.

5-2
총배기량 $= \dfrac{\pi D^2 S}{4} \times N = \dfrac{\pi \times 7.8^2 \times 8}{4} \times 4$
$= 1,529cc$
여기서, D : 실린더 내경(cm)
S : 행정(cm)
N : 실린더 수

정답 5-1 ④ 5-2 ④

핵심이론 06 디젤기관의 노킹

① 디젤기관 노킹의 원인 : 착화지연 기간 중 분사된 다량의 연료가 화염전파기간 중에 일시적으로 연소하여 실린더 내의 압력이 급격히 상승하기 때문이다.
  ㉠ 엔진에 과부하가 걸릴 때
  ㉡ 엔진이 과열되었을 때
  ㉢ 착화지연시간이 길 때
  ㉣ 혼합비가 불량할 때
  ㉤ 세탄가가 낮은 연료를 사용하였을 때
  ㉥ 디젤 노크를 일으키기 쉬운 회전범위 : 저속

② 디젤기관의 노킹 방지책 : 디젤기관에서 연료분사시기가 빠를 때 노크가 발생하는데, 노킹 방지책은 다음과 같다.
  ㉠ 착화성이 좋은(세탄가가 높은, 발화성이 좋은) 연료를 사용한다.
  ㉡ 압축비를 높여 실린더 내의 압력과 온도를 상승시킨다.
  ㉢ 흡입공기의 온도를 높인다.
  ㉣ 냉각수 온도를 높여 연소실 온도를 상승시킨다.
  ㉤ 연소실 내의 공기와류를 일으킨다.
  ㉥ 착화지연 기간을 단축한다.
  ㉦ 착화기간 중의 분사량을 적게 한다.

③ 디젤기관에서 시동이 안 되는 원인
  ㉠ 연료계통에 공기가 유입된 경우
  ㉡ 플런저 마모로 분사압력이 저하된 경우
  ㉢ 분사노즐의 니들밸브가 고착된 경우

10년간 자주 출제된 문제

6-1. 디젤기관의 노크를 방지하는 대책으로 틀린 것은?
① 착화성이 좋은 연료를 사용한다.
② 압축비를 낮게 한다.
③ 압축온도를 높인다.
④ 착화지연기간 중의 연료 분사량을 알맞게 조정한다.

6-2. 디젤기관에서 시동이 안 되는 원인이 아닌 것은?
① 연료계통에 공기가 유입된 경우
② 플런저 마모로 분사압력이 저하된 경우
③ 점화코일이 파손된 경우
④ 분사노즐의 니들밸브가 고착된 경우

|해설|

6-1
디젤기관의 노킹 방지책
- 착화성이 좋은(세탄가가 높은, 발화성이 좋은) 연료를 사용한다.
- 압축비를 높여 실린더 내의 압력과 온도를 상승시킨다.
- 흡입공기의 온도를 높인다.
- 냉각수 온도를 높여 연소실 온도를 상승시킨다.
- 연소실 내의 공기와류를 일으킨다.
- 착화지연 기간을 단축한다.
- 착화기간 중의 분사량을 적게 한다.

6-2
점화코일은 가솔린기관의 점화에 필요하다.

정답 6-1 ② 6-2 ③

핵심이론 07 예열플러그

① 예열플러그의 개요
  ㉠ 겨울철 온도가 차가울 때 기동을 도와주는 디젤기관의 시동 보조장치로, 연소실 내의 공기를 미리 가열한다.
  ㉡ 가솔린이나 LPG 차량은 점화플러그가 있어 연소를 도와주지만, 디젤은 예열플러그만 있다.
  ㉢ 예열플러그 발열부의 온도는 약 950~1,050℃이다.

② 예열플러그의 종류
  ㉠ 코일형 : 히트코일이 노출되어 있어 공기와의 접촉이 용이하며, 적열 상태는 좋으나 부식에 약하며, 배선은 직렬로 연결되어 있다(예열시간 : 40~60초).
  ㉡ 실드형 : 금속 튜브 속에 히트코일, 홀딩 핀이 삽입되어 있고, 코일형에 비해 적열 상태가 늦으며, 배선은 병렬로 연결되어 있다(예열시간 : 60~90초). 또 저항기가 필요하지 않다.

③ 예열플러그의 고장원인
  ㉠ 엔진이 과열되었을 때
  ㉡ 예열시간이 길었을 때
  ㉢ 정격이 아닌 예열플러그를 사용했을 때

④ 디젤엔진의 예열장치 점검사항 : 예열플러그 단선 점검 또는 양부 점검, 예열플러그 파일럿 및 예열플러그 저항값 점검

⑤ 히트 레인지 : 직접 분사식 디젤기관에서 예열플러그를 설치할 곳이 없기 때문에 흡기 다기관에 설치한 히터이다(용량 400~600W).

  ※ 예열플러그가 심하게 오염되어 있으면 불완전연소 또는 노킹이 원인이다.
  ※ 히트 릴레이 : 예열플러그에 흐르는 전류가 커서 시동 전동기 스위치의 소손을 방지하기 위해 둔 것이다.

> **10년간 자주 출제된 문제**
>
> **예열플러그 및 히트 레인지에 대한 설명 중 잘못된 것은?**
> ① 코일형(Coil Type)과 실드형(Shield Type) 예열플러그가 있다.
> ② 예열플러그 발열부의 온도는 약 950~1,050℃이다.
> ③ 히트 레인지(Heat Range)의 히터 용량은 400~600W 정도이다.
> ④ 코일형(Coil Type) 예열플러그의 예열시간은 5~10초이다.
>
> |해설|
> 예열플러그의 예열시간은 코일형은 40~60초, 실드형은 60~90초이다.
>
> 정답 ④

1-11. 엔진제어 장치와 전자제어센서

핵심이론 01 전자제어 엔진의 구성

전자제어 엔진시스템은 연료장치와 점화장치, 흡기장치와 제어장치로 구성된다.

① **흡기계통** : 공기청정기, 흡기관, 스로틀 보디, 공기조절기, 서지탱크, 흡입 다기관

  ㉠ 공기청정기 : 흡입공기 중의 이물질을 제거하고, 흡입소음을 감소시킨다.

  ㉡ 흡기관 : 흡입되는 공기량의 증감에 따른 압력 변화를 완만하게 유지한다.

  ㉢ 스로틀 보디(Throttle Body) : 흡입되는 공기의 양을 조절하고, 공전 상태에서 흡입하는 공기의 양을 조절할 수 있다.

  ㉣ 공기조절기 : 온도가 낮은 상태에서 정상온도가 될 때까지의 워밍업 시간을 단축시키기 위한 패스트 아이들(Fast Idle) 장치이다.

  ㉤ 서지탱크(Surge Tank) : 각 실린더에 흡입되는 혼합기의 압력을 일정하게 유지하며 진공(부압)이 필요한 곳에 부압을 공급한다.

  ㉥ 흡입 다기관 : 각 실린더에 흡입되는 혼합기의 비율(혼합비)을 일정하게 유지하며 연료의 휘발(증발)을 돕는다.

② **연료계통** : 연료탱크, 저압필터, 연료펌프, 고압필터, 연료 분배파이프, 연료압조절기, 시동인젝터, 인젝터(저저항인젝터-전압제어용, 고저항인젝터-전류제어용)

③ **제어계통** : 감지부, 제어부, 작동부

  ㉠ 감지부 : 연료압력센서, 공기유량센서(AFS), 흡기온도센서, 액셀러레이터 페달센서, 연료온도센서, 차속센서, 냉각수온센서, 크랭크 위치센서, 크랭크 각센서, 산소센서, 노크센서 등

  ㉡ 제어부(ECU) : 연료분사량제어, 시동제어, 점화시기제어, 공전속도제어(ISC 서보제어), 피드백제어, 배출가스제어, 분사시기제어, 자기진단 등

ⓒ 작동부 : 컨트롤릴레이, 연료펌프, 인젝터, 파워 TR, ISC 서보, 엔진경고등, 각종 솔레노이드밸브 등

10년간 자주 출제된 문제

전자제어 디젤기관의 ECU에 입력되는 센서가 아닌 것은?
① 공기유량센서
② 커먼레일 압력센서
③ 레일 압력조절밸브
④ 냉각수 온도센서

[해설]

입력요소
연료압력센서, 공기유량센서(AFS), 흡기온도센서, 액셀러레이터 페달센서, 연료온도센서, 차속센서, 냉각수온센서, 크랭크 위치센서, 크랭크 각센서, 산소센서, 노크센서

※ 출력요소 : 인젝터, 메인 릴레이, EGR 시스템, CAN 통신, 연료 필터 히팅, 인렛 미터링밸브, 레일 압력조절밸브, 전동팬

정답 ③

핵심이론 02 전자제어센서

① **공기유량센서(AFS ; Air Flow Sensor)** : 엔진으로 흡입되는 공기량에 비례하는 신호를 보내 기본 연료분사량 및 점화시기 등을 제어하는 데 사용된다.

② **흡기온도 센서(ATS ; Air Temperature Sensor)** : ECU는 센서로부터의 출력전압에 의해 흡기온도를 검지하여 흡입공기 온도에 대응하는 연료 분사량을 조절한다.

③ **대기압센서(BPS)** : 외부의 대기압을 측정하여 연료 분사량과 점화시기를 조절한다(AFS 센서와 같은 위치에 설치).

④ **스로틀 위치센서(TPS)** : 스로틀 개도를 검출하여 공회전 영역 파악, 가·감속 상태 파악 및 연료분사량을 조절한다.

⑤ **모터 위치센서(MPS)** : ECU는 MPS신호, 공전신호, 냉각수 온도신호, 부하신호(A/C) 및 차속신호를 이용해 공회전 시 회전수를 제어한다.

⑥ **공전스위치(Idle Position Switch)** : 아이들스위치는 접점식으로 액셀러레이터 놓음을 감지하여 ECU, ISC 모터를 구동하여 공전 회전 수를 조절한다.

⑦ **크랭크각센서(CAS)** : 크랭크축의 각도 및 위치, 회전수를 감지하여 연료분사량, 분사시기를 제어한다.

⑧ **No.1 TDC 센서** : 크랭크축의 상사점을 검출하여 점화 순서를 결정한다(설치 위치는 CAS와 동일).

⑨ **냉각수 온도센서(WTS ; 수온센서)** : 냉각수 온도를 측정하여 연료 분사량 보정, 점화시기 조절 및 냉각팬 제어 등에 사용한다. 내부의 황동관 내에 반도체 NTC 서미스터를 내장해 분사량을 조절한다.

⑩ **산소센서(O_2-Oxygen Sensor)** : 배기 중의 산소 농도를 측정하여 연료 분사량을 조절한다(배기 다기관).

⑪ **노크센서(Knock Sensor)** : 실린더 내부의 노크를 감지하여 연료 분사량 및 점화시기를 조절한다(실린더 블록에 설치).

⑫ 차속센서(Vehicle Speed Sensor) : 차속센서는 트랜스미션부에 장착되어 리드스위치 형식으로 스피드미터 속에 설치되어 있는 타입과 홀센서 원리를 이용한 것으로, 차 속도에 의한 연료 컷 또는 연료 리커버리 신호 및 아이들 회전 수 제어, 냉각팬 제어에 사용된다.
⑬ 흡기 다기관 압력센서(MAP) : 흡입 다기관의 압력을 측정하여 엔진부하에 따라 변화를 측정하고 출력전압으로 변환한다.
⑭ 캠샤프트 포지션 센서(CMPS) : 실린더 헤드 커버 쪽에 설치하여 연료 분사를 제어한다.
※ 전자제어엔진에 쓰이는 압력센서에서의 게이지 압 : EGR 압력, 연료압력, 배기가스 압력

10년간 자주 출제된 문제

2-1. 전자제어엔진에 구성되어 있는 센서의 설명으로 틀린 것은?
① 공기유량센서(AFS)는 엔진으로 흡입되는 공기량에 비례하는 신호를 보낸다.
② 크랭크각센서는 크랭크축의 위치를 판별하여 준다.
③ 산소센서에 의한 피드백은 냉간 시 폐회로 상태로 작동한다.
④ 수온센서(WTS)는 냉각수 온도를 감지하여 신호를 보낸다.

2-2. 다음 중 전자제어 연료분사장치의 온도 센서로 가장 많이 사용되는 것은?
① 저 항
② 다이오드
③ TR
④ NTC 서미스터

|해설|

2-1
산소센서에 의한 피드백은 열간 시 폐회로 상태로 작동한다. 산소센서신호를 기준으로 피드백 작용을 하지 않는 개회로 상태는 시동 시, 냉간 시, 가속 시이다.

2-2
서미스터
• 부특성(NTC) 서미스터는 주로 온도 감지, 온도 보상, 액위·풍속·진공검출, 돌입전류 방지, 지연소자 등으로 사용된다.
• 정특성(PTC) 서미스터는 모터기동, 자기소거, 정온 발열, 과전류 보호용으로 사용된다.

정답 2-1 ③ 2-2 ④

핵심이론 03 연료분사 전자제어 시스템

① 가속페달 위치센서(APS ; Acceleration Position Sensor)
  ㉠ APS는 가속페달의 밟힌 양을 감지하는 센서로, 액셀러레이터와 일체로 구성되어 있다.
  ㉡ 엔진 ECU는 이 신호를 기본으로 연료분사량과 분사시기를 결정한다.
② 이중 브레이크 스위치
  ㉠ 페달과 연동하여 페달의 작동 상태를 ECU에 전달한다.
  ㉡ 주행 중 액셀러레이션 포지션 센서(APS)의 고장을 감지하고자 APS 신호가 입력된 후 브레이크 신호가 입력되면, APS 고장으로 판정하고 엔진 회전수를 1,000rpm으로 제한한다.
③ 연료압력센서(FPS ; Fuel Pressure Sensor)
  ㉠ 커먼레일 내의 연료압력을 측정하여 연료량, 분사시기를 조정하는 신호로 사용한다.
  ㉡ 장착 위치는 커먼레일 중앙부이다.
④ 연료온도센서(FTS ; Fuel Temperature Sensor)
  ㉠ 연료온도센서는 고압펌프 입구의 연료온도를 감지하여 ECU로 전송한다.
  ㉡ 커먼레일 디젤엔진은 리턴 연료의 온도가 많이 상승하는데 경유온도가 상승하면 윤활막이 파괴되고 이 경우 연료를 윤활제로 사용하는 고압펌프가 손상되기 쉽다.
  ㉢ 연료온도가 규정 이상 상승하면 연료 분사량을 제한해 엔진 회전 수가 3,000rpm 이상 상승하지 않는다.
⑤ 흡입공기량 센서(AFS)와 흡기온도센서(ATS)
  ㉠ 커먼레일 엔진에 장착된 에어플로 센서는 핫필름(Hot Film)방식이다.
  ㉡ 흡입공기량 센서의 주기능은 연료량 보정이며, 디젤엔진에서 중요한 EGR(배기가스 재순환장치) 피드백 컨트롤 제어에도 사용된다.

ⓒ 흡기온도센서는 각종 제어(연료량, 분사시기, 시동 시 연료량 제어 등)의 보정신호로 사용된다.
ⓔ 공기량 센서의 고장이 판정되면 EGR 밸브는 작동되지 않으며 연료량이 제한된다.

10년간 자주 출제된 문제

연료분사 전자제어 시스템의 설명으로 옳지 않은 것은?
① 가속페달 위치센서는 가속페달의 밟힌 양을 감지하는 센서이다.
② 이중 브레이크 스위치는 주행 중 액셀러레이션 포지션 센서(APS)의 고장을 감지한다.
③ 연료압력센서(FPS)는 고압펌프 입구의 연료온도를 감지한다.
④ 흡입공기량 센서의 주기능은 연료량 보정이다.

|해설|
연료압력센서(FPS) : 커먼레일 내의 연료압력을 측정하여 연료량, 분사시기를 조정하는 신호로 사용한다.
연료온도센서(FTS) : 고압펌프 입구의 연료온도를 감지하여 ECU로 전송한다.

정답 ③

1-12. 유해 배출가스 저감장치

핵심이론 01 크랭크 케이스 환기장치(블로바이 가스) : PCV장치

① PCV(Positive Crankcase Ventilation) 밸브는 팽창 행정 시 실린더 벽과 피스톤 간극 사이로부터 크랭크실 내로 누설되는 블로바이 가스를 연소실로 환원하는 장치이다.
② 블로바이 가스는 엔진의 부하가 작을 경우 발생량이 적어지고 부하가 클 경우 발생량이 많아지므로, PCV 밸브는 부하에 따른 열림량을 조절하여 블로바이 가스를 연소실로 환원한다.
③ PCV는 흡입 매니폴드와 캐니스터 사이에 위치하며, 캐니스터에 포집된 연료 증발가스를 제어하는 밸브이다.
④ 컴퓨터에 의해 듀티 제어하는 방식과 흡입 매니폴드의 부압과 엔진 컴퓨터(ECU)에 의하여 ON, OFF 제어만 하는 방식이 있다.
⑤ PCV 밸브는 엔진의 냉각수 온도가 낮거나 공전 시 닫히고, 엔진이 정상온도로 작동 시 밸브를 열어 캐니스터에 포집된 연료 증발가스를 흡기 매니폴드로 보낸다.
※ 불완전연소를 하게 되면 일산화탄소(CO), 탄화수소(HC), 질소산화물 등 주된 유해물질이 발생된다.

10년간 자주 출제된 문제

유해 배출가스 저감장치 중 크랭크 케이스 환기장치의 특징으로 틀린 것은?
① 크랭크실 내로 누설되는 블로바이 가스를 연소실로 환원하는 장치이다.
② 블로바이 가스는 엔진의 부하가 작을 경우 발생량이 많아진다.
③ PCV는 흡입 매니폴드와 캐니스터 사이에 위치한다.
④ PCV 밸브는 부하에 따른 열림량을 조절하여 블로바이 가스를 연소실로 환원한다.

|해설|
블로바이 가스는 엔진의 부하가 작을 경우 발생량이 적어지고 부하가 클 경우 발생량이 많아지므로, PCV 밸브는 부하에 따른 열림량을 조절하여 블로바이 가스를 연소실로 환원한다.

정답 ②

핵심이론 02 증발가스 제어장치

증발가스 제어장치는 연료탱크(OVCV) → 캐니스터 → PCSV → 흡기 다기관 등으로 구성된다.

① 증발가스 제어장치(HC)의 개념
  ㉠ 연료탱크에서 발생한 증발가스는 엔진 정지 중에 캐니스터(관)에 유입되어 저장되고, 엔진이 작동하면 저장되어 있는 증발가스는 외부의 공기와 함께 연소실로 유입되어 연소된다.
  ㉡ 증발가스 제어장치에는 캐니스터, 퍼지 컨트롤 솔레노이드밸브(PCSV), 2웨이 밸브 등으로 구성되어 있다.

② 캐니스터(Canister)
  ㉠ 증발가스 제어장치로, 연료탱크 내에서 발생된 증발가스(HC)를 흡입계에 유도해 새로 들어오는 공기와 혼합하여 연소실에서 연소시키는 역할을 한다.
  ㉡ 엔진 정지 중 연료탱크에서 발생된 증발가스는 활성탄을 넣은 관(캐니스터)으로 유도되어 활성탄에 흡착되어 있다가 엔진이 회전하면 흡착되어 있던 증발가스가 흡입 매니폴드의 부압에 의해 연소실로 유입된다.
  ㉢ 활성탄은 다시 흡입능력을 회복하여 재사용이 가능하다.

③ PCSV(Purge Control Solenoid Valve)의 제어시스템
  ㉠ ECU가 엔진부하, 엔진 회전 수 및 에어컨 스위치 신호를 입력받고 제어조건에 따라 PCSV를 듀티 제어한다.
  ㉡ 듀티 0%일 때는 밸브가 닫히고, 듀티 100%일 때는 밸브가 완전히 열린다.
  ㉢ PCSV의 제어는 계속 수행하는 것이 아니라 일정시간 작동하다가 캐니스터에 연료증발가스를 포집하기 위해 일정시간 작동하지 않는다.
  ㉣ PCSV의 듀티량은 주로 엔진 회전 수와 부하 등에 의해 결정된다.

10년간 자주 출제된 문제

증발가스 제어장치(HC)의 특징으로 틀린 것은?
① 증발가스가 캐니스터에 의해 외부의 공기와 함께 연소실로 유입되어 연소된다.
② 증발가스는 엔진의 크랭크 케이스에서 발생한다.
③ 제어장치에는 캐니스터, 퍼지 컨트롤 솔레노이드 밸브, 2웨이 밸브 등이 있다.
④ 캐니스터에 사용하는 활성탄은 다시 흡입능력을 회복하여 재사용이 가능하다.

|해설|
연료탱크에서 발생한 증발가스는 엔진 정지 중에 캐니스터(관)에 유입되어 저장되고, 엔진이 작동하면 저장되어 있는 증발가스는 외부의 공기와 함께 연소실로 유입되어 연소된다.

정답 ②

핵심이론 03 배기가스 제어장치

① 배기가스 재순환장치(EGR ; Exhaust Gas Recirculation)
  ㉠ 배기가스의 일부를 흡입다기관으로 재순환시켜 연소실 온도를 낮춰 질소산화물(NOx)의 배출을 억제하는 장치이다.
  ㉡ 배기가스를 재순환시키면 새 혼합기의 충진효율은 낮아지고, 재순환된 불활성 가스(H_2O, N_2, CO_2) 등이 많이 포함되어 연소온도가 낮아져 질소산화물의 생성을 억제시킬 수 있다.
  ㉢ EGR의 효과
    • 펌프손실의 저감
    • 연소가스 온도저하에 의한 냉각수로의 방열손실 저감
    • 작동가스 조성에 의한 비열비의 증대에 따른 사이클 효율 향상
    • 점화시기를 적절히 제어하면 열효율 개선 효과 기대
  ㉣ EGR량이 증가하면 연소의 안정도가 저하되고, HC의 발생이 증가되어 연비도 악화된다.
  ㉤ EGR 제어시스템은 EGR 가스를 흡기계의 어느 위치로 주입하는가에 따라 상류 EGR, 하류 EGR이 있다.
  ㉥ 일반적으로 5~15%의 소량 EGR의 경우에는 기계적인 방법을 이용하고, 15~35%의 경우에는 전자제어식을 사용한다.
  ㉦ 배기가스 재순환장치의 구성은 EGR 밸브, EGR 컨트롤 솔레노이드밸브 등으로 구성되어 있다.
  ㉧ 엔진 회전속도와 흡입공기량에 따른 최적 EGR량은 ECU의 기억장치에 매핑되어 있고, 이것에 의해 솔레노이드에 통전하는 듀티 제어를 한다.
  ㉨ 듀티비는 엔진 회전수와 부하에 따른 기본 듀티와 냉각수 온도 및 배터리 전압에 의한 보정량으로 결정된다.
  ㉩ EGR 비작동 영역(EGR 컷) : 시동 시와 저속, 저부하 운전 영역, 냉각수 온도가 일정온도보다 높거나 낮은 경우

② 2차 공기 공급장치 : 카뷰레터 타입에 적용되는 시스템으로 배기포트로부터 배출되는 가스에 새로운 공기를 공급하여 산화를 촉진시키는 장치로 일산화탄소, 탄화수소를 정화시킨다.

③ 삼원 촉매 변환장치
  ㉠ 질소산화물의 환원반응과 일산화탄소, 탄화수소의 산화반응을 동시 행하는 촉매를 설치하여 배기가스를 정화시키는 장치이다.
  ㉡ 촉매 컨버터(산화촉매, 환원촉매, 삼원촉매)

10년간 자주 출제된 문제

배기가스 재순환장치(EGR)의 특징으로 옳지 않은 것은?
① 연소실의 온도를 낮추어 질소산화물의 배출을 억제하는 장치이다.
② 배기가스 재순환장치의 구성은 EGR 밸브, EGR 컨트롤 솔레노이드밸브 등으로 구성되어 있다.
③ 일반적으로 5~15%의 소량 EGR의 경우에는 전자제어식을 사용한다.
④ EGR 제어시스템은 EGR 가스를 흡기계의 어느 위치로 주입하는가에 따라 상류 EGR, 하류 EGR이 있다.

|해설|
5~15%의 소량 EGR의 경우에는 기계적인 방법을 사용한다.

정답 ③

1-13. 배기가스 후처리장치

핵심이론 01 배기가스 후처리장치

① 제1종 저감장치(매연여과장치, DPF ; Diesel Particulate Filter)
  ㉠ 자동차 배출가스 중 입자상 물질(PM, 미세매연입자) 등은 촉매가 코팅된 필터로 여과하고 이를 엔진의 배출가스 열 또는 전기히터 등을 이용하여 산화(재생)시켜 이산화탄소(CO_2)와 수증기(H_2O)로 전환하여 오염물질을 제거하는 장치이다.
  ㉡ DPF 기술은 포집기술과 재생기술로 나누어져 있으며, 시스템은 필터, 재생장치, 제어장치 세 부분으로 나누어져 있다.
    ※ 세라믹 DPF의 구성은 크게 하우징, 세라믹 담체, 세라믹 플러그로 구성된다.
  ㉢ 디젤엔진의 배기가스 중 발생하는 입자상 물질(PM)을 촉매필터에 포집하면 퇴적되는데 일정한 조건에서 PM의 발화온도인 550℃ 이상으로 배기가스의 온도를 높여서 제거한다.

② 제2종 저감장치(매연여과장치, p-DPF ; partial Diesel Particulate Filter trap)
  ㉠ 금속박막평판(FLAT Foil)과 돌출부가 있는 주름박판(Corrugated Foil)의 한쌍을 겹쳐 원기둥 형태로 말은 구조이다.
  ㉡ 배기가스는 평판과 주름판 사이의 공간을 통과하는 부분 개방형 구조이다.
  ㉢ 월 플로 타입 필터(Wall Flow Type Filter)에서 나타나는 과도한 매연 축적에 따른 차량의 연비 저하, 출력 저하가 없으며, Ash 축적에 따른 주기적인 보수가 불필요하다.

③ 제3종 저감장치(산화촉매장치, DOC ; Diesel Oxidation Catalyst) : 자동차 배기가스가 DOC 통과 시 배기가스가 촉매와 반응하여 가스형태 배출물 HC, CO, TPM 중 윤활유 성분, 미연소 연료, SOF(Soluble Organic Fraction)를 산화시켜 배기가스를 정화한다.
  ※ PM-NOx 동시 저감장치 : 배출가스 저감장치(DPF)에서 입자상 물질(PM)을 저감시키고, 선택적 촉매환원장치(SCR)에서 배기가스에 요소수를 분사하여 질소산화물(NOx)을 저감시킨다.

10년간 자주 출제된 문제

배기가스 후처리장치 중 제1종 저감장치의 설명으로 옳지 않은 것은?
① 시스템은 기본적으로 필터, 재생장치, 제어장치 세 부분으로 나누어져 있다.
② PM을 모집하여 550℃ 이상으로 배기가스의 온도를 높여서 제거한다.
③ 포집된 PM(미세매연입자)은 퇴적·산화되어 CO_2, H_2O로 배출되면서 매연을 저감시키는 원리이다.
④ 자동차 배출가스 중 입자상 물질(PM, 미세매연입자) 등은 산화촉매장치를 통해 산화시킨다.

|해설|
자동차 배출가스 중 입자상 물질(PM) 등은 엔진의 배출가스 열 또는 전기히터 등을 이용하여 산화(재생)시킨다.

정답 ④

제2절 차체 정비

2-1. 유체 클러치 및 토크 컨버터

핵심이론 01 클러치(1)

① 클러치는 운전 중 회전을 자유롭게 단속할 수 있는 축이음으로 수동식 변속기에 사용된다.
② 클러치의 종류 : 마찰 클러치(단판 클러치, 복판 클러치, 다판 클러치), 원뿔 클러치, 유체 클러치, 전자 클러치
③ 클러치의 구성품 : 디스크, 압력판, 스프링, 릴리스 레버, 릴리스 베어링, 부스터 등
④ 클러치 용량
   ㉠ 클러치가 전달할 수 있는 회전력의 크기이다.
   ㉡ 기관 최고 출력의 1.5~2.5배로 설계한다.
   ㉢ 클러치 용량이 너무 크면 엔진이 정지하거나 동력 전달 시 충격이 일어나기 쉽다.
   ㉣ 클러치 용량이 너무 작으면 클러치가 미끄러진다.
⑤ 클러치 구비조건
   ㉠ 회전관성이 작을 것
   ㉡ 동력 차단은 신속하고 확실하게 할 것
   ㉢ 회전 부분의 평형이 좋을 것
   ㉣ 동력 전달은 충격 없이 전달되나 동력의 전달은 확실할 것
   ㉤ 방열이 잘되고 과열되지 않을 것
   ㉥ 구조가 간단하고 취급이 용이할 것
⑥ 클러치 유격
   ㉠ 클러치 페달에 유격을 두는 이유 : 클러치의 미끄럼을 방지하기 위해
   ㉡ 클러치 페달에 유격이 너무 작으면 클러치의 미끄럼이 발생하고, 너무 크면 제동 성능이 감소된다.
   ㉢ 클러치가 미끄러지면 속도, 견인력 등이 감소되어 연료 소비가 증가하고 기관이 과열된다.

10년간 자주 출제된 문제

1-1. 운전 중 회전을 자유롭게 단속할 수 있는 축이음은?
① 클러치
② 플랜지 조인트
③ 커플링
④ 유니버설 조인트

1-2. 클러치 용량이 표시하는 것은?
① 클러치판의 마찰계수
② 클러치 작동 확실성의 표시
③ 클러치가 전달할 수 있는 회전력의 크기
④ 클러치의 크기 및 압력판의 세기

[해설]

1-1
클러치는 운전 중 회전을 자유롭게 단속할 수 있는 축이음으로 수동식 변속기에 사용된다.

1-2
클러치 용량 : 클러치가 전단할 수 있는 회전력의 크기이다.

정답 1-1 ① 1-2 ③

핵심이론 02 클러치(2)

① 클러치가 미끄러지는 원인
  ㉠ 클러치 페달의 자유간극이 작음
  ㉡ 압력판의 마멸
  ㉢ 클러치판에 오일 부착
  ㉣ 클러치 스프링의 장력 감소
  ㉤ 플라이휠 및 압력판 손상

② 클러치 조작 기구
  ㉠ 유압 클러치의 컷오프밸브 : 브레이크를 밟으면 클러치가 차단되는 장치이다.
  ㉡ 유니버설 조인트 : 추진축의 각도 변화를 가능하게 한다.
  ㉢ 버필드 조인트 : 베어링이 없이 구조가 간단하고 전달용량이 크기 때문에 4WD형식의 차량에 많이 사용된다.
  ㉣ 릴리스 베어링
    • 클러치 페달을 밟으면 릴리스 레버를 눌러 클러치를 분리시킨다.
    • 종류 : 앵귤러 접촉형, 볼 베어링형, 카본형 등
    • 영구 주유식(Oilless Bearing)이므로 솔벤트 등의 세척제에 넣고 세척해서는 안 된다.
  ㉤ 클러치 페달의 자유간극 조정 : 링키지 로드, 페달 또는 로드 조정 너트로 한다.

③ 클러치판의 비틀림 코일 스프링이 파손되었을 때 생기는 현상
  ㉠ 소리가 심하게 난다.
  ㉡ 클러치 작용 시 충격 흡수가 안 된다.
  ㉢ 클러치 작용이 원활하지 못하게 한다.

④ 기 타
  ㉠ 클러치를 연결하고 기어 변속을 하면 기어에서 소리가 나고 기어가 마모된다.
  ㉡ 클러치를 정비하여 설치한 후 소음 검사를 할 때 자동차는 공전 운전 상태로 한다.
  ㉢ 변속할 때 기어의 물림 소리가 심하게 나는 원인은 클러치가 끊어지지 않을 때이다.
  ㉣ 오버 드라이브 장치에서 선기어를 고정하고 링기어를 회전하면 유성 캐리어는 링기어보다 천천히 회전한다.

※ 유성 기어 장치의 구성품 : 선기어, 링기어, 유성기어(캐리어)

10년간 자주 출제된 문제

2-1. 유압 클러치의 컷오프 밸브가 하는 역할을 알맞게 설명한 것은?
① 브레이크를 밟으면 전・후륜이 동시에 작동되는 장치이다.
② 브레이크를 밟으면 전륜이 먼저 작동되는 장치이다.
③ 브레이크를 후륜이 먼저 작동되는 장치이다.
④ 브레이크를 밟으면 클러치가 차단되는 장치이다.

2-2. 다음 부품 중 분해 시에 솔벤트로 닦으면 안 되는 것은?
① 릴리스 베어링
② 십자축 베어링
③ 허브 베어링
④ 차동장치 베어링

|해설|

2-1
유압 클러치의 컷오프밸브 : 브레이크를 밟으면 클러치가 차단되는 장치이다.

2-2
릴리스 베어링의 종류에는 앵귤러 접촉형, 볼 베어링형, 카본형 등이 있으며, 대부분 영구 주유식(Oilless Bearing)이므로 솔벤트 등의 세척제에 넣고 세척해서는 안 된다.

정답 2-1 ④ 2-2 ①

핵심이론 03 유체 클러치 및 토크 컨버터

① 유체 클러치
  ㉠ 오일을 사용하여 엔진의 회전력을 전달하는 장치
  ㉡ 유체 클러치 오일의 구비조건
    • 비점이 높을 것
    • 착화점이 높을 것
    • 비중이 클 것
    • 점도가 낮을 것
    • 융점이 낮을 것

② 토크 컨버터
  ㉠ 토크 컨버터란 유체를 사용하여 동력을 전달하는 장치로 회전력을 증대시킨다.
  ㉡ 토크 컨버터의 기본 구성품(유체 토크 컨버터의 구성 3요소)
    • 임펠러(펌프) : 엔진과 직결되어 같은 회전수로 회전한다.
    • 터빈(러너) : 변속기 입력축과 연결되어 있다.
    • 스테이터 : 회전력을 증대시키고 오일의 흐름 방향을 바꿔 주며, 저속·중속에서 회전력을 크게 한다.
  ㉢ 토크 컨버터의 동력 전달매체 : 유체(오일)
  ㉣ 토크 컨버터 오일의 구비조건
    • 비중이 클 것, 점도가 낮을 것, 착화점이 높을 것, 융점이 낮을 것
    • 유성이 좋을 것, 내산성이 클 것, 윤활성이 클 것, 비등점이 높을 것

③ 토크 디바이더(Torque Divider)의 특징
  ㉠ 최고 효율은 토크 변환기보다 5~6% 상승하나, 스톨 토크비는 감소한다.
  ㉡ 유체구동의 원활한 특성은 감소한다.
  ㉢ 입력축 토크용량이 증대되므로 같은 기관에 대하여 사용하는 토크 변환비는 작아도 된다.
    ※ 토크 디바이더는 유성 기어장치를 이용한 변속기로, 기관의 토크를 더욱 증대시키기 위하여 사용한다.

④ 가이드링 : 유체 클러치 내에서 맴돌이 흐름으로 유체의 충돌이 일어나 효율을 저하시킬 경우 충돌을 방지한다. 즉, 와류를 감소시킨다.

⑤ 유체 클러치에서 구동축과 피동축의 속도에 따라 클러치 효율이 현저하게 달라진다.

10년간 자주 출제된 문제

3-1. 유체 클러치에서 와류를 감소시키는 것은?
① 스테이터
② 베 인
③ 커플링 케이스
④ 가이드링

3-2. 토크 컨버터의 스테이터 역할은?
① 출력축의 회전속도를 빠르게 한다.
② 발열을 방지한다.
③ 저속, 중속에서 회전력을 크게 한다.
④ 고속에서 회전력을 크게 한다.

해설

3-1
유체 클러치 내에서 맴돌이 흐름으로 유체의 충돌이 일어나 효율을 저하시킬 때 이 충돌을 방지하는 것이 가이드링이다.

3-2
토크 컨버터에서 회전력을 증대시키고 오일 흐름방향을 바꿔 준다.

정답 3-1 ④ 3-2 ③

2-2. 변속기

핵심이론 01 변속기의 개요

① 변속기의 필요성과 기능
  ㉠ 기관을 무부하 상태로 만든다.
  ㉡ 장비의 후진(역전) 시 필요하다.
  ㉢ 기관의 회전력을 증대시킨다.
  ㉣ 엔진과 구동축 사이에서 회전력을 변환시켜 전달한다.

② 건설기계에서 변속기의 구비조건
  ㉠ 변속기는 단계 없이 연속적으로 변속되어야 한다.
  ㉡ 소형·경량이며 변속 조작이 용이해야 한다.
  ㉢ 신속, 정확, 조용하게 이루어져야 한다.
  ㉣ 전달 효율이 좋고 수명이 길어야 한다.
  ㉤ 고장이 적고 소음과 진동이 없으며, 정비가 용이해야 한다.

③ 변속기 클러치 오일 압력이 감소되는 원인
  ㉠ 피스톤 쪽의 실링에 누유가 있을 때
  ㉡ 피스톤 바깥쪽의 실링에 누유가 있을 때
  ㉢ 메인 레귤레이터 밸브 스프링의 영구 변형에 의한 피스톤의 마모가 있을 때

④ 변속 기어의 소음 발생 원인
  ㉠ 변속기 오일의 부족
  ㉡ 변속기 기어, 변속기 베어링의 마모
  ㉢ 기어 백래시 과다
  ㉣ 클러치 유격이 너무 클 때
  ㉤ 조작기구의 불량 등으로 치합이 클 때

10년간 자주 출제된 문제

1-1. 건설기계에서 변속기의 구비조건으로 가장 적절한 것은?
① 대형이고 고장이 없어야 한다.
② 조작이 쉬우므로 신속할 필요는 없다.
③ 연속적 변속에는 단계가 있어야 한다.
④ 전달 효율이 좋아야 한다.

1-2. 변속기 클러치 오일 압력이 감소되는 원인이 아닌 것은?
① 피스톤 쪽의 실링에 누유가 있을 때
② 피스톤 바깥쪽의 실링에 누유가 있을 때
③ 스테이터 서포트의 실링에 누유가 있을 때
④ 메인 레귤레이터 밸브 스프링의 영구 변형에 의한 피스톤의 마모가 있을 때

|해설|

1-1
변속기는 단계 없이 연속적으로 변속되고 소형·경량이며, 변속 조작이 쉽고 신속, 정확, 조용하게 이루어져야 한다. 또한, 전달 효율이 좋고 수리하기가 쉬워야 한다.

1-2
변속기 클러치 오일 압력이 감소되는 원인
- 피스톤 쪽의 실링에 누유가 있을 때
- 피스톤 바깥쪽의 실링에 누유가 있을 때
- 메인 레귤레이터 밸브 스프링의 영구 변형에 의한 피스톤의 마모가 있을 때

정답 1-1 ④ 1-2 ③

핵심이론 02 수동 변속기 등

① 건설기계 주행 시 변속기 고장으로 기어가 빠지는 원인
  ㉠ 기어가 충분히 물리지 않았을 때
  ㉡ 기어의 마모가 심할 때
  ㉢ 로크 스프링의 장력이 약할 때
  ㉣ 변속기 로크 장치가 불량할 때
  ㉤ 기어 샤프트가 휘었을 때

② 주행 중 급가속하였을 때 엔진의 회전은 상승하여도 차속이 증속되지 않은 원인
  ㉠ 클러치 스프링의 장력이 감소하거나 클러치 페달의 자유 유격이 작을 때
  ㉡ 클러치 디스크 판에 오일이 묻었을 때
  ㉢ 클러치 디스크 판 또는 압력판이 마모되었을 때
  ㉣ 릴리스 레버의 조정이 불량할 경우

③ 수동 변속기에서의 주요사항
  ㉠ 수동 변속기에서 변속할 때 기어가 끌리는 소음이 발생하는 원인 : 클러치의 유격이 너무 클 때
  ㉡ 변속기 케이스에서 입력축을 떼어낼 때 사용되는 플라이어 : 스냅링 플라이어
  ㉢ 변속기 부축의 축 방향 놀음(End Play)의 측정 : 필러 게이지
  ㉣ 클러치 판의 비틀림 코일 스프링(토션 스프링, 댐퍼 스프링)의 역할 : 클러치를 접속할 때 회전 충격을 흡수한다.
  ㉤ 기어의 이중 물림을 방지하는 장치 : 인터로크 장치
  ㉥ 수동 변속기는 동기 물림식으로 기어가 회전하고 있는 상태에서 싱크로 메시 기구가 작동하여 기어의 변속이 이루어진다.
  ㉦ 변속기 기어의 육안 점검사항 : 기어의 백래시, 이끝의 절손 유무, 기어의 균열 상태 등
  ㉧ 건설기계장비의 변속기에서 기어의 마찰 소리가 나는 이유 : 기어 백래시 과다, 변속기 베어링의 마모, 변속기의 오일 부족 등

10년간 자주 출제된 문제

2-1. 변속기 부축의 축 방향 놀음(End Play)은 무엇으로 측정하는가?
① 마이크로미터
② 필러 게이지
③ 버니어캘리퍼스
④ 텔레스코핑 게이지

2-2. 건설기계 주행 시 변속기 고장으로 기어가 빠지는 원인 중 틀린 것은?
① GO(기어오일) 부족 시
② 기어 물림이 약할 때
③ 기어 샤프트가 휘었을 때
④ 기어 마모가 심할 때

|해설|

2-1
필러 게이지로 변속기 부축의 축 방향 놀음(End Play)을 측정한다.

2-2
건설기계 주행 시 변속기 고장으로 기어가 빠지는 원인
• 기어가 충분히 물리지 않았을 때
• 기어의 마모가 심할 때
• 로크 스프링의 장력이 약할 때
• 변속기 로크장치가 불량할 때
• 기어 샤프트가 휘었을 때

정답 2-1 ② 2-2 ①

핵심이론 03 자동 변속기 등

① 토크 컨버터와 유성기어식의 자동 변속기를 조합한 것, 유체 클러치와 유성기어식의 자동 변속기를 조합한 것 등 두 가지가 있다.
  ※ 자동 변속기를 제어하는 것 : 매뉴얼 시프트, 거버너 압력, 스로틀 압력
② 자동 변속기의 과열 원인
  ㉠ 메인 압력이 높다.
  ㉡ 과부하 운전을 계속하였다.
  ㉢ 변속기 오일 쿨러가 막혔다.
  ㉣ 오일량이 부족하다.
③ 자동 변속기의 메인 압력이 떨어지는 이유
  ㉠ 오일 부족
  ㉡ 오일필터 막힘
  ㉢ 오일펌프 내 공기 생성
  ※ 자동 변속기 유압 제어 회로에 작용하는 유압은 변속기 내의 오일펌프에서 발생한다.
④ 유성기어식 변속기
  ㉠ 유체 클러치의 변속 및 증속장치로 유성기어는 일종의 차동기어라고 한다.
  ㉡ 밴드 브레이크로 링기어를 정지시키면 피동측인 캐리어는 구동측인 선기어의 회전력보다 감속되어 회전하게 된다.
  ㉢ 감속 조작은 밴드를 조작하는 것만으로 이루어진다.
  ㉣ 장점 : 소음이 없고 원활히 변속될 수 있다.
  ㉤ 단점 : 구조가 복잡하다.
  ㉥ 유성기어 장치의 주요 부품 : 선기어, 유성기어(캐리어), 링기어, 유성캐리어

10년간 자주 출제된 문제

3-1. 다음 중 자동 변속기가 과열되는 원인으로 틀린 것은?
① 과부하 운전을 계속하였다.
② 메인 압력이 높다.
③ 오일 쿨러가 막혔다.
④ 오일량이 너무 많다.

3-2. 자동 변속기 유압 제어 회로에 작용하는 유압은 어디서 발생하는가?
① 기관의 오일펌프
② 변속기 내의 오일펌프
③ 흡기 다기관의 부압
④ 배기 다기관의 부압

|해설|

3-1
자동변속기의 과열 원인
• 메인 압력이 높다.
• 과부하 운전을 계속하였다.
• 변속기 오일 쿨러가 막혔다.
• 오일량이 부족하다.

3-2
자동 변속기 유압 제어 회로에 작용하는 유압은 변속기 내의 오일펌프에서 발생한다.

정답 3-1 ④ 3-2 ②

2-3. 자재 이음 및 종감속장치

핵심이론 01 자재 이음 등

① 드라이브 라인의 개념
  ㉠ 변속기의 출력을 구동축에 전달하는 장치이다.
  ㉡ 변속기와 종감속기어장치 사이에 설치되었다.
  ㉢ 출력을 전달하는 추진축과 드라이브 라인의 길이 변화에 대응하는 슬립 이음, 각도 변화에 대응하는 자재 이음으로 구성되어 있다.

② 추진축(Propeller Shaft)
  ㉠ 휠링(Whirling) : 추진축의 비틀림 진동 또는 굽음 진동으로, 추진축에 진동이 발생되면 자재 이음의 파손과 소음을 발생한다.
  ㉡ 추진축의 밸런스 웨이트 : 추진축의 회전 시 진동을 방지한다.
  ※ 클러치 판의 조립 위치 : 변속기 입력축의 스플라인에 조립되어 있다.

③ 유니버설 조인트(자재 이음)
  ㉠ 동력전달장치에서 두 축 간의 충격완화와 각도변화를 융통성 있게 하면서 동력을 전달하는 기구이다.
  ㉡ 십자형 자재 이음
    • 십자형 자재 이음은 2개의 요크를 니들 롤러 베어링과 십자축으로 연결하는 방식이다.
    • 진동을 작게 하려면 설치각을 12~18° 이하로 하여야 하며, 추진축 앞뒤에 자재 이음을 설치하여 회전속도의 변화를 상쇄시킨다.

④ 슬립 이음(Slip Joint)
  ㉠ 변속기 출력축의 스플라인에 설치되어 주행 중 추진축 길이의 변동을 흡수한다.
  ㉡ 변속기는 엔진과 함께 프레임에 고정되어 있고 뒤차축은 스프링에 의해 프레임에 설치되어 있으므로, 노면으로부터 진동이나 적하 상태에 따라 변동된다.

⑤ 슬립 이음이나 유니버설 조인트에 윤활 주입으로 가장 좋은 것 : 그리스

10년간 자주 출제된 문제

1-1. 동력전달장치에서 추진축 길이의 변동을 흡수하도록 되어 있는 장치는?
① 슬립 이음
② 자재 이음
③ 2중 십자 이음
④ 차 축

1-2. 유니버설 조인트의 설치 목적에 대한 설명 중 맞는 것은?
① 추진축의 길이 변화를 가능하게 한다.
② 추진축의 회전 속도를 변화시킨다.
③ 추진축의 신축성을 제공한다.
④ 추진축의 각도 변화를 가능하게 한다.

해설

1-1
슬립 이음
• 변속기 출력축의 스플라인에 설치되어 주행 중 추진축 길이의 변동을 흡수한다.
• 변속기는 엔진과 함께 프레임에 고정되어 있고 뒤차축은 스프링에 의해 프레임이 설치되어 있으므로, 노면으로부터 진동이나 적하 상태에 따라 변동된다.

1-2
유니버설 조인트 : 동력전달장치에서 두 축 간의 충격완화와 각도변화를 융통성 있게 하면서 동력을 전달하는 기구이다.

정답 1-1 ① 1-2 ④

핵심이론 02 종감속장치, 차동장치

① **종감속장치(Final Reduction Gear)**
  ㉠ 종감속기어는 구동 피니언과 링 기어로 구성된다.
  ㉡ 변속기 및 추진축에서 전달되는 회전력을 직각 또는 직각에 가까운 각도로 바꾸어 앞차축 또는 뒤차축에 전달함과 동시에 최종적으로 감속하는 역할을 한다.
  ※ 감속비를 가장 크게 할 수 있는 기어 : 웜 기어
  ※ 종감속비와 총감속비

  - 종감속비 = $\dfrac{\text{링기어 잇수}}{\text{구동 피니언 잇수}}$
  - 총감속비 = 변속비 × 종감속비
  - 링기어(뒤 액슬축) 회전수
    $= \dfrac{\text{엔진 회전수}}{\text{변속비} \times \text{종감속비}} = \dfrac{\text{추진축 회전수}}{\text{종감속비}}$
  - 바퀴 회전속도 차이
    $= \dfrac{\text{rpm}}{\text{변속비} \times \text{종감속비}} \times 2 - \text{상대바퀴 회전수}$
    $= \dfrac{\text{추진축 rpm}}{\text{종감속비}} \times 2 - \text{상대바퀴 회전수}$

  ※ 1개 바퀴 고정 시 : $\dfrac{\text{rpm}}{\text{변속비} \times \text{종감속비}} \times 2$
    $= \dfrac{\text{추진축 rpm}}{\text{종감속비}} \times 2$

  ㉢ 종감속기어에서 주행 시 소음이 발생하는 원인
  - 링 기어와 피니언 기어의 접촉이 불량할 때
  - 오일이 부족하거나 심하게 오염되었을 때
  - 사이드 베어링이나 구동 피니언 기어가 이완되었을 때
  ※ 종감속기어에서 구동 피니언의 물림이 링기어 잇면의 이뿌리 부분에 접촉하는 것 : 플랭크 접촉

② **차동기어장치**
  ㉠ 선회할 때 좌우 구동바퀴의 회전속도를 다르게 한다.
  ㉡ 선회할 때 바깥쪽 바퀴의 회전속도를 증대시킨다.
  ㉢ 보통 차동 기어장치는 노면의 저항을 작게 받는 구동바퀴의 회전속도가 빠르게 될 수 있다.
  ㉣ 하부 추진체가 휠로 되어 있는 건설기계장비로, 커브를 돌 때 선회를 원활하게 해 주는 장치이다.

③ **차축(액슬, Axle)**
  ㉠ 종감속기어, 차동장치를 거쳐 전달된 동력을 뒷바퀴에 전달한다.
  ㉡ 차축(액슬)은 안쪽의 스플라인을 통해 차동기어장치의 사이드 기어 스플라인에 끼워지고 바깥쪽은 구동바퀴에 연결되어 엔진의 동력을 바퀴에 전달한다.
  ※ 차축의 스플라인 부와 결합되어 있는 기어 : 차동 사이드 기어
  ※ 파이널 드라이버 기어 : 엔진에서 발생한 회전동력을 바퀴까지 전달할 때 마지막으로 감속작용

10년간 자주 출제된 문제

2-1. 구동토크를 좌우 구동륜에 균등하게 분배해 주는 장치는?
① 조향장치　② 제동장치
③ 차동장치　④ 드라이브 라인

2-2. 기계 작동 시 엔진오일 사용처가 아닌 것은?
① 피스톤　② 크랭크축
③ 습식 공기청정기　④ 차동기어장치

2-3. 자동차가 평탄한 노면을 직진한 경우 추진축의 회전수가 2,000rpm일 때, 리어액슬샤프트의 회전수는 약 몇 rpm인가? (단, 종감속기어의 구동 피니언 잇수 : 7, 링기어 잇수 : 40)
① 350　② 400
③ 450　④ 500

|해설|

2-1
차동장치는 구동식 건설기계가 주행 중 선회하거나 노면이 울퉁불퉁하여 좌우 바퀴에 회전차가 생기는 것을 자동적으로 조정하여 원활한 회전이 이루어지도록 해 주는 장치이다.

2-3
종감속비 $= \dfrac{링기어\ 잇수}{구동\ 피니언\ 잇수} = \dfrac{40}{7} ≒ 5.71$

∴ 링기어(뒤 액슬축) 회전수
$= \dfrac{엔진\ 회전수}{변속비 \times 종감속비} = \dfrac{추진축\ 회전수}{종감속비}$
$= \dfrac{2,000}{5.71} ≒ 350\text{rpm}$

정답 2-1 ③　2-2 ④　2-3 ①

2-4. 현가장치

핵심이론 01 현가장치의 개요

① 기능 및 구성
　㉠ 기능 : 차체와 차축을 연결하며, 자동차의 중량을 지지하고, 동시에 노면으로부터의 충격과 진동을 흡수, 감쇄시키는 기능을 하는 장치이다.
　㉡ 구성 : 스프링, 토션 바(Torsion Bar), 스테빌라이저(Stabilizer), 고무 부싱 등의 탄성체와 쇼크 업소버(Shock Absorber), 컨트롤 암(Control Arm) 등
　㉢ 구비조건 : 상하 방향의 연결이 유연하고, 수평방향의 연결성이 견고해야 한다.

② 현가장치의 종류
　㉠ 일체식 현가장치 : 건설기계에 사용(평행판 스프링, 옆 방향 판 스프링, 코일 스프링 형식)
　㉡ 독립식 현가장치 : 승용차 사용(위시본형, 스트럿 형식, 트레일링 암 형식)
　㉢ 전자제어 현가장치(전자제어 서스펜션, ECS)
　　• 급제동 시 노즈다운을 방지하고, 급선회 시 차체의 기울어짐을 방지한다.
　　• 노면 상태에 따라 차량의 높이 조정, 승차감 조정이 가능하다.
　　• 고속주행 시 차량의 높이를 낮추어 안정성을 증대할 수 있다.

③ 구성요소
　㉠ 스로틀 위치센서 : 급가속, 급감속을 감지
　㉡ 조향핸들 각도센서 : 핸들의 작동속도를 검출하여 급선회 상태 감지
　㉢ 차속센서 : 차량의 주행속도 검출
　㉣ 차고센서 : 차체의 높이를 검출
　㉤ 제동등 스위치 : 브레이크의 작동 여부 검출
　㉥ 에어액추에이터 : 스위치 로드를 회전하여 스프링의 감쇠력 조정

ⓧ 현가특성모드 선택 스위치 : AUTO(전자제어기능), HARD(안정조향기능), SOFT(승차감향상기능)

10년간 자주 출제된 문제

다음 중 전자제어 현가 장치(ECS)의 구성 부품이 아닌 것은?
① 제동등 스위치
② 충격센서
③ 차속센서
④ 차고센서

[해설]
충격센서는 에어백 안전장치의 부품이다.

정답 ②

핵심이론 02 현가장치의 구성

① 현가 스프링
  ㉠ 판 스프링
  - 주로 화물, 승합차의 뒷바퀴에 사용되고, 내구성이 좋다.
  - 판 사이의 마찰에 의하여 진동을 억제하는 작용을 한다.
  - 판 사이의 마찰로 인하여 작은 진동을 흡수하지 못한다.
  - 판 스프링 자체의 강성에 의하여 차축을 정해진 위치에 지지할 수 있어 구조가 간단하다.

  ㉡ 코일 스프링
  - 차체 하중이 작은 승용차에 사용되고, 차지하는 공간이 많지 않으며, 불확실한 마찰작용이 일어나지 않는 장점이 있다.
  - 비틀림에 약하고, 구조가 복잡하다.
  - 감쇄작용을 하지 못한다.
    ※ 감쇄력 : 어떤 힘을 가하면 그 힘에 저항하려고 더욱 강하게 작용하는 저항력
  - 쇼바(쇼크 업소버)와 결합하여 독립현가장치에 많이 사용한다.

  ㉢ 토션 바 스프링
  - 차체 하중이 큰 승합 및 1ton 화물의 위시본 구조 앞 바퀴에 사용되고 긴 비틀림 스틸봉을 사용하고 있으며 충격 흡수 기능과 차체 높이를 조절하는 기능이 있다.
  - 토션 바 스프링은 스틸봉의 비틀림 탄성에너지를 이용한 것으로, 스프링의 단위중량당 흡수에너지가 판 스프링의 3배, 코일 스프링의 약 1.4배로 다른 스프링에 비해 매우 효과적이다.

- 구조상으로는 로어 암 또는 어퍼 암과 차체를 연결하고 있으며 뒤쪽의 텐션조정볼트(차고조정볼트)를 조이면 차체가 올라가도록 되어 있다. 따라서 토션 바 스프링이 소성변형되거나 파손되면 차체의 한쪽이 주저앉기도 한다.
  ㉰ 공기 스프링
  - 감쇄작용이 있기 때문에 작은 진동 흡수에 좋다.
  - 차체 높이를 일정하게 유지한다(레벨링밸브).
  - 구조가 복잡하고 제작비가 비싸다.
② 쇼크 업소버(Shock Absorber)
  ㉠ 스프링의 진동을 억제하여 승차감을 좋게 하고 접지력을 향상시켜 자동차의 로드홀딩(Road Holding)과 주행 안정성을 확보하며, 코너링 시 원심력으로 발생되는 차체의 롤링을 감소시키는 역할을 한다.
  - 오버댐핑 : 감쇄력이 너무 커서 오히려 승차감이 딱딱한 것
  - 언더댐핑 : 감쇄력이 너무 작아서 승차감이 저하되는 것
  ㉡ 통형과 레버형이 있다.
  ㉢ 스프링 진동
  - 트램핑 : 바퀴가 상하로 도약
  - 시미 : 바퀴가 좌우로 진동
  - 로드홀딩 : 노면에 착 달라붙는 현상
  - 노즈다운 : 급제동 시 앞으로 쏠리는 현상(전자제어 현가장치가 조정)
  - 완더 : 한쪽으로 쏠렸다가 반대쪽으로 쏠리는 현상
  - 로드스웨이 : 고속주행 시 앞바퀴가 상하, 좌우로 제어할 수 없을 정도로 심한 진동

스프링 위 진동	진동 방향	스프링 아래 진동
바운싱	상하운동	휠업(홉)
피칭	앞뒤운동	와인드업
롤링	좌우진동	휠트램프

③ 스테빌라이저(Stabilizer) : 선회 시 자동차가 옆으로 기울어지는 것을 방지한다. 즉, 좌우의 바퀴가 서로 다르게 상하운동을 할 때 차체의 기울기가 최소화되도록 작동한다.
※ 스프링과 쇼크 업소버는 승차감과 관련이 있고 어퍼 암, 로어 암 등 컨트롤 암은 차체와 연결되어 휠 얼라인먼트 치수를 결정하면서 조종 안정성을 확보하는 기능을 한다.

10년간 자주 출제된 문제

판 스프링에 대한 설명 중 틀린 것은?
① 내구성이 좋다.
② 판 스프링은 강판의 소성 성질을 이용한 것이다.
③ 판 사이의 마찰에 의하여 진동을 억제하는 작용을 한다.
④ 판 사이의 마찰로 인하여 작은 진동의 흡수가 곤란하다.

|해설|
판 스프링은 강판의 탄성 성질을 이용한 것이다.

정답 ②

2-5. 조향장치

핵심이론 01 조향장치의 개요

① 조향장치 일반
  ㉠ 조향기어비가 너무 크면 조향핸들의 조작이 가벼워지고, 좋지 않은 도로에서 조향핸들을 놓칠 염려가 없다. 그러나 복원성능이 좋지 않으며, 조향장치가 마모되기 쉽다.
  ㉡ 조향기어, 피트먼 암, 드래그링크, 너클 암, 타이로드, 타이로드 엔드로 구성되어 있다.
  ㉢ 조향기어비 = $\dfrac{\text{조향핸들이 회전한 각도}}{\text{피트먼 암이 회전한 각도}}$
  ㉣ 최소 회전반경 : 가장 바깥쪽 원의 회전반경

② 조향장치의 구비조건
  ㉠ 조향 조작이 주행 중의 충격에 영향을 받지 않을 것
  ㉡ 조향핸들의 회전과 바퀴의 선회 차이가 작을 것
  ㉢ 조작하기 쉽고, 방향 전환이 원활하게 행하여질 것
  ㉣ 정비가 용이하며, 고속주행 시에도 조향핸들이 안정적일 것

③ 조향기어 백래시
  ㉠ 한쌍의 기어를 맞물렸을 때 치면 사이에 생기는 틈새
  ㉡ 조향기어 백래시가 작으면 핸들이 무거워지고, 너무 크면 핸들의 유격이 커진다.

④ 조향핸들의 유격이 커지는 원인
  ㉠ 피트먼 암의 헐거움
  ㉡ 조향기어, 링키지 조정 불량
  ㉢ 앞바퀴 베어링 과대 마모
  ㉣ 조향바퀴 베어링 마모
  ㉤ 타이로드 엔드볼 조인트 마모

⑤ 와이퍼 모터의 고장에 의해 나타날 수 있는 현상
  ㉠ 저속 위치에서만 작동(회전)하지 않을 때
  ㉡ 고속 위치에서만 작동하지 않을 때
  ㉢ 와이퍼 브레이드가 정위치에서만 정지하지 않을 때

10년간 자주 출제된 문제

조향핸들의 유격이 커지는 원인이 아닌 것은?
① 피트먼 암의 헐거움
② 타이로드 엔드볼 조인트 마모
③ 조향바퀴 베어링 마모
④ 타이어 마모

[해설]
타이어의 과다 마멸 시 조향핸들의 조작이 무겁다.

정답 ④

핵심이론 02 동력조향장치

① 동력조향장치의 특징
  ㉠ 작은 조작력으로 조향 조작을 할 수 있다.
  ㉡ 굴곡 노면에서의 충격을 흡수하여 조향핸들에 전달되는 것을 방지한다.
  ㉢ 조향핸들의 시미현상을 줄일 수 있다.
    ※ 시미(Shimmy)현상 : 핸들 떨림 현상, 조향장치에서 킹핀이 마모되어 앞바퀴가 좌우로 심하게 흔들리는 현상
  ㉣ 설계·제작 시 조향기어비를 조작력과 관계없이 선정할 수 있다.
  ㉤ 노면의 충격을 흡수하여 핸들에 전달되는 것을 방지한다.
  ㉥ 노면에서 발생되는 충격을 흡수하기 때문에 킥백을 방지할 수 있다.
  ㉦ 유압펌프의 고장 시에도 기본작동은 가능하다.
  ㉧ 유압펌프의 유압에 의해 배력작용이 가능하다.
  ㉨ 유압유로는 작동유가 사용된다.

② 유압식(파워스티어링) 조향장치의 핸들 조작이 무거운 원인
  ㉠ 유압계통 내에 공기가 유입되었다.
  ㉡ 타이어의 공기압력이 너무 낮다.
  ㉢ 유압이 낮다.
  ㉣ 조향펌프에 오일이 부족하다.
  ㉤ 오일펌프의 벨트가 파손되었다.
  ㉥ 오일펌프의 회전이 느리다.
  ㉦ 오일호스가 파손되었다.
  ㉧ 제어밸브가 고착되었다.
  ㉨ 체크밸브 불량 또는 조정 불량이다.
  ㉩ 펌프 구동용 벨트의 마모 또는 조정 불량이다.

③ 타이어식 건설기계에서 브레이크 작동 시 조향 핸들이 한쪽으로 쏠리는 원인
  ㉠ 타이어 공기압이 고르지 않을 때
  ㉡ 브레이크 라이닝 간극의 조정이 불량할 때
  ㉢ 브레이크 라이닝의 접촉이 불량할 때

④ 기타 주요사항
  ㉠ 동력조향장치가 고장 났을 때 수동 조작을 가능하게 하는 밸브 : 안전체크밸브
  ㉡ 허리꺾기식 조향장치의 특징 : 회전반경이 작다.
  ㉢ 휠 구동식 건설기계의 전 차륜 정렬에서 캐스터를 두는 이유 : 주행 중 조향 바퀴에 방향성을 부여한다.

10년간 자주 출제된 문제

2-1. 유압식 조향장치에서 조향핸들을 돌려도 조향이 불량할 때의 직접원인이 아닌 것은?
① 배관에서 기름이 새고 있다.
② 체크밸브 불량 또는 조정 불량에 의함
③ 펌프 구동용 벨트의 마모 또는 조정 불량에 의함
④ 조향륜 롤러 면과 롤 스크레이퍼의 사이에 진흙이 지나치게 부착되어 있다.

2-2. 동력조향장치에 대한 설명 중 틀린 것은?
① 유압펌프의 고장 시에도 기본작동은 가능하다.
② 유압펌프의 고장 시에는 작동이 전혀 불가능하다.
③ 유압펌프의 유압에 의해 배력작용이 가능하다.
④ 유압유로는 작동유가 사용된다.

|해설|

2-1
유압식(파워스티어링) 조향장치의 핸들의 조작이 무거운 원인
• 유압계통 내에 공기가 유입되었다.
• 타이어의 공기압력이 너무 낮다.
• 유압이 낮다.
• 조향펌프에 오일이 부족하다.
• 오일펌프의 벨트가 파손되었다.
• 오일펌프의 회전이 느리다.
• 오일호스가 파손되었다.
• 제어밸브가 고착되었다.
• 체크밸브 불량 또는 조정 불량이다.
• 펌프 구동용 벨트의 마모 또는 조정 불량이다.

정답 2-1 ④ **2-2** ②

핵심이론 03 앞바퀴 정렬 등

① 앞바퀴 정렬의 기능
  ㉠ 조향핸들을 작은 힘으로 쉽게 조작할 수 있다.
  ㉡ 조향핸들 조작을 확실하게 하고 안전성을 준다.
  ㉢ 조향핸들에 복원성을 준다.
  ㉣ 타이어 마모를 최소로 한다.
  ※ 조향 바퀴의 얼라인먼트는 토인, 캠버, 캐스터, 킹핀 경사각이 있다.

② 토인(Toe-in)
  ㉠ 토인은 반드시 직진 상태에서 측정해야 한다.
  ㉡ 토인은 직진성을 좋게 하고 조향을 가볍게 한다.
  ㉢ 토인 조정이 잘못되었을 때 타이어는 편마모된다.
  ㉣ 토인은 좌우 앞바퀴의 간격이 앞보다 뒤가 넓은 것이다.
  ㉤ 타이로드 길이로 조정한다.
  ㉥ 앞바퀴를 평행하게 회전시키며, 편마모를 방지한다.

③ 캠버(Camber)
  ㉠ 타이어의 윗부분이 아래쪽보다 더 벌어져 있는 상태로, 벌어진 바퀴의 중심선과 수선의 사이의 각으로, 정캠버(+Camber)이면 바퀴의 위쪽이 바깥쪽으로 기울어져 있는 상태이다.
  ㉡ 수직하중에 의한 앞차축의 휨을 방지한다.
  ㉢ 조향핸들의 조향 조작력을 가볍게 한다.
  ㉣ 하중을 받았을 때 바퀴의 아래쪽이 바깥쪽으로 벌어지는 것을 방지한다.
  ㉤ 토(Toe)와 관련이 있다.
  ㉥ 캠버가 과도하면, 타이어 트래드가 편마모된다.

④ 캐스터(Caster)
  ㉠ 주행 중 바퀴에 방향성(직진성)을 준다.
  ㉡ 조향하였을 때 직진 방향으로 되돌아오는 복원력이 발생된다.

10년간 자주 출제된 문제

타이어식 장비에서 앞바퀴 정렬의 역할과 거리가 먼 것은?
① 브레이크의 수명을 길게 한다.
② 타이어 마모를 최소로 한다.
③ 방향 안전성을 준다.
④ 조향핸들의 조작을 작은 힘으로 쉽게 할 수 있다.

│해설│

앞바퀴 정렬의 기능
- 조향핸들을 작은 힘으로 쉽게 조작할 수 있다.
- 조향핸들 조작을 확실하게 하고 안전성을 준다.
- 조향핸들에 복원성을 준다.
- 타이어 마모를 최소로 한다.

정답 ①

핵심이론 04 타이어

① 타이어 호칭 표기방법
  ㉠ 저압 타이어 : 타이어의 폭 – 타이어의 내경 – 플라이 수, 즉 저압 타이어의 호칭이 6.00 – 13 – 4PR이면 타이어 폭이 6.00inch, 타이어 안지름 13inch, 플라이 수가 4이다.
  ㉡ 고압 타이어 : 타이어의 외경 × 타이어의 폭 – 플라이 수, 즉 고압 타이어의 호칭이 32 × 8 – 10PR이면 타이어 바깥지름이 32inch, 타이어 폭이 8inch, 플라이 수가 10이란 의미이다.
  ㉢ 레이디얼 타이어 : 레이디얼 타이어의 호칭이 175/70 SR 14이면, 타이어 폭이 175mm, 편평비가 70시리즈, 타이어 안지름 14inch이다.

② 타이어의 정비점검
  ㉠ 적절한 공구와 절차를 이용하여 수행한다.
  ㉡ 휠 너트를 풀기 전에 차체에 고임목을 고인다.
  ㉢ 타이어와 림의 정비 및 교환 작업은 위험하므로 반드시 숙련공이 한다.
  ㉣ 휠이나 림 등에 균열이 있는 것은 바로 교체해야 한다.

10년간 자주 출제된 문제

4-1. 고압 타이어에서 32×6-10PR이란 표시 중 32는 무엇을 뜻하는가?
① 타이어의 지름을 inch로 표시한 값이다.
② 타이어의 폭을 cm로 표시한 것이다.
③ 림의 지름을 inch로 표시한 것이다.
④ 림의 지름을 cm로 표시한 것이다.

4-2. 타이어 정비점검으로 옳지 않은 것은?
① 적절한 공구와 절차를 이용하여 수행한다.
② 휠 너트를 풀기 전에 차체에 고임목을 고인다.
③ 타이어와 림의 정비 및 교환 작업은 어렵지 않으므로 초보자가 작업한다.
④ 휠이나 림 등에 균열이 있는 것은 바로 교체해야 한다.

해설

4-1
타이어 바깥지름이 32inch, 타이어 폭이 6inch, 플라이 수가 10이란 의미이다.

4-2
타이어와 림의 정비 및 교환 작업은 위험하므로 반드시 숙련공이 해야 한다.

정답 4-1 ① 4-2 ③

2-6. 제동장치

핵심이론 01 제동장치의 개요

① 개념 : 제동장치(브레이크)란 주행 중 감속 정지시키며, 정지나 주차 상태를 위해 사용되는 장치이다.
　※ 제동 : 자동차의 운동에너지를 열에너지로 변환하는 과정
② 제동장치의 구비조건
　㉠ 작동이 확실하고 잘되어야 한다.
　㉡ 신뢰성과 내구성이 뛰어나야 한다.
　㉢ 점검 및 조정이 용이해야 한다.
　㉣ 마찰력이 커야 한다.
③ 브레이크의 고장원인
　㉠ 브레이크가 잘 작동되지 않는 원인
　　• 마스터 실린더, 휠 실린더의 오일이 누출되었을 때
　　• 라이닝에 오일이 묻었을 때 또는 브레이크 드럼 간극이 클 때
　　• 브레이크의 오일 부족 및 라이닝이 마모되었을 때
　　• 브레이크 회로에 누유가 있을 때
　　• 라이닝에 이물질이 묻었을 때
　　• 브레이크액에 공기가 들어있을 때
　㉡ 브레이크가 풀리지 않는 원인
　　• 마스터 실린더 리턴 포트가 막혔을 때
　　• 마스터 실린더 및 휠 실린더 컵이 부풀었을 때
　　• 브레이크 리턴 스프링이 불량하거나 브레이크 페달 간극이 작을 때

10년간 자주 출제된 문제

1-1. 브레이크 장치가 갖추어야 할 조건들 중 틀린 것은?
① 작동이 확실하고 효과가 클 것
② 신뢰성과 내구성이 우수할 것
③ 최대 제동거리를 확보할 것
④ 점검이나 조정이 용이할 것

1-2. 휠 구동식 건설기계에서 브레이크 페달을 밟았을 때 브레이크가 잘 작동되지 않는 원인이 아닌 것은?
① 브레이크 회로에 누유가 있을 때
② 라이닝에 이물질이 묻었을 때
③ 브레이크액에 공기가 들어있을 때
④ 브레이크 드럼과 라이닝 간격이 작을 때

|해설|

1-1
제동장치의 구비조건
• 작동이 확실하고 잘되어야 한다.
• 신뢰성과 내구성이 뛰어나야 한다.
• 점검 및 조정이 용이해야 한다.
• 마찰력이 커야 한다.

1-2
라이닝에 오일이 묻었을 때 또는 브레이크 드럼 간극이 클 때 브레이크가 잘 작동되지 않는다.

정답 1-1 ③　1-2 ④

핵심이론 02 유압식 브레이크

① 원리 및 구성
  ㉠ 파스칼의 원리를 이용한다.
  ㉡ 모든 바퀴에 균등한 제동력을 발생한다.
  ㉢ 마스터 실린더, 체크밸브, 브레이크 파이프, 휠 실린더, 슈 리턴 스프링, 브레이크 라이닝, 브레이크 드럼, 브레이크 오일 등으로 구성된다.
  ㉣ 드럼식과 디스크식이 있다.
  ㉤ 디스크 브레이크의 특징
    - 드럼 브레이크에 비해 브레이크의 평형이 좋으며, 브레이크 페이드 현상이 적다.
    - 디스크가 노출되어 회전하기 때문에 방열이 잘되며, 열변형에 의한 제동력 저하가 없다.
    - 자기배력작용이 거의 없어 고속에서 사용해도 제동력의 변화가 작다.
    - 디스크와 패드의 마찰면적이 작기 때문에 패드의 누르는 힘을 크게 해야 한다.
    - 자기배력작용이 거의 없기 때문에 조작력이 커야 한다.
    - 한쪽만 브레이크되는 경우가 적다.
  ㉥ 유압식 브레이크의 조작기구 : 브레이크 페달 → 배력장치 → 마스터 실린더 → 브레이크 라인 → 휠 실린더 → 제동(라이닝, 패드)

② 배력장치
  ㉠ 배력장치에는 진공식 배력장치(분리형, 일체형)와 공기식 배력장치가 있다.
  ㉡ 진공식 배력장치(하이드로 백 또는 진공부스터)
    - 유압 브레이크에서 제동력을 증대시키기 위해 기관 흡입행정에서 발생하는 진공(부압)과 대기압력 차이를 이용한다.
    - 하이드로 백을 마스터 실린더와 분리하여 설치하는 원격 조작식과 마스터 실린더와 일체로 된 직접 조작식이 있다.
    - 하이드로 백이 고장 나도 기본 브레이크 작용에 의해 제동된다.
    - 하이드로 백 릴레이 밸브의 진공밸브는 오일 압력에 의해 열린다.
    - 하이드로 백의 릴레이 밸브를 작동시키는 것은 릴레이 피스톤이다.
    - 릴레이 밸브 피스톤 컵이 파손되어도 브레이크는 작동한다.
    - 외부에 누출이 없는데도 브레이크 작동이 나빠지는 것은 하이드로 백의 고장일 수도 있다.

③ 잔 압
  ㉠ 유압 브레이크 회로 내에서 마스터 실린더 리턴 스프링은 항상 체크밸브를 밀고 있기 때문에 회로 내에 어느 정도 압력이 남게 된다.
  ㉡ 잔압의 역할 : 공기의 침입 방지, 오일의 누설 방지, 베이퍼 로크 방지, 제동지연 방지 등
  ㉢ 일반적인 유압식 브레이크의 잔압 : 0.6~0.8 kgf/cm^2

④ 기타 주요사항
  ㉠ 유압식 브레이크 장치에서 마스터 실린더 푸시로드의 길이를 길게 하거나 마스터 실린더의 리턴 구멍이 막히면 브레이크 라이닝 슈가 벌어진 상태에서 되돌아오지 못하여 제동 상태가 풀리지 않는다.
  ㉡ 캠 : 공기 브레이크에서 브레이크 슈를 직접 작동시킨다.
  ㉢ 브레이크 장치의 마스터 실린더에서 피스톤 1차 컵이 하는 일 : 유압 발생 시 유밀을 유지
  ㉣ 마스터 실린더의 조립 시 맨 나중의 세척은 브레이크 오일로 한다.
  ㉤ 건설기계의 공기 브레이크에서 브레이크 체임버는 유압브레이크의 휠 실린더와 같은 기능을 한다.
  ㉥ 공기식 제동장치에서 공기 브레이크의 부품 : 브레이크 체임버, 브레이크 밸브, 릴레이 밸브

10년간 자주 출제된 문제

2-1. 일반적인 유압식 브레이크의 잔압으로 맞는 것은?
① 0.1~0.2kgf/cm²
② 0.6~0.8kgf/cm²
③ 1.6~1.8kgf/cm²
④ 2.1~2.2kgf/cm²

2-2. 하이드로백 릴레이밸브의 진공밸브는 무엇에 의해 열리는가?
① 공기 압력
② 스프링의 장력
③ 오일 압력
④ 부압(진공)

|해설|

2-1
일반적인 유압식 브레이크의 잔압 : 0.6~0.8kgf/cm²

정답 2-1 ② 2-2 ③

핵심이론 03 베이퍼 로크, 페이드 현상

① 베이퍼 로크(Vapor Lock) : 브레이크 과다 사용으로 브레이크액의 일부가 기화하여 유압작용이 저하 또는 불가능해지는 현상이다.

㉠ 베이퍼 로크의 발생 원인
- 긴 내리막길에서의 과도한 브레이크
- 비등점이 낮은 브레이크 오일 사용(오일의 변질에 의한 비등점의 저하)
- 드럼과 라이닝 마찰열의 냉각능력 저하(끌림에 의한 가열)
- 마스터 실린더, 브레이크 슈 리턴 스프링의 절손에 의한 잔압 저하

㉡ 긴 내리막길을 내려갈 때 베이퍼 로크를 방지하기 위한 운전 방법 : 엔진 브레이크를 사용한다.

② 페이드(Fade) 현상

㉠ 브레이크를 연속으로 자주 사용하여 브레이크 드럼이 과열되면 마찰계수가 떨어지고 브레이크가 제대로 작동하지 않는 현상이다. 짧은 시간 내에 반복 조작하거나 내리막길을 내려갈 때 브레이크 효과가 나빠지는 현상이다.

㉡ 브레이크에 페이드 현상이 일어났을 때의 조치 방법 : 작동을 멈추고 열을 식힌다.

10년간 자주 출제된 문제

3-1. 브레이크 오일이 비등하여 송유 압력의 전달 작용이 불가능하게 되는 현상은?
① 페이드 현상
② 베이퍼 로크 현상
③ 사이클링 현상
④ 브레이크 로크 현상

3-2. 타이어식 건설기계에서 브레이크를 연속으로 자주 사용하면, 브레이크 드럼이 과열되어 마찰계수가 떨어지고 브레이크가 제대로 작동하지 않는 것으로, 짧은 시간 내에 반복 조작하거나 내리막길을 내려갈 때 브레이크 효과가 나빠지는 현상은?
① 자기작동
② 페이드 현상
③ 하이드로 플래닝
④ 와전류

[해설]

3-1, 3-2
- 베이퍼 로크 현상 : 브레이크 과다 사용으로 브레이크액의 일부가 기화하여 유압작용이 저하 또는 불가능해지는 현상
- 페이드 현상 : 브레이크를 연속으로 자주 사용하면, 브레이크 드럼이 과열되어 마찰계수가 떨어지고 브레이크가 제대로 작동하지 않는 현상이다. 짧은 시간 내에 반복 조작하거나 내리막길을 내려갈 때 브레이크 효과가 나빠지는 현상이다.

정답 **3-1** ② **3-2** ②

2-7. 무한궤도장치

핵심이론 01 트랙의 구조(1)

① 트랙의 구성부품
  ㉠ 슈, 부싱, 핀, 링크 등으로 구성되어 있다.
  ㉡ 트랙 프레임 앞쪽에는 프런트 아이들러, 위쪽에는 상부 롤러, 아래쪽에는 하부 롤러가 설치되어 있다.
  ㉢ 프레임은 스프로킷 축에 2개의 부싱에 의해 상하로 자유롭게 움직일 수 있으나 옆으로는 움직일 수 없다.
  ㉣ 트랙 링크와 핀은 트랙 슈와 슈를 연결하는 부품이다.
  ㉤ 트랙 슈의 종류 : 단일돌기 슈, 2중돌기 슈, 3중돌기 슈, 습지용 슈, 평활 슈, 스노 슈 등이 있다.
    • 평활 슈 : 도로를 주행할 때 보통 슈는 포장 노면을 파손시키는데, 이를 방지하기 위해 사용한다.
    • 트랙 슈는 주유하지 않으나 상부 롤러, 아이들러, 하부 롤러에는 그리스를 주유한다.
  ㉥ 마스터 핀 : 트랙을 쉽게 분리하기 위한 핀이다.

② 상부 롤러(캐리어 롤러)
  ㉠ 보통 1~2개가 설치되어 있다.
  ㉡ 스프로킷과 아이들러 사이에 트랙이 처지는 것을 방지한다.
  ㉢ 트랙을 지지하고, 트랙의 회전을 바르게 유지한다.
  ㉣ 싱글 플랜지형을 주로 사용한다.

③ 하부 롤러(트랙 롤러)
  ㉠ 트랙 프레임이 한쪽 아래에 3~7개 설치되어 있다.
  ㉡ 트랙이 받는 중량을 지면에 균일하게 분포한다.
  ㉢ 싱글 플랜지형과 더블 플랜지형을 많이 사용한다.
  ㉣ 싱글 플랜지형과 더블 플랜지형은 하나씩 건너서 설치한다.
  ㉤ 하부 롤러 축 부위에서 누유가 있을 때 플로팅 실(Floating Seal)을 교환한다.

ⓗ 롤러 가드 : 암석, 자갈 등이 하부 롤러에 직접 충돌하는 것을 방지하여 롤러를 보호하는 장치

10년간 자주 출제된 문제

1-1. 암석, 자갈 등이 하부 롤러에 직접 충돌하는 것을 방지하여 롤러를 보호하는 장치는?

① 평형 스프링
② 롤러 가드
③ 프런트 아이들러
④ 리코일 스프링

1-2. 건설기계의 하부 롤러 축 부위에서 누유가 있을 때 어느 부품을 교환해야 하는가?

① 부싱(Bushing)
② 더스트 실(Dust Seal)
③ 백업 링(Back Up Ring)
④ 플로팅 실(Floating Seal)

해설

1-1
롤러 가드 : 암석, 자갈 등이 하부 롤러에 직접 충돌하는 것을 방지하여 롤러를 보호하는 장치

1-2
하부 롤러 축 부위에서 누유가 있을 때 플로팅 실(Floating Seal)을 교환한다.

정답 1-1 ② 1-2 ④

핵심이론 02 트랙의 구조(2)

① 프런트 아이들러(Front Idler, 전부 유동륜)
  ㉠ 트랙의 진로를 조정하면서 주행 방향으로 트랙을 유도한다.
  ㉡ 트랙 프레임 앞에 설치되어 있다.
  ㉢ 트랙의 장력(긴도)을 조정하기 위하여 트랙 프레임 위를 전후로 움직이는 구조로 되어 있다.
  ㉣ 트랙 아이들러와 하부 롤러 베어링은 일반적으로 부싱을 많이 사용한다.
  ※ 무한궤도식 건설기계용 트랙 프레임의 종류 : 박스형, 솔리드 스틸형, 오픈 채널형

② 리코일 스프링
  ㉠ 리코일 스프링의 설치 목적
    • 트랙 전면의 충격 흡수(트랙 아이들러 완충장치)
    • 트랙 장력과 긴장도 유지
    • 차체 파손 방지와 원활한 운전
    • 서징 현상 방지
  ㉡ 리코일 스프링의 종류 : 코일 스프링식, 질소가스 스프링식, 다이어프램 스프링식
  ㉢ 주행 중 트랙 전면에서 오는 충격을 완화하지 못할 때는 리코일 스프링을 점검한다.
  ㉣ 리코일 스프링을 이중 스프링으로 사용하는 이유 : 서징 현상을 줄이기 위해
  ㉤ 리코일 스프링을 분해해야 할 경우 : 스프링이나 샤프트 절손 시

③ 스프로킷(Sprocket, 기동륜)
  ㉠ 트랙에서 스프로킷이 이상 마모되는 원인 : 트랙의 이완
  ㉡ 트랙 구동 스프로킷이 한쪽 면으로만 마모되는 원인 : 롤러 및 아이들러의 정렬이 틀렸기 때문에
  ㉢ 하부 구동체 스프로킷의 중심위치는 베어링 뒤 심으로 조정하여 맞춘다.
  ㉣ 트랙을 분리해서 정비할 경우 : 스프로킷 교환 시

10년간 자주 출제된 문제

2-1. 무한궤도식 장비에서 트랙 프레임 앞에 설치되어서 트랙 진행 방향을 유도하여 주는 것은?
① 스프로킷(Sprocket)
② 상부 롤러(Upper Roller)
③ 하부 롤러(Lower Roller)
④ 전부 유동륜(Front Idler)

2-2. 무한 궤도식에서 트랙 아이들러 완충장치인 리코일 스프링의 설치 목적 중 틀린 것은?
① 트랙 전면의 충격 흡수
② 트랙 장력과 긴장도 유지
③ 트랙의 마모 방지 및 평행 유지
④ 차체 파손 방지와 원활한 운전

[해설]

2-1
프런트 아이들러(전부 유동륜)
- 트랙의 진로를 조정하면서 주행 방향으로 트랙을 유도한다.
- 트랙 프레임 앞에 설치되어 있다.
- 트랙의 장력(긴도)을 조정하기 위하여 트랙 프레임 위를 전후로 움직이는 구조로 되어 있다.
- 트랙 아이들러와 하부 롤러 베어링은 일반적으로 부싱을 많이 사용한다.

2-2
리코일 스프링의 설치 목적
- 트랙 전면의 충격 흡수(트랙 아이들러 완충장치)
- 트랙 장력과 긴장도 유지
- 차체 파손 방지와 원활한 운전
- 서징 현상 방지

정답 2-1 ④ 2-2 ③

핵심이론 03 트랙의 장력, 아이들러의 정렬 등

① 트랙 장력이 약해지는 원인
  ㉠ 트랙 핀의 마모
  ㉡ 스프로킷의 마모
  ㉢ 부시의 마모

② 트랙 장력을 조정해야 하는 이유
  ㉠ 트랙의 이탈 방지
  ㉡ 트랙 구성품의 수명 연장
  ㉢ 스프로킷의 마모 방지

③ 트랙의 장력 조정
  ㉠ 트랙의 장력은 25~30(40)mm로 조정한다.
  ㉡ 그리스를 실린더에 주입하여 조정하는 유압식과 조정나사로 조정하는 기계식이 있다.
    ※ 측정한 트랙 유격이 15mm라면 정비 방법은 조정 실린더에서 그리스를 배출시킨다.
  ㉢ 트랙 장력을 측정하는 부위 : 아이들러와 1번 상부 롤러 사이
  ㉣ 주행 구동체인 장력 조정방법 : 아이들러를 전·후진시켜 조정한다.
    ※ 트랙 어저스터를 돌려서 조정하면 아이들러가 앞뒤로 움직이면서 트랙장력이 조정된다.
  ㉤ 트랙 장력(유격)이 너무 느슨하게 조정되면 트랙이 벗겨지기 쉽다.
  ㉥ 트랙 장력이 너무 팽팽하게 조정되었을 때
    - 상·하부 롤러, 링크, 프런트 아이들러 등이 조기 마모된다.
    - 트랙 핀, 부싱, 스프로킷, 블레이드의 마모
    ※ 트랙 장력이 너무 팽팽하거나 느슨할 때 언더캐리지의 마모가 가장 촉진된다.

④ 트랙과 아이들러의 정렬
  ㉠ 트랙과 아이들러가 정확한 정렬 상태에서 일어나는 현상
    - 아이들러 플랜지의 양면이 마모된다.

- 양쪽 링크의 양면이 같이 마모된다.
- 트랙 롤러의 플랜지 4개가 같이 마모된다.

ⓒ 트랙 정렬에서 아이들 롤러가 중심부 바깥쪽으로 밀린 상태로 조립되었을 때 일어나는 현상
- 아이들 롤러의 바깥쪽 마모가 심하다.
- 롤러의 안쪽 플랜지 마모가 심하다.
- 바깥쪽 링크의 내면이 심하게 마모된다.

⑤ 트랙이 벗겨지는 원인
㉠ 트랙이 너무 이완되었을 때(트랙의 장력이 너무 느슨할 때, 트랙의 유격이 너무 클 때)
㉡ 전부 유동륜과 스프로킷의 상부 롤러의 마모
㉢ 전부 유동륜과 스프로킷의 중심이 맞지 않을 때(트랙 정렬 불량)
㉣ 고속주행 중 급커브를 돌았을 때(급선회 시)
㉤ 리코일 스프링의 장력이 부족할 때
㉥ 경사지에서 작업할 때

※ 하부 롤러를 탈거할 때 안전상 제일 먼저 트랙을 탈거한다.

※ 도저가 일직선으로 운행이 되지 않을 때 그 원인 : 스티어링 클러치가 나쁘다.

10년간 자주 출제된 문제

3-1. 트랙과 아이들러가 정확한 정렬 상태에서 일어나는 마모 현상이 아닌 것은?
① 아이들러 플랜지의 양면이 마모된다.
② 양쪽 링크의 양면이 같이 마모된다.
③ 트랙 롤러의 플랜지 4개가 같이 마모된다.
④ 아이들러의 바깥 플랜지만 마모된다.

3-2. 트랙이 벗겨지는 원인이 아닌 것은?
① 급선회 시
② 트랙의 유격이 너무 클 때
③ 전·후부 트랙의 중심거리가 같을 때
④ 트랙 정렬이 잘되어 있지 않을 때

[해설]

3-1
아이들러의 바깥 플랜지만 마모되는 경우는 트랙 정렬에서 아이들 롤러가 중심부에서 바깥쪽으로 밀린 상태로 조립되었을 때 일어나는 현상이다.

정답 3-1 ④ 3-2 ③

제3절 유압장치 정비

3-1. 유압원리

핵심이론 01 유압이론

① 유량 : 단위시간에 이동하는 유체의 체적
② 대기압 : 게이지 압력을 0으로 측정한 압력
③ 절대압력 : 어떤 용기 내의 가스가 용기의 내벽에 미치는 압력
④ 게이지 압력 : 대기압 상태에서 측정한 압력계의 압력
⑤ 유압의 압력 = $\dfrac{가해진 힘}{단면적}$
⑥ 압력의 단위 : kgf/cm^2(건설기계에서 일반적 사용), bar, psi, atm, mmHg, Pa 등
⑦ 오일의 무게(kgf) = 오일 양(L) × 비중

10년간 자주 출제된 문제

1-1. 압력의 단위가 아닌 것은?
① kgf/cm^2 ② dyne
③ psi ④ bar

1-2. 오일의 무게를 맞게 계산한 것은?
① 부피 L에다 비중을 곱하면 kgf가 된다.
② 부피 L에다 질량을 곱하면 kgf가 된다.
③ 부피 L에다 비중을 나누면 kgf가 된다.
④ 부피 L에다 질량을 나누면 kgf가 된다.

|해설|

1-1
dyne는 힘의 단위이다.

1-2
오일의 무게(kgf) = 오일 양(L) × 비중

정답 1-1 ② 1-2 ①

핵심이론 02 유압장치

① 유압기기의 작동원리 : 파스칼(Pascal)의 원리
  ㉠ 밀폐된 용기 속 정지 유체의 일부에 가해지는 압력은 유체의 모든 부분에 방향과 관계없이 동일한 힘으로 동시에 전달한다.
  ㉡ 유체의 압력은 그 표면에 수직으로 작용한다.
  ㉢ 압력의 크기는 모든 방향으로 같게 작용한다.
  ㉣ 압력은 그 무게가 무시될 수 있으면 그 유체 내의 어디에서나 같다.

$$P = \dfrac{F}{A}, \ P = \dfrac{F_1}{A_1} = \dfrac{F_2}{A_2}, \ F_2 = F_1 \times \dfrac{A_2}{A_1}$$

② 구성요소
  ㉠ 유압장치의 구성요소 : 유압 발생장치, 유압 제어장치, 유압 구동장치(오일탱크, 펌프, 제어밸브 등)
  ㉡ 오일(유압)탱크 구성요소 : 주유구, 주입구 캡, 유면계, 배플, 분리판, 펌프 흡입관, 드레인 콕, 측판, 드레인관, 드레인플러그, 리턴관, 필터(엘리먼트), 스트레이너 등
  ㉢ 유압회로에 사용되는 기본적인 회로 : 개방 회로, 압력제어 회로, 속도제어 회로

③ 유압장치 사용 시 고장의 주원인
  ㉠ 온도의 상승
  ㉡ 이물질, 공기, 물 등의 혼입
  ㉢ 기계적 고장
  ㉣ 조립과 접속의 불완전
  ※ 유압기기의 필터 조립 불량으로 발생할 수 있는 고장 유형 : 공기의 혼입, 흡입 손실, 누유

10년간 자주 출제된 문제

2-1. 유압기기의 작동원리는 어떤 원리를 이용한 것인가?
① 베르누이의 원리
② 파스칼의 원리
③ 보일샤를의 원리
④ 아르키메데스의 원리

2-2. 유압장치의 구성요소가 아닌 것은?
① 제어 밸브
② 오일탱크
③ 펌프
④ 차동장치

|해설|

2-1
유압기기의 작동원리 : 파스칼(Pascal)의 원리

2-2
차동장치는 자동차에서 회전을 원활하게 하기 위한 기구이다.

정답 2-1 ② 2-2 ④

핵심이론 03 유압장치의 특징

① 유압장치의 장점
  ㉠ 작은 동력원으로 큰 힘을 낼 수 있다.
  ㉡ 운동방향을 쉽게 변경할 수 있다.
  ㉢ 속도제어가 용이하다.
  ㉣ 작동이 원활하여 응답성이 좋고, 에너지 축적이 가능하다.
  ㉤ 힘의 전달 및 증폭이 용이하다.
  ㉥ 무단변속이 가능하고 정확한 위치제어를 할 수 있다.
  ㉦ 과부하에 대한 안전장치를 만드는 것이 용이하다.
  ㉧ 내구성, 윤활특성, 방청이 좋다.
  ㉨ 원격 조작이 가능하고, 진동이 없다.

② 유압장치의 단점
  ㉠ 관로를 연결하는 곳에서 유체가 누출될 수 있다.
  ㉡ 고압 사용으로 인한 위험성 및 이물질에 민감하다.
  ㉢ 유압유는 가연성이 있어 화재의 위험이 있다.
  ㉣ 유압유의 온도에 따라서 점도가 변하므로 기계의 속도가 변한다.
  ㉤ 에너지의 손실이 크고, 발생열의 냉각장치가 필요하다.
  ㉥ 폐유에 의한 주변 환경오염이 발생할 수 있다.
  ㉦ 구조가 복잡해 고장의 원인을 찾기 어렵다.
  ㉧ 작동유의 온도 영향으로 정밀한 속도와 제어가 어렵다.
  ㉨ 작동유의 압력이 높을 때는 파이프 연결 부분에서 새기 쉽다.

10년간 자주 출제된 문제

3-1. 유압장치의 특징이 아닌 것은?
① 발생열의 냉각장치가 필요하다.
② 작동이 원활하여 응답성이 좋다.
③ 과부하 안전장치가 매우 복잡하다.
④ 유압 작동유로 인한 화재의 위험이 있다.

3-2. 유압장치의 단점이 아닌 것은?
① 속도를 무단으로 변속할 수 있다.
② 온도에 따라 기계의 속도가 변한다.
③ 배관이 까다롭고 누유가 발생되기 쉽다.
④ 유압유는 가연성이 있어 화재의 위험이 있다.

[해설]

3-1
과부하에 대한 안전장치가 간단하고 정확하다.

3-2
작동유의 온도 영향으로 정밀한 속도와 제어가 어렵다.

정답 3-1 ③ 3-2 ①

3-2. 유압 작동유

핵심이론 01 작동유의 성질 및 구비조건

① 유압 작동유의 역할
  ㉠ 부식을 방지한다.
  ㉡ 마찰 부분의 윤활작용, 냉각작용을 한다.
  ㉢ 압력에너지를 이송한다(동력 전달 기능).
  ㉣ 필요한 요소 사이를 밀봉한다.

② 작동유의 구비조건
  ㉠ 동력을 확실하게 전달하기 위한 비압축성일 것
  ㉡ 내열성, 점도지수, 체적 탄성계수 등이 클 것
  ㉢ 산화 안정성이 있을 것
  ㉣ 유동점·밀도, 독성, 휘발성, 열팽창 계수 등이 적을 것
  ㉤ 열전도율, 장치와의 결합성, 윤활성 등이 좋을 것
  ㉥ 발화점·인화점이 높고 온도 변화에 대해 점도 변화가 적을 것
  ㉦ 방청, 방식성이 있을 것
  ㉨ 비중이 낮아야 하고 기포의 생성이 적을 것
  ㉪ 강인한 유막을 형성할 것
  ㉫ 물, 먼지 등의 불순물과 분리가 잘될 것

③ 작동유의 특성
  ㉠ 운전, 온도에 따른 점도 변화를 최소화하기 위하여 점도지수가 높아야 한다.
  ㉡ 겨울철의 낮은 온도에서 충분한 유동을 보장하기 위하여 유동점이 낮아야 한다.
  ㉢ 마찰손실을 최대로 줄이기 위한 점도가 있어야 한다.
  ㉣ 펌프, 실린더, 밸브 등의 누유를 최소화하기 위한 점도가 있어야 한다.

10년간 자주 출제된 문제

유압 작동유가 갖추어야 할 성질이 아닌 것은?

① 온도에 의한 점도변화가 작을 것
② 거품이 적을 것
③ 방청·방식성이 있을 것
④ 물·먼지 등의 불순물과 혼합이 잘될 것

[해설]
유압 작동유는 외부로부터 침입한 불순물을 침전 분리시켜야 한다.

정답 ④

핵심이론 02 작동유 점도

① 점도의 특성
  ㉠ 점성의 점도를 나타내는 척도이다.
  ㉡ 유압유 성질 중 가장 중요하다.
  ㉢ 온도가 올라가면 점도는 낮아진다.
  ㉣ 온도가 낮아지면 점도는 높아진다.
  ㉤ 점도지수는 온도 변화에 따른 점도 변화 정도를 표시하는 것이다.
  ㉥ 점도지수가 클수록 온도 변화의 영향을 적게 받는다.
  ㉦ 유압유에 점도가 서로 다른 두 종류의 오일을 혼합하면 열화현상이 발생한다.

② 유압회로 내의 유압유 점도가 높을 때 나타나는 현상
  ㉠ 열 발생의 원인, 유압이 높아짐
  ㉡ 동력손실 증가로 기계효율의 저하
  ㉢ 소음이나 공동현상 발생
  ㉣ 유동저항의 증가로 인한 압력손실의 증대
  ㉤ 관 내의 마찰손실 증대에 의한 온도의 상승
  ㉥ 유압기기 작동의 불활발

③ 유압회로 내의 유압유 점도가 낮을 때 나타나는 현상
  ㉠ 내부 오일 누설의 증대
  ㉡ 압력유지의 곤란
  ㉢ 유압펌프, 모터 등의 용적효율 저하
  ㉣ 기기 마모의 증대 및 수명 저하
  ㉤ 압력발생 저하로 정확한 작동 불가
  ㉥ 펌프효율 저하에 따른 온도 상승(누설에 따른 원인)

10년간 자주 출제된 문제

다음 중 유압 작동유의 점도가 너무 낮을 경우 발생되는 현상이 아닌 것은?
① 내부 누설 및 외부 누설
② 마찰 부분의 마모 증대
③ 정밀한 조절과 제어 곤란
④ 작동유의 응답성 저하

[해설]
점도가 너무 클 때 제어 밸브나 실린더의 응답성이 저하되어 작동이 활발하지 않게 된다.

정답 ④

핵심이론 03 유압유 온도

① 일반적으로 작업 중 작동유의 최저, 최고 허용온도는 약 40~80℃이다(80℃ 이상 과열 상태).

② 유압유의 온도가 상승하는 원인
  ㉠ 높은 열을 갖는 물체에 유압유가 접촉될 때
  ㉡ 고속 및 과부하로 연속작업을 하는 경우
  ㉢ 오일 냉각기가 불량할 때
  ㉣ 유압유에 캐비테이션이 발생될 때
  ㉤ 높은 태양열이 작용할 때
  ㉥ 오일 점도·효율이 불량할 때
  ㉦ 유압유가 부족하거나 노화되었을 때
  ㉧ 안전 밸브의 작동 압력이 너무 낮을 때
  ㉨ 릴리프 밸브가 닫힌 상태로 고장일 때
  ㉩ 오일냉각기의 냉각핀이 오손되었을 때

③ 작동유 온도 상승 시 영향
  ㉠ 열화를 촉진한다.
  ㉡ 오일점도의 저하에 의해 누유되기 쉽다.
  ㉢ 유압펌프 등의 효율이 저하된다.
  ㉣ 점도의 저하로 인해 펌프 효율과 밸브류 기능이 저하된다.
  ㉤ 온도 변화에 의해 유압기기가 열변형되기 쉽다.
  ㉥ 유압유의 산화작용을 촉진한다.
  ㉦ 작동 불량현상이 발생한다.
  ㉧ 기계적인 마모가 발생할 수 있다.
  ㉨ 유막의 단절, 실(Seal)제의 노화촉진 등이 있다.

10년간 자주 출제된 문제

작동유 온도 상승 시 유압계통에 미치는 영향으로 틀린 것은?

① 열화를 촉진한다.
② 점도 저하에 의해 누유되기 쉽다.
③ 유압펌프의 효율은 좋아진다.
④ 온도 변화에 의해 유압기기가 열변형되기 쉽다.

|해설|

작동유 온도 상승 시에는 열화 촉진과 점도 저하 등의 원인으로 펌프 효율이 저하된다.

|정답| ③

핵심이론 04 유압이 낮아지거나 유압장치의 오일에 거품이 생기는 원인

① 유압이 낮아지는 원인
  ㉠ 엔진 베어링의 윤활 간극이 클 때
  ㉡ 오일펌프가 마모되었거나 회로에서 오일이 누출될 때
  ㉢ 오일의 점도가 낮을 때
  ㉣ 오일 팬 내의 오일량이 부족할 때
  ㉤ 유압조절 밸브 스프링의 장력이 쇠약하거나 절손되었을 때
  ㉥ 엔진오일이 연료 등의 유입으로 현저하게 희석되었을 때
  ※ 유압라인에서 압력에 영향을 주는 요소 : 유체의 흐름량·점도, 관로직경의 크기

② 유압장치의 오일에 거품이 생기는 원인
  ㉠ 오일탱크와 펌프 사이에서 공기가 유입될 때
  ㉡ 오일이 부족할 때
  ㉢ 펌프축 주위의 토출측 실(Seal)이 손상되었을 때
  ㉣ 유압계통에 공기가 흡입되었을 때

③ 유압 작동유를 교환하는 판단기준의 요소 : 점도, 색, 수분 및 침전물, 흔들었을 때 거품이 없어지는 양상, 악취 등

④ 유압 작동유를 교환할 때의 주의사항
  ㉠ 장비 가동을 완전히 멈춘 후에 교환한다.
  ㉡ 화기가 있는 곳에서 교환하지 않는다.
  ㉢ 유압 작동유가 냉각되기 전에 교환한다.
  ㉣ 수분이나 먼지 등의 이물질이 유입되지 않도록 한다.
  ㉤ 150시간마다 교환한다.

10년간 자주 출제된 문제

4-1. 엔진의 윤활유의 압력이 높아지는 이유는?
① 윤활유량이 부족하다.
② 윤활유의 점도가 너무 높다.
③ 기관 내부의 마모가 심하다.
④ 윤활유 펌프의 성능이 좋지 않다.

4-2. 유압장치의 오일에 거품이 생기는 원인으로 가장 거리가 먼 것은?
① 오일탱크와 펌프 사이에서 공기가 유입될 때
② 오일이 부족할 때
③ 펌프축 주위의 토출측 실(Seal)이 손상되었을 때
④ 유압유의 점도지수가 클 때

[해설]

4-1
점도가 높으면 마찰력이 높아지기 때문에 압력이 높아진다.

4-2
유압유 점도지수가 클수록 기계의 안전성에 견딜 수 있는 성질이 높다.

정답 4-1 ② 4-2 ④

핵심이론 05 유압 탱크

① 유압 작동유 탱크의 기능
  ㉠ 계통 내의 필요한 유량 확보(오일의 저장)
  ㉡ 차폐장치(배플)에 의해 기포 발생 방지 및 소멸
  ㉢ 탱크 외벽의 방열에 의해 적정온도 유지
  ㉣ 작동유의 열 발산 및 부족한 기름 보충
  ㉤ 복귀유의 먼지나 녹, 찌꺼기 침전
  ㉥ 격판을 설치하여 오일의 출렁거림 방지

② 유압 탱크의 구비조건
  ㉠ 적당한 크기의 주유구 및 스트레이너를 설치한다.
     ※ 스트레이너(Strainer)는 종이, 나뭇잎 등의 이물질이 압축기 내에 흡입되는 것을 방지하기 위해 유압펌프의 흡입관에 설치한다.
  ㉡ 드레인(배출밸브) 및 유면계를 설치한다.
     ※ 드레인 플러그(Drain Plug) : 오일탱크 내의 오일을 전부 배출시킬 때 사용
  ㉢ 오일에 이물질이 혼입되지 않도록 밀폐되어야 한다.
  ㉣ 유면은 적정위치 "F"에 가깝게 유지하여야 한다.
  ㉤ 발생한 열을 발산할 수 있어야 한다.
  ㉥ 공기 및 이물질을 오일로부터 분리할 수 있어야 한다.
  ㉦ 탱크의 크기가 정지할 때 되돌아오는 오일량의 용량보다 크게 한다.

10년간 자주 출제된 문제

5-1. 유압 탱크의 구비조건과 가장 거리가 먼 것은?
① 적당한 크기의 주유구 및 스트레이너를 설치한다.
② 드레인(배출밸브) 및 유면계를 설치한다.
③ 오일에 이물질이 혼입되지 않도록 밀폐되어야 한다.
④ 오일 냉각을 위한 쿨러를 설치한다.

5-2. 스트레이너는 어느 위치에 설치하는가?
① 유압 실린더와 방향제어밸브 사이
② 방향제어밸브의 복귀 포트
③ 유압펌프의 흡입관
④ 유압모터와 방향제어밸브 사이

|해설|

5-1
유압 탱크의 구비조건
- 적당한 크기의 주유구 및 스트레이너를 설치한다.
- 드레인(배출펌프) 및 유면계를 설치한다.
- 오일에 이물질이 혼입되지 않도록 밀폐되어야 한다.
- 유면은 적정위치 "F"에 가깝게 유지하여야 한다.
- 발생한 열을 발산할 수 있어야 한다.
- 공기 및 이물질을 오일로부터 분리할 수 있어야 한다.
- 탱크의 크기가 정지할 때 되돌아오는 오일량의 용량보다 크게 한다.

5-2
스트레이너는 종이, 나뭇잎 등의 이물질이 압축기 내에 흡입되는 것을 방지하기 위해 유압펌프의 흡입관에 설치한다.

정답 5-1 ④ 5-2 ③

3-3. 유압펌프

핵심이론 01 유압펌프

① 유압펌프의 개념
  ㉠ 유압 탱크에서 기름을 흡입하여 유압 밸브에서 소요되는 압력과 유량을 공급하는 장치
  ㉡ 톱니바퀴를 이용한 기어 펌프, 날개형으로 펌프작용을 시키는 베인 펌프, 피스톤을 사용한 플런저 펌프가 대표적이다.

② 일반적인 유압펌프의 특징
  ㉠ 원동기의 기계적 에너지를 유압 에너지로 변환한다.
  ㉡ 엔진의 동력으로 구동된다.
  ㉢ 유압 탱크의 오일을 흡입하여 컨트롤 밸브로 송유(토출)한다.
  ㉣ 엔진이 회전하는 동안에는 항상 회전한다.

③ 유압펌프의 용량표시 : 주어진 압력과 그때의 토출량으로 표시

④ 유량(토출량) 단위
  ㉠ GPM(g/min) : 분당 토출하는 작동유의 양, 즉 계통 내에서 이동되는 유체(오일)의 양
  ㉡ LPM(L/min) : 분당 토출하는 액체의 체적

10년간 자주 출제된 문제

1-1. 일반적인 유압펌프에 대한 설명으로 가장 거리가 먼 것은?
① 유압 탱크의 오일을 흡입하여 컨트롤 밸브(Control Valve)로 송유(토출)한다.
② 엔진이 회전하는 동안에는 항상 회전한다.
③ 엔진의 동력으로 구동된다.
④ 벨트에 의해 구동된다.

1-2. 유압펌프의 기능을 설명한 것으로 맞는 것은?
① 유압회로 내의 압력을 측정하는 기구이다.
② 어큐뮬레이터와 동일한 기능을 한다.
③ 유압 에너지를 동력으로 변환한다.
④ 원동기의 기계적 에너지를 유압 에너지로 변환한다.

|해설|

1-1
일반적인 유압펌프의 특징
• 원동기의 기계적 에너지를 유압 에너지로 변환한다.
• 엔진의 동력으로 구동된다.
• 유압 탱크의 오일을 흡입하여 컨트롤 밸브로 송유(토출)한다.
• 엔진이 회전하는 동안에는 항상 회전한다.

1-2
유압펌프는 기계적 에너지를 유압 에너지로, 유압모터는 유압 에너지를 기계적 에너지로 변환한다.

정답 1-1 ④ 1-2 ④

핵심이론 02 기어펌프

① **기어펌프(Gear Pump)의 특징**
  ㉠ 구조가 간단하고 흡입 능력이 가장 크다.
  ㉡ 다루기 쉽고 가격이 저렴하다.
  ㉢ 정용량 펌프이다.
  ㉣ 유압 작동유의 오염에 비교적 강한 편이다.
  ㉤ 피스톤펌프에 비해 효율이 떨어진다.
  ㉥ 외접식과 내접식이 있다.
  ㉦ 베인펌프에 비해 소음이 비교적 크다.
  ㉧ 기어식 유압펌프에서 회전수가 변하면 오일 흐름 용량이 가장 크게 변화한다.
  ㉨ 폐입(Trapping) 현상 : 외접식 기어 펌프에서 토출된 유량 일부가 입구 쪽으로 귀환하여 토출량 감소, 축동력 증가 및 케이싱 마모 등을 유발한다.

② **트로코이드 펌프(Trochoid Pump)**
  ㉠ 안쪽 로터가 회전하면 바깥쪽 로터도 동시에 회전한다.
  ㉡ 트로코이드 곡선을 사용한 내접식 펌프이다.
  ㉢ 안쪽은 내·외측 로터로 바깥쪽은 하우징으로 구성되어 있다.

10년간 자주 출제된 문제

유압장치에서 기어펌프의 특징이 아닌 것은?
① 구조가 다른 펌프에 비해 간단하다.
② 유압 작동유의 오염에 비교적 강한 편이다.
③ 피스톤펌프에 비해 효율이 떨어진다.
④ 가변 용량형 펌프로 적당하다.

|해설|
플런저 펌프가 가변 용량형 펌프로 적당하다.

정답 ④

핵심이론 03 베인 펌프

① 베인 펌프의 개념
  ㉠ 베인(날개)이 원심력 또는 스프링의 장력에 의해 벽에 밀착되어 회전하면서 액체를 입송하는 형식
  ㉡ 안쪽 날개가 편심된 회전축에 끼워져 회전하는 유압펌프

② 베인 펌프의 특징
  ㉠ 맥동과 소음이 적다.
  ㉡ 소형·경량이다.
  ㉢ 간단하고 성능이 좋다.
  ㉣ 토출압력의 연동이 적고 수명이 길다.
  ㉤ 카트리지 방식으로 호환성이 양호하고 보수가 용이하다(카트리지 교체로 정비 가능).
  ㉥ 동일 마력 및 토출량에서 형상 치수가 최소이다.
  ㉦ 급속 시동이 가능하다.

10년간 자주 출제된 문제

베인 펌프의 일반적인 특성 설명 중 맞지 않는 것은?
① 맥동과 소음이 적다.
② 소형·경량이다.
③ 간단하고 성능이 좋다.
④ 수명이 짧다.

[해설]
베인 펌프는 토출압력의 연동이 적고 수명이 길다.

정답 ④

핵심이론 04 플런저 펌프

① 플런저(피스톤) 펌프의 종류
  ㉠ 레이디얼(Radial)형 : 플런저가 회전축에 대하여 직각방사형으로 배열된 형식
  ㉡ 액시얼(Axial)형 : 플런저가 구동축 방향으로 작동하는 형식

② 플런저 펌프의 특징
  ㉠ 효율이 가장 높다.
  ㉡ 발생압력이 고압이다.
  ㉢ 구조가 복잡하다.
  ㉣ 기어 펌프에 비해 최고 토출압력이 높다.
  ㉤ 기어 펌프에 비해 소음이 적다.
  ㉥ 축은 회전 또는 왕복운동을 한다.
  ㉦ 캠축에 의해 플런저를 상하 왕복운동시킨다.
  ㉧ 높은 압력에 잘 견딘다.
  ㉨ 토출량의 변화 범위가 크다.
  ㉩ 가변용량이 가능하다.
  ㉪ 작동유 오염관리에 주의해야 한다.
    ※ 피스톤 펌프나 기어 펌프 모두 고속회전이 가능하다.
    ※ 가변용량형 피스톤 펌프 : 회전수가 같을 때 펌프의 토출량이 변할 수 있다.

10년간 자주 출제된 문제

4-1. 일반적으로 유압펌프 중 가장 고압, 고효율인 것은?
① 베인 펌프
② 플런저 펌프
③ 2단 베인 펌프
④ 기어 펌프

4-2. 피스톤 펌프의 특징으로 가장 거리가 먼 것은?
① 구조가 간단하고 값이 싸다.
② 효율이 높다.
③ 베어링에 부하가 크다.
④ 토출압력이 높다.

[해설]

4-1
플런저 펌프 : 가장 높은 압력 조건에 사용할 수 있는 펌프로 가변 용량에 가장 적합하다.

4-2
피스톤 펌프는 구조가 복잡하고 가격이 비싸다.

정답 4-1 ② 4-2 ①

핵심이론 05 유압펌프의 점검

① 유압펌프에서 오일이 토출하지 않는 원인
 ㉠ 펌프의 회전 방향과 원동기의 회전 방향이 반대로 되어 있다.
 ㉡ 흡입관 또는 스트레이너가 막히거나 공기가 흡입되고 있다.
 ㉢ 작동유의 점도가 너무 크다.
  ※ 유압펌프에서 작동유의 점도가 낮으면 가장 양호하게 토출이 가능하다.
 ㉣ 펌프의 회전수가 부족하다.
 ㉤ 오일탱크의 유면이 낮다.

② 압력이 형성되지 않는 원인
 ㉠ 릴리프 밸브의 설정압이 잘못되었거나 작동 불량인 경우
 ㉡ 유압 회로 중 실린더 및 밸브에서 누설이 되고 있는 경우
 ㉢ 펌프 내부의 고장에 의해 압력이 새고 있는 경우
 ㉣ 유압펌프의 유압이 상승하지 않을 때 점검 사항
  • 유압 회로의 점검
  • 릴리프 밸브의 점검
  • 유압펌프 작동유 토출 점검

③ 유압이 규정 이상으로 높아지는 원인
 ㉠ 엔진의 회전속도가 높다.
 ㉡ 윤활회로의 어느 곳이 막혔다.
 ㉢ 오일의 점도가 지나치게 높다.
  ※ 유압 계통 설정압이 너무 높을 경우 유압 작동유의 온도가 상승한다.

④ 유압펌프의 고장현상
 ㉠ 샤프트실(Shaft Seal)에서 오일누설이 있다.
 ㉡ 오일배출 압력이 낮다.
 ㉢ 소음이 크다.
 ㉣ 오일의 흐르는 양이나 압력이 부족하다.

⑤ 유압펌프에서 소음이 나는 원인
  ㉠ 스트레이너가 막혀 흡입용량이 너무 작아졌다.
  ㉡ 펌프흡입관 접합부로부터 공기가 유입된다.
  ㉢ 엔진과 펌프축 간의 편심 오차가 크다.
  ㉣ 오일량이 부족하거나 점도가 너무 높다.
  ㉤ 오일 속에 공기가 들어 있다.
  ㉥ 펌프의 회전이 너무 빠르거나, 여과기가 너무 작다.
  ㉦ 공기혼입의 영향(채터링현상, 공동현상 등), 펌프의 베어링 마모 등

10년간 자주 출제된 문제

기어식 유압펌프에서 소음이 나는 원인이 아닌 것은?
① 흡입라인의 막힘
② 오일량의 과다
③ 펌프의 베어링 마모
④ 오일의 과부족

|해설|
오일량이 부족하면 소음이 나고, 오일량이 많으면 소음이 나지 않는다.

정답 ②

핵심이론 06 공동현상 등

① 공동현상(Cavitation, 캐비테이션)의 개념
  ㉠ 유압장치 내에 국부적인 높은 압력과 소음, 진동이 발생하는 현상
  ㉡ 작동유(유압유) 속에 용해 공기가 기포로 되어 있는 상태
  ㉢ 유동하고 있는 액체의 압력이 국부적으로 저하되어 포화 증기나 기포가 발생하고, 이것들이 터지면서 소음이 발생한다.
② 공동현상 발생 원인
  ㉠ 오일필터의 여과 입도가 너무 조밀할 경우
  ㉡ 흡입 필터가 막혀 있을 경우
  ㉢ 펌프의 흡입관 굵기가 펌프 본체 흡입구보다 가늘 경우
  ㉣ 유압펌프를 규정 속도 이상으로 고속 회전을 시킬 경우
③ 공동현상이 발생되었을 때의 영향
  ㉠ 체적 효율이 저하된다.
  ㉡ 소음과 진동이 발생된다.
  ㉢ 저압부의 기포가 과포화 상태가 된다.
  ㉣ 내부에서 부분적으로 매우 높은 압력이 발생된다.
  ㉤ 급격한 압력파가 형성된다.
  ㉥ 액추에이터의 효율이 저하된다.
  ㉦ 날개차 등에 부식을 일으켜 수명을 단축시킨다.
④ 유압회로 내에서 공동현상 발생 시 처리방법 : 일정 압력을 유지시킨다(압력 변화를 없앤다).
⑤ 유압펌프의 흡입구에서 공동현상을 방지하기 위한 방법
  ㉠ 흡입구의 양정을 1m 이하로 한다.
  ㉡ 흡입관의 굵기가 유압 본체의 연결구 크기와 같은 것을 사용한다.
  ㉢ 펌프의 운전속도를 규정속도 이상으로 하지 않는다.
  ㉣ 오일탱크의 오일점도는 적정점도가 유지되도록 한다.

⑥ 작동유에 수분이 혼입되었을 때의 영향 : 작동유의 열화(온도 상승, 공기 유입 등), 공동현상 등으로 유압기의 마모나 손상 등이 나타난다.
⑦ 유체의 관로에 공기가 침입할 때 일어나는 현상 : 공동현상, 열화 촉진, 실린더 숨돌리기
⑧ 유압장치의 금속가루 또는 불순물을 제거하기 위한 것 : 필터, 스트레이너

10년간 자주 출제된 문제

6-1. 필터의 여과 입도수(Mesh)가 너무 높을 때 발생할 수 있는 현상으로 가장 적절한 것은?
① 블로바이현상이 생긴다.
② 맥동현상이 생긴다.
③ 베이퍼 로크현상이 생긴다.
④ 캐비테이션현상이 생긴다.

6-2. 유압회로 내에서 공동현상이 생길 때 그 처치 방법은?
① 유압유의 압력을 높인다.
② 압력 변화를 없앤다.
③ 유압유의 온도를 높인다.
④ 과포화 상태로 만든다.

|해설|

6-1
필터의 입도가 너무 조밀하거나, 흡입필터가 막힌 경우 공동현상이 발생한다.

6-2
유압회로 내에서 공동현상 발생 시 처리방법 : 일정 압력을 유지시킨다(압력 변화를 없앤다).

정답 6-1 ④ 6-2 ②

핵심이론 07 기타 유압펌프에서 주요사항

① 강제식 유압펌프(체적형, 용적형 펌프)의 특징
  ㉠ 높은 압력을 낼 수 있다.
  ㉡ 조건에 따라 효율의 변화가 적다.
  ㉢ 크기가 작다.
  ㉣ 유량이 적은 경우에 적합하다.

② 프라이밍 펌프(Priming Pump)의 작용 및 작동원리
  ㉠ 엔진 정지 시 연료장치 회로 내의 공기빼기 등을 위하여 수동으로 작동시킨다.
  ㉡ 연료 공급 펌프에 설치한다.
  ㉢ 정지상태에서 연료를 분사 펌프까지 보낸다.

③ 기타 주요사항
  ㉠ 건설기계에 사용되는 유압계, 연료계 등은 대부분 전기식을 이용한다.
  ㉡ 사판형 액시얼 피스톤 펌프에서 사판의 각을 조정하면 토출 유량이 변화한다.
  ㉢ 펌프에서 토출한 유량이 실린더 내로 들어가 작동할 때 그 압력은 유체가 가해진 실린더 내의 모든 부분에 같은 압력을 받는다.
  ㉣ 유압펌프에서의 토출량 : 단위 시간당 토출해 낼 수 있는 유량
  ㉤ 피스톤 펌프에서 펌프의 토출량을 제어하는 방법 : 유량제어, 마력제어, 압력제어
  ㉥ 유압 오일 내에 거품이 형성되는 가장 큰 이유 : 오일 속의 공기혼입
    ※ 공기혼입 : 액체가 공기에 아주 작은 기포상태로 섞어지는 현상 또는 섞여져 있는 상태
  ㉦ 플러싱 작업 : 관로를 새로 설치하거나 유압 장치 내의 이물질이 들어갔을 때 이물질을 제거하는 작업
  ㉧ 로브 펌프 : 기어식 유압펌프에서 두 치형이 서로 접촉하지 않고 회전하므로 소음이 적고 배출량이 많은 펌프

| 10년간 자주 출제된 문제 |

강제식 유압펌프(체적형, 용적형 펌프)에 대한 설명 중 틀린 것은?

① 높은 압력을 낼 수 있다.
② 조건에 따라 효율의 변화가 작다.
③ 크기가 작다.
④ 유량이 많은 경우가 적합하다.

|해설|

강제식 유압펌프(체적형, 용적형펌프)의 특징
• 높은 압력을 낼 수 있다.
• 조건에 따라 효율의 변화가 적다.
• 크기가 작다.
• 유량이 적은 경우에 적합하다.

정답 ④

3-4. 유압제어 밸브

핵심이론 01 압력제어 밸브

① 유압회로
　㉠ 유압의 기본회로 : 오픈회로, 클로즈회로, 탠덤회로
　㉡ 유압회로에 사용되는 3종류의 제어 밸브
　　• 압력제어 밸브 : 일의 크기제어
　　• 유량제어 밸브 : 일의 속도제어
　　• 방향제어 밸브 : 일의 방향제어

② 압력제어 밸브(Pressure Control Valve)
　㉠ 유압장치의 과부하 방지와 유압기기의 보호를 위하여 최고 압력을 규제하고 유압회로 내의 필요압력을 유지하는 밸브
　㉡ 유압회로 내에서 유압을 일정하게 조절하여 일의 크기를 결정하는 밸브
　　※ 오일 펌프의 압력제어 밸브를 조정하여 스프링 장력을 높게 하면 유압이 높아진다.
　㉢ 압력제어 밸브의 작동위치 : 펌프와 방향전환 밸브
　㉣ 압력제어 밸브의 종류 : 릴리프 밸브, 감압 밸브, 시퀀스 밸브, 언로드 밸브, 카운터밸런스 밸브

③ 회로 내의 압력을 설정치 이하로 유지하는 밸브 : 릴리프 밸브, 리듀싱 밸브, 언로더 밸브

④ 분기회로에 사용되는 밸브 : 리듀싱 밸브, 시퀀스 밸브
　※ 바이패스 밸브(By-pass Valve) : 기관의 엔진오일 여과기가 막히는 것을 대비해서 설치

| 10년간 자주 출제된 문제 |

1-1. 유압회로의 제어 밸브 종류로 볼 수 없는 것은?

① 방향제어 밸브　　② 압력제어 밸브
③ 유량제어 밸브　　④ 속도제어 밸브

1-2. 건설기계에서 유압을 조절하는 압력제어 밸브(Pressure Control Valve)의 종류에 속하지 않는 것은?

① 릴리프 밸브　　② 리듀싱 밸브
③ 시퀀스 밸브　　④ 스풀 밸브

정답 1-1 ④ 1-2 ④

핵심이론 02 릴리프 밸브

① 릴리프 밸브의 개념
  ㉠ 유압장치 내의 압력을 일정하게 유지한다.
  ㉡ 유압회로에 흐르는 압력이 설정된 압력(최고압력) 이상으로 되는 것을 방지한다.
  ㉢ 계통 내의 최대압력을 설정함으로써 계통을 보호한다.
  ㉣ 작동형, 평형피스톤형 등의 종류가 있다.
  ㉤ 펌프의 토출측에 위치하여 회로 전체의 압력을 제어한다.
  ㉥ 유압회로에서 실린더로 가는 오일 압력을 조정한다.
  ㉦ 릴리프 밸브는 유압펌프와 제어밸브 사이에 설치한다.

② 채터링(Chattering)현상
  ㉠ 릴리프 밸브 스프링의 장력이 약화될 때 발생될 수 있다.
  ㉡ 릴리프 밸브에서 볼(Ball)이 밸브의 시트(Seat)에 완전히 접촉하지 못해 소음이 발생한다.
  ※ 유압기의 밸브 스프링 약화로 인해 밸브면에 생기는 강제진동과 고유진동의 쇄교로 밸브가 시트에 완전 접촉을 하지 못하고 바르르 떠는 현상
  ※ 유압라인에서 고압호스가 자주 파열되는 주원인 : 릴리프 밸브의 불량

③ 기타 릴리프 밸브
  ㉠ 메인 릴리프 밸브 : 유압으로 작동되는 작업장치에서 작업 중 힘이 떨어지는 원인으로 가장 관계가 있다(압력유지, 압력조정 등).
  ㉡ 과부하(포트) 릴리프 밸브 : 유압장치의 방향전환 밸브(중립 상태)에서 실린더가 외력에 의해 충격을 받았을 때 발생되는 고압을 릴리프시키는 밸브(충격 흡수, 과부하 방지 등)
    ※ 최대 압력제한 회로 : 유압회로 중 일을 하는 행정에서는 고압릴리프 밸브로, 일을 하지 않을 때는 저압릴리프 밸브로 압력제어를 하여 작동목적에 알맞은 압력을 얻는 회로

10년간 자주 출제된 문제

건설기계의 유압회로에서 실린더로 가는 오일 압력을 조정하는 일반적인 밸브는?
① 릴레이 밸브
② 리턴 밸브
③ 릴리프 밸브
④ 시퀀스 밸브

[해설]

릴리프 밸브
회로의 압력이 밸브의 설정치에 도달하였을 때, 흐름의 일부 또는 전량을 기름탱크측으로 흘려보내서 회로 내의 압력을 설정값으로 유지하는 밸브

정답 ③

핵심이론 03 기타 압력제어 밸브

① 감압 밸브(리듀싱 밸브)
  ㉠ 유압회로에서 입구에 압력을 가압하여 유압실린더 출구 설정압력 유압으로 유지하는 밸브
  ㉡ 유압장치에서 회로 일부의 압력을 릴리프 밸브의 설정압력 이하로 하고 싶을 때 사용한다.
  ㉢ 출구(2차쪽)의 압력이 감압 밸브의 설정압력보다 높아지면 밸브가 작동하여 유로를 닫는다.
  ㉣ 입구(1차쪽)의 주회로에서 출구(2차쪽)의 감압회로로 유압유가 흐른다.
  ㉤ 분기회로에서 출구 압력을 낮게 할 때 사용한다.

② 시퀀스 밸브
  ㉠ 유압장치에서 두 개 이상 분기 회로의 실린더나 모터에 작동 순서를 부여한다.
  ㉡ 액추에이터를 순서에 맞추어 작동시키기 위해 설치한다.

③ 무부하 밸브(언로드 밸브)
  ㉠ 유압장치에서 고압 저용량, 저압 대용량 펌프를 조합 운전할 때, 작동압이 규정 압력 이상으로 상승 시 동력 절감을 하기 위해 사용하는 밸브
  ㉡ 유압장치의 과열을 방지

④ 카운터밸런스 밸브
  ㉠ 한쪽 방향의 흐름에 설정된 배압을 발생시키고자 할 때 사용한다.
  ㉡ 실린더가 중력으로 인하여 제어속도 이상으로 낙하하는 것을 방지한다.
  ㉢ 크롤러 굴착기가 경사면에서 주행 모터에 공급되는 유량과 관계없이 자체 중량에 의해 빠르게 내려가는 것을 방지한다.
    ※ 유압회로 내의 서지 압력(Surge Pressure) : 과도적으로 발생하는 이상압력의 최댓값

10년간 자주 출제된 문제

3-1. 유압장치에서 두 개 이상 분기 회로의 실린더나 모터에 작동 순서를 부여하는 밸브는?
① 시퀀스 밸브
② 안전 밸브
③ 릴리프 밸브
④ 감압 밸브

3-2. 한쪽 방향의 흐름에 설정된 배압을 부여하고 붐의 낙하방지 등에 사용되는 밸브는?
① 시퀀스 밸브
② 언로드 밸브
③ 카운터밸런스 밸브
④ 감압 밸브

|해설|

3-1
시퀀스 밸브
• 유압장치에서 두 개 이상 분기 회로의 실린더나 모터에 작동 순서를 부여한다.
• 액추에이터를 순서에 맞추어 작동시키기 위해 설치한다.

3-2
카운터밸런스 밸브
• 한쪽 방향의 흐름에 설정된 배압을 발생시키고자 할 때 사용한다.
• 실린더가 중력으로 인하여 제어속도 이상으로 낙하하는 것을 방지한다.

정답 3-1 ① 3-2 ③

핵심이론 04 유량제어 밸브

① 유량제어 밸브의 개념
  ㉠ 유압장치에서 작동체의 속도를 바꿔주는 밸브
  ㉡ 액추에이터의 운동속도를 조정하기 위하여 사용된다.

② 유량제어 밸브 종류 : 스로틀 밸브(교축 밸브), 니들 밸브, 속도제어 밸브, 급속배기 밸브, 압력보상형 유량제어 밸브, 온도보상형 유량제어 밸브, 분류 밸브 등
  ㉠ 스톱 밸브 : 미소 유량을 조정하기 어렵다.
  ㉡ 스로틀 밸브 : 교축 전후의 압력차가 증가해도 미소 유량을 조절하기가 용이하다.
  ㉢ 스로틀 체크 밸브 : 한쪽 방향으로의 흐름은 제어하고 역방향의 흐름은 제어가 불가능하다.
  ㉣ 니들 밸브 : 내경이 작은 파이프에서 미세한 유량을 조정한다.
  ㉤ 급속배기 밸브 : 공압 실린더나 공기탱크 내의 공기를 급속히 방출할 필요가 있을 때나, 공압 실린더 속도를 증가시킬 필요가 있을 때 사용된다.
  ㉥ 압력보상 유량제어 밸브 : 유압 회로 내의 압력 변화가 있어도 동일한 유량을 유지할 수 있게 만든 밸브

③ 유량제어 회로(속도제어 회로)
  ㉠ 미터 인(Meter In) 회로
    • 유압실린더 입구에 유량제어 밸브를 설치하여 속도를 제어
    • 유압제어 밸브를 실린더의 입구측에 설치하였으며, 펌프에서 송출되는 여분의 유압은 릴리프 밸브를 통해서 펌프로 방유되는 속도제어 회로
  ㉡ 미터 아웃(Meter Out) 회로 : 유압실린더 출구에 유량제어 밸브를 설치하여 속도를 제어
  ㉢ 블리드 오프(Bleed Off) 회로 : 실린더와 병렬로 유량제어 밸브를 설치하고, 그 출구를 기름탱크에 접속하여 실린더 속도를 제어한다.

10년간 자주 출제된 문제

4-1. 내경이 작은 파이프에서 미세한 유량을 조정하는 밸브는?
① 압력보상 밸브
② 니들 밸브
③ 바이패스 밸브
④ 스로틀 밸브

4-2. 유압회로에서 속도제어 회로가 아닌 것은?
① 블리드 오프
② 미터 아웃
③ 미터 인
④ 시퀀스

4-3. 유압제어 밸브를 실린더의 입구측에 설치하였으며, 펌프에서 송출되는 여분의 유압은 릴리프 밸브를 통해서 펌프로 방유되는 속도제어 회로는?
① 미터 아웃 회로
② 블리드 오프 회로
③ 최대 압력제한 회로
④ 미터 인 회로

【해설】
4-1
니들 밸브
• 작은 지름의 파이프에서 유량을 미세하게 조정하기 적합하다.
• 부하의 변동(압력의 변화)에 따른 유량을 정확히 제어할 수 없다.

4-2
시퀀스는 압력제어 회로이다.

4-3
미터 인 회로
• 유압실린더 입구에 유량제어 밸브를 설치하여 속도를 제어
• 유압제어 밸브를 실린더의 입구측에 설치하였으며, 펌프에서 송출되는 여분의 유압은 릴리프 밸브를 통해서 펌프로 방유되는 속도제어 회로

정답 4-1 ② 4-2 ④ 4-3 ④

핵심이론 05 방향제어 밸브

① **방향제어 밸브의 개념**
  ㉠ 회로 내 유체의 흐르는 방향을 조절한다.
  ㉡ 유체의 흐름 방향을 한쪽으로만 허용한다.
  ㉢ 유압실린더나 유압모터의 작동 방향을 바꾸는 데 사용된다.
   ※ 방향제어 밸브 조작방식 : 수동식, 기계식, 파일럿식, 전자식 등이 있다.

② **방향제어 밸브의 종류** : 체크 밸브, 파일럿조작 밸브, 방향전환 밸브, 셔틀 밸브, 솔레노이드 밸브, 디셀러레이션 밸브, 매뉴얼 밸브(로터리형) 등
  ㉠ 체크 밸브
   • 유압회로에서 역류를 방지하고 회로 내의 잔류압력을 유지하는 밸브
   • 유압유의 흐름을 한쪽으로만 허용하고 반대방향의 흐름을 제어하는 밸브
   • 유압 브레이크에서 잔압을 유지시키는 것
  ㉡ 디셀러레이션 밸브 : 액추에이터의 속도를 서서히 감속시키는 경우나 서서히 증속시키는 경우에 사용

③ **방향제어 밸브의 기능** : 공기압회로에 있어서 실린더나 기타의 액추에이터로 공급하는 공기의 흐름 방향을 변환시키는 밸브

④ **방향제어 밸브의 형식** : 포핏형식, 로터리형식, 스풀형식이 있으나 스풀형식을 많이 사용한다.
  ※ 스풀형식 : 건설기계에서 유압작동기(액추에이터)의 방향전환 밸브로서 원통형 슬리브 면에 내접하여 축방향으로 이동하여 유로를 개폐하는 형식의 밸브
   • 전환 밸브로 가장 널리 사용한다.
   • 스풀 축 방향의 정적 추력 평형을 얻게 된다.
   • 측압 평형을 쉽게 얻을 수 있다.
   • 각종 유압 흐름의 형식을 쉽게 설계할 수 있다.
   • 각종 조작 방식을 쉽게 적용시킬 수 있다.
   • 약간의 누유가 발생한다.

⑤ **유압회로 내에 잔압을 설정해두는 이유**
  ㉠ 브레이크 작동 지연을 방지
  ㉡ 베이퍼 로크를 방지
  ㉢ 유압회로 내의 공기유입 방지
  ㉣ 휠 실린더의 오일 누설 방지

10년간 자주 출제된 문제

5-1. 유압제어 밸브의 분류 중 방향제어 밸브에 속하지 않는 것은?
① 셔틀 밸브
② 체크 밸브
③ 릴리프 밸브
④ 디셀러레이션 밸브

5-2. 작업 도중 엔진이 정지할 때 토크 변환기에서 오일의 역류를 방지하는 밸브는?
① 압력조정 밸브
② 스로틀 밸브
③ 체크 밸브
④ 매뉴얼 밸브

[해설]

5-1
릴리프 밸브는 압력제어 밸브이다.

5-2
체크 밸브
• 유압회로에서 역류를 방지하고 회로 내의 잔류압력을 유지하는 밸브
• 유압유의 흐름을 한쪽으로만 허용하고 반대방향의 흐름을 제어하는 밸브
• 유압 브레이크에서 잔압을 유지시키는 것

정답 5-1 ③ 5-2 ③

3-5. 유압모터

핵심이론 01 유압모터

① 유압모터의 개념
  ㉠ 유압 에너지를 공급받아 회전운동을 하는 기기
  ㉡ 유체의 에너지를 이용하여 기계적인 일로 변환하는 기기
  ㉢ 유압모터는 형식에 따라 기어형, 날개형(베인형), 피스톤형(플런저형) 등이 있다.
  ㉣ 유압모터의 용량 : 입구 압력(kgf/cm^2)당 토크

② 기어모터
  ㉠ 구조가 간단하고 경량이며, 가격이 저렴하다.
  ㉡ 일반적으로 평기어를 사용하나 헬리컬기어도 사용한다.
  ㉢ 유압유에 이물질이 혼입되어도 고장 발생이 적다.
  ㉣ 누설량이 많고, 토크변동이 크다.
  ㉤ 토크 효율은 약 75~85%, 용적 효율은 94% 이하이다.
  ㉥ 고속 저토크에 적합하고, 정밀한 서보 기구에는 적합하지 않다.

③ 피스톤 모터
  ㉠ 펌프의 최고 토출압력, 평균효율이 가장 높아 고압 대출력에 사용된다.
  ㉡ 구조가 복잡하고 고가이다.
  ㉢ 액시얼형과 레이디얼형으로 구분되고 각각 정용량형과 가변용량형이 있다.

④ 유압모터의 특징
  ㉠ 정·역회전이 가능하다.
  ㉡ 무단변속으로 회전수를 조정할 수 있다.
  ㉢ 회전체의 관성력이 작으므로 응답성이 빠르다.
  ㉣ 소형·경량이며, 큰 힘을 낼 수 있다.
  ㉤ 자동제어의 조작부 및 서보기구의 요소로 적합하다.
  ㉥ 넓은 범위의 무단변속이 용이하다.
  ㉦ 작동이 신속·정확하다.
  ㉧ 전동모터에 비하여 급속정지가 쉽다.
  ㉨ 내폭성이 우수하고, 고속 추종성이 좋다.
  ㉩ 가변용량형 펌프나 미터링 밸브에 의해 시동, 정지, 역전, 변속, 가속 등이 간단히 제어되고, 힘의 속도제어, 연속제어, 운동방향 제어가 용이하다.
  ㉪ 종이나 전선 등에 쓰이는 권취기와 같이 토크 제어 기계에 편리하다.

10년간 자주 출제된 문제

1-1. 유압모터의 장점으로 틀린 것은?
① 시동, 정지, 변속은 쉬우나 역전기속이 어렵다.
② 토크에 대한 관성 모멘트가 적다.
③ 고속에서 추종성이 적다.
④ 소형이면서 출력이 크다.

1-2. 유압펌프와 비교하여 유압모터의 가장 큰 특징은?
① 일방향으로 구동되는 것이다.
② 공급되는 유량으로 회전속도가 제어되는 것이다.
③ 펌프 작용을 하지 못하는 것이다.
④ 구조가 훨씬 간단한 것이다.

[해설]

1-1
가변용량형 펌프나 미터링 밸브에 의해 시동, 정지, 역전, 변속, 가속 등이 간단히 제어되고, 힘의 속도제어, 연속제어, 운동방향 제어가 용이하다.

1-2
유압모터는 무단변속을 통해 회전수를 조절할 수 있어, 넓은 범위에서 유연한 속도 제어가 가능하다.

정답 1-1 ① 1-2 ②

핵심이론 02 유압모터의 점검

① 유압모터에서 소음과 진동이 발생할 때의 원인
  ㉠ 내부 부품의 파손
  ㉡ 작동유 속에 공기의 혼입
  ㉢ 체결 볼트의 이완
② 유압모터의 회전속도가 규정속도보다 느릴 때의 원인
  ㉠ 유압유의 유입량 부족
  ㉡ 각 작동부의 마모 또는 파손
  ㉢ 오일의 내부 누설
  ※ 유압펌프의 토출량 과다는 규정속도보다 빨라질 수 있는 원인이 된다.
③ 유압모터의 출력이 낮을 경우 릴리프 밸브를 점검하고 규정된 설정압으로 조정한다.
④ 피스톤형식 유압모터 정비 시 주의 사항
  ㉠ 모든 O링은 교환한다.
  ㉡ 분해조립 시 무리한 힘을 가하지 않는다.
  ㉢ 볼트・너트 체결 시에는 규정 토크로 조인다.

10년간 자주 출제된 문제

2-1. 유압모터의 회전속도가 규정속도보다 느릴 경우의 원인에 해당하지 않는 것은?
① 유압펌프의 오일 토출량 과다
② 유압유의 유입량 부족
③ 각 습동부의 마모 또는 파손
④ 오일의 내부 누설

2-2. 피스톤형식 유압모터 정비 시 주의해야 될 사항 중 틀린 것은?
① 모든 O링은 교환한다.
② 분해조립 시 무리한 힘을 가하지 않는다.
③ 볼트・너트 체결 시에는 규정 토크로 조인다.
④ 크랭크축의 베어링 조립은 냉간 상태에서 망치로 때려 넣는다.

[해설]

2-1
유압펌프의 토출량 과다는 규정속도보다 빨라질 수 있는 원인이 된다.

정답 2-1 ① 2-2 ④

3-6. 유압실린더

핵심이론 01 유압실린더

① 유압실린더의 개념
   ㉠ 실린더는 열 에너지를 기계적 에너지로 변환하여 동력을 발생시킨다.
   ㉡ 유체의 힘을 왕복 직선운동으로 바꾸며 단동형, 복동형, 차동식으로 나누어진다.
   ㉢ 유압실린더작용은 파스칼의 원리를 응용한 것이다.
      ※ 파스칼의 원리 : 밀폐된 용기에 채워진 유체의 일부에 압력을 가하면 유체 내의 모든 곳에 같은 크기로 전달된다.
② 유압실린더의 기본 구성부품 : 실린더, 실린더 튜브, 피스톤, 피스톤 로드, 실(Seal), 실린더 패킹, 쿠션기구 등
③ 단동식 : 실린더의 한쪽으로만 유압을 유입·유출시킨다(피스톤형, 램형, 플런저형).
④ 복동식 : 피스톤의 양쪽에 압유를 교대로 공급하여 양방향의 운동을 유압으로 작동시킨다(편로드형, 양로드형).
⑤ 숨돌리기현상 : 공기가 실린더에 혼입되면 피스톤의 작동이 불량해져서 작동시간의 지연을 초래하는 현상으로 오일공급 부족과 서징이 발생한다.
   ※ 서지압(Surge Pressure) : 과도적으로 발생하는 이상 압력의 최댓값

10년간 자주 출제된 문제

1-1. 유압실린더의 종류가 아닌 것은?
① 단동형 실린더
② 복동형 실린더
③ 차동식 실린더
④ 부동식 실린더

1-2. 유압모터와 유압실린더의 설명으로 옳은 것은?
① 둘 다 회전운동을 한다.
② 모터는 직선운동, 실린더는 회전운동을 한다.
③ 둘 다 왕복운동을 한다.
④ 모터는 회전운동, 실린더는 직선운동을 한다.

|해설|

1-1
유압실린더의 종류
직선왕복운동을 하는 직선왕복 실린더와 수직운동을 하는 요동 실린더로 분류된다.
- 직선왕복 실린더의 종류 : 단동형 실린더, 복동형 실린더(편로드식, 양로드식, 차동식), 차동형 실린더(편로드식, 양로드식)
- 요동 실린더의 종류 : 베인식 실린더, 레버식 실린더, 나사식 실린더

1-2
모터는 회전운동, 실린더는 직선운동(왕복운동)을 한다.

정답 1-1 ④ 1-2 ④

핵심이론 02 유압실린더의 점검

① 유압실린더의 움직임이 느리거나 불규칙할 때의 원인
   ㉠ 피스톤 양이 마모되었다.
   ㉡ 유압유의 점도가 너무 높다.
   ㉢ 회로 내에 공기가 혼입되고 있다.
   ㉣ 유압회로 내에 유량이 부족하다.
② 유압실린더에서 발생되는 실린더 자연하강현상의 원인
   ㉠ 작동압력이 낮은 때
   ㉡ 실린더 내부 마모
   ㉢ 컨트롤 밸브의 스풀 마모
   ㉣ 릴리프 밸브의 불량
③ 실린더 마멸의 원인
   ㉠ 실린더와 피스톤의 접촉
   ㉡ 흡입가스 중의 먼지와 이물에 의한 것
   ㉢ 연소 생성물에 의한 부식
④ 유압실린더의 로드쪽으로 오일이 누유되는 원인
   ㉠ 실린더 로드 패킹 손상
   ㉡ 더스트 실(Seal) 손상 : 유압장치에서 피스톤 로드에 있는 먼지 또는 오염 물질 등이 실린더 내로 혼입되는 것을 방지함과 동시에 오일의 누출을 방지
   ㉢ 실린더 피스톤 로드의 손상
   ㉣ 실린더의 피스톤 로드에 녹이 생겨 굴곡됨
   ※ 쿠션기구 : 유압실린더에서 피스톤 행정이 끝날 때 발생하는 충격을 흡수하기 위해 설치하는 장치
⑤ 유압 실린더에 사용되는 패킹 재질의 구비 조건
   ㉠ 운동체의 마모를 적게 할 것
   ㉡ 마찰 계수가 작을 것
   ㉢ 탄성력이 클 것
   ㉣ 오일 누설을 방지할 수 있을 것

10년간 자주 출제된 문제

2-1. 유압실린더에 사용되는 패킹의 재질로서 갖추어야 할 조건이 아닌 것은?
① 운동체의 마모를 적게 할 것
② 마찰 계수가 클 것
③ 탄성력이 클 것
④ 오일 누설을 방지할 수 있을 것

2-2. 유압실린더의 기름이 새는 원인이 아닌 것은?
① 유압 실린더의 피스톤 로드에 녹이 나 있다.
② 유압 실린더의 피스톤 로드가 굴곡되어 있다.
③ 유압이 높다.
④ 더스트 실(Seal)이 손상되어 있다.

[해설]

2-1
마찰에 의한 마모가 적고, 마찰계수가 작아야 한다.

2-2
유압실린더의 로드쪽으로 오일이 누유되는 원인
• 실린더 로드 패킹 손상
• 더스트 실 손상
• 실린더 피스톤 로드의 손상
• 실린더 피스톤 로드에 녹이 생겨 굴곡됨

정답 2-1 ② 2-2 ③

3-7. 부속기기

핵심이론 01 유압실린더와 유압모터의 작업장치, 축압기

① 액추에이터(Actuator, 작업장치)
  ㉠ 유압유의 압력에너지(힘)를 기계적 에너지(일)로 변환시키는 작용을 하는 장치
  ㉡ 유압을 일로 바꾸는 장치
  ㉢ 유압펌프를 통하여 송출된 에너지를 직선운동이나 회전운동을 통하여 기계적 일을 하는 기기
  ㉣ 액추에이터의 작동속도는 유량에 의해 결정

② 어큐뮬레이터(Accumulator, 축압기)
  ㉠ 유압펌프에서 발생한 유압을 저장하고 맥동을 소멸시키는 장치
  ㉡ 축압기의 기능 : 펌프 대용 및 안전장치의 역할, 에너지 보조, 유체의 맥동 감쇠, 충격 압력 흡수, 유압에너지의 축적, 압력 보상, 부하 회로의 오일 누설 보상, 서지 압력 방지, 2차 유압회로의 구동, 액체 수송(펌프 작용), 사이클 시간 단축
  ㉢ 축압기의 종류 중 공기 압축형 : 피스톤식, 다이어프램식, 블래더식

※ 질 소
  • 기액식 어큐뮬레이터에 사용된다.
  • 유압장치에 사용되는 블래더형 어큐뮬레이터(축압기)의 고무주머니 내에 주입된다.

10년간 자주 출제된 문제

1-1. 축압기(Accumulator)의 기능으로 적합하지 않은 것은?
① 펌프 및 유압장치의 파손을 방지할 수 있다.
② 에너지를 절약할 수 있다.
③ 맥동, 충격을 흡수할 수 있다.
④ 압력에너지를 축적할 수 있다.

1-2. 건설기계에 사용되는 유압기기 중 압력을 보상하거나 맥동제거, 충격 완화 등의 역할을 하는 것은?
① 유압필터   ② 압력 측정계
③ 어큐뮬레이터   ④ 유압실린더

|해설|

1-1, 1-2
축압기(Accumulator)의 용도
• 회로 내의 부족한 압력을 대신 할 수 있어 2차 회로의 보상을 할 수 있다.
• 회로 내의 부족한 압력을 보충할 수 있어 사이클 시간을 단축할 수 있다.
• 충격압력 흡수 및 유압펌프의 공회전 시 유압 에너지를 저장한다.
• 펌프의 전원이 차단되었을 때 펌프의 역할을 하여 작동유의 수송을 할 수 있다.
• 펌프의 맥동을 흡수할 수 있다(노이즈 댐퍼).
• 충격압력(서지압력)을 흡수할 수 있다.
• 고장, 정전 등의 긴급 유압원으로 사용할 수 있다.

정답 1-1 ② 1-2 ③

핵심이론 02　오일 냉각기, 오일 실

① 오일 냉각기
　㉠ 작동유의 온도를 40~60℃ 정도로 유지시키고 열화를 방지하는 역할을 한다.
　㉡ 슬러지 형성과 유막의 파괴를 방지한다.

② 오일 실(패킹)
　㉠ 각 오일 회로에서 오일이 외부로 누출되는 것을 방지하고, 외부로부터 먼지, 흙 등의 이물질이 실린더에 침입되는 것을 방지한다.
　㉡ 구비조건
　　• 저항력이 크고 금속면을 손상시키지 않을 것
　　• 내열성이 크고 내마멸성이 클 것
　　• 잘 끼워지고 피로 강도가 클 것
　㉢ 종류 : U패킹, O링, 더스트 실
　㉣ O링의 설치 시 주의사항
　　• 실(Seal)이 꼬이지 않도록 한다.
　　• 실(Seal)의 상태를 검사한다.
　　• 실(Seal)에 작동유를 바른다.
　　• 실(Seal)의 운동 면을 손상시키지 않는다.
　　※ 메커니컬 실 : 유압장치에 사용되는 운동용 오일 실

③ 유압용 고무호스
　㉠ 진동이 있는 곳에 사용할 수 있다.
　㉡ 고무호스는 저압, 중압, 고압용 3종류가 있다.
　㉢ 고무호스를 조립할 때는 비틀림이 없도록 한다.
　㉣ 고무호스 사용 내압은 최소 5배의 안전 계수를 가져야 한다.

10년간 자주 출제된 문제

유압용 고무호스 설명 중 틀린 것은?
① 진동이 있는 곳에는 사용하지 않는다.
② 고무호스는 저압, 중압, 고압용의 3종류가 있다.
③ 고무호스를 조립할 때는 비틀림이 없도록 한다.
④ 고무호스 사용 내압은 적어도 5배의 안전 계수를 가져야 한다.

[해설]
진동이 있는 곳에 사용할 수 있다.

정답 ①

3-8. 유압기호

핵심이론 01 유압·공기압기호

① 유압장치의 기호 회로도에 사용되는 유압기호의 표시 방법
  ㉠ 기호에는 흐름의 방향을 표시한다.
  ㉡ 각 기기의 기호는 정상상태 또는 중립상태를 표시한다.
  ㉢ 기호에는 각 기기의 구조나 작용압력을 표시하지 않는다.
  ㉣ 유압장치 기호에도 회전 표시를 할 수 있다.
  ※ 그림 회로도 : 유압 구성기기의 외관을 그림으로 표시한 회로도

② 주요 공유압기호

정용량 유압 펌프	⊘	압력 스위치	⌇⌇
가변용량형 유압 펌프	⌀	단동 실린더	▭
복동 실린더	▭	릴리프 밸브	▭
무부하 밸브	▭	체크 밸브	▷
축압기(어큐뮬레이터)	◯	공기·유압 변환기	▭
압력계	⊘	오일탱크	⊔
유압 동력원	▶	오일 여과기	◇
정용량형 펌프·모터	⊘	회전형 전기 액추에이터	Ⓜ
가변용량형 유압 모터	⌀	솔레노이드 조작 방식	▭
간접 조작 방식	▭	레버 조작 방식	▭
기계 조작 방식	▭	복동 실린더 양로드형	▭
드레인 배출기	◇	전자·유압 파일럿	▭

10년간 자주 출제된 문제

1-1. 유압 구성기기의 외관을 그림으로 표시한 회로도는?
① 기호 회로도
② 그림 회로도
③ 조합 회로도
④ 단면 회로도

1-2. 다음은 유압회로의 일부를 표시한 것이다. A에는 무엇이 연결되어야 하는가?

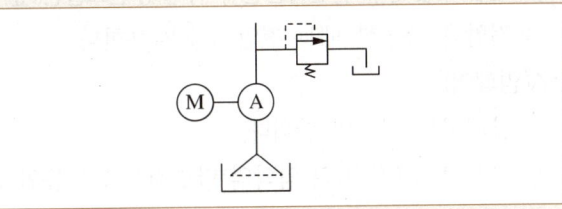

① 유압실린더
② 오일 여과기
③ 펌프
④ 방향제어 밸브

1-3. 유압회로에서 다음 기호가 나타내는 것은?

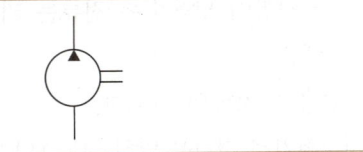

① 가변용량형 유압펌프
② 정용량형 유압펌프
③ 압축기 및 송풍기
④ 정용량형 유압모터

|해설|

1-1

회로도 종류
- 그림 회로도 : 기기의 외형도를 배치한 회로도
- 기호 회로도 : 기기의 기능을 규약화한 기호를 사용하여 표현한 회로도
- 단면 회로도 : 기기의 내부 구조나 동작을 알기 쉽게 하기 위하여 기기를 단면으로 표시한 회로도
- 조합 회로도(복합 회로도) : 회로 내의 일부분을 뚜렷하게 나타내기 위하여 그림 회로도, 단면 회로도, 기호 회로도를 복합적으로 사용한 회로도

정답 1-1 ② 1-2 ③ 1-3 ②

제4절 전기전자 장치 정비

4-1. 기초전기전자

핵심이론 01 전기의 관련 단위

① V(볼트)
　㉠ 볼트는 전압의 단위다.
　㉡ 전압이 높을수록 전력손실이 적고 송전효율은 높다.
　㉢ 전압을 측정할 때는 전압계를 사용한다.

② A(암페어)
　㉠ 암페어는 전류의 단위다.
　㉡ 1A는 도선(導線)의 임의의 단면적을 1초 동안 1C(쿨롱)의 정전하(정지한 전하, 양전하)가 통과할 때의 값이다.
　※ 도체에 흐르는 전류는 전압에 비례하고 저항에 반비례한다.
　　• 전압이 높을수록 전류는 커진다.
　　• 저항이 낮을수록 전류는 커진다.

③ Ω(옴)
　㉠ 옴은 저항의 단위다.
　㉡ 전기적 저항을 말하는데, 1Ω의 저항에 1V의 전압이 가해지면 1A의 전류가 흐른다.

④ F(패럿)
　㉠ 패럿은 정전용량(물체가 전하를 축적하는 능력을 나타내는 물리량)의 단위이다.
　㉡ 기호는 C로 표시한다.

구 분	기 호	단 위
전 압	V(Voltage)	V(볼트)
전 류	I(Intensity)	A(암페어)
저 항	R(Resistance)	Ω(옴)
정전용량(전기용량)	*C(Capacitance)	F(패럿)
전 력	P	*W(와트)
전력량	*W	J(줄), Wh(와트시) ※ 1Wh = 3,600J
전하량(전기량)	Q	*C(쿨롱)

*표시 혼동 주의 요망

10년간 자주 출제된 문제

1-1. 다음 중 전기 관련 단위로 옳지 않은 것은?
① 전류 : A
② 저항 : Ω
③ 전하량 : C
④ 정전용량 : H

1-2. 동력의 단위 중 1마력(PS)은?
① 70kgf・m
② 102kgf/s・m
③ 102kgf・m/s
④ 75kgf・m/s

|해설|

1-1
정전용량
• 기호 : C
• 단위 : F

1-2
1마력은 1초 동안에 75kg의 물건을 1m 옮기는 데 드는 힘이다.
1PS = 75kgf・m/s = 735W(watt) = 0.735kW(1kW = 1.36PS)
※ 1HP = 550lbf・ft/s = 76kgf・m/s
　　≒ 0.746kW(1kW = 1.34HP)

정답 1-1 ④　1-2 ④

핵심이론 02 전기저항

① 저항의 성질
- ㉠ 저항이란 물체에 흐르는 전류를 방해하는 요소를 말하며, 단위는 옴(Ω)이고 R(Resistance)로 표시한다.
- ㉡ 온도가 1℃ 상승하였을 때 저항값이 어느 정도 크기인가의 비율을 표시하는 것을 그 저항의 온도 계수라 한다.
- ㉢ 도체의 저항은 그 길이에 비례하고 단면적에 반비례한다.
- ㉣ 도체의 접촉면에 생기는 접촉저항이 크면 열이 발생하고 전류의 흐름이 떨어진다.
- ㉤ 전기저항의 4가지 요소 : 물질의 종류, 물질의 단면적, 물질의 길이, 온도
  - 도체의 지름이 커지면 저항값은 작아진다.
  - 접촉저항은 면적이 증가되거나 압력이 커지면 감소된다.
  - 도체의 길이가 길어지면 저항값은 커진다.
  - 금속의 저항은 온도가 높아질수록 저항이 증가한다.
  - 부성저항 : 반도체, 전해질, 방전관, 탄소 등은 온도가 높아질수록 저항이 감소한다.

② 전기저항과 고유저항
- ㉠ 전기저항은 전압과 전류와의 비로써 전류의 흐름을 방해하는 전기적 양 $R = \dfrac{V}{I}(\Omega)$이다.
- ㉡ 고유저항
  - 단위길이(m)와 단위면적(m²)을 가진 도체의 전기저항을 그 물체의 고유저항이라고 한다.
  - 도체의 단면 고유저항을 $\rho(\Omega)$, 단면적을 A(cm²), 도체의 길이가 L(cm)인 도체의 저항을 R이라고 하면 다음과 같은 관계식이 성립된다.

  $R = \rho \dfrac{L}{A}$

10년간 자주 출제된 문제

어떤 전선의 길이를 A배, 단면적을 B배로 하면 전기저항은?

① B/A
② A · B
③ A/B
④ (A · B)/2

|해설|

저항 $R = \rho \dfrac{L}{A} \rightarrow R = \dfrac{A}{B}$

여기서, ρ : 물질의 저항률
A : 전선의 단면적
L : 전선의 길이

정답 ③

핵심이론 03 도체, 부도체, 반도체

① 도체와 부도체
  ㉠ 도체 : 전기가 잘 통하는 물질
    예 금, 은, 동, 알루미늄, 텅스텐, 아연, 철 등의 금속
  ㉡ 부도체 : 전기가 통하지 않는 물질
    예 석영, 도자기, 운모, 유리와 유기물질(고무, 목재, 종이, 플라스틱)
  ㉢ 반도체 : 도체와 부도체의 중간 성질을 갖는 물질로 정류, 증폭, 변환 등의 작용을 한다.
    예 규소(Si), 게르마늄(Ge), 셀레늄(Se) 등

② 반도체
  ㉠ 반도체의 성질
    • 다른 금속이나 반도체와 접속하면 정류작용(다이오드), 증폭작용 및 스위칭작용(트랜지스터)을 한다.
    • 반도체가 빛을 받으면 저항이 작아지거나 전기를 일으킬 수 있다(광전효과).
    • 온도가 올라가면 전기저항값이 변화하는 제베크(Seebeck)효과를 나타낸다(서미스터).
    • 도체는 가열하면 저항이 커지지만 반도체는 작아진다.
    • 반도체에 섞여 있는 불순물의 양에 따라 저항을 매우 크게 할 수 있다.
    • 기계적으로 강하고 수명이 길며, 정격값을 넘으면 파괴되기 쉽다.
    • 교류전기를 직류전기로 바꾸는 정류작용을 할 수 있다.
    • 어떤 반도체는 전류를 흘리면 빛을 내기도 한다.
  ㉡ 진성 반도체 : 불순물이 전혀 섞이지 않은 반도체
    예 실리콘(Si), 게르마늄(Ge)
  ㉢ 불순물 반도체 : 진성 반도체의 단결정에 3족이나 5족의 불순물을 섞어 전도성을 증가시킨 반도체로, 첨가 불순물에 따라 N형과 P형으로 구분한다.

10년간 자주 출제된 문제

3-1. 전기 전도율이 높은 물질부터 순서대로 배열된 것은?
① 은, 동, 알루미늄, 니켈
② 은, 동, 니켈, 알루미늄
③ 동, 은, 니켈, 알루미늄
④ 동, 은, 알루미늄, 니켈

3-2. 전기장치에 사용되는 반도체의 설명 중 틀린 것은?
① 기계적으로 강하고 수명이 길다.
② 온도가 상승하면 특성이 불량해진다.
③ 역 내압이 높다.
④ 정격값을 넘으면 파괴되기 쉽다.

|해설|

3-1
전기 전도율이 높은 순서
은 > 구리 > 금 > 알루미늄 > 니켈 > 철

3-2
반도체의 성질
• 다른 금속이나 반도체와 접속하면 정류작용, 증폭작용 및 스위칭작용을 한다.
• 온도가 올라가면 전기저항값이 변화하는 제베크(Seebeck)효과를 나타낸다.
• 기계적으로 강하고 수명이 길며, 정격값을 넘으면 파괴되기 쉽다.

정답 3-1 ① 3-2 ③

핵심이론 04 저항의 연결(1) : 직렬접속

직렬회로에서 전류 I는 저항의 크기에 관계없이 일정하고, 전압 V는 저항의 크기에 비례한다.

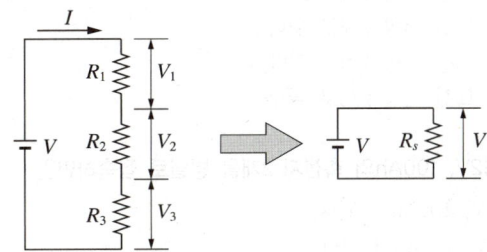

① 직렬회로의 합성저항 R_s는 각 저항의 합과 같다.
   $R_s = R_1 + R_2 + R_3$, $R_s = \sum R_m$

② 같은 값의 저항을 직렬 접속한 회로의 합성저항은
   $R_s = nR_1$ 이다.

③ 각 저항의 전압 강하(V_1, V_2, V_3)
   $V_1 = I \cdot R_1$, $V_2 = I \cdot R_2$, $V_3 = I \cdot R_3$

④ 각 저항에 강하된 전압의 합은 전원전압과 같다.
   $V = V_1 + V_2 + V_3$

⑤ 전원전압 V는 각각의 저항의 크기에 비례하여 분배된다.
   $V_1 = I \cdot R_1 = \dfrac{V}{R_s} \cdot R_1$
   $V_2 = I \cdot R_2 = \dfrac{V}{R_s} \cdot R_2$
   $V_3 = I \cdot R_3 = \dfrac{V}{R_s} \cdot R_3$

10년간 자주 출제된 문제

4-1. 저항 R_1, R_2, R_3를 직렬로 연결시킬 때 합성저항은?

① $R_1 + R_2 + R_3$
② $\dfrac{R_1 + R_2 + R_3}{R_1 R_2 R_3}$
③ $\dfrac{1}{R_1} + \dfrac{1}{R_2} + \dfrac{1}{R_3}$
④ $\dfrac{R_1 R_2 R_3}{R_1 + R_2 + R_3}$

4-2. 12V, 100Ah의 축전지 2개를 직렬로 접속하면?

① 12V, 100Ah가 된다.
② 12V, 200Ah가 된다.
③ 24V, 100Ah가 된다.
④ 24V, 200Ah가 된다.

4-3. 5Ω의 저항이 3개, 7Ω의 저항이 5개, 100Ω의 저항이 1개 있다. 이들을 모두 직렬로 접속할 때 합성저항은 몇 Ω인가?

① 150   ② 200
③ 250   ④ 300

[해설]

4-1
직렬회로의 합성저항은 각 저항의 합과 같다.
$R_s = R_1 + R_2 + R_3 = \sum R_m$

4-2
축전지의 연결방법
• 직렬연결방법 : 용량은 1개일 때와 동일하고 전압은 2배이다.
• 병렬연결방법 : 용량은 2배이고, 전압은 1개일 때와 동일하다.

4-3
$(5 \times 3) + (7 \times 5) + (100 \times 1) = 150\,\Omega$

정답 4-1 ① 4-2 ③ 4-3 ①

핵심이론 05 저항의 연결(2) : 병렬접속

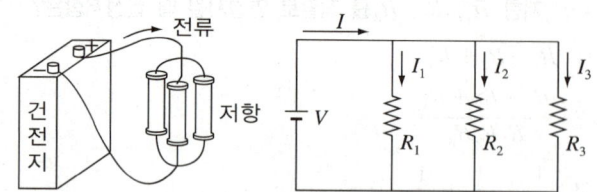

① 병렬 합성저항 R_p는 각 저항의 역수의 합과 같다.

$$\frac{1}{R_p} = \frac{1}{R_1} + \frac{1}{R_2} + \frac{1}{R_3}$$

$$R_p = \frac{1}{\frac{1}{R_1} + \frac{1}{R_2} + \frac{1}{R_3}}$$

$$R_p = \frac{R_1 \cdot R_2 \cdot R_3}{R_1 R_2 + R_2 R_3 + R_3 R_1}$$

② 크기가 같은 저항 n개가 병렬접속되었을 때 합성저항은 $R_p = \dfrac{R}{n}$ 이다.

※ 저항을 병렬접속하면 합성저항은 회로 내의 가장 작은 저항값보다 작다.

③ 전체 전류 I는 각 분로 전류의 합과 같다.

$$I = I_1 + I_2 + I_3$$

④ 병렬회로의 분로 전류는 각 분로의 저항의 크기에 반비례한다.

$$I_1 = \frac{R_p}{R_1} \cdot I, \quad I_2 = \frac{R_p}{R_2} \cdot I, \quad I_3 = \frac{R_p}{R_3} \cdot I$$

※ 병렬회로에서 저항값을 알 수 없을 때, 전압을 분기회로의 전류로 나누면 분기회로의 저항을 구할 수 있다.

10년간 자주 출제된 문제

5-1. 동일한 저항을 가진 두 개의 도선을 병렬로 연결할 때의 합성저항은?

① 한 도선 저항과 같다.
② 한 도선 저항 2배로 된다.
③ 한 도선 저항 1/2로 된다.
④ 한 도선 저항 2/3로 된다.

5-2. 12V, 100Ah의 축전지 2개를 병렬로 접속하면?

① 24V, 100Ah가 된다.
② 12V, 100Ah가 된다.
③ 24V, 200Ah가 된다.
④ 12V, 200Ah가 된다.

5-3. 병렬회로에서 저항값을 알 수 없을 때, 전압을 무엇으로 나누면 분기회로의 저항을 구할 수 있는가?

① 분기회로의 전류
② 분기회로의 컨덕턴스
③ 분기회로의 전압강하
④ 전 력

|해설|

5-1

병렬연결의 합성저항 $R = \dfrac{1}{\frac{1}{R_1} + \frac{1}{R_2}}$

5-3

병렬회로의 전압은 같으므로 각 분기회로로 흐르는 전류는 병렬회로의 저항에 반비례한다.

정답 5-1 ③ 5-2 ④ 5-3 ①

핵심이론 06 저항의 연결(3) : 직·병렬접속

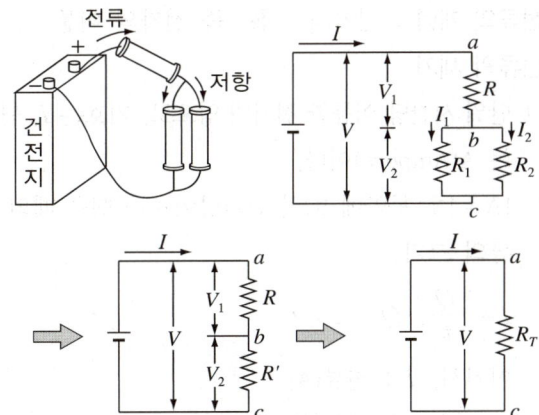

① 단자 $b-c$ 사이의 합성저항은

$$R' = \frac{1}{\frac{1}{R_1}+\frac{1}{R_2}} = \frac{1}{\frac{R_2}{R_1 R_2}+\frac{R_1}{R_1 R_2}} = \frac{R_1 \cdot R_2}{R_1+R_2}$$

이다.

② R과 R'는 직렬회로이므로 합성저항은

$$R_T = R + \frac{R_1 \cdot R_2}{R_1 + R_2}$$ 이다.

③ 각 분로 전류 I_1, I_2

㉠ $I_1 = \frac{R'}{R_1} \cdot I = \frac{\frac{R_1 \cdot R_2}{R_1+R_2}}{R_1} = \frac{R_2}{R_1+R_2} \cdot I$

㉡ $I_2 = \frac{R'}{R_2} \cdot I = \frac{R_1}{R_1+R_2} \cdot I$

10년간 자주 출제된 문제

6-1. 그림과 같은 직·병렬회로의 합성저항은?

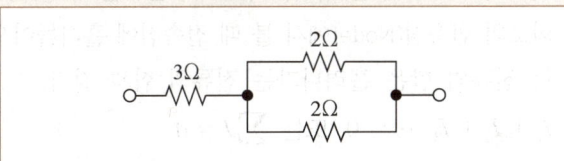

① 1Ω ② 2Ω
③ 4Ω ④ 7Ω

6-2. 그림과 같은 회로의 합성저항(Ω)은?

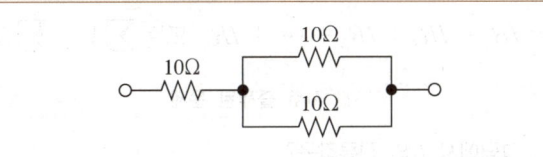

① 100Ω ② 50Ω
③ 30Ω ④ 15Ω

[해설]

6-1

$R = 3 + \frac{1}{\frac{1}{2}+\frac{1}{2}} = 4\Omega$

6-2

$R = 10 + \frac{1}{\frac{1}{10}+\frac{1}{10}} = 15\Omega$

정답 6-1 ③ 6-2 ④

핵심이론 07 키르히호프의 법칙

① 키르히호프의 제1법칙(키르히호프의 전류법칙, KCL) : 회로의 접속점(Node)에서 볼 때 접속점에 흘러들어오는 전류의 합은 흘러나가는 전류의 합과 같다.
$$I_1 + I_2 + I_3 \cdots = 0 \text{ 또는 } \sum I = 0$$

② 키르히호프의 제2법칙(키르히호프의 전압법칙, KVL) : 회로의 어느 폐회로에서도 기전력의 총합은 저항에서 발생하는 전압 강하의 총합과 같다.
$$V_1 + V_2 + V_3 + \cdots + V_n$$
$$= IR_1 + IR_2 + IR_3 + \cdots + IR_n \text{ 또는 } \sum V = \sum IR$$

10년간 자주 출제된 문제

7-1. 그림에서 I_4의 전류값은?

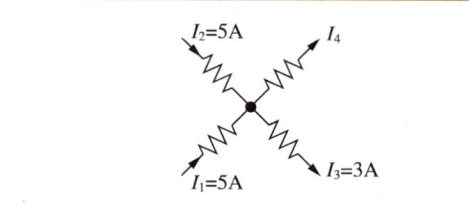

① 7A ② 5A
③ 4A ④ 2A

7-2. 그림과 같은 회로에서 전류 I는?

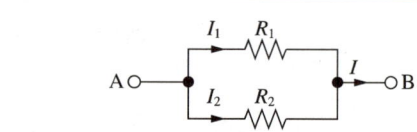

① $I = I_1 R_1 + I_2 R_2$ ② $I = \dfrac{I_1}{R_1} + \dfrac{I_2}{R_2}$
③ $I = I_1 + I_2$ ④ $I = I_1 - I_2$

|해설|

7-1
키르히호프의 제1법칙
$I_1 + I_2 = I_3 + I_4$
$5 + 5 = 3 + I_4$
$I_4 = 7\text{A}$

정답 7-1 ① 7-2 ③

핵심이론 08 전 류

① 전류의 개념 : 전기의 흐름, 즉 전자의 이동
② 전류의 세기
  ㉠ 단위 시간당 이동한 전기의 양으로, 기호는 I, 단위는 A(Ampere)이다.
  ㉡ 1A = 1초 동안에 1C의 전기량이 이동했을 때의 전류의 크기
$$I = \frac{Q}{t}, \quad Q = I \times t$$
  여기서, I : 전류(A)
      Q : 전기량(C)
      t : 시간(sec)

③ 옴의 법칙
  ㉠ 전류는 저항에 반비례하고, 전압에 비례한다.
  ㉡ $I = \dfrac{V}{R}, \quad V = I \cdot R, \quad R = \dfrac{V}{I}$
  여기서, I : 전류
      V : 전압
      R : 저항

10년간 자주 출제된 문제

8-1. 50Ω의 저항에 100V의 전압을 가하면 흐르는 전류(A)는?
① 50 ② 4
③ 2 ④ 0.5

8-2. 옴의 법칙(Ohm's Law)이란?
① 전류는 저항과 전압에 비례한다.
② 전류는 저항에 비례하고, 전압에 반비례한다.
③ 전류는 저항에 반비례하고, 전압에 비례한다.
④ 전류는 저항과 전압에 반비례한다.

[해설]

8-1

$I = \dfrac{V}{R}$

$I = \dfrac{100}{50} = 2A$

여기서, V : 전압
I : 전류
R : 저항

8-2

$I = \dfrac{V}{R}$, $V = I \cdot R$, $R = \dfrac{V}{I}$

정답 8-1 ③ 8-2 ③

핵심이론 09 전 압

① 전압의 개념
  ㉠ 회로 내에 전기적인 압력이 가해져 전류가 흐른다고 볼 때 그 압력
  ㉡ 전류는 전위가 높은 곳에서 낮은 곳으로 흐르고 이때 전위의 차를 전위차 또는 전압이라 한다.
  ㉢ 어떤 도체에 $Q(C)$의 전기량이 이동하여 $W(J)$의 일을 했을 때 이때의 전압(전위차, $V(V)$)

  $V = \dfrac{W}{Q}(V)$, $V = \dfrac{W}{Q}(J/C)$, $W = VQ(J)$이다.

② 기타 주요사항
  ㉠ 전류를 흐르게 하는 능력이다.
  ㉡ 전류를 연속해서 흘려주려면 전압을 연속적으로 만들어 주는 힘이 필요하며, 이 힘을 기전력이라 한다.

③ 대전 : 물질이 양전기나 음전기를 띠게 되는 현상

10년간 자주 출제된 문제

9-1. 200V의 전압을 가하여 5A의 전류를 흘리는 도체의 저항은?
① 0.025Ω ② 0.05Ω
③ 20Ω ④ 40Ω

9-2. 임의의 폐회로에서 각 소자에서 발생하는 전압강하의 총합은 무엇의 총합과 같은가?
① 전 류 ② 저 항
③ 기전력 ④ 분기회로전압

[해설]

9-1

$R = \dfrac{200}{5} = 40\Omega$

정답 9-1 ④ 9-2 ③

핵심이론 10 전류의 3대작용

① **전류의 발열작용**
  ㉠ 도체 안의 저항에 전류가 흐르면 열이 발생(전구, 예열플러그, 전열기 등)
  ㉡ 줄의 법칙 : 전류의 발열작용에 의하여 단위시간에 발생하는 열량은 도체의 저항과 전류의 제곱에 비례한다.
  ㉢ 저항 $R(\Omega)$인 도체에 $I(A)$의 전류가 $t(\sec)$ 동안 흐르면 열이 발생한다.

② **발생하는 열량**

$$H = I^2Rt(\text{J}) = P \cdot t(\text{W}\cdot\text{s})$$

$$1\text{J} = \frac{1}{4.18605} \fallingdotseq 0.24(\text{cal})$$

$$\therefore H = 0.24I^2Rt(\text{cal})$$

③ **전류의 화학작용**
  ㉠ 전해액에 전류가 흐르면 화학작용이 발생한다.
   예 축전지, 전기도금 등
  ㉡ 패러데이 법칙 : 전기분해에 의해 석출되는 물질의 양은 전해액을 통과한 총전기량에 비례한다.

④ **자기작용**
  ㉠ 전선이나 코일에 전류가 흐르면 자기장이 생기는 현상을 응용한다.
  ㉡ 전동기, 발전기, 계측기, 경음기 등에 활용된다.

10년간 자주 출제된 문제

10-1. 전류의 발열작용을 응용한 기기가 아닌 것은?
① 전기히터   ② 전기인두
③ 냉장고   ④ 전기다리미

10-2. 전류의 3가지 작용과 관계없는 것은?
① 발열작용   ② 자기작용
③ 기계작용   ④ 화학작용

|해설|

10-1
발열작용은 빛을 내는 전등, 열을 내는 전기다리미와 전기히터, 토스터 등에 널리 응용된다.

10-2
전류의 3대 작용 : 발열작용, 자기작용, 화학작용

정답 10-1 ③ 10-2 ③

핵심이론 11 전력 및 전력량

① 소비전력
  ㉠ 단위시간 동안에 전기가 한 일의 양이다.
  ㉡ $P = \dfrac{V \cdot Q}{t} = V \cdot I = I^2 R = \dfrac{V^2}{R}$ (W)이다.
  ㉢ 1HP = 746W ≒ $\dfrac{3}{4}$ kW

② 전력량
  ㉠ 전기가 한 일의 양
  ㉡ $W = I^2 Rt(\text{J}) = P \cdot t(\text{W} \cdot \text{s})$

③ 전력량의 실용단위 : 1kWh = 10^3Wh = 3.6×10^6W·s

④ 전력의 계산식
  ㉠ 전압과 전류를 알고 있을 경우 : $P = IV$
  ㉡ 전압과 저항을 알고 있을 경우 : $P = \dfrac{V^2}{R}$
  ㉢ 전류와 저항을 알고 있을 경우 : $P = I^2 R$

10년간 자주 출제된 문제

11-1. 12V의 납축전지에 15W의 전구 1개를 연결할 때 흐르는 전류는?

① 0.8A ② 1.25A
③ 12.5A ④ 18.75A

11-2. 100V의 전압에서 1A의 전류가 흐르는 전구를 10시간 사용하였다면 전구에서 소비되는 전력량(Wh)은?

① 60,000 ② 1,000
③ 100 ④ 10

해설

11-1
전력(W) = $I \times V$
15 = $I \times 12$
∴ I = 1.25A

11-2
소비전력량(Wh)은 소비전력(Watt)에 시간(Hour)을 곱한 것
소비전력 $P = VI = 100 \times 1 = 100$W
소비전력량 = 100×10h = 1,000Wh

정답 11-1 ② 11-2 ②

4-2. 축전지

핵심이론 01 축전지의 기능 및 특징

① 축전지(Battery) : 납산 축전지는 1859년 프랑스의 과학자 가스톤플란테에 의해 발명되었다.

② 축전지의 기능
  ㉠ 시동장치의 전기적 부하를 부담한다(가장 주요 기능).
  ㉡ 발전기 고장 시 전원으로 작동한다.
  ㉢ 발전기 출력 및 부하의 언밸런스를 조정한다.

③ 축전지의 특징
  ㉠ 납축전지를 많이 사용한다.
  ㉡ 축전지의 음극은 차체에 접지되어 있다.
  ㉢ 도체와 부도체가 연이어 감겨져 있다.
  ㉣ 화학 작용에 의하여 화학 에너지를 전기 에너지로 전환시킨다.
  ㉤ 축전지를 오래 동안 방전 상태로 두면 극판은 영구 황산납으로 된다.

10년간 자주 출제된 문제

1-1. 다음 중 축전지에 관한 설명으로 틀린 것은?
① 납축전지를 많이 사용한다.
② 축전지의 음극은 차체에 접지되어 있다.
③ 점화장치의 2차 회로에 전기 에너지를 공급한다.
④ 화학 작용에 의하여 화학 에너지를 전기 에너지로 전환시킨다.

1-2. 배터리의 충전은 어떤 작용을 이용한 것인가?
① 전기적 작용
② 화학적 작용
③ 기계적 작용
④ 물리적 작용

정답 1-1 ③ 1-2 ②

핵심이론 02 축전지 구조

① 극 판
  ㉠ 음극판(11장)이 양극판(10장)보다 1장 더 많다.
  ㉡ 양극판은 격자에 과산화납을, 음극판은 격자에 납을 해면모양으로 입힌 것이다.

② 격리판
  ㉠ 양극판과 음극판의 단락을 방지하기 위한 것이다.
  ㉡ 축전지 격리판의 필요조건
    • 전해액의 확산이 잘될 것
    • 다공성, 비전도성일 것
    • 전해액에 부식되지 않을 것
    • 기계적 강도가 있을 것

③ 극판군
  ㉠ 극판군을 단전지(셀)라고 한다.
  ㉡ 몇 장의 극판을 조립하여 하나의 단자기둥과 일체가 되도록 한 것이다.
  ㉢ 1셀당 기전력은 약 2.1V 정도이고, 정격전압은 DC 12V이다.
  ㉣ 12V의 축전지는 6개의 단전지(셀)가 직렬로 연결되어 있다.
  ㉤ 극판의 수가 증가하면 축전지의 용량이 커진다.
  ㉥ 1셀 : 양극판(과산화납, PbO_2), 음극판(순납, Pb), 전해액(묽은 황산, H_2SO_4), 격리판

④ 단자기둥(터미널)
  ㉠ 단자기둥은 납합금으로 되어 있다.
  ㉡ 양극에서는 산소가 발생하고, 음극에서는 수소가 발생한다.
  ㉢ 구별방법

구 분	양극 단자	음극 단자
표시문자	+ 또는 POS	- 또는 NEG
직 경	굵다.	가늘다.
색 깔	적색	흑색

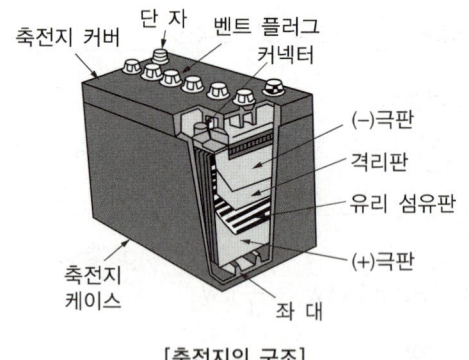

[축전지의 구조]

10년간 자주 출제된 문제

2-1. 다음 중 축전지 격리판의 필요조건으로 적합하지 않은 것은?
① 전해액의 확산이 잘 안 될 것
② 다공성일 것
③ 비전도성일 것
④ 기계적 강도가 있을 것

2-2. 12V의 축전지는 일반적으로 몇 개의 셀로 되어 있는가?
① 2개 ② 3개
③ 4개 ④ 6개

|해설|

2-1
축전기 격리판의 필요조건
• 전해액의 확산이 잘될 것
• 다공성, 비전도성일 것
• 전해액이 부식되지 않을 것
• 기계적 강도가 있을 것

2-2
12V 축전지는 6개의 단전지(셀)로 되어 있다.

정답 2-1 ① 2-2 ④

핵심이론 03 전해액

① 전해액(묽은 황산)의 개념
  ㉠ 전해액은 증류수에 황산을 희석시킨 무색, 무취의 묽은 황산이다.
  ㉡ 전류를 저장·발생시키는 작용을 하며 셀 내부의 전류 전도의 일을 한다.
  ㉢ 전해액을 만들 때는 절연체 용기를 사용하며, 황산을 물에 부어야 한다.
  ㉣ 납축전지에서 전해액이 자연 감소되었을 때 증류수를 보충한다.

② 온도와 비중의 변화
  ㉠ 20℃에서 완충전 시 비중은 1.280이다.
  ㉡ 전해액의 비중은 그 온도의 변화에 따라 변동한다.
  ㉢ 온도가 낮으면 비중은 높아지고, 상승하면 낮아진다.
  ㉣ 전해액의 비중은 온도 1℃당 0.0007씩 변화한다.

③ 비중의 측정
  ㉠ 비중 측정은 광학식과 흡입식이 있다.
  ㉡ 측정한 비중으로 축전지의 충·방전 상태를 판단할 경우에는 표준온도(20℃)일 때의 비중으로 환산해야 한다.
  $$S_{20} = S_t + 0.0007(t-20)$$
  여기서, S_{20} : 기준온도 20℃의 값으로 환산한 기준
  　　　　S_t : 임의의 온도 t℃에서 측정한 비중
  　　　　t : 비중 측정 시 전해액의 온도(℃)
  ㉢ 온도와 비중은 반비례 관계이다.

10년간 자주 출제된 문제

3-1. 축전지의 비중과 충전상태를 표시한 것으로 틀린 것은?
① 1.220~1.240 : 75% 충전
② 1.190~1.210 : 50% 충전
③ 1.140~1.160 : 25% 충전
④ 1.110 이하 : 완전방전

3-2. 배터리에 사용되는 전해액을 만들 때 올바른 방법은?
① 황산을 가열하여야 한다.
② 철재의 용기를 사용한다.
③ 물을 황산에 부어야 한다.
④ 황산을 물에 부어야 한다.

3-3. 납축전지에서 전해액이 자연 감소되었을 때 보충액으로 가장 적합한 것은?
① 묽은 황산
② 묽은 염산
③ 증류수
④ 수돗물

|해설|

3-1
• 1.140~1.160 : 50% 충전
• 1.170~1.190 : 25% 충전

3-2
전해액을 만들 때는 절연체 용기를 사용하며, 황산을 물에 부어야 한다.

정답 3-1 ③　3-2 ④　3-3 ③

핵심이론 04 축전지의 종류

① 납축전지
  ㉠ 일반적으로 많이 사용한다.
  ㉡ 양극판은 과산화납, 음극판은 해면상납이고, 전해액은 묽은 황산을 사용한다.
  ㉢ 납축전지의 공칭전압은 2.0이다.

② 알칼리 축전지
  ㉠ 수산화나트륨을 사용하며 가격이 비싸고 수명이 길다.
  ㉡ 양극판은 수산화제2니켈, 음극판은 카드뮴, 전해액은 가성알칼리용액을 사용한다.
  ㉢ 사용범위가 넓고 진동과 충격에 강하다.

③ MF 축전지
  ㉠ 무보수(MF ; Maintenance Free) 축전지라고도 한다.
  ㉡ 극판이 납 칼슘으로 구성되어 있고, 전해액 보충이 필요 없고 자기 방전이 적다.
  ㉢ 전기 분해 시 발생하는 산소와 수소가스를 촉매를 사용하여 다시 증류수로 환원시키는 촉매 마개를 사용한다.

  ※ 납축전지와 알칼리 축전지의 비교

구 분	납(연)축전지	알칼리 축전지
공칭전압	2.0V/cell	1.2V/cell
공칭방전율	10Ah	5Ah
수 명	짧다.	길다.
강 도	약	강
사용용도	장시간 일정전류를 취하는 부하	단시간 대전류를 쓰는 부하

10년간 자주 출제된 문제

4-1. 축전지 형식 표기에서 MF는 무엇을 의미하는가?
① 고온 시동전류
② 저온 시동전류
③ 고온 시동전압
④ 무보수 축전지

4-2. 납축전지의 공칭전압은 얼마인가?
① 3.0　　② 2.6
③ 2.0　　④ 1.2

|해설|

4-1
수시로 전해액을 보충할 필요가 없는 납축전지를 흔히 무보수(MF ; Maintenance Free) 전지라고 한다.

4-2
납축전지 공칭전압 : 2.0V/cell
알칼리 축전지 공칭전압 : 1.2V/cell

정답 4-1 ④　4-2 ③

핵심이론 05 납축전지의 특징

① 납축전지의 특징
  ㉠ 축전지용량(Ah)당 단가가 낮다.
  ㉡ 충·방전 전압 차이가 작다.
  ㉢ 양극 터미널이 음극 터미널보다 굵다.
  ㉣ 양단이 음극판이므로 음극판이 양극판보다 1매 더 많다.
  ㉤ 전해액의 비중으로 충·방전의 상태를 알 수 있다.
  ㉥ 전해액의 비중은 20℃를 기준으로 할 때 1.260~1.280 이어야 한다.

② 납축전지 전압(1셀당)
  ㉠ 정격 전압 : 2V
  ㉡ 방전 종지 전압 : 1.75V
  ㉢ 가스 발생 전압 : 2.4V(= 충전전압)
  ㉣ 충전 종지 전압 : 2.75V

10년간 자주 출제된 문제

5-1. 납축전지에 대한 설명 중 틀린 것은?
① 전지의 양극은 납, 음극은 과산화납이다.
② 충·방전 전압의 차이가 작다.
③ 공칭단자 전압은 2.0이다.
④ Ah당 단가가 낮다.

5-2. 납축전지의 방전 종지 전압은 1셀(Cell)당 몇 V일 때인가?
① 1.25 ② 1.45
③ 1.75 ④ 2.00

해설
5-1
양극판은 과산화 납, 음극판은 해면상 납이다.

정답 5-1 ① 5-2 ③

핵심이론 06 축전지의 용량

① 축전지 용량의 개념
  ㉠ 완전 충전된 축전지를 일정한 전류로 연속 방전하여 방전 중의 단자 전압이 규정의 방전 종지 전압이 될 때까지 방전시킬 수 있는 용량이다.
  ㉡ 방전 종지 전압
    • 어떤 전압 이하는 방전하여서는 안 되는 전압이다.
    • 1셀당 방전 종지 전압은 1.7~1.8V(1.75V)이다.
  ㉢ 축전지 용량의 단위는 암페어 용량(Ah)으로 표시한다.
    • 용량은 일정 방전전류(A) × 방전 종지 전압까지 연속 방전시간(h)이다.
    • 축전지용량(Ah) = 방전전류(A) × 방전시간(h)

② 축전지 용량의 크기와 표시방법
  ㉠ 축전지의 용량은 다음과 같은 요소에 의해서 좌우된다.
    • 극판의 크기, 극판의 형상 및 극판의 수
    • 전해액의 비중, 전해액의 온도 및 전해액의 양
    • 격리판의 재질, 격리판의 형상 및 크기
  ㉡ 축전지 용량 표시방법 : 20시간율, 25암페어율, 냉각률 등이 있다.

③ 축전지 용량의 변화
  ㉠ 축전지의 용량은 전해액의 온도에 따라서 크게 변화한다.
  ㉡ 일정의 방전율, 방전 종지 전압하에서 방전을 하여도 온도가 높으면 용량이 증대되고, 온도가 낮으면 용량도 감소한다.
  ㉢ 납축전지의 용량은 극판의 표면적에 비례한다.
  ㉣ 축전지의 전기용량 C는 전극의 면적 A에 비례하고, 전극 사이의 거리 d에 반비례한다.

$$C = \varepsilon \frac{A}{d}$$

④ 축전지 용량 산정 요소
  ㉠ 축전지 부하의 결정
  ㉡ 방전 전류의 산출
  ㉢ 방전 시간의 결정
  ㉣ 축전지 부하특성곡선 작성
  ㉤ 축전지 셀 수의 결정
  ㉥ 허용 최저전압의 결정
  ㉦ 용량 환산시간의 결정
  ㉧ 축전지 용량의 계산

10년간 자주 출제된 문제

6-1. 축전지의 용량은 무엇에 따라 결정되는가?
① 극판의 크기, 극판의 수 및 전해액의 양
② 극판의 수, 극판의 크기 및 셀의 수
③ 극판의 수, 전해액의 비중 및 셀의 수
④ 극판의 수, 셀의 수 및 발전기의 충전능력

6-2. 납축전지의 용량에 대한 설명으로 옳은 것은?
① 음극판 단면적에 비례하고, 양극판 크기에 반비례한다.
② 양극판의 크기에 비례하고, 음극판의 단면적에 반비례한다.
③ 극판의 표면적에 비례한다.
④ 극판의 표면적에 반비례한다.

6-3. 축전지의 용량 산정의 요소가 아닌 것은?
① 방전 전류
② 방전 시간
③ 축전지 구조
④ 부하 특성

|해설|
6-1
축전지의 용량을 좌우하는 요소
• 극판의 크기, 극판의 형상 및 극판의 수
• 전해액의 비중, 전해액의 온도 및 전해액의 양
• 격리판의 재질, 격리판의 형상 및 크기

정답 6-1 ① 6-2 ③ 6-3 ③

핵심이론 07 축전지 연결에 따른 용량과 전압의 변화

① 직렬연결
  ㉠ 같은 전압, 같은 용량의 축전지 2개 이상을 (+)단자 기둥과 다른 축전지의 (-)단자 기둥에 서로 연결하는 방식이다.
  ㉡ 전압은 연결한 개수만큼 증가되지만 용량은 1개일 때와 같다.

② 병렬연결
  ㉠ 같은 전압, 같은 용량의 축전지 2개 이상을 (+)단자 기둥은 다른 축전지의 (+)단자 기둥에, (-)단자 기둥은 (-)단자 기둥에 접속하는 방식이다.
  ㉡ 연결한 개수만큼 용량은 증가하지만 전압은 1개일 때와 같다.

③ 자기방전
  ㉠ 조금씩 자연방전하여 용량이 감소되는 현상을 말한다.
  ㉡ 자기방전의 원인
    • 구조상 부득이한 것
    • 불순물에 의한 것
    • 단락에 의한 것
    • 축전지 표면에 전기회로가 생긴 경우
  ㉢ 자기방전량
    • 전해액의 온도와 비중이 높을수록 많다.
    • 날짜가 지날수록 1일당 자기방전량이 감소한다.
    • 충전 후 시간에 따라 비율이 감소한다.

10년간 자주 출제된 문제

축전지의 연결방법에서 같은 극끼리 상호 연결하는 방법은?
① 병렬연결
② 직·병렬연결
③ 직렬연결
④ 복합연결

정답 ①

핵심이론 08 축전지 충전방법

※ 축전지의 충전
- 초충전 : 축전지를 제조 후 전해액을 넣고 처음으로 활성화하는 방법
- 보충전 : 자기방전에 의하거나 사용 중에 소비된 용량을 보충하는 방법

① 정전류 충전
  ㉠ 충전의 시작에서 끝까지 일정한 전류로 충전한다.
  ㉡ 용량이 같은 경우 직렬접속 충전방법을 사용한다.
  ㉢ 충전 예상시간을 넘기면 과충전될 우려가 있다.
  ㉣ 병렬접속 충전방법은 축전지 용량이 동일할 때만 가능하다.
  ㉤ 정전류 충전의 충전전류는 20시간율 용량의 10% 정도로 한다.

② 정전압 충전
  ㉠ 충전의 시작에서 끝까지 일정한 전압으로 충전한다.
  ㉡ 충전 시 축전지에서 가스 발생이 거의 없고 일정한 전압이 유지된다.
  ㉢ 충전 효율이 좋으나 충전 초기에 큰 전류가 흘러서 축전지 수명에 크게 영향을 미친다.

③ 급속 충전
  ㉠ 시간적 여유가 없을 때 실시한다.
  ㉡ 매우 큰 전류로 충전을 실시하므로 축전지 수명을 단축시키는 요인이 된다.
  ㉢ 급속 충전의 충전전류는 20시간율 용량의 50% 정도로 한다.
  ㉣ 충전 중 전해액의 온도는 45℃ 이하를 유지한다.
  ㉤ 축전지를 탈거하지 않고 급속 충전 시 축전지의 (+), (−) 케이블을 모두 분리한다.
  ※ 급속 충전할 때 축전지의 양쪽 단자를 탈거하지 않고 충전하면 발전기 다이오드가 손상된다.

10년간 자주 출제된 문제

8-1. 두 개의 축전지에 대한 정전류 충전법으로 틀린 것은?
① 용량이 큰 축전지의 충전전류를 기준으로 한다.
② 용량이 같은 경우 직렬접속 충전방법을 사용한다.
③ 충전 예상시간을 넘기면 과충전될 우려가 있다.
④ 병렬접속 충전방법은 축전지 용량이 동일할 때만 가능하다.

8-2. 충전 시 축전지에서 가스 발생이 거의 없고 일정한 전압이 유지되며 충전 효율이 좋으나 충전 초기에 큰 전류가 흘러서 축전지 수명에 크게 영향을 미치는 충전법은?
① 정전압 충전법
② 단별전류 충전법
③ 정전위 충전법
④ 급속저항 충전법

8-3. 축전지를 급속 충전 또는 보충전할 때 안전에 주의하지 않아도 되는 것은?
① 화 기
② 스위치
③ 환기장치
④ 전해액 온도

8-4. 축전지를 탈거하지 않고 급속 충전할 때 발전기의 다이오드 손상을 방지하기 위한 안전한 조치는?
① 발전기 R단자를 분리한다.
② 발전기 L단자를 분리한다.
③ 축전지 양측 케이블을 분리한다.
④ 점화스위치를 Off 상태에 놓는다.

|해설|

8-4
축전지를 탈거하지 않고 급속 충전 시 축전지의 (+), (−) 케이블을 모두 분리한다.
※ 급속 충전할 때 축전지의 양쪽 단자를 탈거하지 않고 충전하면 발전기 다이오드가 손상된다.

정답 8-1 ① 8-2 ① 8-3 ② 8-4 ③

핵심이론 09 충전

① 충전 중의 화학작용

　양극판　전해액　음극판　충전　양극판　전해액　음극판
　$PbSO_4$　$2H_2O$　$PbSO_4$　→　PbO_2　$2H_2SO_4$　Pb

② 납축전지에서 완전 충전된 상태의 양극판 : 황산납 ($PbSO_4$) → 과산화납(PbO_2)이 된다.

③ 음극판 : 황산 납 → 해면상 납으로 변화된다.

④ 전해질 : 물 → 묽은 황산으로 변화된다.

⑤ 납축전지에서 충전이 완료되었을 때 양극판에서 산소, 음극판에서 수소 가스가 발생된다.

⑥ 충전 시 충전 정도는 전해액 비중측정으로 알 수 있으며 화기, 전해액온도, 환기장치 등에 주의한다.

⑦ 충전이 완료되어 충전 한계 시에는 전해액으로부터 거품이 나고 전해액은 유백색으로 변하며, 두 극판은 짙은 갈색으로 변한다.

10년간 자주 출제된 문제

9-1. 충·방전 시의 화학반응식을 올바르게 나타낸 것은?

① 충전 시 $PbO_2 + 2H_2SO_4 + Pb ← PbSO_4 + 2H_2O + PbSO_4$
② 방전 시 $PbO + 2H_2SO_4 + Pb ← PbO_2 + 2H_2O + PbSO_4$
③ 충전 시 $PbO_2 + 2H_2SO_4 + Pb → PbSO_2 + 2H + PbSO_2$
④ 방전 시 $PbO + 2H_2SO_4 + Pb → PbSO_4 + 2H_2SO_4 + PbSO_4$

9-2. 납축전지에서 완전 충전된 상태의 양극판은?

① Pb
② PbO_2
③ $PbSO_4$
④ H_2SO_4

9-3. 납축전지에서 충전이 완료되었을 때 양극판과 음극판에서 발생되는 가스는?

① 양극판 : 수소, 음극판 : 산소
② 양극판 : 산소, 음극판 : 수소
③ 양극판 : 황산, 음극판 : 황산
④ 양극판 : 수소, 음극판 : 황산

정답 9-1 ① 9-2 ② 9-3 ②

핵심이론 10 방전

① 방전 중의 화학작용

　양극판　전해액　음극판　방전　양극판　전해액　음극판
　PbO_2　$2H_2SO_4$　Pb　→　$PbSO_4$　$2H_2O$　$PbSO_4$

② 납축전지를 방전시키면 양극판과 음극판에서 모두 생성되는 것 : 황산 납($PbSO_4$)

③ 축전지의 방전 전류

　방전 전류(A) = 부하 용량(VA) / 정격 전압(V)

④ 축전지의 설페이션(유화)의 원인

　㉠ 과방전한 경우(단락했을 경우)
　㉡ 장기간 방전상태로 방치하였을 때
　㉢ 전해액의 부족으로 극판이 노출되어 있을 때
　㉣ 전해액의 비중이 너무 높거나 낮을 때
　㉤ 전해액에 불순물이 혼입되었을 때
　㉥ 불충분한 충전을 반복했을 때

10년간 자주 출제된 문제

10-1. 납축전지의 방전 시 화학작용을 옳게 나타낸 것은?

① $PbO_2 → PbSO_4$: 양극판
② $Pb → PbSO_4$: 양극판
③ $2H_2SO_4 → PbSO_4$: 전해액
④ $2H_2SO_4 → 2H_2$: 전해액

10-2. 충전기 계기판에 있는 전류계의 눈금이 "0"을 지시하고 있을 때는 어떤 상태인가?

① 충전되고 있다.
② 방전되고 있다.
③ 전류계의 고장이다.
④ 충전상태도, 방전상태도 아니다.

해설

10-1

양극판　전해액　음극판　방전　양극판　전해액　음극판
PbO_2　$2H_2SO_4$　Pb　→　$PbSO_4$　$2H_2O$　$PbSO_4$

정답 10-1 ① 10-2 ④

핵심이론 11 축전지의 충·방전의 특징

① 충·방전의 반복은 극판의 팽창수축의 반복이라 할 수 있다.
② 충·방전 작용은 화학 작용이다.
③ 충전이 완료되면 그 이후의 충전 전류는 양극판에서 산소를 발생하고, 음극판에서 수소를 발생한다.
④ 충전 중에 화기를 가까이 하면 축전지가 폭발할 위험이 있다.
⑤ 방전이 진행됨에 따라 전해액 중 물의 양은 증가한다.
⑥ 충·방전 시 화학 반응은 가역적이다.
⑦ 셀의 기전력은 약 2V이다.
⑧ 충전으로 황산의 농도가 증가한다.
⑨ 기전력은 황산의 농도에 따라 달라진다.

※ 충전회로에서 레귤레이터의 역할
 • 교류를 직류로 바꾸어서 충전이 가능하게 한다.
 • 충전에 필요한 일정한 전압을 유지시켜 준다.

10년간 자주 출제된 문제

11-1. 축전지의 충·방전에 대한 설명이다. 잘못된 것은?
① 충·방전의 반복은 극판의 팽창수축의 반복이라 할 수 있다.
② 충·방전 작용은 화학 작용이다.
③ 충전이 완료되면 그 이후의 충전 전류는 양극판에서는 수소를 발생하고, 음극판에서 산소를 발생한다.
④ 방전이 진행됨에 따라 전해액 중의 물의 양은 증가한다.

11-2. 납축전지의 충·방전 시 발생되는 현상이 아닌 것은?
① 충·방전 시 화학 반응은 비가역적이다.
② 셀의 기전력은 약 2V이다.
③ 충전으로 황산의 농도가 증가한다.
④ 기전력은 황산의 농도에 따라 달라진다.

[해설]
11-2
음극과 양극의 황산 납($PbSO_4$)은 충전기에 의하여 점차적으로 전기에너지를 가역시키면 양극판은 과산화 납(PbO_2), 음극판은 해면상 납(Pb)으로 변하고 전해액은 기판의 활물질과 반응하여 비중이 규정 비중까지 올라간다.

정답 11-1 ③ 11-2 ①

핵심이론 12 축전지의 관리

① 축전지의 점검 및 취급 사항
 ㉠ 전해액 양과 비중을 정기적으로 점검한다.
 ㉡ 축전지 배선을 분리할 때 (-)측을 먼저 분리하고, 연결할 때는 (+)측을 먼저 연결한다.
 ㉢ 축전지 케이블 단자의 접촉면을 점검하고 솔로 깨끗이 닦아 낸다.
  ※ 축전지 케이블 단자(터미널), 커버 등 산에 의한 부식물의 청소는 탄산수소나트륨과 물 또는 암모니아수로 한다.
 ㉣ 방전 종지 전압은 규정된 범위 내에서 사용한다.
 ㉤ 장기간 방치할 경우는 겨울에는 2개월마다 1회, 여름에는 1개월마다 보충전을 한다.
 ㉥ 전해액은 보통 극판 위 10~13mm 이하(규정값)가 되면 증류수를 넣어서 보충한다.
 ㉦ 비중이 1.2 이하가 되면 즉시 보충전하고 동시에 충전장치를 점검한다.
 ㉧ 50% 이상 방전된 경우는 110~120% 정도 보충전을 한다.
 ㉨ 전해액을 만들 때는 증류수에 황산을 조금씩 혼합한다.
 ㉩ 전해액 혼합 시 절연체인 용기(질그릇)를 사용한다.
 ㉪ 축전지 전해액의 온도가 급격히 높아지지 않도록 주의한다.
 ㉫ 전해액이 담긴 병을 옮길 때는 보호 상자에 넣어 안전하게 운반한다.
 ㉬ 축전지 표면에 있는 침식물이나 먼지 등을 입으로 불거나 공기호스 등을 이용하여 청소하지 않는다.
 ㉭ 축전지 터미널의 부식을 방지하기 위해 그리스를 단자에 엷게 발라야 한다.

② 온도가 낮아질 때 축전지에서 나타나는 현상
  ㉠ 전압이 낮아지고, 용량이 줄어든다.
  ㉡ 전해액의 비중이 높아지고 동결하기 쉽다.
※ 충전경고 지시등이 점등될 때 점검사항
  • 레귤레이터의 고장 여부 점검
  • 발전기 다이오드의 이상 여부 점검
  • 경고램프의 접속 상태 및 관련 배선 접속 상태 점검

10년간 자주 출제된 문제

12-1. 다음 중 축전지에서 비중이 얼마 이하이면 보충전을 하고 충전장치에 대해 점검할 필요가 있는가?

① 1.200 이하
② 1.240 이하
③ 1.260 이하
④ 1.280 이하

12-2. 납축전지의 사용상 주의사항으로 틀린 것은?

① 낮은 온도에서 용량이 증대되고 충전이 쉽다.
② 방전 종지 전압은 규정된 범위 내에서 사용한다.
③ 장기간 방치할 경우는 월 1회 정도 보충전을 한다.
④ 50% 이상 방전된 경우는 110~120% 정도 보충전을 한다.

12-3. 축전지 터미널의 부식을 방지하기 위해 사용되는 것은?

① 그리스(Grease)
② 기어오일(Gear Oil)
③ 엔진오일(Engine Oil)
④ 페인트(Paint)

|해설|

12-1
전해액 비중을 측정하여 1.230/25℃ 이하로 내려가면 보충전(비중 1.280/25℃이 될 때까지)을 하고, 보충전 후에도 비중이 자주 내려가면 충전계통을 보수하여야 한다.

12-3
부식을 방지하기 위하여 그리스를 단자에 엷게 발라야 한다.

정답 12-1 ① 12-2 ① 12-3 ①

핵심이론 13 축전기

① 축전기(콘덴서)의 개념
  ㉠ 전기를 저장하는 장치로 콘덴서라고도 한다.
  ㉡ 내연기관의 전기점화 방식에서 불꽃을 일으키는 1차 유도전류를 일시적으로 흡수·저장하는 장치이다.
② 축전기의 기능
  ㉠ 1차 전류 차단시간을 단축하여 2차 전압을 높인다.
  ㉡ 접점 사이의 불꽃을 흡수하여 접점의 소손을 방지한다.
  ㉢ 접점이 닫혔을 때에는 접점이 열릴 때 흡수한 전하를 방출하여 1차 전류의 회복을 빠르게 한다.
  ㉣ 접점 사이에 불꽃방전을 방지한다.
  ㉤ 1차 회로의 단속 시 단속기 접점에 불꽃이 생기는 것을 방지하고, 2차 코일에 높은 전압을 공급한다.
③ 축전기용량
  ㉠ 용량이 규정보다 클 때
    • 진동 접점이 소손한다.
    • 1차 코일 자기유도가 미흡하고, 2차 코일 전압이 약하다.
  ㉡ 용량이 규정보다 작을 때
    • 고정접점이 소손한다.
    • 2차 불꽃이 약해진다.
    ※ 축전기(콘덴서)의 절연도를 측정할 수 있는 시험 : 누설시험

10년간 자주 출제된 문제

13-1. 내연기관의 전기점화 방식에서 불꽃을 일으키는 1차 유도전류를 일시적으로 흡수·저장하는 역할을 하는 것은?
① 진각장치   ② 단속기
③ 배전자   ④ 콘덴서

13-2. 충전기식 점화장치에서 축전기(콘덴서)가 하는 역할로 틀린 것은?
① 불꽃방전을 일으켜 압축된 혼합기에 점화를 시킨다.
② 1차 전류 차단시간을 단축하여 2차 전압을 높인다.
③ 접점 사이의 불꽃을 흡수하여 접점의 소손을 방지한다.
④ 접점이 닫혔을 때에는 접점이 열릴 때 흡수한 전하를 방출하여 1차 전류의 회복을 빠르게 한다.

13-3. 다음 중 콘덴서의 역할에 대해서 틀린 것은?
① 접점 사이에 발생되는 불꽃을 흡수하여 접점이 소손되는 것을 방지한다.
② 1차 전류의 차단시간을 단축하여 2차 전압을 저하시킨다.
③ 접점이 닫혀 있을 때는 축적된 전하를 방출하여 1차 전류의 회복이 속히 이루어지도록 한다.
④ 접점 사이에 불꽃방전을 방지한다.

|해설|

13-1
축전기(콘덴서)
• 전기를 저장하는 장치이다.
• 내연기관이의 전기점화 방식에서 불꽃을 일으키는 1차 유도전류를 일시적으로 흡수·저장하는 장치이다.

13-2
점화 코일에서 유도된 고전압을 불꽃방전을 일으켜 압축된 혼합기에 점화시키는 것은 점화 플러그이다.

13-3
1차 전류 차단시간을 단축하여 2차 전압을 높인다.

정답 13-1 ④   13-2 ①   13-3 ②

4-3. 예열장치

핵심이론 01 예열장치

① 예열장치의 기능 : 겨울철 외기의 온도가 낮거나 기관이 냉각되었을 때 시동을 쉽게 하기 위하여 흡입공기를 미리 가열하는 장치이다.

② 예열장치의 종류

㉠ 흡기가열식 : 실린더에 흡입되는 공기를 미리 예열하는 방식이다. 흡입공기를 가열하는 열원에 따라 연소식과 전열식으로 구분한다.

㉡ 예열플러그식 : 연소실 내의 공기를 직접 예열하는 방식으로 코일형과 실드형이 있다.

• 코일형 예열플러그
  - 실린더마다 한 개씩 설치되어 있으며, 직렬로 결선되어 공기를 가열하고 히트코일이 연소실에 직접 노출되어 있어 적열시간이 짧다.
  - 히트코일은 굵은 열선으로 되어 있으며, 예열플러그의 저항값이 작아 히트코일에 과대한 전류가 흘러 소손되기 때문에 회로 내에 예열플러그 저항을 두고 있다.

• 실드형 예열플러그
  - 열선을 보호금속 튜브 속에 넣어 병렬로 결선되어 있으며, 전류가 흐르면 보호금속 튜브 전체가 적열되어 예열작용을 한다.
  - 발열량 및 열용량이 크고 내구성이 좋다.
  - 예열코일(니크롬선)은 가는 열선으로 되어 있으며, 자체의 저항이 크기 때문에 과대전류를 막기 위한 저항기가 필요 없다.

| 10년간 자주 출제된 문제 |

예열장치 점검 사항이 아닌 것은?
① 예열플러그 단선 점검
② 예열플러그 양부 점검
③ 접지 전극 점검
④ 예열플러그 파일럿 및 예열플러그 저항값 점검

[해설]
예열장치는 예열플러그와 제어회로(예열표시, 예열시간 제어, 예열회로 감시 등을 위한 장치)로 구성된다.

정답 ③

4-4. 시동장치

핵심이론 01 전동기의 종류

① 기동 전동기의 원리
  ㉠ 플레밍(Fleming)의 왼손 법칙을 이용한 것이다.
  ㉡ 전류가 흐르는 도체가 자장에서 받는 힘의 방향을 나타내는 법칙이다.

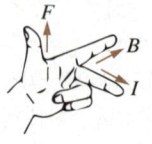

  - 엄지는 자기장에서 받는 힘(F)의 방향
  - 검지는 자기장(B)의 방향
  - 중지는 전류(I)의 방향

  ㉢ 전력을 받아 힘을 발생시키는 장치에 이용한다.
  ㉣ 기동 전동기, 전압계, 전류계 등에 이용한다.
   ※ 시동장치 : 최초의 흡입과 압축행정에 필요한 에너지를 외부로부터 공급하여 엔진을 회전시키는 장치

② 전동기의 종류 : 전기 에너지를 기계 에너지로 바꾸는 장치를 전동기라 하며, 직류 전동기와 교류 전동기가 있다.
  ㉠ 직류 전동기 : 직권·분권·복권(가동복원, 차동복원 전동기)·타여자 전동기
  ㉡ 교류 전동기 : 교류 전류를 사용하여 동력을 얻는 기계로서 단상식과 3상식이 있으며, 원리와 구조에 따라서 유도 전동기, 동기 전동기, 정류자 전동기 등으로 분류된다.
  ㉢ 유도 전동기의 종류
   • 단상 : 분상기동형, 콘덴서기동형, 반발기동형, 셰이딩코일형
   • 3상 : 농형 유도 전동기와 권선형 유도 전동기
  ㉣ 전동기의 외형에 따라 개방형, 전폐형, 폐쇄통풍형, 전폐강제통풍형, 방폭형 등이 있다.

③ 교류 전동기의 장단점
  ㉠ 장 점
   • 소형이며 구조가 간단하고 취급이 용이하다.

- 감속기를 장착함으로써 원하는 회전수를 쉽게 구현할 수 있다.
- 배전시설이 완비된 곳에서 초기 설치 비용이 적다.
- 진동, 소음, 배기가스 등 환경오염이 발생하지 않는다.
- 내연기관에 비하여 에너지 효율이 높다.
- 출력에 따른 기종이 많고, 부하나 사용 조건에 적합한 특성과 구조를 가진 기종을 쉽게 구할 수 있다.

ⓒ 단 점
- 전원이 없는 곳 또는 정전되었을 때에는 사용할 수 없다.
- 이동 작업에서는 긴 전선을 필요로 하기 때문에 사용할 수 없는 경우가 있다.
- 내연기관에 비해 과부하 작업에는 적합하지 않다.

10년간 자주 출제된 문제

1-1. 전기적 에너지를 받아서 기계적 에너지로 바꾸는 것은?
① 전동기 ② 정류기
③ 변압기 ④ 발전기

1-2. 직류 전동기는 어느 법칙을 응용한 것인가?
① 플레밍의 왼손 법칙 ② 플레밍의 오른손 법칙
③ 옴의 법칙 ④ 쿨롱의 법칙

1-3. 일반적인 전동기의 장점이 아닌 것은?
① 기동 운전이 용이하다.
② 소음 및 진동이 적다.
③ 고장이 적다.
④ 전선으로 전기를 유도하므로 이동작업에 편리하다.

해설

1-2
플레밍의 왼손 법칙을 응용한 것은 전동기이고, 오른손 법칙을 응용한 것은 발전기이다.

1-3
이동 작업에서는 긴 전선을 필요로 하기 때문에 사용할 수 없는 경우가 있다.

정답 1-1 ① 1-2 ① 1-3 ④

핵심이론 02 직류기

자속을 만들어 주는 계자, 기전력을 발생하는 전기자, 교류를 직류로 변환하는 정류자와 브러시, 계철 등으로 구성되어 있다.

① 회전부
  ㉠ 전기자 : 회전력이 발생하는 부분으로 축, 철심, 전기자 코일, 정류자 등으로 구성된다.
  ㉡ 정류자 : 교류기전력을 직류로 변환해 주는 부분으로 브러시에서의 전류를 일정방향으로만 흐르게 한다.
    ※ 코일의 반회전마다 전류의 방향을 바꾸는 장치 : 브러시와 정류자

② 고정부
  ㉠ 계자 : 계자코일, 계자철심, 자극 및 계철로 구성
    - 계자코일 : 계자 철심에 감겨져 자력선을 발생한다.
    - 계자철심 : 전류가 흐르면 전자석이 된다.
    - 계철 : 자력선의 통로와 기동 전동기의 틀이 되는 부분으로 계자철심을 지지하고 자기회로를 이룬다.
  ㉡ 브러시
    - 외부 회로와 내부 회로를 접속하는 역할을 한다.
    - 정류자를 통하여 전기자 코일에 전류를 공급한다.
  ㉢ 브러시 홀더 : 브러시 스프링에 의해 정류자에 브러시를 압착한다.

③ 기동 전동기의 마그넷 스위치(솔레노이드 스위치) 작동
  ㉠ 풀인 코일에 흐르는 전류는 전기자에 토크를 발생시킨다.
  ㉡ 풀인 코일에 전류가 흐르면 피니언이 서서히 회전을 시작한다.
  ㉢ 주스위치가 닫히면 풀인 코일은 단락된다.
  ㉣ 홀드인 코일은 풀인 코일보다 저항이 크다.
  ㉤ 흡인시험을 하기 위해서는 단자 St(콘택트스위치)와 단자 M(무빙 스터드)에 전압을 연결해야 한다.

10년간 자주 출제된 문제

2-1. 직류 전동기에서 코일의 반회전마다 전류의 방향을 바꾸는 장치는?
① 계 자
② 브러시와 정류자
③ 브러시
④ 전기자와 풀인 코일

2-2. 직류 전동기의 속도는 무엇에 비례하는가?
① 공급 전압
② 전기자 전류
③ 자 속
④ 전기자 저항

2-3. 시동 전동기의 구조를 설명한 것으로 틀린 것은?
① 전기자는 회전부분이다.
② 정류자는 배터리에서 오는 전류를 교류로 만든다.
③ 브러시는 정류자를 통하여 전기자 코일에 전류를 출입시킨다.
④ 고정자의 계자철심은 전류가 흐르면 전자석이 된다.

|해설|

2-1
브러시와 정류자 : 코일의 반회전마다 전류의 방향을 바꾸는 장치

2-2
직류 전동기의 속도는 전압에 비례하고 자속(여자전류)에 반비례한다.

2-3
정류자는 브러시에서의 전류를 일정방향으로만 흐르게 한다.

정답 2-1 ② 2-2 ① 2-3 ②

핵심이론 03 직류 전동기의 특성

① 원리 : 플레밍의 왼손 법칙을 응용한 것이다.

② 회전수(N) : $N = K_1 \dfrac{V - IR}{\phi}$ (rpm)

　여기서, K_1 : 전동기의 변하지 않는 상수
　　　　ϕ : 자속
　　　　V : 역기전력
　　　　I : 전동기에 흐르는 전류
　　　　R : 전동기 내부저항

③ 토크(T) : $T = K_2 \phi I$ (N·m)

　여기서, K_2 : 전동기의 변하지 않는 상수

④ 직류 전동기의 종류

　㉠ 직권 전동기
　　• 전기자 코일과 계자 코일이 직렬로 접속된 형태이다.
　　• 전동기에 부하가 걸렸을 때에는 회전속도는 낮지만, 회전력이 크다.
　　• 부하가 작아지면 회전력은 감소되나 회전수는 점차 커진다.
　　• 부하를 크게 하면 회전속도가 낮아지고 회전력과 흐르는 전류는 커진다.
　　• 회전력은 전기자 전류와 계자자속의 곱에 비례한다.
　　• 짧은 시간에 큰 회전력을 필요로 하는 장치에 알맞다.
　　• 기동 시 발생 토크가 커서 기동과 정지가 번번이 반복되는 경우에 사용된다.
　　• 직류 직권 전동기에 발생하는 역기전력은 속도에 비례하고, 전기자 전류는 역기전력에 반비례한다.
　　※ 부하가 감소하여 무부하가 되면, 회전속도가 급격히 상승하여 위험하게 되므로 벨트 운전이나 무부하 운전을 피하는 것이 좋다.

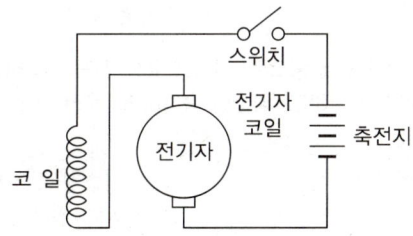

[기동 전동기에 주로 사용되는 직권식 직류 전동기]

ⓒ 분권 전동기
- 전기자 코일과 계자 코일이 병렬로 접속된 형태이다.
- 주로 계자전류를 변경하여 속도를 제어하며 송풍기, 펌프 등에 이용한다.

ⓒ 복권 전동기
- 전기자 코일과 계자 코일이 직렬, 병렬로 혼합 접속된 것이다.
- 부하량에 따라 직권과 분권권선의 기자력 비율을 조절하여 직권 및 분권 전동기의 중간적인 특성을 갖는 전동기이다.

ⓒ 타여자 전동기
- 전기자권선과 계자권선을 별개의 회로로 구성되어 있는 방식이다.
- 부하가 변해도 분권 전동기와 같이 정속도 특성으로 운전할 수 있다.
- 계자전류를 일정하게 하고 전기자전압을 변경하여 회전속도를 제어한다.

10년간 자주 출제된 문제

3-1. 직류 직권 전동기의 특성으로 옳지 않은 것은?
① 전동기에 부하가 걸렸을 때에는 회전속도는 빠르나 회전력이 작다.
② 부하가 작아지면 회전력은 감소되지만, 회전수는 점차 커진다.
③ 전동기에 부하가 걸렸을 때에는 회전속도는 낮으나 회전력이 크다.
④ 부하를 크게 하면 회전 속도가 낮아지고 흐르는 전류는 커진다.

3-2. 직류 직권 전동기의 특성으로 틀린 것은?
① 무부하 상태에서도 운전이 가능하다.
② 부하가 작아지면 회전력이 감소된다.
③ 부하를 크게 하면 흐르는 전류는 커진다.
④ 전동기에 부하가 걸렸을 때에는 회전력이 크다.

[해설]

3-1
전동기에 부하가 걸렸을 때에는 회전속도는 낮지만, 회전력이 크다.

3-2
직류 직권 전동기 특성 중 무부하 운전 시 속도가 무한대가 되어 위험하다.
※ 전동기에서 무부하란 전류가 흐르지 않는 상태가 아니라 전동기 축에 아무것도 연결하지 않은 상태를 의미한다.

정답 3-1 ① 3-2 ①

핵심이론 04 유도 전동기의 특성

① 원리 : 플레밍의 오른손 법칙, 왼손 법칙
② 유도 전동기의 분류 : 단상(분상, 콘덴서, 반발기동형, 셰이딩코일형), 3상(농형, 권선형)
  ㉠ 농형 유도 전동기
   - 구조가 견고하고 취급방법이 간단하다.
   - 가격이 저렴하고 속도제어가 곤란하다.
   - 기동토크가 작고, 슬립링이 없기 때문에 불꽃이 없다.
   - 소용량(5kW 미만)의 기계동력으로 사용한다.
  ㉡ 권선형 유도 전동기
   - 기동특성이 우수하고 속도제어가 가능하다.
   - 구조가 복잡하고 효율이 약간 낮다.
   - 가격이 비싸고, 슬립링에서 불꽃이 나올 염려가 있다.
   - 대용량(5kW 이상)에 사용한다.

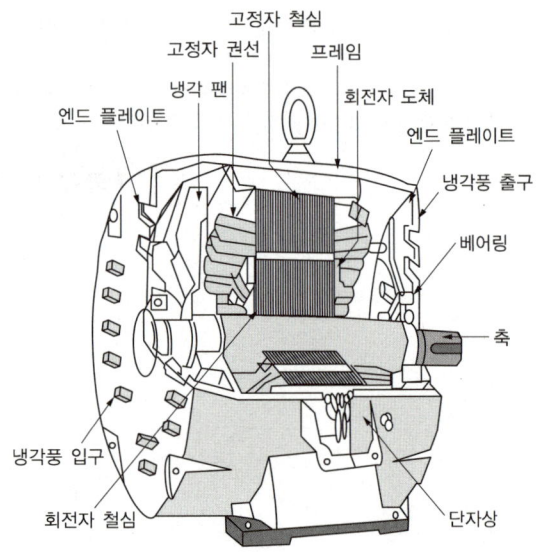

[농형 유도 전동기의 구조]

10년간 자주 출제된 문제

유도 전동기의 일종으로, 권선형 유도 전동기에 비하여 회전기의 구조가 간단하고, 취급이 용이하며, 운전 시 성능이 뛰어난 전동기는?
① 농형 유도 전동기
② 앳킨슨형 전동기
③ 반발 유도 전동기
④ 시라게 전동기

|해설|

농형 유도 전동기
- 구조가 견고하고, 취급방법이 간단하다.
- 가격이 저렴하고 속도제어가 곤란하다.
- 기동토크가 작고, 슬립링이 없기 때문에 불꽃이 없다.
- 소용량(5kW 미만)의 기계동력으로 사용한다.

정답 ①

핵심이론 05 유도 전동기의 회전수, 슬립, 토크, 출력

① 회전수와 슬립

㉠ 동기속도 : 전원 주파수 f와 극수 P에 의해 정해진다.

$$N_s = \frac{120f}{P} \text{(rpm)}$$

여기서, P : 극수
f : 유도 전동기 주파수

㉡ 슬 립

$$S = \frac{\text{동기속도} - \text{회전자속도}}{\text{동기속도}}$$
$$= \frac{N_s - N}{N_s} = 1 - \frac{N}{N_s}$$
$$N = (1-S)N_s$$

※ 정지 시 : $s = 1$, 동기 시 : $s = 0$,
전부하 시 : 보통 $s = 2.5 \sim 5\%$ 정도

㉢ 회전자 주파수 : 회전자에 흐르는 전류의 주파수 f_2(Hz)는 회전자장과 회전자의 상대 속도에 비례한다.
$f_2 = sf\text{(Hz)}$

㉣ 토 크

기계출력 $P_o = \omega T = 2\pi \dfrac{N}{60} T\text{(W)}$ 에서

$$T = \frac{60}{2\pi} \frac{P_o}{N} \text{(N} \cdot \text{m)} = \frac{1}{9.8} \frac{60}{2\pi} \frac{P_o}{N} \text{(kg} \cdot \text{m)}$$

② 유도 전동기의 출력

㉠ 단상 유도 전동기의 출력
출력(kW) = 전압 × 전류 × 역률 × 효율

㉡ 3상 유도 전동기의 출력
출력(kW) = $\sqrt{3}$ /1,000 × 전압 × 전류 × 역률 × 효율

㉢ 직류 전동기의 입력과 출력을 직접 측정하는 효율(실측 효율)
효율 = 출력/입력 × 100%

※ 소비전력 = 전압의 실횻값 × 전류의 실횻값 × 역률

10년간 자주 출제된 문제

5-1. 3상 유도 전동기의 슬립(%)을 구하는 공식으로 옳은 것은?

① (동기속도 + 전부하속도) / 동기속도 × 100
② (동기속도 + 전부하속도) / 부하속도 × 100
③ (동기속도 − 전부하속도) / 동기속도 × 100
④ (동기속도 − 전부하속도) / 부하속도 × 100

5-2. 3상 유도 전동기의 출력을 나타낸 것은?

① 출력(kW) = $\sqrt{3}$ /1,000 × 전압 × 저항 × 역률 × 효율
② 출력(kW) = $\sqrt{3}$ /1,000 × 전류 × 저항 × 역률 × 효율
③ 출력(kW) = $\sqrt{3}$ /1,000 × 전압 × 전류 × 역률 × 효율
④ 출력(kW) = $\sqrt{3}$ /1,000 × 전력 × 저항 × 역률 × 효율

|해설|

5-1
슬립은 동기속도에 대한 상대속도($n_s - n$)의 비이다.

5-2
3상 유도 전동기의 출력
출력(kW) = $\dfrac{\sqrt{3}}{1,000}$ × 전압 × 전류 × 역률 × 효율

정답 5-1 ③ 5-2 ③

핵심이론 06 유도 전동기의 기동과 회전방향의 변경

① 농형 유도 전동기의 기동
  ㉠ 전전압기동법 : 정격 전압을 직접 가하여 기동하는 방법, 5kW 정도까지의 소형 전동기에서 사용한다.
  ㉡ Y-△기동법 : 기동할 때는 Y결선으로 하고, 정격속도에 이르면 △결선으로 바꾸는 기동법, 5~15kW 전동기에서 주로 사용한다.
  ㉢ 기동보상기법 : 단권 3상 변압기를 사용하여 기동 전압을 떨어뜨려 기동 전류를 제한하는 방법, 15kW 이상의 농형 전동기에서 주로 사용한다.
  ㉣ 리액터 기동 : 전동기의 1차 측에 리액터(일종의 교류저항)를 넣어서 기동 시 전동기의 전압을 리액터 전압강하분 만큼 낮추어서 기동, 중·대용량에서 사용한다.

② 권선형 유도 전동기의 기동
  ㉠ 2차 저항 기동법 : 2차 회로에 저항기를 접속하고 비례추이의 원리에 의하여 큰 기동 토크를 얻고 기동전류도 억제한다.
  ㉡ 게르게스법 : 게르게스 현상을 이용하여 기동하는 방법
    ※ 게르게스 현상 : 3상 권선형 유도 전동기의 2차 회로 중 한 개가 단선된 경우 슬립 $s = 50\%$ 부근에서 더 이상 가속되지 않는 현상

③ 각종 전동기의 회전방향을 바꾸는 방법
  ㉠ 직류 전동기 : 전기자에 가하는 전압을 반대로 하면 전기자 전류의 방향이 바뀌어져 반대방향으로 회전한다.
  ㉡ 직류분권식이나 복권식, 직권식 : 전원의 (+), (-)를 반대로 바꾸어 연결하면 자기장의 전류가 모두 바뀌기 때문에 회전방향이 변경되지 않는다. 이 경우에는 전기자나 계자권선의 어느 한쪽만의 접속을 바꾸어야 한다.
  ㉢ 3상 유도 전동기 : 3상 전원 배선 중 임의의 2개 배선을 바꾸어 접속한다.
  ㉣ 단상 유도 전동기 : 주권선이나 보조권선 중 어느 한쪽의 접속을 반대로 한다.

10년간 자주 출제된 문제

6-1. 권선형 3상 유도 전동기의 기동법에 속하는 것은?
① 원심식 기동법
② Y-△ 기동법
③ 2차 저항기동법
④ 기동 보상기법

6-2. 3상 유도 전동기의 회전방향을 변경하는 방법으로 맞는 것은?
① 전동기의 극수를 바꾼다.
② 전원의 주파수를 바꾼다.
③ 기동 보상기를 사용한다.
④ 3상 전원 배선 중 임의의 2개 배선을 바꾸어 접속한다.

|해설|

6-1
권선형 유도 전동기의 기동법에는 2차 저항 기동법과 게르게스법이 있다.

정답 6-1 ③ 6-2 ④

핵심이론 07 기동 전동기의 시험

① 그롤러 테스터로 점검할 수 있는 시험 : 단락, 단선, 접지시험
　㉠ 전기자 코일의 단락시험 : 단선 유무
　　※ 단락 : 그롤러 테스터로 전기자 위에 철편을 놓고 천천히 회전시켰더니 흡입 또는 진동하였을 때
　㉡ 전기자 코일의 단선(개회로)시험 : 코일과 코일 사이의 접촉상태
　㉢ 전기자 코일의 접지시험 : 코일과 케이스와의 접촉상태
　　※ 시동 전동기의 브러시 스프링의 장력 측정은 스프링 저울로 한다.

② 기동 전동기의 성능 시험 항목
　㉠ 무부하시험 : 무부하 상태에서 시동 전동기의 전류와 회전속도를 측정하는 시험이다.
　㉡ 회전력 시험 : 부하 상태에서 시동 전동기의 전류와 회전력을 측정하는 시험이다.
　㉢ 저항시험 : 시동 전동기를 고정시킨 상태에서 전류를 측정하는 시험이다.

10년간 자주 출제된 문제

7-1. 그롤러 테스터로 점검할 수 있는 시험으로 옳지 않은 것은?
① 단락시험　② 단선시험
③ 부하시험　④ 접지시험

7-2. 다음 중 기동 전동기에 대한 시험과 관계없는 것은?
① 저항시험　② 회전력 시험
③ 누설시험　④ 무부하시험

[해설]
7-2
누설시험이란 유체의 누출, 유입 여부나 유출량을 검출하는 방법이다.

정답 7-1 ③　7-2 ③

핵심이론 08 전동기 점검 및 주의사항

① 전동기의 소손 원인
　㉠ 전기적인 원인 : 과부하, 결상, 층간단락, 선간단락, 권선지락, 순간과전압의 유압
　㉡ 기계적인 원인 : 구속, 전동기의 회전자가 고정자에 닿는 경우, 축 베어링의 마모나 윤활유의 부족

② 전동기가 기동을 하지 않는 원인
　㉠ 터미널의 이완
　㉡ 단선, 과부하
　㉢ 커넥션의 접촉 불량
　㉣ 축전지가 방전
　㉤ 전동기의 스위치가 불량
　㉥ 전동기의 피니언이 링기어에 물림, 베어링 이상

③ 기동 전동기의 취급 시 주의사항
　㉠ 오랜 시간 연속해서 사용해서는 안 된다.
　㉡ 기동 전동기를 설치부에 확실하게 조여야 한다.
　㉢ 전선의 굵기가 규정 이하의 것을 사용해서는 안 된다.
　㉣ 엔진이 시동된 다음에는 키 스위치를 시동으로 돌려서는 안 된다.
　㉤ 엔진 시동 시 기동 전동기의 허용 연속사용시간은 10초 정도이다(최대 연속시간 30초, 연속사용시간 10초).
　　※ 전동기 관리 : 통풍이 잘되고 건조하며, 주위 온도 변화가 심하지 않고 먼지가 없는 장소에서 운전 및 보관해야 한다.

④ 기동 전동기의 분해 조립 시 주의할 사항
　㉠ 관통 볼트 조립 시 브러시 선과의 접촉에 주의할 것
　㉡ 레버의 방향과 스프링, 홀더의 순서를 혼동하지 말 것
　㉢ 브러시 배선과 하우징과의 배선은 연결하지 말 것
　㉣ 마그네틱 스위치의 B단자와 F단자의 구분에 주의할 것
　　※ 기동 전동기 분해점검 사항 : 정류자 점검, 브러시 홀더 점검, 아마추어 단락 점검 등

10년간 자주 출제된 문제

8-1. 다음 중 시동 전동기가 작동하지 않는 이유와 가장 거리가 먼 것은?
① 축전지가 방전되었다.
② 시동 전동기의 스위치가 불량하다.
③ 시동 전동기의 피니언이 링기어에 물렸다.
④ 기화기에 연료가 꽉 차 있다.

8-2. 다음 중 엔진 시동 시 기동 전동기의 허용 연속사용시간이 가장 적합한 것은?
① 2~3분
② 1~2분
③ 40~50초
④ 10~15초

8-3. 기동 전동기의 취급 시 주의사항으로 틀린 것은?
① 오랜 시간 연속해서 사용해도 무방하다.
② 기동 전동기를 설치부에 확실하게 조여야 한다.
③ 전선의 굵기가 규정 이하의 것을 사용해서는 안 된다.
④ 엔진이 시동된 다음에는 키 스위치를 시동으로 돌려서는 안 된다.

|해설|

8-1
기동 전동기의 회전력이 저하되는 경우는 배터리의 방전뿐만 아니라 기동 전동기 내부의 고장인 경우로 베어링, 전기자, 브러시 등의 마모와 오버러닝 클러치 등 축의 휨으로 회전력이 저하되는 것으로 교환이 필요하다.

8-2
엔진 시동 시 기동 전동기의 허용 연속사용시간은 10초 정도이다 (최대 연속시간 30초, 연속사용시간 10초).

정답 8-1 ④ 8-2 ④ 8-3 ①

4-5. 충전장치

핵심이론 01 충전장치의 개요

① **충전장치의 기능** : 충전장치는 운행 중 자동차와 각종 전기장치에 전력을 공급하는 전원인 동시에 축전지의 충전전류를 공급하는 장치이다.

② **충전장치의 구비조건**
　㉠ 소형·경량이면서 출력이 커야 한다.
　㉡ 속도범위가 넓고 저속에서도 충전이 가능해야 한다.
　㉢ 출력전압이 안정되고 다른 전기회로에 영향을 주지 않아야 한다.
　㉣ 전파장애의 원인이 되는 불꽃의 발생이나 전압의 맥동이 없어야 한다.
　㉤ 점검·정비가 쉽고 내구성이 좋아야 한다.

③ **충전장치의 구성** : 발전기, 조정기, 전류계 또는 충전 경고등으로 구성되어 있다.

④ **발전기의 기전력을 변화시킬 수 있는 것** : 자력의 세기, 자계 내에 있는 도체의 길이, 기관 회전속도

⑤ **충전장치의 종류** : 교류 발전기, 직류 발전기

10년간 자주 출제된 문제

발전기의 기전력을 변화시킬 수 없는 것은?
① 충전 전류의 세기
② 자력의 세기
③ 자계 내에 있는 도체의 길이
④ 기관 회전속도

|해설|

발전기의 기전력을 변화시킬 수 있는 것 : 자력의 세기, 자계 내에 있는 도체의 길이, 기관 회전속도

정답 ①

핵심이론 02 발전기의 원리와 종류

① 전자유도작용
  ㉠ 코일에 흐르는 전류를 변화시키면 코일에 그 변화를 방해하는 방향으로 기전력이 발생되는 작용
  ㉡ 변압기는 전자유도작용을 이용한다.
    ※ 변압기 : 자기장 ↔ 전류의 상호변환이 가능한 것

② 유도기전력의 방향
  ㉠ 플레밍의 오른손 법칙
    • 도체가 운동하여 자속을 끊었을 때 기전력의 방향을 알 수 있는 법칙(발전기의 원리)
    • 직선 도체에 발생하는 기전력

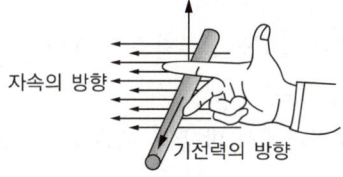

    $V = Blv\sin\theta\,(\mathrm{V})$
    여기서, B : 자속밀도(Wb/m²)
    　　　　l : 도체의 길이(m)
    　　　　v : 도체의 운동속도(m/s)
    　　　　$\sin\theta$: 도체가 자장과 이루는 각도
  ㉡ 렌츠의 법칙 : 유도기전력은 자속의 변화를 방해하려는 방향으로 발생한다.
  ㉢ 발전기 기전력
    • 코일의 권수가 많고, 도선의 길이가 길면 기전력은 커진다.
    • 자극의 수가 많아지면 여자되는 시간이 짧아져 기전력이 커진다.
    • 로터코일을 통해 흐르는 여자 전류가 크면 기전력은 커진다.
    • 로터코일의 회전속도가 빠를수록 기전력 또한 커진다.

10년간 자주 출제된 문제

2-1. 교류 발전기의 발전원리와 관련 있는 법칙은?
① 앙페르의 오른나사 법칙
② 플레밍의 왼손 법칙
③ 플레밍의 오른손 법칙
④ 패러데이의 법칙

2-2. 코일에 흐르는 전류를 변화시키면 코일에 그 변화를 방해하는 방향으로 기전력이 발생되는 작용은?
① 정전작용
② 상호유도작용
③ 전자유도작용
④ 승압작용

2-3. 다음 중 변압기의 원리에 적용되는 법칙은?
① 옴의 법칙
② 전자유도의 법칙
③ 줄의 법칙
④ 앙페르의 법칙

2-4. 전자유도 현상에 의해서 코일에 생기는 유도기전력의 방향을 나타내는 법칙은?
① 렌츠의 법칙
② 키르히호프의 법칙
③ 쿨롱의 법칙
④ 뉴턴의 법칙

[해설]
2-1
• 플레밍의 왼손 법칙 : 전동기, 전압계, 전류계 등 원리
• 플레밍의 오른손 법칙 : 발전기 원리

2-4
렌츠의 법칙 : 유도기전력은 자속의 변화를 방해하려는 방향으로 발생한다.

정답 2-1 ③　2-2 ③　2-3 ②　2-4 ①

핵심이론 03 교류 발전기

① 교류(AC) 발전기의 특징
  ㉠ 교류 발전기는 3상 교류 발전기와 3상 전파 정류기를 조합해서 직류출력을 얻도록 한 장치이다.
  ㉡ 전압 조정기만 필요하고 극성을 주지 않는다.
  ㉢ 실리콘 다이오드가 있기 때문에 컷아웃 릴레이와 전류 조정기는 필요 없다.
  ㉣ 소형·경량이고 출력이 크다.
  ㉤ 기계적 내구성이 우수하므로 고속 회전에 견딘다.
  ㉥ 저속에서도 충전 성능이 우수하다.
  ㉦ 교류 발전기의 출력은 로터전류를 변화시켜 조정한다.
  ㉧ 속도범위에 따른 적용범위가 넓다.
  ㉨ 다이오드를 사용하기 때문에 정류 특성이 좋다.
  ㉩ 정류자의 소손에 의한 고장이 없고, 브러시의 수명이 길다.
  ㉪ 다른 전원으로부터 전기를 공급받아 발전을 시작하는 타여자식이다.

② 교류 발전기의 구조
  ㉠ 스테이터(Stator)
    • 교류 발전기에서 유도 전류가 발생한다.
    • 스테이터는 독립된 3개의 코일이 감겨져 있고, 이 코일에는 3상의 교류가 유기된다.
  ㉡ 정류자 : 코일의 반회전마다 전류의 방향을 바꾸는 장치이다.
  ㉢ 로터(Rotor)
    • 로터는 로터철심, 로터코일, 로터축, 슬립링 등으로 구성되어 있다.
    • 로터코일과 자극편(Pole Shoe)에 의해 자속(자계)이 형성된다.
    ※ 시험램프로 교류 발전기 로터의 슬립링과 로터축에 시험 막대를 갖다 대니 불이 켜졌을 경우 로터는 접지되었다고 한다.
  ㉣ 브러시
    • 정류자편 면에 접촉되어 전기자 권선과 외부 회로를 연결시켜 주는 부분이다.
    • 2개의 브러시는 각각 브러시에 고정된 브러시 홀더에 끼우고 브러시 스프링으로 눌러서 슬립링에 접촉시키고 있다.
    ※ 브러시의 접촉이 불량할 때 가장 소손되기 쉬운 것 : 정류자편
  ㉤ 슬립링 : 브러시와 접촉되어 축전지의 여자전류를 로터코일에 공급한다.
    ※ 교류 발전기의 장력이 부족하면 슬립링과 접촉이 불량해져 출력이 저하된다.
  ㉥ 정류기
    • 실리콘 다이오드를 정류기로 사용한다.
    • 다이오드(Diode)
      - 교류 발전기에서 발생된 교류를 직류로 정류한다.
      - 배터리 전압이 발전기 내부로 역류하는 것을 방지한다.
      - 3상 교류 발전기의 다이오드는 보통 6개이다.

10년간 자주 출제된 문제

3-1. 교류 발전기에 대한 설명으로 틀린 것은?
① 컷아웃 릴레이는 필요하고 전류 조정기는 필요 없다.
② 소형·경량이고 출력이 크다.
③ 기계적 내구성이 우수하므로 고속 회전에 견딘다.
④ 저속에 있어서도 충전 성능이 우수하다.

3-2. 교류 발전기에서 발생된 교류를 직류로 정류하는 것은 어느 것인가?
① 다이오드
② 계자 릴레이
③ 슬립링
④ 정류 조정기

3-3. 브러시의 접촉이 불량할 때 가장 소손되기 쉬운 것은?
① 계자코일
② 볼 베어링
③ 전기자
④ 정류자편

3-4. 교류 발전기의 장력이 부족하면?
① 다이오드가 손상된다.
② 슬립링이 빨리 마모된다.
③ 전기자 코일에 과전류가 흐른다.
④ 슬립링과 접촉이 불량해져 출력이 저하된다.

|해설|

3-1
교류 발전기에서는 역류가 발생하지 않으므로 컷아웃 릴레이가 필요 없다.

3-3
브러시 : 정류자편 면에 접촉되어 전기자 권선과 외부 회로를 연결시켜 주는 부분
※ 정류자편(Commutator Segment) : 2개의 금속편

정답 3-1 ① 3-2 ① 3-3 ④ 3-4 ④

핵심이론 04 직류 발전기

① 직류(DC) 발전기의 종류
  ㉠ 여자 방식에 따른 분류 : 자석 발전기, 타여자 발전기, 자여자 발전기
  ㉡ 여자 권선 접속에 따른 자여자 발전기 종류 : 직권 발전기, 분권 발전기, 복권 발전기

② 직류 발전기의 특징
  ㉠ 직류 발전기는 전기자 코일에 발생한 교류를 정류자와 브러시로 정류하여 직류를 얻는 방식이다.
  ㉡ 발생전압은 전기자의 회전수에 비례한다.
  ㉢ 발생전압은 계자권선에 흐르는 여자전류에 비례한다.
  ㉣ 발생전압은 기관의 회전수에 따라 높아지는데 교류 회전수에 따라 급격히 상승하여 과대전압이 된다.
  ㉤ 잔류자기에 의한 자여자식이다.
  ㉥ 무겁고 공회전 시 충전이 불가능하고 고속 회전용으로는 부적합하다.
  ㉦ 컷아웃 릴레이와 전압조정기, 전류제한기가 필요하다.
  ㉧ 정류작용이 나쁘면 스파크가 발생되고, 라디오에 잡음이 생긴다.
  ㉨ 중량이 크고, 브러시의 수명이 짧다.
  ㉩ 보통의 아이들링 때에는 충전이 불가능하다.

③ 직류 발전기의 구조
  ㉠ 전기자 : 계자코일 내에서 회전하면서 자속을 끊어 기전력을 유도하는 것으로, 전류(교류)를 발생한다.
  ㉡ 브러시 : 뒤쪽 브래킷에 고정된 브러시 홀더에 끼워져 정류자와 접속하여 전기자에 발생한 전류를 정류하여 외부에 내보내는 일을 한다.
  ㉢ 계자철심과 계자코일 : 자속을 발생하는 부분으로 스크루에 의하여 요크에 고정된 계자철심에 계자코일이 감겨진 구조로 되어 있다.

② 내부결선 : 계자코일과 전기자 코일은 병렬접속으로 되어 있으며 코일 한끝의 접지방법에 따라 내부접지식과 외부접지식으로 구분한다.
⑩ 정류자 : 교류로 발전된 기전력을 직류로 바꾸어 주는 것이다.
④ 직류 발전기에서 출력이 나타나지 않는 원인
  ㉠ 정류자의 소손
  ㉡ 전기자의 단락
  ㉢ 브러시의 고장

10년간 자주 출제된 문제

4-1. 직류 발전기의 전기자에서 발생되는 전류는?
① 직 류
② 교 류
③ 맥 류
④ 정 류

4-2. 다음 중 직류 발전기의 구성 요소에서 회전하면서 자속을 끊어 기전력을 유도하는 것은?
① 전기자
② 계 자
③ 정류자
④ 브러시

|해설|

4-1
전류(교류)는 직류 발전기의 전기자에서 발생되어 브러시를 통해 외부로 전달된다.

4-2
전기자 : 계자코일 내에서 회전하면서 자속을 끊어 기전력을 유도하는 것으로, 전류(교류)를 발생한다.

정답 4-1 ② 4-2 ①

핵심이론 05 조정기

① 조정기(Regulator)의 구성
  ㉠ 조정기는 발전기의 발생전압을 제어하는 전압 조정기가 중심이 된다.
  ㉡ 직류 발전기용으로 출력전류를 제한하는 전류제한기와 축전지로부터 전류의 역류를 방지하는 컷아웃 릴레이가 있다.
  ㉢ 교류 발전기용으로 기관이 정지하고 있을 때 계자코일로 흐르는 불필요한 전류를 막아주는 필드 릴레이와 충전상태를 확인하는 충전경고등을 작동시키는 충전경고등 릴레이 등 각종 릴레이로 구성되어 있다.
② 전압 조정기
  ㉠ 발전기의 발생 전압을 항상 규정값으로 유지시키는 자동조정장치이다.
  ㉡ 접점식, 카본파일식, 트랜지스터식 등이 있다.
  ㉢ 저항을 계자코일과 축전지 사이에 넣어 조정한다.
③ 직류 발전기 조정기
  ㉠ 직류 발전기용 조정기는 전압조정, 전류조정, 컷아웃 릴레이(역류방지) 기능이 있다.
  ㉡ 접점식, 카본파일식, 트랜지스터식 등이 있다.
  ㉢ 어떤 형식이나 발전기 계자코일에 흐르는 전류의 세기를 조정하여 발생되는 전류를 조정한다.
④ 교류 발전기 조정기
  ㉠ 전류의 자기제한 작용이 있기 때문에 출력 전류도 과대하게 흐르지 않으므로 직류 발전기용 조정기와 같이 컷아웃 릴레이나 전류제한기는 없어도 된다.
  ㉡ 교류 발전기에 전류 조정기가 필요하지 않는 이유는 회전속도의 증가에 따라 리액턴스가 증가하여 발생전류를 제어하기 때문이다.

ⓒ 교류 발전기 전압 조정기의 역할
- 다이오드를 내장시켜 놓았기 때문에 축전지로부터 역류될 염려가 없다.
- 축전지와 전기장치를 과부하로부터 보호한다.
- 전압맥동에 의한 전기장치의 기능장애를 방지한다.
- 발전기의 부하에 관계없이 발전기의 전압을 항상 일정하게 유지한다.

10년간 자주 출제된 문제

5-1. 교류 발전기에서 전압 조정기의 역할이 아닌 것은?
① 축전지와 전기장치를 과부하로부터 보호한다.
② 발전기의 회전속도에 따라 전압을 변화시킨다.
③ 전압맥동에 의한 전기장치의 기능장애를 방지한다.
④ 발전기의 부하에 관계없이 발전기의 전압을 항상 일정하게 유지한다.

5-2. 전압 조정기는 저항을 어디에 넣어 조정을 하는가?
① 아마추어 코일과 축전지 사이
② 계자코일과 축전지 사이
③ 브러시와 출력축 사이
④ 충전회로

|해설|

5-1, 5-2
전압 조정기
- 발전기의 발생 전압을 항상 규정값으로 유지시키는 자동조정장치이다.
- 접점식, 카본파일식, 트랜지스터식 등이 있다.
- 저항을 계자코일과 축전지 사이에 넣어 조정한다.

정답 5-1 ② 5-2 ②

핵심이론 06 충전장치의 정비

① 축전지의 과방전
   ㉠ 팬 벨트 : 팬 벨트의 미끄러짐
   ㉡ 발전기 : 스테이터 코일의 접지 혹은 단선, 전기자 코일의 단선, 브러시와 슬립링 간의 접촉 불량, 다이오드 불량
   ㉢ 축전지 : 전해액 부족, 전극의 내부단락, 단자 접속 불량
   ㉣ 조정기 : 저속에서 접촉 불량, 낮은 조정전압, 고속에서 접점이 타붙음
   ㉤ 기타 : 배선 불량, 전기적 과부하

② 축전지의 과충전
   ㉠ 조정기 : 전압코일 단선, 저속에서 접점이 타붙음, 저속 측 접점 불량, 조정전압 과대
   ㉡ 기타 : 배선 불량
   ※ 과충전되고 있는 교류 발전기는 조정기(레귤레이터)를 정비하여야 한다.

③ 충전 경고등이 꺼지지 않는 원인
   ㉠ 팬 벨트의 장력 부족
   ㉡ 점화스위치의 접점 불량
   ㉢ 배선의 접속, 연결 부분 불량
   ㉣ 조정기 접점 동작이 불안정

④ 발전기에서 잡음 시 : 발전기의 베어링 결함, 다이오드 불량, 스테이터 코일을 접지 또는 층간 단락

⑤ 교류 발전기 정비 시 유의사항
   ㉠ 차에 장착된 채로 조정기의 전압조정을 행할 때에는 반드시 점화스위치를 끊고서 행해야 한다.
   ㉡ 다이오드 표면에 물이 닿으면 발전 불량이 되기 쉬워 조심해야 한다.
   ㉢ 다이오드 점검 시에는 회로시험기를 사용한다.
   ㉣ 발전기 및 조정기의 B단자 F단자를 접지시켜서는 절대로 안 된다.
   ㉤ 교류 발전기 분해 시는 바이스, 오픈엔드 렌치, 소켓 렌치 등이 필요하다.

10년간 자주 출제된 문제

과충전되고 있는 교류 발전기는 어디를 정비하여야 하는가?
① 배터리
② 다이오드
③ 레귤레이터
④ 스테이터 코일

[해설]

축전지의 과충전
- 조정기 : 전압코일 단선, 저속에서 접점이 타붙음, 저속 측 접점 불량, 조정전압 과대
- 기타 : 배선 불량

※ 과충전되고 있는 교류 발전기는 조정기(레귤레이터)를 정비하여야 한다.

정답 ③

4-6. 계기장치

핵심이론 01 전기계기의 종류

① 측정계기의 종류
  ㉠ 전류 테스터 : 전류량 측정
  ㉡ 저항 측정기 : 저항값 측정
  ㉢ 메가 테스터 : 절연저항 측정(절연저항의 단위는 $M\Omega$)
  ㉣ 멀티 테스터 : 전압 및 저항 측정
  ㉤ 오실로스코프 : 시간에 따른 입력전압의 변화를 화면에 출력하는 장치
  ㉥ 태코미터(회전속도계) : 고속으로 회전하는 물체의 순간회전속도 측정
  ㉦ 램프 시험기 : 통전 시험, 배선, 퓨즈 등의 단선 유무를 검사

② 전기 측정용 계기의 특징
  ㉠ 디지털형, 아날로그형으로 구분된다.
  ㉡ 계기는 직류용, 교류용, 직류·교류 겸용으로 구분된다.
  ㉢ 수직형, 수평형, 경사형은 사용 위치에 주의한다.
  ㉣ 계기의 정밀도에는 급수가 있다.
  ㉤ 고전압 측정 시에는 고전압 전용 측정계기를 이용하여 측정한다.
  ㉥ 직류를 측정할 때는 (+), (−)의 극성에 주의한다.
  ㉦ 전류계는 저항부하에 대하여 직렬 접속한다.
  ㉧ 계기 사용 시는 최대 측정범위를 초과해서 사용하지 말아야 한다.
  ㉨ 축전지 전원 결선 시는 합선되지 않도록 유의해야 한다.
  ㉩ 절연된 전극이 접지되지 않도록 하여야 한다.
    ※ 분류기 : 전류계의 측정범위를 넓히고자 전류계에 병렬로 접속하는 일종의 저항기
    ※ 배율기 : 전압계의 측정범위를 넓히고자 전압계에 직렬로 연결하는 저항기

10년간 자주 출제된 문제

1-1. 다음 중 전기 측정용 계기의 설명 중 잘못된 것은?

① 계기는 직류용, 교류용, 직류·교류 겸용으로 구분된다.
② 아날로그형, 디지털형으로 구분된다.
③ 계기의 정밀도에는 급수가 있다.
④ 고전압은 분류기를 이용하여 측정한다.

1-2. 다음 중 전기 지시형 계기를 사용하는 경우 사용 방법이 올바른 것은?

① 일반적으로 위치에 대한 오차는 크게 문제가 되지 않는다.
② 수직형, 수평형, 경사형은 사용 위치에 주의한다.
③ 눈금판의 계기의 자세는 편의대로 사용한다.
④ 플러그가 없어도 직접 교류 전원에 연결할 수 있다.

1-3. 다음 중 램프 시험기로 측정할 수 있는 시험은?

① 전압측정 시험
② 전류측정 시험
③ 통전 시험
④ 절연 시험

|해설|

1-1
고전압 측정 시에는 고전압 전용 측정계기를 이용하여 측정한다.

1-3
램프 시험기로 통전 시험, 배선, 퓨즈 등의 단선 유무를 검사한다.

정답 1-1 ④ 1-2 ② 1-3 ③

핵심이론 02 회로 시험기

① 회로 시험기(멀티 테스터)의 개념
  ㉠ 회로 시험기는 저항(통전 및 절연 시험 포함), 직류 전류, 전압(직류, 교류), 인덕턴스, 콘덴서, 전압비(dB) 등을 측정한다.
  ㉡ 눈금판, 지침, 0Ω, 조정기, 전환스위치, 측정단자, 리드선 등으로 구성되었다.
  ㉢ 전환스위치 둘레에는 저항, 전류, 직류전압, 교류전압 등의 측정범위가 표시되어 있다.
  ㉣ 디지털 회로시험기와 아날로그형 회로시험기가 있다.
  ㉤ 측정값의 오차 : 측정값 - 참값

② 회로시험기의 측정범위

종 류	측정범위
DC V	1-2.5-10-50-250-500-1,000V (내부저항 : 2.5V 이하 10kΩ/V, 10V 이상 4kΩ/V)
AC V	10-50-250-1,000V(내부저항 : 4kΩ/V)
DC A	0.1-2.5-25-250mA
OHMS	R-100, R-1,000, R-10,000Ω
μF 또는 H	0.001~0.3μF, 20~1,000H(AC V 10V 범위)
dB	-10~+22dBm

10년간 자주 출제된 문제

2-1. 다음 중 회로 시험기(테스터)로 측정할 수 없는 것은?

① 직류전류(A)
② 직류전압(V)
③ 저항(Ω)
④ 전력(W)

2-2. 다음 중 측정값의 오차를 나타내는 것은?

① 측정값 + 참값
② 측정값 - 참값
③ 보정률 + 참값
④ 보정률 - 참값

정답 2-1 ④ 2-2 ②

핵심이론 03 　 디지털, 아날로그 회로시험기

① 디지털 회로시험기
　㉠ 아날로그, 디지털 겸용도 있다.
　㉡ 개인 측정 오차의 범위가 좁다.
　㉢ 측정값은 숫자 값으로 표시된다.
　㉣ 비교기, 발진기, 증폭기 등으로 구성된다.

② 아날로그 회로시험기
　㉠ 저항, 직류전압, 전류 및 교류 전원을 측정할 수 있다.
　㉡ 트랜지스터, 다이오드의 절연저항을 측정할 수 있다.
　㉢ L과 C값을 측정할 수 있다.
　㉣ 테스트 리드의 적색은 (+) 단자에, 흑색은 (-) 단자에 꽂는다.
　㉤ 각 측정 범위의 변경은 큰 쪽부터 작은 쪽으로 하고 역으로 하지 않는다.
　㉥ 계기 눈금 최댓값은 250V이다.
　㉦ 2V 이하의 전압도 측정할 수 있다.
　㉧ 중앙 손잡이 위치를 측정 단자에 일치시켜야 한다.

10년간 자주 출제된 문제

3-1. 디지털 회로시험기의 설명으로 틀린 것은?
① 아날로그, 디지털 겸용도 있다.
② 개인 측정 오차의 범위가 넓다.
③ 측정값은 숫자 값으로 표시된다.
④ 비교기, 발진기, 증폭기 등으로 구성된다.

3-2. 아날로그형 회로 시험기의 사용법 설명 중 잘못된 것은?
① 저항, 직류전압, 전류 및 교류 전원을 측정할 수 있다.
② 트랜지스터, 다이오드의 절연저항을 측정할 수 있다.
③ L과 C값은 측정할 수 없다.
④ 직류 측정 시 (+), (-) 단자의 극성에 유의한다.

|해설|

3-1
디지털 회로시험기는 측정하는 전기량을 숫자로 표시하여 쉽게 측정할 수 있다.

3-2
회로시험기(Multimeter 또는 Multi Tester)는 기본적으로 전압, 전류, 저항의 측정 기능을 제공하며, 일부 제품들은 추가로 오실로스코프 기능이나 L, C값을 측정하는 기능 등을 포함한 멀티미터를 판매한다.

정답 3-1 ② 3-2 ③

핵심이론 04 전압계, 전류계 등의 사용법

① 전압계 사용 방법
  ㉠ 측정범위에 알맞은 전압계를 선택한다.
  ㉡ 전환 스위치를 직류 또는 교류전압의 측정 범위에 놓는다.
  ㉢ 측정하고자 하는 저항부하와 병렬로 연결한다.
  ㉣ 직류전압 측정 시 전압계의 (+)단자와 (−)단자의 극성을 정확히 연결한다.
  ㉤ 측정범위를 예상할 수 없을 경우에는 가장 큰 측정 범위에 전환 스위치를 놓는다.
  ㉥ 직류 : (+)쪽에는 적색 리드선을 대고, (−)쪽에는 흑색 리드선을 댄 후 눈금판에서 눈금을 읽는다.
  ㉦ 교류 : 측정하려는 교류전압의 양단자에 리드선을 대고 읽는다.

② 전류와 관련된 법칙
  ㉠ 비오-사바르의 법칙
    • 전류에 의한 자장의 세기를 결정한다.
    • 전류에 의해 발생되는 자장의 크기는 전류의 크기와 전류가 흐르고 있는 도체와 고찰하는 점까지의 거리에 의해 결정된다. 이러한 관계를 비오-사바르의 법칙이라 한다.

$$\Delta H = \frac{I \cdot \Delta l}{4\pi r^2} \cdot \sin\theta \, (\text{A/m})$$

  ㉡ 줄의 법칙
    • 전류의 발열작용과 관계가 있다.
    • 전류에 의해서 매초 발생하는 열량은 전류의 제곱과 저항의 곱에 비례한다.

$$H = 0.24 I^2 Rt \, (\text{cal})$$

10년간 자주 출제된 문제

4-1. 전압계를 사용하는 방법에 대한 설명으로 잘못된 것은?
① 직류전압 측정 시 전압계의 (+)단자와 (−)단자의 극성을 정확히 연결한다.
② 전압계의 다이얼을 낮은 전압 위치에 놓고 측정 후 점차 높은 전압 위치에 놓는다.
③ 측정하고자 하는 부하와 병렬로 연결한다.
④ 측정범위에 알맞은 전압계를 선택한다.

4-2. 전압계와 전류계에 대한 설명으로 틀린 것은?
① 직류를 측정할 때는 (+), (−)의 극성에 주의한다.
② 전압계는 저항부하에 대하여 병렬 접속한다.
③ 전류계는 저항부하에 대하여 직렬 접속한다.
④ 전압계와 전류계 모두 저항부하에 대하여 직렬 접속한다.

|해설|

4-1
측정하려는 전압의 크기 정도를 알지 못할 경우 가장 큰 눈금 위치로 돌려놓는다.

4-2
전류계는 측정하고자 하는 저항이나 부하와 직렬로 연결하고, 전압계는 측정하고자 하는 저항이나 부하의 양단에 병렬로 연결한다.

정답 4-1 ② 4-2 ④

4-7. 등화장치

핵심이론 01 빛, 에너지

① 광 도
  ㉠ 어떤 방향의 빛의 세기를 나타낸다.
  ㉡ 단위는 칸델라(cd)를 사용한다.
  ㉢ 기호는 I를 사용한다.
  ㉣ 1cd는 광원으로부터 1m 떨어진 $1m^2$의 면에 1lm의 광속이 통과할 때, 그 방향의 빛의 세기이다.

② 조 도
  ㉠ 피조면의 밝기의 정도를 나타낸다.
  ㉡ 단위 면적당 입사 광속이다.
  ㉢ 단위는 럭스(lx)를 사용한다.
  ㉣ $lx = \dfrac{lm}{m^2}$, 거리의 제곱에 반비례한다.
  ㉤ 기호는 E를 사용한다.

③ 광 속
  ㉠ 광원으로부터 나오는 빛의 다발이다.
  ㉡ 에너지 방사 비율을 시간 단위로 측정한다.
  ㉢ 단위는 루멘(Lumen, lm)을 사용한다.
  ㉣ 광속의 시간 적분은 광량이다.
  ㉤ 기호는 F를 사용한다.

※ 측광 단위

구 분	정 의	기 호	단 위
조 도	단위 면적당 빛의 도달 정도	E	lx
광 도	빛의 강도	I	cd
광 속	광원에 의해 초(sec)당 방출되는 가시광의 전체량	F	lm
휘 도	어떤 방향으로부터 본 물체의 밝기	L	cd/m^2, nt
램프 효율	소모하는 전기 에너지가 빛으로 전환되는 효율성	h	lm/W

10년간 자주 출제된 문제

1-1. 다음 중 광속에 대한 설명으로 틀린 것은?
① 에너지 방사 비율을 시간 단위로 측정한다.
② 단위는 루멘(lm)이다.
③ 광속의 시간 적분은 광도이다.
④ 기호는 F를 사용한다.

1-2. 조도에 대한 설명 중 틀린 것은?
① 단위 면적당 입사 광속이다.
② 단위는 럭스(lx)를 사용한다.
③ 광원과의 거리에 비례한다.
④ 기호는 E를 사용한다.

1-3. 광원의 광도가 10cd인 경우 거리가 2m 떨어진 곳의 조도는 몇 lx인가?
① 2.5
② 5
③ 20
④ 40

[해설]

1-1
광속의 시간 적분은 광량이다.

1-3
$E = \dfrac{I}{거리^2} = \dfrac{10}{2^2} = 2.5$

정답 1-1 ③ 1-2 ③ 1-3 ①

핵심이론 02 전조등

① 전조등(헤드라이트)에는 실드빔형과 세미 실드빔형이 있다.
　㉠ 실드빔
　　• 1개의 전구(반사경, 렌즈, 필라멘트)가 일체형으로 되어 있다.
　　• 내부에 불활성 가스가 들어 있고 대기조건에 따라 반사경이 흐려지지 않는다.
　　• 수명이 길고, 가격이 비싸다.
　　• 사용에 따르는 광도의 변화가 작다.
　　• 필라멘트가 끊어지면 전조등 전체를 교환해야 한다.
　㉡ 세미 실드빔
　　• 반사경과 렌즈는 일체형이고, 필라멘트는 별개로 되어 있다.
　　• 반사경이 흐려지기 쉽다.
　　• 필라멘트가 끊어지면 전구만 교환한다.
② 전조등의 구성요소
　㉠ 전조등 회로는 퓨즈, 라이트 스위치, 디머 스위치 등으로 구성되어 있다.
　㉡ 양쪽의 전조등은 하이 빔과 로 빔이 각각 병렬로 접속되어 있다.
　㉢ 전조등 스위치는 2단으로 작동하며, 스위치를 움직이면 내부의 접점이 미끄럼 운동하여 전원과 접속하게 되어 있다.
　㉣ 디머 스위치는 라이트 빔을 하이 빔과 로 빔으로 바꾸는 스위치이다.
　　※ 램프용 벌브(Bulb)는 전압을 공급하자마자 정격전력에 도달하도록 되어 있고, 벌브에 사용하는 릴레이는 벌브의 정격전력보다 높게 설정한다.
③ 건설기계의 전조등에서 광도 부족 원인
　㉠ 각 배선 단자의 접촉 불량
　㉡ 접속부 저항에 의한 전압 강하
　㉢ 장기간 사용으로 인한 전구의 열화
　㉣ 전구의 설치 위치가 틀릴 때
④ 정비작업 중 갑자기 전조등이 꺼졌을 경우의 원인 : 퓨즈·배선의 부착 불량, 필라멘트 단선

10년간 자주 출제된 문제

2-1. 다음 중 전조등 전기회로의 주요 구성이 아닌 것은?
① 퓨 즈
② 전조등 스위치
③ 디머 스위치
④ 방향지시등 스위치

2-2. 다음 중 전조등(헤드라이트)의 구성요소가 아닌 것은?
① 반사경
② 로 및 하이 빔 필라멘트
③ 램 프
④ 단속기

|해설|

2-1
전조등 회로는 퓨즈, 라이트 스위치, 디머 스위치(Dimmer Switch) 등으로 구성되어 있다.

2-2
전조등은 야간에 안전하게 주행하기 위해 전방을 조명하는 램프로서 렌즈, 반사경, 필라멘트의 3요소로 구성되어 있다.

정답 2-1 ④　2-2 ④

핵심이론 03 후미등, 브레이크등, 방향지시등

① 후미등
  ㉠ 후미등은 적색이어야 하며, 기계 몸체 중심선을 기준으로 좌우 대칭이어야 한다.
  ㉡ 후미등은 라이트 스위치에 의해 점멸된다.

② 브레이크등(제동등)
  ㉠ 브레이크등은 적색이어야 하며 다른 등화와 겸용하는 경우에는 그보다 광도가 높아야 한다.
  ㉡ 브레이크등은 브레이크 스위치에 의해 점멸된다.
  ㉢ 브레이크등은 주야간 모두 점등되며, 후미등의 3배 이상의 광도를 가지고 있다.
  ㉣ 브레이크등과 후미등은 각각 병렬로 접속되어 있다.

③ 방향지시등 및 기타
  ㉠ 방향지시등은 황색 또는 황색계열이어야 하며, 점멸하거나 광도가 증감하는 구조이어야 한다.
  ㉡ 퓨즈에 과전류가 흐르면 연결부가 끊어진다.
  ㉢ 퓨즈 블링크 : 과전류가 흐를 때 단선되도록 한 전선의 일종이다.
  ㉣ 도로를 주행하는 장비에서 차선을 변경하고자 할 때 사용된다.
  ㉤ 등화장치의 종류
    • 전조등 : 일몰 시 (야간에) 안전 주행을 위한 조명
    • 안개등 : 안개 속에서 안전 주행을 위한 조명
    • 후진등 : 중장비가 후진할 때 점등되는 조명등
    • 실내등 : 실내의 조명
    • 계기등 : 야간에 계기판의 조명을 위한 등
    • 방향지시등 : 차량의 좌우 회전을 표시
    • 제동등 : 발로 브레이크를 걸고 있음을 표시
    • 차고등 : 차의 높이를 표시
    • 주차등 : 주차 중임을 표시
    • 차폭등 : 차의 폭을 표시
    • 미등 : 차의 후면을 표시
    • 번호등 : 번호판의 조명
    • 유압등 : 유압이 규정 이하로 내려가면 점등
    • 충전등 : 축전지가 충전되지 않으면 점등
    • 연료등 : 연료가 규정 이하로 되면 점등

10년간 자주 출제된 문제

3-1. 퓨즈에 과전류가 흐르면 어떤 현상이 일어나는가?
① 연결이 좋아진다.
② 연결이 나빠진다.
③ 연결부가 끊어진다.
④ 아무런 관계가 없다.

3-2. 다음 중 퓨즈 블링크의 설명으로 옳은 것은?
① 아주 미세한 전류가 흐르는 데 사용한다.
② 여러 개의 퓨즈를 한군데로 모아서 연결한 것이다.
③ 전류가 역류하는 것을 방지하는 것이다.
④ 과전류가 흐를 때 단선되도록 한 전선의 일종이다.

|해설|

3-1
퓨즈는 전기장치에 과전류가 흐를 때 끊어져서 전기를 차단하여 사고를 방지하는 부품이다.

3-2
퓨즈 블링크는 회로에 과전류가 흐를 때 녹아서 끊어지도록 제작된 작은 지름의 짧은 전선이다.

정답 3-1 ③ 3-2 ④

핵심이론 04 등화장치의 고장 원인

① 전조등의 조도가 부족한 원인
  ㉠ 전구의 설치 위치가 바르지 않았을 때
  ㉡ 축전지의 방전
  ㉢ 전구의 장기간 사용에 따른 열화
  ㉣ 렌즈 안팎에 물방울이 부착되었을 경우
  ㉤ 전조등 설치부 스프링의 피로
  ㉥ 반사경이 흐려졌을 때
  ㉦ 접지의 불량
    ※ 야간 운행 중 전조등이 점차로 어두워지는 주원인 : 축전지의 충전량이 부족한 경우
② 전조등의 불이 켜지지 않을 때 점검해야 할 사항
  ㉠ 배선이 잘못 연결되어 있는지 점검
  ㉡ 퓨즈의 절단 여부 상태와 접속 상태 점검
  ㉢ 회로배선 중 고열 부분에 접속되고 있는 부분이 있는지 점검
  ㉣ 각 접속 부분에 녹이 슬었거나 진동으로 단자 볼트가 풀려 있는지 점검
③ 좌우 방향지시등의 점멸이 느린 경우의 원인
  ㉠ 전구의 용량이 규정 용량보다 작을 경우
    ※ 전구의 용량이 규정보다 크면 점멸이 빨라진다.
  ㉡ 축전지 용량이 저하되었을 때(방전)
  ㉢ 플래시 유닛에 결함이 있을 경우
  ㉣ 전구의 접지가 불량할 경우
  ㉤ 퓨즈와 배선의 접촉이 불량할 경우
④ 좌우 방향지시등의 점멸 횟수가 다르거나 한쪽만 작동될 때 원인
  ㉠ 전구의 용량이 다를 때
  ㉡ 접지가 불량할 때
  ㉢ 전구 하나가 단선되었을 때
⑤ 전구의 수명
  ㉠ 수명은 점등 시간에 반비례한다.
  ㉡ 필라멘트가 단선될 때까지의 시간이다.
  ㉢ 필라멘트의 성질과 굵기에 영향을 받는다.
  ㉣ 형광등은 백열전구에 비해 주위 온도의 영향을 받는다.
※ 디젤엔진에서 공기 예열 경고등의 기능
  • 흡입공기의 예열상태를 표시한다.
  • 예열 완료 시 소등된다.
  • 시동이 완료되면 소등된다.

10년간 자주 출제된 문제

4-1. 전조등의 조도가 부족한 원인으로 틀린 것은?
① 접지의 불량
② 축전지의 방전
③ 굵은 배선 사용
④ 장기 사용에 의한 전구의 열화

4-2. 전조등의 불이 켜지지 않을 때 점검해야 할 사항이 아닌 것은?
① 배선이 너무 길게 되어 있는지 점검
② 퓨즈의 절단 여부 상태와 접속 상태 점검
③ 회로배선 중 고열 부분에 접속되고 있는 부분이 있는지 점검
④ 각 접속 부분에 녹이 슬었거나 진동으로 단자 볼트가 풀려 있는지 점검

4-3. 방향지시기 회로에서 지시등의 점멸이 느릴 때의 원인으로 틀린 것은?
① 축전지가 방전되었다.
② 전구의 용량이 규정값보다 크다.
③ 전구의 접지가 불량하다.
④ 퓨즈와 배선의 접촉이 불량하다.

|해설|

4-3
전구의 용량이 규정값보다 작을 경우 방향지시등의 점멸이 빨라진다.

정답 4-1 ③ 4-2 ① 4-3 ②

4-8. 냉방장치 및 난방장치

핵심이론 01 냉방장치의 개요

① 냉방의 원리 : 냉방장치는 냉매가 증발할 때 주위로부터 기화열을 빼앗아가는 원리를 이용한다.

② 냉매 : 냉동효과를 얻기 위해 사용되는 물질로 냉동사이클 중 저온부에서 고온부로 열을 운반하는 역할을 한다.

③ 냉매의 구비조건
  ㉠ 응축압력이 되도록 낮을 것
  ㉡ 응고온도가 낮고, 냉매증기의 비열비는 작을 것
  ㉢ 증발압력이 저온에서 대기압 이상일 것
  ㉣ 안전성이 있고, 인화성과 폭발성이 없을 것
  ㉤ 윤활유에 녹지 않고, 가격이 저렴할 것
  ㉥ 악취, 독성, 부식성이 없을 것
  ㉦ 동일한 냉방능력에 대하여 소요동력이 작을 것
  ※ 냉방회로에서 응축효과를 증대시키는 방법
  • 엔진 냉각 팬의 직경을 크게 한다.
  • 라디에이터 슈라우드를 설치한다.
  • 응축기 외부 표면에 먼지 등의 이물질을 제거한다.
  • 응축기 냉각용 핀이 막히거나 찌그러지지 않게 한다.

④ 냉매의 종류
  ㉠ 할로겐화 탄화수소 : 프레온, 염화메틸 등
  ㉡ 무기화합물 : 암모니아, 탄산가스, 물
  ㉢ 탄화수소 : 메탄, 에탄, 프로판 등
  ㉣ 신냉매 R-134a의 특징
  • 분자구조가 안정되어 있다.
  • 다른 물질과 잘 반응하지 않는다.
  • 불연성이며, 독성이 없다.
  • 오존을 파괴하는 염소가 없다.

10년간 자주 출제된 문제

1-1. 냉매의 구비조건으로 틀린 것은?
① 증발압력이 저온에서 대기압 이하일 것
② 응축압력이 되도록 낮을 것
③ 응고온도가 낮을 것
④ 냉매증기의 비열비는 작을 것

1-2. 신냉매 R-134a의 특징을 설명한 것으로 틀린 것은?
① 분자구조가 안정되어 있다.
② 다른 물질과 잘 반응한다.
③ 불연성이며, 독성이 없다.
④ 오존을 파괴하는 염소가 없다.

[해설]

1-1
증발압력이 낮으면 장치 내로 공기가 유입될 수 있다.

1-2
신냉매 R-134a의 특징
• 분자구조가 안정되어 있다.
• 다른 물질과 잘 반응하지 않는다.
• 불연성이며, 독성이 없다.
• 오존을 파괴하는 염소가 없다.

정답 1-1 ① 1-2 ②

핵심이론 02 에어컨 시스템

① 냉방장치는 압축기, 응축기, 건조기, 팽창 밸브, 증발기, 송풍기 등으로 구성된다.
② 에어컨 시스템의 순환과정 : 압축기 → 응축기 → 건조기 → 팽창 밸브 → 증발기
③ 압축기
  ㉠ 압축기는 저압 냉매가스를 고압으로 압축하여 응축기로 보내는 일을 한다. 이러한 작용에 의해 냉매는 사이클 내를 순환한다.
  ㉡ 종 류
    • 왕복식 : 크랭크식, 사판식, 와플식, 레이디얼식(스카치요크식)
    • 회전식 : 베인로터식(편심, 동심로터식), 롤링피스톤식
  ※ 에어컨 장치에서 컴프레서(Compressor)의 압축이 불량일 경우 에어컨의 압력(저압축과 고압축) : 저압-높다, 고압-낮다
④ 응축기 : 기화된 냉매를 액화하는 장치, 즉 압축기에서 고온고압의 기체로 된 냉매를 냉각하여 액화시킨다.
⑤ 건조기
  ㉠ 응축기와 팽창 밸브 사이에 설치되어 응축된 냉매를 냉방부하에 적응하여 필요한 양을 증발기에 공급할 수 있도록 일시적으로 저장하는 역할을 한다.
  ㉡ 저장기능, 기포분리기능, 수분제거기능, 압력전기능, 냉매량 관찰기능
⑥ 팽창 밸브 : 증발기 입구에 설치되며, 건조기로부터 들어온 고압의 냉매를 교축작용에 의해 분무상의 저압 액체 냉매로 하여 증발기에 보낸다.
⑦ 증발기 : 실내공기를 냉각하기 위한 열교환기이다.
  ※ 핀 서모센서 : 증발기에 설치되어 증발기 출구 측의 온도를 감지하여 빙결을 예방할 목적으로 설치
⑧ 송풍기 : 증발기에 강제적으로 공기를 불어서 고온다습한 공기를 저온 제습을 한 후 차 실내로 보내는 역할을 한다. 팬은 공기의 흐름 방식에 따라 측류식과 원심식[터보팬, 원통형(시로코팬), 레이디얼팬]으로 분류된다.
  ※ 건설기계의 자동 에어컨에서 사용되는 센서 : 외기센서, 일사센서, 실내온도센서, 증발기 온도센서 등
⑨ AQS(Air Quality System)센서 : 유해가스차단장치, 에어컨 장치에서 대기 중에 함유되어 있는 유해가스를 감지하여 가스의 실내 유입을 자동적으로 차단하여 차 실내의 공기청정도를 유지한다.

10년간 자주 출제된 문제

2-1. 에어컨 시스템의 순환과정으로 맞는 것은?
① 압축기 → 팽창 밸브 → 건조기 → 응축기 → 증발기
② 압축기 → 건조기 → 응축기 → 팽창 밸브 → 증발기
③ 압축기 → 응축기 → 건조기 → 팽창 밸브 → 증발기
④ 압축기 → 건조기 → 팽창 밸브 → 응축기 → 증발기

2-2. 에어컨 시스템에서 기화된 냉매를 액화하는 장치는?
① 팽창 밸브
② 압축기
③ 응축기
④ 리시버 드라이버

2-3. 에어컨에서 사용되는 압축기의 종류가 아닌 것은?
① 사판식
② 회전식
③ 크랭크식
④ 기어식

|해설|
2-2
응축기 : 기화된 냉매를 액화하는 장치, 즉 압축기에서 고온고압의 기체로 된 냉매를 냉각하여 액화시킨다.

정답 2-1 ③ 2-2 ③ 2-3 ④

핵심이론 03 난방장치

① 난방장치의 종류
  ㉠ 온수식
    - 기관의 냉각수로 난방을 시키며 구조가 간단하여 가장 많이 사용되는 형식이다.
    - 폐열의 이용이 가능하며 열원이 안정되어 있다.
    - 온수식 히터는 히터유닛, 송풍기, 물호스, 공기통로 및 각종 밸브, 스위치 등으로 구성되어 있다.
  ㉡ 연소식 : 기관의 열을 이용하지 않고 독립된 연소기를 사용하여 자동차 실내의 난방을 한다. 직접형과 간접형이 있다.
  ㉢ 배기식 : 기관의 배기열을 이용한 방식으로 배기가스의 독성과 화재위험 때문에 잘 사용하지 않는다.
    ※ 압력의 단위 : kgf/cm^2, mmHg, atm

② 난방장치의 송풍기
  ㉠ 송풍기의 종류는 분리식과 일체식이 있다.
  ㉡ 전동기 축에는 유닛의 열을 강제적으로 방출시키는 팬이 부착되어 있다.
  ㉢ 장시간 고속 회전을 위해 특수한 무급유 베어링을 사용한다.
  ㉣ 냉난방 장치에서 사용되고 있는 수동식 송풍기 모터 회전수 제어는 주로 저항을 이용한다.

10년간 자주 출제된 문제

냉난방 장치에서 사용되는 수동식 송풍기 모터 회전수 제어는 주로 무엇을 이용하는가?
① 저 항
② 센 서
③ 반도체
④ 릴레이

정답 ①

제5절 작업장치 정비

5-1. 불도저 작업장치

핵심이론 01 도저의 분류

① 주행방식에 따른 분류
  ㉠ 무한궤도형(크롤러형 또는 트랙형)
    - 습지(濕地)·사지(沙地) 등의 작업이 가능하다.
    - 견인력·등판능력이 커 험악 지대 작업이 가능하다.
  ㉡ 타이어형(휠형)
    - 습지·사지 및 험악 지대 등의 작업이 어렵다.
    - 기동성이 좋고 포장된 도로의 주행이 가능하다.

② 블레이드 설치방식에 따른 (용도별)분류 : 불도저(스트레이트 도저), 틸트 도저, 앵글 도저, U형 도저 등
  ㉠ 틸트 도저의 블레이드 : 농경지 작업이나 도로공사, 댐 공사 등에서 흙, 돌 등을 운반하기 위한 작업장치이다.
  ㉡ 앵글 도저의 성능
    - 절토 작업, 제설 작업, 파이프 매설 작업 등에 쓰인다.
    - 평탄 도로에서 최대 견인력은 자체 중량을 넘지 못한다.

③ 도저(Dozer)의 성능과 안전작업
  ㉠ 불도저의 등판능력은 약 30°이다.
  ㉡ 평탄도로에서 견인력은 대체로 자중(자체 중량)을 넘지 못한다.
  ㉢ 절토작업, 굳은 땅 옆으로 자르기, 제설작업 등에 쓰인다.
  ㉣ 완성작업은 토공판이 빈 것보다 흙을 가득히 채운 편이 쉽다.
  ㉤ 토공판을 내리기 전에 트랙의 완성면과 평행한 면 위에 있는지 확인한다.

ⓑ 거친 완성은 고속으로, 치밀한 완성일수록 저속으로 작업한다.

ⓢ 도저는 거친 마무리 작업에 적합한 기계이다.

10년간 자주 출제된 문제

도저를 용도별로 분류한 것으로 틀린 것은?
① 불도저(스트레이트 도저)
② 틸트 도저
③ 앵글 도저
④ 브레이커 도저

[해설]

블레이드 설치방식에 따른 용도별 분류
- 불도저(스트레이트 도저)
- 틸트 도저
- 앵글 도저
- U형 도저

정답 ④

핵심이론 02 불도저의 구조

① **균형 스프링**
ㄱ) 겹친 판 스프링으로 되어 있다.
ㄴ) 주행 중 완충 작용을 하기 때문에 좌우의 트랙 프레임에 작용하는 하중을 항상 균일하게 한다.

② **클러치 브레이크(Clutch Brake)**
ㄱ) 클러치와 변속기 사이에 설치되어 있다.
ㄴ) 클러치를 차단하고 기어 변속이 신속히 되며 기어의 마멸방지 및 소음을 방지해 주는 장치이다.

③ **조향 클러치(Steering Clutch)**
ㄱ) 베벨 기어의 하우징에 부착되어 있다.
ㄴ) 베벨 기어의 동력을 스프로킷으로 전달 및 차단하여 도저의 진행 방향을 바꾸어 준다.
ㄷ) 불도저의 클러치 정비
  - 주압력 안전 밸브가 열린 채 고착되어 있거나, 스프링이 약해져 있으면 압력이 낮다.
  - 변속기 케이스의 흡입 스크린이 막혀 있으면 압력이 낮다.
  - 모듈레이팅 밸브 커버 밑의 심이 두꺼우면 압력이 높다.

④ **기타 주요 구조**
ㄱ) 불도저의 파이널 드라이브 기어장치 구성부품 : 아이들 피니언 기어, 메인 드라이브 기어, 피니언 기어 등
ㄴ) 불도저는 아티큘레이트 스티어링(Articulated Steering)형식의 조향장치, 카운터웨이트가 사용되지 않는다.
ㄷ) 불도저 뒷면에 있는 유압 리퍼는 1~5개의 섕크(Shank)로 구성된다.
ㄹ) 모듈레이팅 밸브 : 불도저 파워시프트 변속기에서 원활한 변속 및 발진을 위해 사용된다.
ㅁ) 오버로드 밸브 : 블레이드에 과부하가 걸렸을 때 유압회로 내에서 작동한다.

ⓗ 불도저의 토크 변환기 : 펌프는 구동판을 거쳐 기관의 플라이휠과 연결되어 있다.

※ 도저의 상부 롤러
- 트랙이 밑으로 처지지 않도록 받쳐 준다.
- 프런트 아이들러와 스프로킷 사이에 설치되어 있다.
- 트랙의 회전을 바르게 유지한다.

※ 건설기계의 전체 하중은 하부 롤러가 지지한다.

10년간 자주 출제된 문제

불도저 뒷면에 있는 유압 리퍼는 일반적으로 몇 개의 섕크(Shank)로 구성되는가?

① 1~5개
② 6~10개
③ 10~15개
④ 8~12개

|해설|

불도저 뒷면에 있는 유압 리퍼는 1~5개의 섕크로 구성된다.

정답 ①

핵심이론 03 불도저의 작업장치

① 블레이드(Blade, 토공판)
  ㉠ 토사작업을 할 때, 토사를 밀어낼 때 흙의 저항을 감소시키기 위해 곡면모양이다.
  ㉡ 아래쪽 끝에는 마멸이나 파손을 방지하기 위하여 강인한 특수강의 블레이드 날이 볼트로 체결되어 있다.
  ㉢ 양쪽에는 내마멸성이 큰 귀 삽날이 부착되어 있다.
  ㉣ 블레이드 길이는 나사로 신축되므로 틸트 각도, 절삭 각도를 조정할 수 있다.

② 리퍼(Ripper)
  ㉠ 굳은 지면, 나무뿌리, 암석 등을 파헤치는 데 사용하며, 15° 이상 선회할 때에는 섕크를 지면에서 들어야 한다.
  ㉡ 도저의 리퍼가 하는 일 : 굳은 지반 깨뜨리기, 나무뿌리 뽑기 작업, 돌 파내기 작업, 딱딱한 지면 파기 작업
    ※ 불도저의 언더 캐리지(하부주행체) 부품 : 트랙, 트랙롤러, 트랙 프레임 등

③ 스프로킷(Sprocket)
  ㉠ 최종 구동력을 트랙으로 전달한다.
  ㉡ 이빨의 취부상태에 따라 일체형과 분할형이 있다.
  ㉢ 경제적인 면에서 분할형이 유리하다.
  ㉣ 정밀 연마되었으며 열처리되어 있다.
  ㉤ 신품과 교환이 용이하다.
  ㉥ 스프로킷 허브 주위 오일이 새는 원인은 내·외측 듀콘 실(Dou-Cone Seal)이 파손되었을 때이다.
  ㉦ 스프로킷이 한쪽 방향으로만 마모되는 원인은 롤러 및 아이들러의 정렬이 틀렸기 때문이다.
  ㉧ 스프로킷이 마모되는 원인은 트랙의 이완이다.
  ㉨ 스프로킷의 중심위치는 베어링의 앞뒤 심으로 조정한다.
  ㉩ 스프로킷 팁 끝부분의 마모가 심할 때는 링크의 핀 부싱상태를 점검한다.

10년간 자주 출제된 문제

불도저의 스프로킷에 대한 설명으로 옳지 않은 것은?
① 이빨의 부착상태에 따라 일체형과 분할형이 있다.
② 경제적인 면에서 분할형이 유리하다.
③ 정밀 연마되었으며 열처리되어 있다.
④ 이빨수는 대부분 짝수로 되어 있다.

|해설|

스프로킷(Sprocket)
- 최종 구동력을 트랙으로 전달한다.
- 이빨의 취부상태에 따라 일체형과 분할형이 있다.
- 경제적인 면에서 분할형이 유리하다.
- 정밀 연마되었으며 열처리되어 있다.
- 신품과 교환이 용이하다.

정답 ④

핵심이론 04 불도저 장비

① 불도저 조향장치의 유압부스터 레버가 무거운 원인
  ㉠ 유격조정이 불량하다.
  ㉡ 유압계통 내에 공기가 유입되었다.
  ㉢ 기어 펌프 흡입구 스트레이너가 막혀 있다.
  ㉣ 오일 통로에 유압의 누출이 있다.
  ※ 조향장치에서 레버를 당겨도 조향이 잘되지 않는 원인
  - 페이싱이 마모되었을 때
  - 크랭크축 간격이 맞지 않을 때
  - 압력스프링이 마모 또는 장력이 약할 때

② 불도저의 블레이드 상승이 늦는 원인
  ㉠ 유압 작동 실린더의 내부 누출이 있을 때
  ㉡ 작동 유압이 너무 낮을 때
  ㉢ 릴리프 밸브의 조정이 불량할 때
  ㉣ 펌프가 불량할 때

③ 작업 사이클 시간(Cycle Time)
  ㉠ 운반거리 및 작업조건에 따라서 결정된다.
  ㉡ 불도저의 1회 작업 사이클 시간(C_m)을 구하는 공식

  $$C_m = \frac{L}{V_1} + \frac{L}{V_2} + t$$

  여기서, L : 평균 운반거리(m)
  V_1 : 전진속도(m/분)
  V_2 : 후진속도(m/분)
  t : Gear 변속시간(분)

④ 블레이드용량(Q) = 블레이드폭(B) × 블레이드높이(H^2)

⑤ 견인력

  견인력(PS) = $\dfrac{FV}{75}$

  1PS = 75kgf·m/sec
  여기서, F : 견인력
  V : 속도

⑥ 주요 정비사항
  ㉠ 일반적인 불도저 트랙의 긴장도 : 1 1/2~2인치
  ㉡ 불도저 작업동력의 배출 축(PTO)은 기관 회전속도가 일정하면 변속기를 조작해도 회전속도가 변하지 않는다.
  ㉢ 불도저의 귀 삽날(End Bit)의 정비 방법 : 마모된 쪽만 교환한다.
  ㉣ 불도저의 장삽날이 규정 이상 마모되면 상하 180° 뒤집어서 한 번 더 사용한다.
  ㉤ 도저의 삽날이 깊이 박혀서 기관에 과부하가 걸렸을 때 먼저 삽날을 들어 올려야 한다.
  ㉥ 트랙장력이 너무 팽팽하거나 느슨할 때 언더캐리지(하부주행체) 부분의 마모가 가장 촉진된다.
  ㉦ 불도저의 최종 감속장치에서 이상한 소리가 나는 원인 : 윤활유가 너무 많이 들어 있다.
  ㉧ 도저의 트랙을 분리 : 마스터 핀을 기동륜과 캐리어 롤러 사이에 있게 한다.
  ㉨ 상부 롤러 탈거방법 : 스프로킷과 트랙링크 사이에 단단한 나무나 환봉을 끼우고 탈거한다.

10년간 자주 출제된 문제

4-1. 일반적인 불도저 트랙의 긴장도로 가장 적당한 것은?
① 1/10~1/5인치
② 1 1/2~2인치
③ 4 1/2~5인치
④ 6 1/2~8인치

4-2. 불도저의 1회 작업 사이클 시간(C_m)을 구하는 공식이 맞는 것은?[단, L : 평균 운반거리(m), V_1 : 전진속도 (m/분), V_2 : 후진속도(m/분), t : Gear 변속시간(분)]
① $C_m = L/V_1 + L/V_2 \times t$
② $C_m = L/V_1 + L/V_2 \div t$
③ $C_m = L/V_1 + L/V_2 - t$
④ $C_m = L/V_1 + L/V_2 + t$

정답 4-1 ② 4-2 ④

5-2. 굴착기 작업장치

핵심이론 01 굴착기의 개념 및 분류

① 굴착기(굴삭기)의 개념
  ㉠ 굴착기는 크레인의 프런트 어태치먼트(작업장치)를 개발한 건설기계로 엑스카베이터(Excavator)라고도 한다.
  ㉡ 굴토 및 굴삭 작업과 토사적재 작업에 사용하는 장비이다.
  ㉢ 상부 회전체, 하부 주행체, 프론트 어태치먼트로 구성되었다.
  ※ 굴착기 엔진에 부착된 RPM센서의 부착 위치 : 플라이휠 링 기어

② 굴착기의 분류
  ㉠ 주행장치에 의한 분류
   • 크롤러식(무한궤도형) : 접지면적이 커서 접지압이 낮다. 습한 지역이나 모래, 부정지에서 작업이 용이하고 안정성, 수중통과능력이 있어 수중 작업이 가능하다(최대속도 11km/h로 기동성 불량).
   ※ 무한궤도식 굴착기 동력전달순서 : 엔진 → 메인유압펌프 → 컨트롤 밸브 → 센터 조인트 → 주행 모터 → 트랙
   • 트럭식 : 화물자동차의 적재함에 전부장치되어 있으며 소형으로 사용된다(최대속도 50km/h로 기동성이 있다).
   • 타이어식(휠형) : 주행속도 25~35km/h로 기동성은 양호하나, 습지작업이 곤란하고 타이어 손상 및 견인력이 약하다. 안전성을 도모하기 위해 아웃트리거가 사용된다.
  ㉡ 조작 방법에 의한 분류 : 수동식, 유압식, 공기식, 전기식이 있다.
  ㉢ 기구에 의한 분류
   • 기계 로프식 : 액추에이터의 작동이 로프에 의해서 작동된다.

- 유압식 : 액추에이터의 작동이 유압펌프, 유압모터, 유압실린더에 의해서 작동된다.

※ 굴착기에 장착된 전자제어장치(ECU)의 주된 기능 : 운전 상황에 맞는 엔진 속도제어 및 고장진단 등을 하는 장치이다.

③ 유압식 굴착기의 특징
  ㉠ 구조가 간단하다.
  ㉡ 프런트 어태치먼트 교환이 용이하다.
  ㉢ 운전 조작, 정비가 용이하다.

10년간 자주 출제된 문제

유압식 굴착기의 특징이 아닌 것은?
① 구조가 간단하다.
② 운전 조작이 용이하다.
③ 작업장치의 교환이 쉽다.
④ 상부회전체 용량이 크다.

[해설]
유압식 굴착기의 특징
- 구조가 간단하다.
- 프런트 어태치먼트(작업장치) 교환이 용이하다.
- 운전 조작, 정비가 용이하다.

정답 ④

핵심이론 02 유압식 굴착기의 구조 및 기능(1)

① 프런트 어태치먼트(작업장치)
  ㉠ 붐(메인 붐) : 푸트 핀에 의하여 상부 회전체에 설치되었으며, 1개 또는 2개의 붐 실린더(유압 실린더)에 의해서 상하로 상차 및 굴착한다.
    ※ 오프셋 붐(Offset Boom) : 굴착기의 전부장치에서 좁은 도로의 배수로 구축 등 특수 조건의 작업에 용이하다.
    • 붐의 각도 : 붐과 암의 상호 교차각이 90~110°일 때 굴착력이 가장 크다.
      – 정지작업 시 붐의 각도 35~40°
      – 유압식 셔블장치의 붐의 경사각도 35~65°
  ㉡ 암(디퍼 스틱) : 붐과 버킷의 사이에 설치되어 있으며, 버킷에 굴착작업을 하는 부분으로 1개의 암 실린더(유압실린더)에 의하여 전방 또는 후방으로 작동한다.
    ※ 어큐뮬레이터(Accumulator) : 굴착기의 유압 회로 내에 일어나는 파상적 오일 압력의 변화를 막아주는 장치
  ㉢ 버킷(디퍼) : 버킷은 굴착하여 흙을 담을 수 있는 부분으로, 용량은 1회에 담을 수 있는 용량을 m^3(루베)로 표시한다.

② 상부 회전체
  ㉠ 터닝 프레임 : 기관, 조종장치, 유압 탱크, 컨트롤 밸브, 유압펌프, 선회장치(360°) 등이 설치되어 있다.
  ㉡ 카운터 웨이트 : 뒷부분이 들리지 않게 하는 평행추로 굴착기의 안정성을 유지하기 위한 것이다.
  ㉢ 스윙로크 장치 : 상부 회전체와 하부 주행체를 고정시키는 역할을 한다.
  ㉣ 센터 조인트 : 상부 선회체의 중심부에 설치되어 상부 회전체의 유압을 주행모터에 공급하는 역할(일명 스위블 조인트)

ⓓ 선회장치 : 스윙 모터에 유압이 공급되면 피니언 기어가 링기어를 따라 회전하므로 상부 회전체가 회전한다.

10년간 자주 출제된 문제

굴착기에서 작업장치의 구성요소가 아닌 것은?
① 붐
② 트랙
③ 암
④ 버킷

[해설]
굴착기의 작업장치는 붐, 암, 버킷으로 구성되며 3~4개의 유압 실린더에 의해 작동된다.

정답 ②

핵심이론 03 유압식 굴착기의 구조 및 기능(2) : 하부 주행체

① 굴착기의 구조

ⓐ 프런트 아이들러(전부 유동륜) : 트랙의 장력을 조정하고 트랙을 유도하여 주행방향을 유도한다.

※ 굴착기의 아이들러 실 조정이 잘못되었을 경우 제일 먼저 파손되는 부분 : 아이들러 베어링

ⓑ 리코일 스프링 : 주행 중 앞쪽으로부터 프런트 아이들러에 가해지는 충격하중을 완충시키고 주행체의 전면에서 오는 충격을 흡수하고 진동을 방지하여 작업이 안정되도록 한다.

ⓒ 캐리어 롤러(상부 롤러) : 프런트 아이들러와 스프로킷 사이에서 트랙이 수직으로 처지는 것을 방지하고 트랙이 스프로킷에 원활하게 물리도록 회전 위치를 바르게 유지한다.

ⓓ 트랙 롤러(하부 롤러) : 굴착기의 중량을 지지하고, 트랙이 받는 중량을 지면에 균일하게 분포한다.

ⓔ 주행 모터 : 레이디얼형 플런저 모터가 사용되며, 유압에 의해서 감속기어, 트랙, 스프로킷을 구동시키는 역할을 한다.

※ 굴착기 엔진에 부착되는 스태핑 모터 : 컨트롤러로부터 신호를 받아 인젝션 펌프를 미세 동작시킨다.

ⓕ 스프로킷 : 주행 모터에 의해서 회전력을 트랙에 전달하여 트랙을 회전시키는 역할

ⓖ 트랙 : 핀, 부싱, 링크, 슈로 구성되어 스프로킷으로부터 동력을 받아 회전시키는 역할을 한다.

ⓗ 아웃 트리거 : 휠 형식의 굴착기에서 안정성을 유지해 주고, 타이어에 작업하중이 전달되는 것을 방지하여 타이어 및 스프링 등이 하중으로 인하여 마모, 파손되는 것을 방지한다.

ⓩ 컨트롤러 : 운전 상황에 맞는 엔진 속도제어, 고장진단 등을 하는 장치이다.

※ 굴착기 주행 시 동력 전달 순서 : 엔진 → 메인 유압 펌프 → 컨트롤 밸브 → 고압 파이프 → 주행 모터 → 스프로킷 → 트랙

② 굴착기 작업량

$$Q = \frac{3,600 \times q \times K \times f \times E}{C_m}$$

여기서, Q : 시간당 작업량(m^3/h)
q : 버킷용량(m^3)
K : 버킷계수
f : 토량환산계수
E : 작업효율
C_m : 사이클 시간(sec)

③ 접지압 = $\frac{작용하중(kg)}{접지면적(cm^2)}$

10년간 자주 출제된 문제

3-1. 굴착기에 장착된 컨트롤러의 기능으로 맞는 것은?
① 운전 상황에 맞는 엔진 속도제어, 고장진단 등을 하는 장치이다.
② 운전자가 편리하도록 작업장치를 자동적으로 조작시켜 주는 장치이다.
③ 조이스틱의 작동을 전자화한 장치이다.
④ 컨트롤 밸브의 조작을 용이하게 하기 위해 전자화한 장치이다.

3-2. 굴착기의 아이들러 실 조정이 잘못되었을 경우 가장 먼저 파손되는 부분은?
① 아이들러 샤프트
② 아이들러 베어링
③ 아이들러 요크
④ 아이들러 프레임

정답 3-1 ① 3-2 ②

핵심이론 04 굴착기 정비(1)

① 유압식 굴착기의 작업장치, 주행, 선회 등에서 힘이 약할 때의 원인
 ㉠ 작동유량이 부족하거나 흡입필터가 막혀 있다.
 ㉡ 릴리프 밸브(레귤레이터 밸브)의 설정압이 낮다.
 ㉢ 유압펌프 기능이 저하되거나 공기가 혼입되었다.
 ㉣ 흡입 스트레이너가 막혔다.
 ㉤ 유압펌프의 토출 유량이 적다.

② 무한궤도(크롤러)형 굴착기 주행속도가 정상보다 느릴 경우의 원인
 ㉠ 피스톤 펌프의 사판 경사각이 작게 조정되어 있다.
 ㉡ 유압유 점도가 너무 낮다.
 ㉢ 교축 밸브의 출구가 작게 열려 있다.

③ 타이어형 중형 굴착기에서 주행이 되지 않을 때 점검사항
 ㉠ 파일럿 오일이 주행 페달로 공급되는지 점검한다.
 ㉡ 주행모터로 메인 펌프 압력이 전달되는지 점검한다.
 ㉢ 메인 릴리프 압력이 규정대로 설정되어 있는지 점검한다.

④ 굴착기에서 운전석의 레버를 움직여도 작업장치가 동작하지 않을 때 점검사항
 ㉠ 유압 탱크의 오일량을 점검한다.
 ㉡ 유압펌프 흡입구로 공기가 유입되는지 점검한다.
 ㉢ 파일럿 펌프의 압력이 정상인지 확인한다.

⑤ 전부 작업장치인 브레이커 설치로 암반 파쇄작업을 수행하였으나 타격(작동)이 되지 않는 원인
 ㉠ 호스 및 파이프의 배관 결함
 ㉡ 컨트롤 밸브의 결함
 ㉢ 메인 펌프의 결함

10년간 자주 출제된 문제

유압식 굴착기에서 주행 및 선회 시 힘이 약하다. 그 원인으로 적합한 것은?

① 흡입 스트레이너가 막혔다.
② 릴리프 밸브의 설정압이 높다.
③ 작동유의 온도가 높다.
④ 축압기가 파손되었다.

|해설|

유압식 굴착기의 작업장치, 주행, 선회 등에서 힘이 약할 때의 원인
- 작동유량이 부족하거나 흡입필터가 막혀 있다.
- 릴리프 밸브(레귤레이터 밸브)의 설정압이 낮다.
- 유압펌프 기능이 저하되거나 공기가 혼입되었다.
- 흡입 스트레이너가 막혔다.
- 유압펌프의 토출 유량이 적다.

정답 ①

핵심이론 05 굴착기 정비(2)

① 굴착기 점검·정비 시 주의사항
  ㉠ 평탄한 곳에 주차하고 점검·정비를 한다.
  ㉡ 버킷을 높게 유지한 상태로 점검·정비를 하지 않는다.
  ㉢ 유압펌프 압력을 측정하기 위해 엔진을 정지하고 압력계를 설치한 후 엔진 시동을 걸고 측정한다.
  ㉣ 붐이나 암으로 차체를 들어 올린 상태에서 차체 밑에는 들어가지 않는다.

② 트랙의 점검 및 조정
  ㉠ 트랙의 장력 : 1번 상부 롤러와 트랙 사이에 바를 넣고 들어 올렸을 때 트랙 링크와 롤러 사이가 25~40mm이면 정상이다.
  ㉡ 트랙이 벗겨지는 원인
    - 프런트 아이들러와 스프로킷 및 상부 롤러의 마모가 클 때
    - 고속 주행 시 급선회하였을 경우
    - 프런트 아이들러와 스프로킷의 중심이 틀릴 때
    - 트랙의 긴도가 너무 클 때
    - 리코일 스프링의 장력이 약할 때
    - 측면으로 경사시켜 작업할 때
  ㉢ 트랙의 장력 조정 방법
    - 나사식 : 트랙을 평탄한 장소에 위치시키고 조정 스크루를 회전시켜 조정
    - 유압식 : 그리스 실린더에 그리스를 주입하여 조정

10년간 자주 출제된 문제

굴착기 점검·정비 시 주의사항 중 옳지 않은 것은?

① 평탄한 곳에 주차하고 점검·정비를 한다.
② 버킷을 높게 유지한 상태로 점검·정비를 하지 않는다.
③ 유압펌프 압력을 측정하기 위해 압력계는 엔진 시동을 걸고 설치한다.
④ 붐이나 암으로 차체를 들어 올린 상태에서 차체 밑에는 들어가지 않는다.

해설
유압펌프 압력을 측정하기 위해 엔진을 정지하고 압력계를 설치한 후 엔진 시동을 걸고 측정한다.

정답 ③

핵심이론 06 굴착기 정비(3)

① 굴착기 붐 실린더의 외부 누유 원인
  ㉠ 실린더 튜브 용접부의 결함
  ㉡ 피스톤 로드의 휨
  ㉢ 실린더 헤드 패킹의 마모

② 굴착기의 하부 구동체 주유 개소와 유종(油種)
  ㉠ 트랙 – 주유하지 않는다.
  ㉡ 아이들러 – 그리스
  ㉢ 트랙 롤러 – 그리스
  ㉣ 트랙 텐션 실린더 – 그리스

③ 기타 주요 정비사항
  ㉠ 굴착기 버킷을 지면에서 1m 들어올렸다가 잠시 후 버킷이 지면에 닿아 있을 때 점검할 사항 : 붐 실린더 피스톤 패킹(손상되어 작동유가 누출되면 유압이 낮아져 자연적으로 하강한다)
  ㉡ 타이어식 굴착기 추진축의 스플라인부가 마모되면 주행 중 소음을 내고 추진축이 진동한다.
  ㉢ 타이어식 굴착기 및 기중기는 25% 구배(평탄하고 견고한 건조지면)의 제동능력을 갖추어야 한다.
  ㉣ 굴착기에서 엔진오일 경고등이 점등되면 오일량을 점검한 후, 오일압력조정 밸브를 점검한다.
  ㉤ 타이어식(휠 구동식) 굴착기의 조향각도가 규정보다 작을 때 스톱 볼트로 수정한다.

10년간 자주 출제된 문제

6-1. 타이어식 굴착기 추진축의 스플라인부가 마모된 경우 나타나는 현상은?

① 미끄럼 현상이 발생한다.
② 굴착기의 전진이 곤란하다.
③ 차동기어장치의 기어물림이 불량해진다.
④ 주행 중 소음을 내고 추진축이 진동한다.

6-2. 굴착기 붐 실린더의 외부 누유 원인이 아닌 것은?

① 실린더 튜브 용접부의 결함
② 피스톤 로드의 휨
③ 실린더 헤드 패킹의 마모
④ 피스톤의 패킹 마모

|해설|

6-1
타이어식 굴착기 추진축의 스플라인부가 마모되면 주행 중 소음을 내고 추진축이 진동한다.

6-2
굴착기 붐 실린더의 외부 누유 원인
- 실린더 튜브 용접부의 결함
- 피스톤 로드의 휨
- 실린더 헤드 패킹의 마모
※ 피스톤의 패킹 마모는 내부 누유 원인이다.

정답 6-1 ④ 6-2 ④

5-3. 로더 작업장치

핵심이론 01 로더의 개요

① 로더의 개념
  ㉠ 트랙터 앞쪽에 버킷을 부착하고 건설 공사에서 자갈, 모래, 흙 등을 덤프트럭에 적재하는 건설기계이다.
  ㉡ 다른 부속 장비를 설치하여 나무뿌리를 제거하거나 제설 작업 등을 한다.

② 로더의 종류
  ㉠ 주행장치에 따른 분류
    - 무한궤도식 로더 : 견인력이 좋고, 접지압이 낮으며 작업활용도가 높다.
    - 타이어식(휠로더) : 차동장치가 있고, 튜브리스 저압타이어를 사용한다.
  ㉡ 적재방법에 따른 분류
    - 프런트 엔드형(Front End Type, 가장 일반적인 형식)
    - 오버헤드형(Overhead Type)
    - 사이드 덤프형(Side Dump Type)
    - 스윙형(Swing Type)
    - Two-way Type 등

③ 로더의 구성
  ㉠ 동력전달장치
    - 타이어 형식은 토크컨버터와 파워시프트(Power Shift) 형식 변속기를 사용한다.
    - 종감속 기어는 각 바퀴에 부착된 유성기어를 사용한다.
    - 종감속장치로, 차동장치의 동력이 차축을 통하여 유성기어로 전달되며 유성기어는 동력을 감소하여 타이어로 전달한다.
    - 로더의 동력전달순서 : 엔진 → 토크컨버터 → 변속기 → 종감속장치 → 구동륜

ⓒ 조향(환향)장치 : 무한궤도 형식은 조향클러치 방식, 타이어 형식은 허리꺾기 방식(차체굴절 형식)과 뒷바퀴 조향방식이 있다.
- 허리꺾기 방식(Center Pin)
  - 차체를 앞 차체와 뒤 차체로 나누고 앞뒤 차체 사이를 핀과 조인트로 결합시켜 자유로운 조향이 가능하다.
  - 회전반경이 작아 좁은 장소에서의 작업이 용이하다.
  - 작업할 때 안전성이 결여되며, 핀과 조인트 부분의 고장이 빈번하다.
  - 작업시간을 단축하여 능률을 향상시킬 수 있다.
  - 주요부품은 유압실린더, 유압펌프, 제어 밸브 등이 있다.
  - 유압실린더 형식은 복동식이다.
- 뒷바퀴 조향방식 : 후륜을 조향하는 방식으로 안전성은 좋으나 회전반경이 커 좁은 장소에서의 작업이 곤란하고 작업능률이 저하된다. 최근에는 거의 사용되지 않는다.
- 조향클러치 방식 : 조향클러치와 브레이크로 조향한다.

10년간 자주 출제된 문제

로더의 동력전달순서로 맞는 것은?
① 엔진 – 변속기 – 토크컨버터 – 종감속장치 – 구동륜
② 엔진 – 변속기 – 종감속장치 – 토크컨버터 – 구동륜
③ 엔진 – 토크컨버터 – 변속기 – 종감속장치 – 구동륜
④ 엔진 – 토크컨버터 – 종감속장치 – 변속기 – 구동륜

[해설]
로더의 동력전달순서
엔진 → 토크컨버터 → 변속기 → 종감속장치 → 구동륜

정답 ③

핵심이론 02 로더의 장비

① 휠 로더의 일상정비
  ㉠ 냉각수량의 점검
  ㉡ 엔진오일 압력계 점검
  ㉢ 각 부분의 오일 누설 점검
  ※ 변속기 유압의 점검 : 6개월 점검
② 로더의 토크컨버터에서 열이 발생 시 점검 사항
  ㉠ 컨버터 오일쿨러
  ㉡ 입구 릴리프 밸브(출구 릴리프 밸브는 점검하지 않는다)
  ㉢ 오일 회로 내에 공기 혼입 여부
  ※ 로더의 토크컨버터 출력 부족의 원인
    • 오일량 부족
    • 오일 스트레이너의 막힘
    • 펌프 흡입측 연결호스의 실 파손
③ 로더의 시동이 걸린 상태에서 버킷을 상승시켜 놓고 잠시 후 확인 결과 붐이 상당량 내려져 있을 때 고장 원인
  ㉠ 실린더 내에서의 내부 누유
  ㉡ 컨트롤 밸브 스풀의 마모
  ㉢ 릴리프 밸브의 내부 누유
④ 로더의 버킷에 흙을 담아 컨트롤 레버를 중립에 위치시킨 후 이동할 때, 작업장치가 불안정하게 움직이는 원인
  ㉠ 링키지의 핀과 부싱에 과도한 부하가 걸렸을 때
  ㉡ 덤프 실린더의 피스톤 실이 불량할 때
  ㉢ 덤프 실린더 아래쪽의 안전 밸브가 불량할 때
⑤ 로더의 기동 전동기 안전한 탈착 방법 : 버킷을 내려놓은 후 바퀴에 고임목을 받치고 배터리 접지선을 떼어낸 후 탈착한다.

10년간 자주 출제된 문제

2-1. 로더의 토크컨버터에서 열이 발생되고 있을 때 점검하지 않아도 되는 것은?
① 컨버터 오일쿨러
② 입구 릴리프 밸브
③ 오일 회로 내에 공기 혼입 여부
④ 출구 릴리프 밸브

2-2. 휠 로더의 일상정비에 포함되지 않는 것은?
① 냉각수량의 점검
② 변속기 유압의 점검
③ 엔진오일 압력계 점검
④ 각 부분의 오일 누설 점검

|해설|

2-1
로더의 토크컨버터에서 열이 발생 시 점검 사항
- 컨버터 오일쿨러
- 입구 릴리프 밸브
- 오일 회로 내에 공기 혼입 여부

2-2
변속기 유압은 6개월 간격으로 점검한다.

정답 2-1 ④ 2-2 ②

5-4. 지게차 작업장치

핵심이론 01 지게차의 개요

① 지게차의 특징
  ㉠ 전륜구동방식이며, 후륜조향방식이다.
  ㉡ 도로조건이 나쁜 곳은 완충장치가 없어 불리하다.
  ㉢ 최소 회전반경 약 1.8~2.7m, 안쪽 바퀴의 조향각은 65~75°이다.
  ㉣ 유압펌프는 기어 펌프를 사용하고 유압은 70~130 kg/cm^{2}이다.
  ㉤ 규격은 들어올림 용량(t)으로 표시한다.

② 지게차의 작업용도에 따른 분류
  ㉠ 프리 리프트 마스트 : 마스트가 1단으로 되어 있는 지게차로 출입문이나 천장의 공간이 낮은 옥내에서 화물의 적재 및 적하 작업이 용이하다.
  ㉡ 하이 마스트 : 마스트가 2단으로 늘어나게 되는 형식이며 표준형 지게차로 작업이 불가능한 높은 장소에서의 적재 및 적하 작업이 용이하다.
  ㉢ 3단 마스트 : 마스트가 3단으로 늘어나는 형식으로 높은 장소에 화물의 적재 및 적하 작업이 용이하며 (7m), 저장 공간을 경제적으로 이용할 수 있는 장점이 있다.
  ㉣ 블록 클램프 : 클램프를 안쪽으로 이동시켜 화물을 고정시키는 지게차로, 클램프 안쪽에 고무판이 부착되어 있기 때문에 화물이 빠지는 것을 방지하여 콘크리트 블록 등을 받침대 없이 20~25개씩 모아서 운반한다.
  ㉤ 사이드 시프트 : 차체를 이동시키지 않고 백 레스트와 포크를 좌·우측으로 이동시켜 적재 및 하역 작업을 할 수 있다.
  ㉥ 사이드 클램프 : 차체를 이동시키지 않고, 부피가 큰 경화물의 운반 및 적재 작업에 적합하다.

ⓢ 로드 스테빌라이저 : 백 레스트 안쪽에 압착판이 설치되어 화물의 낙하 방지, 요철이 심한 노면이나 경사진 노면에서 안전하게 운반할 수 있다.
ⓞ 로테이팅 포크 : 백 레스트와 포크를 360° 좌우로 회전시킬 수 있어 용기에 들어있는 화물을 일으켜 세우는 작업이나 원추형의 화물을 운반 및 회전시켜 적재하는 데 적합하다.
ⓩ 로테이팅 클램프 : 백 레스트와 클램프를 좌우로 회전시킬 수 있고, 클램프 안쪽에 고무판이 부착되어 있어 화물이 미끄러지는 것을 방지하며 원추형의 화물을 좌우로 조여 운반 및 회전시켜 적재하는 데 적합하다.
ⓩ 힌지드 포크 : 포크가 45° 각도로 휘어져 있어 원형의 목재, 파이프 등의 운반에 적합하다.
ⓚ 힌지드 버킷 : 포크 대신에 버킷을 설치하여 석탄, 소금, 비료 등 비교적 흘러내리기 쉬운 물건의 운반 및 하역 작업에 적합하다.

10년간 자주 출제된 문제

1-1. 지게차의 작업용도에 의한 분류가 아닌 것은?
① 프리 리프트 마스트형
② 로테이팅 클램프형
③ 하이 마스트형
④ 크롤러 마스트형

1-2. 지게차의 작업장치 중 석탄, 소금, 비료 등 비교적 흘러내리기 쉬운 물건의 운반에 이용되는 장치는?
① 로테이팅 포크
② 사이드 시프트
③ 블록 클램프
④ 힌지드 버킷

[해설]

1-1
지게차의 작업용도에 의한 분류
프리 리프트 마스트형, 로테이팅 클램프형, 하이 마스트형, 힌지드 버킷, 드럼 클램프 등이 있다.

1-2
④ 힌지드 버킷 : 포크 대신 버킷을 장착하여 소금, 석탄, 비료 등 흘러내리기 쉬운 화물의 운반 작업이 가능하다.
① 로테이팅 포크 : 백 레스트와 포크 360° 회전으로 용기에 들어 있는 화물의 운반이 가능하다.
② 사이드 시프트 : 백 레스트와 포크를 좌우 이동시켜 차체 이동 없이 적재 및 적하 작업이 가능하다.
③ 블록 클램프 : 클램프를 안쪽으로 이동시켜 화물을 고정시키는 지게차이다.

정답 1-1 ④ 1-2 ④

핵심이론 02 지게차의 제원

① 전경각 : 마스트의 수직위치에서 앞으로 기울인 경우의 최대 경사각을 말하며 5~6° 범위이다. 후경각은 10~12° 범위이다.

② 최대 올림높이 : 마스트를 수직으로 하고 기준하중의 중심에 최대 하중을 적재한 상태에서 포크를 최고 위치로 올렸을 때 지면에서 포크의 윗면까지 높이

③ 기준 부하상태 : 기준하중의 중심에 최대 하중을 적재하고 마스트를 수직으로 하여 포크를 지상 300mm까지 올린 상태

④ 기준무부하상태 : 지면으로부터의 높이가 300mm인 수평상태(주행 시에는 마스트를 가장 안쪽으로 기울인 상태를 말한다)의 지게차의 포크 윗면에 하중이 가해지지 아니한 상태

⑤ 기준하중의 중심 : 지게차의 포크 윗면에 최대 하중이 고르게 가해지는 상태에서 하중의 중심

⑥ 최대 하중 : 안정도를 확보한 상태에서 포크를 최대 올림높이로 올렸을 때, 기준하중의 중심에 최대로 적재할 수 있는 하중

⑦ 오버랩 : 지게차의 마스트가 완전히 신장되었을 때, 이너레일과 아웃레일이 겹쳐 있는 부분의 길이

⑧ 적재능력 : 지게차의 적재능력이란 마스트를 90°로 바로 세운 상태에서 정해진 하중중심의 범위 내에서 포크로 인양할 수 있는 하물의 최대 무게를 말한다. 적재능력의 표시방법은 표준 하중 중심 및 mm(또는 inch)에서 몇 kg(또는 lb)으로 표시

⑨ 자유인상높이 : 포크를 수직으로 한 상태에서 마스트를 전혀 움직이지 않고 그대로 둔 채 포크를 최저 높이에서 최고 높이까지 올릴 수 있는 높이

⑩ 전장 : 포크의 앞부분 끝단에서부터 지게차 후부의 제일 끝 부분까지의 길이

⑪ 최저지상고 : 지면에서부터 지게차의 가장 낮은 부위까지 높이(포크와 타이어는 제외)

⑫ 윤거 : 지게차를 전면에서 보았을 때 지게차의 양쪽 바퀴의 중심과 중심 사이의 거리

⑬ 최소 회전반경 : 무부하 상태에서 지게차의 최저 속도로 최소의 회전을 할 때 지게차의 가장 바깥 부분(CWT)이 그리는 원의 반경

⑭ 최소 선회반경 : 무부하 상태에서 최소 회전반경과 같이 최소의 회전을 할 때 후륜(뒷타이어)이 그리는 원의 반경

⑮ 장비중량 : 연료, 냉각수, 그리스 등이 모두 포함된 상태에서 지게차의 총중량(운전자는 포함될 수도 안 될 수도 있으나 보통 포함시키지 않는다)

⑯ 등판능력 : 지게차가 경사지를 오를 수 있는 최대 각도로서 %(백분비)와 °(도)로 표기

10년간 자주 출제된 문제

지게차의 제원에 대한 설명으로 틀린 것은?

① 전경각 : 마스트의 수직위치에서 앞으로 기울인 경우의 최대 경사각을 말하며 5~6° 범위이다.
② 최대 올림높이 : 마스트를 수직으로 하고 기준하중의 중심에 최대 하중을 적재한 상태에서 포크를 최고 위치로 올렸을 때 지면에서 포크의 윗면까지 높이
③ 기준 부하상태 : 기준하중의 중심에 최대 하중을 적재하고 마스트를 수직으로 하여 포크를 지상 300mm까지 올린 상태
④ 최소 회전반경 : 무부하 상태에서 최대 조향각으로서 행한 경우 차체의 가장 안부분이 그리는 원의 반지름

|해설|

최소 회전반경 : 무부하 상태에서 지게차의 최저 속도로 최소의 회전을 할 때 지게차의 가장 바깥 부분(CWT)이 그리는 원의 반경

정답 ④

핵심이론 03 지게차의 구조

① 지게차의 구조
  ㉠ 마스트 : 지게차의 기둥으로 롤러베어링에 의해서 움직인다.
    - 마스트의 전경각은 마스트를 쇠스랑 쪽으로 가장 기울인 경우 수직면에 대한 기울기
    - 마스트의 후경각은 마스트를 조종실 쪽으로 가장 기울인 경우 수직면에 대한 기울기
      – 카운터밸런스 : 전경각은 6° 이하, 후경각은 12° 이하
      – 사이드포크형 : 전경각 및 후경각은 각각 5° 이하
  ㉡ 포크 : 훅을 통하여 캐리지와 연결되어 상하운동을 하며 하중을 직접 지지한다.
  ㉢ 틸트 실린더 : 틸트 레버를 당기면 마스트가 앞쪽으로 기울어지고 밀면 뒤쪽으로 기울어진다.
    ※ 틸트 실린더의 구성품 중 더스트 실(Dust Seal)의 기능 : 외부로부터 먼지 등의 이물질이 실린더 내로 들어가지 않도록 한다.
  ㉣ 컨트롤 밸브
    - 릴리프 밸브 : 압력이 설정된 압력 이상으로 되는 것을 방지한다.
    - 리프트 밸브 : 유압유의 방향을 전환한다.
    - 틸트 밸브 : 틸트실린더를 작동시킨다.
      ※ 조향장치의 컨트롤 밸브에서 센터링 스프링의 역할 : 스풀과 슬리브에 부착되어 밸브가 중립을 유지한다.
  ㉤ 유압실린더
    - 리프트 실린더(단동실린더)와 틸트실린더(복동실린더)가 있다.
    - 유압 실린더의 유압은 보통 70~210kgf/cm²를 유지해야 한다.

② 동력전달 순서
  ㉠ 마찰 클러치식 지게차 : 엔진 → 클러치 → 변속기 → 종감속 기어 및 차동장치 → 앞차축 → 앞바퀴
  ㉡ 토크컨버터식 지게차 : 엔진 → 토크컨버터 → 변속기 → 종감속 기어 및 차동장치 → 앞 구동축 → 최종 감속장치 → 앞바퀴
  ㉢ 유압식 지게차 : 엔진 → 유압펌프 → 컨트롤 밸브 → 주행모터 → 차동장치 → 앞차축 → 앞바퀴
  ㉣ 전동식 지게차 : 축전지 → 컨트롤러 → 구동모터 → 변속기 → 종감속 기어 및 차동장치 → 앞 구동축 → 앞바퀴

③ 기타 주요기능
  ㉠ 전륜구동 지게차의 앞차축이 하는 주요기능 : 무게 지지 및 구동력 전달
  ㉡ 지게차의 현가장치는 스프링이 없는 일체식 구조이다.
  ㉢ 지게차 조종석 계기판의 특징
    - 엔진유압 경고등은 엔진의 윤활유 압력상태를 나타내는 것이다.
    - 충전 램프는 발전기의 발전상태를 나타내는 것이다.
    - 연료계의 바늘이 "E"를 가리키면 연료가 거의 없는 것이다.
    - 엔진 수온계의 바늘지침이 녹색(혹은 백색) 범위를 벗어나면 이상상태이다.

10년간 자주 출제된 문제

3-1. 마찰클러치가 장착된 지게차의 동력전달 순서로 맞는 것은?
① 기관 → 클러치 → 변속기 → 차동장치 → 앞차축 → 앞바퀴
② 기관 → 클러치 → 차동장치 → 변속기 → 뒤차축 → 뒷바퀴
③ 기관 → 변속기 → 클러치 → 차동장치 → 앞차축 → 앞바퀴
④ 기관 → 클러치 → 변속기 → 차동장치 → 뒤차축 → 뒷바퀴

3-2. 지게차(Fork Lift)의 틸트 실린더 마스트 경사각에 대한 내용이다. 사이드포크형의 후경각은?
① 2~3° 이하
② 5° 이하
③ 6~9° 이하
④ 12° 이하

|해설|

3-1
동력전달 순서(마찰 클러치식 지게차)
엔진 → 클러치 → 변속기 → 종감속 기어 및 차동장치 → 앞차축 → 앞바퀴

3-2
마스트의 전경각 및 후경각
- 카운터밸런스 : 전경각은 6° 이하, 후경각은 12° 이하
- 사이드포크형 : 전경각 및 후경각은 각각 5° 이하

정답 3-1 ① 3-2 ②

핵심이론 04 지게차 정비

① 지게차에서 리프트 실린더의 상승력이 부족한 원인
  ㉠ 유압펌프의 불량(토출량 부족)
  ㉡ 오일필터의 막힘
  ㉢ 리프트 실린더의 유압유 누출
  ㉣ 피스톤 패킹의 손상
  ㉤ 조작 밸브의 손상 및 마모

② 지게차 포크리프트 상승속도가 규정보다 늦을 때 점검 사항
  ㉠ 펌프의 토출량 상태
  ㉡ 여과기의 막힘 상태
  ㉢ 실린더의 누유 상태

③ 지게차 브레이크 드럼을 분해하여 점검할 사항
  ㉠ 턱 마모 및 균열
  ㉡ 접촉면의 긁힘 및 균열
  ㉢ 접촉면의 손상 및 편마멸

④ 기타 주요 정비사항
  ㉠ 지게차 마스트 경사각을 조정할 때 마스트를 수직 상태로 하면 가장 효과적이다.
  ㉡ 지게차의 전·후방 안전 경사각도의 조정 : 틸트 실린더 로드
  ㉢ 지게차의 타이로드 조정 : 후륜 부분에서 한다.
  ㉣ 지게차에서 토인 조정 : 뒷차축에서 타이로드 엔드로 한다.
  ㉤ 지게차의 체인 길이 조정 : 핑거보드 롤러의 위치를 이용한다.
  ㉥ 조향핸들은 흔들림이 없고 작동 시의 유격은 조향 핸들 직경의 12.5% 이내일 것
  ㉦ 틸트(Tilt) 레버 : 당기면 마스트가 운전석 쪽으로 넘어오고, 밀면 마스트가 앞으로 기울어진다.
  ㉧ 리프트 레버 : 포크를 상승 또는 하강시키는 데 사용한다.
  ㉨ 최소 회전 반지름 = $\dfrac{축거}{\sin\alpha}$

10년간 자주 출제된 문제

4-1. 지게차의 전·후방 안전 경사각도는 무엇으로 조정하는가?
① 리프트 실린더 브래킷
② 리프트 실린더 로드
③ 틸트 실린더 브래킷
④ 틸트 실린더 로드

4-2. 지게차에서 토인 조정방법으로 맞는 것은?
① 앞차축에서 타이로드 엔드로 조정
② 앞차축에서 피트먼 암으로 조정
③ 뒷차축에서 벨 크랭크로 조정
④ 뒷차축에서 타이로드 엔드로 조정

|해설|

4-1, 4-2

지게차 정비 주요 정비사항
- 지게차 마스트 경사각을 조정할 때 마스트를 수직 상태로 하면 가장 효과적이다.
- 지게차 전·후방 안전 경사각도 조정 : 틸트 실린더 로드로 조정
- 지게차의 타이로드 조정 : 후륜 부분에서 조정
- 지게차의 토인 조정 : 뒷차축에서 타이로드 엔드로 조정

정답 4-1 ④ 4-2 ④

5-5. 덤프트럭 작업장치 등

핵심이론 01 덤프트럭의 조향장치

① **동력 조향장치의 특징**
  ㉠ 유압펌프의 유압에 의해 배력작용이 가능하다.
  ㉡ 유압펌프 고장 시에도 기본동작이 가능하다.
  ㉢ 유압계통이 고장이 나도 안전 체크 밸브가 설치되어 수동으로 조향조작을 할 수 있다.
  ㉣ 유압펌프는 베인식을 주로 사용한다.
  ㉤ 조향장치 휠 얼라인먼트 상태의 캐스터가 불량하면 제동 시 다이빙 현상, 차체의 흔들림 현상, 핸들조작이 무거워지며, 주행직진성 불량 등이 발생한다.
  ㉥ 덤프트럭이 평탄한 도로 주행 시 방향 안정성이 없을 경우 정의 캐스터로 조정한다.
  ㉦ 캐스터를 두는 이유는 주행 중 조향바퀴에 방향성을 부여하고, 선회 시 조향바퀴의 복원력을 부여한다.

② **덤프트럭 주행 중 조향 핸들이 한쪽으로 쏠리는 원인**
  ㉠ 뒷차축이 차의 중심선에 대하여 직각이 되지 않을 때
  ㉡ 좌우 타이어의 압력이 같지 않을 때
  ㉢ 바퀴 얼라인먼트 조정이 불량할 때
  ㉣ 앞차축 한쪽의 현가 스프링이 절손되었을 때

③ **조향이 불량한 원인**
  ㉠ 배관에서 기름 유출
  ㉡ 체크 밸브 불량 및 조정 불량
  ㉢ 펌프 구동용 벨트의 마모 및 조정 불량 등

④ **조향장치 정비 등**
  ㉠ 덤프트럭의 토인의 조정 : 타이로드 엔드
  ㉡ 덤프트럭의 스프링 센터 볼트가 절손되는 원인 : U볼트 풀림
  ㉢ 덤프트럭의 브레이크 파이프 내에 베이퍼 로크가 생기면 제동력이 약해진다.
  ㉣ 주행속도(차속) = $\dfrac{\pi \times 타이어지름 \times 엔진회전수 \times 60}{변속비 \times 종감속비 \times 1,000}$
  ㉤ 속도 = $\dfrac{주행거리}{주행시간}$

10년간 자주 출제된 문제

1-1. 덤프트럭의 브레이크 파이프 내에 베이퍼 로크가 발생할 때 나타나는 현상은?
① 제동력이 강해진다.
② 제동력이 약해진다.
③ 제동력에는 관계없다.
④ 제동이 더욱 잘된다.

1-2. 덤프트럭의 스프링 센터 볼트가 절손되는 원인은?
① 심한 구동력
② 스프링의 탄성
③ U볼트 풀림
④ 스프링의 압축

|해설|

1-1, 1-2
조향장치 정비
- 덤프트럭의 토인의 조정 : 타이로드 엔드
- 덤프트럭의 스프링 센터 볼트가 절손되는 원인 : U볼트 풀림
- 덤프트럭의 브레이크 파이프 내에 베이퍼 로크가 생기면 제동력이 약해진다.

정답 **1-1** ② **1-2** ③

핵심이론 02 공기압축기

① 공기압축기의 분류
  ㉠ 작동방식에 의한 분류
    - 왕복형식(피스톤 형식)
    - 베인형식(Vane Type)
    - 스크루 형식(Rotary Type)
  ㉡ 실린더 배치 모양에 의한 분류
    - 수직형 압축기
    - 수평 대향형 압축기
  ㉢ 이동 방식에 의한 분류
    - 트럭 탑재형
    - 트레일러 탑재형
    - 침목 탑재형

② 공기압축기에서 압축 소요시간이 과다하게 소요될 때의 원인
  ㉠ 체크 밸브의 밀착이 불량하여 역류 발생
  ㉡ V벨트가 느슨하여 구동이 불량
  ㉢ 압축기 각부의 마모

③ 공기압축기에서 언 로더(Unloader) 밸브의 역할 : 공기의 양을 조절하여 탱크로 보낸다.

④ 작업장에 공기압축기 설치 시 주의사항
  ㉠ 설치장소는 온도가 낮고 습도가 적은 곳에 설치해서 응축수 발생을 줄인다.
  ㉡ 설치기반은 견고한 장소를 택한다.
  ㉢ 연약한 기반은 설치장소로 선택하지 않는다.
  ㉣ 소음, 진동으로 주위에 방해가 되지 않는 장소에 설치한다.

⑤ 공기압축기 운전 시 점검사항
  ㉠ 압력계, 안전 밸브 등의 이상 유무
  ㉡ 이상 소음 및 진동
  ㉢ 이상 온도 상승

⑥ 공기압축기 안전수칙
  ㉠ 전기배선, 터미널 및 전선 등에 접촉될 경우 전기 쇼크의 위험이 있으므로 주의하여야 한다.

ⓛ 분해 시 공기압축기, 공기탱크 및 관로 안의 압축공기를 완전히 배출한 뒤에 실시한다.
ⓒ 하루에 한 번씩 공기탱크에 고여 있는 응축수를 제거한다.
ⓔ 공기가 호흡해도 좋을 정도로 깨끗하게 정화되어 있지 않을 때에는 압축공기를 마셔서는 안 된다.
ⓜ 벨트의 장력은 공기압축기와 전동기의 중간을 눌러서 15mm 정도를 유지하도록 한다.
ⓗ 수랭식 공기압축기가 혹한 또는 빙점 이하로 가동될 경우는 냉각수에 부동액을 첨가하거나 전부 배출시켜 냉각수가 얼지 않도록 한다.
ⓢ 고온장소에 설치해서 고온공기를 흡입하여 연속운전한 후 장기간 드레인을 하지 않으면 화재나 폭발의 염려가 있으므로 드레인 방출, 오일 및 운전시간의 관리, 흡입공기 온도 등에 주의한다.
ⓞ 압축공기는 인명에 심한 피해를 줄 수 있으므로 압축공기로 규정된 용도 외로 사용하지 않는다.

10년간 자주 출제된 문제

2-1. 공기압축기에서 압축기의 작동방식에 의한 분류로 적당하지 않는 것은?
① 실드형
② 왕복형
③ 베인형
④ 스크루형

2-2. 공기압축기 운전 시 점검사항으로 적합하지 않은 것은?
① 압력계, 안전 밸브 등의 이상 유무
② 이상 소음 및 진동
③ 이상 온도 상승
④ 공기 탱크 내의 청결 여부

2-3. 공기압축기 안전수칙에 알맞지 않는 것은?
① 전기배선, 터미널 및 전선 등에 접촉될 경우 전기 쇼크의 위험이 있으므로 주의하여야 한다.
② 분해 시 공기압축기, 공기탱크 및 관로 안의 압축공기를 완전히 배출한 뒤에 실시한다.
③ 하루에 한 번씩 공기탱크에 고여 있는 응축수를 제거한다.
④ 작업 중 작업자의 땀이나 열을 식히기 위해 압축공기를 호흡하면 작업효율이 좋아진다.

[해설]

2-1
• 작동방식에 의한 분류 : 왕복형, 베인형, 스크루형
• 실린더 배치 모양에 의한 분류 : 수직형, 수평대향형
• 이동 방식에 의한 분류 : 트럭 탑재형, 트레일러 탑재형, 침목 탑재형

2-2
공기압축기 운전 시 점검사항
• 압력계, 안전 밸브 등의 이상 유무
• 이상 소음 및 진동
• 이상 온도 상승

2-3
공기가 호흡해도 좋을 정도로 깨끗하게 정화되어 있지 않을 때에는 압축공기를 마셔서는 안 된다.

정답 2-1 ① 2-2 ④ 2-3 ④

핵심이론 03 기중기 작업장치

① 기중기의 주요장치

㉠ 기중기의 3가지 주요 작동체 : 하부 주행장치, 상부 회전체, 작업장치

※ 상부 선회체(크레인장치) : 이동식 크레인의 운동, 즉 권상, 권하, 선회, 지브 기복, 지브 신축을 하기 위한 장치

㉡ 기중기의 6대 전부(작업)장치 : 훅, 드래그 라인, 파일 드라이버, 클램셸, 셔블, 백호

㉢ 기중기 클램셸(Clamshell)의 구성품 : 클램셸 버킷, 태그라인 로프, 호이스트 드럼

㉣ 브레이크 체임버 : 트럭식 기중기의 제동 장치에서 공기 압력을 기계적 일로 바꾸는 역할

㉤ 하역기계로 사용되는 기중기의 규격이나 작업능력 등을 표시 사항 : 기중능력(ton), 최대 인양능력(ton), 시간당 작업량(ton), 들어 올림능력(ton)

② 안전작업장치

㉠ 붐 과권 방지장치 : 기중기의 장치 중 붐이 어떤 규정 각도가 되면 붐이 스토퍼에 닿아서 각 레버와 로드를 경유해서 핸들을 중립위치에 복위하여 리프팅을 자동 정지시키는 장치

㉡ 과권 경보장치 : 기중기의 안전장치로 와이어로프를 너무 감으면 와이어로프가 절단되거나 훅 블록이 시브와 충돌하는 것을 방지하는 장치

㉢ 붐 전도 방지장치 : 기중기 붐이 상승하여 붐이 뒤로 넘어지는 것을 방지하는 장치

㉣ 태그라인 장치 : 선회나 지브 기복 시 버킷이 흔들리거나(요동), 회전할 때 와이어로프(케이블)가 꼬이는 것을 방지하기 위해 와이어로프를 가볍게 당겨주는 장치

※ 기중기 작업장치 중 붐 기복 시 버킷이 심하게 흔들리거나 로프가 꼬이면 태그라인 장치가 고장이라고 볼 수 있다.

㉤ 밸런스 웨이트 : 포크 리프트나 기중기의 최후단에 붙어서 차체의 앞쪽에 화물을 실었을 때 쏠리는 것을 방지하기 위한 장치

㉥ 아우트리거 : 타이어식 기중기에서 전후, 좌우 방향에 안전성을 주어 기중 작업 시 전도되는 것을 방지해주는 것

※ 트럭 탑재식 기중기에서 아우트리거가 불량일 경우 작업 선회 시 차체가 기울어진다.

10년간 자주 출제된 문제

기중기의 3가지 주요 작동체에 해당되지 않는 것은?
① 하부 주행장치
② 상부 회전체
③ 작업장치
④ 굴삭장치

[해설]

기중기의 3가지 주요 작동체
- 하부 주행장치
- 상부 회전체
- 작업장치

정답 ④

핵심이론 04 기중기 하중과 붐

① 기중기 하중
  ㉠ 정격 총하중 : 각 붐의 길이와 작업 반경에 허용되는 훅, 그래브, 버킷 등 달아올림 기구를 포함한 최대하중
  ㉡ 정격하중 : 정격 총하중에서 훅, 그래브, 버킷 등 달아올림 기구의 무게에 상당하는 하중을 뺀 하중
  ㉢ 호칭하중 : 기중기의 최대 작업하중
  ㉣ 작업하중(안전하중) : 붐 각도에 따라 안전하게 들어 올릴 수 있는 하중

② 기중기 붐의 각도
  ㉠ 기중기 작업 시 붐의 최대 제한각도 : 78°
  ㉡ 기중기에서 붐 각을 크게 하면 운전반경이 작아진다.
  ㉢ 기중기의 붐 작업을 할 때 운전반경이 작아지면 기중능력은 증가한다.
  ㉣ 작업반경(운전반경)이 커지면 기중능력은 감소한다.

10년간 자주 출제된 문제

4-1. 기중기의 안전하중에 대한 설명 중 맞는 것은?
① 회전하며 작업할 수 있는 하중
② 기중기가 최대로 들어 올릴 수 있는 하중
③ 붐 각도에 따라 안전하게 들어 올릴 수 있는 하중
④ 붐의 최대 제한각도에서 안전하게 권상할 수 있는 하중

4-2. 기중기의 붐 작업을 할 때 운전반경이 작아지면 기중능력은?
① 감소한다.
② 증가한다.
③ 변하지 않는다.
④ 수시로 변한다.

|해설|
4-2
기중기의 붐 작업 시 붐 각을 크게 하면 운전반경이 작아지고, 운전반경이 작아지면 기중능력은 증가한다.

정답 4-1 ③ 4-2 ②

핵심이론 05 기중기 정비

① 케이블식 기중기의 드래그라인 점검·정비 시 작업안전
  ㉠ 나무 받침대 위에 버킷을 올려놓고 분해한다.
  ㉡ 활차의 손상, 마멸 점검 시 부싱은 떼지 않은 채로 실시한다.
  ㉢ 활차 핀을 뺄 때 오일 실 파손에 주의한다.

② 트럭식 기중기에서 유압 액추에이터가 작동하지 않는 원인
  ㉠ 유압펌프의 고장
  ㉡ 유량 부족
  ㉢ 흡입 파이프 호스의 막힘 또는 파손
  ※ 기중기의 유압 작동유로 사용되는 오일의 주성분 : 광물성 오일

③ 기중기에 사용되는 와이어로프의 조기마모 원인
  ㉠ 활차의 크기 부적당
  ㉡ 규격이 맞지 않는 로프 사용
  ㉢ 계속적인 심한 과부하

④ 파일 드라이버 작업 시 안전수칙
  ㉠ 호이스트 고정 케이블의 고정 상태를 점검한다.
  ㉡ 항타 시 반드시 우드캡(Wood Cap)을 씌운다.
  ㉢ 작업 시 붐을 상승시키지 않는다.
  ㉣ 붐 각을 크게 한다.

⑤ 기중기 작업 시 안전수칙
  ㉠ 달아올릴 화물의 무게를 파악하여 제한하중 이하에서 작업한다.
  ㉡ 매달린 화물이 불안전하다고 생각될 때는 작업을 중지한다.
  ㉢ 항상 신호인의 신호에 따라 작업한다.
  ㉣ 수직으로 달아 올린다.
  ㉤ 화물을 지면으로부터 약 30cm 정도 들어 올린 후 정지시키고 안전을 확인한 다음 상승시킨다.

10년간 자주 출제된 문제

기중기에 사용되는 와이어로프의 조기마모 원인으로 틀린 것은?

① 활차의 크기 부적당
② 규격이 맞지 않는 로프 사용
③ 계속적인 심한 과부하
④ 윈치모터의 작동 불량

|해설|

기중기에 사용되는 와이어로프의 조기마모 원인
- 활차의 크기 부적당
- 규격이 맞지 않는 로프 사용
- 계속적인 심한 과부하

정답 ④

핵심이론 06 모터 그레이더 개요

① 모터 그레이더(Motor Grader)의 개념
  ㉠ 건설기계의 범위에서 '정지장치를 가진 자주식인 것'으로 정의
  ㉡ 지균작업(평판작업), 배수로, 굴삭, 매몰작업, 경사면 절삭, 제설작업, 도로 보수 작업 등을 할 수 있는 건설기계이다.
  ㉢ 모터 그레이더의 동력전달순서
    - 기계형식 모터 그레이더 : 기관 – 주클러치 – 변속기 – 구동장치 – 탠덤 드라이브 – 뒤차륜
    - 유압형식 모터 그레이더 : 기관 – 토크컨버터 – 전·후진 클러치 – 파워 시프트 변속기 – 차동장치 – 최종 구동기어 – 탠덤 드라이브 – 바퀴

② 주요장치
  ㉠ 탠덤 드라이브장치
    - 모터 그레이더의 최종 감속장치로 기관의 동력을 뒷바퀴에 전달시켜 주는 장치
    - 요철지면에서 상하 또는 좌우로 움직이는 경우에도 블레이드의 수평작업이 가능하도록 차체의 안정을 유지한다.
    - 기어오일을 주유하며, 기어형식과 체인형식이 있다.
  ㉡ 스냅버 바 : 모터 그레이더의 앞바퀴와 조향핸들 사이에 설치되며, 바퀴가 받은 충격이 조향핸들로 들어오지 않게 해 주는 장치
  ㉢ 시어 핀 : 작업 중 과다한 하중이 걸리면 스스로 절단되어 작업조정장치의 파손을 방지한다.
    ※ 모터 그레이더의 시어 핀이 끊어지는 원인 : 급커브를 돌기 위하여 리닝 레버를 눕힌 채 강하게 누르고 운전할 때
  ㉣ 모터 그레이더 조향장치의 부품 : 타이로드, 너클, 드래그 링크

※ 모터 그레이더의 조향장치에서 조향휠을 좌우로 움직이면 미터링 밸브를 통하여 유압 실린더 로드를 작동시킨다.
ⓓ 모터 그레이더에서 리닝장치의 설치 목적 : 앞바퀴를 회전하려고 하는 쪽으로 기울여서 작은 반지름으로 회전이 가능하도록 한 것

10년간 자주 출제된 문제

6-1. 모터 그레이더가 수행할 수 있는 작업이 아닌 것은?
① 지균작업
② 적재작업
③ 경사면작업
④ 제설작업

6-2. 모터 그레이더의 동력전달 장치와 관계없는 것은?
① 클러치
② 변속장치
③ 차동장치
④ 구동장치

|해설|

6-1
모터 그레이더는 지균작업, 배수로, 굴삭, 매몰작업, 경사면 절삭, 제설작업, 도로 보수 작업 등을 수행할 수 있다.

6-2
차동장치는 주행 중 선회 등의 원활한 회전을 할 수 있도록 한 것으로, 모터 그레이더에는 차동장치가 없으며 앞바퀴의 리닝장치를 이용해 회전을 용이하게 한다.

정답 6-1 ② 6-2 ③

핵심이론 07 모터 그레이더 작업 및 정비

① 모터 그레이더의 스캐리파이어(쇠스랑) 작업
 ㉠ 스캐리파이어는 섕크를 최대 5개까지 제거하여 사용할 수 있다.
 ㉡ 섕크를 제거할 때에는 가운데로부터 하나 건너씩 제거한다.
 ㉢ 섕크를 땅에 박고 방향 전환을 하면 안 된다.
 ㉣ 일반적으로 스캐리파이어의 섕크 총수는 11개이다.
 ㉤ 지균작업을 할 때에는 떼어낸다.
 ㉥ 모터 그레이더로 삭토 작업을 할 때 가장 알맞은 각도 : 36~38°
 ※ 모터그레이더에서 앞바퀴 경사장치의 경사각 : 20~30°

② 모터 그레이더의 조향핸들이 무거워지는 원인
 ㉠ 펌프의 토출량이 부족하다.
 ㉡ 유압장치의 설정압이 낮다.
 ㉢ 제어 밸브가 고착되었다.

③ 모터 그레이더에서 기어가 잘 들어가지 않는 원인
 ㉠ 디스크 페이싱 마모
 ㉡ 클러치 스프링의 이완
 ㉢ 페달의 유격 과다

④ 모터 그레이더의 작업 사이클 시간

$$C_m = 0.06 \times \frac{L}{V} + t$$

여기서, C_m : 1회 사이클 시간(min)
　　　　L : 작업거리(m)
　　　　V : 작업속도(km/h)
　　　　t : 조종작업에 요하는 시간(min)

10년간 자주 출제된 문제

모터 그레이더에서 기어가 잘 들어가지 않는 원인에 대한 설명으로 옳지 않는 것은?
① 디스크 페이싱 마모
② 클러치 브레이크의 작동 불량
③ 클러치 스프링의 이완
④ 페달의 유격 과다

|해설|

모터 그레이더에서 기어가 잘 들어가지 않는 원인
- 디스크 페이싱 마모
- 클러치 스프링의 이완
- 페달의 유격 과다

정답 ②

핵심이론 08 쇄석기

① 쇄석기(Crusher)의 종류 : 조 쇄석기, 롤 쇄석기, 콘 쇄석기, 자이러토리 쇄석기, 임펙트 쇄석기, 밀 쇄석기
② 조 크러셔(Jaw Crusher)
  ㉠ 중간 정도의 단단하고 부서지기 쉬운 재료를 1차 분쇄할 수 있도록 설계되었다.
  ㉡ 쇄석기 중 1차 파쇄 작업에 가장 적합하다.
  ㉢ 쇄석기로 작업 중 성능 저하로 1차 파쇄능력이 떨어졌을 때 점검하여야 할 크러셔이다.
  ※ 파쇄기의 간격(조 크러셔의 세팅)을 규정 치수 이하로 줄이면 변형, 균열, 부러짐 등이 생기게 되는 곳 : 주축(Main Shaft), 토글 플레이트, 베어링
③ 쇄석기의 쇄석과정 : 투입구 → 1차 크러셔 → 전달 컨베이어 → 선별기 → 2차 크러셔 → 컨베이어 → 선별 산적
④ 정치식 쇄석기의 설치 및 기초작업 방법
  ㉠ 운전 중 기초부의 손상을 예방하기 위해서는 앵커 볼트를 완전하게 결합한다.
  ㉡ 앵커 볼트의 기초가 완전히 굳으면 운전해 본 후 위치를 조정한다.
  ㉢ 쇄석기는 반드시 수평이 유지되도록 설치한다.
  ㉣ 쇄석기의 설치는 기초작업용 도면에 의하여 기초작업이 선행되어야 한다.
⑤ 쇄석기에 사용되는 골재 이송용 컨베이어 벨트가 쏠리는 경우
  ㉠ 벨트가 늘어졌을 때
  ㉡ 각종 롤러가 마모되었을 때
  ㉢ 흙이나 오물이 끼었을 때

10년간 자주 출제된 문제

다음의 쇄석기 중 1차 파쇄 작업에 가장 적합한 것은?
① 해머 크러셔
② 로드 밀 크러셔
③ 볼 밀 크러셔
④ 조 크러셔

정답 ④

핵심이론 09 모터 스크레이퍼

① 스크레이퍼(Scraper)의 구성장치 : 볼, 이젝터, 에이프런

　㉠ 볼(Bowl)
　　• 전진하면서 볼을 하강시켜 토사를 굴착한다.
　　• 볼의 전체는 상하로 움직일 수 있도록 되어 있다.
　　• 볼의 아랫면은 앞부분에 절삭칼날(Cutting Edge)이 부착되어 있다.
　　• 토사를 굴착하여 적재하는 부분(용기)이다.
　㉡ 이젝터(Ejector) : 유압에 의하여 적재함의 흙을 밀어낸다.
　㉢ 에이프런(Apron)
　　• 볼 앞에 설치된 토사의 배출구를 닫아주는 문이다.
　　• 볼의 전면에 설치되어 앞 벽을 형성하고 상하 작동하여 배출구를 개폐하는 장치다.

② 모터 스크레이퍼(Motor Scraper)의 특징

　㉠ 동력원은 주로 디젤엔진이다.
　㉡ 비교적 장거리용으로 사용된다.
　㉢ 견인식에 비하여 운반속도가 빠르다.
　㉣ 주행장치, 토사적재장치 및 요크로 구성된다.
　㉤ 작업거리가 멀 때 토사 절토, 운반작업용으로 주로 고속도로나 비행장 등 큰 건설현장에서 사용된다.
　㉥ 스크레이퍼의 성능은 주행속도, 볼의 용량, 장비의 중량과 관계가 있다.
　㉦ 모터 스크레이퍼 릴리프 밸브의 설정 압력이 낮거나 유압펌프의 토출량이 적으면 작업장치의 작동이 힘이 없거나 느리다.

10년간 자주 출제된 문제

9-1. 줄 작업 또는 기계 가공한 평면 또는 곡면을 더욱 정밀하게 다듬질하기 위하여 사용하는 공구는?

① 다이스(Dies)
② 스크레이퍼(Scraper)
③ 정(Chisel)
④ 탭(Tap)

9-2. 스크레이퍼의 주요 구성장치로 알맞은 것은?

① 볼-에이프런-이젝터
② 에이프런-이젝터-리퍼
③ 이젝터-리퍼-볼
④ 리퍼-볼-에이프런

[해설]

9-1
스크레이퍼(Scraper) : 줄 작업 또는 기계 가공한 평면 또는 곡면을 더욱 정밀하게 다듬질하기 위하여 사용되는 공구이다.

9-2
스크레이퍼(Scraper)의 구성장치
• 볼(Bowl)
• 이젝터(Ejector)
• 에이프런(Apron)

정답 9-1 ②　9-2 ①

핵심이론 10 아스팔트 믹싱 플랜트

① 아스팔트 믹싱 플랜트
   ㉠ 골재공급장치, 건조가열장치, 혼합장치 및 아스팔트 공급장치를 가진 것을 말한다.
   ㉡ 규격은 아스팔트 콘크리트의 시간당 생산능력(m^3/h)으로 표시한다.
   ㉢ 골재 저장통의 골재는 피더, 엘리베이터, 건조기를 거쳐 진동 스크린을 통해 입자 크기별로 선별되어 계량장치로 들어간다.
   ㉣ 골재 계량 및 혼합방식에 따라 배치식과 연속식이 있다.
   ㉤ 아스팔트 믹싱 플랜트의 구성 장치 : 배기 집진 장치, 건조기 버너, 진동 스크린, 골재 가열 건조 장치
      • 진동 스크린 : 건조된 가열 골재를 입도별로 구분하는 장치
      • 드라이어 : 골재의 수분을 완전히 제거하고 가열하는 장치

② 아스팔트 피니셔
   ㉠ 아스팔트 혼합재를 노면 위에 균일 두께로 깔고 다듬는 아스팔트 포장기계이다.
   ㉡ 아스팔트 피니셔의 역할에는 살포, 고르기, 진동 등이 있다.
   ㉢ 아스팔트 피니셔의 크라운율 : 포장 가능한 횡단구배를 백분율로 나타낸 것

③ 스크리드 장치
   ㉠ 혼합물을 일정한 높이로 잘라 다리미질하는 역할 및 어느 정도 다지면서 평탄 마무리하는 장치이다.
   ㉡ 스크리드의 작업각은 혼합물의 온도, 입도 아스팔트량, 주행속도 및 스크리드 유닛에 쌓여 있는 혼합물의 양에 따라 변하므로 주의한다.

④ 아스팔트믹싱 플랜트의 운전 전에 점검해야 할 사항
   ㉠ 체인 및 벨트 긴장도
   ㉡ 급유상태
   ㉢ 각 부분의 볼트 이완상태

⑤ 아스팔트 포장 롤러(Roller) 다짐 작업방법
   ㉠ 건조한 노면은 물을 약간 뿌려서 다짐한다.
   ㉡ 같은 위치에서 정지되지 않도록 작업한다.
   ㉢ 다짐작업은 조인트부터 시작한다.
   ㉣ 구배노면의 경우 낮은 쪽에서 높은 쪽으로 작업한다.

10년간 자주 출제된 문제

아스팔트 믹싱 플랜트의 구성 장치가 아닌 것은?
① 배기 집진 장치
② 건조기 버너
③ 크로싱 롤 장치
④ 골재 가열 건조 장치

|해설|
아스팔트 믹싱 플랜트는 배기 집진 장치, 건조기 버너, 진동 스크린, 골재 가열 건조 장치로 구성되어 있다.

정답 ③

핵심이론 11 콘크리트 트럭, 천공기 등

① 콘크리트 트럭
  ㉠ 콘크리트 믹서트럭
    • 콘크리트 혼합물의 장거리 이동에 적합하다.
    • 생콘크리트를 타설 현장까지 운반하는 도중 재료가 분리되거나 경화되는 것을 방지하기 위해 모터를 이용하여 드럼을 회전시킨다.
  ㉡ 콘크리트 피니셔에서 콘크리트의 이동순서 : 호퍼 – 스프레더 – 1차 스크리드 – 진동기 – 피니싱 스크리드
  ㉢ 콘크리트 피니셔의 3대 작업기구 : 퍼스트 스크리드, 바이브레이터, 피니싱 스크리드
  ㉣ 콘크리트 펌프에서 붐을 상승시켜 콘크리트 타설 작업을 하는 도중 붐이 서서히 하강하는 원인 : 체크 밸브 불량
  ㉤ 콘크리트 플랜트의 작업능력을 산정하는 요소 : 재료의 저장용량, 믹서의 용량과 대수, 단위 시간당 혼합능력

② 천공기
  ㉠ 회전식 천공기
    • 일반적으로 천공속도가 늦지만 천공깊이(길이)가 크다.
    • 실드머신, 터널보링머신, 어스오거, 어스드릴, 베노토굴착기, 리버스서큘레이션 드릴 등이 있다.
    • 비트에 강력한 회전력과 압력을 주어 마모, 천공한다.
  ㉡ 충격식 천공기
    • 천공속도는 빠르지만 깊은 천공이나 대구경 천공은 기술적으로 곤란하다.
    • 드리프터, 크롤러 드릴, 점보드릴 등이 있다.

10년간 자주 출제된 문제

콘크리트 피니셔에서 콘크리트의 이동순서를 바르게 표기한 것은?
① 호퍼 – 스프레더 – 1차 스크리드 – 진동기 – 피니싱 스크리드
② 1차 스크리드 – 스프레더 – 진동기 – 호퍼 – 피니싱 스크리드
③ 호퍼 – 1차 스크리드 – 스프레더 – 진동기 – 피니싱 스크리드
④ 스프레더 – 호퍼 – 진동기 – 1차 스크리드 – 피니싱 스크리드

해설

콘크리트 이동순서(콘크리트 피니셔)
호퍼 → 스프레더 → 1차 스크리드 → 진동기 → 피니싱 스크리드

정답 ①

핵심이론 12 크레인, 버킷 준설선 등

① 크레인
  ㉠ 크레인에서 지브 붐(연장형 지브 붐)을 설치할 수 있는 전부 장치 : 갈고리
  ㉡ 크레인의 붐은 상부 회전체에 핀으로 연결되어 있다.
  ㉢ 크레인에서 새들 블록은 디퍼 핸들을 유도해 준다.
  ㉣ 트럭 크레인에서 액추에이터가 작동하지 않는 원인 : 유압펌프의 고장, 유량 부족, 흡입파이프 호스의 막힘 또는 파손 등
  ㉤ 크레인용 와이어로프 꼬임 중 스트랜드를 왼쪽 방향으로 꼰 것 : Z 꼬임
  ㉥ 와이어로프의 교체시기
    • 와이어로프 길이 30cm당 소선이 10% 이상 절단된 때
    • 지름의 감소가 공칭지름의 7%를 초과하는 것

② 버킷 준설선(Bucket Dredger)의 특징
  ㉠ 악천후나 조류 등에 강하다.
  ㉡ 토질의 질에 영향을 작게 받는다.
  ㉢ 준설 단가가 저렴하다.
  ㉣ 자갈, 모래, 진흙 준설에 좋다.

③ 동력식 호이스트 사용 시 주의사항
  ㉠ 부하가 과도하게 걸리면 위험하므로 과권 방지 장치를 부착한다.
  ㉡ 공기 호이스트는 진동과 충격으로 인한 너트의 풀림방지에 유의한다.
  ㉢ 조정장치에 연결하는 전기코드는 비전도성 코드를 사용한다.
  ㉣ 조작 장치에는 상·하향 스위치의 식별이 용이하게 화살표 등으로 표시한다.
  ㉤ 정비공장에서 엔진을 이동할 때 체인 블록이나 호이스트를 사용한다.

10년간 자주 출제된 문제

12-1. 버킷 준설선의 장점으로 틀린 것은?
① 악천후나 조류 등에 강하다.
② 토질의 질에 영향을 작게 받는다.
③ 준설단가가 저렴하다.
④ 암반준설에 좋다.

12-2. 크레인용 와이어로프 꼬임 중 스트랜드를 왼쪽 방향으로 꼰 것은?
① Z 꼬임
② 랭 꼬임
③ S 꼬임
④ 보통 꼬임

|해설|

12-1
버킷 준설선의 특징
• 악천후나 조류 등에 강하다.
• 토질의 질에 영향을 작게 받는다.
• 준설 단가가 저렴하다.
• 자갈, 모래, 진흙 준설에 좋다.

12-2
Z 꼬임은 크레인용 와이어로프 꼬임 중 스트랜드를 왼쪽 방향으로 꼰 것이다.

정답 12-1 ④ 12-2 ①

제6절 건설기계 용접

6-1. 피복아크 용접

핵심이론 01 용접법의 분류

① 압접(Pressure Welding)
  ㉠ 가열식
   - 압접 : 가스용접, 유도가열 용접
   - 단접 : 해머 용접, 다이 용접, 롤러 용접
   - 전기저항 용접
     - 겹치기 : 점 용접, 심 용접, 프로젝션 용접
     - 맞대기 : 업셋 용접, 플래시 버트 용접, 퍼커션 용접
   ※ 심 용접 : 기밀, 수밀을 필요로 하는 탱크의 용접이나 배관용 탄소강관의 관 제작 이음용접에 가장 적합한 접합법
  ㉡ 비가열식 : 확산용접, 초음파용접, 마찰용접, 폭발용접, 냉간용접

② 융접(Fusion Welding)
  ㉠ 피복금속 아크용접(SMAW) : 보통 전기용접, 피복아크 용접이라고도 하며 피복제를 바른 용접봉과 모재 사이에 발생하는 아크열(약 6,000℃)을 이용하여 모재의 일부와 용접봉을 녹여서 용접하는 용극식 용접법이다.
  ㉡ 가스용접 : 산소-아세틸렌 용접(대표적), 산소-수소 용접, 산소-프로판 용접, 공기-아세틸렌 등이 있다.
  ㉢ 불활성 가스 아크 용접(TIG 용접, MIG 용접) : 불활성 가스에는 Ar(아르곤), He(헬륨), Ne(네온) 등이 있다.
  ㉣ CO_2 가스 아크 용접 : 코일로 된 용접 와이어를 송급 모터에 의해 용접 토치까지 연속으로 공급하여 토치 팁에 의해서 용접 전류가 와이어에 통전되어 와이어 자체가 전극이 되어 모재와의 사이에 아크를 발생시켜 접합하는 용극식 용접법이다.
  ㉤ 서브머지드 아크용접(잠호 용접) : 용접 부위에 미세한 입상의 용제(Flux)를 도포한 후 그 속에 전극 와이어를 넣으면 모재와의 사이에서 아크가 발생하여 그 열로 용접하는 방법이다.
  ㉥ 테르밋 용접 : 산화철의 분말과 알루미늄의 분말을 혼합하여 연소할 때 발생하는 열을 이용하여 접합시키는 용접법
  ㉦ 이외 일렉트로 슬래그 용접, 스터드 용접, 원자 수소 아크 용접, 전자 빔 용접, 저온 용접, 열풍 용접, 고주파 용접 등이 있다.

10년간 자주 출제된 문제

1-1. 다음 용접법의 분류 중 융접(Fusion Welding)이 아닌 것은?
① 저항용접
② 피복금속 아크용접
③ 이산화탄소 아크용접
④ 가스용접

1-2. 테르밋 용접의 테르밋은 무엇의 혼합물인가?
① 산화납과 산화철 분말
② 알루미늄 분말과 마그네슘 분말
③ 규소분말과 알루미늄 분말
④ 알루미늄 분말과 산화철 분말

해설

1-2
테르밋 용접 : 산화철의 분말과 알루미늄의 분말을 혼합하여 연소할 때 발생하는 열을 이용하여 접합시키는 용접법

정답 1-1 ① 1-2 ④

핵심이론 02 용접의 특징

① 주철(Cast Iron) 용접의 특징
  ㉠ 가능한 한 가는 지름의 용접봉을 사용한다.
  ㉡ 용입을 깊게 하지 않는다.
  ㉢ 직선 비드를 배치한다.
  ㉣ 용접 비드를 짧게 배치한다.
② 점용접의 3대 요소 : 가압력, 통전시간, 전류의 세기
③ 용접의 장점
  ㉠ 이음효율이 높고, 유지와 보수가 용이하다.
  ㉡ 재료가 절약되고, 제작비가 적게 든다.
  ㉢ 재료의 두께 제한이 없고, 이종재료도 접합이 가능하다.
  ㉣ 제품의 성능과 수명이 향상된다.
  ㉤ 유밀성, 기밀성, 수밀성이 우수하다.
  ㉥ 작업 공정이 줄고 자동화가 용이하다.
  ㉦ 소음이 적어 실내에서의 작업이 가능하며 복잡한 구조물 제작이 쉽다.
  ㉧ 용접준비 및 용접작업이 비교적 간단하다.
④ 용접의 단점
  ㉠ 저온취성이 생기기 쉽고, 균열이 발생하기 쉽다.
  ㉡ 용접부의 결함 판단이 어렵다.
  ㉢ 용융 부위 금속의 재질이 변한다.
  ㉣ 저온에서 강도가 쉽게 약해질 우려가 있다.
  ㉤ 용접 후 변형 및 수축에 따라 잔류응력이 발생한다.
  ㉥ 용접 기술자(용접사)의 기량에 따라 품질이 달라진다.
⑤ 용접의 일반적인 순서 : 재료준비 → 절단 가공 → 가접 → 본용접 → 검사

10년간 자주 출제된 문제

점용접의 3대 요소가 아닌 것은?
① 가압력
② 전극모양
③ 통전시간
④ 전류의 세기

정답 ②

핵심이론 03 용접자세에 관한 기호, 용접 이음부의 홈

① 용접 자세(Welding Position)

자 세	KS규격	ISO	AWS
아래보기	F(Flat Position)	PA	1G
수 평	H(Horizontal Position)	PC	2G
수 직	V(Vertical Position)	PF	3G
위보기	OH(Overhead Position)	PE	4G

② 용접부 홈(Groove)의 형상
  ㉠ 홈의 모양은 용접부가 되며, 홈 가공이 용이하고 용착량이 적게 드는 것이 좋다.
  ㉡ 홈의 모양이 6mm 이하에서는 I형 이음을, V형 이음에서는 6~20mm, 그 이상에서는 X형, U형, H형 이음 등이 사용된다.

홈의 형상	특 징
I형	• 가공이 쉽고 용착량이 적어서 경제적이다. • 판이 두꺼워지면 이음부를 완전히 녹일 수 없다.
V형	• 한쪽 방향에서 완전한 용입을 얻고자 할 때 사용한다. • 홈 가공이 용이하나 두꺼운 판에서는 용착량이 많아지고 변형이 일어난다.
X형	• 후판(두꺼운 판) 용접에 적합하다. • 홈가공이 V형에 비해 어렵지만 용착량이 적다. • 양쪽에서 용접하므로 완전한 용입을 얻을 수 있다.
U형	• 홈 가공이 어렵다. • 두꺼운 판에서 비드의 너비가 좁고 용착량도 적다. • 두꺼운 판을 한쪽 방향에서 충분한 용입을 얻고자 할 때 사용한다.
H형	두꺼운 판을 양쪽에서 용접하므로 완전한 용입을 얻을 수 있다.
J형	한쪽 V형이나 K형 홈보다 두꺼운 판에 사용한다.

※ 측면 필릿이음 용접 비드에서 실제 목 두께 : 용입을 고려한 용접의 루트부터 필릿 용접의 표면까지의 최단거리

10년간 자주 출제된 문제

3-1. 용접자세에 관한 기호와 뜻으로 잘못 짝지어진 것은?

① 아래보기 자세 : F
② 수평자세 : H
③ 수직자세 : V
④ 위보기 자세 : H-Fill

3-2. 다음 중 용접 이음부의 홈 형상이 아닌 것은?

① I형　　② V형
③ W형　　④ X형

|해설|

3-1

용접자세에 관한 기호

자 세	기 호
아래보기	F
수 평	H
수 직	V
위보기	OH

3-2

용접 이음부의 홈 형상 : I형, V형, X형, U형, H형, J형

정답 3-1 ④　3-2 ③

핵심이론 04 피복금속 아크용접기의 극성

① 용접기의 극성

　㉠ 직류(Direct Current) : 전기의 흐름방향이 일정하게 흐름
　㉡ 교류(Alternating Current) : 시간에 따라서 전기의 흐름방향이 변함

② 용접기의 극성에 따른 특징

직류 정극성 (DCSP ; Direct Current Straight Polarity)	• 용입이 깊고 비드 폭이 좁다. • 용접봉의 용융속도가 느리다. • 후판(두꺼운 판) 용접이 가능하다. • 모재에는 (+)전극이 연결되며 70% 열이 발생하고, 용접봉에는 (-)전극이 연결되며 30% 열이 발생한다.
직류 역극성 (DCRP ; Direct Current Reverse Polarity)	• 용입이 얕고 비드 폭이 넓다. • 용접봉의 용융속도가 빠르다. • 박판(얇은 판) 용접이 가능하다. • 주철, 고탄소강, 비철금속의 용접에 쓰인다. • 모재에는 (-)전극이 연결되며 30% 열이 발생하고, 용접봉에는 (+)전극이 연결되며 70% 열이 발생한다.
교류(AC)	• 극성이 없다. • 전원 주파수의 1/2사이클마다 극성이 바뀐다. • 직류 정극성과 직류 역극성의 중간 성격이다.

③ 용접 극성에 따른 용입이 깊은 순서 : DCSP > AC > DCRP

　※ 진행각도 : 피복 아크 용접 시 용접봉과 용접선이 이루는 각도

10년간 자주 출제된 문제

4-1. 모재를 (+)극에, 용접봉을 (-)극에 연결하는 직류 아크용접의 극성은?

① 역극성　　② 정극성
③ 용극성　　④ 비용극성

4-2. 다음 중 직류 정극성의 표시 기호는?

① ACSP　　② ACRP
③ DCSP　　④ DCRP

정답 4-1 ②　4-2 ③

핵심이론 05 피복금속 아크쏠림

① 아크쏠림(Arc Blow, 자기불림)의 개념 : 용접봉과 모재 사이에 전류가 흐를 때 그 주위에 자기장이 생기는데, 이 자기장이 용접봉에 대해 비대칭으로 형성되면 아크 자력선이 집중되지 않고 한쪽으로 쏠리는 현상

② 아크쏠림의 원인
  ㉠ 비피복용접봉을 사용했을 경우
  ㉡ 아크 전류에 의해 형성된 용접봉과 모재 사이의 자기장에 의해서
  ㉢ 철계 금속을 직류 전원으로 용접했을 경우

③ 아크쏠림의 방지대책
  ㉠ 용접 전류를 줄인다.
  ㉡ 교류용접기를 사용한다.
  ㉢ 접지점을 2개 연결한다.
  ㉣ 아크 길이는 최대한 짧게 유지한다.
  ㉤ 접지부를 용접부에서 최대한 멀리한다.
  ㉥ 용접봉 끝을 아크쏠림의 반대 방향으로 기울인다.
  ㉦ 용접부가 긴 경우 가용접 후 후진법(후퇴 용접법)을 사용한다.
  ㉧ 받침쇠, 긴 가용접부, 이음의 처음과 끝에 엔드 탭을 사용한다.

※ 핫스타트장치 : 아크 발생 초기에 용접봉과 모재가 냉각되어 있어 입열이 부족하여 아크가 불안정하게 된다. 이때 아크 발생을 더 쉽게 하기 위해 아크 발생 초기에만 용접전류를 특별히 크게 하는 장치이다.

10년간 자주 출제된 문제

피복아크 용접 시 아크쏠림(Arc Blow) 방지대책 중 틀린 것은?

① 긴 용접선의 경우 엔드 탭(End Tap)을 사용한다.
② 접지점의 위치를 용접부로부터 멀리한다.
③ 아크 길이를 짧게 유지한다.
④ 직류용접을 한다.

해설
아크쏠림을 방지하려면 교류용접기를 사용한다.

정답 ④

핵심이론 06 피복금속 아크용접봉

① 피복금속 아크용접봉의 종류
  ㉠ E4301 : 일미나이트계 – 슬래그의 유동성이 좋다.
  ㉡ E4303 : 라임타이타늄계
  ㉢ E4311 : 고셀룰로스계
  ㉣ E4313 : 고산화타이타늄계
  ㉤ E4316 : 저수소계
  ㉥ E4324 : 철분 산화타이타늄계
  ㉦ E4326 : 철분 저수소계
  ㉧ E4327 : 철분 산화철계
② 용접봉의 건조 온도 : 용접봉은 습기에 민감해서 기공이나 균열 등의 원인이 되므로 건조가 필요하다. 특히 저수소계 용접봉에 습기가 많으면 기공을 발생시키기 쉽고 내균열성과 강도가 저하되며 셀룰로스계는 피복이 떨어진다.
  ㉠ 일반용접봉 : 약 100℃로 30분~1시간
  ㉡ 저수소계 용접봉 : 약 300~350℃에서 1~2시간

10년간 자주 출제된 문제

6-1. 아크 용접봉의 종류 중 E4301의 피복제 계통은?
① 고셀룰로스계
② 고산화타이타늄계
③ 일미나이트계
④ 저수소계

6-2. 피복제에 습기가 있을 때 용접을 하면 어떤 결과를 가져오는가?
① 기공이 생긴다.
② 언더컷이 일어난다.
③ 크레이터가 생긴다.
④ 오버랩 현상이 생긴다.

[해설]
6-2
용접봉의 습기는 기공이나 균열 등의 원인이 된다.

정답 6-1 ③ 6-2 ①

핵심이론 07 피복금속 아크용접용 피복제

① 피복제(Flux)
  ㉠ 용제나 용가재로도 불리며 용접봉의 심선을 둘러싸고 있는 성분으로 용착금속에 특정 성질을 부여하거나 슬래그 제거를 위해 사용된다.
  ㉡ 비드의 표면을 덮어서 급랭산화 또는 점화를 방지하고 용접 금속을 보호한다.
② 피복제의 역할
  ㉠ 아크를 안정시키고, 집중성을 좋게 한다.
  ㉡ 용착금속의 급랭을 방지하고, 보호가스를 발생시킨다.
  ㉢ 전기 절연 작용, 탈산작용 및 정련작용을 한다.
  ㉣ 슬래그 제거를 쉽게 하여 비드의 외관을 좋게 한다.
  ㉤ 용융금속과 슬래그의 유동성을 좋게 한다.
  ㉥ 적당량의 합금 원소 첨가로 금속에 특수성을 부여한다.
  ㉦ 용적(쇳물)을 미세화하여 용착효율을 높인다.
  ㉧ 중성 또는 환원성 분위기를 만들어 질화나 산화를 방지하고 용융금속을 보호한다.
  ㉨ 쇳물이 쉽게 달라붙을 수 있도록 힘을 주어 수직자세, 위보기 자세 등 어려운 자세를 쉽게 한다.
  ㉩ 피복제는 용융점이 낮고 적당한 점성을 가진 슬래그를 생성하여 용접부를 덮어 급랭을 방지한다.

10년간 자주 출제된 문제

비드의 표면을 덮어서 급랭산화 또는 점화를 방지하고 용접 금속을 보호하는 것은?
① 아크
② 용제
③ 피복제
④ 스패터

정답 ③

CHAPTER 01 건설기계 ■ 179

핵심이론 08 피복금속 아크 용접기의 종류 및 특징

① 직류아크 용접기의 종류와 특징
  ㉠ 발전기형 : 전동발전식, 엔진구동형
  ㉡ 정류기형 : 셀렌, 실리콘, 게르마늄

발전기형	정류기형
고가이다.	저렴하다.
구조가 복잡하다.	소음이 없다.
보수와 점검이 어렵다.	구조가 간단하다.
완전한 직류를 얻는다.	취급이 간단하다.
전원이 없어도 사용 가능하다.	전원이 필요하다.
소음이나 고장이 발생하기 쉽다.	완전한 직류를 얻지 못한다.

② 교류아크 용접기의 종류별 특징
  ㉠ 가동 철심형
    • 미세한 전류조정이 가능하다.
    • 현재 가장 많이 사용된다.
    • 광범위한 전류 조정이 어렵다.
    • 가동 철심으로 누설 자속을 가감하여 전류를 조정한다.
  ㉡ 가동 코일형
    • 아크 안정성이 크고 소음이 없다.
    • 가격이 비싸며 현재는 거의 사용되지 않는다.
    • 용접기의 핸들로 1차 코일을 상하로 이동시켜 2차 코일의 간격을 변화시켜 전류를 조정한다.
  ㉢ 탭 전환형
    • 코일의 감긴 수에 따라 전류를 조정하며, 넓은 범위는 전류 조정이 어렵다.
    • 주로 소형이 많다.
    • 탭 전환부의 소손이 심하다.
    • 미세 전류 조정 시 무부하 전압이 높아서 전격의 위험이 크다.
  ㉣ 가포화 리액터형
    • 조작이 간단하고 원격 제어가 가능하다.
    • 가변 저항의 변화로 용접 전류를 조정한다.
    • 전기적 전류 조정으로 소음이 없고 기계의 수명이 길다.

③ 직류 아크 용접기와 교류 아크 용접기의 차이점

특 성	직류아크 용접기	교류아크 용접기
아크 안정성	우 수	보 통
비피복봉 사용 여부	가 능	불가능
극성변화	가 능	불가능
자기쏠림방지	불가능	가 능
무부하 전압	약간 낮음(40~60V)	높음(70~80V)
전격의 위험	적다.	많다.
유지보수	다소 어렵다.	쉽다.
고 장	비교적 많다.	적다.
구 조	복잡하다.	간단하다.
역 률	양 호	불 량
가 격	고 가	저 렴

10년간 자주 출제된 문제

8-1. 다음 중 교류아크 용접기의 종류가 아닌 것은?
① 정류기형
② 가동철심형
③ 가동코일형
④ 탭전환형

8-2. 교류아크 용접기와 비교한 직류아크 용접기에 대한 설명 중 잘못된 것은?
① 아크의 안정성이 우수하다.
② 역률이 양호하다.
③ 비피복봉의 사용이 가능하다.
④ 전격의 위험이 많다.

|해설|

8-1
정류기형은 직류아크 용접기의 종류중 하나다.

8-2
직류아크 용접기는 전격의 위험이 적다.

정답 8-1 ① 8-2 ④

핵심이론 09 용접 결함의 종류

① 슬래그 혼입(Slag Inclusions) : 슬래그가 완전히 부상하지 못하고 용착금속 속에 섞여 있는 상태로서 용접부를 취약하게 하며, 크랙(Crack)을 일으키는 주원인이다.
② 기공(Porosity, Blow hole) : 용접부에 작은 구멍이 산재되어 있는 형태로서 가장 취약적인 상황으로, 용접부를 완전 제거한 후 재용접하여야 한다.
③ 언더컷(Under Cut) : 용접에서 모재와 용착금속의 경계 부분이 오목하게 파여 들어간 것
④ 용입 불량(Incomplete Fusion, 부족) : 모재의 어느 한 부분이 완전히 용착되지 못하고 남아 있는 현상
⑤ 오버랩(Overlap) : 용착금속이 변끝에서 모재에 융합되지 않고 겹친 부분
⑥ 스패터(Spatter) : 용융금속 중의 일부 입자가 모재로 이행하면서 용접부를 이탈해 용착되는 용융방울로서 사용되는 보호 가스(Shielding Gas)의 종류에 따라 발생 정도가 달라진다.
⑦ 크랙킹(Cracking) : 용착금속이 냉각 후 실모양의 균열이 형성되어 있는 상태로서 열간 및 냉간균열이 있다.
⑧ 피트(Pit) : Blow Hole이나 용융금속이 튀는 현상으로, 용접부의 바깥면에 작고 오목한 구멍이 생긴다.

※ 용접 시 외부에서 주어지는 용접입열을 계산하는 공식 :

$$H = \frac{60EI}{V}$$

여기서, H : 용접입열(J/cm)
I : 아크전류(A)
E : 아크전압(V)
V : 용접속도(cm/min)

10년간 자주 출제된 문제

9-1. 이산화탄소 아크용접에서 발생하는 용접결함의 종류가 아닌 것은?
① 다공성
② 용입 부족
③ 언더컷
④ 이면비드

9-2. 용접에서 모재와 용착금속의 경계 부분에 오목하게 파여 들어간 것을 무엇이라 하는가?
① 스패터(Spatter)
② 슬래그(Slag)
③ 오버랩(Overlap)
④ 언더컷(Undercut)

[해설]
9-1
이면비드(Back Bead)는 용접이음부의 용접 표면에 대하여 뒷면에 형성된 용접비드를 말한다.
9-2
언더컷 : 용접에서 모재와 용착금속의 경계 부분이 오목하게 파여 들어간 것

정답 9-1 ④ 9-2 ④

6-2. 가스 및 탄산가스 용접

핵심이론 01 가스용접

① 가스 용접용 가스의 분류

조연성 가스	다른 연소 물질이 타는 것을 도와주는 가스	산소, 공기
가연성 가스 (연료 가스)	산소나 공기와 혼합하여 점화하면 빛과 열을 내면서 연소하는 가스	아세틸렌, 프로판, 메탄, 부탄, 수소
불활성 가스	다른 물질과 반응하지 않는 기체	아르곤, 헬륨, 네온

② 가스의 사용
  ㉠ 가스 용접에 사용되는 가스는 조연성 가스와 가연성 가스를 혼합하여 사용한다.
  ㉡ 연료가스는 연소속도가 빨라야 원활하게 작업이 가능하며 매끈한 절단면 및 용접물을 얻을 수 있다.

③ 가스 용접봉의 표시
  예 GA46 가스 용접봉의 경우

G	A	46
가스 용접봉	용착 금속의 연신율 구분	용착 금속의 최저 인장강도(kgf/mm^2)

④ 가스 용접에서 용제를 사용하는 이유 : 용접 시 생긴 산화물이나 질화물은 모재와 용착 금속과의 융합을 방해한다. 용제는 용접 중 생기는 이러한 산화물과 유해물을 용융시켜 슬래그로 만들거나, 산화물의 용융온도를 낮게 한다.

10년간 자주 출제된 문제

가스 용접에서 용제를 사용하는 이유는?
① 용접봉의 용융속도를 느리게 하기 위하여
② 침탄이나 질화 작용을 돕기 위하여
③ 용접 중 산화물 등의 유해물을 제거하기 위하여
④ 모재의 용융온도를 낮게 하기 위하여

정답 ③

핵심이론 02 산소 가스, 아세틸렌 가스

① 산소 가스(Oxygen, O_2)
  ㉠ 무색, 무미, 무취의 기체이다.
  ㉡ 액화 산소는 연한 청색을 띤다.
  ㉢ 산소는 대기 중에 21%나 존재하기 때문에 쉽게 얻을 수 있다.
  ㉣ 고압 용기에 35℃에서 150kgf/cm^{2}의 고압으로 압축하여 충전한다.
  ㉤ 가스용접 및 가스 절단용으로 사용되는 산소는 순도가 99.3% 이상이어야 한다.
  ㉥ 순도가 높을수록 좋으며 KS규격에 의하면 공업용 산소의 순도는 99.5% 이상이다.
  ㉦ 산소 자체는 타지 않으나 다른 물질의 연소를 도와주어 조연성 가스라 부르며, 금·백금·수은 등을 제외한 원소와 화합하면 산화물을 만든다.

② 아세틸렌 가스(Acetylene, C_2H_2)
  ㉠ 400℃ 근처에서 자연 발화한다.
  ㉡ 카바이드(CaC_2)를 물에 작용시켜 제조한다.
  ㉢ 구리나 은 등과 반응할 때 폭발성 물질이 생성된다.
  ㉣ 주로 가스 용접이나 절단 등에 사용되는 연료가스이다.
  ㉤ 산소와 적당히 혼합 연소시키면 3,000~3,500℃의 고온을 낸다.
  ㉥ 아세틸렌 가스는 비중이 0.906으로, 비중이 1.105인 산소보다 가볍다.
  ㉦ 아세틸렌 가스는 불포화 탄화수소의 일종으로 불완전한 상태의 가스이다.
  ㉧ 각종 액체에 용해가 잘된다(물 1배, 석유 2배, 벤젠 4배, 알코올 6배, 아세톤 25배).
  ㉨ 아세틸렌 가스의 충전은 15℃, 1기압하에서 15kgf/cm^{2}의 압력으로 한다. 아세틸렌 가스 1L의 무게는 1.176g이다.

ⓒ 순수한 카바이드 1kg은 이론적으로 348L의 아세틸렌 가스를 발생시키며, 보통의 카바이드는 230~300L의 아세틸렌 가스를 발생시킨다.

 ※ 아세틸렌 가스 발생기는 카바이드와 물이 작용하는 형태에 따라 투입식, 주수식, 침지식이 있다.

㉠ 순수한 아세틸렌 가스는 무색, 무취의 기체이나 아세틸렌 가스 중에 포함된 불순물인 인화수소, 황화수소, 암모니아 등에 의해 악취가 난다.

㉡ 아세틸렌이 완전 연소하는 데는 이론적으로 2.5배의 산소가 필요하나, 실제는 아세틸렌에 불순물이 포함되어 산소가 1.2~1.3배 필요하다.

㉢ 가스병 내부가 1.5기압 이상이 되면 폭발위험이 있고, 2기압 이상으로 압축하면 폭발한다. 아세틸렌은 공기 또는 산소와 혼합되면 폭발성이 격렬해지는데 아세틸렌 15%, 산소 85% 부근이 가장 위험하다.

 ※ LPG 충전 사업의 시설에서 저장 탱크와 가스충전 장소의 사이에 설치해야 되는 것 : 방호벽

10년간 자주 출제된 문제

2-1. 아세틸렌 가스의 폭발과 관계없는 것은?
① 온 도
② 탄 소
③ 압 력
④ 진동 충격

2-2. 아세틸렌 용기 내의 아세틸렌은 게이지 압력이 얼마 이상 되면 폭발할 위험이 있는가?
① $0.2kgf/cm^2$
② $0.6kgf/cm^2$
③ $0.8kgf/cm^2$
④ $1.5kgf/cm^2$

|해설|
2-1, 2-2
아세틸렌가스는 작은 압력(1.5기압)이나 충격에도 폭발할 정도로 위험성이 높다.

정답 2-1 ② 2-2 ④

핵심이론 03 CO_2 가스 아크용접

① CO_2 가스 아크용접의 장점

㉠ 조작이 간단하고, 가스 아크로서 시공이 편리하다.
㉡ 용접 전류밀도가 커서 용입이 깊고 용접속도를 빠르게 할 수 있다.
㉢ 모든 용접자세로 용접이 가능하다.
㉣ 용착금속의 강도와 연신율이 크다.
㉤ MIG 용접에 비해 용착금속에 기공이 적게 생긴다.
㉥ 보호가스가 저렴한 탄산가스로서 경비가 적게 든다.
㉦ 킬드강, 세미킬드강은 물론 림드강도 쉽게 용접할 수 있다.
㉧ 아크 및 용융지가 눈에 보이므로 정확한 용접이 가능하다.
㉨ 산화 및 질화가 되지 않은 양호한 용착 금속을 얻을 수 있다.
㉩ 용착 금속 내부의 수소 함량이 어떤 용접보다 적어 은점이 생기지 않는다.
㉪ 용제(Flux)가 사용되지 않으므로 슬래그 잠입 현상이 적고, 슬래그를 제거하지 않아도 된다.
㉫ 아크 특성에 적합한 상승 특성을 갖는 전원기기를 사용하므로 스패터 발생이 적고 안정된 아크를 얻을 수 있다.
㉬ 서브머지드 아크 용접에 비해 모재 표면의 녹이나 오물 등이 있어도 큰 지장이 없으므로 용접 시 완전한 청소를 하지 않아도 된다.

 ※ 탄산가스 아크용접에서 반자동 용접의 용접속도(위빙 및 토치 이동) : 30~50cm/min

② CO_2 가스 아크용접의 단점
㉠ 비드 외관이 타 용접에 비해 거칠다.
㉡ 탄산가스(CO_2)를 사용하므로 작업량에 따라 환기를 해야 한다.

ⓒ 고온 상태의 아크 중에서는 산화성이 크고 용착 금속의 산화가 심하여 기공 및 그 밖의 결함이 생기기 쉽다.

ⓓ 일반적으로 탄산가스 함량이 3~4%일 때 두통이나 뇌빈혈을 일으키고, 15% 이상이면 위험상태가 되고, 30% 이상이면 중독되어 생명이 위험하다.

③ 가스용접 작업 시 안전관리
   ㉠ 산소누설 시험은 비눗물을 사용한다.
   ㉡ 토치 끝으로 용접물의 위치를 바꾸거나 재를 제거하면 안 된다.
   ㉢ 토치에 점화할 때에는 성냥불과 담뱃불을 사용하지 않는다.
   ㉣ 산소 봄베와 아세틸렌 봄베 가까이에서는 불꽃 조정을 피해야 한다.

10년간 자주 출제된 문제

탄산가스 아크용접의 장점이 아닌 것은?

① 전류밀도가 대단히 높으므로 용입이 깊고 용접속도를 빠르게 할 수 있다.
② 전 자세 용접도 가능하다.
③ 용접 진행의 양부 판단이 가능하고 사용이 편리하다.
④ 적용 재질이 다양하다.

[해설]

CO_2 가스 아크용접의 장점
• 조작이 간단하고, 가스 아크로서 시공이 편리하다.
• 용접 전류밀도가 커서 용입이 깊고 용접속도를 빠르게 할 수 있다.
• 모든 용접자세로 용접이 가능하다.
• 아크 및 용융지가 눈에 보이므로 정확한 용접이 가능하다.

정답 ④

핵심이론 04 가스 용기

① 일반 가스 용기의 도색 색상

가스 명칭	도 색	가스 명칭	도 색
산 소	녹색	암모니아	흰색
수 소	주황색	아세틸렌	노란색
탄산가스	청색	프로판(LPG)	회색
아르곤	회색	염 소	갈색

※ 산업용과 의료용의 용기 색상은 다르다(의료용의 경우 산소는 백색).

② 가스 호스의 색깔

용 도	색 깔
산소용	검정 또는 녹색
아세틸렌용	적색

③ 아세틸렌 용기(Acetylene Bomb) 취급 시 주의사항
   ㉠ 용기는 충격이나 타격을 주지 않도록 한다.
   ㉡ 저장소의 전등 및 전기 스위치 등은 방폭 구조여야 한다.
   ㉢ 가연성 가스를 사용하는 경우는 반드시 소화기를 비치하여야 한다.
   ㉣ 가스의 충전구가 동결되었을 때는 35℃ 이하의 더운물로 녹여야 한다.
   ㉤ 저장소에는 인화 물질이나 화기를 가까이 하지 말고 통풍이 양호해야 한다.
   ㉥ 용기 내의 아세톤 유출을 막기 위해 저장 또는 사용 중 반드시 용기를 세워 두어야 한다.

④ 아세틸렌 가스의 사용 압력
   ㉠ 저압식 : $0.07kgf/cm^2$ 이하
   ㉡ 중압식 : $0.07 \sim 1.3kgf/cm^2$
   ㉢ 고압식 : $1.3kgf/cm^2$ 이상

※ 산소 용접기의 윗부분에 각인되어 있는 TP : 내압 시험 압력

10년간 자주 출제된 문제

고압가스 용기의 도색 중 옳게 표시된 것은?
① 산소 – 적색
② 수소 – 흰색
③ 아세틸렌 – 노란색
④ 액화암모니아 – 파란색

|해설|

가스 용기의 도색 색상
- 산소 – 녹색
- 수소 – 주황색
- 아세틸렌 – 노란색
- 암모니아 – 흰색

정답 ③

핵심이론 05 예열 및 가스 절단

① 용접작업 전에 예열(Preheating)을 하는 목적
  ㉠ 변형 및 잔류응력 경감
  ㉡ 열영향부(HAZ)의 균열 방지
  ㉢ 용접 금속에 연성 및 인성 부여
  ㉣ 냉각속도를 느리게 하여 수축 변형 방지
  ㉤ 금속에 함유된 수소 등의 가스를 방출하여 균열 방지
  ㉥ 용접 작업성의 개선
  ※ 연강을 0℃ 이하에서 용접 시 예열 온도 : 40~75℃

② 가스 절단의 원리
  ㉠ 철과 산소의 화학 반응열을 이용하는 열 절단법이다.
  ㉡ 절단속도는 산소의 압력, 모재의 온도, 산소의 순도, 팁의 형태에 따라 달라진다. 특히 절단 산소의 분출량과 속도에 크게 좌우된다.

③ 가스 절단이 원활히 이루어지게 하는 조건
  ㉠ 모재 중 불연소물이 적을 것
  ㉡ 산화물이나 슬래그의 유동성이 좋을 것
  ㉢ 산화 반응이 격렬하고 열을 많이 발생할 것
  ㉣ 산화물이나 슬래그의 용융온도가 모재의 용융온도보다 낮을 것
  ㉤ 모재의 연소온도가 그 용융온도보다 낮을 것(철의 연소온도 : 1,350℃, 용융온도 : 1,538℃)
  ㉥ 절단 속도가 알맞아야 한다. 절단 속도는 산소의 압력, 모재의 온도, 산소의 순도, 팁의 형에 따라 달라진다. 특히 절단 산소의 분출량과 속도에 따라 크게 좌우된다.
  ㉦ 가스 절단 시 예열 불꽃이 강하면 절단면이 거칠며 열량이 많아서 모서리가 용융되어 둥글게 되며, 철과 슬래그의 구분이 어려워진다. 반대로 약하면 절단속도가 늦어지고 드래그 길이가 증가한다.
  ㉧ 가스 자동 절단 시 팁과 강판과의 간격은 예열 불꽃의 백심으로부터 1.5~2.5mm 거리가 가장 적당하다.

10년간 자주 출제된 문제

5-1. 가스 절단 중 예열 불꽃이 강할 때 절단 결과에 미치는 영향은?
① 모서리가 용융되어 둥글게 된다.
② 드래그가 증가한다.
③ 슬래그 성분 중 철 성분의 박리가 쉬워진다.
④ 절단속도가 늦어지고 절단이 중단되기 쉽다.

5-2. 가스 자동 절단 시 팁과 강판과의 간격은 예열 불꽃의 백심으로부터 얼마의 거리가 가장 적당한가?
① 1.5~2.5mm
② 3.5~4.5mm
③ 5.5~6.5mm
④ 7.5~8.5mm

[해설]

5-1
가스 절단 시 예열 불꽃이 강하면 절단면이 거칠며 열량이 많아서 모서리가 용융되어 둥글게 되며, 철과 슬래그의 구분이 어려워진다. 반대로 약하면 절단속도가 늦어지고 드래그 길이가 증가한다.

5-2
가스 자동 절단 시 팁과 강판과의 간격은 예열 불꽃의 백심으로부터 1.5~2.5mm 거리가 가장 적당하다.

정답 5-1 ① 5-2 ①

핵심이론 06 산소-아세틸렌 가스 불꽃

① 불꽃의 종류별 특징
  ㉠ 아세틸렌 불꽃 : 아세틸렌 가스만 공급 후 점화했을 때 발생되는 불꽃
  ㉡ 탄화 불꽃
  - 탄화 불꽃은 아세틸렌 과잉 불꽃이라 한다.
  - 산소가 적고 아세틸렌이 많을 때의 백색 불꽃이다.
  - 아세틸렌 밸브를 열고 점화한 후, 산소 밸브를 조금만 열게 되면 다량의 그을음이 발생되어 연소를 하게 되는 경우 발생한다.
  - 이 불꽃은 산소량이 부족할 경우가 생기므로 금속의 산화를 방지할 필요가 있는 스테인리스강, 스텔라이트, 모넬 메탈 등의 용접에 사용된다.
  ㉢ 중성 불꽃
  - 산소와 아세틸렌 가스의 혼합비가 1 : 1일 때 얻어진다.
  - 중성 불꽃은 표준 불꽃으로 용접 작업에 가장 알맞은 불꽃이다.
  - 금속의 용접부에 산화나 탄화의 영향이 가장 적게 미치는 불꽃이다.
  - 탄화 불꽃에서 산소량을 증가시키거나, 아세틸렌 가스량을 감소시키면 아세틸렌 페더가 점차 감소되어 백심 불꽃과 아세틸렌 페더가 일치될 때를 중성 불꽃(표준 불꽃)이라 한다.
  ㉣ 산화 불꽃
  - 산소 과잉 불꽃이다.
  - 용접 시 금속을 산화시키므로 구리, 황동 등의 용접에 사용한다.
  - 산화성 분위기를 만들어 일반적인 금속 용접에는 사용하지 않는다.
  - 중성 불꽃에서 산소량을 증가시키거나, 아세틸렌 가스량을 감소시키면 만들어진다.

② 산소-아세틸렌 가스 불꽃의 구성 : 산소와 아세틸렌을 1 : 1로 혼합하여 연소시키면 불꽃이 생성되는데, 이때 생성되는 불꽃은 불꽃심(백심), 속불꽃, 겉불꽃 세 부분으로 구성된다.

10년간 자주 출제된 문제

산소가 적고 아세틸렌이 많을 때의 불꽃은?

① 중성 불꽃
② 탄화 불꽃
③ 표준 불꽃
④ 프로판 불꽃

|해설|

탄화 불꽃 : 불꽃심과 겉불꽃 사이에 있는 백색의 불꽃으로 아세틸렌 가스의 양이 많을 때 생기며 스테인리스강, 니켈강 등의 용접에 이용된다.

정답 ②

핵심이론 07 산소-아세틸렌 가스 불꽃의 이상 현상

① **인화** : 팁 끝이 순간적으로 막히면 가스의 분출이 나빠지고 불꽃이 가스 혼합실까지 도달하여 토치를 빨갛게 달구는 현상이다.

② **역류**
  ㉠ 토치 내부의 청소가 불량할 때 내부 기관에 막힘이 생겨 고압의 산소가 밖으로 배출되지 못하고 압력이 낮은 아세틸렌 쪽으로 흐르는 현상
  ㉡ 역류 방지 및 조치법
   • 팁을 깨끗이 청소한다.
   • 안전기와 발생기를 차단한다.
   • 토치의 산소 밸브를 차단시킨다.
   • 토치의 아세틸렌 밸브를 차단시킨다.

③ **역화**
  ㉠ 토치의 팁 끝이 모재에 닿아 순간적으로 막히거나 팁의 과열 또는 사용가스의 압력이 부적당할 때 팁 속에서 폭발음을 내면서 불꽃이 꺼졌다가 다시 나타나는 현상
  ㉡ 불꽃이 꺼지면 산소 밸브를 차단하고, 이어 아세틸렌 밸브를 닫는다. 팁이 가열되었으면 물속에 담가 산소를 약간 누출시키면서 냉각한다.

④ **역류·역화의 원인**
  ㉠ 토치의 팁이 과열되었을 때
  ㉡ 토치의 팁이 석회분에 끼었을 때
  ㉢ 가스의 압력이 부적합할 때
  ㉣ 토치의 성능이 불량할 때
  ㉤ 팁의 조임이 완전하지 않을 때
  ㉥ 팁 끝에 오물이 묻어 있을 때

10년간 자주 출제된 문제

산소-아세틸렌 용접에서의 역류·역화의 원인이 아닌 것은?

① 토치의 팁이 과열되었을 때
② 토치의 팁이 석회분에 끼었을 때
③ 아세틸렌 가스공급이 안전할 때
④ 토치의 성능이 불량할 때

|해설|

역류·역화의 원인
- 토치의 팁이 과열되었을 때
- 토치의 팁이 석회분에 끼었을 때
- 가스의 압력이 부적합할 때
- 토치의 성능이 불량할 때
- 팁의 조임이 완전하지 않을 때
- 팁 끝에 오물이 묻어 있을 때

정답 ③

핵심이론 08 MIG용접과 TIG용접

① 불활성 가스 아크용접
  ㉠ TIG 용접과 MIG 용접이 불활성 가스 아크용접에 해당된다.
  ㉡ 불활성 가스(Inert Gas)인 아르곤(Ar)을 보호가스로 하여 용접하는 특수 용접법이다.
  ㉢ 불활성 가스는 다른 물질과 화학반응을 일으키기 어려운 가스로서 Ar(아르곤), He(헬륨), Ne(네온) 등이 있다.

② TIG용접(불활성 가스 텅스텐 아크용접)
  ㉠ 텅스텐 전극봉을 사용하여 아크를 발생시키고, 용접봉을 아크로 녹이면서 용접하는 방법이다.
  ㉡ 비용극식 또는 비소모식 불활성 가스 아크용접법이라고 한다.
  ㉢ 헬륨 아크용접법, 아르곤 용접법으로 불린다.

③ MIG 용접(불활성 가스 금속 아크용접)
  ㉠ 용가재인 전극와이어(1.0~2.4φ)를 연속적으로 보내어 아크를 발생시키는 방법이다.
  ㉡ 용극식 또는 소모식 불활성 가스 아크용접법이라 한다.

10년간 자주 출제된 문제

MIG용접과 TIG용접의 공통적인 특징이 아닌 것은?

① 아르곤 또는 헬륨과 같은 가스를 사용해서 산화를 방지한다.
② 아크(Arc)를 이용한 용접법이다.
③ 알루미늄, 구리합금과 같은 특수금속을 용접할 수 있다.
④ 비용극식 용접법이다.

|해설|

MIG용접은 용극식 용접법이고, TIG용접은 비용극식 용접법이다.

정답 ④

6-3. 서브머지드 용접 등

핵심이론 01 서브머지드 용접의 개요

① 서브머지드 아크용접(SAW ; Submerged Arc Welding)의 원리
  ㉠ 용접 부위에 미세한 입상의 플럭스를 도포한 뒤 와이어 릴에 감겨 있는 와이어가 이송 롤러에 의하여 연속적으로 공급된다.
  ㉡ 동시에 용제 호퍼에서 용제가 다량으로 공급되기 때문에 와이어 선단은 용제에 묻힌 상태로 모재와의 사이에서 아크가 발생하여 용접이 이루어진다.
  ㉢ 아크가 플럭스 속에서 발생되므로 불가시 아크 용접, 잠호 용접, 개발자의 이름을 딴 케네디 용접, 그리고 이를 개발한 회사의 상품명인 유니언 멜트 용접이라고도 한다.

② 서브머지드 아크용접의 특징
  ㉠ 용접 속도가 빠른 경우 용입이 낮아지고, 비드 폭이 좁아진다.
  ㉡ 용제가 과열을 막아주어 열 손실이 적으며 용입도 깊어 고능률 용접이 가능하다.
  ㉢ 아크 길이를 일정하게 유지시키기 위해 와이어의 이송 속도가 적고 자동적으로 조정된다.
  ㉣ 용접전류가 커지면 용입과 비드 높이가 증가하고, 전압이 커지면 용입이 낮고 비드 폭이 넓어진다.

③ 서브머지드 아크용접과 일렉트로 슬래그 용접과의 차이점
  ㉠ 공통점 : 일렉트로 슬래그 용접은 처음 아크를 발생시킬 때 모재 사이에 공급된 용제(Flux) 속에 와이어를 밀어 넣고 전류를 통하면 순간적으로 아크가 발생하는데, 이 점은 서브머지드 아크용접과 같다.
  ㉡ 차이점 : 서브머지드 아크용접은 처음 발생된 아크가 플럭스 속에서 계속 열을 발생시키지만, 일렉트로 슬래그 용접은 처음 발생된 아크가 꺼져 버리고 저항열로서 용접이 진행된다.

10년간 자주 출제된 문제

서브머지드 아크용접의 설명으로 옳지 않은 것은?
① 용접 속도가 빠른 경우 용입이 낮아진다.
② 고능률 용접이 가능하다.
③ 와이어의 이송 속도가 적고 자동적으로 조정된다.
④ 전압이 커지면 용입과 비드 높이가 증가한다.

【해설】

서브머지드 아크용접의 특징
- 용접 속도가 빠른 경우 용입이 낮아지고, 비드 폭이 좁아진다.
- 용제가 과열을 막아주어 열 손실이 적으며 용입도 깊어 고능률 용접이 가능하다.
- 아크 길이를 일정하게 유지시키기 위해 와이어의 이송 속도가 적고 자동적으로 조정된다.
- 용접전류가 커지면 용입과 비드 높이가 증가하고, 전압이 커지면 용입이 낮고 비드 폭이 넓어진다.

정답 ④

핵심이론 02 서브머지드 아크용접의 장단점

① 장 점
- ㉠ 내식성이 우수하고, 이음부의 품질이 일정하다.
- ㉡ 용접 조건을 일정하게 유지하기 쉽다.
- ㉢ 높은 전류밀도로 용접할 수 있다.
- ㉣ 후판일수록 용접속도가 빠르다.
- ㉤ 용제의 단열 작용으로 용입을 크게 할 수 있다.
- ㉥ 용입이 깊어 개선각을 작게 해도 되므로 용접변형이 작다.
- ㉦ 용접 금속의 품질을 양호하게 얻을 수 있다.
- ㉧ 용접 중 대기와 차폐되어 대기 중의 산소, 질소 등의 해를 받지 않는다.
- ㉨ 용접 속도가 아크용접에 비해 판 두께 12mm에서는 2~3배, 25mm일 때는 5~6배 빠르다.

② 단 점
- ㉠ 설비비가 많이 들고, 용접시공 조건에 따라 제품의 불량률이 커진다.
- ㉡ 용접선이 짧고 복잡한 형상의 경우에는 용접기 조작이 번거롭다.
- ㉢ 용제의 흡습성이 커서 건조나 취급을 잘해야 한다.
- ㉣ 용입이 크므로 모재의 재질을 신중히 검사해야 하고, 요구되는 이음가공의 정도가 엄격하다.
- ㉤ 특수한 장치를 사용하지 않는 한 아래보기, 수평자세 용접에 한정된다.
- ㉥ 아크가 보이지 않으므로 용접의 적부를 확인해서 용접할 수 없다.
- ㉦ 입열량이 크므로 용접금속의 결정립이 조대화되어 충격값이 낮아지기 쉽다.

10년간 자주 출제된 문제

서브머지드 아크용접의 장점으로 틀린 것은?
① 용접 조건을 일정하게 유지하기 쉽다.
② 용접선이 짧고 복잡한 형상의 경우에도 용접기 조작이 쉽다.
③ 높은 전류밀도로 용접할 수 있고, 후판일수록 용접속도가 빠르다.
④ 용제의 단열 작용으로 용입을 크게 할 수 있다.

|해설|
서브머지드 아크용접은 용접선이 짧고 복잡한 형상의 경우에는 용접기 조작이 번거롭다는 단점이 있다.

정답 ②

핵심이론 03 주철·주강의 용접

① 주철(Cast Iron)의 종류

㉠ 보통주철(GC 100~GC 200)
- 회주철로서 인장강도가 100~200N/mm²(10~20kgf/mm²) 정도로 기계가공성이 좋고 값이 저렴한 것이 특징이며, 기계 구조물의 몸체 등의 재료로 사용된다.
- 회주철은 주조성이 좋으나 취약하여 연신율이 거의 없다.
- 회주철은 다른 주철에 비하여 규소(Si)의 함유량이 많으며 응고 시 냉각속도를 느리게 하여 조직 중에 탄소의 많은 양이 흑연화되어 있다.

㉡ 고급주철(GC 250~GC 350)
- 편상흑연주철 중 인장강도가 250N/mm² 이상의 주철로 조직이 펄라이트로서 펄라이트 주철이라고 한다.
- 고강도, 내마멸성을 요구하는 기계 부품에 쓰인다.

㉢ 미하나이트주철
- 바탕은 펄라이트조직으로 흑연이 미세하게 분포되어 있다.
- 인장강도는 35~45kgf/mm² 정도이며 담금질이 가능해 내마멸성이 요구되는 공작기계의 안내면과 강도를 요하는 기관의 실린더에 사용된다.

㉣ 구상흑연주철
- 주철은 편상의 흑연 때문에 연성이 나쁘고 취성이 크다.
- 편상흑연은 열처리를 오래해야 하는 결점이 있는데, 이것을 보완하기 위해 용융상태에서 흑연을 구상화로 석출시킨 것이 구상흑연주철이다.
- 주철 중에서 인장강도가 가장 크다.
- 흑연을 구상화하는 방법은 용선에 칼슘(Ca), 세륨(Ce), 마그네슘(Mg)을 첨가한다.

㉤ 칠드주철
- 주조할 때 금형의 다이에 접속된 표면을 급랭시켜서 표면은 시멘타이트(Fe_3C)가 되게 하고 금속의 내부는 서랭시켜서 펄라이트가 된다.
- 칠드주철의 표면 조직은 시멘타이트 조직으로 되어 경도가 높아지고 내마멸성과 압축강도가 커서 기차바퀴나 분쇄기 롤러 등에 사용된다.

㉥ 가단주철 : 회주철의 결점을 보완한 것으로 백주철의 주물을 장시간 열처리하여 탈탄과 시멘타이트 흑연화에 의하여 연성을 갖게 한 것이다. 탄소 함량이 많아 주조성이 우수하며, 적당한 열처리에 의해서 주강과 같이 연성과 강인성을 부여한 것이다.

㉦ 고규소 주철 : 탄소(C)가 0.5~1.0%, 규소(Si)가 14~16% 정도 합금된 주철로서 내식용 재료로 화학공업에 널리 사용된다. 경도가 높아 가공성이 곤란하며 재질이 여린 결점이 있다.

② 주강(Cast Steel)

㉠ 주강은 주조할 수 있는 강(Steel)으로 C(탄소)가 0.1~0.5% 함유되어 있는데 전기로에서 녹여 주조용 용강을 만든다.

㉡ 주철에 비해 용융점이 높아서 주조하기 힘들며 용접 후 수축이 큰 단점이 있어서 주조 시 입구에 압탕을 설치해야 한다.

㉢ 모양이 크거나 복잡하여 단조가공이 곤란하거나 대형 기어 등에 주로 사용한다.

※ 철강재에 함유된 원소의 중요 5대 성분 : 황(S), 망간(Mn), 인(P), 규소(Si), 탄소(C)

10년간 자주 출제된 문제

다음 주철 중에서 인장강도가 가장 큰 것은?
① 가단주철
② 미하나이트주철
③ 구상흑연주철
④ 칠드주철

정답 ③

핵심이론 04 스테인리스강 개요

① 스테인리스강(Stainless Steel) : 철이 가지고 있는 단점인 내식성을 개선하기 위해 만들어진 내식용 강으로서, 주로 철(Fe)에 크롬(Cr)을 12% 이상 합금하여 만든 내식용 재료이다.

② 스테인리스강의 분류

구 분	종 류	주요 성분	자 성
Cr계	페라이트계 스테인리스강	Fe + Cr 12% 이상	자성체
	마텐자이트계 스테인리스강	Fe + Cr 13%	자성체
Cr + Ni계	오스테나이트계 스테인리스강	Fe + Cr 18% + Ni 8%	비자성체
	석출경화계 스테인리스강	Fe + Cr + Ni	비자성체

③ 스테인리스강의 일반적인 특징
  ㉠ 내식성이 우수하다.
  ㉡ 대기 중이나 수중에서 녹이 발생하지 않는다.
  ㉢ 황산, 염산 등의 크롬 산화막에 침식되어 내식성을 잃는다.
  ㉣ 용접성이 가장 좋은 것은 오스테나이트계이다.

④ 오스테나이트 스테인리스강 용접 시 유의사항
  ㉠ 짧은 아크를 유지한다.
  ㉡ 아크를 중단하기 전에 크레이터 처리를 한다.
  ㉢ 낮은 전류값으로 용접하여 용접 입열을 억제한다.

10년간 자주 출제된 문제

스테인리스강의 종류에 해당하지 않는 것은?
① 페라이트계 스테인리스강
② 펄라이트계 스테인리스강
③ 오스테나이트계 스테인리스강
④ 마텐자이트계 스테인리스강

정답 ②

핵심이론 05 불변강

① 불변강(Invariable Steel)의 종류
  ㉠ 인바 : 줄자, 정밀기계부품 등에 사용
  ㉡ 슈퍼인바 : 인바에 비해 열팽창계수가 작다.
  ㉢ 엘린바 : 정밀 계측기나 시계 부품에 사용
  ㉣ 코엘린바 : 엘린바에 Co(코발트)를 첨가하여 사용
  ㉤ 퍼멀로이 : 코일용으로 사용
  ㉥ 플래티나이트 : 전구나 진공관의 도선용으로 사용

② 코엘린바 : Cr 10~11%, Co 26~58%, Ni 10~16% 함유하는 철 합금으로 온도변화에 대한 탄성률의 변화가 매우 적고 공기나 수중에서 부식되지 않아서 스프링, 태엽, 기상관측용 기구 등의 부품에 사용된다.

③ 텅갈로이 : WC(탄화텅스텐)의 합금으로서 초경질 합금에 이용되는데, 절삭 작업 중 열이 발생하면 재료에 변형이 발생하므로 불변강에는 속하지 않는다.

10년간 자주 출제된 문제

불변강(Invariable Steel)이 아닌 것은?
① 슈퍼인바
② 인 바
③ 스텔라이트
④ 엘린바

[해설]

불변강의 종류 : 인바, 슈퍼인바, 엘린바, 코엘린바, 퍼멀로이, 플래티나이트

정답 ③

핵심이론 06 기타 주요강

① 강의 주요특성
  ㉠ 인성 : 금속재료의 기계적 성질 중 연성과 강도가 큰 성질
  ㉡ 연성 : 철사 등을 당길 때 가늘고 길게 늘어나는 성질
  ㉢ 소성 : 외력을 제거해도 원래의 상태로 되돌아오지 않고 변형된 상태로 남아 있는 성질

② 기타 주요사항
  ㉠ 고속도강 : 주성분이 0.8%의 탄소(C)와 18%의 텅스텐(W), 4%의 크롬(Cr), 1%의 바나듐(V)으로 구성된 특수강
  ㉡ 자동차에 많이 사용하는 스프링강의 성분 : 규소-망간강
  ㉢ 탄소강의 담금질 조직 중에서 강도와 경도가 가장 높은 것 : 마텐자이트
  ㉣ 탄소강에서 상온 취성을 일으키는 원소 : 인(P)
  ㉤ 탄소강에서 적열취성(Red Shortness)을 일으키는 원소 : 황(S)
  ㉥ 탄소강에서 탄소함유량이 증가함에 따라 감소하는 성질 : 연신율
  ㉦ 경금속과 중금속의 구분은 비중값의 기준 : 4.5
  ㉧ 금속을 소성가공할 때 열간가공과 냉간가공의 기준 : 재결정 온도
  ㉨ 소성가공에서 냉간가공이 열간가공보다 좋은 점 : 가공연이 아름답고 정밀하다.
  ㉩ 상온에서 충격값을 저하시키는 상온메짐(냉간취성)의 원인 : 인(P)

10년간 자주 출제된 문제

철사 등을 당길 때 가늘고 길게 늘어나는 성질은?
① 전 성 ② 연 성
③ 전연성 ④ 인 성

정답 ②

핵심이론 07 황동과 청동

① 황동과 청동합금의 종류

황 동	청 동
양은, 톰백, 알브락, 델타메탈, 문쯔메탈, 규소황동, 네이벌 황동, 고속도 황동, 알루미늄황동, 애드미럴티 황동	켈밋, 포금, 쿠니알, 인청동, 콘스탄탄, 베어링청동

② 주요 황동 합금
  ㉠ 톰백 : 구리(Cu)에 아연(Zn)을 약 8~20% 함유한 것으로서, 색깔이 아름다워 장식용품으로 많이 사용되는 재료이다.
  ㉡ 문쯔메탈 : 황동으로서 60%의 구리(Cu)와 40%의 아연(Zn)이 합금된 것이다. 이 조성에서 인장강도가 최대이며, 강도가 필요한 곳에 사용한다.
  ㉢ 알브락 : 구리(Cu) 75%, 아연(Zn) 20% + 소량의 Al, Si, As 등의 합금이다. 해수에 강하여 내식성과 내침수성 복수기관과 냉각기관에 사용된다.
  ㉣ 애드미럴티 황동 : 주석(Sn) 1%를 7 : 3 황동에 첨가한 것으로, 콘덴서 튜브에 사용한다.
  ㉤ 델타메탈 : 철(Fe) 1~2% 정도를 6 : 4 황동에 첨가한 비철금속 재료
  ※ 애드미럴티 포금(Admiralty Gun Metal)의 합금 : Cu 88% + Sn 10% + Zn 2%
  ※ Y 합금의 성분 : Al + Cu + Ni + Mg

③ 주요 청동 합금
  ㉠ 켈밋 : Cu + Pb 30~40%의 합금, 열전도, 압축 강도가 크고 마찰계수가 작다. 고속 고하중 베어링에 사용된다.
  ㉡ 포금 : 청동의 대표적인 합금으로 주석(Sn) 8~12%를 함유한 것이다. 성질에는 단조성이 좋고 내식성이 있어서 밸브나 기어, 베어링의 부식 등에 사용된다.

10년간 자주 출제된 문제

델타메탈(Delta Metal)이란?
① 7 : 3 황동에 1~2%의 Sn을 첨가한 합금
② 7 : 3 황동에 1~2%의 Fe를 첨가한 합금
③ 6 : 4 황동에 1~2%의 Sn을 첨가한 합금
④ 6 : 4 황동에 1~2%의 Fe를 첨가한 합금

[해설]

애드미럴티 황동 : 주석(Sn) 1%를 7 : 3 황동에 첨가한 것으로, 콘덴서 튜브에 사용한다.
델타메탈 : 철(Fe) 1~2% 정도를 6 : 4 황동에 첨가한 비철금속 재료

정답 ④

핵심이론 08 열처리 개요

① 열처리의 정의 : 사용 목적에 따라 강(Steel)에 필요한 성질을 부여하는 조작이다.

② 열처리의 특징
  ㉠ 결정립을 미세화시킨다.
  ㉡ 결정립을 조대화하면 강이 물러진다.
  ㉢ 강을 가열하거나 냉각하는 처리를 통해 금속의 기계적 성질을 변화시키는 처리이다.
  ㉣ 강을 열처리할 때 사용하는 냉각제 중에서 냉각 속도가 가장 빠른 것 : 소금물

③ 기본 열처리의 종류
  ㉠ 담금질(Quenching)
    • 강을 Fe-C상태도상에서 A_3 및 A_1변태선 이상 30~50℃로 가열 후 급랭시켜 오스테나이트조직에서 마텐자이트조직으로 강도가 큰 재질을 만드는 열처리작업
    • 담금질 온도가 지나치게 높을 때 나타나는 현상
      - 기계적 성질이 나빠진다.
      - 담금질 효과가 나빠진다.
      - 재료의 균열을 일으키기 쉽다.
      - 재료의 변형을 일으키기 쉽다.
  ㉡ 뜨임(Tempering) : 담금질한 강에 인성을 주기 위하여 A_1변태점 이하의 적당한 온도로 가열한 후 서서히 냉각시키는 열처리 방법이다.
  ㉢ 풀림(Annealing) : 재질을 연하고 균일화시킬 목적으로 일정 온도 이상으로 가열한 후 서랭한다(완전풀림-A_3변태점 이상, 연화풀림-650℃ 정도).
  ㉣ 불림(Normalizing) : 담금질이 심하거나 결정입자가 조대해진 강을 표준화조직으로 만들어 주기 위하여 A_3점이나 A_{cm}점 이상으로 가열 후 공랭시킨다. Normal은 표준이라는 의미이며, Normalizing은 단단해지거나 너무 연해진 금속을 표준화 상태로 되돌리는 열처리 방법으로 표준조직을 얻고자 할 때 사용하는 열처리 방법이다.

※ 열처리 효과를 높이기 위한 직접적인 요인 : 적당한 온도 범위, 적당한 냉각 속도, 가열 속도

10년간 자주 출제된 문제

8-1. 강을 열처리할 때 사용하는 냉각제 중에서 냉각 속도가 가장 빠른 것은?
① 물
② 기 름
③ 공 기
④ 소금물

8-2. 담금질 온도가 지나치게 높을 때 나타나는 현상이 아닌 것은?
① 기계적 성질이 나빠진다.
② 담금질 효과가 좋아진다.
③ 재료의 균열을 일으키기 쉽다.
④ 재료의 변형을 일으키기 쉽다.

[해설]

8-2
담금질 온도가 지나치게 높을 때 나타나는 현상
• 기계적 성질이 나빠진다.
• 담금질 효과가 나빠진다.
• 재료의 균열을 일으키기 쉽다.
• 재료의 변형을 일으키기 쉽다.

정답 8-1 ④ 8-2 ②

핵심이론 09 표면경화 및 처리법

① 표면경화법의 종류

종 류		침탄재료
화염 경화법		산소-아세틸렌불꽃
고주파 경화법		고주파 유도전류
질화법		암모니아가스
침탄법	고체 침탄법	목탄, 코크스, 골탄
	액체 침탄법	KCN(사이안화칼륨), NaCN(사이안화나트륨)
	가스 침탄법	메탄, 에탄, 프로판
금속침투법	세라다이징	Zn
	칼로라이징	Al
	크로마이징	Cr
	실리코나이징	Si
	보로나이징	B(붕소)

② 표면경화법의 성질에 따른 분류

물리적 표면경화법	화학적 표면경화법
화염 경화법	침탄법
고주파 경화법	질화법
하드페이싱	금속 침투법
쇼트피닝	

③ 질화법 : 암모니아가스 속에 강을 넣어 표면을 경화시키는 방법

10년간 자주 출제된 문제

강의 표면경화에 사용되는 방법이 아닌 것은?
① 침탄법
② 질화법
③ 고주파 경화법
④ 평로법

[해설]

탄소강의 표면경화 처리방법 : 화염 경화법, 질화법, 고주파 경화법, 침탄법, 쇼트피닝

정답 ④

주요 계산문제

01 스프링 정수가 3kgf/mm인 코일 스프링을 3cm 압축하기 위해 필요한 힘은?

풀이

$K = \dfrac{W}{a}$

$3 = \dfrac{W}{30}$

$\therefore W = 90\text{kgf}$

여기서, K : 스프링 정수(kgf/mm)
W : 하중(kgf)
a : 변형량(mm)

02 행정의 길이가 120mm, 기관회전수가 2,000rpm인 4행정기관의 피스톤 평균속도는?

풀이

피스톤의 평균속도 $= \dfrac{2 \times 회전수 \times 행정}{60}$

$= \dfrac{2 \times 2,000 \times 0.12}{60} = 8\text{m/s}$

03 표준 지름이 75mm인 크랭크축 저널의 외경을 측정한 결과 74.68mm, 74.82mm, 74.76mm였다. 크랭크축을 연마할 경우 알맞은 수정값은?

풀이

수정값 = 저널의 최소외경 + 수정절삭값(0.2)
74.66 − 0.2 = 74.46mm
따라서, 언더사이즈에 맞추어 74.25mm 수정한다.

04 수랭식 냉각장치의 라디에이터 신품 용량이 20L이고, 코어의 막힘률이 20%이면 실제로 얼마의 물이 주입되는가?

풀이

코어막힘률 $= \dfrac{신품주수량 - 구품주수량}{신품주수량} \times 100$

$20 = \dfrac{20 - x}{20} \times 100$

$\therefore$ 구품주수량 $x = 16\text{L}$

05 제동마력이 92.6PS인 기관이 매시간 18kg의 연료를 사용하였다면 연료소비율(g/PS-h)은?

풀이

연료소비율 $= \dfrac{연료소비량}{제동마력} = \dfrac{18 \times 1,000}{92.6} = 194.38\text{g/PS-h}$

06 실린더의 지름이 10cm, 행정이 10cm일 때 압축비가 10:1이라면 연소실 체적은 얼마인가?

풀이

압축비$(\varepsilon) = 1 + \dfrac{행정체적}{연소실체적} \rightarrow$ 연소실체적 $= \dfrac{행정체적}{(압축비 - 1)}$

• 행정체적 = 실린더 단면적 × 행정

$= \dfrac{\pi \times 10^2}{4} \times 10 = 785$

$\therefore$ 연소실 체적 $= \dfrac{785}{(10 - 1)} = 87.2\text{cc}$

07 압축비가 9인 실린더의 행정체적이 640cc이다. 연소실 체적은 얼마인가?

> **풀이**
> 연소실 체적 = $\dfrac{\text{행정체적}}{(\text{압축비}-1)}$
> $= \dfrac{640}{(9-1)} = 80\text{cc}$

08 기관에서 실린더의 행정체적(배기량)을 계산하는 공식은?[단, D : 실린더 내경(cm), S : 행정(cm), V_S : 행정체적(cm³)]

> **풀이**
> $V_S = \dfrac{\pi D^2 S}{4}$

09 피치원 지름이 100, 잇수가 20일 때 모듈은?

> **풀이**
> $m = \dfrac{D}{Z} = \dfrac{100}{20} = 5$
> 여기서, m : 모듈
> D : 피치원의 지름
> Z : 잇수

10 스퍼 외접기어의 모듈(m)이 5이고, 기어의 잇수가 각각 $Z_1 = 20$, $Z_2 = 40$일 때 양 축 간의 중심거리는?

> **풀이**
> 중심거리 $C = \dfrac{(Z_1 + Z_2)m}{2} = \dfrac{(20+40) \times 5}{2} = 150\text{mm}$

11 구동기어 잇수가 10개, 피동기어 잇수가 25개이고, 구동기어가 100rpm일 때 피동기어는 몇 회전하는가?

> **풀이**
> $N_2 = \dfrac{Z_1}{Z_2} \times N_1 = \dfrac{10}{25} \times 100 = 40\text{rpm}$
> 여기서, N_2 : 피동기어의 회전수
> Z_1 : 구동기어의 잇수
> Z_2 : 피동기어의 잇수
> N_1 : 구동기어의 회전수

12 덤프트럭이 평탄한 도로를 3속으로 주행하고 있을 때 엔진의 회전수가 2,800rpm이라면, 현재 이 차량의 주행 속도는?(단, 제3속 변속비 1.5 : 1, 종감속비 6.2 : 1, 타이어 반경 0.6mm이다)

> **풀이**
> 차속 = $\dfrac{\pi \times \text{타이어지름} \times \text{엔진회전수} \times 60}{\text{변속비} \times \text{종감속비} \times 1,000}$
> $= \dfrac{\pi \times (0.6 \times 2) \times 2,800 \times 60}{1.5 \times 6.2 \times 1,000} = 68.1\text{km/h}$

13 덤프트럭이 300m를 통과하는 데 15초 걸렸다. 이 트럭의 속도는?

> **풀이**
> 속도 = $\dfrac{\text{주행거리}}{\text{주행시간}} = \dfrac{300 \times 60 \times 60}{15 \times 1,000} = 72\text{km/h}$

14 시속 36km/h 덤프트럭의 초속은?

> **풀이**
> 초속 = $\dfrac{36 \times 1,000}{3,600} = 10\text{m/s}$

15 엔진의 회전수가 1,500rpm이고, 변속비가 1.5, 종감속비가 4.0일 때 총감속비는?

풀이
총감속비 = 변속비 × 종감속비 = 1.5 × 4 = 6

16 도로 주행건설 기계의 유압 브레이크에서 20kgf의 힘을 마스터 실린더의 피스톤에 작용했을 때 제동력은 얼마인가?(단, 마스터 실린더 피스톤 단면적 5cm², 휠 실린더의 피스톤 단면적은 15cm²이다)

풀이
제동력 = $\dfrac{\text{휠 실린더의 피스톤 면적}}{\text{마스터 실린더 피스톤 단면적}}$ × 마스터 실린더의 피스톤에 작용하는 힘

= $\dfrac{15\text{cm}^2}{5\text{cm}^2}$ × 20kgf = 60kgf

17 기관이 중속상태에서 2,000rpm으로 회전하고 있을 때, 회전토크가 7kgf · m라면 회전마력은?

풀이
회전마력 = $\dfrac{TR}{716}$ = $\dfrac{7 \times 2,000}{716}$ = 19.55PS
여기서, T : 회전토크
R : 회전속도

18 2,000rpm에서 최대 토크 35kgf · m일 때 기관의 축 마력은?

풀이
축마력 = $\dfrac{\text{토크} \times \text{회전속도}}{716}$ = $\dfrac{35 \times 2,000}{716}$ = 97.77PS

19 저항 R_1, R_2, R_3를 병렬접속시켰을 때 합성저항은?

풀이
$R = \dfrac{1}{\dfrac{1}{R_1} + \dfrac{1}{R_2} + \dfrac{1}{R_3}}$

20 6Ω, 10Ω, 15Ω의 저항이 병렬로 접속되었을 때의 합성저항은?

풀이
$R = \dfrac{1}{\dfrac{1}{6} + \dfrac{1}{10} + \dfrac{1}{15}} = 3\Omega$

21 옴의 법칙 공식은?(단, R : 저항, I : 전류, E : 전압)

풀이
$E = IR$, $I = \dfrac{E}{R}$, $R = \dfrac{E}{I}$

22 12V, 30W의 전구 한 개를 켰을 때 회로에 흐르는 전류는?

풀이
$P = EI$
$I = \dfrac{P}{E} = \dfrac{30\text{W}}{12\text{V}} = 2.5\text{A}$
여기서, P : 전력
E : 전압
I : 전류

23 1A의 전류를 흐르게 하는 데 2V의 전압이 필요하다. 이 도체의 저항은?

풀이

$R = \dfrac{E}{I} = \dfrac{2}{1} = 2\,\Omega$

여기서, R : 저항
I : 전류
E : 전압

24 100V, 500W의 전열기를 80V에서 사용하면 소비전력은?

풀이

소비전력 $P = VI = V \times \dfrac{V}{R} = \dfrac{V^2}{R}$

(여기서, $V = IR$)

$500 = \dfrac{(100)^2}{R}$

$\therefore R = 20\,\Omega$

$P = \dfrac{(80)^2}{20} = 320\text{W}$

25 축전지 전해액을 실측한 비중계의 눈금이 1.240이고, 전해액의 온도가 40℃인 경우, 다음 중 표준상태의 비중으로 적합한 것은?

풀이

$S_{20} = S_t + 0.0007(t - 20)$
$= 1.24 + 0.0007(40 - 20)$
$= 1.254$

26 축전지 용량이 150Ah일 때 10A로 계속 사용하면 사용할 수 있는 시간은?

풀이

용량(Ah) = 방전전류(A) × 방전시간(h)
$150 = 10 \times h$
$\therefore h = 15$시간

27 3상 유도전동기의 극수가 4, 전원 주파수가 60Hz라면, 이 전동기의 동기속도는 몇 rpm인가?

풀이

동기속도 $N_s = \dfrac{120f}{P} = \dfrac{120 \times 60}{4} = 1,800\text{rpm}$

여기서, P : 전동기 극수
f : 전원 주파수

28 220V, 60Hz, 3상 6극 유도전동기의 실제 회전수는 1,080rpm이었다. 이때의 슬립은?

풀이

동기속도 $N_s = \dfrac{120f}{P} = \dfrac{120 \times 60}{6} = 1,200\text{rpm}$

$s = \dfrac{n_s - n}{n_s} = \dfrac{(1,200 - 1,080)}{1,200} \times 100 = 10\%$

29 전동기의 극수가 4, 주파수 60Hz인 단상 유도전동기의 슬립이 5%라면 전동기의 회전수는?

풀이

동기속도 $N_s = \dfrac{120f}{P} = \dfrac{120 \times 60}{4} = 1,800\text{rpm}$

슬립 $S = \dfrac{N_s - N}{N_s} \rightarrow N = (1 - S)N_s$

$N = (1 - 0.05) \times 1,800 = 1,710\text{rpm}$

30 교류전압의 실횻값이 100V, 전류의 실횻값이 10A인 회로에서 소비되는 전력이 600W일 경우 이 회로의 역률은?

풀이
소비 전력 = 전압의 실횻값 × 전류의 실횻값 × 역률
600W = 100V × 10A × 역률
역률 = 0.6

31 유압펌프의 송출압력이 55kgf/cm², 송출유량이 30L/min인 경우 펌프동력은 얼마인가?

풀이
$$L_p = \frac{PQ}{10,200}$$
$$= \frac{55 \times 30 \times 1,000}{10,200 \times 60} = 2.69\text{kW}$$
여기서, L_p : 펌프동력(kW)
　　　　P : 압력(kgf/cm²)
　　　　Q : 유량(cm³/s)
※ L_p의 1kW = 102kgf・m/s = 10,200kgf・cm/s이므로
　$Q = 30 \times 1,000\text{cm}^3/60\text{s}$로 해야 한다(1L = 1,000cm³).

32 어느 기관의 제동평균 유효압력이 16.26kgf/cm²이며, 기계효율이 85%일 경우 도시평균 유효압력(P_{mi})은?

풀이
$$P_{mi} = \frac{P_{mb}}{\eta_m} = \frac{16.26}{0.85} = 19.129\text{kgf/cm}^2$$
여기서, P_{mi} : 도시평균 유효압력(kgf/cm²)
　　　　P_{mb} : 제동평균 유효압력(kgf/cm²)
　　　　η_m : 기계효율(%)

33 실린더에 새로 들어온 공기가 2,000cc, 잔류가스가 200cc일 때 실린더 행정체적이 2,400cc라면 충진효율은 얼마인가?

풀이
$$\eta_v = \frac{N_a + E_g}{V_s} \times 100$$
$$= \frac{2,000 + 200}{2,400} \times 100 = 91.7\%$$
여기서, η_v : 충진효율
　　　　N_a : 실린더 내로 들어온 공기 체적
　　　　E_g : 잔류가스의 체적
　　　　V_s : 행정체적

34 어느 건설기계의 축거가 4.8m, 외측 차륜의 조향각도가 30°, 내측 차륜의 조향각도가 40°, 킹핀과 바퀴접지면까지의 거리가 0.5m인 경우 최소 회전반경은 얼마인가?

풀이
최소 회전반경 = $\dfrac{L(\text{축거})}{\sin\phi(\text{외측 바퀴의 각도})} + \alpha(\text{킹핀과의 거리})$
$$= \frac{4.8}{\sin 30°} + 0.5 = 10.1\text{m}$$
여기서, sin30° = 0.5

CHAPTER 02 안전관리

| 제1절 | 산업안전 |

1-1. 안전기준 및 재해

핵심이론 01 안전관리의 정의 및 목적

① 안전관리의 정의
  ㉠ 산업현장에서 각종 재해로부터 인간의 생명과 재산을 보호하기 위한 계획적이고, 체계적인 제반활동을 말한다.
  ㉡ 안전관리는 통제, 재해예방, 사고방지, 공정관리, 안전사고, 안전표지, 시공관리, 기계의 자동화 등과 관계 있다.

② 안전관리의 목적
  ㉠ 인도주의가 바탕이 된 인간존중(안전제일 이념)
  ㉡ 기업의 경제적 손실예방(재해로 인한 인적 및 재산 손실의 예방)
  ㉢ 생산성의 향상 및 품질 향상(안전태도 개선 및 안전동기 부여)
  ㉣ 대외 여론개선으로 신뢰성 향상(노사협력의 경영태세 완성)
  ㉤ 사회복지의 증진(경제성의 향상)

③ 안전 준수의 이점
  ㉠ 직장(기업)의 신뢰도를 높여 준다.
  ㉡ 기업의 이직률이 감소된다.
  ㉢ 고유기술이 축적되어 품질이 향상되고, 생산 효율을 높인다.
  ㉣ 상하 동료 간 인간관계가 개선된다.
  ㉤ 회사 내 규율과 안전수칙이 준수되어 질서 유지가 실현된다.
  ㉥ 기업의 투자 경비를 절감(재산을 보호)할 수 있다.
  ㉦ 인간의 생명을 보호(인명 피해를 예방)한다.

10년간 자주 출제된 문제

1-1. 재해로부터 인간의 생명과 재산을 보호하기 위한 계획적이고, 체계적인 제반활동은?
① 안전사고율
② 안전표지
③ 안전사고
④ 안전관리

1-2. 다음 중 안전관리의 목적으로 거리가 먼 것은?
① 생산성을 향상시킨다.
② 경제성을 향상시킨다.
③ 기업 경비가 증가된다.
④ 사회복지를 증진시킨다.

|해설|

1-1
안전관리 : 산업현장에서 각종 재해로부터 인간의 생명과 재산을 보호하기 위한 계획적이고, 체계적인 제반활동을 말한다.

1-2
안전관리의 목적
- 인도주의가 바탕이 된 인간존중
- 기업의 경제적 손실예방
- 생산성의 향상 및 품질 향상
- 대외 여론개선으로 신뢰성 향상
- 사회복지의 증진

정답 1-1 ④ 1-2 ③

핵심이론 02 산업안전의 개념

① 산업안전 일반
  ㉠ 안전제일에서 선행되어야 할 이념 : 인명존중
  ㉡ 안전수칙 : 산업안전에서 근로자가 안전하게 작업을 할 수 있는 세부 작업 행동 지침
  ㉢ 안전관리의 가장 중요한 업무 : 사고 발생 가능성의 제거
  ㉣ 산업재해 : 생산활동 중 신체장애와 유해물질에 의한 중독 등으로 작업성 질환에 걸려 나타나는 장애
  ㉤ 산업안전의 의미 : 사고 위험이 없는 상태, 직업병이 발생되지 않는 것
  ㉥ 산업안전을 통한 기대효과 : 근로자와 기업의 발전 도모

② 산업안전보건상 근로자의 의무사항
  ㉠ 위험상황발생 시 작업 중지 및 대피
  ㉡ 보호구 착용
  ㉢ 안전규칙의 준수

③ 재해예방 대책 4원칙
  ㉠ 예방가능의 원칙 : 천재지변을 제외한 모든 인재는 예방이 가능하다.
  ㉡ 손실우연의 원칙 : 사고의 결과 손실의 유무 또는 대소는 사고 당시의 조건에 따라 우연적으로 발생한다.
  ㉢ 원인연계의 원칙 : 사고에는 반드시 원인이 있고, 원인은 대부분 복합적 연계 원인이다.
  ㉣ 대책선정의 원칙 : 사고의 원인이나 불안전 요소가 발견되면 반드시 대책은 선정·실시되어야 한다.

10년간 자주 출제된 문제

2-1. 산업안전 업무의 중요성과 가장 거리가 먼 것은?
① 기업경영의 이득에 이바지한다.
② 경비를 절약할 수 있다.
③ 생산 작업 능률을 향상시킨다.
④ 작업자의 안전에는 큰 영향이 없다.

2-2. 다음 중 재해예방의 4원칙에 해당되지 않는 것은?
① 예방가능의 원칙
② 사고발생의 원칙
③ 손실우연의 원칙
④ 원인연계의 원칙

[해설]

2-1
안전제일에서 선행되어야 할 이념은 인명존중이다.

2-2
재해예방 대책 4원칙
- 예방가능의 원칙 : 천재지변을 제외한 모든 인재는 예방이 가능하다.
- 손실우연의 원칙 : 사고의 결과 손실의 유무 또는 대소는 사고 당시의 조건에 따라 우연적으로 발생한다.
- 원인연계의 원칙 : 사고에는 반드시 원인이 있고, 원인은 대부분 복합적 연계 원인이다.
- 대책선정의 원칙 : 사고의 원인이나 불안전 요소가 발견되면 반드시 대책은 선정·실시되어야 한다.

정답 2-1 ④ 2-2 ②

핵심이론 03 산업재해의 원인

① 기계의 안전사고 요인
  ㉠ 인적 요인 : 운전자 부주의, 운전미숙, 교통법규 미준수 등
  ㉡ 기계적 요인 : 기계 자체가 갖추어야 할 최소한의 구조·규격 및 성능의 결함
  ㉢ 환경적 요인 : 소음, 진동, 안전표시 및 게시판 미비, 급경사, 좁은 도로 등

② 재해발생의 기본원인(4M)
  ㉠ 인적 요인(Man Factor)
   • 심리적 원인 : 망각, 고민, 집착, 착오, 억측 판단, 생략행위
   • 생리적 원인 : 피로, 수면 부족, 음주, 고령, 신체 기능 저하
   • 직장 내 원인 : 직장의 인간관계, 리더십 부족, 대화 부족, 팀워크 결여
  ㉡ 설비적 요인(Machine Factor)
   • 기계설비의 설계상 결함(안전개념 미흡)
   • 방호장치의 불량(인간공학적 배려 부족)
   • 표준화 미흡
   • 정비·점검 미흡
  ㉢ 작업적 요인(Media Factor)
   • 작업정보의 부적절
   • 작업자세, 작업방법의 부적절, 작업동작의 결함
   • 작업공간 부족, 작업환경 부적합
  ㉣ 관리적 요인(Management Factor)
   • 관리 조직의 결함
   • 규정, 매뉴얼, 미비치·불철저
   • 교육·훈련 부족
   • 적성배치 불충분, 건강관리의 불량
   • 부하 직원에 대한 지도·감독 결여

③ 사고 발생이 많이 일어날 수 있는 원인에 대한 순서 :
  불안전행위 > 불안전조건 > 불가항력

④ 사고의 직접원인

불안전한 상태 – 물적 원인	불안전한 행동 – 인적 원인
• 물(공구, 기계 등)자체 결함	• 위험장소 접근, 출입
• 안전방호장치 결함	• 안전장치의 기능 제거
• 복장, 보호구의 결함	• 복장, 보호구의 잘못 사용
• 물의 배치, 작업장소 결함	• 기계기구 잘못 사용
• 작업환경의 결함	• 운전 중인 기계 장치의 손질
• 생산공정의 결함	• 불안전한 속도 조작
• 경계표시, 설비의 결함	• 위험물 취급 부주의
	• 불안전한 상태 방치
	• 불안전한 자세 동작
	• 감독 및 연락 불충분

⑤ 간접원인
  ㉠ 교육적·기술적 원인(개인적 결함)
  ㉡ 관리적 원인(사회적 환경, 유전적 요인)

⑥ 재해의 복합 발생 요인
  ㉠ 환경의 결함 : 환기, 조명, 온도, 습도, 소음 및 진동
  ㉡ 시설의 결함 : 구조 불량, 강도 불량, 노화, 정비 불량, 방호 미비
  ㉢ 사람의 결함 : 지시 부족, 지도 무시, 미숙련, 과로, 태만

10년간 자주 출제된 문제

3-1. 산업재해는 직접원인과 간접원인으로 구분되는데 다음 직접원인 중에서 인적 불안전 행위가 아닌 것은?
① 작업 태도 불안전
② 위험한 장소의 출입
③ 기계공구의 결함
④ 작업복의 부적당

3-2. 안전사고가 발생하는 요인으로서 다음과 같은 것을 들 수 있다. 이 중 심리적 요인으로 생각되는 것은?
① 신경계통의 이상   ② 감 정
③ 극도의 피로감   ④ 육체적 능력의 효과

|해설|

3-1
기계공구의 결함은 불안전상태(물적 원인)에 속한다.

정답 3-1 ③ 3-2 ②

핵심이론 04 하인리히 재해사고 발생과 대책

① 하인리히 재해사고 발생 5단계
  ㉠ 사회적 환경 및 유전적 요소(선천적 결함)
  ㉡ 개인적인 결함(인간의 결함)
  ㉢ 불안전한 행동 및 불안전한 상태(물리적, 기계적 위험)
  ㉣ 사고(화재나 폭발, 유해 물질 노출 발생)
  ㉤ 재해(사고로 인한 인명, 재산 피해)

② 하인리히의 사고방지 대책 5단계
  ㉠ 제1단계 : 안전조직
  ㉡ 제2단계 : 사실의 발견
    • 사실의 확인 : 사람, 물건, 관리, 재해 발생 경과
    • 조치사항 : 자료수집, 작업공정 분석 및 위험 확인, 점검 검사 및 조사
  ㉢ 제3단계 : 분석평가
  ㉣ 제4단계 : 시정책의 선정
  ㉤ 제5단계 : 시정책의 적용(3E-교육, 기술, 규제 적용)

③ 재해 발생 과정에서 하인리히 연쇄반응이론의 발생순서 : 사회적 환경과 선천적 결함 → 개인적 결함 → 불안전 행동 → 사고 → 재해

10년간 자주 출제된 문제

4-1. 하인리히의 재해 발생 과정의 순서로 옳은 것은?
① 개인적 결함-불안전 행동-사회적·선천적 결함-재해-사고
② 사회적·선천적 결함-개인적 결함-불안전 행동-사고-재해
③ 재해-사회적·선천적 결함-개인적 결함-사고-불안전 행동
④ 불안전 행동-개인적 결함-사회적·선천적 결함-사고-재해

4-2. 다음 중 사고예방 대책의 5단계 중 그 대상이 아닌 것은?
① 사실의 발견
② 분석평가
③ 시정방법의 선정
④ 엄격한 규율의 책정

정답 4-1 ② 4-2 ④

핵심이론 05 산업재해 척도

① 강도율
  ㉠ 산업재해로 인한 작업능력의 손실을 나타내는 척도이다.
  ㉡ 연간 총근로시간에서 1,000시간당 근로손실일수를 말한다.
  ㉢ 강도율 = $\dfrac{근로손실일수}{연간\ 총근로시간} \times 1,000$

② 도수율
  ㉠ 연간 총근로시간에서 100만 시간당 재해발생건수를 말한다.
  ㉡ 도수율 = $\dfrac{재해발생건수}{연간\ 총근로시간} \times 1,000,000$

③ 연천인율
  ㉠ 근로자 1,000명을 기준으로 한 재해발생건수의 비율이다.
  ㉡ 연천인율 = $\dfrac{연간\ 재해자수}{연평균\ 근로자수} \times 1,000$

10년간 자주 출제된 문제

5-1. 산업재해로 인한 작업능력의 손실을 나타내는 척도는?
① 연천인율   ② 강도율
③ 천인율   ④ 도수율

5-2. 산업재해 분석을 위한 다음 식은 어떤 재해율을 나타낸 것인가?

$$\dfrac{연간\ 재해자수}{연평균\ 근로자수} \times 1,000$$

① 연천인율   ② 도수율
③ 강도율   ④ 하인리히율

정답 5-1 ② 5-2 ①

핵심이론 06 재해 발생 시 조치

① 재해 : 사고의 결과로 인하여 인간이 입는 인명 피해와 재산상의 손실
② 재해 발생 시 조치 순서 : 운전 정지 → 피해자 구조 → 응급처치 → 2차 재해 방지
③ 응급처치 실시자의 준수 사항
　㉠ 의식 확인이 불가능하여도 임의로 생사를 판정하지 않는다.
　㉡ 원칙적으로 의약품의 사용은 피한다.
　㉢ 정확한 방법으로 응급처치를 한 후에 반드시 의사의 치료를 받도록 한다.
　㉣ 환자 관찰 순서 : 의식상태 → 호흡상태 → 출혈상태 → 구토 여부 → 기타 골절 및 통증 여부
④ 화상을 입었을 때 응급조치 : 빨리 찬물에 담갔다가 아연화연고를 바른다.

10년간 자주 출제된 문제

6-1. 사고로 인하여 위급한 환자가 발생하였다. 의사의 치료를 받기 전까지 응급처치를 실시할 때 응급처치 실시자의 준수사항으로 가장 거리가 먼 것은?
① 사고현장 조사를 실시한다.
② 원칙적으로 의약품의 사용은 피한다.
③ 의식 확인이 불가능하여도 임의로 생사를 판정하지 않는다.
④ 정확한 방법으로 응급처치를 한 후 반드시 의사의 치료를 받도록 한다.

6-2. 다음은 재해가 발생하였을 때 조치요령이다. 조치 순서로 맞는 것은?

| ㄱ. 운전 정지 | ㄴ. 2차 재해 방지 |
| ㄷ. 피해자 구조 | ㄹ. 응급처치 |

① ㄱ → ㄷ → ㄴ → ㄹ
② ㄱ → ㄷ → ㄹ → ㄴ
③ ㄷ → ㄹ → ㄱ → ㄴ
④ ㄷ → ㄹ → ㄴ → ㄱ

정답 6-1 ① 6-2 ②

핵심이론 07 화재의 안전

① 화재의 종류(KS B 6259)
　㉠ A급(일반) 화재 : 보통 잔재의 작열에 의해 발생하는 연소에서 보통 유기 성질의 고체물질을 포함한 화재
　㉡ B급(유류) 화재 : 액체 또는 액화할 수 있는 고체를 포함한 화재 및 가연성 가스 화재
　㉢ C급(전기) 화재 : 통전 중인 전기 설비를 포함한 화재
　㉣ D급(금속) 화재 : 금속을 포함한 화재
　※ 산소, 질소는 인화성 물질이 아니다.
② 화재의 종류에 따른 화재 표시 색상 및 소화기의 종류
　㉠ A급(일반) 화재 : 백색 – 포말 소화기, 물 소화기
　㉡ B급(유류) 화재 : 황색 – 분말 소화기, 이산화탄소 소화기, 방화커튼, 모래
　㉢ C급(전기) 화재 : 청색 – 분말 소화기, 탄산가스 소화기
　㉣ D급(금속) 화재 : 무색 – 마른 모래, 소석회, 탄산수소염류, 금속 화재용 소화 분말 등
　※ 분말 소화기 : 유류, 가스
　　이산화탄소 소화기 : 유류, 전기
　　포말 소화기 : 보통 가연물, 위험물
③ 소화 작업
　㉠ 산소의 공급을 차단한다.
　㉡ 유류 화재 시 표면에 물을 붓지 않는다.
　㉢ 가연 물질의 공급을 차단한다.
　㉣ 점화원을 발화점 이하의 온도로 낮춘다.
　㉤ 기관 가동 시 화재가 발생하면 점화원을 차단한 후 소화기를 사용한다.
　※ 소화 설비에 적용하여야 할 사항 : 작업의 성질, 작업장의 환경, 화재의 성질

10년간 자주 출제된 문제

7-1. 전기에 의한 화재의 진화 작업 시 사용해야 할 소화기 중 가장 적합한 것은?
① 탄산가스 소화기
② 산, 알칼리 소화기
③ 포말 소화기
④ 물 소화기

7-2. 다음 소화기 중 B, C급 화재에 사용되는 것은?
① 포말 소화기
② 분말 소화기
③ 산, 알칼리 소화기
④ 물 소화기

7-3. 소화 작업에 대한 설명 중 틀린 것은?
① 산소의 공급을 차단한다.
② 유류 화재 시 표면에 물을 붓는다.
③ 가연 물질의 공급을 차단한다.
④ 점화원을 발화점 이하의 온도로 낮춘다.

[해설]

7-1, 7-2
화재의 종류에 따른 소화기의 종류
- B급(유류) 화재 : 분말 소화기, 이산화탄소 소화기, 방화커튼, 모래
- C급(전기) 화재 : 분말 소화기, 탄산가스 소화기

7-3
유류 화재는 물을 사용하여 진압하면 유류가 물보다 가벼운 성질로 물 표면에 유류가 뜨게 돼 불이 더욱 더 확산되는 위험이 있다.

정답 7-1 ① 7-2 ② 7-3 ②

핵심이론 08 연료 취급 및 방화대책

① 연료 취급
  ㉠ 연료 주입은 운전 정지 상태에서 해야 한다.
  ㉡ 연료 주입 시 물이나 먼지 등의 불순물이 혼합되지 않도록 주의한다.
  ㉢ 정기적으로 드레인 콕을 열어 연료 탱크 내의 수분을 제거한다.
  ㉣ 연료를 취급할 때는 화기에 주의한다.
  ㉤ 작업현장에서 드럼 통으로 연료를 운반했을 경우에는 불순물을 침전시킨 후 침전물이 혼합되지 않도록 주입한다.
  ※ 가스 화재를 일으키는 가연물질 : 가솔린, 메탄, 에탄, 프로판, 부탄, 수소, 아세틸렌가스
  ※ 배기가스의 유해 성분 : 일산화탄소(CO), 탄화수소, 질소산화물(NO_2), 매연, 황산화물(SO_2)

② 방화대책
  ㉠ 가연성 물질을 인화 장소에 두지 않는다.
  ㉡ 유류 취급 장소에는 건조사를 준비한다.
  ㉢ 흡연은 정해진 장소에서만 한다.
  ㉣ 화기는 정해진 장소에서만 취급한다.

③ 방화대책의 구비사항 : 소화기구 비치 및 위치 표시, 방화벽의 설치, 스프링클러 설치, 대피로 설치 및 표시, 방화사 및 방화수 비치 등이 있다.

10년간 자주 출제된 문제

연료 취급에 관한 설명으로 가장 거리가 먼 것은?
① 연료 주입은 운전 중에 하는 것이 효과적이다.
② 연료 주입 시 물이나 먼지 등의 불순물이 혼합되지 않도록 주의한다.
③ 정기적으로 드레인콕을 열어 연료 탱크 내의 수분을 제거한다.
④ 연료를 취급할 때는 화기에 주의한다.

정답 ①

1-2. 안전보건표지

핵심이론 01 안전교육

① 안전교육 : 교육이라는 수단을 통하여 일상생활에서 개인과 집단의 안전에 필요한 지식, 기능, 태도 등을 이해시키고, 자신과 타인의 생명을 존중하며, 안전하고 건강한 생활을 영위할 수 있는 습관을 형성시키는 것이다.

② 안전교육의 목적
  ㉠ 능률적인 표준작업을 숙달시킨다.
  ㉡ 위험에 대처하는 능력을 기른다.
  ㉢ 작업에 대한 주의력을 파악할 수 있게 한다.

③ 안전교육의 기본 원칙
  ㉠ 동기 부여를 중요시한다.
  ㉡ 반복에 의한 습관화 진행
  ㉢ 피교육자 중심 교육
  ㉣ 쉬운 부분에서 어려운 부분으로 진행
  ㉤ 인상의 강화
  ㉥ 오감의 활용
  ㉦ 한 번에 하나씩
  ㉧ 기능적인 이해를 돕는다.

④ 안전교육 요령 : 상대방의 의견을 들어보고 상대방을 이해시키며, 교육자가 시범을 보이고, 상벌 적용 등으로 행동을 수정하는 것 등

10년간 자주 출제된 문제

1-1. 안전교육의 기본 원칙이 아닌 것은?
① 동기 부여
② 반복식 교육
③ 피교육자 위주의 교육
④ 어려운 것에서 쉬운 것으로

1-2. 다음 중 안전교육 내용으로 적합하지 못한 것은?
① 안전 생활 태도에 관한 사항
② 재해의 발생원인 및 대처에 관한 사항
③ 산업재해 보상과 보험금 지급에 관한 사항
④ 안전복장 및 보호구의 착용 방법에 관한 사항

정답 1-1 ④ 1-2 ③

핵심이론 02 안전보건표지

① 안전보건표지의 목적
  ㉠ 사람들에게 현존 또는 잠재적인 위험을 경고하기 위하여
  ㉡ 위험을 확인하기 위하여
  ㉢ 위험의 성격을 설명하기 위하여
  ㉣ 위험으로부터 일어날 수 있는 잠재적인 손상의 결과를 설명하기 위하여
  ㉤ 사람들에게 위험을 피할 수 있는 방법을 알려 주기 위하여
  ※ 적재물이 차량의 적재함 밖으로 나올 때 위험표시 : 빨간색

② 안전보건표지의 색도기준 및 용도(산업안전보건법 시행규칙 별표 8)

색 채	색도기준	용 도	사용례
빨간색	7.5R 4/14	금 지	정지신호, 소화설비 및 그 장소, 유해행위의 금지
		경 고	화학물질 취급장소에서의 유해·위험 경고
노란색	5Y 8.5/12	경 고	화학물질 취급장소에서의 유해·위험경고 이외의 위험경고, 주의표지 또는 기계 방호물
파란색	2.5PB 4/10	지 시	특정 행위의 지시 및 사실의 고지
녹 색	2.5G 4/10	안 내	비상구 및 피난소, 사람 또는 차량의 통행표지
흰 색	N9.5	–	파란색 또는 녹색에 대한 보조색
검은색	N0.5	–	문자 및 빨간색 또는 노란색에 대한 보조색

10년간 자주 출제된 문제

2-1. 안전에 관계되는 위험한 장소나 위험물 안전보건표지 등에 사용되는 색깔은?
① 빨간색
② 녹 색
③ 노란색
④ 흰 색

2-2. 다음 중 안전보건표지의 종류와 의미가 잘못 연결된 것은?
① 녹색 - 안내
② 빨간색 - 금지
③ 노란색 - 경고
④ 파란색 - 긴급위험

정답 2-1 ① 2-2 ④

핵심이론 03 | 안전보건표지의 종류와 형태 (산업안전보건법 시행규칙 별표 6)

① 금지표지

출입금지	보행금지	차량통행금지	사용금지
탑승금지	금 연	화기금지	물체이동금지

② 경고표지

인화성물질 경고	산화성물질 경고	폭발성물질 경고	급성독성물질 경고
부식성물질 경고	방사성물질 경고	고압전기경고	매달린 물체 경고
낙하물 경고	고온 경고	저온 경고	몸균형 상실 경고
레이저광선 경고	발암성·변이원성·생식독성·전신독성·호흡기과민성물질경고		위험장소 경고

③ 지시표지

보안경 착용	방독마스크 착용	방진마스크 착용	보안면 착용	안전모 착용
귀마개 착용	안전화 착용	안전장갑 착용	안전복 착용	

④ 안내표지

녹십자표지	응급구호표지	들 것	세안장치
비상용 기구	비상구	좌측 비상구	우측 비상구

10년간 자주 출제된 문제

3-1. 그림은 무엇을 나타내는 표시인가?

① 출입금지
② 보행금지
③ 사용금지
④ 탑승금지

3-2. 안전보건표지의 종류가 아닌 것은?

① 위험표지
② 경고표지
③ 지시표지
④ 금지표지

3-3. 응급 치료센터 안전표시 등에 사용되는 색은?

① 흑색과 백색
② 적 색
③ 황색과 흑색
④ 녹 색

|해설|

3-2
안전보건표지의 종류
- 금지표지
- 경고표지
- 지시표지
- 안내표지

정답 3-1 ② 3-2 ① 3-3 ④

핵심이론 04 안전점검

① 안전점검의 종류
  ㉠ 일상점검 : 사업장, 가정 등에서 활동을 시작하기 전 또는 종료 시에 수시로 점검하는 것
    ※ 안전점검의 일상점검표에 포함된 항목 : 전기 스위치, 작업자의 복장상태, 가동 중 이상소음 등
  ㉡ 정기점검 : 일정한 기간을 정하여 분야별 유해, 위험요소에 대하여 점검을 하는 것으로 주간점검, 월간점검 및 연간점검 등으로 구분
  ㉢ 특별점검 : 태풍이나 폭우와 같은 천재지변이 발생한 경우 등 분야별로 특별히 점검을 받아야 하는 경우에 점검하는 것

② 안전점검을 할 때 유의사항
  ㉠ 안전점검을 한 내용은 상호 이해하고 공유할 것
  ㉡ 안전점검 시 과거에 안전사고가 발생하지 않았던 부분도 점검할 것
  ㉢ 과거에 재해가 발생한 곳에는 그 요인이 없어졌는지 확인할 것
  ㉣ 안전점검이 끝나면 강평을 시행하여 안전사항을 주지할 것
  ㉤ 점검자의 능력에 적응하는 점검내용을 활용할 것
  ※ 안전을 위하여 눈으로 보고 손으로 가리키고, 입으로 복창하여 귀로 듣고, 머리로 종합적인 판단을 하는 지적확인의 특징은 의식 강화이다.

10년간 자주 출제된 문제

4-1. 안전점검의 종류에 해당되지 않는 것은?
① 수시점검 ② 정기점검
③ 특별점검 ④ 구조점검

4-2. 안전점검을 할 때 유의사항 중 맞지 않는 것은?
① 점검한 내용은 상호 이해하고 협조하여 시정책을 강구할 것
② 안전점검이 끝나면 강평을 실시하고 사소한 사항은 묵인할 것
③ 과거에 재해가 발생한 곳에는 그 요인이 없어졌는지 확인할 것
④ 점검자의 능력에 적응하는 점검내용을 활용할 것

정답 4-1 ④ 4-2 ②

1-3. 기타 안전보호

핵심이론 01 작업복장

① 작업자의 안전을 위해 작업복, 안전모, 안전화 등을 착용하게 한다.
② 작업복의 조건
  ㉠ 주머니가 적고 팔 또는 발이 노출되지 않는 것이 좋다.
  ㉡ 상의 소매는 손목에 밀착시킬 수 있는 구조이어야 한다.
  ㉢ 상의 옷자락은 하의 속으로 집어넣어야 한다.
  ㉣ 하의 바지자락은 안전화 속에 집어넣거나 발목에 밀착할 수 있도록 조일 수 있어야 한다.
  ㉤ 몸에 알맞고 동작이 편해야 한다.
  ㉥ 착용자의 나이, 성별을 고려하여 적절한 스타일을 선정한다.
  ㉦ 항상 깨끗한 상태로 입어야 한다.
  ㉧ 땀을 닦기 위한 수건이나 손수건을 허리나 목에 걸고 작업해서는 안 된다.
  ㉨ 옷소매는 폭이 좁게 된 것이나, 단추가 달린 것은 되도록 피한다.
  ㉩ 화기사용 장소에서는 방염성·불연성의 것을 사용한다.
  ㉪ 착용자의 작업 안전에 중점을 두고 선정한다.

10년간 자주 출제된 문제

1-1. 운전 및 정비 작업 시 작업복의 조건으로 틀린 것은?
① 점퍼형으로 상의 옷자락을 여밀 수 있는 것
② 작업용구 등을 넣기 위해 주머니가 많은 것
③ 소매를 오므려 붙이도록 되어 있는 것
④ 소매를 손목까지 가릴 수 있는 것

1-2. 안전한 작업을 하기 위하여 작업복장을 선정할 때 유의사항 중 맞지 않는 것은?
① 화기사용 직장에서는 방염성, 불연성의 것을 사용하도록 한다.
② 착용자의 취미나 기호 등을 감안하여 적절한 스타일을 선정한다.
③ 작업복의 몸에 맞고 동작이 편하도록 제작한다.
④ 상의의 끝이나 바지자락 등이 기계에 말려 들어갈 위험이 없도록 한다.

|해설|

1-1
작업복은 주머니가 적고 팔이나 발이 노출되지 않는 것이 좋다.

1-2
착용자의 작업 안전에 중점을 두고 선정한다.

정답 1-1 ② 1-2 ②

핵심이론 02 보호구

① **안전인증대상기계 등(산업안전보건법 시행령 제74조)**
  ㉠ 추락 및 감전 위험방지용 안전모, 안전화, 안전장갑, 안전대
    ※ 장갑을 착용하면 안 되는 작업 : 선반작업, 드릴작업, 목공 기계 작업, 연삭작업, 제어작업 등
  ㉡ 방진마스크(분진이 많은 작업장), 방독마스크(유해가스 작업장), 송기마스크(산소결핍 작업장)
  ㉢ 전동식 호흡보호구, 보호복
  ㉣ 차광(遮光) 및 비산물(飛散物) 위험방지용 보안경
  ㉤ 용접용 보안면, 방음용 귀마개 또는 귀덮개

② **보안경의 선택**
  ㉠ 차광보안경 : 자외선, 적외선, 가시광선이 발생하는 장소(전기아크용접)에서 사용
  ㉡ 유리보안경 : 미분, 칩, 기타 비산물로부터 눈을 보호하기 위한 것
  ㉢ 플라스틱보안경 : 미분, 칩, 액체 약품 등 기타 비산물로부터 눈을 보호하기 위한 것

③ **보호구의 구비조건**
  ㉠ 착용이 간편할 것
  ㉡ 작업에 방해가 되지 않을 것
  ㉢ 위험·유해요소에 대한 방호성능이 충분할 것
  ㉣ 재료의 품질이 양호할 것
  ㉤ 구조와 끝마무리가 양호할 것
  ㉥ 외양과 외관이 양호할 것

④ **보호구 선택 시 주의사항**
  ㉠ 사용목적에 적합해야 한다.
  ㉡ 품질이 좋아야 한다.
  ㉢ 쓰기 쉽고, 손질하기 쉬워야 한다.
  ㉣ 사용자에게 잘 맞아야 한다.

10년간 자주 출제된 문제

2-1. 다음 중 안전인증대상 보호구에 해당하지 않는 것은?
① 안전양말
② 안전장갑
③ 보안경
④ 안전모

2-2. 보호구의 구비조건 중 거리가 먼 것은?
① 구조가 복잡할 것
② 착용이 간편할 것
③ 재료의 품질이 우수할 것
④ 작업에 방해가 되지 않을 것

2-3. 점화플러그(Plug) 청소기를 사용할 때 보안경을 사용하는 가장 큰 이유는?
① 빛이 너무 세기 때문에
② 빛이 너무 밝기 때문에
③ 빛이 자주 깜박거리기 때문에
④ 모래알이 눈에 들어가기 때문에

[해설]

2-1
안전인증대상 보호구 : 추락 및 감전 위험방지용 안전모, 안전화, 안전장갑, 차광 및 비산물 위험방지용 보안경 등

2-2
구조와 끝마무리가 양호할 것

정답 2-1 ① 2-2 ① 2-3 ④

핵심이론 03 작업별 보호구 (산업안전보건기준에 관한 규칙 제32조)

① 안전모 : 물체가 떨어지거나 날아올 위험 또는 근로자가 추락할 위험이 있는 작업
  ㉠ 추락에 의한 위험 방지
  ㉡ 머리 부위 감전에 의한 위험 방지
  ㉢ 물체의 낙하 또는 비래에 의한 위험 방지
② 안전대(安全帶) : 높이 또는 깊이 2m 이상의 추락할 위험이 있는 장소에서 하는 작업
③ 안전화 : 물체의 낙하·충격, 물체에의 끼임, 감전 또는 정전기의 대전(帶電)에 의한 위험이 있는 작업
④ 보안경 : 물체가 흩날릴 위험이 있는 작업
⑤ 보안면 : 용접 시 불꽃이나 물체가 흩날릴 위험이 있는 작업
⑥ 절연용 보호구 : 감전의 위험이 있는 작업
⑦ 방열복 : 고열에 의한 화상 등의 위험이 있는 작업
⑧ 방진마스크 : 선창 등에서 분진(粉塵)이 심하게 발생하는 하역작업
⑨ 방한모, 방한복, 방한화, 방한장갑 : 영하 18℃ 이하인 급냉동어창에서 하는 하역작업

10년간 자주 출제된 문제

3-1. 작업 조건에 따른 작업과 보호구의 관계로 옳지 않은 것은?
① 물체가 떨어지거나 날아올 위험 – 안전모
② 물체의 낙하, 충격, 물체에의 끼임 등의 위험이 있는 작업 – 작업화
③ 용접 시 불꽃 또는 물체가 날아 흩어질 위험이 있는 작업 – 방진마스크
④ 감전의 위험이 있는 작업 – 절연용 보호구

3-2. 전기아크용접 시 적절한 보호구를 모두 고른 것은?

| ㉠ 용접헬멧 | ㉡ 가죽장갑 | ㉢ 가죽웃옷 |
| ㉣ 안전화 | ㉤ 토치 라이터 | |

① ㉠, ㉡, ㉤
② ㉠, ㉡, ㉢
③ ㉡, ㉢, ㉣, ㉤
④ ㉠, ㉡, ㉢, ㉣

3-3. 다음 중 반드시 앞치마를 사용하여야 하는 작업은?
① 목공작업
② 전기용접작업
③ 선반작업
④ 드릴작업

|해설|

3-1
작업별 보호구
• 보안경 : 물체가 흩날릴 위험이 있는 작업
• 방진마스크 : 선창 등에서 분진이 심하게 발생하는 하역작업

3-2
전기아크용접 보호구 : 용접헬멧, 용접용 장갑, 보안경, 가죽 소재 앞치마, 보안면, 방진마스크, 안전화 등

정답 3-1 ③ 3-2 ④ 3-3 ②

핵심이론 04 보안경

① 보안경의 구비조건
  ㉠ 그 모양에 따라 특정한 위험에 대해서 적절한 보호를 할 수 있을 것
  ㉡ 착용했을 때 편안할 것
  ㉢ 견고하게 고정되어 착용자가 움직이더라도 쉽게 탈락 또는 움직이지 않을 것
  ㉣ 내구성이 있을 것
  ㉤ 충분히 소독되어 있을 것
  ㉥ 세척이 쉬울 것

② 보안경의 각 부분에 사용하는 재료의 구비조건(렌즈 및 플레이트는 제외)
  ㉠ 강도 및 탄성 등이 용도에 대하여 적절한 것
  ㉡ 피부에 접촉하는 부분에 사용하는 재료는 피부에 해로운 영향을 주지 않는 것일 것
  ㉢ 금속부에는 적절한 방청처리를 하고, 내식성이 있을 것
  ㉣ 내습성, 내열성 및 난연성이 있을 것

③ 차광안경의 구비조건
  ㉠ 취급이 간단하고 쉽게 파손되지 않을 것
  ㉡ 착용하였을 때 심한 불쾌감을 주지 않을 것
  ㉢ 착용자의 행동을 심하게 저해하지 않을 것
  ㉣ 사용자에게 베이는 상처나 찰과상을 줄 우려가 있는 예각 또는 요철이 없는 것일 것
  ㉤ 차광안경의 각 부분은 쉽게 교환할 수 있을 것

④ 차광안경의 각 부분에 사용하는 재료의 구비조건
  ㉠ 커버렌즈, 커버플레이트는 가시광선을 적당히 투과하여야 한다(89% 이상 통과).
  ㉡ 자외선 및 적외선을 허용치 이하로 약화시켜야 한다.
  ㉢ 아이캡(Eye Cap) 형에서는 시계 105° 이상으로 통기성의 구조를 갖추어야 한다.
  ㉣ 필터렌즈, 필터플레이트 색은 무채색 또는 황적색, 황색, 녹색, 청색 등의 색이어야 한다.

10년간 자주 출제된 문제

4-1. 귀마개를 착용하지 않았을 때 청력장애가 일어날 수 있는 가능성이 가장 높은 작업은?
① 단조작업
② 압연작업
③ 전단작업
④ 주조작업

4-2. 다음 중 보호안경을 착용해야 할 작업으로 가장 적당한 것은?
① 기화기를 차에서 뗄 때
② 변속기를 차에서 뗄 때
③ 장마철 노상운전을 할 때
④ 배전기를 차에서 뗄 때

[해설]
4-1
단조작업은 금속을 해머로 두들기거나 프레스로 눌러서 필요한 형체로 만드는 금속 가공 작업이다.

정답 4-1 ① 4-2 ②

핵심이론 05 호흡용 보호구

① 호흡용 보호구
  ㉠ 방진마스크 : 분진, 미스트 및 퓸이 호흡기를 통하여 인체에 유입되는 것을 방지하기 위한 것으로 채광·채석작업, 연삭작업, 연마작업, 방직작업, 용접작업 등 분진 또는 퓸 발생 작업에서 사용한다.
  ㉡ 방독마스크 : 유해가스, 증기 등이 호흡기를 통해 인체에 유입되는 것을 방지하기 위하여 사용
  ※ 방독마스크는 산소농도 18% 미만인 장소에서 사용을 금지한다.
  ㉢ 송기마스크 : 신선한 공기 또는 공기원(공기압축기, 압축공기관, 고압공기용기 등)을 사용하여 호스를 통해 공기를 송기함으로서 산소결핍으로 인한 위험을 방지하기 위하여 사용

② 호흡보호구 선정 전 고려사항(안전보건기술지침(KOSHA GUIDE) 호흡보호구의 선정·사용 및 관리에 관한 지침)
  ㉠ 호흡보호구를 선정하기에 앞서 다음과 같이 화학물질의 호흡과 관련한 유해성 및 조건을 알아야 한다.
    • 오염물질의 종류 및 농도와 같은 일반적인 조건 : 고용노동부고시 화학물질 및 물리적 인자의 노출기준에 따른 노출기준 제정 물질인지 여부를 가장 먼저 확인
    • 오염물질의 물리화학 및 독성 특성
    • 노출기준
    • 과거와 현재 노출농도, 최대로 노출이 예상되는 농도
    • 즉시위험건강농도(IDLH) : 생명 또는 건강에 즉각적으로 위험을 초래하는 농도로서 그 이상의 농도에서 30분간 노출되면 사망 또는 회복 불가능한 건강장해를 일으킬 수 있는 농도
    • 작업장의 산소농도 혹은 예상 산소농도
    • 눈에 대한 자극 혹은 자극 가능성

ⓛ 공기 중 오염물질의 농도를 측정한다.
ⓒ 호흡보호구의 일반적인 사용조건에는 호흡보호구를 착용함으로 인한 불편 정도는 물론이고 작업시간, 주기, 위치, 물리적인 조건 및 공정 등 작업의 실체가 포함되어야 한다. 근로자의 의학적 및 심리적 문제로 인하여 공기호흡기 같은 호흡 보호구를 사용하지 못할 수도 있다.
㉥ 사업주는 정화통의 교환주기표를 작성하여 근로자가 볼 수 있도록 하여야 한다. 이 주기는 제조사의 도움이나 수명시험을 통하여 만들 수 있다. 착용자가 느끼는 오염물질의 냄새 특성과 관계없이 평가를 실시하고 극한의 온도와 습도에서 실시되어야 한다.
㉤ 정화통은 교환주기표에 따라 교환하여야 하며 냄새에 의존하지 않아야 한다. 하지만 착용자들이 냄새가 나거나 피부에 자극적인 증상을 느끼면 오염 지역을 벗어나도록 훈련받아야 한다.
㉦ 작업장 유해물질의 농도는 매일 그리고 시시때때로 변한다. 그러므로 유해물질의 농도가 가장 높은 경우를 고려하여 호흡보호구를 선정해야 한다.
ⓢ 밀착형 호흡보호구는 정성 또는 정량 밀착도 검사를 권고한다.
ⓞ 밀착형 호흡보호구를 얼굴에 흉터나 기형이 있는 자가 착용하거나 안면부에 머리카락이나 수염이 있는 경우 공기의 누설이 발생할 수 있으므로 착용하지 않아야 한다.
ⓩ 공기정화식 특히, 가스 또는 증기 유해물질 종류별 적정 정화통 및 교체주기를 준수하여야 한다. 예를 들어, 노출되는 유해물질에 부적합한 정화통을 사용하거나 파과 후까지 사용해서는 안 된다.
ⓒ 한국산업안전보건공단 인증 호흡보호구를 사용하여야 한다.

③ 호흡보호구 선정 일반 원칙
㉠ 산소결핍 작업장소, 밀폐공간, 정화통이 개발되지 않은 물질 취급 및 소방작업 질식위험이 있는 밀폐공간이나 정화통이 개발되지 않은 물질을 취급하는 경우에는 공기호흡기, 송기마스크를 사용하고, 소방작업은 공기호흡기를 사용한다. 이들 작업에서 절대로 방독마스크를 사용하여서는 안 된다.
㉡ 독성 오염물질이면 즉시위험건강농도(IDLH)에 해당되는지 여부를 구분한다.
  • 즉시위험건강농도(IDLH) 이상인 경우 공기호흡기, 송기마스크를 사용한다.
  • 즉시위험건강농도(IDLH) 미만인 경우 입자상 물질이 존재하면 방진마스크, 송기마스크를 사용하고, 가스·증기상 오염물질이 존재하면 방독마스크, 송기마스크를 사용한다. 입자상 및 가스·증기상 물질이 동시에 존재하면 방진방독 겸용 마스크 또는 송기마스크를 사용한다.

10년간 자주 출제된 문제

5-1. 호흡용 보호구의 종류가 아닌 것은?
① 방진마스크
② 방독마스크
③ 흡입마스크
④ 송기마스크

5-2. 산소마스크를 착용하여야 하는 공기 중 산소농도로 맞는 것은?
① 산소농도가 22% 이상일 때
② 산소농도가 20% 이상일 때
③ 산소농도가 16% 이하일 때
④ 산소농도가 20% 이하일 때

[해설]

5-1
호흡보호구의 종류(안전보건기술지침(KOSHA GUIDE) 호흡보호구의 선정·사용 및 관리에 관한 지침)

분 류	공기정화식		공기공급식	
종 류	비전동식	전동식	송기식	자급식
안면부 등의 형태	전면형, 반면형	전면형, 반면형	전면형, 반면형, 페이스실드, 후드	전면형
보호구 명칭	방진마스크, 방독마스크, 겸용 방독마스크 (방진+방독)	전동기 부착 방진마스크, 방독마스크, 겸용 방독마스크 (방진+방독)	호스마스크, 에어라인 마스크, 복합식 에어라인 마스크	공기호흡기 (개방식), 산소호흡기 (폐쇄식)

5-2
산소농도가 16% 이하로 저하된 공기를 호흡하면 몸속에 산소가 부족해지고, 호흡 및 맥박의 증가, 구토, 두통 등의 증상이 나타나고 10% 이하가 되면 의식 상실, 경련, 혈압 강화, 맥박수 감소를 초래하게 되어 질식 사망하게 된다.

정답 5-1 ③ 5-2 ③

핵심이론 06 보호구의 관리 등

① 보호구의 관리 및 사용방법
  ㉠ 광선을 피하고 통풍이 잘되는 장소에 보관할 것
  ㉡ 부식성, 유해성, 인화성 액체, 기름, 산 등과 혼합하여 보관하지 말 것
  ㉢ 발열성 물질을 보관하는 주변에 가까이 두지 말 것
  ㉣ 땀으로 오염된 경우에 세척 후 건조시켜 변형되지 않도록 할 것
  ㉤ 모래, 진흙 등이 묻은 경우는 깨끗이 씻고 그늘에서 건조할 것

② 기타 주요사항
  ㉠ 분진에서 오는 직업병 : 진폐증, 규폐증, 결막염, 폐수종, 납중독, 피부염 등
  ㉡ 열환경에서 오는 직업병 : 열중증(고온)
  ㉢ 소음에서 오는 직업병 : 난청
  ㉣ 소음의 단위 : dB
  ㉤ 장갑을 착용하고 하는 작업 : 용접작업, 전기작업, 화학물질 취급작업, 줄작업
  ㉥ 장갑을 끼고 작업할 수 없는 작업 : 선반작업, 해머작업, 그라인더작업, 드릴작업, 농기계정비

10년간 자주 출제된 문제

6-1. 다음 중 분진에서 오는 직업병이 아닌 것은?
① 진폐증
② 열중증
③ 결막염
④ 폐수종

6-2. 보호구의 관리 및 사용방법으로 틀린 것은?
① 상시 사용할 수 있도록 관리한다.
② 청결하고 습기가 없는 장소에 보관, 유지시켜야 한다.
③ 방진마스크의 필터 등을 상시 교환할 충분한 양을 비치하여야 한다.
④ 보호구는 공동 사용하므로 개인전용 보호구는 지급하지 않는다.

|해설|

6-1
고온환경에서의 부적응과 허용한계를 초과할 때에 발증하는 급성의 장해를 열중증이라고 총칭한다.

6-2
사업주는 보호구를 공동 사용하여 근로자에게 질병이 감염될 우려가 있는 경우 개인 전용 보호구를 지급하고 질병 감염을 예방하기 위한 조치를 하여야 한다.

정답 6-1 ② 6-2 ④

제2절 기계 및 공구에 대한 안전

2-1. 기계 및 기기 취급

핵심이론 01 기계장치의 안전

① 기계장치의 정지상태에서 점검하는 사항
 ㉠ 볼트·너트의 헐거움
 ㉡ 스위치 및 외관상태
 ㉢ 힘이 걸린 부분의 흠집
 ※ 이상음 및 진동상태는 가동상태에서 점검할 수 있다.

② 기관을 시동하기 전에 점검할 사항
 ㉠ 연료의 양, 유압유의 양
 ㉡ 냉각수 및 엔진오일의 양
 ㉢ 장비 점검, 팬 벨트 점검 등
 ※ 기관 오일의 온도는 시동 후 점검할 사항이다.

③ 기관을 시동하여 공전 시에 점검할 사항
 ㉠ 오일의 누출 여부를 점검
 ㉡ 냉각수의 누출 여부를 점검
 ㉢ 배기가스의 색깔을 점검
 ㉣ 오일 압력계 점검

④ 기관이 작동되는 상태에서 점검 가능한 사항 : 냉각수의 온도, 충전상태, 기관오일의 압력

10년간 자주 출제된 문제

1-1. 건설기계 장비의 운전 전 점검사항으로 적합하지 않은 것은?
① 급유상태 점검 ② 정밀도 점검
③ 일상 점검 ④ 장비 점검

1-2. 기관을 시동하여 공전 시에 점검할 사항이 아닌 것은?
① 기관의 팬 벨트 장력을 점검
② 오일의 누출 여부를 점검
③ 냉각수의 누출 여부를 점검
④ 배기가스의 색깔을 점검

[해설]

1-1
건설기계 장비의 운전 전 점검사항
- 급유상태 점검
- 일상 점검
- 장비 점검

1-2
팬 벨트의 점검은 시동을 하지 않을 때 한다.

정답 1-1 ② 1-2 ①

핵심이론 02 일반 기계 작업 시 유의사항

① 기름걸레는 정해진 용기에 넣어 화재를 방지하여야 한다.
② 몸에 묻은 먼지나 기타의 물질은 입으로 불어서 털지 않는다.
③ 바닥에 파쇠철 등은 잘 청소하여 지정된 용기에 담는다.
④ 철분 등을 입으로 불거나 손으로 털어서는 안 된다.
⑤ 운전 중에는 기계로부터 이탈하지 않도록 한다.
⑥ 기계로부터 이탈할 때는 기계를 정지시켜야 한다.
⑦ 기계 사용 중에 정전이 되면 스위치를 모두 내린다.
⑧ 스위치를 내릴 때 작업기계를 손, 발, 공구 등으로 정지시켜서는 안 된다.
⑨ 고장의 수리, 청소, 조정, 검사, 측정할 때는 동력을 차단하고 표시를 하여야 한다.
⑩ 기계에 주유할 때는 운전을 정지시킨 상태에서 오일 건을 사용하여 주유하여야 한다.
⑪ 베드 및 테이블의 면을 공구대 대용으로 사용하지 않는다.

10년간 자주 출제된 문제

2-1. 건설기계 정비 작업 중 옳지 않은 것은?
① 흡연은 정해진 장소에서 한다.
② 쓰고 남은 기름은 하수구에 버린다.
③ 기름걸레는 정해진 용기에 보관한다.
④ 전등갓은 연소하기 쉬운 것을 사용하지 않는다.

2-2. 기계 작업에 대한 설명 중 적당하지 않은 것은?
① 치수측정은 기계 회전 중에 하지 않는다.
② 구멍깎기 작업 시에는 기계운전 중에도 구멍 속을 청소해야 한다.
③ 기계의 회전 중에는 다듬면 검사를 하지 않는다.
④ 베드 및 테이블의 면을 공구대 대용으로 사용하지 않는다.

정답 2-1 ② 2-2 ②

핵심이론 03 마이크로미터 취급 시 안전사항

① 사용 중 떨어뜨리거나 큰 충격을 주지 않도록 한다.
② 마이크로미터는 나사의 원리를 이용한 측정기구이다.
③ 눈금은 시차를 작게 하기 위해서 수직 위치에서 읽는다.
④ 앤빌과 스핀들이 접촉되어 있는 상태로 보관하지 않는다.
⑤ 사용 전 0점 조정이 되어 있는지 확인한다.
⑥ 온도 변화가 심하지 않고, 직사광선 및 진동이 없는 장소에 보관한다.
⑦ 습기나 먼지가 없는 곳에 둔다.
⑧ 방청유를 바르고 나무상자에 보관한다.
⑨ 마이크로미터 읽는 법
　㉠ 마이크로미터에서 딤블을 1회전시키면 스핀들은 축 방향으로 0.5mm 이동한다.
　㉡ 1/100mm까지 측정할 수 있는 마이크로미터의 심블을 5눈금 회전시켰을 때 스핀들의 움직인 양은 0.05mm이다(단, 마이크로미터 심블의 원주는 50등분되어 있고, 나사 피치는 0.5mm이다).

10년간 자주 출제된 문제

3-1. 마이크로미터의 취급 시 안전사항이 아닌 것은?
① 사용 중 떨어뜨리거나 큰 충격을 주지 않도록 한다.
② 온도 변화가 심하지 않은 곳에 보관한다.
③ 앤빌과 스핀들을 접촉되어 있는 상태로 보관한다.
④ 눈금은 시차를 작게 하기 위해서 수직 위치에서 읽는다.

3-2. 나사의 원리를 이용한 측정기구는?
① 버니어캘리퍼스(Vernier Calipers)
② 하이트게이지(Height Gauge)
③ 블록게이지(Block Gauge)
④ 마이크로미터(Micro Meter)

[해설]
3-1
앤빌과 스핀들이 접촉되어 있는 상태로 보관하지 않는다.

정답 3-1 ③　3-2 ④

핵심이론 04 너트, 볼트, 나사의 주요사항

① 너 트
　㉠ 간편 너트 : 신속한 체결과 풀림이 가능하여 선반의 공구대나 지그(Jig) 등에 많이 사용되는 너트
　㉡ 너트의 풀림을 방지하는 것 : 스프링 와셔, 로크 너트, 분할 핀
② 볼 트
　㉠ 스테이 볼트 : 2개의 부품 사이의 거리를 일정하게 유지하는데 사용하는 볼트
　㉡ 스터드 볼트 : 막대 양 끝에 나사가 있어 한쪽 나사를 본체 등에 단단하게 끼워 놓고 사용하는 특수 볼트
　㉢ 아이 볼트(Eye Bolt) : 무거운 기계 부품 등을 달아 올리는 데 편리한 볼트
③ 나 사
　㉠ 주요나사
　　• 볼 나사 : 수치 제어용 공작기계의 이송나사 등에 사용
　　• 관용 나사 : 일반적으로 파이프를 연결하는 데 사용하는 나사
　　• 톱니 나사 : 프레스(Press), 잭(Jack), 바이스(Vise) 등과 같이 큰 힘을 한 방향으로만 작용시킬 때 사용되는 나사
　㉡ 나사산의 각도
　　• 미터 나사, 유니파이 나사는 나사산의 각도가 60°이다.
　　• 톱니 나사는 30°, 45°이다.
　　• M20 나사에 사용되는 나사산의 각도가 60°이다.
　　※ 유니파이 나사는 ABC 나사라고도 불리는 결합용 나사이다.
　㉢ 피치(Pitch) : 나사에서 서로 인접한 나사산의 서로 대응하는 2점을 축선에 평행하게 측정한 거리
　　• 두 줄 나사의 리드가 6mm인 경우 피치는 3mm이다.

- 2줄 나사에서 피치가 2mm일 때 나사를 2회전시키면 진행한 거리는 8mm이다.
- 피치 2.5mm의 3줄 나사가 1회전하면 리드는 7.5mm이다.
- 리드가 8mm이고, 피치가 4mm인 수나사를 1/5 회전시키면 1.6mm로 이동한다.

ㄹ 기타
- 탭작업 : 드릴로 구멍을 뚫은 내경 부분에 암나사를 가공하는 공구 작업
- 턴버클 : 양 끝에 좌우 나사가 있고 막대나 로프를 죄는 데 사용
- 나사 가공 시 사용하는 공구 : 탭, 리머, 다이스
- 암나사의 호칭지름 : 상대 수나사의 바깥지름
- ISO 규격에 있는 미터 사다리꼴 나사의 기호 : Tr

10년간 자주 출제된 문제

4-1. 너트의 풀림을 방지하는 것이 아닌 것은?
① 스프링 와셔 ② 아이 너트
③ 로크 너트   ④ 분할 핀

4-2. 막대 양끝에 나사가 있어 한쪽나사를 본체 등에 단단하게 끼워 놓고 사용하는 특수 볼트는?
① 아이 볼트   ② T 볼트
③ 나비 볼트   ④ 스터드 볼트

4-3. 나사산의 각이 60°이고 ABC 나사라고도 불리는 결합용 나사는?
① 테이퍼 나사
② 유니파이 나사
③ 톱니 나사
④ 사다리꼴 나사

해설
4-1
너트의 풀림을 방지하는 것 : 스프링 와셔, 로크 너트, 분할 핀

정답 4-1 ② 4-2 ④ 4-3 ②

핵심이론 05 측정기 등

① 측정기
  ㉠ 측정기를 선택하는 기준 : 측정할 물체의 개수, 측정 한계, 공차 크기
  ㉡ 옵티미터 : 측정자의 미소한 움직임을 광학적으로 확대하여 측정하는 기구
  ㉢ 사인바
    - 측정기 중 각도측정에 사용된다.
    - 2개의 롤러를 게이지 본체로 구성되어 일정한 간격으로 지지하면서 원하는 각도를 만들기 위한 측정공구
  ㉣ 측정계기의 보관 오물을 닦아내고 공구실에 둔다.
  ※ 어미자의 눈금선 간격이 1mm이고, 버니어는 19mm를 20등분하였다면 최소 측정값은 0.05mm이다.

② 측정 오차 등
  ㉠ 측정 오차의 종류 : 개인 오차, 측정기 오차, 우연 오차, 환경 오차 등
  ㉡ 원통도 : 물체의 원통 부분에 두 곳 이상의 지름이 불균일한 크기를 나타내는 기하공차
  ㉢ 기하공차의 종류 중 ⊥ 기호 : 직각도

③ 기타 주요사항
  ㉠ 원뿔 마찰차 : 두 축이 약간의 각도를 가지고 동력을 전달할 때 사용
  ㉡ 스플라인(Spline) : 큰 동력을 전달할 수 있고 축방향으로 보스를 이동시킬 수 있는 키
  ㉢ 반달 키 : 축에 테이퍼가 있어도 사용할 수 있어 편리하나 축에 홈을 깊이 파야 하므로 축의 강도가 약해지는 결점이 있는 키로 우드러프 키(Woodruff Key)라고도 한다.
  ㉣ 바이스 플라이어 : 부품이나 재료 등을 잡은 상태로 고정할 수 있는 구조의 공구

ⓜ 래핑 : 미세한 숫돌가루를 사용해 공작물의 표면을 매끈하게 다듬질하는 방법으로 처음에는 탄화수소계의 분말을 사용하고, 완성용으로는 산화알루미늄계를 사용한다. 정밀도가 높은 부품의 제작 시 주로 사용되는 정밀 가공 방법

※ 정밀입자가공 : 래핑, 호닝, 슈퍼 피니싱

ⓑ 치차(Gear)
- 치차가 통행하거나 작업 시에 접촉할 위험이 있는 곳은 덮개 판을 덮는다.
- 치차 기구에서 이의 간섭을 방지하는 방법 : 압력각을 20° 이상으로 크게 한다.

ⓢ 패킹(Packing) 재료의 구비조건
- 유연성, 탄력성, 내수성이 클 것
- 오래 사용하여도 변화가 작을 것

ⓞ 실내 작업장에서 정밀작업의 표준(KS 기준) 조명 : 1,000lx 이상

10년간 자주 출제된 문제

5-1. 측정계기의 보관방법 중 가장 좋은 것은?
① 캐비닛에 넣어 둔다.
② 책상 서랍속에 넣어 둔다.
③ 작업대에 놓아 둔다.
④ 오물을 닦아내고 공구실에 둔다.

5-2. 기하공차의 종류 중 기호 '⊥'가 의미하는 것은?
① 평면도   ② 직각도
③ 평행도   ④ 원통도

5-3. 두 축이 약간의 각도를 가지고 동력을 전달할 때 사용하는 마찰차는?
① 원통 마찰차
② 원뿔 마찰차
③ 홈 붙이 마찰차
④ 원판 마찰차

정답 5-1 ④ 5-2 ② 5-3 ②

2-2. 전동 및 공기구

핵심이론 01 그라인더 작업 안전

① 그라인더(연삭기) 작업 시 유의사항
  ㉠ 작업 전 나무 해머로 숫돌을 두드려서 균열 여부를 점검한다.
  ㉡ 연삭 작업 중에는 반드시 보안경을 착용해야 한다.
  ㉢ 정상 회전속도에서 연삭을 시작한다.
  ㉣ 연삭기의 커버를 벗긴 채 사용하지 않는다.
  ㉤ 스위치를 넣은 다음 약 3분 공전 상태를 확인 후 작업해야 한다.
  ㉥ 날이 있는 공구를 다룰 때는 다치지 않도록 한다.
  ㉦ 숫돌바퀴의 측면을 이용하여 공작물을 연삭해서는 안 된다.
   ※ 소형 숫돌은 측압에 약하므로 측면 사용을 금지할 것
  ㉧ 숫돌바퀴의 정면에 서지 말고 정면에서 약간 벗어난 곳에 서서 연삭 작업을 하여야 한다.
  ㉨ 숫돌 교환 후 사용 전 3분 정도 시험 운전을 한다.
  ㉩ 숫돌차와 받침대 사이의 간격은 3mm 이하로 한다.
  ㉪ 숫돌차를 끼우기 전에 외관을 점검하고 균열 검사를 한다.
  ㉫ 작업 중 진동이 심하면 즉시 작업을 중지해야 한다.
   ※ 회전 부분(기어, 벨트, 체인) 등은 신체의 접촉을 방지하기 위하여 반드시 커버를 씌워둔다.

② 그라인더 사용 작업 시 발생할 수 있는 사고
  ㉠ 회전하는 연삭숫돌의 파손
  ㉡ 비산하는 입자
  ㉢ 작업자의 옷자락 및 손이 말려 들어감
  ㉣ 작업복 등이 말려드는 위험이 주로 존재하는 기계 및 기구 : 회전축, 커플링, 벨트

③ 기타 주요사항
  ㉠ 숫돌바퀴의 3요소 : 숫돌입자, 기공, 결합제
  ㉡ 절삭 조건의 3요소 : 절삭속도, 이송, 절삭깊이

ⓒ 숫돌바퀴가 WA60KmV로 표시될 때
  → WA(숫돌 입자), 60(입도), K(결합도), m(조직), V(결합제)
ⓔ 수직 휴대용 연삭기의 허용되는 덮개 최대 노출각도 : 180°
ⓕ 회전 중인 연삭숫돌에 덮개를 설치해야 하는 직경의 크기 한도 : 10cm 이상
ⓖ 드레싱(Dressing) : 연삭숫돌의 수정방법으로 숫돌면의 표면층을 깎아 떨어뜨려서 절삭성이 나빠진 숫돌면을 새롭고 날카로운 날 끝을 발생시켜 주는 방법
ⓗ 눈메움 : 연삭숫돌의 입자 표면이나 기공에 칩(Chip)이 차 있는 상태의 결함
ⓘ 세라믹 : 절삭공구 중에서 산화알루미늄(Al_2O_3) 분말을 주성분으로 하여 고온에서 경도가 높고 내마모성이 좋으나 취성이 있어 충격에 약하다.

10년간 자주 출제된 문제

1-1. 다음 중 그라인더 작업 시 주의사항으로 틀린 것은?
① 회전속도는 규정 속도를 넘지 않도록 한다.
② 작업을 할 때는 반드시 보호 안경을 착용한다.
③ 작업 중 진동이 심하면 즉시 작업을 중지해야 한다.
④ 공구연삭 시 받침대와 숫돌 사이의 틈새는 5mm 이상이 되도록 한다.

1-2. 숫돌바퀴가 WA60KmV로 표시될 때 K가 나타내는 것은?
① 조 직
② 결합제
③ 결합도
④ 입 도

|해설|
1-1
숫돌차와 받침대 사이의 간격은 3mm 이하로 한다.
1-2
WA(숫돌입자), 60(입도), K(결합도), m(조직), V(결합체)

정답 1-1 ④ 1-2 ③

핵심이론 02 밀링 작업 시 안전수칙

① 가공 중에는 얼굴을 기계 가까이 대지 않는다.
② 밀링 작업 중에는 보호 안경을 착용해야 한다.
③ 절삭공구 교환 시에는 너트를 확실히 체결하고, 1분간 공회전시켜 커터의 이상 유무를 점검한다.
④ 공작물 설치 시 절삭공구의 회전을 정지시킨다.
⑤ 테이블의 좌우로 이동하는 기계의 양단에는 재료나 가공품을 쌓아 놓지 않는다.
⑥ 상하 이송 중 핸들은 사용 후 반드시 벗겨 놓는다.
⑦ 절삭공구에 절삭유를 주유할 때는 커터 위부터 주유한다.
⑧ 방호가드를 설치하고, 올바른 설치상태를 확인한다.
⑨ 절삭 중에는 테이블에 손 등을 올려놓지 않는다.
⑩ 회전하는 커터에 손을 대지 않는다.
⑪ 절삭유 노즐이 커터에 부딪히지 않도록 한다.
⑫ 칩이 비산하는 재료는 커터 부분에 커버를 부착한다.

10년간 자주 출제된 문제

2-1. 밀링 작업 방법으로 옳지 않은 것은?
① 밀링 작업 중에는 보호 안경을 착용해야 한다.
② 상하좌우 이송장치의 핸들을 사용 후 완전히 조여 준다.
③ 회전하는 커터에 손을 대지 않는다.
④ 절삭유 노즐이 커터에 부딪치지 않도록 한다.

2-2. 밀링 작업 시 안전수칙으로 틀린 것은?
① 상하 이송용 핸들은 사용 후 반드시 빼 두어야 한다.
② 칩은 가늘고 예리하여 부상을 입기 쉬우므로 반드시 장갑을 끼고 작업을 한다.
③ 칩이 비산하는 재료는 커터부분에 커버를 부착한다.
④ 가공 중에는 얼굴을 기계 가까이 대지 않는다.

|해설|

2-1
밀링 작업 방법
- 밀링 작업 중에는 보호 안경을 착용해야 한다.
- 상하 이송 중 핸들은 사용 후 반드시 벗겨 놓는다.
- 회전하는 커터에 손을 대지 않는다.
- 절삭유 노즐이 커터에 부딪치지 않도록 한다.

2-2
작업에서 생기는 칩은 가늘고 예리하여 비래 시 상처를 입기 쉬우므로 보호 안경을 착용해야 한다. 장갑은 위험하므로 끼지 않는다.

정답 2-1 ② 2-2 ②

핵심이론 03 선반작업(1)

① **선반작업 시 유의 사항**
  ㉠ 상의의 옷자락은 안으로 넣고, 소맷자락을 묶을 때는 끈을 사용하지 않는다.
  ㉡ 쇠 부스러기를 털어낼 때는 브러시를 사용하며, 맨손 또는 면장갑을 착용한 채로 털지 않는다. 특히 스핀들 내면이나 부시를 청소할 때는 기계를 세우고 브러시 또는 막대에 천을 씌워서 사용한다.
  ㉢ 쇠 부스러기 비산 시에는 보안경을 쓰고 방호판을 설치하여 사용한다.
  ㉣ 회전 중에 측정하거나 가공품을 직접 만지지 않는다.
  ㉤ 가공물의 설치는 반드시 스위치를 끊고 바이트를 충분히 뗀 다음에 한다.
  ㉥ 돌리개는 적당한 크기의 것을 선택하고 심압대 스핀들이 지나치게 나오지 않도록 한다.
  ㉦ 공작물의 설치가 끝나면 척, 렌치류는 바로 떼어 놓는다.
  ㉧ 편심된 가공물의 설치 시 균형추를 부착시킨다.
  ㉨ 기계 위에 공구나 재료를 올려놓지 않는다.
  ㉩ 이송을 걸은 채 기계를 정지시키지 않는다.
  ㉪ 기계 타력 회전을 손이나 공구로 멈추지 않는다.

② **선반의 안전장치**
  ㉠ 보호가드(Guard)
  ㉡ 칩(Chip) 비산방지 및 칩 브레이커
  ㉢ 급정지장치

10년간 자주 출제된 문제

3-1. 선반작업 시 재해 방지에 대한 설명 중 틀린 것은?
① 기계 위에 공구나 재료를 올려놓지 않는다.
② 이송을 걸은 채 기계를 정지시키지 않는다.
③ 기계 타력 회전을 손이나 공구로 멈추지 않는다.
④ 절삭 중이거나 회전 중에 공작물을 측정한다.

3-2. 선반작업의 안전한 작업방법으로 잘못 설명된 것은?
① 정전 시 스위치를 끈다.
② 운전 중 장비 청소는 금지한다.
③ 장갑을 착용하지 않는다.
④ 절삭 작업할 때는 기계 곁을 떠나도 된다.

|해설|

3-1
치수를 측정할 때는 선반을 멈추고 측정한다.

3-2
절삭 작업 중에는 기계의 상태를 계속 주시해야 하므로 기계 곁을 떠나면 안 된다.

정답 3-1 ④ 3-2 ④

핵심이론 04 선반작업(2)

① 선반가공에서 구성인선(Built-up Edge)의 방지책
  ㉠ 절삭 깊이를 얕게 한다.
  ㉡ 공구의 윗면 경사각을 크게, 날 끝을 예리하게 한다.
  ㉢ 가공 중 절삭유제를 사용한다.
  ㉣ 절삭 속도를 크게 한다.
    ※ 구성인선 : 연성이 큰 재질을 절삭할 때 칩의 일부가 공구에 달라붙어 공구의 날과 같은 역할을 하는 것
② 선반의 크기 표시
  ㉠ 베드 위의 스윙
  ㉡ 왕복대 위의 스윙
  ㉢ 물릴 수 있는 공작물의 최대 지름
  ㉣ 양 센터 사이의 최대 거리
③ 선반작업 중에서 테이퍼를 깎는 방법
  ㉠ 심압대를 편위시키는 방법
  ㉡ 복식 공구대를 회전시키는 방법
  ㉢ 테이퍼 절삭 장치를 이용하는 방법
  ㉣ 총형 바이트에 의한 방법

10년간 자주 출제된 문제

선반가공에서 구성인선(Built-up Edge)의 방지책이 아닌 것은?
① 절삭 깊이를 얕게 한다.
② 공구의 윗면 경사각을 작게 한다.
③ 가공 중 절삭유제를 사용한다.
④ 절삭 속도를 크게 한다.

|해설|
공구의 윗면 경사각을 크게, 날 끝을 예리하게 한다.

정답 ②

핵심이론 05 드릴 및 리머 작업 안전

① 드릴 및 리머 작업 시 유의 사항
  ㉠ 드릴의 탈·부착은 회전이 완전히 멈춘 다음 한다.
  ㉡ 균열이 있는 드릴은 사용하지 않는다.
  ㉢ 구멍을 처음 뚫을 때는 작은 힘으로 천천히 뚫는다.
  ㉣ 드릴은 날이 예리하기 때문에 손을 다치지 않도록 주의한다.
  ㉤ 드릴은 고속 회전하므로 장갑을 끼고 작업하면 안 된다.
  ㉥ 드릴 작업 중 바이스나 고정 장치에서 재료가 회전하지 않도록 단단히 고정해야 한다.
  ㉦ 머리가 긴 사람은 안전모를 쓰고 소맷자락이 넓은 상의는 착용하지 않는다.
  ㉧ 칩(쇳가루)의 제거는 회전을 중지시킨 후 브러시로 털고 걸레나 입으로 불지 않는다.
  ㉨ 뚫린 구멍에 손가락을 넣지 않는다.
  ㉩ 기계 리머를 사용하는 경우에는 회전 부분에 의해 손을 다치지 않도록 주의한다.
  ㉪ 공작물을 단단히 고정해 따라 돌지 않게 한다.
  ㉫ 드릴 프레스로 얇은 판에 구멍을 뚫을 때 얇은 판 밑에 나무판을 받친다.
  ㉬ 리머가공은 드릴 구멍보다 더 정밀도가 높은 구멍을 가공하는 데 필요하다.
  ※ 드릴 : 공작물 또는 정비할 재료에 구멍을 뚫을 때 사용되는 공구

② 기타 주요사항
  ㉠ 드릴기계에서 탭 작업을 할 때 탭이 부러지는 원인
    • 탭의 경도가 소재보다 낮을 때
    • 구멍이 바르지 않을 때
    • 구멍 밑바닥에 탭 끝이 닿을 때
    • 레버에 과도한 힘을 주어 이동할 때
  ㉡ 구멍 뚫기 작업 시 드릴이 파손되는 원인
    • 드릴의 작업 속도가 빠를 때
    • 드릴의 여유각이 작을 때
    • 공작물의 고정이 불량할 때
    • 스핀들에 진동이 많을 때

10년간 자주 출제된 문제

5-1. 드릴 작업의 안전수칙 중 올바르지 못한 것은?
① 안전을 위해서 장갑을 끼고 작업한다.
② 머리가 긴 사람은 안전모를 쓴다.
③ 작업 중 쇳가루를 입으로 불어서는 안 된다.
④ 공작물을 단단히 고정시켜 따라 돌지 않게 한다.

5-2. 드릴 작업의 안전사항 중 틀린 것은?
① 장갑을 끼고 작업하지 않았다.
② 머리가 긴 경우 단정하게 하여 작업모를 착용하였다.
③ 균열이 있는 드릴은 사용하지 않는다.
④ 공작물은 드릴을 따라 돌리면서 작업한다.

해설

5-1
드릴은 고속 회전하므로 장갑이 드릴에 걸려서 안전사고가 발생할 수 있다.

5-2
공작물을 단단히 고정해 따라 돌지 않게 한다.

정답 5-1 ① 5-2 ④

핵심이론 06 다이얼게이지 취급 시 유의사항

① 다이얼게이지의 스핀들에 주유하거나 그리스를 바르지 않는다.
② 분해소제나 조정은 하지 않는다.
③ 다이얼 인디케이터에 어떤 충격이라도 가해서는 안 된다.
④ 측정할 때는 측정물에 스핀들을 직각으로 설치하고 무리한 접촉은 피한다.
⑤ 게이지는 측정면에 직각으로 설치하고 충격은 절대로 금한다.
⑥ 게이지 눈금은 0점 조정을 하여 사용한다.
⑦ 스핀들에는 유압유 등을 급유하지 않는다.
⑧ 기타 주요사항
  ㉠ B급게이지 블록은 주로 검사용으로 사용된다.
  ㉡ 블록게이지 사용 후 먼지, 칩 등을 깨끗이 닦고 방청유를 발라 보관함에 보관한다.

10년간 자주 출제된 문제

6-1. 다이얼게이지 취급 시 주의 사항으로 옳지 않은 것은?
① 작동이 불량하면 스핀들에 주유하거나 그리스를 발라서 사용한다.
② 분해소제나 조정은 하지 않는다.
③ 다이얼 인디케이터에 어떤 충격이라도 가해서는 안 된다.
④ 측정할 때는 측정물에 스핀들을 직각으로 설치하고 무리한 접촉은 피한다.

6-2. 다이얼게이지 취급 시 주의 사항으로 틀린 것은?
① 게이지는 측정면에 직각으로 설치한다.
② 충격은 절대로 금해야 한다.
③ 게이지 눈금은 0점 조정을 하여 사용한다.
④ 스핀들에는 유압유를 급유하여 둔다.

|해설|
6-1
다이얼게이지의 스핀들에는 주유하거나 그리스를 바르면 안 된다.

정답 6-1 ① 6-2 ④

2-3. 수공구

핵심이론 01 수공구의 작업 안전

① 수공구 사용 시 안전수칙
  ㉠ 사용 전에 충분한 사용법을 숙지하고 익히도록 한다.
  ㉡ KS 품질 규격에 맞는 것을 사용한다.
  ㉢ 무리한 힘이나 충격을 가하지 않아야 한다.
  ㉣ 손이나 공구에 묻은 기름, 물 등을 닦아 사용한다.
  ㉤ 수공구는 손에 잘 잡고 떨어지지 않게 작업한다.
  ㉥ 공구는 기계나 재료 등의 위에 올려놓지 않는다.
  ㉦ 정확한 힘으로 조여야 할 때는 토크렌치를 사용한다.
  ㉧ 공구는 목적 이외의 용도로 사용하지 않는다.
  ㉨ 작업에 적합한 수공구를 이용한다.
  ㉩ 사용 전에 이상 유무를 반드시 확인한다.
  ㉪ 예리한 공구 등을 주머니에 넣고 작업하지 않는다.
  ㉫ 공구를 전달할 경우 던지지 않는다.
  ㉬ 주위를 정리·정돈한다.

② 수공구의 보관 및 관리
  ㉠ 공구함을 준비하여 종류와 크기별로 수량을 파악하여 보관한다.
  ㉡ 사용한 수공구는 방치하지 않고 소정의 장소에 보관한다.
  ㉢ 날이 있거나 뾰족한 물건은 위험하므로 뚜껑을 씌워 보관한다.
  ㉣ 수분과 습기는 숫돌을 깨뜨리거나 부서뜨릴 수 있어 습기가 없는 곳에 보관한다.
  ㉤ 사용한 공구는 면 걸레로 깨끗이 닦아서 보관한다.
  ㉥ 파손된 공구는 교환하고, 청결한 상태에서 보관한다.
  ㉦ 기계의 청소나 손질은 운전을 정지시킨 후 실시한다.

③ 쇠톱 사용 시 주의사항
  ㉠ 톱날은 전체를 사용한다.
  ㉡ 톱날은 밀 때 절삭되도록 조립한다.
  ㉢ 공작물 재질이 강할수록 톱니 수가 많은 것을 사용한다.
  ㉣ 조일 때 너무 팽팽하거나 느슨하면 부러지거나 부착 구멍 부위가 파손되므로 주의한다.
  ㉤ 손 등의 보호를 위하여 쇠톱날이 재료의 표면에서 미끄러지지 않도록 한다.
  ㉥ 한 손은 프레임을 잡고 다른 손은 손잡이를 잡은 다음 일정한 압력으로 고르게 전진 행정을 하여야 한다.

10년간 자주 출제된 문제

1-1. 일반 수공구 사용 시 주의 사항으로 틀린 것은?
① 용도 이외에는 사용하지 않는다.
② 사용 후에는 정해진 장소에 보관한다.
③ 수공구는 손에 꼭 잡고 떨어지지 않게 작업한다.
④ 볼트 및 너트의 조임에 파이프렌치를 사용한다.

1-2. 수공구 보관 및 사용방법 중 옳지 않은 것은?
① 물건에 해머를 대고 몸의 위치를 정한다.
② 담금질한 것은 함부로 두들겨서는 안 된다.
③ 숫돌은 강도 유지를 위하여 적당한 습기가 있어야 한다.
④ 파손, 마모된 것은 사용하지 않는다.

|해설|
1-1
볼트 및 너트의 조임 시 스패너를 사용한다.
1-2
수분과 습기로 인해 숫돌이 깨지거나 부서질 수 있으므로 습기가 없는 곳에 보관한다.

정답 1-1 ④ 1-2 ③

핵심이론 02 정과 줄 작업 시 안전사항

① 정 작업 시 주의사항
  ㉠ 정의 머리에 기름이 묻어 있으면 깨끗이 닦아서 사용한다.
  ㉡ 정을 잡은 손의 힘을 뺀다.
  ㉢ 정 작업 시에는 보안경을 착용하여 눈을 보호해야 한다.
  ㉣ 쪼아내기 작업 시에는 방진 안경을 착용한다.
  ㉤ 열처리한 재료는 정으로 타격하지 않는다.
  ㉥ 정 작업은 작업자와 마주 보고 일을 하면 사고의 우려가 있다.
  ㉦ 정 머리를 해머로 때릴 때는 손을 다치는 일이 없도록 주의한다.
  ㉧ 정 작업을 할 때의 시선은 항상 날 끝부분을 주시하여야 한다.
  ㉨ 정은 사용 후 깨끗이 닦고 기름걸레로 닦은 다음 보관하여야 한다.
  ㉩ 정의 머리가 찌그러진 것은 수정한 후 사용해야 한다.
  ㉪ 정 작업에서 버섯 머리는 그라인더로 갈아서 사용한다.
  ㉫ 정의 공구 날은 중심부에 닿게 사용한다.

② 줄 작업 시 주의사항
  ㉠ 작업을 할 때는 반드시 손잡이를 끼워서 사용해야 한다.
  ㉡ 줄 작업을 할 때는 오일을 발라서는 안 된다.
  ㉢ 새 줄은 연한 재료로부터 단단한 재료의 순으로 사용해야 한다.
  ㉣ 줄 작업한 면에는 손을 대서는 안 된다.
  ㉤ 절삭칩 제거는 입으로 불지 말고 브러시나 긁기봉을 사용한다.
  ㉥ 날이 메꾸어지면 와이어 브러시로 털어낸다.
    ※ 기계 가공 후 일감에 생기는 거스름을 가장 안전하게 제거하는 것 : 줄

10년간 자주 출제된 문제

2-1. 정 작업 중 안전사항으로 틀린 것은?
① 정의 머리 부분에 기름이 묻지 않도록 한다.
② 정 잡은 손의 힘을 뺀다.
③ 쪼아내기 작업은 방진안경을 착용한다.
④ 열처리한 재료는 반드시 정으로 작업한다.

2-2. 줄 작업 시 주의사항이 아닌 것은?
① 뒤로 당길 때만 힘을 가한다.
② 공작물을 바이스에 확실히 고정한다.
③ 날이 메꾸어지면 와이어 브러시로 털어낸다.
④ 절삭가루는 솔로 쓸어낸다.

【해설】
2-1
열처리한 재료는 정으로 타격하지 않는다.

2-2
줄 작업 시 주의사항
- 작업을 할 때는 반드시 손잡이를 끼워서 사용해야 한다.
- 줄 작업을 할 때는 오일을 발라서는 안 된다.
- 새 줄은 연한 재료로부터 단단한 재료의 순으로 사용해야 한다.
- 줄 작업한 면에는 손을 대서는 안 된다.
- 절삭칩 제거는 입으로 불지 말고 브러시나 긁기봉을 사용한다.
- 날이 메꾸어지면 와이어 브러시로 털어낸다.

정답 2-1 ④ 2-2 ①

핵심이론 03 해머 작업에서의 안전수칙

① 장갑을 끼고 해머 작업을 하지 않는다.
② 해머 작업 중에는 수시로 해머상태(자루의 헐거움)를 점검한다.
③ 해머로 공동 작업을 할 때는 호흡을 맞춘다.
④ 열처리된 재료는 해머 작업을 하지 않는다.
⑤ 해머로 타격할 때는 처음과 마지막에는 힘을 많이 가하지 않는다.
⑥ 타결·가공하려는 곳에 시선을 고정시킨다.
⑦ 해머의 타격면에 기름을 바르지 않는다.
⑧ 해머로 녹슨 것을 때릴 때는 반드시 보안경을 쓴다.
⑨ 대형 해머로 작업할 때는 자기 역량에 알맞은 것을 사용한다.
⑩ 타격면이 찌그러진 것은 사용하지 않는다.
⑪ 손잡이가 튼튼한 것을 사용한다.
⑫ 작업 전에 주위를 살핀다.
⑬ 기름 묻은 손으로 작업하지 않는다.
⑭ 해머를 사용하여 상향(上向)작업을 할 때는 반드시 보호안경을 착용한다.

10년간 자주 출제된 문제

3-1. 해머 작업 시 주의사항으로 가장 거리가 먼 것은?
① 기름 묻은 손이나 장갑을 끼고 사용하지 말 것
② 연한 비철제 해머는 딱딱한 철 표면을 때리는 데 사용할 것
③ 크기에 관계없이 처음부터 세게 칠 것
④ 해머자루에 반드시 쐐기를 박아서 사용할 것

3-2. 해머 작업 시 안전사항으로 맞지 않은 것은?
① 반드시 장갑을 끼고 작업을 한다.
② 열처리 된 재료는 해머 작업을 하지 않는다.
③ 공동으로 해머 작업 시 호흡을 맞춘다.
④ 작업 전에 주위를 살핀다.

정답 3-1 ③ 3-2 ①

핵심이론 04 스패너 및 렌치 작업

① 스패너의 입이 너트의 치수에 맞는 것을 사용한다.
② 스패너의 자루에 파이프를 이어서 사용하면 안 된다.
③ 해머 대신 스패너 등을 사용하면 안 된다.
④ 볼트·너트를 풀거나 조일 때 규격에 맞는 것을 사용한다.
⑤ 스패너와 너트가 맞지 않을 때 쐐기를 넣어 사용해서는 안 된다.
⑥ 파이프렌치는 한쪽 방향으로만 힘을 가하여 사용한다.
⑦ 파이프렌치를 사용할 때는 정지상태를 확실히 한다.
⑧ 스패너 렌치는 몸쪽으로 당기면서 볼트·너트를 풀거나 조인다.
⑨ 렌치를 잡아당길 수 있는 위치에서 작업하도록 한다.
⑩ 녹이 생긴 볼트나 너트에는 오일을 넣어 스며들게 한 다음 돌린다.
⑪ 조정렌치는 고정 조가 있는 부분으로 힘을 가해지게 하여 사용한다.
⑫ 장시간 보관할 때는 방청제를 바르고 건조한 곳에 보관한다.
⑬ 공구 핸들에 묻은 기름은 잘 닦아서 사용한다.
⑭ 파이프렌치는 반드시 둥근 물체에만 사용한다.
⑮ 지렛대용으로 사용하지 않는다.
⑯ 조정 조(Jaw)에 잡아당기는 힘이 가해지면 안 된다.
⑰ 장시간 보관할 때는 방청제를 바르고 건조한 곳에 보관한다.
⑱ 연료 파이프라인의 피팅을 풀고 조일 때는 오픈엔드 렌치(Open-end Wrench)로 한다.

10년간 자주 출제된 문제

4-1. 스패너나 렌치작업으로 올바르지 못한 것은?
① 스패너 사용은 앞으로 당겨 사용한다.
② 큰 힘이 요구될 때 렌치자루에 파이프를 끼워 사용한다.
③ 파이프렌치는 둥근 물체에 사용한다.
④ 너트에 꼭 맞는 것을 사용한다.

4-2. 렌치 사용 시 주의사항으로 틀린 것은?
① 녹이 생긴 볼트나 너트에 오일을 스며들게 한 다음 돌린다.
② 조정 조(Jaw)에 잡아당기는 힘이 가해지면 안 된다.
③ 장시간 보관할 때는 방청제를 바르고 건조한 곳에 보관한다.
④ 힘겨울 때는 파이프 등의 연장대를 끼워서 사용하여야 한다.

|해설|

4-1
스패너의 자루에 파이프를 이어서 사용하면 안 된다.

4-2
파이프 등의 연장대를 사용하면 과도한 힘이 가해져서 작업 도중에 사고가 발생할 수 있다.

정답 4-1 ② 4-2 ④

핵심이론 05 각종 렌치의 사용법

① 토크렌치
  ㉠ 볼트 등을 조일 때 조이는 힘을 측정하기 위함이다. 즉, 동일한 힘으로 각부를 서로 안착시키기 위해서이다.
  ㉡ 볼트, 너트, 작은 나사 등의 조임에 필요한 토크를 주기 위한 체결용 공구이다.
  ㉢ 사용법 : 오른손은 렌치 끝을 잡고 돌리고, 왼손은 지지점을 누르고 게이지 눈금을 확인한다.
  ㉣ 실린더 헤드 등 면적이 넓은 부분에서 볼트는 중심에서 외측을 향하여 토크렌치로 대각선으로 조인다.

② 조정렌치
  ㉠ 멍키렌치라고도 호칭하며 제한된 범위 내에서 어떠한 규격의 볼트나 너트에도 사용할 수 있다.
  ㉡ 볼트 머리나 너트에 꼭 끼워서 잡아당기며 작업을 한다.

③ 오픈렌치
  ㉠ 연료 파이프 피팅 작업에 사용한다.
  ㉡ 디젤기관을 예방정비하는 데 고압파이프 연결 부분에서 연료가 샐 때 사용한다.
  ㉢ 사용법 : 작업자 쪽으로 당기면서 작업한다.

④ 소켓렌치
  ㉠ 다양한 크기의 소켓을 바꾸어가며 작업할 수 있도록 만든 렌치이다.
  ㉡ 큰 힘으로 조일 때 사용한다.
  ㉢ 오픈렌치와 규격이 동일하다.
  ㉣ 사용 중 잘 미끄러지지 않는다.
  ㉤ 볼트와 너트는 가능한 소켓렌치로 작업한다.

⑤ 복스렌치
  ㉠ 공구의 끝부분이 볼트나 너트를 완전히 감싸게 되어 있는 형태로, 사용 중 미끄러질 위험성이 적다.
  ㉡ 6각 볼트·너트를 조이고 풀 때 가장 적합한 공구이다.

※ 엘(L) 렌치 : 6각형 봉을 L자 모양으로 구부려서 만든 렌치이다.
※ 오프셋 복스렌치 : 볼트나 너트를 완전히 감싸서 오픈엔드 렌치보다 큰 토크를 걸 수 있고 오프셋 각도를 가진다.

10년간 자주 출제된 문제

5-1. 실린더 헤드 볼트를 조일 때 마지막으로 사용하는 공구는?
① 토크렌치
② 소켓렌치
③ 오픈엔드 렌치(스패너)
④ 조정렌치(멍키)

5-2. 복스 렌치가 오픈엔드 렌치보다 더 사용되는 가장 중요한 이유는?
① 볼트·너트 주위를 완전히 감싸게 되어 있어서 사용 중에 미끄러지지 않는다.
② 여러 가지 크기의 볼트, 너트에 사용할 수 있다.
③ 값이 싸며, 작은 힘으로 작업할 수 있다.
④ 가볍고, 양손으로도 사용할 수 있다.

|해설|

5-1
토크렌치는 볼트·너트, 작은 나사 등의 조임에 필요한 토크를 주기 위한 체결용 공구이다.

5-2
복스렌치는 6각 볼트·너트를 조이고 풀 때 가장 적합한 공구이다. 오픈엔드 렌치는 볼트나 너트를 감싸는 부분의 양쪽이 열려 있어 연료 파이프의 피팅(Fitting) 및 브레이크 파이프의 피팅 등을 풀거나 조일 때 사용하는 렌치이다.

정답 5-1 ① 5-2 ①

핵심이론 06 드라이버의 사용 안전

① 드라이버에 충격압력을 가하지 말아야 한다.
② 자루가 쪼개졌거나 허술한 드라이버는 사용하지 않는다.
③ 드라이버의 끝을 항상 양호하게 관리하여야 한다.
④ 정을 대신하여 사용하지 않는다.
⑤ 드라이버 날 끝이 나사 홈의 너비와 길이에 맞는 것을 사용한다.
⑥ 날 끝이 수평이어야 한다.
⑦ (-) 드라이버 날 끝은 평평한 것이어야 한다.
⑧ 이가 빠지거나 둥글게 된 것은 사용하지 않는다.
⑨ 강하게 조여 있는 작은 공작물이라도 손으로 잡고 조이지 않는다.
⑩ 전기 작업 시 금속 부분이 자루 밖으로 나와 있지 않도록 하고 절연된 손잡이를 사용한다.
⑪ 작은 크기의 부품인 경우 바이스(Vise)에 고정하고 작업하는 것이 좋다.

10년간 자주 출제된 문제

6-1. 작업 안전상 드라이버 사용 시 유의사항이 아닌 것은?
① 날 끝이 홈의 폭과 길이가 같은 것을 사용한다.
② 날 끝이 수평이어야 한다.
③ 작은 부품은 한손으로 잡고 사용한다.
④ 전기 작업 시 금속 부분이 자루 밖으로 나와 있지 않도록 한다.

6-2. 드라이버 사용 시 바르지 못한 것은?
① 드라이버 날 끝이 나사 홈의 너비와 길이에 맞는 것을 사용한다.
② (-) 드라이버 날 끝은 평평한 것이어야 한다.
③ 이가 빠지거나 둥글게 된 것은 사용하지 않는다.
④ 필요에 따라서 정으로 대신 사용한다.

[해설]
6-1
작은 공작물이라도 손으로 잡지 않고 바이스 등으로 고정시킨다.

정답 6-1 ③ 6-2 ④

제3절 작업상의 안전

3-1. 기관 및 전기 작업 안전

핵심이론 01 전동 공구 및 벨트 사용 안전

① 전동 공구 및 벨트 사용 시 유의사항
  ㉠ 작업복 등이 말려드는 위험이 주로 존재하는 기계 및 기구 회전축, 커플링, 벨트 등을 주의한다.
    ※ 회전 부분(기어, 벨트, 체인) 등은 신체의 접촉을 방지하기 위하여 반드시 커버를 씌어둔다.
  ㉡ 동력전달장치 중 재해가 가장 많이 일어날 수 있는 것 : 벨트, 풀리
  ㉢ 회전하는 공구는 적정 회전수로 사용하고, 과부하가 걸리지 않도록 한다.
  ㉣ 공기 밸브의 작동은 서서히 열고 닫는다.
② 구동 벨트 점검사항
  ㉠ 구동 벨트 장력은 약 10kgf의 엄지손가락 힘으로 눌렀을 때 헐거움이 약 12~20mm이어야 한다.
  ㉡ 장력이 너무 세면 베어링이 조기 마모된다.
  ㉢ 장력이 너무 약하면 물 펌프의 회전속도가 느려 엔진이 과열된다.
  ㉣ 벨트는 풀리의 홈 바닥면에 닿지 않게 설치한다.
③ 기타 주요사항
  ㉠ 전동 공구의 리드선은 기계 진동이 있을 시 쉽게 끊어지지 않아야 한다.
  ㉡ 기관에서 압축압력 저하가 70% 이하이면 해체정비를 해야 한다.
  ㉢ 공압 공구 사용 시 무색 보안경을 착용한다.
  ㉣ 공압 공구 사용 중 고무호스가 꺾이지 않도록 주의한다.
  ㉤ 호스는 공기압력을 견딜 수 있는 것을 사용한다.
  ㉥ 공기압축기의 활동부는 윤활유 상태를 점검한다.
  ㉦ TPS, ISC Servo 등은 솔벤트로 세척하지 않는다.

10년간 자주 출제된 문제

1-1. 동력전달장치에서 재해가 가장 많은 것은?
① 차 축
② 암
③ 벨 트
④ 커플링

1-2. 전동 공구 및 전기기계의 안전 대책으로 잘못된 것은?
① 전기 기계류는 사용 장소와 환경에 적합한 형식을 사용하여야 한다.
② 운전, 보수 등을 위한 충분한 공간이 확보되어야 한다.
③ 리드선은 기계 진동이 있을 시 쉽게 끊어질 수 있어야 한다.
④ 조작부는 작업자의 위치에서 쉽게 조작이 가능한 위치여야 한다.

[해설]

1-1
벨트는 회전 부위에서 노출되어 있어 재해 발생율이 높다. 차축, 암, 커플링은 대부분 케이스 내부에 있다.

1-2
전동 공구의 리드선은 기계 진동이 있을 시 쉽게 끊어지지 않아야 한다.

정답 1-1 ③ 1-2 ③

핵심이론 02 에어 컴프레서, 벨트 등

① 에어 컴프레서의 안전사항
  ㉠ 벽에서 30cm 이상 떨어지도록 설치한다.
  ㉡ 실온이 40℃ 이상되는 고온장소에 설치하지 않는다.
  ㉢ 타 기계 설비와의 이격거리는 1.5m 이상 유지한다.
  ㉣ 급유 및 점검 등이 용이한 장소에 설치한다.
  ㉤ 컴프레서의 압축된 공기의 물 빼기를 할 때는 저압 상태에서 배수 플러그를 조심스럽게 푼다.

② 벨트 취급에 대한 안전사항
  ㉠ 벨트 교환 시 회전을 완전히 멈춘 상태에서 손으로 잡아야 한다.
  ㉡ 벨트의 적당한 장력을 유지하도록 한다.
  ㉢ 벨트에 기름이 묻지 않도록 한다.
  ㉣ 회전하는 벨트나 기어에 필요 없는 접근을 금한다.
  ㉤ 동력을 전달하기 위한 벨트를 회전하는 풀리에 손으로 걸지 않는다.

10년간 자주 출제된 문제

에어 컴프레서의 설치 시 준수해야 할 안전사항으로 틀린 것은?
① 벽에서 30cm 이상 떨어지지 않게 설치할 것
② 실온 40℃ 이상 고온장소에 설치하지 말 것
③ 타 기계 설비와의 이격거리는 1.5m 이상 유지할 것
④ 급유 및 점검 등이 용이한 장소에 설치할 것

[해설]
건축물의 벽면에 근접하여 설치할 경우는 벽에서 30cm 이상 떨어져 있을 것

정답 ①

핵심이론 03 전기 화재

① 전기 화재의 원인 : 단락(합선), 과전류, 누전, 절연 불량, 불꽃방전(스파크), 접속부 과열 등
   ※ 전기 화재를 일으키는 원인 중 비중이 가장 큰 것은 단락(합선)이다.
② 전기 안전사항
   ㉠ 정전기가 발생하는 부분은 접지한다.
   ㉡ 물기가 있는 손으로 전기 스위치를 조작하지 않는다.
   ㉢ 전기장치 수리는 담당자가 아니면 하지 않는다.
   ㉣ 변전실 고전압의 스위치를 조작할 때는 절연판 위에서 한다.
   ㉤ 감전 사고에 주의한다.

10년간 자주 출제된 문제

3-1. 전기 화재의 원인이 아닌 것은?
① 단락에 의한 발화
② 과전류에 의한 발화
③ 정전기에 의한 발화
④ 단선에 의한 발화

3-2. 전기 화재를 일으키는 원인 중 비중이 가장 큰 것은?
① 과전류
② 단락(합선)
③ 지락
④ 절연 불량

3-3. 전기 안전 작업 중 틀린 것은?
① 정전기가 발생하는 부분은 접지한다.
② 물기가 있는 손으로 전기 스위치를 조작하여도 무방하다.
③ 전기장치 수리는 담당자가 아니면 하지 않는다.
④ 변전실 고전압의 스위치를 조작할 때는 절연판 위에서 한다.

정답 3-1 ④ 3-2 ② 3-3 ②

핵심이론 04 감전사고 발생 시 조치사항

① 감전자 구출 : 전원을 차단하거나 접촉된 충전부에서 감전자를 분리하여 안전지역으로 대피한다.
② 감전자 상태 확인
   ㉠ 큰 소리로 소리치거나 볼을 두드려서 의식을 확인한다.
   ㉡ 입과 코에 손을 대 호흡을 확인한다.
   ㉢ 손목이나 목 옆 동맥을 짚어 맥박을 확인한다.
   ㉣ 추락 시에는 출혈이나 골절 유무를 확인한다.
   ㉤ 의식불명이나 심장 정지 시에는 즉시 응급조치를 실시한다.
③ 응급조치
   ㉠ 기도 확보 : 바르게 눕힌 후 턱을 당기고 머리를 젖혀 기도를 확보하고, 입속의 이물질 제거 및 혀를 꺼낸다.
   ㉡ 인공호흡 : 매분 12~15회, 30분 이상 지속
      ※ 인공호흡 소생률 : 1분-95%, 3분-75%, 4분-50%, 5분-25%이므로, 4분 이내 최대한 빨리 인공호흡을 시작하는 것이 중요하다.
   ㉢ 심장마사지 : 심장이 정지한 경우에는 인공호흡과 함께 동시 진행(심폐소생술)한다. 즉, 심장마사지 매초에 1회, 마사지 5회 후 인공호흡 1회 흉골 사이를 압박한다.
   ㉣ 회복자세 : 감전자가 편안하도록 머리와 목을 펴고 사지는 약간 굽혀 회복자세를 취한다.
④ 감전자 구출 후 구급대에 지원을 요청하고, 주변 안전을 확보하여 2차 재해를 예방한다.

10년간 자주 출제된 문제

4-1. 감전사고로 의식불명의 환자에게 적절한 응급조치는?
① 전원을 차단하고, 인공호흡을 시킨다.
② 전원을 차단하고, 냉수를 준다.
③ 전원을 차단하고, 온수를 준다.
④ 전기충격을 가한다.

4-2. 감전사고 방지책과 관계가 먼 것은?
① 고압의 전류가 흐르는 부분은 표시하여 주의를 준다.
② 전기작업을 할 때는 절연용 보호구를 착용한다.
③ 정전 시에는 제일 먼저 퓨즈를 검사한다.
④ 스위치의 개폐는 오른손으로 하고 물기가 있는 손으로 전기장치나 기구에 손을 대지 않는다.

|해설|

4-1
전원을 차단하거나 접촉된 충전부에서 감전자를 분리하여 안전지역으로 대피한 후 인공호흡을 시킨다. 인공호흡의 소생률은 4분 이내 최대한 빨리 시작할수록 소생률이 높다.

4-2
퓨즈 검사는 장비에 이상이 있을 시 조치하는 방법이고 감전사고 방지책과는 거리가 멀다.

정답 4-1 ① 4-2 ③

핵심이론 05 전기장치 정비 또는 사용 시 유의사항

① 전기장치를 정비할 경우 안전수칙
  ㉠ 원동기의 기동 및 정지는 서로 신호에 따른다.
  ㉡ 전압계는 병렬접속하고, 전류계는 직렬 접속한다.
  ㉢ 축전지 케이블은 전장용 스위치를 모두 끈 상태에서 분리한다.
  ㉣ 배선 연결 시에는 부하 축으로부터 전원 축으로 접속하고 스위치는 내린다.
  ㉤ 고장 난 기기에는 반드시 표식을 한다.
  ㉥ 전기장치의 배선 작업에서 작업 시작 전에 제일 먼저 접지선을 제거한다.
  ㉦ 감전되거나 전기화상을 입을 위험이 있는 작업 시 보호구를 착용해야 한다.
  ㉧ 변속기 탈착 작업 등은 반드시 보안경을 착용한다.
  ㉨ 절연되어 있는 부분을 세척제로 세척하지 않는다.

② 작업 중 전기가 정전되었을 때 해야 할 일
  ㉠ 정전 시는 반드시 스위치를 내린다.
  ㉡ 기계의 스위치를 끊고, 주위의 공구를 정리한다.
  ㉢ 경우에 따라 메인 스위치도 끊는다.
  ㉣ 절삭공구는 일감에서 떼어 낸다.

10년간 자주 출제된 문제

5-1. 전기장치를 정비할 경우 안전수칙으로 바르지 못한 것은?
① 절연되어 있는 부분을 세척제로 세척한다.
② 전압계는 병렬접속하고, 전류계는 직렬 접속한다.
③ 축전지 케이블은 전장용 스위치를 모두 내린 상태에서 분리한다.
④ 배선 연결 시에는 부하 축으로부터 전원 축으로 접속하고 스위치는 끈다.

5-2. 전기장치의 배선 작업에서 작업 시작 전에 제일 먼저 조치해야 할 사항은?
① 코일 1차선을 제거한다. ② 고압 케이블을 제거한다.
③ 접지선을 제거한다. ④ 배터리 비중을 측정한다.

정답 5-1 ① 5-2 ③

3-2. 차체작업 안전

핵심이론 01 차체작업 안전(1)

① 건설기계 차체의 클러치 커버를 안전하게 분해하는 방법
　㉠ 클러치 커버와 압력판에 맞춤 표시를 한다.
　㉡ 프레스를 사용하여 스프링을 압축한 다음 커버 조임 볼트를 푼다.
　㉢ 클러치 커버 조임 볼트는 대각선 방향으로 2~3회에 걸쳐 푼다.

② 차체작업을 하기 위해 지게차를 들어 올리고 차체 아래에서 작업할 때 주의사항
　㉠ 고정 스탠드로 차체의 네 곳을 받치고 작업한다.
　㉡ 잭으로 받쳐 놓은 상태에서는 차체 아래에 들어가지 않는 것이 좋다.
　㉢ 견고하면서 수평인 바닥에 놓고 작업하여야 한다.
　㉣ 도저의 하부 롤러를 탈거할 때 안전상 가장 먼저 트랙을 탈거한다.

③ 건설기계의 변속기 탈거 및 부착 작업 시 안전한 방법
　㉠ 크랭킹하면서 변속기를 설치하지 않는다.
　㉡ 건설기계 밑에서 작업 시에는 보안경을 쓴다.
　㉢ 잭과 스탠드를 사용하여 장비를 안전하게 고정시킨다.

10년간 자주 출제된 문제

건설기계의 변속기 탈거 및 부착 작업 시 안전한 방법으로 틀린 것은?
① 크랭킹하면서 변속기를 설치하지 않는다.
② 건설기계 밑에서 작업 시에는 보안경을 쓴다.
③ 잭과 스탠드를 사용하여 장비를 안전하게 고정시킨다.
④ 차체를 로프로 고정시키고 작업한다.

정답 ④

핵심이론 02 차체작업 안전(2)

① 덤프트럭의 유압 실린더 탈착 시 주의사항
　㉠ 주차 브레이크를 작동시키고 타이어에는 고임목을 설치한다.
　㉡ 적재함을 들어올리기 전에 적재함이 비었는지 확인한다.
　㉢ 적재함을 들어 올리고 적재함 하강 방지를 위해 안전목과 안전대(기둥)를 설치한다.
　㉣ 유압 작동유는 엔진을 정지하고 배출한다.

② 차체에 부착된 상태에서의 조향장치 점검사항
　㉠ 핸들의 흔들림 유격
　㉡ 섹터 샤프트의 흔들림 유격
　㉢ 기어물림의 중심점

10년간 자주 출제된 문제

도저의 하부 롤러를 탈거할 때 안전상 가장 먼저 하는 것은?
① 트랙을 탈거
② 상부 롤러를 탈거
③ 아이들러를 탈거
④ 하부 롤러 볼트를 탈거

|해설|
도저의 하부 롤러를 탈거할 때 안전상 가장 먼저 트랙을 탈거한다.

정답 ①

3-3. 유압장치 작업 안전

핵심이론 01 유압장치 점검

① 건설기계 유압장치의 운전 전 점검사항
  ㉠ 종류가 다른 유압유를 혼합해서 사용하지 않는다.
  ㉡ 유압 작동유의 누유가 있는지 확인한다.
  ㉢ 건설기계는 평탄한 곳에 주차하고 점검한다.
  ㉣ 유압 작동유 탱크의 유량을 확인하고 부족할 경우에는 보충한다.

② 불도저 유압장치에서 일일점검 정비사항
  ㉠ 펌프, 밸브, 유압실린더의 오일 누유 점검
  ㉡ 탱크의 오일량 점검, 이음 부분의 누유 점검
  ㉢ 이음부분과 탱크 급유구 등의 풀림 상태 점검
  ㉣ 실린더로드 손상과 호스의 손상 및 접촉면 점검

③ 유압기기 정비 작업 시 유의사항
  ㉠ 유압펌프나 모터를 개조해서 사용하지 않는다.
  ㉡ 펌프, 모터 등을 밟고 올라가지 않는다.
  ㉢ 유압 작동유가 바닥에 떨어지지 않도록 한다.
  ㉣ 유압라인 가까이에서 산소 용접이나 전기 용접을 하지 않는다.

10년간 자주 출제된 문제

불도저 유압장치에서 일일점검 정비사항 중 틀린 것은?
① 펌프, 밸브, 유압실린더의 오일 누유 점검
② 작동유의 교환, 스트레이너 세척 또는 필터 교환
③ 이음부분과 탱크 급유구 등의 풀림 상태 점검
④ 실린더로드 손상과 호스의 손상 및 접촉면 점검

정답 ②

핵심이론 02 유압장치 정비

① 주요현상
  ㉠ 유압조절 밸브의 스프링 장력을 강하게 조절하면 유압은 상승한다.
  ㉡ 트럭 믹서의 드럼이 회전되지 않는 주원인은 유압모터의 불량이다.
  ㉢ 연료파이프 내에 베이퍼 로크가 일어나면 엔진출력에 저하 현상이 발생한다.
  ㉣ 유압회로 내에 기포가 발생되면 소음 증가, 공동현상, 오일탱크의 오버플로 등이 생긴다.
  ㉤ 유압회로에 공기가 유입되었을 때 일어나는 현상
    • 유압실린더의 숨돌리기 현상이 발생한다.
    • 작동유의 열화가 촉진한다.
    • 유압장치 내부에 공동현상이 발생한다.
    ※ 숨돌리기 현상 : 유압 작동유에 혼입된 공기의 압축 팽창차에 따라 피스톤의 동작이 불안정해지고, 압력이 낮을수록, 공급량이 적을수록, 그 정도가 심하다.

② 유압펌프에서 맥동현상이 발생할 경우의 고장 수리
  ㉠ 유압회로 내의 공기빼기를 한다.
  ㉡ 공동현상(캐비테이션)을 없앤다.
  ㉢ 유압조절 밸브 스프링을 교환한다.

③ 모든 유압장치가 처음부터 작동이 불량할 때는 유압펌프, 메인 릴리프 밸브, 전류식 여과기 등을 정비해야 한다.

10년간 자주 출제된 문제

2-1. 유압 작동유에 혼입된 공기의 압축 팽창차에 따라 피스톤의 동작이 불안정해지고, 압력이 낮을수록, 공급량이 적을수록, 그 정도가 심한 현상을 무엇이라 하는가?

① 기포 현상
② 캐비테이션 현상
③ 유압유의 열화 촉진
④ 숨돌리기 현상

2-2. 유압회로에 공기가 유입되었을 때 일어나는 현상과 가장 관련이 없는 것은?

① 실린더 숨돌리기 현상
② 채터링 현상
③ 캐비테이션 현상
④ 열화촉진 현상

[해설]

2-1, 2-2
유압회로에 공기가 유입되었을 때 일어나는 현상
- 유압실린더의 숨돌리기 현상이 발생한다.
- 작동유의 열화가 촉진한다.
- 유압장치 내부에 공동현상이 발생한다.
※ 숨돌리기 현상 : 유압 작동유에 혼입된 공기의 압축 팽창차에 따라 피스톤의 동작이 불안정 해지고, 압력이 낮을수록, 공급량이 적을수록, 그 정도가 심하다.

정답 2-1 ④ 2-2 ②

3-4. 건설기계 작업 안전

핵심이론 01 불도저의 작업 안전

① 불도저를 정지할 때의 안전사항
　㉠ 엔진속도를 저속 공회전으로 한다.
　㉡ 변속기 선택레버를 중립으로 한다.
　㉢ 삽날을 아래로 내린다.
　㉣ 브레이크를 밟고 정지시킨다.
　　※ 마스터 핀 : 불도저에서 트랙을 쉽게 분리하기 위해 설치한 것
　　※ 조향클러치 레버 : 불도저의 방향을 전환하고자 할 때 가장 먼저 조작해야 하는 것

② 불도저의 배토판 상승이 늦는 원인
　㉠ 릴리프 밸브의 조정이 불량할 때
　㉡ 유압 작동실린더의 내부누출이 있을 때
　㉢ 펌프가 불량할 때
　㉣ 작동유압이 너무 낮을 때

③ 불도저가 진흙에 깊이 빠진 경우 진흙에서 벗어나는 방법
　㉠ 블레이드를 높이 들고 긴 침목을 트랙의 앞쪽에 와이어로프로 묶고 전진 주행한다.
　㉡ 삽으로 차체의 밑부분과 트랙 밑부분의 진흙을 파내고 볏짚단을 깔고 주행한다.
　㉢ 다른 도저의 윈치를 사용하여 벗어난다.

10년간 자주 출제된 문제

불도저의 방향을 전환시키고자 할 때 가장 먼저 조작해야 하는 것은?

① 마스터클러치 레버
② 변속레버
③ 브레이크 유격
④ 조향클러치 레버

[해설]
방향 전환은 조향클러치 레버 또는 페달로 한다.

정답 ④

핵심이론 02 굴착기의 작업 안전

① 굴착기의 주행방법
  ㉠ 주차할 때는 반드시 주차브레이크를 걸어둔다.
  ㉡ 언덕을 오를 때는 차체의 중심을 낮추어야 한다.
  ㉢ 주행할 때는 반드시 선회 로크를 고정시킨다.
  ㉣ 고압선 아래 주행 시에는 신호자의 지시를 따른다.
  ㉤ 가능하면 평탄한 길을 택하여 주행한다.
  ㉥ 요철이 심한 곳에서는 엔진 회전수를 낮추어 천천히 통과한다.
  ㉦ 돌이 주행모터에 부딪치지 않도록 한다.
  ㉧ 연약한 땅은 피해서 간다.

② 굴착기로 작업 시 주의사항
  ㉠ 땅을 깊이 팔 때는 붐의 호스나 버킷실린더의 호스가 지면에 닿지 않도록 한다.
  ㉡ 암 레버의 조작 시 잠깐 멈췄다 움직이는 것은 펌프의 토출량이 부족하기 때문이다.
  ㉢ 작업 시에는 실린더의 행정 끝에서 약간 여유를 남기도록 운전한다.

③ 굴착기에서 매 1,000시간마다 점검·정비해야 할 항목
  ㉠ 어큐뮬레이터 압력 점검
  ㉡ 주행감속기 기어의 오일 교환
  ㉢ 발전기, 기동전동기 점검
  ㉣ 선회구동 케이스 오일 교환

④ 굴착기에서 매 2,000시간마다 점검·정비해야 할 항목
  ㉠ 액슬 케이스 오일 교환
  ㉡ 트랜스퍼 케이스 오일 교환
  ㉢ 작동유 탱크 오일 교환

10년간 자주 출제된 문제

굴착기 등 건설기계 운전자가 전선로 주변에서 작업할 때 주의사항으로 틀린 것은?

① 작업을 할 때 붐이 전선에 근접되지 않도록 주의한다.
② 디퍼(버킷)를 고압선으로부터 안전 이격거리 이상 떨어져서 작업한다.
③ 작업감시자를 배치한 후 전력선 인근에서는 작업감시자의 지시에 따른다.
④ 바람의 흔들리는 정도를 고려하여 전선 이격거리를 감소시켜 작업해야 한다.

해설
바람의 흔들리는 정도를 고려하여 작업 안전거리를 증가시켜 작업해야 한다.

정답 ④

핵심이론 03 로더의 작업 안전

① 무한궤도식 로더의 주행방법
  ㉠ 가능하면 평탄한 길을 택하여 주행한다.
  ㉡ 요철이 심한 곳은 엔진 회전수를 낮추고 천천히 정속 주행한다.
  ㉢ 돌 등이 스프로킷에 부딪치거나 올라타지 않도록 한다.
  ㉣ 연약한 땅은 피해서 간다.
  ㉤ 스크레이퍼 굴착작업 시 견인력을 증가시키기 위하여 푸싱(밀어주기)작업을 한다.

② 타이어식 로더의 운전 시 주의해야 할 사항
  ㉠ 새로 구축한 주변 부분은 연약지반이므로 주의한다.
  ㉡ 경사지를 내려갈 때는 클러치를 분리하지 않아야 한다.
  ㉢ 토양의 조건과 엔진의 회전수를 고려하여 운전한다.
  ㉣ 버킷의 움직임과 흙의 부하에 따라 변화 있게 대처하여 작업한다.
  ㉤ 로더의 버킷에 토사를 적재한 후 이동 시 지면과 60~90cm 정도를 유지하는 것이 가장 적당하다.
  ㉥ 트럭에 적재할 때 덤핑 클리어런스는 적재함보다 높아야 한다.

③ 무한궤도식 로더로 진흙탕이나 수중작업을 할 때 주의사항
  ㉠ 작업 전에 기어실과 클러치실 등의 드레인 플러그의 조임 상태를 확인한다.
  ㉡ 습지용 슈를 사용해도 베어링의 주유는 꼭 해야 한다.
  ㉢ 작업 후에는 세차를 하고 각 베어링에 주유를 해야 된다.
  ㉣ 작업 후 기어실과 클러치실의 드레인 플러그를 열어 물의 침입상태를 확인한다.

10년간 자주 출제된 문제

타이어식 로더가 트럭에 적재할 때 덤핑 클리어런스를 올바르게 설명한 것은?
① 덤핑 클리어런스가 있으면 안 된다.
② 후진 시 덤핑 클리어런스가 필요한 것이다.
③ 덤핑 클리어런스는 적재함보다 높아야 한다.
④ 무조건 낮은 것이 좋다.

|해설|
트럭에 적재할 때 덤핑 클리어런스는 적재함보다 높아야 한다.

정답 ③

핵심이론 04 지게차의 작업 안전

① 지게차의 주행방법
  ㉠ 경사 길에서 내려올 때는 후진으로 진행한다.
  ㉡ 주행방향을 바꿀 때는 완전 정지 또는 저속에서 운행한다.
  ㉢ 틸트는 적재물이 백레스트에 완전히 닿도록 하고 운행한다.
  ㉣ 주행 중 노면상태에 주의하고 노면이 고르지 않는 곳에서 천천히 운행한다.
  ㉤ 허용하중을 초과하여 화물을 적재하지 않는다.
  ㉥ 경사지에서 운전 시 화물을 위쪽으로 한다.
  ㉦ 주차 시에는 포크를 완전히 지면에 내려야 한다.
  ㉧ 포크를 이용하여 사람을 싣거나 들어 올리지 않아야 한다.
  ㉨ 경사지를 오르거나 내려올 때는 급회전을 금해야 한다.
  ㉩ 큰 화물에 의해서 전면의 시야가 방해받을 때는 후진으로 운행한다.
  ㉪ 운행 조작 시에는 시동 후 5분 정도 경과한 후에 한다.

② 화물을 옮길 때
  ㉠ 화물을 불안정한 상태나 편하중 상태에서 옮기지 않는다.
  ㉡ 화물은 낮은 상태 및 젖힌 상태로 주행하는 습관을 들인다.
  ㉢ 포크를 지면에서 20~30cm 정도 띄운다.
  ㉣ 화물을 높이 들어 올린 채 운행하지 않는다.
  ㉤ 제한 속도를 준수하고, 일반도로를 운행할 때는 제반 도로교통 운행규정에 따른다.

③ 지게차에 짐을 싣고 창고나 공장을 출입할 때의 주의사항
  ㉠ 짐이 출입구 높이에 닿지 않도록 주의한다.
  ㉡ 팔이나 몸을 차체 밖으로 내밀지 않는다.
  ㉢ 주위 장애물 상태를 확인 후 이상이 없을 때 출입한다.
  ㉣ 지게차의 폭과 높이를 출입구와 비교·확인한 후 이상이 없을 때 출입하여야 한다.

10년간 자주 출제된 문제

지게차에서 화물을 취급하는 방법으로 틀린 것은?
① 포크는 화물의 받침대 속에 정확히 들어갈 수 있도록 조작한다.
② 운반물을 적재하여 경사지를 주행할 때는 짐이 언덕 위쪽으로 향하도록 한다.
③ 포크를 지면에서 약 800mm 정도 올려서 주행한다.
④ 운반 중 마스트를 뒤로 약 6° 정도 경사시킨다.

|해설|
화물을 적재하고 주행할 때 포크는 지면으로부터 20~30cm 정도 띄운다.

정답 ③

핵심이론 05 건설기계의 정비와 보관

① 건설기계의 차동기어장치 분해정비 시 안전작업 방법
  ㉠ 고정 볼트를 풀어 양쪽의 사이드 베어링 캡과 너트를 탈거한 후 차동기어 조립체를 분리한다.
  ㉡ 고정 볼트를 풀어 링기어와 차동기어 케이스를 분리한 후 유성기어, 선기어를 분리한다.
  ㉢ 사이드 기어를 들어낼 때 심의 위치, 장수, 두께에 주의한다.
  ㉣ 차동기어 케이스 커버와 케이스에 맞춤 표시를 한다.
  ㉤ 분해 부품의 세척 시에는 실(Seal)이 분실되지 않도록 한다.
    ※ 건설기계 구동축의 허브 실은 허브 내의 실 접촉부가 광이 나고 단계가 진 부분이 보이지 않아야 정상이다.

② 크롤러식 건설기계의 아이들러 점검 및 정비 시 안전한 방법
  ㉠ 아이들러 균열 및 손상을 점검한다.
  ㉡ 아이들러 바깥지름과 마멸을 점검한다.
  ㉢ 축의 플랜지와 부싱 마멸을 점검한다.

③ 클램셸 작업장치의 작업능률을 향상시키기 위한 기본적인 사항
  ㉠ 작업장 주변의 장애물에 유의하여 붐을 선회시킨다.
  ㉡ 굴착 대상물의 종류와 크기에 적합한 버킷을 선정한다.
  ㉢ 경토질을 굴착할 때는 버킷에 투스를 설치한다.
  ㉣ 덤프트럭에 적재할 때는 붐 끝에서 되도록 가까이 설치한다.

④ 도로주행용 건설기계의 라디에이터 코어 핀 부분의 이물질의 청소는 압축공기로 엔진쪽에서 불어낸다.

⑤ 겨울철 건설기계 보관 시 유의해야 할 사항
  ㉠ 장시간 사용하지 않을 때는 배터리 케이블을 분리해서 보관한다.
  ㉡ 부동액과 물의 비율을 50 : 50 수준으로 유지한다.
  ㉢ 예열표시등이 소등될 때까지 예열을 하고 시동한다.
  ㉣ 시동 후 난기(煖氣) 운전을 5~10분간 반복하여 유압 작동유의 유온이 상승토록 한다.

10년간 자주 출제된 문제

5-1. 건설기계의 구동축을 분리하고 허브 실을 점검한 결과 정상인 것은?
① 허브 내의 실 접촉부가 광이 나고 단계가 진 부분이 보이지 않는다.
② 실 내면의 접촉부가 손톱에 약간 긁힌다.
③ 실 내면의 마모 부위에 0.1mm 미만의 흠집이 보인다.
④ 실 내면은 마모나 변형이 있어도 누유만 없으면 교환할 필요는 없다.

5-2. 건설기계를 정비 작업 시 주의사항 중 틀린 것은?
① 작업 중 다른 부품에 손상 가능성이 있을 경우는 커버를 씌운다.
② 개스킷, 오일 실은 손상이 없으면 다시 사용한다.
③ 볼트 및 너트는 규정 토크로 조인다.
④ 부품 교환 시는 제작회사의 순정품을 사용한다.

해설

5-1
건설기계 구동축의 허브 실은 허브 내의 실 접촉부가 광이 나고 단계가 진 부분이 보이지 않아야 정상이다.

5-2
개스킷, 오일 실은 재사용 하지 않는다.

정답 5-1 ① 5-2 ②

핵심이론 06 운반 작업 안전

① 운반기계의 안전수칙
　㉠ 운반대 위에는 사람이 타지 말 것
　㉡ 미는 운반차에 화물을 실을 때는 앞을 볼 수 있는 시야를 확보할 것
　㉢ 운반차의 출입구는 운반차의 출입에 지장이 없는 크기로 할 것
　㉣ 운반차에 물건을 쌓을 때 될 수 있는 대로 중심이 아래로 되도록 쌓을 것
　㉤ 규정중량 이상은 적재하지 않는다.
　㉥ 부피가 큰 것을 적재할 때 앞을 보지 못할 정도로 쌓아 올리면 안 된다.
　㉦ 운반기계의 동요로 파괴의 우려가 있는 짐은 반드시 로프로 묶는다.
　㉧ 물건 적재 시 무거운 것을 밑에 두고, 가벼운 것을 위에 놓는다.

② 운반 작업 시 지켜야 할 사항
　㉠ 운반 작업은 가능한 장비를 사용하는 것이 좋다.
　㉡ 인력으로 운반 시 무리한 자세로 장시간 취급하지 않도록 한다.
　㉢ 인력으로 운반 시 보조구(벨트, 운반대, 운반멜대 등)를 사용하되 몸에서 가깝게 하고, 허리 위치에서 하중이 걸리게 한다.
　㉣ 드럼통과 봄베 등을 굴려서 운반해서는 안 된다.
　㉤ 공동운반에서는 서로 협조하여 작업한다.
　㉥ 긴 물건은 앞쪽을 위로 올린다.
　㉦ 무리한 몸가짐으로 물건을 들지 않는다.
　㉧ 정밀한 물품을 쌓을 때는 상자에 넣도록 한다.
　㉨ 기름이 묻은 장갑을 끼고 하지 않는다.
　㉩ 등은 곧게 편 상태에서 몸에 가까이 물건을 들어 올리고 내린다.
　㉪ 2인 이상이 작업할 때 힘센 사람과 약한 사람과의 균형을 잡는다.
　㉫ 약하고 가벼운 것을 위에 무거운 것을 밑에 쌓는다.
　㉬ 운전차에 물건을 실을 때 무거운 물건의 중심 위치는 하부에 오도록 적재한다.
　㉭ 허리를 똑바로 펴고 다리를 굽혀 물건을 힘차게 들어 올린다.

③ 작업자가 작업 안전상 꼭 알아두어야 할 사항 : 안전 규칙 및 수칙, 1인당 작업량, 기계기구의 성능

10년간 자주 출제된 문제

6-1. 건설기계 안전관리 중 운반기계의 안전수칙으로 틀린 것은?
① 규정중량 이상은 적재하지 않는다.
② 부피가 큰 것을 적재할 때 앞을 보지 못할 정도로 쌓아 올리면 안 된다.
③ 물건이 움직이지 않도록 반드시 로프로 묶는다.
④ 물건 적재 시 가벼운 것을 밑에 두고, 무거운 것을 위에 놓는다.

6-2. 무거운 짐을 이동할 때 적당하지 않은 것은?
① 힘겨우면 기계를 이용한다.
② 기름이 묻은 장갑을 끼고 한다.
③ 지렛대를 이용한다.
④ 2인 이상이 작업할 때는 힘센 사람과 약한 사람과의 균형을 잡는다.

[해설]

6-1
물건 적재 시 무거운 것을 밑에 두고, 가벼운 것을 위에 놓는다.

6-2
기름 묻은 장갑을 끼고 무거운 물건을 이동하면 미끄러져 사고를 유발할 수 있다.

정답 6-1 ④　6-2 ②

핵심이론 07 기타 운반차를 이용한 운반 작업 등

① 여러 가지 물건을 쌓을 때는 무거운 것은 밑에 가벼운 것은 위에 쌓는다.
② 긴 화물을 쌓았을 때는 위험하므로 뒤쪽 끝에 적색으로 위험표시를 하고 천천히 운반한다.
③ 운송 중인 화물에 올라타거나 운반차에 편승하지 않아야 한다.
④ 출입구, 교차로, 커브에 이르면 운반차의 취급에 주의한다.
⑤ 안전작업을 위하여 시간을 재촉하지 않는다.
⑥ 지게차는 운전자 이외의 근로자를 탑승시키지 않는다.
⑦ 지게차로 화물 운반 시 포크의 높이는 지면으로부터 20~30cm를 유지한다.
⑧ 운전책임자 외 운전을 절대 금한다.
⑨ 사용 전 작업방법 및 비상조치 요령을 숙지하여야 한다.
⑩ 체인블록을 사용 시 외부 검사를 잘하여 변형 마모 손상을 점검한다.

10년간 자주 출제된 문제

7-1. 운반차를 이용한 운반 작업이다. 옳지 않은 것은?
① 여러 가지 물건을 쌓을 때는 무거운 것은 밑에 가벼운 것은 위에 쌓는다.
② 긴 화물을 쌓았을 때는 위험하므로 끝에 흰색으로 표시하고 빠르게 운반한다.
③ 운송 중인 화물에 올라타거나 운반차에 편승하지 않아야 한다.
④ 출입구, 교차로, 커브에 이르면 운반차의 취급에 주의한다.

7-2. 운반차를 이용한 운반 작업에 대한 사항 중 잘못 설명한 것은?
① 여러 가지 물건을 쌓을 때는 가벼운 물건을 위에 올린다.
② 차의 동요로 안정이 파괴되기 쉬울 때는 비교적 무거운 물건을 위에 쌓는다.
③ 화물 위나 운반차에 사람의 탑승은 절대 금한다.
④ 긴 물건을 실을 때는 맨끝 부분에 위험 표시를 해야 한다.

정답 7-1 ② 7-2 ②

핵심이론 08 가스 배관 주위의 굴착공사 안전

① 도시가스가 공급되는 지역에서 지하차도 굴착공사를 하고자 하는 자는 가스 안전영향평가서를 작성하여 시장·군수 또는 구청장에게 제출하여야 한다.
② 가스안전영향평가서를 작성하여야 하는 공사는 가스 배관이 통과하는 지하보도·차도·상가이다.
③ 가스 배관 매설 상황조사결과 공사 구역 내에 도시가스 배관이 매설된 것이 확인된 경우 가스 배관의 안전에 관하여 도시가스사업자와 협의하여야 한다.
④ 굴착공사 중 적색으로 된 도시가스 배관을 손상하였으나 가스 누출 없이 피복만 벗겨졌다면 해당 도시가스 회사 직원에게 그 사실을 알려 보수하도록 한다.
⑤ 굴착공사자는 굴착공사 예정지역의 위치를 흰색 페인트로 표시해야 한다(단독으로 할 때는 정보지원센터에 통지).
⑥ 사업자는 굴착 예정 지역의 매설 배관 위치를 굴착공사자에게 알려주어야 하며, 굴착공사자는 매설 배관 위치를 매설 배관 직상부의 지면에 황색 페인트로 표시해야 한다.
⑦ 파일박기 및 빼기작업
  ㉠ 착공 전에 사업자와 현장 협의를 통하여 공사장소, 공사기간 및 안전조치에 관하여 서로 확인해야 한다.
  ㉡ 배관과 수평거리 2m 이내에서 파일박기를 하는 경우에는 사업자의 입회 아래 시험굴착으로 배관의 위치를 정확히 확인해야 한다.
  ㉢ 배관의 위치를 파악한 경우에는 배관의 위치를 알리는 표지판을 설치해야 한다.
  ㉣ 배관과 수평거리 30cm 이내에서는 파일박기를 하지 말아야 한다.
  ㉤ 항타기는 배관과 수평거리가 2m 이상 되는 곳에 설치해야 한다. 다만, 부득이하여 수평거리 2m 이내에 설치할 때는 하중 진동을 완화할 수 있는 조치를 해야 한다.

ⓗ 파일을 뺀 자리는 충분히 되메우기한다.
ⓢ 배관 주위를 굴착하는 경우 배관의 좌우 1m 이내 부분은 인력으로 굴착해야 한다.
ⓞ 배관이 노출될 경우 배관의 코팅부가 손상되지 아니하도록 하고, 코팅부가 손상될 때는 사업자에게 통보하여 보수한 후 작업을 진행해야 한다.
ⓩ 배관 주위에서 발파작업을 하는 경우에는 사업자의 입회 아래 충분한 대책을 강구한 후 실시해야 한다.
ⓒ 배관 주위에서 다른 매설물을 설치할 때는 30cm 이상 이격해야 한다.
ⓚ 배관 주위를 되메우기하거나 포장할 경우 배관 주위의 모래 채우기, 보호판·보호포 및 배관 부속 시설물의 설치 등은 굴착 전과 같은 상태가 되도록 해야 한다.
ⓣ 되메우기를 할 때는 나중에 배관의 지반이 침하하지 않도록 필요한 조치를 해야 한다.

10년간 자주 출제된 문제

굴착공사 중 적색으로 된 도시가스 배관을 손상하였으나 다행히 가스는 누출되지 않고 피복만 벗겨졌다. 조치사항으로 가장 적합한 것은?

① 해당 도시가스회사 직원에게 그 사실을 알려 보수하도록 한다.
② 가스가 누출되지 않았으므로 그냥 되메우기한다.
③ 벗겨지거나 손상된 피복은 고무판이나 비닐테이프로 감은 후 되메우기한다.
④ 벗겨진 피복은 부식방지를 위하여 아스팔트를 칠하고 비닐테이프로 감은 후 직접 되메우기하면 된다.

[해설]

도시가스 배관은 전문가의 보수가 필요한 시설이다. 피복 손상이라도 도시가스회사에 즉시 보고해야 한다.

정답 ①

핵심이론 09 굴착 작업 시 안전

① 고압 전력선 부근의 작업장소에서 크레인의 붐이 고압 전력선에 근접할 우려가 있을 때는 관할 시설물 관리자에게 연락을 취한 후 지시를 받는다.
② 파일항타기를 이용한 파일 작업 중 지하에 매설된 전력케이블 외피가 손상되었다면 인근 한국전력사업소에 연락하여 한전직원이 조치토록 한다.
③ 도로상의 한전맨홀에 근접하여 굴착 작업 시는 한전직원의 입회하에 안전하게 작업한다.
④ 도로상 굴착 작업 중에 매설된 전기설비의 접지선이 노출되어 일부가 손상되었을 때는 시설 관리자에게 연락한 후 그 지시를 따른다.
⑤ 지하매설 배관탐지장치 등으로 확인된 지점 중 확인이 곤란한 분기점, 곡선부, 장애물 우회 지점의 안전 굴착 방법은 시험굴착을 실시하여야 한다.
⑥ 전력케이블에 손상이 가해지면 전력공급이 차단되거나 중단될 수 있으므로 즉시 한국전력공사에 통보해야 한다.
⑦ 철탑 부근에서 굴착 작업 : 한국전력에서 철탑에 대한 안전 여부 검토 후 작업을 해야 한다.
⑧ 콘크리트 전주 주변을 건설기계로 굴착 작업할 때 전주 및 지선 주위는 굴착해서는 안 된다.
⑨ 전력케이블이 지상 전주로 입상 또는 지상 전력선이 지하 전력케이블로 입하하는 전주에는 건설기계 장비가 절대 접촉 또는 근접하지 않도록 한다.
⑩ 굴착으로부터 전력케이블을 보호하기 위하여 설치하는 표시시설 : 표지시트, 지중선로 표시기, 보호관
⑪ 도로에서 굴착 작업 중 케이블 표지 시트가 발견되면 즉시 굴착을 중지하고 해당 설비 관리자에게 연락한 후 그 지시에 따른다.
⑫ 도로 굴착 작업 중 "고압선 위험" 표지 시트가 발견되면 표지시트 직하에 전력케이블이 묻혀 있다.

⑬ 도로 굴착자는 되메움 공사 완료 후 최소 3개월 이상 지반침하 유무를 확인해야 한다.
⑭ 굴착작업 중 주변의 고압전선로가 있으면 고압선과 안전거리를 확인한 후 작업한다.

10년간 자주 출제된 문제

고압 전력선 부근의 작업장소에서 크레인의 붐이 고압 전력선에 근접할 우려가 있을 때의 조치사항으로 가장 적합한 것은?
① 우선 줄자를 이용하여 전력선과의 거리를 측정한다.
② 관할 시설물 관리자에게 연락을 취한 후 지시를 받는다.
③ 현장의 작업반장에게 도움을 청한다.
④ 고압전력선에 접촉만 하지 않으면 되므로 주의를 기울이면서 작업을 계속한다.

[해설]
고압 전력선 주변 작업은 관할 시설물 관리자의 협의 및 지시 없이는 작업할 수 없다. 감전사고 예방을 위해 반드시 전문가의 지시가 필요하다.

정답 ②

핵심이론 10 건설기계에 의한 고압선 주변작업

① 건설기계에 의한 작업 중 안전을 위하여 지표에서부터 고압선까지의 거리를 측정하고자 하면 관할 한전사업소에 협조하여 측정한다.
② 고압선 주변작업 시 전압의 종류를 확인한 후 안전 이격 거리를 확보하여 그 이내로 접근되지 않도록 작업한다.
③ 작업 시 붐이 전선에 근접되지 않도록 주의한다.
④ 디퍼(버킷)를 고압선으로부터 10m 이상 떨어져서 작업한다.
⑤ 작업감시자를 배치한 후 전력선 인근에서는 작업감시자의 지시에 따른다.
⑥ 전선이 바람에 흔들리는 정도를 고려하여 전선 이격거리를 증가시켜 작업해야 한다.
　㉠ 전선은 바람이 강할수록 많이 흔들린다.
　㉡ 전선은 철탑 또는 전주에서 멀어질수록 많이 흔들린다.
　㉢ 전선은 자체 무게가 있어도 바람에 흔들린다.
⑦ 건설기계와 전선로 이격거리는 전압이 높을수록, 전선이 굵을수록, 애자수가 많을수록 멀어져야 한다.

10년간 자주 출제된 문제

10-1. 고압전선로 주변에서 작업 시 건설기계와 전선로와의 안전 이격거리에 대한 설명 중 틀린 것은?
① 애자수가 많을수록 커진다.
② 전압에는 관계없이 일정하다.
③ 전선이 굵을수록 커진다.
④ 전압이 높을수록 커진다.

10-2. 전기는 전압이 높을수록 위험한데 가공전선로의 위험 정도를 판별하는 방법으로 가장 올바른 것은?
① 전선의 굵기　　② 지지물의 높이
③ 애자의 개수　　④ 지지물과 지지물의 간격

[해설]
10-2
가공전선로의 위험 정도는 애자의 개수에 따라 판별한다.

정답 10-1 ② 10-2 ③

핵심이론 11 가공 배전선로 작업 안전

① 22.9kV 가공 배전선로 작업 안전
  ㉠ 높은 전압일수록 전주 상단에 설치되어 있다.
  ㉡ 전력선이 활선인지 확인 후 안전 조치된 상태에서 작업한다.
  ㉢ 임의로 작업하지 않고 안전관리자의 지시에 따른다.
  ㉣ 전력선에 접촉되어 끊어지지 않더라도 감전의 위험에 대비해야 한다.

② 154kV 가공 송전선로 주변에서의 작업
  ㉠ 건설 장비가 선로에 직접 접촉하지 않고 근접만 해도 사고가 발생될 수 있다.
  ㉡ 도로에서 굴착 작업 중에 154kV 지중 송전케이블을 손상시켜 누유 중이면 신속히 시설소유자 또는 관리자에게 연락하여 조치를 취하도록 한다.

※ 한국전력의 송전선로 전압 : 345kV
※ 154,000V의 송전선로에 대한 안전거리 : 160cm

10년간 자주 출제된 문제

11-1. 22.9kV 배전선로에 근접하여 굴착기 등 건설기계로 작업 시 안전관리상 맞는 것은?
① 안전관리자의 지시 없이 운전자가 알아서 작업한다.
② 전력선에 접촉되더라도 끊어지지 않으면 사고는 발생하지 않는다.
③ 전력선이 활선인지 확인 후 안전 조치된 상태에서 작업한다.
④ 해당 시설관리자는 입회하지 않아도 무방하다.

11-2. 154kV 송전철탑 근접 굴착 작업 시 안전사항으로 옳은 것은?
① 철탑이 일부 파손되어도 재질이 철이므로 안전에는 전혀 영향이 없다.
② 철탑의 지표상 노출부와 지하 매설부 위치는 다른 것을 감안하여 임의로 판단하여 작업한다.
③ 철탑 부지에서 떨어진 위치에서 접지선이 노출되어 단선되었을 경우라도 시설관리자에게 연락을 취한다.
④ 작업 시 전력선에 접촉만 되지 않도록 하면 된다.

정답 11-1 ③ 11-2 ③

핵심이론 12 애자, 가공전선 등 안전

① 애자 : 전선을 철탑의 완금(Arm)에 기계적으로 고정시키고, 전기적으로 절연하기 위해서 사용하는 자기로 된 절연체
② 전압에 대한 애자 수
  ㉠ 22.9kV : 2~3개
  ㉡ 66.0kV : 4~5개
  ㉢ 154kV : 9~11개
  ㉣ 345kV : 18~23개
③ 가공전선의 높이
  ㉠ 도로횡단 시 : 6m 이상
  ㉡ 교통에 지장이 없는 도로 : 5m
  ㉢ 철도 또는 궤도 횡단 시 : 6.5m
  ㉣ 횡단보도교 : 저-3m, 고-3.5m, 특고-4m
④ 고압 전력케이블을 지중에 매설하는 방법 : 직매식, 관로식, 전력구식 등이 있다.
⑤ 지중전선로 깊이(직접 매설식)
  ㉠ 차량, 기타 중량물의 압력을 받을 우려가 있는 장소 : 1.0m 이상
  ㉡ 기타 장소 : 0.6m 이상

10년간 자주 출제된 문제

12-1. 고압 전력케이블을 지중에 매설하는 방법이 아닌 것은?
① 직매식 ② 관로식
③ 전력구식 ④ 궤도식

12-2. 154kV 지중 송전선로 설치방식 중 틀린 것은?
① 관로식 ② 암거식(전력구식)
③ 메신저와이어 부설식 ④ 직매식

[해설]
12-1, 12-2
지중전선로의 방식 : 직매식, 관로식, 전력구식 등이 있다.

정답 12-1 ④ 12-2 ③

핵심이론 13 운전자 등의 작업 안전

① 운전자의 준수사항
  ㉠ 고인 물을 튀게 하여 다른 사람에게 피해를 주어서는 안 된다.
  ㉡ 과로, 질병, 약물의 중독 상태에서 운전하여서는 안 된다.
  ㉢ 보행자가 안전지대에 있는 때는 서행하여야 한다.
  ㉣ 운전석을 떠날 때는 브레이크를 완전히 걸고 원동기의 시동을 끈다.
  ㉤ 항상 주변의 작업자나 장애물에 주의하여 안전 여부를 확인한다.
  ㉥ 이동 중에는 항상 규정속도를 유지한다.
  ㉦ 급선회는 피한다.
  ㉧ 물체를 높이 올린 채 주행이나 선회하는 것을 피한다.

② 작업상의 안전수칙
  ㉠ 정전 시는 반드시 스위치를 끊는다.
  ㉡ 작업 중 자리를 비울 때는 운전을 정지하고 기계 가동 시에는 자리를 비우지 않는다.
  ㉢ 고장 난 기기에는 반드시 표식을 한다.
  ㉣ 대형 건물을 기중 작업할 때는 서로 신호에 의거한다.
  ㉤ 차를 받칠 때는 안전잭이나 고임목으로 고인다.
  ㉥ 벨트 등의 회전 부위에 주의한다.
  ㉦ 배터리액이 눈에 들어갔을 때는 물로 씻는다.
  ㉧ 기관 시동 시에는 소화기를 비치한다.

10년간 자주 출제된 문제

운전자의 준수사항에 대한 설명 중 틀린 것은?
① 고인 물을 튀게 하여 다른 사람에게 피해를 주어서는 안 된다.
② 과로, 질병, 약물의 중독 상태에서 운전하여서는 안 된다.
③ 보행자가 안전지대에 있는 때는 서행하여야 한다.
④ 운전석으로부터 떠날 때는 원동기의 시동을 끄지 말아야 한다.

|해설|
운전석을 떠날 때는 브레이크를 완전히 걸고 원동기의 시동을 끈다.

정답 ④

3-5. 용접작업 안전

핵심이론 01 가스안전

① LP가스의 특성
  ㉠ 주성분은 프로판과 부탄이다.
  ㉡ 액체 상태일 때 피부에 닿으면 동상의 우려가 있다.
  ㉢ 누출 시 공기보다 무거워 바닥에 체류하기 쉽다.
  ㉣ 원래 무색・무취이나 누출 시 쉽게 발견하도록 부취제를 첨가한다.
  ㉤ 가스누설검사는 비눗물에 의한 기포 발생 여부 검사이다.

② 가연성 가스 저장실에 안전사항
  ㉠ 휴대용 손전등 외의 등화를 휴대하지 않는다.
  ㉡ 통과 통 사이 고임목을 이용한다.
  ㉢ 인화물질, 담뱃불을 휴대하고 출입을 금지한다.
  ㉣ 옥내에 전등스위치가 있을 경우 스위치 작동 시 스파크 발생에 의한 화재 및 폭발 우려가 있다.

③ 액화천연가스
  ㉠ 기체상태는 공기보다 가볍다.
  ㉡ 가연성으로 폭발의 위험성이 있다.
  ㉢ LNG라고 하며 메탄이 주성분이다.
  ㉣ 기체상태로 배관을 통하여 수요자에게 공급된다.

10년간 자주 출제된 문제

가스누설검사에 가장 안전한 방법은?
① 아세톤
② 성냥불
③ 순수한 물
④ 비눗물

[해설]
가스누설검사 : 비눗물에 의한 기포 발생 여부 검사

정답 ④

핵심이론 02 아크 용접기의 감전 방지

① 교류아크 용접기 : 금속전극(피복 용접봉)과 모재와의 사이에서 아크를 내어 모재의 일부를 녹임과 동시에 전극봉 자체도 선단부터 녹아 떨어져 모재와 융합하여 용접하는 장치이다.

② 감전사고 방지대책
  ㉠ 자동전격방지장치를 사용한다.
  ㉡ 절연 용접봉 홀더를 사용한다.
  ㉢ 적정한 케이블을 사용한다.
  ㉣ 2차측 공통선을 연결한다.
  ㉤ 절연장갑을 사용한다.
  ㉥ 용접기의 외함은 반드시 접지한다.

③ 용접 작업 시 지켜야 하는 일반적인 주의사항
  ㉠ 아크의 길이는 가능한 한 짧게 한다.
  ㉡ 날씨가 추울 때는 적당한 예열을 한 후 용접한다.
  ㉢ 전류는 항상 적정 전류를 선택한다.
  ㉣ 홀더는 항상 파손되지 않는 것을 사용한다.
  ㉤ 용접 시에는 소화수 및 소화기를 준비한다.
  ㉥ 아세틸렌 누출 검사 시에는 비눗물을 사용하여 검사한다.
  ㉦ 아크 용접 시 용접에서 발생되는 빛 속의 강한 자외선과 적외선은 각막을 상하게 하므로 빛을 가려야 한다.

④ 자동전격방지장치
  ㉠ 용접 작업 시에만 주회로를 형성하고 그 외에는 출력 측의 2차 무부하 전압을 저하시키는 장치로 아크 발생을 정지시켰을 때 0.1초 이내에 용접기의 출력 측 무부하 전압을 자동적으로 25V 이하의 안전전압으로 강하시키는 장치이다.
  ㉡ 절연 용접봉 홀더 사용 : 아크 용접기의 감전위험성은 2차 무부하 상태 홀더 등 충전부에 접촉하는 경우 감전위험이 높으므로 절연홀더를 사용한다.

10년간 자주 출제된 문제

2-1. 아크 용접기의 감전 방지를 위해 사용되는 장치는?
① 중성점 접지
② 2차 권선 방지기
③ 리밋 스위치
④ 전격방지기

2-2. 아크 용접 시 용접에서 발생되는 빛을 가리는 이유는?
① 빛이 너무 밝기 때문에 눈이 나빠질 염려가 있어서
② 빛이 너무 세기 때문에 피부가 탈 염려가 있어서
③ 빛이 자주 깜박거리기 때문에 화재의 위험이 있어서
④ 빛 속의 강한 자외선과 적외선이 각막을 상하게 하므로

|해설|

2-1
아크 용접기의 감전사고 방지대책
- 자동전격방지장치 사용
- 절연 용접봉 홀더 사용
- 적정한 케이블 사용
- 2차측 공통선 연결
- 절연장갑 사용
- 용접기의 외함은 반드시 접지

2-2
아크 용접 시 용접에서 발생되는 빛 속의 강한 자외선과 적외선은 각막을 상하게 하므로 빛을 가려야 한다.

정답 2-1 ④ 2-2 ④

핵심이론 03 아세틸렌가스 용접

① 아세틸렌가스 용기의 취급방법
  ㉠ 용기는 반드시 세워서 보관할 것
  ㉡ 전도, 전락 방지 조치를 할 것
  ㉢ 충전용기와 빈 용기는 명확히 구분하여 각각 보관할 것
  ㉣ 용기의 보관 온도는 40℃ 이하로 해야 한다.

② 아세틸렌가스 용접
  ㉠ 토치에 점화시킬 때는 아세틸렌 밸브를 먼저 연 다음에 산소 밸브를 연다.
  ㉡ 산소누설시험에는 비눗물을 사용한다.
  ㉢ 토치끝으로 용접물의 위치를 바꾸면 안 된다.
  ㉣ 용접 가스를 들이마시지 않도록 한다.
  ※ 아세틸렌가스 용접 기구들은 이동이 쉽고 설비비가 저렴하나, 불꽃의 온도와 열효율이 낮은 것이 단점이다.

③ 전기 용접 작업 시 용접기에 감전이 될 경우
  ㉠ 발밑에 물이 있을 때
  ㉡ 몸에 땀이 배어 있을 때
  ㉢ 옷이 비에 젖어 있을 때

10년간 자주 출제된 문제

3-1. 다음 중 아세틸렌 용접장치의 방호장치는?
① 덮 개
② 자동전격방지기
③ 안전기
④ 제동장치

3-2. 산소 또는 아세틸렌 용기 취급 시의 주의사항으로 올바르지 않은 것은?
① 아세틸렌병은 세워서 사용한다.
② 산소병(봄베) 40℃ 이하 온도에서 보관한다.
③ 산소병을 운반할 때는 충격을 주어서는 안 된다.
④ 산소병의 밸브, 조정기, 도관 등은 반드시 기름 묻은 천으로 닦는다.

[해설]

3-1
아세틸렌 용접장치의 방호장치는 안전기이다.

3-2
산소 봄베는 기름이나 먼지를 피하고 40℃ 이하 온도에서 보관하고 직사광선을 피해 그늘진 곳에 두어야 한다.

정답 3-1 ③ 3-2 ④

핵심이론 04 가스 용접에서 안전수칙

① 가스 누설은 비눗물로 점검하고 깨끗이 닦아준다.
② 가스 용접 불빛을 맨눈으로 보지 않도록 하고, 작업할 때는 보안경을 끼고 작업하도록 한다.
③ 밸브의 개폐는 서서히 하도록 한다.
④ 작업을 중단하거나 마치고 작업장소를 떠날 경우에는 가스 등의 공급구의 밸브나 콕을 잠근다.
⑤ 작업장 주변은 소화기를 비치하고, 점화는 성냥불로 하지 않으며, 페인트 부분은 벗겨내고 용접한다.
⑥ 우천 시에는 옥내 작업장에서 해야 한다.
⑦ 용기 취급 시 주의사항
　㉠ 직사광선을 피하고, 통풍이나 환기가 충분한 장소에 저장할 것
　㉡ 용기의 온도를 40℃ 이하로 유지할 것
　㉢ 사용 전 또는 사용 중인 용기와 그 밖의 용기를 정확히 구별하여 보관할 것
　㉣ 산소 사용 후 용기가 비어 있을 때는 반드시 밸브를 잠궈 둘 것
　㉤ 가연성이 물질이 있는 곳에 용기를 보관하지 말 것
　㉥ 산소병 내에 다른 가스를 혼합하지 말 것
　㉦ 기름이 묻은 손이나 장갑을 착용하고 취급하지 말 것
　㉧ 용기의 밸브가 얼었을 경우 따뜻한 물로 녹일 것
　㉨ 용기에 충돌, 충격을 가하지 말 것
　㉩ 산소 용기의 운반 시 밸브를 닫고 캡을 씌워서 이동할 것
　㉪ 저장 또는 사용 중의 용기는 항상 세워둘 것
　㉫ 역화의 위험을 방지하기 위하여 안전기를 사용할 것
　　※ 탄산가스 아크용접 장치에서 보호가스 설비 : 히터, 조정기, 유량계
　　※ 콘택트 튜브 : 전극와이어를 인도함과 동시에 용접전류를 공급하는 토치에 내장되어 있는 원통형의 도체이다.

10년간 자주 출제된 문제

4-1. 가스 용접에서 안전수칙에 어긋나는 것은?
① 가스 누설은 비눗물로 점검하고 깨끗이 닦아준다.
② 가스 용접 불빛을 맨눈으로 보지 않도록 하고, 작업할 때는 보안경을 끼고 작업하도록 한다.
③ 산소용기를 운반할 때는 밸브를 열고 캡을 씌워서 이동할 것
④ 가스용기에 화기를 가하지 말 것

4-2. 가스 용접 작업의 안전사항으로 적당하지 않은 것은?
① 아세틸렌 누설검사는 비눗물을 사용하여 검사한다.
② 산소병은 직사광선이 드는 곳에 60℃ 이하로 보관한다.
③ 아세틸렌 용기는 충격을 가하지 말고 신중히 취급하여야 한다.
④ 산소병은 뉘어 놓지 않는다.

[해설]
4-1
산소 용기의 운반 시 밸브를 닫고 캡을 씌워서 이동할 것
4-2
용기는 직사광선을 피하고, 온도를 40℃ 이하로 유지한다.

정답 4-1 ③ 4-2 ②

핵심이론 05 전기 용접 작업 시 유의 사항

① 기름이 밴 작업복이나 앞치마는 인화될 우려가 있으므로 세탁된 것으로 바꿔 입는다.
② 주머니에 인화되기 쉬운 것과 위험한 것은 넣지 않는다.
③ 작업화 밑바닥에 정을 박은 것은 신지 않는다.
④ 슬래그를 제거할 때는 방진 안경을 착용한다.
⑤ 슬래그 제거는 상대편에 사람이 없고 부스러기가 날아가지 않도록 해머로 두드린다.
⑥ 감전 방지 누전차단기 등을 미리 점검한다.
⑦ 용접준비가 완료된 후 용접기 전원스위치를 켠다.
⑧ 환기 장치를 완전히 한 곳에서 작업한다.
⑨ 작업을 중지할 때는 전원스위치를 끄고 전극 클램프를 풀어 둔다.
⑩ 용접 작업 시 차광안경(차광도 6~7)을 사용한다.
⑪ 홀더는 항상 파손되지 않은 것을 사용하며 몸에 닿지 않도록 한다.
⑫ 우천 시 옥외 작업을 하지 않는다.
⑬ 코드의 피복이 찢어지면 바로 수리하고 접속 부분은 절연물을 감는다.
⑭ 전기 용접기가 누전이 되었을 때는 스위치를 끄고 누전된 부분을 찾아 절연시킨다.
⑮ 어스선은 큰 것을 사용하고 접촉이 잘되도록 붙인다.
⑯ 용접봉 코드는 되도록 짧게 해야 하며 여기에 맞게 용접기를 놓는다.
⑰ 용접작업자는 용접기 내부에 손을 대지 않도록 한다.
⑱ 용접 케이블의 접속 상태가 양호한지 확인한 후 작업하여야 한다.

10년간 자주 출제된 문제

5-1. 전기 용접기 설치 장소로 부적절한 곳은?
① 수증기, 습도가 높지 않는 곳
② 진동이나 충격이 없는 곳
③ 유해한 부식성 가스가 없는 곳
④ 주위의 온도가 -10℃ 이하인 곳

5-2. 전기 용접 작업 시 주의사항으로 틀린 것은?
① 용접작업자는 용접기 내부에 손을 대지 않도록 한다.
② 용접전류는 아크가 발생하는 도중에 조절한다.
③ 용접준비가 완료된 후 용접기 전원스위치를 ON시킨다.
④ 용접 케이블의 접속 상태가 양호한지를 확인한 후 작업하여야 한다.

[해설]

5-1
비바람이 치는 장소, 주위온도가 -10℃ 이하인 곳을 피한다(-10~40℃ 유지되는 곳이 적당하다).

5-2
감전 및 손상이 있을 수 있으므로 아크가 발생하는 도중에는 전류를 조절하지 않는다.

정답 5-1 ④ 5-2 ②

핵심이론 06 컨베이어의 안전수칙

① 컨베이어의 주요 안전수칙
　㉠ 컨베이어의 운전속도를 조작하지 않는다.
　㉡ 운반물을 컨베이어에 싣기 전에 적당한 크기인지 확인한다.
　㉢ 운반물이 한쪽으로 치우치지 않도록 적재한다.
　㉣ 운반물 낙하의 위험성을 확인하고 적재한다.
　㉤ 사용목적 이외의 목적으로 사용하지 않는다.
　㉥ 작업장, 통로의 정리 및 청소를 한다.
　㉦ 컨베이어의 운전은 담당자 이외에는 하지 않는다.

② 컨베이어의 작업 시작 전 필수점검 사항
　㉠ 원동기 및 풀리 기능의 이상 유무
　㉡ 비상정지장치 기능의 이상 유무
　㉢ 원동기·회전축·기어 및 풀리 등의 덮개 또는 울 등의 이상 유무
　㉣ 이탈 등 방지장치 기능의 이상 유무

10년간 자주 출제된 문제

6-1. 컨베이어 사용 시 안전수칙으로 틀린 것은?
① 컨베이어의 운반 속도를 필요에 따라 임의로 조작할 것
② 운반물이 한쪽으로 치우치지 않도록 적재할 것
③ 운반물 낙하의 위험성을 확인하고 적재할 것
④ 운반물을 컨베이어에 싣기 전에 적당한 크기인지 확인할 것

6-2. 컨베이어의 작업 시작 전 필수점검 사항으로 틀린 것은?
① 컨베이어 건널 다리 설치 유무
② 비상정지장치 기능의 이상 유무
③ 이탈 방지장치 기능의 이상 유무
④ 낙하물에 의한 위험 방지 장치 설치 유무

[해설]

6-1
컨베이어의 운전속도를 조작하지 않는다.

정답 6-1 ① 6-2 ①

핵심이론 07 사다리식 통로 등의 구조 (산업안전보건기준에 관한 규칙 제24조)

① 견고한 구조로 할 것
② 심한 손상·부식 등이 없는 재료를 사용할 것
③ 발판의 간격은 일정하게 할 것
④ 발판과 벽과의 사이는 15cm 이상의 간격을 유지할 것
⑤ 폭은 30cm 이상으로 할 것
⑥ 사다리가 넘어지거나 미끄러지는 것을 방지하기 위한 조치를 할 것
⑦ 사다리의 상단은 걸쳐놓은 지점으로부터 60cm 이상 올라가도록 할 것
⑧ 사다리식 통로의 길이가 10m 이상인 경우에는 5m 이내마다 계단참을 설치할 것
⑨ 사다리식 통로의 기울기는 75° 이하로 할 것. 다만, 고정식 사다리식 통로의 기울기는 90° 이하로 하고, 그 높이가 7m 이상인 경우에는 다음의 구분에 따른 조치를 할 것
　㉠ 등받이 울이 있어도 근로자 이동에 지장이 없는 경우 : 바닥으로부터 높이가 2.5m 되는 지점부터 등받이 울을 설치할 것
　㉡ 등받이 울이 있으면 근로자가 이동이 곤란한 경우 : 한국산업표준에서 정하는 기준에 적합한 개인용 추락 방지 시스템을 설치하고 근로자로 하여금 한국산업표준에서 정하는 기준에 적합한 전신안전대를 사용하도록 할 것
⑩ 접이식 사다리 기둥은 사용 시 접혀지거나 펼쳐지지 않도록 철물 등을 사용하여 견고하게 조치할 것

10년간 자주 출제된 문제

안전작업에 관한 사항 중 틀린 것은?
① 사다리 기둥과 수평면 각도는 75° 이하로 한다.
② 해머 작업하기 전에 반드시 주위를 살핀다.
③ 숫돌 작업은 정면을 피해서 작업한다.
④ 운반통로는 가능한 곡선을 선택한다.

[해설]
운반경로는 지그재그를 없애고 되도록이면 직선으로 하여 운반거리를 최소화한다.

정답 ④

PART 02

과년도+최근 기출복원문제

2012~2016년	과년도 기출문제
2017~2024년	과년도 기출복원문제
2025년	최근 기출복원문제

2012년 제1회 과년도 기출문제

01 건설기계의 축전지 충전상태를 측정할 수 있는 것은?

① 압력계
② 저항시험기
③ 비중계
④ 그롤러 테스터

해설
축전기의 충전상태는 전해액의 비중으로 나타나며 비중계로 측정한다.

02 실린더 내경보다 행정이 큰 기관은 무슨 기관인가?

① 장행정기관
② 정방 행정기관
③ 단행정기관
④ 가변 행정기관

해설
피스톤 행정과 실린더 내경 크기
• 장행정기관 : 피스톤 행정 > 실린더 내경
• 단행정기관 : 피스톤 행정 < 실린더 내경
• 정방 행정기관 : 피스톤 행정 = 실린더 내경

03 전자제어식 디젤분사장치의 고압 영역은 압력형성, 압력저장 및 연료계량의 영역으로 구분한다. 압력형성을 하는 것은?

① 고압 펌프
② 레일압력 센서
③ 커먼 레일
④ 스피드 센서

해설
고압 펌프는 적은 물을 사용하여 압축시켜서 큰 압력(50bar)을 생성한다.

04 디젤기관의 출력 부족 원인과 가장 관계가 먼 것은?

① 연료의 세탄가가 낮다.
② 연료의 필터가 막혀 있다.
③ 윤활유의 점도지수(粘度指數)가 낮다.
④ 압축압력이 낮다.

해설
점도지수가 높은 것일수록 온도 변화에 대한 점도 변화가 크다.

정답 1 ③ 2 ① 3 ① 4 ③

05 어떤 건설기계로 440m의 언덕길을 왕복하는 데 0.330L의 연료가 소비되었다. 내려올 때 연료소비율이 8km/L이었다면 올라갈 때의 연료소비율은?

① 0.8km/L ② 1.6km/L
③ 2.5km/L ④ 3.2km/L

해설
언덕길을 왕복하는 데 소비한 연료량
= 올라갈 때 소비한 연료량 + 내려올 때 소비한 연료량
= 올라갈 때 움직인 거리 / 올라갈 때 연료소비율 + 내려올 때 움직인 거리 / 내려올 때 연료소비율

$0.33L = \dfrac{0.44km}{\text{올라갈 때 연료소비율}} + \dfrac{0.44km}{8km/L}$

∴ 올라갈 때 연료소비율 = 1.6km/L

06 디젤기관에서 분사노즐이 과열되는 원인 중 틀린 것은?

① 분사시기의 틀림
② 분사량의 과다
③ 과부하에서의 연속운전
④ 노즐 냉각기의 불량

해설
분사노즐의 과열 원인 : 분사시기 불량, 분사량 과다, 과부하에서 연속운전, 냉각 슬리브의 고장 시 등

07 축전지의 용량 단위는?

① Ah ② A
③ W   ④ VA

해설
전류기호와 단위기호
• 전류(I) = A(암페어)
• 전압(E) = V(볼트)
• 저항(R) = Ω(옴)
• 전력(P) = W(와트)
• 축전지 용량 = Ah(암페어시)

08 기관에 사용되는 냉각장치 중 라디에이터의 구비 조건으로 틀린 것은?

① 단위 면적당 발열량이 작아야 한다.
② 공기저항이 작아야 한다.
③ 냉각수의 흐름저항이 작아야 한다.
④ 가능한 한 가벼운 것이 좋다.

해설
단위 면적당 발열량이 커야 한다.

09 에어컨장치의 증발기에 설치되어 증발기 출구 측의 온도를 감지하여 증발기의 빙결을 예방할 목적으로 설치한 것은?

① 핀 서모센서
② AQS(Air Quality System)
③ 일사량센서
④ 외기온도센서

해설
② AQS : 유해가스차단장치
③ 일사량센서 : 포토다이오드를 사용하며 포토다이오드는 빛의 양에 따른 일종의 가변전원이다.
④ 외기온도센서 : 바깥온도를 검출하여 컴퓨터로 입력시키며, 이 신호에 의해 컴퓨터는 부하량을 감지한다.

정답 5 ② 6 ④ 7 ① 8 ① 9 ①

10 교류(AC) 발전기 분해 시 필요 없는 기구 및 공구는?

① 바이스
② 오픈엔드 렌치
③ 토크렌치
④ 소켓렌치

해설
토크렌치는 규정압력으로 잠그기 위해서 필요하며 풀 때는 사용하지 않는다.

11 신품 방열기 용량이 40L이고 사용 중인 방열기 용량이 32L일 때, 코어의 막힘률은?

① 10% ② 20%
③ 30% ④ 40%

해설

$$막힘률 = \frac{신품용량 - 사용품용량}{신품용량} \times 100$$

$$= \frac{40-32}{40} \times 100 = 20\%$$

12 과급기에 대한 설명 중 틀린 것은?

① 흡입효율을 높여 출력 향상을 도모한다.
② 터보차저는 엔진 압축가스로 구동된다.
③ 구조상 체적형과 유동형으로 나누어진다.
④ 공기를 압축하여 실린더에 공급한다.

해설
터보차저는 엔진의 배기가스에 의해 구동된다.

13 디젤기관의 연료 분사계통에 널리 쓰이는 펌프는?

① 터빈 펌프
② 기어 펌프
③ 다이어프램 펌프
④ 플런저 펌프

해설
고압으로 연료를 압축해야 하므로 디젤기관에서는 플런저 펌프(Plunger Pump)를 사용한다.

14 밸브스프링의 직각도는 그 자유고의 몇 % 이상 기울기가 있으면 교환하는가?

① 15% ② 7%
③ 5%   ④ 3%

해설
밸브 스프링 점검 시 규정값
• 자유고 3% 이내 : 버니어 캘리퍼스를 사용하여 측정
• 직각도 3% 이내 : 직각자와 밸브스프링 상부의 틈새에 필러게이지로 측정
• 장력 15% 이내 : 장력게이지를 규정 장력만큼 압축시켰을 때 길이를 측정하거나 장력게이지를 규정 길이만큼 압축시켰을 때 장력 측정

정답 10 ③ 11 ② 12 ② 13 ④ 14 ④

15 기관의 피스톤 간극이 클 경우 생기는 현상으로 틀린 것은?

① 압축압력 상승
② 블로바이 가스 발생
③ 피스톤 슬랩 발생
④ 엔진 출력 저하

해설
피스톤 간극이 크면 압축압력이 저하, 블로바이 발생, 피스톤 슬랩 발생, 연소실에 기관 오일 상승, 연료가 기관 오일에 떨어져 희석(稀釋)되고, 기관 기동성 저하, 기관 출력이 감소하는 원인이 된다.

16 엔진에서 밸브 간극이 작으면 어떤 현상이 생기는가?

① 실화가 일어난다.
② 엔진이 과열된다.
③ 밸브의 열림 기간은 짧고 닫힘 기간은 길다.
④ 밸브 시트의 마모가 급격하다.

해설
밸브 간극이 좁다는 것은 미리 열리고 늦게 닫힌다는 것으로 실화가 일어난다.

17 건설기계에 사용되는 유압계, 연료계 등은 대부분 어느 방식을 이용하는가?

① 공기식   ② 기계식
③ 유체식   ④ 전기식

해설
건설기계에 사용되는 유압계, 연료계, 온도계 대부분 전기식이다.

18 기동 전동기의 전기자를 시험하는 데 사용되는 시험기는?

① 전압계
② 전류계
③ 저항 시험기
④ 그롤러 시험기

해설
그롤러 시험기 : 기동 전동기 전기자의 단선, 단락, 접지시험을 하기 위한 테스터

19 디젤기관의 분사노즐 시험에 가장 알맞은 연료 온도는?

① 60℃   ② 40℃
③ 20℃   ④ 10℃

해설
노즐 시험 시 시험 경유의 온도는 20℃ 정도가 좋다.

정답 15 ① 16 ① 17 ④ 18 ④ 19 ③

20 구동 벨트에 대한 점검사항 중 틀린 것은?

① 구동 벨트 장력은 약 10kgf의 엄지손가락 힘으로 눌렀을 때 헐거움이 약 12~20mm이어야 한다.
② 장력이 너무 세면 베어링이 조기 마모된다.
③ 장력이 너무 약하면 물 펌프의 회전속도가 느려 엔진이 과열된다.
④ 벨트는 풀리의 홈바닥 면에 닿게 설치한다.

해설
팬 벨트는 풀리의 양쪽 경사진 부분에 접촉되어야 미끄러지지 않는다.

21 지게차의 작업용도에 의한 분류가 아닌 것은?

① 프리 리프트 마스트형
② 로테이팅 클램프형
③ 하이 마스트형
④ 크롤러 마스트형

해설
지게차의 작업용도에 의한 분류
프리 리프트 마스트형, 로테이팅 클램프형, 하이 마스트형, 힌지드 버킷, 드럼 클램프 등이 있다.

22 콘크리트 피니셔에서 콘크리트의 이동순서를 바르게 표기한 것은?

① 호퍼 - 스프레더 - 1차 스크리드 - 진동기 - 피니싱 스크리드
② 1차 스크리드 - 스프레더 - 진동기 - 호퍼 - 피니싱 스크리드
③ 호퍼 - 1차 스크리드 - 스프레더 - 진동기 - 피니싱 스크리드
④ 스프레더 - 호퍼 - 진동기 - 1차 스크리드 - 피니싱 스크리드

해설
콘크리트 이동순서(콘크리트 피니셔)
호퍼 → 스프레더 → 1차 스크리드 → 진동기 → 피니싱 스크리드

23 머캐덤 롤러의 축과 바퀴의 배열로 맞는 것은?

① 2축 2륜   ② 2축 3륜
③ 2축 4륜   ④ 3축 3륜

해설
머캐덤 롤러 : 전륜이 2개이고 후륜이 1개인 2축 3륜 형식의 롤러이다.

24 기관이 중속상태에서 2,000rpm으로 회전하고 있을 때, 회전토크가 7m-kgf라면 회전마력은?

① 약 9.8PS
② 약 19.5PS
③ 약 25.5PS
④ 약 39.5PS

해설
회전마력(PS) $= \dfrac{TR}{716} = \dfrac{7 \times 2{,}000}{716} = 19.55 \text{PS}$

여기서, T : 회전토크
　　　　R : 회전속도

25 모터 그레이더가 수행할 수 있는 작업이 아닌 것은?

① 지균작업
② 적재작업
③ 경사면작업
④ 제설작업

해설
모터 그레이더는 지균작업(평판작업), 배수로, 굴삭, 매몰작업, 경사면 절삭, 제설작업, 도로 보수 작업 등을 할 수 있는 건설기계이다.

26 무한궤도식 장비에서 트랙 프레임 앞에 설치되어서 트랙 진행방향을 유도하여 주는 것은?

① 스프로킷(Sprocket)
② 상부 롤러(Upper Roller)
③ 하부 롤러(Lower Roller)
④ 전부 유동륜(Idle Roller)

해설
전부 유동륜 : 트랙의 장력을 조정하면서 트랙의 진행방향을 유도한다.
① 스프로킷 : 최종 감속 기어의 동력을 트랙으로 전달해 준다.
② 상부 롤러 : 전부 유동륜과 스프로킷 사이의 트랙이 밑으로 처지지 않도록 받쳐주며, 트랙의 회전을 바르게 유지하는 일을 한다.
③ 하부 롤러 : 장비의 전체 중량을 지지하고, 전체 중량을 트랙에 균등하게 분배해 주며, 트랙의 회전위치를 바르게 유지한다.

27 건설기계가 작업 중 유압회로에 공동현상이 발생했을 때의 조치방법은?

① 과포화 상태를 만든다.
② 작동유의 온도를 높인다.
③ 작동유의 압력을 높인다.
④ 유압회로 내의 압력 변화를 없앤다.

해설
공동현상(Cavitation)
• 발생 시 유압유의 상태 : 과포화 상태
• 발생 시 조치법 : 압력의 변화를 없애준다.

28 브레이크 장치의 마스터 실린더에서 피스톤 1차 컵이 하는 일은 무엇인가?

① 오일 누출
② 베이퍼 로크 생성
③ 유압 발생 시 유밀을 유지
④ 잔압 방지

해설
피스톤 컵
1차, 2차 컵이 있으며 1차 컵의 기능은 유압을 발생시키고, 2차 컵은 마스터 실린더의 오일이 누출되는 것을 방지한다.

29 유압 실린더의 피스톤 로드가 가하는 힘이 5,000kgf, 피스톤 속도가 3.8m/min인 경우 실린더 내경이 8cm라면 소요되는 마력은 얼마인가?

① 66.67PS
② 33.78PS
③ 8.89PS
④ 4.22PS

해설
$$PS = \frac{PV}{75 \times 60} = \frac{5,000 \times 3.8}{75 \times 60} = 4.22PS$$

여기서, PS : 마력
P : 피스톤 로드가 가하는 힘
V : 피스톤 속도

정답 25 ② 26 ④ 27 ④ 28 ③ 29 ④

30 유성기어 장치의 구성품으로 맞는 것은?

① 선기어, 링기어, 유성기어(캐리어)
② 링기어, 선기어, 솔레노이드 기어
③ 선기어, 링기어, 가이드 링
④ 링기어, 유성기어(캐리어), 가이드 링

해설
유성 기어 장치의 구성품 : 선기어, 링기어, 유성기어(캐리어)

31 기중기에 사용되는 와이어로프의 조기마모 원인으로 틀린 것은?

① 활차의 크기 부적당
② 규격이 맞지 않는 로프 사용
③ 계속적인 심한 과부하
④ 윈치 모터의 작동 불량

해설
기중기에 사용되는 와이어로프 조기마모 원인
• 활차의 크기 부적당
• 규격이 맞지 않는 로프 사용
• 계속적인 심한 과부하

32 차체 굴절식 로더의 조향장치에 필요한 부품이 아닌 것은?

① 유압실린더 ② 유압펌프
③ 제어 밸브   ④ 언로더 밸브

해설
언로더 밸브(Unloader Valve) : 일정한 설정 유압에 달했을 때 유압펌프를 무부하로 하기 위한 밸브이다.

33 타이어식 로더의 축간거리가 1,620mm이고, 이때 최소 회전반경이 2.1m일 경우 주향륜의 조향각은 약 몇 도인가?(단, sin30° = 0.5, sin44° = 0.7, sin50° = 0.77, sin54° = 0.81)

① 30°   ② 44°
③ 50°   ④ 54°

해설
$R = \dfrac{L}{\sin\alpha}$

$\sin\alpha = \dfrac{L}{R} = \dfrac{1.62}{2.1} = 0.77$

$\alpha = \sin^{-1}(0.77) = 50°$

여기서, α : 조향각
　　　 R : 최소 회전반경
　　　 L : 축간거리

34 유압모터의 장점으로 틀린 것은?

① 시동, 정지, 변속은 쉬우나 역전가속이 어렵다.
② 토크에 대한 관성 모멘트가 작다.
③ 고속에서 추종성이 작다.
④ 소형이면서 출력이 크다.

해설
가변용량형 펌프나 미터링 밸브에 의해 시동, 정지, 역전, 변속, 가속 등이 간단히 제어되고, 힘의 속도제어, 연속제어, 운동방향 제어가 용이하다.

35 굴착기 붐 실린더의 외부 누유 원인이 아닌 것은?

① 실린더 튜브 용접부의 결함
② 피스톤 로드의 휨
③ 실린더 헤드 패킹의 마모
④ 피스톤의 패킹 마모

해설
피스톤의 패킹 마모는 내부 누유 원인이다.

36 불도저의 1회 작업 사이클 시간(C_m)을 구하는 공식이 맞는 것은?[단, L = 평균 운반거리(m), V_1 = 전진속도(m/분), V_2 = 후진속도(m/분), t = Gear 변속시간(분)]

① $C_m = L/V_1 + L/V_2 \times t$
② $C_m = L/V_1 + L/V_2 \div t$
③ $C_m = L/V_1 + L/V_2 - t$
④ $C_m = L/V_1 + L/V_2 + t$

37 건설기계의 트랙 유격은 일반적으로 25~40mm 정도이다. 측정한 트랙 유격이 15mm라면 정비 방법은?

① 조정 실린더에서 그리스를 배출시킨다.
② 조정 실린더에 그리스를 주입시킨다.
③ 장력조정 스프링 장력을 조정한다.
④ 장력조정 스프링을 교환한다.

해설
트랙 유격 조정
조정 실린더에서 그리스를 배출시키면 유격이 커지고, 조정 실린더에 그리스를 주입시키면 유격이 작아진다.

38 토크 변환기의 스테이터 역할은?

① 출력축의 회전속도를 빠르게 한다.
② 발열을 방지한다.
③ 저속, 중속에서 회전력을 크게 한다.
④ 고속에서 회전력을 크게 한다.

해설
토크 컨버터에서 스테이터는 오일의 흐름방향을 바꾸어 주어 저속 및 중속에서 회전력을 크게 한다.

39 유압 회로에 공동현상이 발생했을 때 유압펌프에서 나타나는 고장현상이 아닌 것은?

① 유압 토출량이 증대한다.
② 유압펌프의 효율이 급격히 저하한다.
③ 유압펌프에서 소음과 진동이 발생한다.
④ 날개차 등에 부식을 일으켜 수명을 단축시킨다.

해설
공동현상 발생현상
• 소음과 진동 발생
• 펌프의 성능(토출량, 양정, 효율) 감소
• 임펠러의 손상(수차의 날개를 해친다)
• 관 부식

정답 35 ④ 36 ④ 37 ① 38 ③ 39 ①

40 그림에서 유압호스 설치가 가장 옳은 것은?

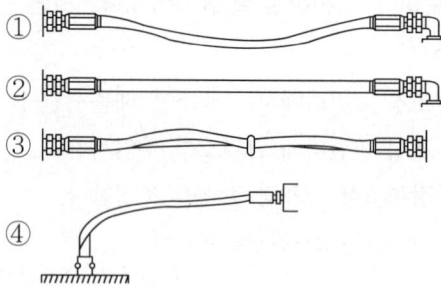

해설
호스 길이에 여유가 충분하지 않으면 호스 피팅 연결부에 압력이 가해졌을 때, 누유가 발생하거나 호스가 피팅에서 풀리면서 치명적인 사고가 발생할 수 있고, 반대로 너무 느슨하면 호스 마모 또는 주변 구성 요소에 걸리는 위험이 발생할 수 있다.

41 왕복형 공기압축기에 설치되어 있는 것으로서 저압실에서 공기를 압축할 때 발생한 열을 냉각시켜 고압실로 보내는 역할을 하는 장치는?

① 언로더(Unloader)
② 인터 쿨러(Inter Cooler)
③ 센터 쿨러(Center Cooler)
④ 애프터 쿨러(After Cooler)

해설
인터 쿨러는 체적 효율을 높이기 위해 실린더 이전에 공기를 냉각시키는 냉각기이다.

42 건설기계의 하부 롤러 축 부위에서 누유가 있을 때 어느 부품을 교환해야 하는가?

① 부싱(Bushing)
② 더스트 실(Dust Seal)
③ 백업 링(Back Up Ring)
④ 플로팅 실(Floating Seal)

해설
플로팅 실은 윤활유가 외부로 유출되지 않도록 막아주는 역할을 한다.

43 작동유에 공기가 유입되었을 때 발생하는 현상이 아닌 것은?

① 유압실린더의 숨돌리기 현상이 발생된다.
② 작동유의 열화가 촉진된다.
③ 유압장치 내부에 공동현상이 발생한다.
④ 작동유 누출이 심하게 된다.

해설
공기가 작동유 관 내에 들어갔을 경우
• 실린더 숨돌리기 현상
• 작동유의 열화 촉진
• 공동현상

44 동력전달장치인 차동장치의 구동 피니언 기어와 링 기어의 백래시 점검에 알맞은 측정기는?

① 마이크로 미터
② 버니어 캘리퍼스
③ 다이얼 게이지
④ 플라스틱 게이지

해설
다이얼 게이지를 기어 잇면에 직각으로 설치하고, 구동 피니언을 고정한 다음 링기어를 회전 방향과 반대 방향으로 움직여서 백래시를 측정한다.

45 유압용 제어 밸브는 어느 목적에 사용하는가?

① 압력조정, 유량조정, 방향전환
② 유량조정, 방향조정, 유급조정
③ 압력조정, 유급조정, 역지조정
④ 유량조정, 방향조정, 작동조정

해설
유압제어 밸브의 종류
- 압력제어 밸브 : 일의 크기 결정
- 유량제어 밸브 : 일의 속도 결정
- 방향제어 밸브 : 일의 방향 결정

46 용접의 장점으로 알맞은 것은?

① 잔류응력 증가
② 공정수의 절감
③ 변형과 수축
④ 저온 취성 파괴

해설
용접의 장단점
- 장점 : 재료의 절약, 공정수의 절감, 성능 및 수명의 향상 등
- 단점 : 재질의 변화, 수축 변형 및 잔류응력의 존재, 응력집중, 품질검사의 곤란

47 교류 아크용접기의 종류별 특성으로 맞는 것은?

① 가동 철심형은 미세한 전류조정이 가능하다.
② 가동 코일형은 코일의 감긴 수에 따라 전류를 조정한다.
③ 탭 전환형은 탭 철심으로 누설 자속을 가감하여 전류를 조정한다.
④ 가포화 리액터형은 가변 전압 변화로 전류를 조정한다.

해설
② 탭 전환형은 코일의 감긴 수에 따라 전류를 조정한다.
③ 가동 철심형은 탭 철심으로 누설 자속을 가감하여 전류를 조정한다.
④ 가포화 리액터형은 가변 저항의 변화로 용접 전류를 조정한다.
※ 가동 철심형
- 현재 가장 많이 사용된다.
- 미세한 전류조정이 가능하다.
- 광범위한 전류조정이 어렵다.
- 가동 철심으로 누설 자속을 가감하여 전류를 조정한다.

48 탄산가스 아크 용접의 장점이 아닌 것은?

① 전류밀도가 대단히 높으므로 용입이 깊고 용접속도를 빠르게 할 수 있다.
② 전 자세 용접도 가능하다.
③ 용접진행의 양부 판단이 가능하고 사용이 편리하다.
④ 적용 재질이 다양하다.

해설
탄산가스 아크 용접은 용접 재료는 철(Fe)에만 한정되어 있다.

49 연강을 0℃ 이하에서 용접 시 예열 온도로 알맞은 것은?

① 10~40℃ ② 40~75℃
③ 75~105℃ ④ 105~135℃

[해설]
연강은 판 두께 25mm 이상에서 0℃ 이하로 용접하면 저온 균열이 발생하기 쉬우므로 이음부의 양쪽에 약 100mm 폭을 40~75℃로 가열한 후 저수소계 용접봉을 사용하여 용접한다.

50 탄산가스 아크용접 장치에서 보호가스 설비에 해당되지 않는 것은?

① 콘택트 튜브
② 히 터
③ 조정기
④ 유량계

[해설]
탄산가스 아크용접 보호가스 설비는 용기(Cylinder), 히터(Heater), 조정기(Regulator), 유량계(Flow Meter) 및 가스 연결용 호스로 구성되어 있다.

51 로더에서 기동전동기를 탈착하고자 한다. 안전한 방법으로 가장 적합한 것은?

① 로더 버킷을 들어 올린 다음, 배터리 접지선을 떼어낸 후 탈착한다.
② 경사진 곳에서 사이드 브레이크를 잠그고 탈착한다.
③ 버킷을 내려놓은 후 바퀴에 고임목을 받치고 배터리 접지선을 떼어낸 후 탈착한다.
④ 기관을 가동한 상태에서 사이드 브레이크를 잠그고 탈착한다.

52 차체를 용접할 때의 설명으로 틀린 것은?

① 홀더는 항상 파손되지 않는 것을 사용한다.
② 용접 시에는 소화수 및 소화기를 준비한다.
③ 아세틸렌 누출 검사 시에는 비눗물을 사용하여 검사한다.
④ 전기용접은 반드시 옥외에서만 작업해야 한다.

53 기중기 장치 중 붐이 어떤 규정각도가 되면 붐이 스토퍼에 닿아서 각 레버와 로드를 경유해서 핸들을 중립위치로 복귀시켜 리프팅을 자동정지시키는 장치는?

① 붐 과권 방지장치
② 아우트리거
③ 셔블 붐
④ 트렌치 호 붐

[해설]
② 아우트리거 : 타이어식 기중기에서 전후, 좌우 방향에 안전성을 주어 기중 작업 시 전도되는 것을 방지해주는 것
③ 셔블(삽)장치
④ 트렌치 호(도랑파기)장치

54 건설기계 차체의 클러치 커버를 안전하게 분해하는 방법 중 틀린 것은?

① 클러치 커버와 압력판에 맞춤표시를 한다.
② 프레스를 사용하여 스프링을 압축한 다음 커버 조임 볼트를 푼다.
③ 클러치 커버 조임 볼트는 대각선 방향으로 2~3회에 걸쳐 푼다.
④ 압력판과 커버 조임 볼트를 먼저 풀고 프레스로 스프링을 조인다.

해설
건설기계 차체의 클러치 커버를 안전하게 분해하는 방법
- 클러치 커버와 압력판에 맞춤 표시를 한다.
- 프레스를 사용하여 스프링을 압축한 다음 커버 조임 볼트를 푼다.
- 클러치 커버 조임 볼트는 대각선 방향으로 2~3회에 걸쳐 푼다.

55 축전지를 급속 충전할 때 축전지의 양쪽 단자를 탈거하지 않고 충전하면?

① 발전기 슬립 링이 손상된다.
② 발전기 다이오드가 손상된다.
③ 발전기 로터 코일이 손상된다.
④ 발전기 스테이터 코일이 손상된다.

해설
정비에 장착된 축전지를 급속 충전할 때 축전지의 접지 케이블을 탈거하는 이유는 발전기의 다이오드를 보호하기 위함이다.

56 공기압축기 안전수칙에 알맞지 않는 것은?

① 전기배선, 터미널 및 전선 등에 접촉될 경우 전기 쇼크의 위험이 있으므로 주의하여야 한다.
② 분해 시 공기압축기, 공기탱크 및 관로 안의 압축공기를 완전히 배출한 뒤에 실시한다.
③ 하루에 한 번씩 공기탱크에 고여 있는 응축수를 제거한다.
④ 작업 중 작업자의 땀이나 열을 식히기 위해 압축공기를 호흡하면 작업효율이 좋아진다.

해설
공기가 호흡해도 좋을 정도로 깨끗하게 정화되어 있지 않을 때에는 압축공기를 마셔서는 안 된다.

57 감전되거나 전기화상을 입을 위험이 있는 작업 시 작업자가 착용해야 할 것은?

① 구명구   ② 보호구
③ 구명 조끼   ④ 비상벨

해설
보호구는 재해나 건강장해를 방지하기 위한 목적으로, 작업자가 착용하여 작업을 하는 기구나 장치이다.

58 적외선 전구에 의한 화재 및 폭발할 위험성이 있는 경우와 거리가 먼 것은?

① 용제가 묻은 헝겊이나 마스킹 용지가 접촉한 경우
② 적외선 전구와 도장면이 필요 이상으로 가까운 경우
③ 상당한 고온으로 열량이 커진 경우
④ 상온의 온도가 유지되는 장소에서 사용하는 경우

59 보호구는 반드시 한국산업안전보건공단으로부터 보호구 검정을 받아야 한다. 검정을 받지 않아도 되는 것은?

① 안전모
② 방한복
③ 안전장갑
④ 보안경

해설
보호구의 종류
• 추락 및 감전 위험방지용 안전모
• 안전화, 안전장갑, 안전대
• 방진마스크, 방독마스크, 송기마스크
• 전동식 호흡보호구, 보호복, 용접용 보안면
• 차광(遮光) 및 비산물(飛散物) 위험방지용 보안경
• 방음용 귀마개 또는 귀덮개

60 사고의 원인으로서 불안전한 행위는?

① 안전 조치의 불이행
② 고용자의 능력 부족
③ 물적 위험상태
④ 기계의 결함상태

해설
사고의 직접 원인

불안전한 행동(인적 요인)	불안전한 상태(물적 요인)
위험 장소 접근	물체 자체의 결함
안전 장치의 기능 제거	안전 방호 장치 결함
복장·보호구의 잘못 사용	복장·보호구의 결함
기계·기구의 잘못 사용	물체의 배치 및 작업 장소 결함
운전 중인 기계 장치의 손질	작업 환경의 결함
불안전한 속도 조작 및 위험물 취급 부주의	생산 공정의 결함
불안전한 상태 방치, 불안전한 자세 및 동작	경계 표시·설비의 결함, 기타

정답 58 ④ 59 ② 60 ①

2012년 제2회 과년도 기출문제

01 밸브 면과 시트부의 접촉상태가 불량한 경우 가장 적절한 조치는?

① 래핑작업을 한다.
② 분해하여 밸브 면을 깨끗이 닦고 다시 조립한다.
③ 밸브를 교환한다.
④ 밸브 스템을 연마한 후 다시 조립한다.

해설
래핑작업은 공작물의 표면에 랩을 대고 연마제를 쳐서 공작면을 정밀하게 다듬는 작업이다.

02 피스톤 종류에서 스플리트 피스톤의 홈(Slot)을 설치한 목적으로 가장 적합한 것은?

① 피스톤의 강도를 크게 하기 위하여
② 헤드에서 스커트부로 흐르는 열을 차단하기 위하여
③ 피스톤의 무게를 적게 하기 위하여
④ 헤드부의 열을 스커트부로 빨리 전달하기 위하여

해설
스플리트 스커트(Split Skirt)형은 피스톤 스커트부와 링부 사이에 가늘게 가공된 홈인 슬롯(Slot)을 만들어 스커트부로 열전도를 제한하고, 열팽창을 최소로 하기 위한 형식이다.

03 12V, 100Ah의 축전지 2개를 직렬로 접속하면?

① 12V, 100Ah
② 12V, 200Ah
③ 24V, 100Ah
④ 24V, 200Ah

해설
축전지의 연결방법
• 직렬연결방법 : 용량은 1개일 때와 동일하고 전압은 2배이다.
• 병렬연결방법 : 용량은 2배이고, 전압은 1개일 때와 동일하다.

04 건설기계의 축전지가 방전되었을 때 전해액의 비중은?

① 비중이 올라간다.
② 비중과는 상관없다.
③ 비중이 내려간다.
④ 전해액이 늘어난다.

해설
전해액은 온도가 상승하면 비중이 작아지고 온도가 낮아지면 비중은 커진다.

정답 1 ① 2 ② 3 ③ 4 ③

05 엔진오일 압력이 낮아지는 원인과 거리가 먼 것은?

① 크랭크축의 마멸이 클 때
② 압력조정 밸브의 스프링 장력이 클 때
③ 오일 펌프 기어의 마멸이 클 때
④ 엔진오일의 점도가 낮을 때

해설
압력조정 밸브의 스프링 장력이 클 때 유압이 높아진다.

06 LPG기관의 구성품이 아닌 것은?

① 디머스위치
② 솔레노이드 밸브
③ 믹 서
④ 베이퍼라이저

해설
디머스위치는 전조등의 상하를 바꾸는 스위치이다.

07 에어컨 컴프레서 오일의 취급방법이 아닌 것은?

① 오일에 습기, 먼지, 금속편이 유입되지 않도록 한다.
② 구냉매용과 신냉매용 오일은 동일한 것을 사용한다.
③ 오일을 사용한 후에 대기 중에 장시간 방치해 두지 않는다.
④ 오일이 오염되었을 경우 리시버 드라이어나 어큐뮬레이터를 교환한다.

해설
신냉매의 냉동오일은 구냉매의 냉동오일과는 다른 합성유를 사용한다.

08 디젤기관에서 분사노즐의 분사개시압력이 규정보다 높거나 낮을 때 올바른 정비방법은?

① 니들 밸브 압력스프링을 교환해서
② 분사압력 조정나사를 풀거나 조여서
③ 딜리버리 밸브 스프링을 교환해서
④ 플런저를 회전시킴으로써 플런저 유효행정을 바꿔서

09 기동전동기가 회전하지 않는 원인과 거리가 먼 것은?

① 축전지 전압이 너무 낮을 때
② 계자코일이 손상되었을 때
③ 전기자 코일이 단선되었을 때
④ 브러시와 정류자가 너무 밀착되었을 때

해설
브러시와 정류자의 접촉 불량 시 기동전동기가 회전하지 않는다.

10 부동액의 구비조건으로 틀린 것은?

① 물과 쉽게 혼합되지 말 것
② 부식 등으로 냉각장치에 손상이 없을 것
③ 온도 변화에 따른 부식을 일으키지 않을 것
④ 침전물의 쌓임이 없을 것

해설
부동액의 구비조건
- 적당한 열전달을 해야 한다.
- 냉각장치에 녹 등의 형성을 막아야 한다.
- 냉각장치 호스와 실(Seal)재료에 적합해야 한다.
- 휘발성이 없고 순환이 잘되어야 한다.
- 비점이 높고 응고점이 낮아야 한다.
- 내식성이 크고 팽창계수가 작아야 한다.
- 냉각수와 혼합이 잘되고 침전물이 없어야 한다.

11 기관의 밸브 설치상태에서 밸브스프링 규정장력이 35kgf이었다면 얼마 이하로 감소하였을 때 교환하여야 하는가?

① 33.75kgf
② 32.5kgf
③ 29.75kgf
④ 26.25kgf

해설
밸브스프링의 규정값은 표준장력의 15% 이내에 있어야 정상이다.
35 − (35 × 0.15) = 29.75kgf

12 와이퍼 블레이드의 일반적인 재질은?

① 고 무   ② 석 면
③ 우 드   ④ 아크릴

해설
유리창과 직접 닿는 부분인 와이퍼 블레이드는 고무 재질로 되어 있다.

13 디젤기관에서 가속페달을 밟으면 직접 연결되어 작용하는 것은?

① 스로틀 밸브
② 연료 분사 펌프의 래크와 피니언
③ 노 즐
④ 플라이밍 펌프

해설
디젤기관 제어순서
가속페달(조속기) → 제어래크 → 제어피니언 → 제어슬리브 → 플런저

14 인터쿨러(Inter Cooler)의 설치 위치는?

① 배기다기관과 터보차저 사이
② 터보차저와 흡기다기관 사이
③ 에어클리너와 터보차저 사이
④ 터보차저와 배기관 사이

해설
인터쿨러는 터보차저 임펠러와 흡기다기관 사이에 설치되어 과급된 공기를 냉각시키는 역할을 한다.

15 4실린더 기관의 폭발순서가 1-2-4-3일 때 3번 실린더가 압축행정을 하면 1번 실린더는?

① 흡기행정
② 동력행정
③ 압축행정
④ 배기행정

해설
1-2-4-3 순서인 기관에서는 1-배기, 2-폭발, 4-압축, 3-흡입이다.
1-?, 2-?, 4-?, 3-압축이면 압축 → 흡입 → 배기 → 폭발이므로 3압축 → 1흡입 → 2배기 → 4폭발이 된다.

16 기관의 윤활장치에서 유압이 저하되는 원인이 아닌 것은?

① 오일의 점도가 높을 때
② 크랭크축 오일간극이 클 때
③ 오일 스트레이너가 막혔을 때
④ 오일 펌프의 릴리프 밸브 접촉이 불량할 때

해설
오일의 점도가 높으면 유압이 높아진다.

17 어느 기관의 제동평균 유효압력이 16.26kgf/cm²이며, 기계효율이 85%일 경우 도시평균 유효압력(P_{mi})은?

① 약 13.82kgf/cm²
② 약 19.13kgf/cm²
③ 약 26.7kgf/cm²
④ 약 5.24kgf/cm²

해설
$$P_{mi} = \frac{P_{mb}}{\eta_m} = \frac{16.26}{0.85} = 19.129 \text{kgf/cm}^2$$
여기서, P_{mi} : 도시평균 유효압력(kgf/cm²)
P_{mb} : 제동평균 유효압력(kgf/cm²)
η_m : 기계효율(%)

18 기관 실린더 내에서 실제로 발생한 마력을 무엇이라 하는가?

① 지시마력
② 제동마력
③ 마찰마력
④ 피스톤 마력

해설
① 지시마력 : 실제 발생시킨 힘 = 이론상 힘
② 제동마력 : 실제 사용되는 힘
③ 마찰마력 : 마찰에 의해 손실된 힘 = 기계적 손실

19 크랭크축이 회전 중 받는 힘이 아닌 것은?

① 휨(Bending)
② 전단력(Shearing)
③ 비틀림(Torsion)
④ 관통력(Penetration)

해설
크랭크축은 회전체이므로 비틀림 모멘트가 존재한다. 축은 베어링으로 고정되어 있다고 하지만 하중은 가운데로 몰리므로, 휨이 발생하고, 비틀림에 의한 전단응력이 발생한다.

20 건설기계용 교류발전기에 주로 많이 쓰이는 베어링은?

① 롤러 베어링
② 니들베어링
③ 트러스트베어링
④ 볼 베어링

21 무한궤도 건설기계에서 리코일 스프링을 분해해야 할 경우는?

① 롤러의 파손 시
② 트랙의 파손 시
③ 스프로킷의 절손 시
④ 스프링이 절손되었거나 샤프트 절손 시

22 자동변속기오일(ATF)량이 부족할 때 나타나는 현상이 아닌 것은?

① 회로 내 기포 발생
② 클러치 작용 불량
③ 클러치판의 슬립
④ 유성기어장치의 백래시 증가

해설
ATF량이 부족한 경우
ATF가 부족하면 ATF와 함께 공기가 유입되어 그 유입된 공기는 유압회로 내에 공기방울을 형성해 스펀지 현상을 발생시켜 압력에 이상을 일으켜 변속이 지연되거나 클러치 또는 브레이크가 미끄러지게 된다. ATF가 부족하면 AT 내부에 열을 받아 클러치 디스크가 마모되거나 ATF가 쉽게 변질되어 버린다.

23 모터그레이더의 조향핸들이 무겁게 되는 원인이 아닌 것은?

① 펌프의 토출량이 부족하다.
② 유압장치의 설정압이 낮다.
③ 제어 밸브가 고착되었다.
④ 파일럿 체크 밸브가 누설된다.

해설
모터 그레이더의 조향핸들이 무거워지는 원인
• 펌프의 토출량이 부족하다.
• 유압장치의 설정압이 낮다.
• 제어 밸브가 고착되었다.

24 트랙 롤러의 구성품이 아닌 것은?

① 부 싱   ② 플로팅 실
③ 칼 라   ④ 마스터 핀

해설
트랙 롤러의 구조

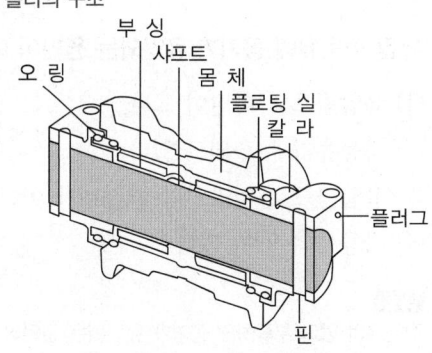

25 지게차 작업 시 주의사항에 대한 설명으로 틀린 것은?

① 오르막 운행 시는 전진 운행한다.
② 화물을 운반할 때는 포크를 지면에서 30cm 이상 띄워서 한다.
③ 적재 장치에는 사람을 태우지 않는다.
④ 기준부하 이상의 화물을 운반하지 않는다.

해설
화물 운반 시 포크는 지면에서 20~30cm 정도 띄운다.

26 덤프트럭의 주행속도가 36km/h일 때, 초속으로 산출하면?

① 10m/s ② 20m/s
③ 129.6m/s ④ 600m/s

해설
$$초속(m/s) = \frac{36 \times 1,000}{3,600} = 10m/s$$

27 유압 작동유에 공기가 유입되는 원인이 아닌 것은?

① 유압펌프의 마멸이 크다.
② 작동유가 누출되고 있다.
③ 유압펌프 흡입라인의 연결부가 이완되었다.
④ 작동유의 양이 많다.

해설
작동유의 양이 부족하면 공기가 유입되는 원인이 된다.

28 유압제어 밸브 중에서 일의 크기를 결정하는 밸브는?

① 압력제어 밸브
② 유량조정 밸브
③ 방향전환 밸브
④ 교축 밸브

해설
유압제어 밸브의 종류
• 압력제어 밸브 : 일의 크기 결정
• 유량제어 밸브 : 일의 속도 결정
• 방향제어 밸브 : 일의 방향 결정

29 유압식 브레이크의 기본원리로 알맞은 것은?

① 베르누이 정리
② 파스칼의 원리
③ 아르키메데스의 원리
④ 돌턴의 유압법칙

해설
파스칼의 원리
밀폐된 유체의 일부에 압력을 가하면 그 압력이 유체 내의 모든 곳에 같은 크기로 전달된다고 하는 원리로 유압식 브레이크나 지게차, 굴착기와 같이 작은 힘을 주어 큰 힘을 내는 장치들은 모두 이 원리를 이용하고 있다.

25 ② 26 ① 27 ④ 28 ① 29 ②

30 트랙터 베벨기어의 기능으로 적합하지 않은 것은?

① 감속작용을 한다.
② 동력전달 방향을 직각(90°)으로 바꾸어 준다.
③ 구동력을 크게 한다.
④ 차동작용을 한다.

31 공기브레이크에서 제동력을 크게 하기 위해 조정해야 할 밸브는?

① 압력조절 밸브
② 체크 밸브
③ 언로더 밸브
④ 안전 밸브

32 토크 디바이더(Torque Divider)의 특징으로 틀린 것은?

① 최고 효율은 토크변환기보다 5~6% 상승하나, 스톨 토크비는 감소한다.
② 유체구동의 원활한 특성은 감소한다.
③ 부하토크가 증가됨에 따라 기관의 회전은 저하되지만 저속에서 출력은 증가한다.
④ 입력축 토크용량이 증대되므로 같은 기관에 대하여 사용하는 토크변환비는 작아도 된다.

[해설]
토크 디바이더는 유성기어장치를 이용한 변속기로, 기관의 토크를 더욱 증대시키기 위하여 사용한다.

33 콘크리트 혼합물의 장거리 이동에 적합한 건설기계는?

① 콘크리트 펌프
② 콘크리트 피니셔
③ 콘크리트 살포기
④ 콘크리트 믹서트럭

[해설]
① 콘크리트 펌프 : 콘크리트의 수송기관의 하나로서 콘크리트에 피스톤 혹은 롤러 등으로 압력을 가해 파이프 속을 압송하는 기계
② 콘크리트 피니셔 : 콘크리트 포장의 마무리를 하는 기계
③ 콘크리트 살포기 : 콘크리트 펌프에 의하여 배관을 통해 압송되어진 생콘크리트를 형틀 내로 분사하는 기계

34 유압장치 내에 공동현상을 방지하는 방법이 아닌 것은?

① 적당한 점도의 작동유를 선택한다.
② 작동유 온도가 30℃ 이상이 되도록 난기운전을 실시한다.
③ 작동유에 물, 공기, 이물질이 유입되지 않도록 한다.
④ 펌프의 운전속도를 가능한 고회전 상태를 유지한다.

[해설]
공동현상을 방지하는 방법으로 펌프의 회전수를 낮춘다.

35 로더의 동력전달순서로 맞는 것은?

① 엔진 → 변속기 → 토크컨버터 → 종감속장치 → 구동륜
② 엔진 → 변속기 → 종감속장치 → 토크컨버터 → 구동륜
③ 엔진 → 토크컨버터 → 변속기 → 종감속장치 → 구동륜
④ 엔진 → 토크컨버터 → 종감속장치 → 변속기 → 구동륜

해설
엔진 → 토크컨버터 → 변속기 → 종감속장치 → 구동륜

36 평형 스프링(Equalizer Spring)에 대한 설명이 아닌 것은?

① 모두 양쪽 끝부분은 트랙 프레임 위에 얹혀 있다.
② 2중 코일 스프링을 사용한다.
③ 도저가 요철지면을 주행할 때 지면에서 오는 충격을 흡수하여 완충시킨다.
④ 도저의 앞쪽 균형을 잡아준다.

해설
평형 스프링은 여러 장의 판 스프링을 겹쳐서 사용하는 형식과 상자형으로 된 형식이 있다.

37 스크레이퍼에서 토사를 굴착하여 적재하는 부분은?

① 볼
② 이젝터
③ 에이프런
④ 푸시블록

해설
볼(Bowl) : 토사를 운반하는 용기이다.
② 이젝터 : 적재함의 흙을 밀어낸다.
③ 에이프런 : 볼에 적재한 토사가 앞으로 흘러내리지 않도록 한다.
④ 푸시블록 : 스크레이퍼 뒤쪽에 설치되어 불도저로 밀 때 접촉되는 부분이다.

38 덤프트럭의 스프링 센터 볼트가 절손되는 원인은?

① 심한 구동력
② 스프링의 탄성
③ U 볼트 풀림
④ 스프링의 압축

39 기중기의 전부작업장치에 포함되지 않는 것은?

① 클램셸
② 마그넷
③ 훅
④ 파일 드라이버

해설
기중기의 6대 전부(작업)장치 : 훅, 드래그 라인, 파일 드라이버, 클램셸, 셔블, 백호

40 안지름 60mm의 유압실린더에 의해서 450kgf의 추력을 발생시키려면 최소유압은 약 얼마인가?

① 18kgf/cm²
② 23kgf/cm²
③ 16kgf/cm²
④ 20kgf/cm²

해설
$P = \dfrac{W}{A} = \dfrac{450}{\dfrac{\pi}{4} \times 6^2} = 15.92\,\text{kgf/cm}^2$

여기서, P : 유압
　　　　W : 추력
　　　　A : 단면적

41 굴착기에서 굴삭력이 가장 클 때는 붐과 암의 각도가 몇 도일 때인가?

① 20~40°
② 40~70°
③ 70~80°
④ 90~110°

해설
붐과 암의 각도가 90~110°일 때 굴착력이 가장 크며, 암의 각도는 전방 50°에서 후방 15°까지의 65° 사이일 때가 효율적인 굴착력을 발휘할 수 있다.

42 유압펌프 점검을 위한 측정의 조건 중 틀린 것은?

① 건설기계를 평탄한 곳에 주차한다.
② 난기운전이 끝난 후에 실시한다.
③ 측정 시 유압 작동유 온도는 0~20℃ 범위가 적당하다.
④ 규정된 회전수에서 측정한다.

해설
측정 시 유압 작동유 온도는 40~70℃ 범위가 적당하다.

43 일반적인 유압장치 구성상 필요한 부속기기가 아닌 것은?

① 오일탱크
② 필터
③ 오일냉각기
④ 블리드 오프

해설
유압장치 부속기기 : 축압기(어큐뮬레이터), 스트레이너, 냉각기, 오일탱크, 라인필터, 온도계, 압력계, 배관 및 부속품 등
※ 유압기기 4대 요소 : 유압작동기(액추에이터), 유압밸브, 유압펌프, 유압탱크

44 압력게이지를 이용하여 착암기의 압력을 측정할 때, 게이지의 지침이 심하게 떨릴 경우의 조치사항으로 가장 적합한 것은?

① 메인 컨트롤 밸브를 교환한다.
② 릴리프 밸브를 교환한다.
③ 착암기를 교환한다.
④ 작동레버를 교환한다.

정답　40 ③　41 ④　42 ③　43 ④　44 ②

45 와이어로프 지름이 20mm일 때 얼마 이하로 감소하면 교체해야 하는가?

① 18.4mm
② 18.6mm
③ 19.4mm
④ 19.6mm

해설
와이어로프 교체기준 : 지름의 감소가 공칭지름의 7%를 초과하는 것
∴ 20 × 0.93 = 18.6mm

46 아크용접에서 발생하는 용접결함의 종류가 아닌 것은?

① 오버랩
② 용입 부족
③ 언더컷
④ 이면비드

해설
이면비드(Back Bead) : 용접을 했을 때 용접을 한 방향이 아닌 반대쪽
① 오버랩 : 용착금속이 끝부분에서 모재에 융합되지 않고 겹친 부분
② 용입 불량 : 모재의 어느 한 부분이 완전히 용착되지 못하고 남아 있는 현상
③ 언더컷 : 용접에서 모재와 용착금속의 경계부분에 오목하게 파여 들어간 것

47 피복금속 아크용접의 아크 쏠림 방지책 중 틀린 것은?

① 교류용접으로 하지 말고, 직류용접으로 할 것
② 용접봉 끝을 아크 쏠림 반대방향으로 기울일 것
③ 접지점 2개를 연결할 것
④ 짧은 아크를 사용할 것

해설
아크 쏠림(자기불림) 방지대책
• 직류용접을 하지 말고 교류용접을 사용할 것
• 용접봉 끝을 아크 쏠림의 반대 방향으로 기울일 것
• 접지점을 2개 연결할 것
• 짧은 아크를 사용할 것
• 접지점(Earth)을 용접부보다 멀리 할 것
• 긴 용접에는 후퇴법으로 용접할 것
• 받침쇠, 긴 가용접부, 이음의 처음과 끝에 엔드 탭을 사용한다.

48 가스절단에 대한 설명 중 맞는 것은?

① 드래그가 가능한 클 것
② 슬래그 이탈이 양호할 것
③ 절단면 표면이 거칠 것
④ 절단면이 평활하며 드래그 홈이 높고 노치가 많을 것

해설
가스절단 시 양호한 절단면을 얻기 위한 조건
• 드래그가 될 수 있으면 작을 것
• 절단면 표면의 각이 예리하고 슬래그의 이탈이 좋을 것
• 경제적인 절단이 이루어지도록 할 것
• 절단면이 평활하며 드래그의 홈이 낮고 노치 등이 없을 것

정답 45 ② 46 ④ 47 ① 48 ②

49 연강용 피복아크 용접봉의 종류, 피복제, 용접자세를 바르게 연결한 것은?

① E4301 – 고산화타이타늄계 – F, V, O, H
② E4303 – 주수소계 – F, V, O, H
③ E4311 – 철분 저수소계 – F, H-Fill
④ E4327 – 철분 산화철계 – F, H-Fill

해설
① E4301 – 일미나이트계 – F, V, O, H
② E4303 – 라임티타니아계 – F, V, O, H
③ E4311 – 고셀룰로스계 – F, V, O, H

50 아크용접기의 구비조건이 아닌 것은?

① 아크발생이 잘되도록 무부하 전압이 유지되어야 한다.
② 전류조정이 용이하고 일정한 전류가 흘러야 한다.
③ 사용 중 용접기 온도가 계속 상승하여야 한다.
④ 역률 및 효율이 좋아야 한다.

해설
아크용접기의 구비조건
• 적당한 무부하 전압이 있어야 한다(AC : 70~80V, DC : 40~60V).
• 전류조정이 용이해야 한다.
• 아크 길이 변동에 전류변동이 작아야 한다.
• 사용 중 온도 상승이 작아야 한다.
• 역률과 효율이 높아야 한다.
• 내구성이 좋아야 한다.
• 구조 및 취급이 간단해야 한다.
• 단락되는 전류가 크지 않아야 한다.
• 전격방지기가 설치되어 있어야 한다.
• 아크 발생이 쉽고 아크가 안정되어야 한다.
• 아크 안정을 위해 외부 특성 곡선을 따라야 한다.

51 유압시스템에서 유압유를 깨끗하게 하여 불순물로 인한 장애를 받지 않도록 유지하는 금속필터의 세척방법으로 틀린 것은?

① 압축공기로 필터 엘리먼트 주위에 모인 이물질을 제거시키는 방법
② 스크레이퍼로 떨어내는 방법
③ 세척액으로 벤젠이나 시너(Thinner) 등을 이용하는 방법
④ 초음파를 이용하여 세척하는 방법

해설
스크레이퍼는 기계의 분진이나 쇠 부스러기를 청소하기 위해서 사용하는 공구로 적당하다.

52 토크컨버터가 설치된 건설기계에서 변속기를 안전하게 분리하고자 할 때 틀린 것은?

① 변속기와 토크컨버터의 오일을 빼낸다.
② 시트프레임 지지대와 걸침대를 분리한다.
③ 변속기와 토크컨버터 오일 공급라인을 분리시킨다.
④ 조향클러치와 브레이크 로드를 분리한 후 길이별로 분류시켜 놓는다.

해설
토크컨버터가 설치된 건설기계에서 변속기 분리방법
• 토크컨버터에 아이 볼트를 설치 후 호이스트를 연결한다.
• 플라이휠 하우징과 컨버터 연결 너트와 와셔를 분리한다.
• 시트프레임 지지대와 걸침대를 분리한다.
• 변속기와 토크컨버터 오일 공급라인을 분리시킨다.

53 작업 중 기계장치에서 이상한 소음이 발생할 경우 가장 적절한 대응책은 어느 것인가?

① 작업 종료 후 이상 유무를 확인한다.
② 즉시 작동을 멈추고 점검한다.
③ 기계장치의 속도를 확인한다.
④ 잠시 작동을 멈추었다가 작업한다.

54 차에 설치한 채로 급속충전을 할 경우의 주의사항으로 틀린 것은?

① 벤트플러그가 있는 배터리는 플러그를 열고 충전한다.
② 배터리에 연결된 접지단자를 떼고 충전한다.
③ 빠른 시간 내에 하기 위해 전류를 가급적 높여 충전한다.
④ 배터리의 온도가 상승되지 않도록 조치한다.

[해설]
충전 전류는 축전지 용량의 1/2이 좋다.

55 가스용접 작업 시 안전에 관한 설명으로 옳은 것은?

① 토치를 고무호스에 연결 시 아세틸렌은 녹색호스, 산소는 적색 또는 황색에 연결한다.
② 산소용기는 화기에서 1m 정도 거리를 둔다.
③ 산소용기는 40℃ 이하의 온도에 보관한다.
④ 토치 점화 시는 성냥불과 담뱃불을 사용한다.

[해설]
① 토치를 고무호스에 연결 시 아세틸렌은 적색호스, 산소는 검은색 또는 녹색에 연결한다.
② 산소용기는 비눗물로 반드시 누설 검사를 하고, 화기에서 5m 이상 거리를 유지한다.
④ 토치의 점화는 반드시 점화용 라이터를 사용한다.

56 전동공구 사용 시 발생할 수 있는 감전 사고에 대한 설명으로 틀린 것은?

① 전기감전의 경우 사전감지가 어렵다.
② 전기감전 시 사망할 수 있다.
③ 감전으로 인한 2차 재해가 발생할 수 있다.
④ 공장의 전기는 저압 교류를 사용하므로 안전하다.

[해설]
600V 이하인 저압의 교류에서 인체가 충전부분에 직접 접촉하여 감전 사고가 발생하는 것이 일반적이다.

정답 53 ② 54 ③ 55 ③ 56 ④

57 LPG충전사업의 시설에서 저장탱크와 가스충전 장소의 사이에 설치해야 되는 것은?

① 역화방화 장치
② 역류방지 장치
③ 방호벽
④ 경계표시

해설
LPG충전사업의 시설에서 지상에 설치된 저장탱크와 가스충전 장소 사이에는 가스 폭발에 따른 충격에 견딜 수 있는 방호벽을 설치하거나, 그 한쪽에서 발생하는 위해요소가 다른 쪽으로 전이되는 것을 방지하기 위하여 필요한 조치를 할 것

58 다이얼게이지 취급 시 주의사항으로 잘못된 것은?

① 게이지는 측정 면에 직각으로 설치한다.
② 충격은 절대로 금해야 한다.
③ 게이지 눈금은 0점 조정을 하여 사용한다.
④ 스핀들에는 유압유를 급유하여 둔다.

해설
장기 보관 시에는 방청유를 헝겊에 묻혀서 각 부를 골고루 방청한다. 단, 본체 내부, 스핀들, 초경금속구부의 측정자 등은 일체 기름이 유입되는 일이 없도록 한다.

59 해머 작업 시 안전수칙과 거리가 먼 것은?

① 타격면 모양이 찌그러진 것으로 작업하지 않는다.
② 해머와 자루의 흔들림 상태를 점검한다.
③ 타격 시 불꽃이 생기거나 파편이 생길 수 있는 작업에서는 반드시 보호안경을 써야 한다.
④ 열처리된 재료는 열처리된 해머를 사용한다.

해설
열처리된 재료는 해머 작업을 하지 않는다.

60 저압전로에서의 누전차단의 주된 사용목적과 거리가 먼 것은?

① 전기감전 예방
② 누전 화재보호
③ 전기설비 및 전기기기 보호
④ 접지선 보호

정답 57 ③ 58 ④ 59 ④ 60 ④

2012년 제4회 과년도 기출문제

01 축전지의 비중과 충전상태를 표시한 것으로 틀린 것은?

① 1.220~1.240 : 75% 충전
② 1.190~1.210 : 50% 충전
③ 1.140~1.160 : 25% 충전
④ 1.110 이하 : 완전방전

해설
• 1.140~1.160 : 50% 충전
• 1.170~1.190 : 25% 충전

02 디젤 엔진의 예열장치 점검 사항이 아닌 것은?

① 예열 플러그 단선 점검
② 예열 플러그 양부 점검
③ 접지 전극 점검
④ 예열 플러그 파일럿 및 예열 플러그 저항값 점검

해설
예열장치 점검사항
• 예열플러그 단선 점검
• 예열플러그 양부 점검
• 예열플러그 파일럿 및 예열플러그 저항값 점검

03 오버헤드 밸브식 엔진의 특징으로 틀린 것은?

① 흡·배기의 흐름에 저항이 작아 흡·배기 효율이 좋다.
② 밸브의 크기와 양정을 충분히 할 수 있다.
③ 연소실의 형식을 간단히 할 수 있다.
④ 압축비를 높게 할 수 없으며, 노킹을 일으키기 쉽다.

해설
오버헤드 밸브식(OHV ; Over Head Valve Type)
이 형식은 실린더 헤드에 흡기 및 배기 밸브와 밸브기구 및 점화 플러그 등이 부착되어 있다. 구조는 복잡하나 압축비를 높일 수 있고, 밸브의 면적도 크게 할 수 있는 이상적인 연소실이다.
※ 밸브기구는 밸브 배치와 연소실 형상에 의해 사이드 밸브식, 오버헤드 밸브식(OHV), 오버헤드 캠축식(OHC) 등이 있다.

04 굴착기에서 엔진오일 경고등이 점등되어 오일량을 점검했더니 정상이었다. 그다음 점검해야 할 곳은?

① 오일량이 정상이면 가동에 문제가 없다.
② 오일압력조정 밸브를 점검한다.
③ 배기가스의 색을 점검한다.
④ 엔진오일 색, 냄새, 점도를 점검한다.

해설
엔진오일 경고등은 엔진오일이 부족하거나 유압이 낮아질 경우 점등된다.

정답 1 ③ 2 ③ 3 ④ 4 ②

05 기관의 피스톤 핀의 고정 방법이 아닌 것은?

① 고정식
② 반고정식
③ 전부동식
④ 반부동식

해설
피스톤 핀 설치 방식
- 고정식 : 피스톤 핀을 피스톤 보스에 볼트로 고정하는 방식
- 반부동식(요동식) : 가솔린 엔진에서 많이 이용되고 있는 방식으로, 커넥팅 로드의 작은쪽에 피스톤 핀이 압입되는 방식
- 전부동식 : 피스톤 보스, 커넥팅 로드 소단부 등 어느 부분에도 고정하지 않는 방식

06 4행정 사이클 기관에서 3행정을 끝내려면 크랭크 축의 회전각도는 몇 도인가?

① 1,080° ② 900°
③ 720°   ④ 540°

해설
4행정 사이클에서 1행정에 180°를 회전하므로 3행정에는 180×3 = 540°이다.

07 기관에서 밸브 헤드 부분과 밸브 스템 부분을 큰 원호로 연결하여 가스의 흐름을 원활하게 하고, 강도를 크게 한 것으로 제작이 용이하기 때문에 일반적으로 많이 사용되고 있는 밸브는?

① 플랫형(Flat Head Type)
② 튤립형(Tulip Head Type)
③ 버섯형(Mushroom Head Type)
④ 개량 튤립형(Semi-tulip Head Type)

해설
② 튤립형 : 밸브 헤드면을 오목하게 제작한 밸브로, 열을 받는 면적이 큰 단점이 있으나, 중량이 가볍고 견고하며, 가스 흐름에 대한 유동저항이 작고 유연성이 있으므로 밸브 시트의 변형에 적응하기 쉽다. 그러므로 고출력용 엔진에 주로 사용된다.
③ 버섯형 : 헤드면을 볼록하게 하고 밑쪽은 원뿔 모양으로 만든 밸브로 중심부의 강도는 크지만 전체적으로 무게가 무겁고 연소 시 열을 받는 면이 넓다.
④ 개량 튤립형 : 플랫형과 튤립형의 중간으로 헤드면을 중간 깊이로 오목하게 제작하여 튤립형의 결점인 연소 시 열 받는 면적을 작게 만든 형식으로 주로 사용한다.

08 광원에서 공간으로 발산되는 빛의 다발을 의미하며, 단위로 루멘(lumen, lm)을 사용하는 것은?

① 번 들   ② 광 도
③ 조 도   ④ 광 속

해설
광속의 단위는 루멘(lumen, lm)을, 표시기호로는 ϕ를 사용한다.
② 광도 단위 칸델라(candela, cd)
③ 조도 단위 럭스(lux, lx)

09 교류 발전기에서 전압조정기의 역할이 아닌 것은?

① 축전지와 전기장치를 과부하로부터 보호한다.
② 발전기의 회전속도에 따라 전압을 변화시킨다.
③ 전압맥동에 의한 전기장치의 기능장애를 방지한다.
④ 발전기의 부하에 관계없이 발전기의 전압을 항상 일정하게 유지한다.

해설
전압조정기는 발전기의 발생전압을 일정하게 유지하기 위한 장치이다.

10 실린더의 안지름이 78mm이고, 행정이 80mm인 4실린더 기관의 총배기량은 몇 cc인가?

① 1,028cc　　② 1,128cc
③ 1,329cc　　④ 1,528cc

해설
총배기량 $= \dfrac{\pi D^2 S}{4} \times N = \dfrac{\pi \times 7.8^2 \times 8}{4} \times 4$
$= 1,529$cc
여기서, D : 실린더 내경(cm)
　　　　S : 행정(cm)
　　　　N : 실린더 수

11 충전 중 화기를 가까이하면 축전지가 폭발할 수 있는데 무엇 때문인가?

① 산소가스　　② 전해액
③ 수소가스　　④ 수증기

해설
축전지를 충전할 때는 음극에서 폭발성가스인 수소가스가 발생하기 때문에 환기가 잘되는 곳에서 충전을 해야 한다.

12 전자제어 디젤분사장치의 장점이 아닌 것은?

① 배출가스 규제수준의 충족
② 기관 소음의 감소
③ 연료소비율 증대
④ 최적화된 정숙운전

해설
연료 소모가 적다.

13 유압이 규정압력 이상으로 높아지는 원인이 아닌 것은?

① 유압 조정 밸브 스프링 장력이 높다.
② 윤활회로의 일부가 막혔다.
③ 오일의 점도가 지나치게 높다.
④ 엔진오일이 가솔린에 의해 현저하게 희석되었다.

해설
엔진오일이 가솔린에 의해 희석되면 점도가 낮아져 유압이 낮아진다.

14 수랭식 디젤기관에서 기관이 과열되는 원인이 아닌 것은?

① 냉각수의 양이 적을 때
② 온도조절기의 고장으로 상시 개방된 경우
③ 물 펌프 작용이 불량했을 때
④ 방열기 코어가 50% 이상 막혔을 때

해설
온도조절기의 고장으로 온도조절기가 닫혔을 때

15 디젤기관에서 연료분사에 대한 요건으로 적합하지 않은 것은?

① 관통력(Penetration)
② 조정(Adjustment)
③ 분포(Distribution)
④ 무화(Atomization)

해설
디젤 엔진의 연료분사 3대 요건 : 무화, 분포도, 관통력

16 디젤기관 연료 분사 펌프의 플런저, 송출 밸브, 노즐 등의 분해 조립 시 주의사항 중 틀린 것은?

① 먼지, 오물 등이 묻지 않도록 할 것
② 노즐보디와 니들 밸브 등 각각의 조합을 바꾸지 않을 것
③ O-링 및 개스킷은 신품으로 교환할 것
④ 닦아내기는 가솔린으로 할 것

해설
닦아내기는 경유로 할 것

17 난방 장치의 송풍기에 대한 설명으로 틀린 것은?

① 송풍기의 종류는 분리식과 일체식이 있다.
② 속도 조절을 위해 직류 복권식 전동기를 사용한다.
③ 전동기 축에는 유닛의 열을 강제적으로 방출시키는 팬이 부착되어 있다.
④ 장시간 고속 회전을 위해 특수한 무급유 베어링을 사용한다.

해설
거의 일정한 속도와 회전력을 유지하기 위해 직류 분권식 전동기를 사용한다.

18 축전지 충전작업 시 주의사항으로 맞지 않는 것은?

① 전해액을 혼합할 때에는 증류수를 황산에 천천히 붓는다.
② 축전지 단자가 단락하여 스파크가 일어나지 않게 한다.
③ 축전지를 충전하는 곳은 환기장치가 필요하다.
④ 축전지를 차량에 설치할 때 접지선을 제일 나중에 연결한다.

해설
전해액을 혼합할 때에는 증류수에 황산을 천천히 붓는다.

정답 14 ② 15 ② 16 ④ 17 ② 18 ①

19 디젤기관의 연소 과정에서 연료가 분사됨과 동시에 연소가 일어나며 비교적 느리게 압력이 상승되는 연소구간은?

① 착화 지연 기간
② 폭발 연소(화염 전파) 기간
③ 제어 연소(직접 연소) 기간
④ 후기 연소(팽창) 기간

해설
디젤엔진의 연소 과정
① 착화 지연 기간 : 노즐에서 연료가 분사된 후에서 연소가 일어나기까지의 기간(노킹의 원인이 되는 기간)
② 폭발 연소 기간(화염 전파 기간) : 착화 지연 기간에 축적된 연료가 일시에 연소하는 기간(노킹이 일어나는 기간)
③ 제어 연소 기간(직접 연소 기간) : 최고 압력이 형성되는 시기로 노즐에서 분사되는 연료가 화염에 의해 직접 연소되는 기간(노즐의 분사가 끝나는 기간)
④ 후 연소 기간(후기 연소 기간) : 미연소가스나 불완전연소한 연료가 연소하는 기간(후적이 생기면 이 기간이 길어진다)

20 실린더 헤드 볼트의 조이는 힘을 측정하기 위해 쓰이는 공구는?

① 토크렌치
② 복스렌치
③ 소켓렌치
④ 오픈엔드 렌치

해설
토크렌치는 실린더 헤드 볼트를 조일 때 회전력을 측정하기 위해 사용되는 공구이다.

21 회전식 천공기에 대한 설명으로 틀린 것은?

① 천공 속도가 느리다.
② 보링기계, 어스오거, 어스드릴 등이 이에 속한다.
③ 비트에 강력한 회전력과 압력을 주어 마모, 천공한다.
④ 깊은 천공이나 대구경의 천공은 기술적으로 곤란하다.

해설
천공기는 천공방식에 따라 회전식과 충격식으로 구분된다.

회전식	• 일반적으로 천공 속도가 늦지만 천공깊이(길이)가 크다. • 실드머신, 터널보링머신, 어스오거, 어스드릴, 베노토굴착기, 리버스서큘레이션 드릴 등이 있다.
충격식	• 천공속도는 빠르지만 깊은 천공이나 대구경 천공은 기술적으로 곤란하다. • 드리프터, 크롤러 드릴, 점보드릴 등이 있다.

22 기중기의 유압 작동유로 사용되는 오일의 주성분은?

① 식물성 오일
② 화학성 오일
③ 광물성 오일
④ 동물성 오일

해설
광물성유 : 원유로 제조되며 붉은색이며, 온도 범위는 −54~71℃인데 인화점이 낮아 과열되면 화재의 위험이 있다.

23 유량제어 밸브에 해당되는 밸브는?

① 체크 밸브
② 교축 밸브
③ 포트 밸브
④ 감압 밸브

해설
교축 밸브(스로틀 밸브) : 작동유의 점성에 관계없이 유량을 조절할 수 있으며, 조정범위가 크고 미세량도 조정 가능한 밸브이다.
• 방향제어 밸브 : 체크 밸브, 포트 밸브
• 유압제어 밸브 : 감압 밸브

24 유압장치에서 축압기(Accumulator)의 기능으로 적합하지 않은 것은?

① 펌프 및 유압장치의 파손을 방지할 수 있다.
② 에너지를 절약할 수 있다.
③ 맥동, 충격을 흡수할 수 있다.
④ 압력 에너지를 축적할 수 있다.

해설
축압기의 용도
• 회로 내의 부족한 압력을 대신 할 수 있어 2차 회로의 보상을 할 수 있다.
• 회로 내의 부족한 압력을 보충할 수 있어 사이클 시간을 단축할 수 있다.
• 충격압력 흡수 및 유압펌프의 공회전 시 유압 에너지를 저장한다.
• 펌프의 전원이 차단되었을 때 펌프의 역할을 하여 작동유의 수송을 할 수 있다.
• 펌프의 맥동을 흡수할 수 있다(노이즈 댐퍼).
• 충격압력(서지압력)을 흡수할 수 있다.
• 고장, 정전 등의 긴급 유압원으로 사용할 수 있다.

25 유압 실린더에 사용되는 패킹의 재질로서 갖추어야 할 조건이 아닌 것은?

① 운동체의 마모를 작게 할 것
② 마찰계수가 클 것
③ 탄성력이 클 것
④ 오일 누설을 방지할 수 있을 것

해설
패킹은 마찰계수가 작아야 한다.

26 무한궤도식에서 트랙 아이들러 완충장치인 리코일 스프링의 종류가 아닌 것은?

① 판 스프링식
② 코일 스프링식
③ 질소가스 스프링식
④ 다이어프램 스프링식

해설
리코일 스프링의 종류에는 코일 스프링식, 질소가스 스프링식, 다이어프램 스프링식이 있다.

27 유압펌프 중 가장 고압용은?

① 기어 펌프
② 베인 펌프
③ 나사 펌프
④ 피스톤 펌프

해설
피스톤 펌프는 작은 크기로 토출압력을 높게 할 수 있고 토출량을 크게 할 수 있다.

정답 23 ② 24 ② 25 ② 26 ① 27 ④

28 콘크리트 피니셔에서 콘크리트의 이동순서를 바르게 표기한 것은?

① 호퍼 - 스프레더 - 1차 스크리드 - 진동기 - 피니싱 스크리드
② 1차 스크리드 - 스프레더 - 진동기 - 호퍼 - 피니싱 스크리드
③ 호퍼 - 1차 스크리드 - 스프레더 - 진동기 - 피니싱 스크리드
④ 스프레더 - 호퍼 - 진동기 - 1차 스크리드 - 피니싱 스크리드

해설
콘크리트 이동순서(콘크리트 피니셔)
호퍼 → 스프레더 → 1차 스크리드 → 진동기 → 피니싱 스크리드

29 강제식 유압펌프(체적형, 용적형 펌프)에 대한 설명 중 틀린 것은?

① 높은 압력을 낼 수 있다.
② 조건에 따라 효율의 변화가 작다.
③ 크기가 작다.
④ 유량이 많은 경우가 적합하다.

해설
유압펌프는 크게 강제식 펌프와 비강제식 펌프로 나눈다.
- 강제식 펌프 : 동작이 1주기가 되면 일정한 양의 유체가 유압 장치로 밀려들어가게 하는 것이고, 유압 장치에는 높은 압력이 요구되기 때문에 강제식 펌프가 주로 사용되고, 강제식 펌프를 체적형 펌프라고 한다.
- 비강제식 펌프 : 원심식 펌프와 같이 회전하면서 일정한 유량을 일정한 압력 사이에서 흐르게 하는 것이다.

30 무한궤도식에서 도로를 주행할 때 보통 슈는 포장 노면을 파손시키는데 이를 방지하기 위한 슈는?

① 단일 돌기 슈
② 이중 돌기 슈
③ 암반용 슈
④ 평활 슈

해설
① 단일 돌기 슈 : 돌기가 1개인 것으로 견인력이 크며, 중하중용 슈이다.
② 이중 돌기 슈 : 돌기가 2개인 것으로, 중하중에 의한 슈의 굽음을 방지할 수 있으며 선회성능이 우수하다.
③ 암반용 슈 : 가로 방향의 미끄럼을 방지하기 위하여 양쪽에 리브를 설치한 슈이다.

31 아스팔트 믹싱 플랜트 구조장치 중 건조된 가열 골재를 입도별로 구분하는 장치는 어느 것인가?

① 드라이어 드럼
② 진동 스크린
③ 콜드 빈
④ 핫 엘리베이터

해설
건조된 골재는 핫 엘리베이터를 통해 진동 스크린에 저장되며 각 입자 크기별로 선별되어 계량장치에 공급된다.

32 기계식 모터그레이더에서 작업 중 과다한 하중이 걸리면 스스로 절단되어 작업조정장치의 파손을 방지하는 것은?

① 시어 핀
② 스너버 바
③ 탠덤
④ 머캐덤

해설
시어 핀은 작업조정장치와 변속기 뒷부분 수직 축에 설치되어 과다한 하중이 걸리면 스스로 절단되어 조정장치의 파손을 방지한다.

정답 28 ① 29 ④ 30 ④ 31 ② 32 ①

33 불도저가 견인력 1,200kgf, 속도 6.5m/s로 주행하고 있다. 이때의 견인력(PS)은 얼마인가?

① 94
② 104
③ 114
④ 124

해설
1PS = 75kgf·m/s
$PS = \dfrac{1,200 \times 6.5}{75} = 104 PS$

34 종감속 기어에서 구동 피니언의 물림이 링기어 잇면의 이뿌리 부분에 접촉하는 것은?

① 플랭크 접촉
② 페이스 접촉
③ 토 접촉
④ 힐 접촉

해설
① 플랭크(Flank) 접촉 : 구동 피니언이 링기어의 이뿌리 부분에 접촉
② 페이스(Face) 접촉 : 구동 피니언이 링기어의 잇면 끝부분에 접촉
③ 토(Toe) 접촉 : 구동 피니언이 링기어의 토부(소단부)에 접촉
④ 힐(Heel) 접촉 : 구동 피니언이 링기어의 힐부(대단부)에 접촉

35 유압 작동유를 교환할 때의 주의사항으로 틀린 것은?

① 장비 가동을 완전히 멈춘 후에 교환한다.
② 화기가 있는 곳에서 교환하지 않는다.
③ 유압 작동유의 온도가 80℃ 이상의 고온일 때 교환한다.
④ 수분이나 먼지 등의 이물질이 유입되지 않도록 한다.

해설
작동유가 냉각되기 전에 교환하여야 한다.

36 덤프트럭이 평탄한 도로를 3속으로 주행하고 있을 때 엔진의 회전수가 2,800rpm이라면, 현재 이 차량의 주행 속도는?(단, 제3속 변속비 1.5:1, 종감속비 6.2:1, 타이어 반경 0.6m이다)

① 약 68km/h
② 약 72km/h
③ 약 78km/h
④ 약 82km/h

해설
차속 $= \dfrac{\pi \times \text{타이어지름} \times \text{엔진회전수} \times 60}{\text{변속비} \times \text{종감속비} \times 1,000}$

$= \dfrac{\pi \times (0.6 \times 2) \times 2,800 \times 60}{1.5 \times 6.2 \times 1,000} = 68.1 \text{km/h}$

37 무한궤도식에서 트랙 구동 스프로킷이 한쪽 면으로만 마모되는 원인은?

① 트랙 링크가 과도 마모되었을 때
② 환향 조향을 너무 심하게 했기 때문에
③ 트랙 긴도가 이완되었기 때문에
④ 롤러 및 아이들러의 정렬이 틀렸기 때문에

해설
스프로킷이 한쪽 면으로만 마모되는 원인은 스프로킷 및 아이들러가 직선 배열이 아니기 때문이다.

38 지게차의 조향핸들 직경이 360mm인 경우 건설기계 검사기준상 핸들의 유격은 얼마를 넘지 말아야 하는가?

① 약 45mm
② 약 55mm
③ 약 35mm
④ 약 25mm

해설
조향핸들은 흔들림이 없고 작동 시의 유격은 조향핸들 직경의 12.5% 이내일 것
360 × 0.125 = 45mm

39 작업 도중 엔진이 정지할 때 토크 변환기에서 오일의 역류를 방지하는 밸브는?

① 압력조정 밸브
② 스로틀 밸브
③ 체크 밸브
④ 매뉴얼 밸브

해설
체크 밸브 : 유압회로에서 역류를 방지하고 회로 내의 잔류압력을 유지하는 밸브

40 스크레이퍼의 작업 장치 중 에이프런(Apron)에 대한 설명으로 맞는 것은?

① 트랙터와 볼(Bowl)을 연결해 주는 부분이다.
② 볼(Bowl) 앞에 설치된 토사의 배출구를 닫아주는 문이다.
③ 토사를 적재할 때 볼(Bowl)의 뒷벽을 구성한다.
④ 배토 시에는 아래로 내려 토사를 배출토록 한다.

해설
볼의 전면에 설치되어 앞벽을 형성하여 상하 작동하여 배출구를 개폐하는 장치다.

41 유압장치에서 구성기기의 외관을 그림으로 표시한 회로도는?

① 기호 회로도
② 그림 회로도
③ 조합 회로도
④ 단면 회로도

해설
② 그림 회로도 : 기기의 외형도를 배치한 회로도
① 기호 회로도 : 기기의 기능을 규약화한 기호를 사용하여 표현한 회로도
③ 조합 회로도(복합 회로도) : 회로 내의 일부분을 뚜렷하게 나타내기 위하여 그림 회로도, 단면 회로도, 기호 회로도를 복합적으로 사용한 회로도
④ 단면 회로도 : 기기의 내부 구조나 동작을 알기 쉽게 하기 위하여 기기를 단면으로 표시한 회로도

38 ① 39 ③ 40 ② 41 ②

42 오버 드라이브 장치에서 선기어를 고정하고 링기어를 회전하면 유성 캐리어는 어떻게 되는가?

① 링기어보다 빨리 회전한다.
② 링기어보다 천천히 회전한다.
③ 링기어의 회전속도와 같다.
④ 링기어 회전수에 대하여 일정치 않다.

43 유압장치의 특징이 아닌 것은?

① 발생열의 냉각장치가 필요하다.
② 작동이 원활하여 응답성이 좋다.
③ 과부하 안전장치가 매우 복잡하다.
④ 유압 작동유로 인한 화재의 위험이 있다.

해설
과부하에 대한 안전장치가 간단하고 정확하다.

44 조향장치에서 킹핀이 마모되어 앞바퀴가 좌우로 심하게 흔들리는 현상을 무엇이라 하는가?

① 로드 스웨이(Road Sway)
② 트램핑(Tramping)
③ 피칭(Pitching)
④ 시미(Shimmy)

해설
시미(Shimmy) : 바퀴의 동적 불평형으로 인한 바퀴의 좌우 진동 현상
① 로드 스웨이(Road Sway) : 고속 주행 시 차의 앞부분이 상하 또는 옆으로 진동되어 제어할 수 없을 정도로 심한 진동 현상
② 트램핑(Tramping) : 바퀴의 정적 불평형으로 인한 바퀴의 상하 진동이 생기는 현상
③ 피칭(Pitching) : 차체의 앞부분이 상하로 진동하는 일시적인 현상으로 급제동할 때 발생한다.

45 공기식 제동 장치에서 공기 브레이크(Air Brake)의 부품이 아닌 것은?

① 브레이크 체임버
② 브레이크 밸브
③ 릴레이 밸브
④ 마스터 실린더

해설
공기 브레이크의 부품 : 압축기, 체크 밸브, 브레이크 밸브, 릴레이 밸브, 브레이크 체임버, 공기 파이프 등

46 산소가 적고 아세틸렌이 많을 때의 불꽃은?

① 중성 불꽃
② 탄화 불꽃
③ 표준 불꽃
④ 프로판 불꽃

해설
산소-아세틸렌 용접의 불꽃 종류
• 탄화 불꽃(아세틸렌 과잉 불꽃) : 아세틸렌의 양이 산소보다 많을 때 생기는 불꽃으로 백심과 겉불꽃과의 사이에 연한 백심의 제3의 불꽃이다. 즉, 아세틸렌 깃이 존재하는 과잉 불꽃으로 알루미늄, 스테인리스강의 용접에 이용된다.
• 중성 불꽃(표준 불꽃) : 산소와 아세틸렌의 용적비가 약 1:1의 비율로 혼합될 때 얻어지며, 이론상의 혼합비는 산소 2.5에 아세틸렌 1로서 모든 일반 용접에 이용된다.
• 산화 불꽃(산소 과잉 불꽃) : 산소의 양이 아세틸렌의 양보다 많은 불꽃으로 금속을 산화시키는 성질이 있어 구리, 황동 등의 용접에 이용된다.

정답 42 ② 43 ③ 44 ④ 45 ④ 46 ②

47 아세틸렌 가스의 폭발과 관계없는 것은?

① 온 도
② 탄 소
③ 압 력
④ 진동 충격

해설
아세틸렌가스는 작은 압력(1.5기압)이나 충격에도 폭발할 정도로 위험성이 높다.

48 연강용 피복아크 용접봉 중 일미나이트계(Ilmenite Type)에 대한 설명으로 맞는 것은?

① 용접봉의 기호는 E4313이고 슬래그의 유동성이 나쁘다.
② 산화타이타늄을 30% 이상 포함한 루틸(Rutile Type)계다.
③ 산화타이타늄을 45% 이상 포함한 루틸(Rutile Type)계다.
④ 용접봉의 기호는 E4301이고 슬래그의 유동성이 좋다.

해설
일미나이트계(용접봉 기호 E4301)
- 일미나이트($TiO_2 \cdot FeO$)를 약 30% 이상 합금한 것으로 우리나라에서 많이 사용한다.
- 일본에서 처음 개발한 것으로 작업성과 용접성이 우수하며 값이 저렴하여 철도나 차량, 구조물, 압력 용기에 사용된다.
- 내균열성, 내가공성, 연성이 우수하여 25mm 이상의 후판용접도 가능하다.

49 산소 용접기의 윗부분에 각인되어 있는 TP는 무엇을 의미하는가?

① 안전 시험 압력
② 정격 시험 압력
③ 최고 충전 시험 압력
④ 내압 시험 압력

해설
- 내압 시험압력 : TP
- 최고 충전압력 : FP

50 가스 용접기의 단점으로 틀린 것은?

① 열효율이 낮다.
② 열의 집중성이 어렵다.
③ 금속이 탄화 또는 산화될 우려가 많다.
④ 열량 조절이 자유롭다.

해설
가스용접의 장단점

장 점	단 점
• 응용범위가 넓다. • 무전원이므로 설치가 쉽고 비용이 저렴하다. • 아크용접에 비해 유해광선 발생이 적다. • 박판 용접에 효과적이다. • 용접기의 운반이 편리하다. • 가열 시 열량 조절이 비교적 자유롭다.	• 열효율이 낮다. • 열이 집중성이 나쁘다. • 가열시간이 오래 걸리며 용접속도가 느리다. • 폭발 위험성이 크고 금속 탄화 및 산화될 가능성이 많다.

51 건설기계의 변속기 탈거 및 부착 작업 시 안전한 방법으로 틀린 것은?

① 크랭킹하면서 변속기를 설치하지 않는다.
② 건설기계 밑에서 작업 시에는 보안경을 쓴다.
③ 잭과 스탠드를 사용하여 장비를 안전하게 고정시킨다.
④ 차체를 로프로 고정시키고 작업한다.

52 건설기계에서 공기청정기의 에어필터가 막혔을 때의 결과가 아닌 것은?

① 배기가스의 색깔이 검어진다.
② 연료의 소비가 많아진다.
③ 엔진의 출력이 증가한다.
④ 흡입 효율이 감소한다.

해설
공기청정기가 막히면 실린더에 유입되는 공기량이 적기 때문에 진한 혼합비가 형성되고, 불완전 연소로 배출가스색은 검고 출력은 저하된다.

53 동력식 호이스트 사용 시 주의사항 중 틀린 것은?

① 부하가 과도하게 걸리면 위험하므로 과권방지 장치를 부착한다.
② 공기 호이스트는 진동과 충격으로 인한 너트의 풀림방지에 유의한다.
③ 조정장치에 연결하는 전기코드는 전도성 코드를 사용한다.
④ 조작 장치에는 상하향 스위치의 식별이 용이하게 화살표 등으로 표시한다.

해설
조정장치에 연결하는 전기코드는 비전도성 코드를 사용한다.

54 기관이 과열되는 원인과 직접 관계없는 것은?

① 라디에이터 코어의 막힘
② 기관 오일의 부족
③ 라디에이터 코어의 막힘
④ 발전기의 소손

해설
기관의 과열원인
• 라디에이터 코어의 막힘의 과다
• 기관 오일의 부족
• 라디에이터 코어의 오손 및 파손
• 물재킷 내에 스케일 부착
• 수온조절기의 열리는 온도가 너무 높음
• 수온조절기가 닫힌 채 고장
• 팬 벨트의 장력이 약함
• 팬 벨트의 이완, 절단
• 물 펌프의 작동 불량
• 수온조절기의 열리는 온도가 너무 높음
• 냉각수 부족

55 용접작업 전에 예열(Preheating)을 하는 목적이 아닌 것은?

① 용접부의 연성 및 노치인성 감소
② 용접 작업성의 개선
③ 용접 금속의 균열 방지
④ 용접부의 수축, 변형 감소

해설
용접 작업 전 예열을 하는 목적
• 용접 금속 및 열 영향부의 연성 또는 인성 향상
• 용접 작업성 개선
• 용접금속 및 열영향부에서의 균열방지
• 용접부의 수축 변형 및 잔류 응력을 경감

정답 51 ④ 52 ③ 53 ③ 54 ④ 55 ①

56 가솔린 연료 화재는 어느 화재에 속하는가?

① A급 화재
② B급 화재
③ C급 화재
④ D급 화재

해설
화재의 종류

분류	A급 화재	B급 화재	C급 화재	D급 화재
명칭	일반(보통) 화재	유류 및 가스화재	전기 화재	금속 화재
가연 물질	나무, 종이, 섬유 등의 고체 물질	기름, 윤활유, 페인트 등의 액체 물질	전기설비, 기계 전선 등의 물질	가연성 금속 (Al분말, Mg분말)

57 다이얼 게이지의 사용 시 가장 올바른 사용방법은?

① 반드시 정해진 지지대에 설치하고 사용한다.
② 가끔 분해소제나 조정을 한다.
③ 스핀들에는 가끔 주유해야 한다.
④ 스핀들이 움직이지 않으면 충격을 가해 움직이게 한다.

해설
② 분해소제나 조정은 하지 않는다.
③ 스핀들에는 급유를 해서는 안 된다.
④ 게이지에 어떤 충격도 가해서는 안 된다.

58 다음 중 작업안전 준수사항으로 적합하지 않은 것은?

① 스패너의 크기가 너트에 맞는 것이 없을 때는 끼움판을 사용한다.
② 스패너로 너트를 조일 때는 몸 안쪽으로 당기면서 조인다.
③ 연료 파이프라인의 피팅을 풀고 조일 때는 오픈 엔드 렌치로 한다.
④ 가스 용접 시 먼저 아세틸렌 밸브를 열고 불을 붙인 후 산소 밸브를 연다.

해설
스패너 또는 렌치와 너트 사이의 틈에는 다른 물건을 끼워서 사용하지 않는다.

59 작업 시 지켜야 할 안전 사항으로 틀린 것은?

① 기계 주유 시에는 동력을 정지한다.
② 해머 사용 시 무거우므로 장갑을 끼고 작업해야 한다.
③ 안전모는 반드시 착용해야 한다.
④ 유해 가스 등은 적색 표지판을 부착한다.

해설
선반, 드릴, 해머 작업은 장갑을 사용할 경우 미끄러질 수 있으므로 사용하지 않는다.

60 구멍 뚫기 작업 시 드릴이 파손되는 원인이 아닌 것은?

① 드릴의 작업 속도가 느릴 때
② 드릴의 여유각이 작을 때
③ 공작물의 고정이 불량할 때
④ 스핀들에 진동이 많을 때

정답 56 ② 57 ① 58 ① 59 ② 60 ①

2013년 제2회 과년도 기출문제

01 인바 스트럿 피스톤(Invar Strut Piston)의 주성분은?

① 니켈 + 망간 + 탄소
② 알루미늄 + 니켈 + 크롬
③ 망간 + 마그네슘 + 탄소
④ 망간 + 철 + 구리

해설
인바(Invar)는 니켈(35~36%) + 망간(0.4%) + 코발트(1~3%) + 철의 합금으로 열팽창계수가 0에 가까워 정밀기구류의 재료에 사용한다.
※ 인바 스트럿 피스톤(Inver Strut Piston)
열팽창계수가 작은 인바 스트럿을 스커트 윗부분에 넣고 일체 주조하여 만든 피스톤으로 온도 변화에 따른 피스톤 간극을 일정하게 유지할 수 있다.

02 디젤기관에서 착화지연기간을 짧게 하기 위한 조치로 틀린 것은?

① 압축비를 낮춘다.
② 압축온도를 높인다.
③ 압축압력을 높인다.
④ 착화성이 좋은 연료를 사용한다.

해설
압축비를 낮추면 온도와 압력이 낮아져 착화지연기간이 길어지게 된다.

03 발전기에서 스테이터 코일의 결선 중 스타결선과 삼각결선과의 특성에 관한 주된 차이점은?

① 선간전류와 전압의 차
② 스테이터 고정방법의 차
③ 로터의 회전 차
④ 코일 수명의 차

해설
Y결선을 스타결선, Δ결선을 델타결선이라 한다.
• Y결선 : 선전류 = 상전류, 선간전압 = $\sqrt{3}$ 상전압이다.
• Δ결선 : $\sqrt{3}$ 상전류(I_p) = 선전류(I_l)

04 기관 오일 펌프에 압력조정 밸브가 있는 이유는?

① 오일을 깨끗이 하기 위하여
② 오일의 양을 조절하기 위하여
③ 오일의 압력이 과도하게 상승되는 것을 방지하기 위하여
④ 오일을 빨리 순환시키기 위하여

해설
압력조정 밸브는 유압 회로에서 필요한 압력을 설정하여 그 설정 압력을 지속시킬 때 쓰는 밸브이다.

정답 1 ② 2 ① 3 ① 4 ③

05 디젤기관의 실린더에 건식 라이너를 삽입할 때 삽입압력은?(단, 건식 라이너 직경 100mm)

① 1ton
② 2~3ton
③ 4~5ton
④ 5~8ton

해설
건식 : 두께 2~3mm, 내경 100mm당 2~3ton의 힘으로 삽입한다.

06 24V 미등용 전구를 켜 놓고 전류를 측정하였더니 1.5A이었다. 이 전구는 몇 W인가?

① 26
② 75
③ 36
④ 42

해설
$P = EI$
$= 24V \times 1.5A = 36W$
여기서, P : 전력
E : 전압
I : 전류

07 12V, 30W의 전구 한 개를 켰을 때 회로에 흐르는 전류는?

① 5A
② 10A
③ 2.5A
④ 360A

해설
$P = EI$
$I = \dfrac{P}{E} = \dfrac{30W}{12V} = 2.5A$
여기서, P : 전력
E : 전압
I : 전류

08 20℃에서 전해액 비중이 1.280이다. 0℃일 때의 비중은?(단, 표준온도는 20℃로 한다)

① 1.266
② 1.273
③ 1.287
④ 1.294

해설
$S_{20} = S_t + 0.0007 \times (t - 20)$
$1.280 = S_t + 0.0007 \times (0 - 20)$
$\therefore S_t = 1.294$
여기서, S_{20} : 기준온도 20℃에서의 밀도(비중)로 환산한 값
S_t : 임의의 온도에서 측정한 밀도(비중)
t : 밀도(비중) 측정 시 전해액 온도(℃)

09 분사 펌프에서 연료분사량 조정사항으로 틀린 것은?

① 분사량 불균열은 전부하 시 ±3% 이내이다.
② 컨트롤 래크가 고정된 상태로 한다.
③ 노즐압력에 맞는 파이프를 분사 펌프에 연결한다.
④ 오른쪽 리드에서 플런저를 반시계방향으로 돌리면 연료량이 증가한다.

해설
오른쪽 리드에서 플런저를 시계방향으로 돌리면 연료량이 증가한다.

10 밸브 시트의 침하가 생기면 일어나는 현상으로 틀린 것은?

① 밸브스프링의 장력이 약화된다.
② 밸브의 닫힘이 완전히 못하다.
③ 밸브와 로커 암의 틈새가 커진다.
④ 압축이 샌다.

해설
밸브 시트가 마모되면 침하현상에 의해 밸브 페이스의 접촉이 불량하게 되며 밸브간극이 좁아지게 된다.

11 윤활유 성질 중 가장 중요한 것은?

① 점 도
② 내부식성
③ 비 중
④ 인화점

해설
점도는 윤활유의 물리·화학적 성질 중 가장 기본이 되는 성질 중의 하나로서 점도의 의미는 액체가 유동할 때 나타나는 내부 저항을 말한다.

12 터보차저를 구동시켜 주는 것은?

① 엔진오일
② 흡입가스
③ 펌 프
④ 배기가스

해설
터보차저를 이용한 과급은 배기 에너지를 이용해 임펠러를 작동시킴으로써 이루어진다.

13 디젤기관 예열장치에 사용되는 코일형 예열플러그(Glow Plug)에 대한 설명으로 틀린 것은?

① 수명이 길다.
② 예열시간이 짧다.
③ 기계적 강도가 약하다.
④ 예연소실에 직접 열선이 노출되어 있다.

해설
코일형은 열선이 예비 연소실에 그대로 드러나 예열이 빠르지만 연소열이나 충격을 그대로 받아 열선의 수명이 짧은 것이 단점이다.

14 디젤 노크의 원인이 아닌 것은?

① 연료분사 시기의 빠름
② 연료 속에 공기가 들어 있을 때
③ 압축공기의 누설이 심할 때
④ 기관의 온도가 낮거나 분사상태가 불량할 때

해설
디젤 노크(Diesel Knock)
착화지연 기간이 길면 분사된 다량의 연료가 화염 전파 기간 중에 일시적으로 연소하여 압력 급상승에 원인하여 기관에 충격을 주는 현상이다.
※ 노크 방지법
 • 착화성이 좋은 연료(세탄가가 높은 연료)를 사용하여 착화지연 기간을 짧게 한다.
 • 압축비, 온도, 압축 압력을 높인다.

정답 10 ③ 11 ① 12 ④ 13 ① 14 ②

15 디젤기관 고압 연료파이프 내에 공기가 들어갔을 때 나타나는 현상으로 적합한 것은?

① 기동이 잘된다.
② 노크가 일어난다.
③ 기관 회전이 불량하다.
④ 분사압력이 높아진다.

해설
기관부조현상으로 기관 회전이 불량해진다.

16 기관의 밸브구조에 대한 설명으로 틀린 것은?

① 밸브 헤드부 열은 밸브 스템을 통해 가장 많이 방출한다.
② 일반적으로 밸브 헤드부는 배기 밸브가 흡입 밸브보다 작다.
③ 디젤기관 흡입 및 배기 밸브 마진 두께가 규정값 이하가 되면 교환한다.
④ 밸브 면은 밸브시트에 접촉되어 기밀유지 및 밸브헤드의 열을 시트에 전달한다.

해설
밸브 스템은 밸브 가이드 내부를 상하왕복 운동하며 밸브 헤드가 받는 열을 가이드를 통해 방출하고, 밸브의 개폐를 돕는다.

17 고온, 고부하용 디젤기관에 쓰인 윤활유는?

① ML ② DG
③ DM ④ DS

해설
④ DS : 디젤기관 윤활유로서 보통 경유를 사용하고, 가혹한 조건에서 운전하는 디젤기관에 사용한다(산업용 트럭과 건설용 중장비 기관).
① ML : 가솔린 기관에서 사용하는 윤활유로서, 기관이 가장 좋은 조건에서 윤활유이다(자가용처럼 일정한 경부하에서 운전하며 기관의 마멸이 작은 기관에서 사용).
② DG : 디젤기관 윤활유로서 황성분이 적은 연료를 사용하고 경부하로 운전하는 기관에 사용한다(일정한 경로로 운전하는 버스나 트럭 등).
③ DM : 디젤기관 윤활유로서 보통 경유를 사용하고 중부하로 운전하는 디젤기관에 사용한다(시동과 정지가 심한 버스나 트럭 등).

18 과급기를 설치한 엔진과 설치하지 않은 엔진의 착화지연 상태는 어떠한가?

① 서로 같다.
② 설치한 엔진이 짧다.
③ 설치하지 않은 엔진이 짧다.
④ 속도에 따라 다르다.

해설
과급기는 실린더 내의 흡기 공기량을 증대시켜 기관 출력을 증가시킨다.

19 엔진의 연소실 안이 고온, 고압일 때 공기 중의 질소와 공기의 산화로 발생하는 가스로 눈에 자극을 주고 폐의 기능에 장해를 일으키는 광화학스모그의 원인이 되는 가스는?

① NOx(질소산화물)   ② CO(일산화탄소)
③ HC(탄화수소)   ④ CO_2(이산화탄소)

해설
NOx는 질소와 산소의 화합물이며, 일반적으로 고온에서 쉽게 반응한다.

20 건설기계 냉방장치의 4가지 작용 중 액체의 냉매가 기체로 변화하면서 운전실 내의 공기로부터 열을 흡수하는 작용은?

① 압 축　　② 응 축
③ 팽 창　　④ 증 발

해설
냉방장치의 4가지 작용
- 압축 : 냉매는 고온, 고압의 기체상태
- 응축 : 냉매는 중온, 고압의 액체상태
- 팽창 : 냉매는 저온, 저압의 액체상태
- 증발 : 냉매는 저온, 저압의 기체상태
※ 냉방의 원리 : 냉방장치는 냉매가 증발할 때 주위로부터 기화열을 빼앗아가는 원리를 이용한다.

21 유압회로에서 일을 하는 행정에서는 고압 릴리프 밸브로, 일을 하지 않을 때에는 저압 릴리프 밸브로 압력제어를 하여 작동목적에 알맞은 압력을 사용함으로써 동력을 절약할 수 있는 회로는?

① 클로즈 회로
② 최대 압력제한 회로
③ 미터인 회로
④ 블리드 오프 회로

해설
① 클로즈 회로(Close Circuit) : 펌프에서 토출된 유압작동유가 제어 밸브를 경유하여 작동기에서 일을 한 다음 다시 제어 밸브를 통하여 펌프 입구측으로 이동하는 유압회로
③ 미터인 회로(Meter In Circuit) : 액추에이터의 입구쪽 관로에 유량제어 밸브를 직렬로 설치하여 작동유의 유량을 제어함으로써 액추에이터의 속도를 제어한다.
④ 블리드 오프 회로(Bleed Off Circuit) : 유량제어 밸브를 실린더와 병렬로 설치한다. 유압펌프 토출 유량 중 일정한 양을 오일탱크로 되돌리므로 릴리프 밸브에서 과잉 압력을 줄일 필요가 없는 장점이 있으나 부하 변동이 급격한 경우에는 정확한 유량제어가 곤란하다.

22 규격이 300ton/h인 쇄석기로 골재 36만톤을 생산하려면 몇 시간을 가동해야 되는가?

① 1,000시간　　② 1,200시간
③ 1,400시간　　④ 1,600시간

해설
가동시간 = $\frac{360,000}{300}$ = 1,200시간

23 유압실린더를 분해한 후 점검하지 않아도 되는 것은?

① 피스톤 로드
② 실린더 튜브
③ 실린더 헤드
④ 피스톤 브레이크

24 유압장치에서 유량제어 밸브가 아닌 것은?

① 스로틀 밸브
② 압력보상 유량제어 밸브
③ 분류 밸브
④ 시퀀스 밸브

해설
시퀀스 밸브는 2개 이상의 분기회로가 있을 때 순차적인 작동을 결정하는 압력제어 밸브이다.

25 유압장치 제어 밸브에서 보통 릴리프 밸브가 설치되는 곳은?

① 유압펌프와 제어 밸브 사이
② 유압펌프와 작동유 탱크 사이
③ 여과기와 작동유 탱크 사이
④ 여과기와 실린더 사이

해설
릴리프 밸브는 유압펌프의 토출 측에 위치하여 회로 전체의 압력을 제어한다.

26 견인력이 300kgf인 14톤급 불도저가 견인마력이 8PS라면 속도는 얼마인가?

① 60m/min
② 90m/min
③ 120m/min
④ 150m/min

해설
$PS = \dfrac{FV}{75}$
여기서, F : 견인력
V : 속도
1PS = 75kgf · m/s
$8PS = \dfrac{300\,V}{75 \times 60}$
∴ $V = 120$m/s

27 유압식 굴착기에서 센터조인트의 기능은?

① 상부회전체의 중심 역할을 한다.
② 엔진에 연결되어 상부회전체에 동력을 공급한다.
③ 상하부의 연결을 기계적으로 해 준다.
④ 상부회전체의 오일을 하부 주행모터에 공급한다.

해설
굴착기의 센터조인트는 상부회전체의 회전중심에 설치되어 있으며, 메인 펌프의 유압유를 주행모터로 전달한다.

28 항타 및 항발기의 작업 장치에서 스프링잉이 발생하는 원인으로 틀린 것은?

① 파일이 해머와 일직선이 되지 않을 때
② 파일이 굽어 있을 때
③ 항타의 타격속도가 너무 빠를 때
④ 항타력이 작을 때

해설
스프링잉(Springing, 파일의 축면진동) 발생 원인은 ①, ②, ③ 외에 항타력이 클 때와 버트가 직각이 아닐 때이다.

29 건설기계에서 아스팔트 믹싱플랜트에 대한 설명으로 틀린 것은?

① 골재공급 장치, 건조가열장치, 혼합장치 및 아스팔트 공급장치를 가진 것으로 원동기를 가진 이동식인 것을 말한다.
② 규격은 아스팔트 콘크리트의 시간당 생산능력(m^3/h)으로 표시한다.
③ 골재 저장통의 골재는 피더, 엘리베이터, 건조기를 거쳐 진동스크린을 통해 입자 크기별로 선별되어 계량장치로 들어간다.
④ 골재 계량 및 혼합방식에 따라 연속식과 단일식이 있다.

[해설]
골재 계량 및 혼합방식에 따라 배치식과 연속식이 있다.

30 굴착기 점검·정비할 때의 주의사항에 해당하지 않는 것은?

① 평탄한 곳에 주차하고 점검·정비를 한다.
② 버킷을 높게 유지한 상태로 점검·정비를 하지 않는다.
③ 유압펌프 압력을 측정하기 위해 압력계는 엔진을 시동한 후 설치한다.
④ 붐이나 암으로 차체를 들어 올린 상태에서 차체 밑에는 들어가지 않는다.

[해설]
유압펌프 압력을 측정하기 위해 압력계는 엔진가동을 정지시킨 상태에서 설치한 후 엔진 시동을 걸고 측정한다.

31 유압회로 내의 서지압력(Surge Pressure)이란?

① 정상적으로 발생하는 압력의 최솟값
② 과도적으로 발생하는 이상 압력의 최솟값
③ 정상적으로 발생하는 압력의 최댓값
④ 과도적으로 발생하는 이상 압력의 최댓값

[해설]
유압회로 내의 서지 압력 : 과도적으로 발생하는 이상 압력의 최댓값

32 건설기계에서 로더의 유압탱크 점검결과 오일이 부족하여 점도가 다른 오일로 보충하려고 할 때의 문제점으로 가장 옳은 것은?

① 제작사가 같으면 점도는 달라도 큰 문제는 없다.
② 혼합하는 비율만 일치시키면 기능상 문제는 없다.
③ 첨가제의 작용으로 열화현상을 일으킨다.
④ 경제적이고 체적계수가 커 액추에이터의 효율이 높아진다.

[해설]
열화현상을 촉진시킨다.

33 지게차 포크리프트 상승속도가 규정보다 늦을 때 점검하는 사항과 거리가 가장 먼 것은?

① 실린더의 누유 상태
② 여과기의 막힘 상태
③ 펌프의 토출량 상태
④ 틸트 레버 작동 상태

[해설]
틸트(Tilt) 레버를 당기면 마스트가 운전석 쪽으로 넘어오고, 밀면 마스트가 앞으로 기울어진다.

[정답] 29 ④ 30 ③ 31 ④ 32 ③ 33 ④

34 트랙장치에서 하부 롤러에 대한 설명이 아닌 것은?

① 도저의 전체 중량을 트랙에 균등하게 분배한다.
② 트랙의 회전위치를 바르게 유지한다.
③ 트랙 프레임에 4~7개 정도 설치된다.
④ 스프로킷에 의한 트랙의 회전을 정확하게 유지한다.

해설
하부 롤러는 장비의 전체 중량을 지지하고, 전체 중량을 트랙에 균등하게 분배해 주며, 트랙의 회전위치를 바르게 유지한다.
※ 상부 롤러 : 전부 유동륜과 스프로킷 사이의 트랙이 밑으로 처지지 않도록 받쳐 주며, 트랙의 회전을 바르게 유지하는 일을 한다.

35 변속기 케이스에서 입력 축을 떼어내는 작업을 할 때 사용되는 공구로 가장 알맞은 것은?

① 니들 노스 플라이어
② 스냅 링 플라이어
③ 브레이크 스프링 플라이어
④ 다이애그널 플라이어

해설
스냅 링 플라이어는 피스톤 핀, 변속기, 축이나 구멍 등에 설치된 스냅 링을 빼내거나 끼울 때 사용하는 도구이다.

36 변속기 분해 시 가장 먼저 해야 할 일은?

① 클러치 릴리스 포크 설치 볼트를 푼다.
② 클러치 하우징을 떼어낸다.
③ 드레인 플러그를 풀고 기어오일을 빼낸다.
④ 부축기어를 떼어낸다.

37 유압장치에서 유압실린더의 정비사항이 아닌 것은?

① 오일 링 교환
② 실 교환
③ 로드 실 교환
④ 로드 베어링 교환

38 좌우트랙의 앞부분에서 트랙이 제자리에 유지하도록 하부중심선에 일치하게 안내해 주는 역할을 하는 것은?

① 스프로킷
② 트랙 아이들러
③ 트랙 롤러
④ 캐리어 롤러

해설
아이들러(Idler)는 무한궤도식 굴착기 하부 주행 장치에 장착되어 주행 트랙의 이탈을 방지하고 회전 운동을 유도한다.

정답 34 ④ 35 ② 36 ③ 37 ④ 38 ②

39 휠 구동식 건설기계에 설치된 공기스프링이 움직이지 않도록 액슬 하우징을 지지하는 것은?

① 래터럴 로드
② 쇼크 업소버
③ 토션 바 스프링
④ 가변 스로틀 밸브

40 유압펌프의 송출압력이 55kgf/cm², 송출유량이 30L/min인 경우 펌프동력은 얼마인가?

① 1.8kW
② 2.69kW
③ 2.04kW
④ 2.97kW

해설

$L_p = \dfrac{PQ}{10,200}$ kW

$= \dfrac{55 \times 30 \times 1,000}{10,200 \times 60} = 2.69$ kW

여기서, L_p : 펌프동력(kW)
  P : 압력(kgf/cm²)
  Q : 유량(cm³/s)

※ L_p의 1kW = 102kgf·m/s = 10,200kgf·cm/s이므로 $Q = 30 \times 1,000$cm³/60s로 해야 한다(1L = 1,000cm³).

41 트랙장치에서 트랙 탈선의 가장 주된 원인은?

① 트랙 아이들러의 마모
② 트랙 슈의 마모
③ 균형스프링의 파손
④ 보조스프링의 파손

해설

트랙 탈선원인
• 트랙이 너무 이완됐을 때
• 트랙의 정렬이 불량할 때
• 고속주행 중 급선회했을 때
• 상·하부 롤러, 프런트 아이들러, 스프로킷, 트랙 부싱·핀의 마모가 클 때
• 경사지에서 작업할 때

42 무한궤도식 건설기계에서 트랙과 아이들러의 충격을 완화시키기 위해 설치한 것은?

① 스프로킷
② 상부 롤러
③ 리코일 스프링
④ 하부 롤러

해설

리코일 스프링은 주행 중 프런트 아이들러가 받는 충격을 완화시켜 트랙장치의 파손을 방지하는 역할을 한다.

43 건설기계에서 롤러에 설치된 유압실린더의 역할은?

① 방향을 전환시킨다.
② 살수장치를 작동시킨다.
③ 역전장치를 작동시킨다.
④ 메인 클러치를 차단시킨다.

정답 39 ① 40 ② 41 ① 42 ③ 43 ①

44 조향축이 충격을 받는 순간 축과 튜브 사이의 플라스틱 핀이 부서지면서 충격이 흡수되는 조향축은 어느 식인가?

① 메시식
② 벨로스식
③ 스틸 볼식
④ 유니버설 조인트식

해설
메시식은 자동차가 장애물 등에 충돌하여 기어박스 쪽에서 조향축에 힘을 가하면 1차 충격에 의해 조향축의 플라스틱 핀이 깨지고 아래 메인축에 위 축이 눌려 들어감과 동시에 칼럼 튜브가 축방향으로 압축되어 핸들이 운전석 쪽으로 튀어나가는 것을 방지한다.

45 건설기계에서 로더의 토크컨버터 출력 부족의 원인에 해당하지 않은 것은?

① 입력축 커플링의 볼트 이완
② 오일량 부족
③ 오일 스트레이너의 막힘
④ 펌프 흡입측 연결호스의 실 파손

해설
로더의 토크컨버터 출력 부족의 원인
• 오일량 부족
• 오일 스트레이너의 막힘
• 펌프 흡입측 연결호스의 실 파손

46 피복아크 용접 시 용접봉과 용접선이 이루는 각도를 무엇이라 하는가?

① 작업각도 ② 용접각도
③ 진행각도 ④ 자세각도

해설
용접봉의 각도
• 진행각도 : 용접봉과 용접선이 이루는 각도로서 용접봉과 수직선 사이의 각도로 표시한다.
• 작업각도 : 용접과 이음 방향에 나란히 세워진 수직 평면과 각도로 표시한다.

47 아세틸렌 용접용 가스의 특징과 관리방법에 대한 설명으로 틀린 것은?

① 용기는 진동이나 충격을 가하지 말고 신중히 취급한다.
② 저장실의 전기 스위치, 전등 등은 방폭 구조여야 한다.
③ 아세틸렌 충전구가 동결되어 온수로 녹일 때는 35℃ 이하의 온수로 녹여야 안전하다.
④ 용해 아세틸렌은 발생기를 사용할 때보다 순도가 낮다.

해설
용해 아세틸렌보다 발생기에서 발생한 아세틸렌이 불순물이 많다.

48 용입이 완전한 용접부의 이음 효율은?

① 100% ② 90%
③ 80%   ④ 70%

해설
용접부의 비드 측면에 높이가 있는 경우 이음의 효율은 80~90%이나 높이가 없이 평탄한 경우 이음의 효율은 100%이다.

49 가스용접기 설치방법 중 틀린 것은?

① 산소와 아세틸렌 용기의 고압 밸브를 열어 밸브 내의 먼지를 불어내어 조정기 설치부를 깨끗이 한다.
② 압력용기는 가스누설이 없도록 정확하게 설치한다.
③ 적색 또는 황색 호스는 산소 조정기에 검은색 또는 녹색호스는 아세틸렌 조정기에 밴드를 사용하여 단단히 접속한다.
④ 적색 또는 황색 호스는 아세틸렌 조정기에 검은색 또는 녹색호스는 산소 조정기에 밴드를 사용하여 단단히 접속한다.

[해설]
가스용접기 호스 색상
- 아세틸렌 조정기 - 적색, 황색
- 산소 조정기 - 검은색, 녹색

50 가스절단 중 예열 불꽃이 강할 때 절단 결과에 미치는 영향은?

① 모서리가 용융되어 둥글게 된다.
② 드래그가 증가한다.
③ 슬래그 성분 중 철 성분의 박리가 쉬워진다.
④ 절단속도가 늦어지고 절단이 중단되기 쉽다.

[해설]
예열 불꽃
- 강할 때 : 절단면 모서리가 용융되어 둥글게 되고, 절단면이 거칠게 된다. 슬래그의 박리성이 떨어진다.
- 약할 때 : 드래그의 길이가 증가하고 절단속도가 늦어진다.

51 산소와 아세틸렌 병에서 화기엄금의 최소 거리는?

① 5m ② 10m
③ 15m ④ 20m

[해설]
산소용기와 화기의 이격거리는 5m 이상이어야 한다.

52 작업 시 안전수칙에 해당하지 않는 것은?

① 중량물을 상승시킨 후 오랫동안 방치하지 않는다.
② 중량물 운반 시에는 경종을 울린다.
③ 흔들리는 화물은 사람이 붙잡도록 한다.
④ 기중장치는 규정용량을 초과하지 않도록 한다.

[해설]
떨어지거나 흔들릴 위험이 있는 경우에는 로프 등으로 단단히 결박을 한 후에 운행을 해야 한다.

53 축전지를 충전 중에는 수소가스가 발생하는데 수소가스를 안전하게 처리하는 방법은?

① 순환장치를 한다.
② 환기장치를 한다.
③ 가열장치를 한다.
④ 예열장치를 한다.

[해설]
용접 작업 중에 여러 가지 유해 가스가 발생하기 때문에 통풍 또는 환기장치가 필요하다.

[정답] 49 ③ 50 ① 51 ① 52 ③ 53 ②

54 엔진을 분해 시 헤드 볼트를 풀었는데도 실린더 헤드가 떨어지지 않을 때 조치사항으로 알맞은 것은?

① 스틸해머로 두들긴다.
② 연소압력을 이용한다.
③ 정이나 드라이버를 넣고 때린다.
④ 자중이나 압축압력을 이용한다.

해설
실린더 헤드가 고착되었을 경우 떼어내는 데 안전한 작업방법
• 플라스틱·고무·나무 해머로 가볍게 두드린다.
• 압축 공기를 사용한다.
• 헤드를 호이스트로 들어서 블록 자중으로 떼어낸다.

55 파일 드라이버 작업 시 안전수칙으로 틀린 것은?

① 호이스트 고정 케이블의 고정 상태를 점검한다.
② 항타 시 반드시 우드캡(Wood Cap)을 씌운다.
③ 작업 시 붐을 상승시키지 않는다.
④ 붐 각을 작게 한다.

해설
파일 드라이버 작업 시 안전수칙
• 호이스트 고정 케이블의 고정 상태를 점검한다.
• 항타 시 반드시 우드캡(Wood Cap)을 씌운다.
• 작업 시 붐을 상승시키지 않는다.
• 붐 각을 크게 한다.

56 안전보건표지의 종류와 형태에서 다음 그림이 나타내는 것은?

① 인화성물질경고
② 폭발성물질경고
③ 금 연
④ 화기금지

해설
안전보건표지의 종류와 형태

인화성물질 경고	폭발성물질 경고	금 연	화기금지

57 드릴머신으로 탭 작업을 할 때 탭이 부러지는 원인이 아닌 것은?

① 탭의 경도가 소재보다 높을 때
② 구멍이 똑바르지 아니할 때
③ 구멍 밑바닥에 탭 끝이 닿을 때
④ 레버에 과도한 힘을 주어 이동할 때

해설
탭의 경도가 소재보다 낮을 때

58 연 근로시간 1,000시간 중에 발생한 재해로 인하여 손실일수로 나타낸 것은?

① 연천인율
② 강도율
③ 도수율
④ 손실률

해설
② 강도율 : 연간 총근로시간에서 1,000시간당 근로손실일수를 말한다.

$$강도율 = \frac{근로손실일수}{연간 총근로시간} \times 1,000$$

① 연천인율 : 근로자 1,000명을 기준으로 한 재해발생건수의 비율이다.

$$연천인율 = \frac{연간 재해자수}{연평균 근로자수} \times 1,000$$

③ 도수율 : 연간 총근로시간에서 100만시간당 재해발생건수를 말한다.

$$도수율 = \frac{재해발생건수}{연간 총근로시간} \times 1,000,000$$

59 실린더 헤드 볼트를 조일 때 회전력을 측정하기 위해 쓰는 공구는?

① 토크렌치
② 오픈렌치
③ 복수렌치
④ 소켓렌치

해설
토크렌치는 볼트, 너트, 작은 나사 등의 조임에 필요한 토크를 주기 위한 체결용 공구이다.

60 마이크로미터의 취급 시 안전사항이 아닌 것은?

① 사용 중 떨어뜨리거나 큰 충격을 주지 않도록 한다.
② 온도 변화가 심하지 않은 곳에 보관한다.
③ 앤빌과 스핀들을 접촉되어 있는 상태로 보관한다.
④ 눈금은 시차를 작게 하기 위하여 수직위치에서 읽는다.

해설
③ 앤빌과 스핀들은 접촉시켜 놓지 않을 것

2014년 제1회 과년도 기출문제

01 타이머에 대한 설명으로 틀린 것은?

① 구동 방식에 따라 내장형과 외장형으로 나누어진다.
② 엔진의 회전속도 부하에 따라 분사시기를 변화시키기 위해 필요하다.
③ 타이머는 회전 방향에 따라 우회전용과 좌회전용이 있으며 서로의 기능은 어느 것이나 같다.
④ 캠축(구동축) 간의 위상을 바꾸어 회전 속도가 빨라지면 분사시기를 늦게 하고 속도가 떨어지면 분사시기를 빠르게 한다.

해설
타이머는 기관과 분사 펌프의 캠축 간의 위상을 바꾸어 회전속도가 빨라지면 분사시기를 빠르게 하고, 속도가 낮아지면 분사시기를 늦추는 작용을 한다.

02 피스톤 구조 부분의 명칭이 아닌 것은?

① 피스톤 헤드
② 링 홈
③ 스커트부
④ 랜 덤

해설
피스톤은 피스톤 헤드, 링 지대(링 홈과 랜드로 구성), 스커트부, 보스부 등으로 되어 있다.

03 디젤엔진의 과급기에 대한 설명 중 틀린 것은?

① 과급기 설치 시 엔진의 무게가 감소된다.
② 터보차저는 배기가스가 터빈을 회전시킨다.
③ 체적효율이 증가하므로 평균유효 압력과 회전력이 상승한다.
④ 과급기 윤활은 엔진 윤활장치에서 보내 준 오일로 한다.

해설
과급기 설치 시 엔진의 무게가 10~15% 정도 증가되지만 출력이 35~45% 정도 증가한다.

04 최초의 흡입과 압축행정에 필요한 에너지를 외부로부터 공급하여 엔진을 회전시키는 장치는?

① 충전장치
② 흡입장치
③ 시동장치
④ 폭발장치

해설
시동장치 : 최초의 흡입과 압축행정에 필요한 에너지를 외부로부터 공급하여 엔진을 회전시키는 장치

정답 1 ④ 2 ④ 3 ① 4 ③

05 배기가스 중에 매연 함량이 많은 이유는?

① 불완전한 윤활
② 연료 공급 과다
③ 기관이 고속일 때
④ 날씨가 덥기 때문에

해설
흑색매연은 연료의 과다로 불완전 연소된 연료가 배출되는 경우이다.

06 윤활유 소비 증대의 가장 큰 원인이 되는 것은?

① 비산과 압력
② 비산과 누설
③ 연소와 누설
④ 희석과 혼합

해설
윤활유 소비 증대의 가장 큰 원인은 연소실에 침입하여 연소되는 것과 패킹 및 개스킷의 노화에 의한 누설이다.

07 디젤엔진의 시동 전동기에서 정류자를 통하여 전기자코일에 전류를 공급하는 것은?

① 브러시
② 계자철심
③ 전류 조정기
④ 컷 아웃 릴레이

해설
② 계자철심 : 직류발전기에서 자속을 만드는 부분
③ 전류 조정기 : 발전기의 발생 전류를 조정하며 발전기의 소손을 방지한다.
④ 컷 아웃 릴레이 : 축전지에서 발전기로 전류가 역류되는 것을 방지한다.

08 직류발전기 전기자에서 발생되는 전류는?

① 직 류
② 교 류
③ 맥 류
④ 정 류

해설
직류발전기 전기자는 계자코일 내에서 회전하며 교류 기전력을 발생시킨다.

09 기관의 윤활유를 점검한 결과 검은색을 띠었을 때의 원인은?

① 냉각수가 유입되었다.
② 경유가 혼입되었다.
③ 심하게 오염되었다.
④ 정상이다.

해설
오일의 색깔이 검은색에 가까운 것은 너무 오랫동안 사용해 배기가스에 의해 심하게 오염된 것이다.

정답 5② 6③ 7① 8② 9③

10 디젤기관 과급기의 종류가 아닌 것은?

① 콤플렉스(Complex)형
② 루츠(Roots)형
③ 기어(Gear)형
④ 원심(Centrifugal)형

해설
디젤기관 과급기의 종류
- 콤플렉스(Complex)형
- 루츠(Roots)형
- 원심(Centrifugal)형

11 가변저항을 가리키는 부호는?

① ─⋀⋀⋀─
② ─⋀⋀⋀─ (화살표)
③ ─⌒⌒⌒─
④ →⊢

해설
회로도에서 저항의 표시기호

명 칭	회로도 기호	설 명
저 항	─⋀⋀─	고정값을 갖는 저항기를 말하며, 회로도나 부품록에서는 기호 R로 표시한다.
가변저항	─⋀⋀─ (화살표)	저항값이 변하는 가변저항이며 표시된 용량은 가변 범위의 최대 저항값이다.
어레이저항(Array Resistor), 네트워크저항(Network Resistor)	⋀⋀⋀⋀⋀	1개의 패키지에 저항이 여러 개 들어 있는 부품이다.
서미스터 (Thermistor)	─▱─	온도에 따라 저항값이 변하는 저항의 일종이다.
배리스터(Varistor)	─▱─	전압에 따라 저항값이 변하는 저항의 일종이다.

12 전자제어 연료분사 장치에서 컴퓨터는 무엇에 근거하여 기본 연료분사량을 결정하는가?

① 엔진회전 신호와 차량 속도
② 흡입 공기량과 엔진회전수
③ 냉각수 온도와 흡입 공기량
④ 차량 속도와 흡입 공기량

해설
전자제어 엔진의 연료분사량은 기본적으로 실린더의 피스톤이 1회 흡입 행정을 할 때 흡입되는 공기량과 엔진의 회전수에 의해 결정된다.

13 기관의 피스톤 링이 끼워지는 홈과 홈 사이의 명칭은?

① 리브(Rib)
② 랜드(Land)
③ 스커트(Skirt)
④ 히트 댐(Heat Dam)

해설
링이 끼워지는 홈을 링 홈(Ring Groove), 홈과 홈 사이는 랜드(Land)라 부른다.

10 ③ 11 ② 12 ② 13 ②

14 냉매의 구비조건으로 틀린 것은?

① 증발압력이 저온에서 대기압 이하일 것
② 응축압력이 되도록 낮을 것
③ 응고온도가 낮을 것
④ 냉매증기의 비열비는 작을 것

해설
냉매의 구비조건
- 저온에서 증발압력이 대기압보다 높고, 상온에서는 응축압력이 낮을 것
- 임계온도가 높고 응고온도가 낮을 것
- 증발잠열이 크고 액체의 비열이 작을 것
- 동일한 냉동능력을 내는 경우에 소요동력이 작을 것
- 동일한 냉동능력을 내는 경우에 냉매 가스의 비체적이 작을 것
- 화학적으로 안정하고, 냉매 증기가 압축열에 의해 분해되지 않을 것
- 액상 및 기상의 점도는 낮고, 열전도도는 높을 것
- 불활성으로서 금속 등과 화합하여 반응을 일으키지 않고, 윤활유를 열화시키지 않을 것
- 전기저항이 크고, 절연파괴를 일으키지 않을 것
- 인화성 및 폭발성이 없고, 인체에 무해하며, 자극성이 없을 것
- 가격이 싸고, 구입이 쉬울 것
- 쉽게 누설되지 않으며, 누설 시에는 발견하기 쉬울 것
- 오존층 붕괴 및 지구온난화 효과에 영향을 주지 않을 것

15 디젤기관 연료입자의 크기에 대한 설명 중 틀린 것은?

① 노즐의 지름이 작으면 입자는 작아진다.
② 공기의 온도가 높으면 입자는 작아진다.
③ 공기의 유동은 입자를 작게 한다.
④ 배압이 작으면 입자는 작아진다.

해설
디젤기관에서 연료입자에 영향을 미치는 인자
- 분사 노즐의 지름이 작으면 연료입자의 지름이 작아진다.
- 실린더 내의 온도가 높으면 연료입자의 지름이 작아진다.
- 실린더 내에서 공기가 와류를 일으키면 연료입자의 지름이 작아진다.
- 배기압력이 높으면 연료입자의 지름이 작아진다.
- 연료분사 압력이 높으면 연료입자의 지름이 작아진다.
- 노즐 출구에서 연료가 와류를 일으키면서 분사되면 연료입자의 지름이 작아진다.

16 실린더에 새로 들어온 공기가 2,000cc, 잔류가스가 200cc일 때 실린더 행정체적이 2,400cc라면 충진효율은?

① 91.7% ② 83.3%
③ 88%   ④ 80%

해설
$$\eta_v = \frac{N_a + E_g}{V_s} \times 100$$
$$= \frac{2,000 + 200}{2,400} \times 100 = 91.7\%$$

여기서, η_v : 충진효율
N_a : 실린더 내로 들어온 공기 체적
E_g : 잔류가스의 체적
V_s : 행정체적

17 부동액의 필요조건 중 맞지 않는 것은?

① 적당한 열전달을 해야 한다.
② 냉각장치에 녹 등의 형성을 막아야 한다.
③ 냉각장치 호스와 실(Seal) 재료에 적합해야 한다.
④ 휘발성이 있고 순환이 잘되어야 한다.

해설
부동액은 휘발성이 없고 유동성이 좋아야 한다.

18 디젤기관에서 연료 분사시기가 빠를 때 일어나는 현상은?

① 발화지연기간이 길어진다.
② 노크가 발생한다.
③ 배기가스의 색이 백색이 된다.
④ 출력이 증가한다.

해설
디젤기관에서 연료 분사시기가 빠를 때 일어나는 현상
• 노크를 일으키고, 노크음이 강하다.
• 배기가스가 흑색을 띤다.
• 기관의 출력이 저하된다.

19 와이퍼 모터의 고장에 의해 나타날 수 있는 현상이 아닌 것은?

① 저속 위치에서 작동하지 않을 때
② 고속 위치에서 작동하지 않을 때
③ 와이퍼가 정위치에 정지하지 않을 때
④ 와셔액 분무 후 2회만 동작할 때

해설
와셔 연동 와이퍼기능은 와이퍼를 저속·고속 구동시키고, 와셔 1회 작동 시 와이퍼가 1~2회 작동된다.

20 배터리의 전해액은 극판 위에서 몇 mm일 때 가장 적당한가?

① 3~7mm
② 10~13mm
③ 15~18mm
④ 20~23mm

해설
전해액을 점검하여 액량이 규정값(극판 위 10~13mm)보다 부족할 때는 증류수를 보충한다.

21 불도저 조향장치의 유압부스터 레버가 무거운 원인으로 틀린 것은?

① 유격조정이 불량하다.
② 유량이 충만하여 공기를 흡입하지 않고 있다.
③ 기어 펌프 흡입구 스트레이너가 막혀 있다.
④ 오일 통로에 유압의 누출이 있다.

해설
유량이 부족하거나 공기를 흡입한 경우이다.

22 유압장치의 단점이 아닌 것은?

① 속도를 무단으로 변속할 수 있다.
② 온도에 따라 기계의 속도가 변한다.
③ 배관이 누유가 발생되기 쉽다.
④ 유압유는 연소성이 있어 화재의 위험이 있다.

해설
유압장치의 장점
• 작은 동력원으로 큰 힘을 낼 수 있다.
• 무단변속이 가능하고 정확한 위치제어를 할 수 있다.
• 과부하에 대한 안전장치를 만드는 것이 용이하다.
• 내구성, 윤활특성, 방청이 좋다.
• 원격조작이 가능하고, 진동이 없다.
유압장치의 단점
• 오일의 온도에 따라서 점도가 변하므로 기계의 속도가 변한다.
• 관로를 연결하는 곳에서 유체가 누출될 수 있다.
• 오일은 가연성이 있어 화재에 위험하다.
• 고장 원인의 발견이 어렵고, 구조가 복잡하다.

23 포크 리프트나 기중기의 최후단에 붙어서 차체 앞쪽에 화물을 실었을 때 쏠리는 것을 방지하기 위한 것은?

① 이퀄라이저
② 밸런스 웨이트
③ 리닝 장치
④ 마스트

해설
밸런스 웨이트(균형추, 평형추) : 기중기의 안정상, 매달림 하중과 평형을 취하기 위해 뒷부분에 붙이는 추이다.

24 타이어식 굴착기 추진축의 스플라인부가 마모되어 나타나는 현상은?

① 미끄럼 현상이 발생한다.
② 굴착기의 전진이 곤란하다.
③ 차동기어장치의 기어물림이 불량해진다.
④ 주행 중 소음을 내고 추진축이 진동한다.

해설
타이어식 굴착기 추진축의 스플라인부가 마모되면 주행 중 소음을 내고 추진축이 진동한다.

25 무한궤도식에서 트랙 아이들러 완충장치인 리코일 스프링의 설치목적 중 틀린 것은?

① 트랙 전면의 충격 흡수
② 트랙 장력과 긴장도 유지
③ 트랙의 마모방지 및 평행 유지
④ 차체 파손 방지와 원활한 운전

해설
리코일 스프링은 주행 중 트랙 전면에서 충격을 완화하여 차체의 파손을 방지하고 원활하게 운전될 수 있도록 한다.

26 유압모터의 출력이 낮을 경우 대책으로 옳은 것은?

① 브레이크 밸브를 점검하고 규정된 설정압으로 조정한다.
② 릴리프 밸브를 점검하고 규정된 설정압으로 조정한다.
③ 작동유의 온도를 점검하고 높으면 정지시켜 냉각한다.
④ 밸런스 밸브를 분해 점검하고 규정의 압력으로 조정한다.

해설
유압모터의 출력이 낮을 경우 릴리프 밸브를 점검하고 규정된 설정압으로 조정한다.

27 베어링이 없이 구조가 간단하고 전달용량이 크기 때문에 4WD형식의 차량에 많이 사용되는 조인트는?

① 트랙터 조인트
② 버필드 조인트
③ 제파(Rzeppa) 조인트
④ 벤딕스 조인트

해설
버필드 조인트는 등속(等速) 조인트의 일종으로, 전륜 구동용(4WD) 드라이브 샤프트의 휠 허브쪽에 사용되는 조인트이다.

[정답] 23 ② 24 ④ 25 ③ 26 ② 27 ②

28 지게차의 포크 상승속도가 규정보다 느린 원인이 아닌 것은?

① 작동유량 부족
② 피스톤 패킹의 손상
③ 배압이 규정보다 낮음
④ 조작 밸브의 손상 및 마모

해설
지게차의 포크 상승속도가 규정보다 느린 원인에는 ①, ②, ④ 외에 오일필터의 막힘, 유압펌프의 토출량 부족, 작동유의 누출 등이 있다.

29 타이어식 건설기계에서 브레이크 작동 시 조향 핸들이 한쪽으로 쏠릴 때 그 원인이라고 볼 수 없는 것은?

① 마스터 실린더 체크 밸브 작동이 불량할 때
② 타이어 공기압이 고르지 않을 때
③ 브레이크 라이닝 간극의 조정이 불량할 때
④ 브레이크 라이닝의 접촉이 불량할 때

해설
브레이크 작동 시 핸들이 한쪽으로 쏠리는 원인
• 타이어 공기압이 고르지 않을 때
• 브레이크 라이닝 간극의 조정이 불량할 때
• 브레이크 라이닝의 접촉이 불량할 때
• 한쪽 라이닝의 오일 부착
• 드럼의 편마모
• 앞바퀴 얼라인먼트의 조정 불량

30 건설기계에 사용되는 유압기기 중 압력을 보상하거나 맥동제거, 충격완화 등의 역할을 하는 것은?

① 유압필터
② 압력 측정계
③ 어큐뮬레이터
④ 유압실린더

해설
어큐뮬레이터의 사용목적은 충격압력흡수, 유체의 맥동 감쇠, 압력보상 등이다.

31 스크레이퍼의 주요 구성장치로 알맞은 것은?

① 볼(Bowl)-에이프런-이젝터
② 에이프런-이젝터-리퍼
③ 이젝터-리퍼-볼(Bowl)
④ 리퍼-볼(Bowl)-에이프런

해설
스크레이퍼(Scraper)의 구성장치
• 볼(Bowl) : 전진하면서 볼을 하강시켜 토사를 굴착한다.
• 이젝터(Ejector) : 유압에 의하여 적재함의 흙을 밀어낸다.
• 에이프런(Apron) : 볼 앞에 설치된 토사의 배출구를 닫아주는 문이다.

32 모터 스크레이퍼(Motor Scraper)에 대한 설명으로 틀린 것은?

① 동력원은 주로 디젤엔진이다.
② 비교적 단거리용으로 사용된다.
③ 견인식에 비하여 운반속도가 빠르다.
④ 주행장치, 토사적재장치 및 요크로 구성된다.

해설
작업거리가 멀 때 토사 절토, 운반작업용으로 주로 고속도로나 비행장 등 큰 건설현장에서 사용된다.

33 유압식 굴착기에서 주행 및 선회력이 약할 경우 그 원인으로 적합한 것은?

① 흡입 스트레이너가 막혔다.
② 릴리프 밸브의 설정압이 높다.
③ 유압펌프의 토출유량이 많다.
④ 축압기가 파손되었다.

해설
유압식 굴착기에서 주행 및 선회력이 약한 원인
• 흡입 스트레이너가 막혔다.
• 릴리프 밸브의 설정압이 낮다.
• 유압펌프의 토출유량이 적다.
• 작동유량이 부족하거나 흡입필터가 막혀 있다.
• 유압펌프 기능이 저하되거나 공기가 혼입되었다.

34 유압기기의 필터 조립 불량으로 발생할 수 있는 고장 유형과 관련되지 않는 것은?

① 공기의 혼입
② 흡입 손실
③ 누 유
④ 막 힘

해설
유압기기의 필터 조립 불량으로 발생할 수 있는 고장 유형
• 공기의 혼입
• 흡입 손실
• 누 유

35 토크 컨버터를 바르게 설명한 것은?

① 유체를 사용하여 동력을 전달하는 장치로써 회전력을 증대시킨다.
② 수동변속기에서 동력을 전달하는 장치로써 회전수를 증대시킨다.
③ 수동변속기에서 동력을 전달하는 장치로써 회전력을 증대시킨다.
④ 인히비터 스위치 신호를 받아 컨트롤 밸브를 작동시킨다.

해설
토크 컨버터는 차량이 출발할 때나 가속할 때 토크(회전력)를 증대시켜 가속력을 키우는 기능을 한다.

36 덤프트럭의 유압 실린더를 탈착할 때 주의사항으로 틀린 것은?

① 유압 작동유는 엔진을 가동시키면서 배출한다.
② 적재함을 들어올리기 전에 적재함이 비었는지를 확인한다.
③ 주차 브레이크를 작동시키고 타이어에는 고임목을 설치한다.
④ 적재함을 들어 올리고 적재함 하강 방지를 위해 안전목과 안전대(기둥)를 설치한다.

해설
유압 작동유는 엔진을 정지시키고 배출한다.

정답 33 ① 34 ④ 35 ① 36 ①

37 유압회로에서 다음 기호가 나타내는 것은?

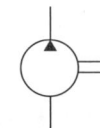

① 가변 용량형 유압펌프
② 정용량형 유압펌프
③ 압축기 및 송풍기
④ 정용량형 유압모터

해설
기호 회로도

정용량 유압펌프		압력 스위치	
가변용량형 유압펌프		단동 실린더	
복동 실린더		릴리프 밸브	
무부하 밸브		체크 밸브	
축압기(어큐뮬레이터)		공기·유압 변환기	
압력계		오일탱크	
유압 동력원		오일여과기	
정용량형 펌프·모터		회전형 전기 액추에이터	
가변용량형 유압모터		솔레노이드 조작 방식	
간접 조작 방식		레버 조작 방식	
기계 조작 방식		복동 실린더 양로드형	
드레인 배출기		전자·유압 파일럿	

38 무한궤도식 건설기계용 트랙 프레임의 종류가 아닌 것은?

① 박스형   ② 모노코크형
③ 솔리드 스틸형   ④ 오픈 채널형

해설
무한궤도식 하부 구동체의 트랙 프레임의 종류
• 박스형(Box Section Type)
• 솔리드 스틸형(Solid Steel Type)
• 오픈 채널형(Open Channel Type)
※ 자동차는 프레임형과 일체형 구조(모노코크)타입으로 나눈다.

39 기중기에서 와이어로프의 조기마모 원인이 아닌 것은?

① 활차의 크기 부적당
② 규격이 맞지 않는 것 사용
③ 계속적인 심한 과부하
④ 윈치 모터의 작동불량

해설
기중기에 사용되는 와이어로프 조기마모 원인
• 활차의 크기 부적당
• 규격이 맞지 않는 로프 사용
• 계속적인 심한 과부하

40 유압 회로에 공기가 혼입되어 있을 때 일어나는 현상이 아닌 것은?

① 열화현상   ② 유동현상
③ 공동현상   ④ 숨돌리기현상

해설
유압 회로에 공기가 혼입되었을 때 현상
• 숨돌리기현상 발생
• 공동현상 발생
• 작동유 열화 촉진
• 실린더 작동 불량 및 불규칙

41 트랙과 아이들러가 정확한 정렬 상태에서 일어나는 마모현상이 아닌 것은?

① 아이들러 플랜지의 양면이 마모된다.
② 양쪽 링크의 양면이 같이 마모된다.
③ 트랙 롤러의 플랜지 4개가 같이 마모된다.
④ 아이들러의 바깥 플랜지만 마모된다.

해설
아이들러의 바깥 플랜지만 마모되는 경우는 트랙 정렬에서 아이들 롤러가 중심부에서 바깥쪽으로 밀린 상태로 조립되었을 때 일어나는 현상이다.

42 다음과 같은 조건을 가진 로더로 1일 7시간 작업했을 때 사이클 시간은 얼마인가?(단, 작업량 : 665.28m³, 버킷 용량 : 0.8m³, 버킷 계수 : 1.2, 토량 환산계수 : 1.1, 작업효율 : 75%)

① 0.3분
② 0.5분
③ 0.7분
④ 0.9분

해설
$$C_m = \frac{3{,}600 \times q \times K \times f \times E}{Q}$$
$$= \frac{3{,}600 \times 0.8 \times 1.2 \times 1.1 \times 0.75}{95.04} = 30초 = 0.5분$$

여기서, C_m : 사이클 시간(s)
　　　　q : 버킷용량(m³)
　　　　K : 버킷계수
　　　　f : 토량환산계수
　　　　E : 작업효율
　　　　Q : 시간당 작업량(m³/h)

※ $Q = \frac{665.28}{7} = 95.04 \text{m}^3/\text{h}$

43 공기압축기의 제원표에 공기 토출량이 750cfm로 표기되어 있다. m³/min으로 변환한 값은?

① 18.6
② 20.5
③ 21.2
④ 23.4

해설
cfm = $(0.3048)^3$ m³/min
750cfm = $750 \times (0.3048)^3 = 21.2$m³/min

44 토크 컨버터에서 회전력을 증대시키고 오일의 흐름방향을 바꿔 주는 것은?

① 펌프
② 터빈
③ 가이드링
④ 스테이터

해설
스테이터 : 회전력을 증대시키고 오일의 흐름방향을 바꿔 주며, 저속, 중속에서 회전력을 크게 한다.

45 건설기계의 범위에서 "정지장치를 가진 자주식인 것"으로 정의하는 건설기계는?

① 모터 그레이더
② 지게차
③ 불도저
④ 로더

해설
② 지게차 : 타이어식으로 들어올림장치와 조종석을 가진 것
③ 불도저 : 무한궤도 또는 타이어식인 것
④ 로더 : 무한궤도 또는 타이어식으로 적재장치를 가진 자체중량 2톤 이상인 것

정답 41 ④　42 ②　43 ③　44 ④　45 ①

46 탄산가스 용접기의 토치 부품에 해당되지 않는 것은?

① 노즐
② 인슐레이터
③ 팁
④ 유량계

해설
용접토치

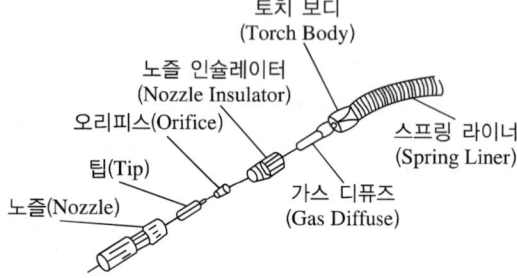

47 가스 용접에서 역류 발생 시 조치방법으로 맞는 것은?

① 토치에 물을 담근다.
② 산소를 먼저 차단시킨다.
③ 토치를 비눗물에 담근다.
④ 배출되는 산소의 압력을 높게 한다.

해설
가스 용접이나 절단 시 역화가 발생하면 산소 및 아세틸렌가스를 모두 잠그고 토치의 기능을 점검해야 하며 팁이 과열되었으므로 물에 담가서 식힌다.

48 용접 이음부의 홈 형상 중 틀린 것은?

① I형 ② V형
③ W형 ④ X형

해설
용접 이음부의 홈 형상 : I형, V형, X형, U형, H형, J형

49 아크용접에서 발생하는 용접 결함의 종류가 아닌 것은?

① 오버랩
② 언더 컷
③ 용입 불량
④ 이면비드

해설
이면비드(Back Bead) : 용접이음부의 용접 표면에 대하여 뒷면에 형성된 용접비드를 말한다.
① 오버랩 : 용착금속이 변 끝에서 모재에 융합되지 않고 겹친 부분
② 언더 컷 : 용접에서 모재와 용착금속의 경계 부분에 오목하게 파여 들어간 것
③ 용입 불량 : 모재의 어느 한 부분이 완전히 용착되지 못하고 남아 있는 현상

50 용접봉의 피복제 역할로 맞는 것은?

① 스패터의 발생을 많게 한다.
② 용착금속의 냉각속도를 빠르게 하여 급랭시킨다.
③ 슬래그 생성을 돕고, 파형이 고운 비드를 만든다.
④ 대기 중으로부터 산화, 질화 등을 방지하여 용융금속을 보호한다.

해설
피복제 역할
• 대기 중의 산소나 질소의 침입을 방지하고 용착금속을 보호한다.
• 아크를 안정되게 하며, 용융점이 낮은 가벼운 슬래그를 만든다.
• 슬래그 제거가 쉽고, 파형이 고운 비드를 만든다.
• 용착금속의 탈산 및 정련 작용을 한다.
• 용착금속에 적당한 합금원소를 첨가한다.
• 용적을 미세화하고, 용착효율을 높인다.
• 모든 자세의 용접을 가능하게 하며, 용착금속의 응고와 냉각속도를 지연시킨다.
• 전기절연 작용을 한다.

51 기관의 윤활장치에서 오일필터가 막힐 경우를 대비하여 여과되지 않은 오일이 윤활부로 직접 들어갈 수 있도록 한 밸브는?

① 바이패스 밸브
② 릴리프 밸브
③ 스로틀 밸브
④ 체크 밸브

해설
② 릴리프 밸브 : 회로의 압력이 밸브의 설정치에 도달하였을 때, 흐름의 일부 또는 전량을 기름탱크측으로 흘려보내서 회로 내의 압력을 설정값으로 유지하는 밸브
③ 스로틀 밸브 : 사용유의 통로 단면을 변화시켜 유량을 조절하는 밸브
④ 체크 밸브 : 연료라인 내 압력유지 및 베이퍼 로크 방지

52 도저의 하부 롤러를 탈거할 때 안전상 가장 먼저 하는 것은?

① 트랙을 탈거
② 상부 롤러를 탈거
③ 아이들러를 탈거
④ 하부 롤러 볼트를 탈거

해설
도저의 하부 롤러를 탈거할 때 안전상 가장 먼저 트랙을 탈거한다.

53 두 개의 축전지에 대한 정전류 충전법으로 틀린 것은?

① 용량이 큰 축전지의 충전전류를 기준으로 한다.
② 용량이 같은 경우 직렬접속 충전방법을 사용한다.
③ 충전 예상시간을 넘기면 과충전될 우려도 있다.
④ 병렬접속 충전방법은 축전지 용량이 동일할 때만 가능하다.

해설
용량이 작은 축전지의 충전전류를 기준으로 한다.

54 겨울철 건설기계 보관 시 유의해야 할 사항 중 가장 거리가 먼 것은?

① 장시간 사용하지 않을 때에도 배터리 케이블을 분리해서는 안 된다.
② 부동액과 물의 비율을 50 : 50 수준으로 유지한다.
③ 예열표시등이 소등될 때까지 예열을 하고 시동한다.
④ 시동 후 난기(煖氣) 운전을 5~10분간 반복하여 유압 작동유의 유온이 상승토록 한다.

해설
장시간 사용하지 않을 때에는 배터리 케이블을 분리하도록 한다.

정답 50 ④ 51 ① 52 ① 53 ① 54 ①

55 건설기계의 차체에 금이 간 부분을 용접하려고 할 때 작업 및 안전사항으로 틀린 것은?

① 작업장 주변은 소화기를 비치한다.
② 우천 시에는 옥내 작업장에서 해야 한다.
③ 녹 방지를 위해 페인트 부분 위에 용접한다.
④ 보호장비를 완전히 갖추고 작업에 임해야 한다.

해설
용접 전 이음부에 페인트, 기름, 녹 등의 불순물이 없는지 확인 후 제거한다.

56 자동차 점검 시 엔진이 정지된 상태에서 점검하기 곤란한 사항은?

① 냉각수 양
② 엔진오일 양
③ 클러치 미끄러짐
④ 실린더 헤드 볼트 이완 상태

57 해머 작업방법으로 안전상 가장 옳은 것은?

① 해머로 타격 시에 처음과 마지막에 힘을 특히 많이 가해야 한다.
② 타격하려는 곳에 시선을 고정시킨다.
③ 해머의 타격 면에 기름을 발라서 사용한다.
④ 해머로 녹슨 것을 때릴 때에는 반드시 안전모만 착용한다.

해설
① 해머는 처음과 마지막 작업 시 타격하는 힘을 작게 할 것
③ 해머의 타격 면에 기름을 발라서 사용하면 안 됨
④ 해머로 녹슨 것을 때릴 때에는 반드시 보안경을 쓸 것

58 전기로 인한 화재 시 부적합한 소화기는?

① 할론 소화기
② CO_2 소화기
③ 포말 소화기
④ 분말 소화기

해설
화재의 종류에 따른 사용 소화기

분류	A급 화재	B급 화재	C급 화재	D급 화재
명칭	일반(보통) 화재	유류 및 가스화재	전기 화재	금속 화재
소화기	물·분말 소화기, 포(포말) 소화기, 이산화탄소 소화기, 강화액 소화기, 산·알칼리 소화기	분말 소화기, 포(포말) 소화기, 이산화탄소 소화기	분말 소화기, 유기성 소화기, 이산화탄소 소화기, 무상강화액 소화기, 할로겐화합물 소화기	건조된 모래 (건조사)

정답 55 ③ 56 ③ 57 ② 58 ③

59 전동 공구 및 전기기계의 안전 대책으로 잘못된 것은?

① 전기 기계류는 사용 장소와 환경에 적합한 형식을 사용하여야 한다.
② 운전, 보수 등을 위한 충분한 공간이 확보되어야 한다.
③ 리드선은 기계진동이 있을 시 쉽게 끊어질 수 있어야 한다.
④ 조작부는 작업자의 위치에서 쉽게 조작이 가능한 위치여야 한다.

해설
전동 공구의 리드선은 기계 진동이 있을 시 쉽게 끊어지지 않아야 한다.

60 기계 가공 중 기계에서 이상한 소리가 날 때 조치하여야 할 사항으로 가장 적합한 것은?

① 가공을 계속하여 작업을 완료한 후 점검한다.
② 기계 가공 중에 손으로 점검한다.
③ 속도를 낮추어 계속 작업한다.
④ 즉시 기계를 멈추고 점검한다.

해설
이상음이 발생하면 즉시 정지하고, 전원 차단 후 원인을 점검한다.

정답 59 ③ 60 ④

2014년 제4회 과년도 기출문제

01 120Ah의 축전지가 매일 1%씩 자기방전을 할 때 충전전류는 시간당 몇 A로 조정하면 되는가?

① 0.05A
② 0.1A
③ 0.12A
④ 0.5A

해설

충전전류 = $\dfrac{축전지\ 용량 \times 1일\ 방전량}{24시간}$ = $\dfrac{120Ah \times 0.01}{24}$
= 0.05A

02 디젤기관의 프라이밍 펌프(Priming Pump)에 대한 설명으로 틀린 것은?

① 연료공급 펌프의 소음을 방지한다.
② 기관의 정지 상태에서 연료를 분사 펌프까지 보낸다.
③ 연료장치의 공기빼기 작업 시 활용한다.
④ 손으로 작동시킬 수 있는 펌프이다.

해설
프라이밍 펌프는 수동용 펌프로서, 엔진이 정지되었을 때 연료 탱크의 연료를 연료 분사 펌프까지 공급하거나 연료 라인 내의 공기 빼기 등에 사용한다.

03 엔진이 과열되는 원인으로 틀린 것은?

① 냉각수의 양이 적다.
② 물 재킷(Water Jacket)에 오물이 많이 쌓였다.
③ 온도조절기가 열린 상태에서 고장이 났다.
④ 물 펌프(Water Pump)의 작용이 불완전하다.

해설
엔진의 과열 원인
- 냉각수 부족
- 워터 펌프 불량
- 온도조절기(서모스탯)가 닫혔을 때
- 라디에이터 불량
- 냉각팬 고장 또는 관련 전기계통 고장
- 벨트형식에서 팬 벨트의 장력이 느슨할 때

04 총배기량 2,800cm³인 실린더 안지름이 80mm이면 행정은?(단, 실린더 수는 4이다)

① 약 13.9cm
② 약 9.4cm
③ 약 8.4cm
④ 약 6.9cm

해설

$V_s = \dfrac{\pi D^2 S}{4} \times N$

$2,800 = \dfrac{\pi \times 8^2 \times S}{4} \times 4$

∴ $S = 13.93$cm

여기서, V_s : 총배기량(cm³)
D : 실린더 안지름(cm)
S : 피스톤 행정(cm)
N : 실린더 수

05 디젤기관의 연료 공급을 순서대로 나타낸 것은?

① 연료탱크 – 분사노즐 – 분사 펌프 – 연료필터 – 엔진
② 연료탱크 – 분사 펌프 – 연료필터 – 분사노즐 – 엔진
③ 연료탱크 – 분사 펌프 – 분사노즐 – 연료필터 – 엔진
④ 연료탱크 – 연료필터 – 분사 펌프 – 분사노즐 – 엔진

해설
디젤엔진의 연료탱크에서 분사노즐까지 연료의 순환순서
연료탱크 → 연료공급펌프 → 연료필터 → 분사펌프 → 분사노즐

06 기관의 피스톤 간극이 클 경우 발생하는 현상으로 틀린 것은?

① 압축압력 상승
② 블로바이 가스 발생
③ 피스톤 슬랩 발생
④ 엔진 출력저하

해설
피스톤 간극이 크면 압축압력이 저하, 블로바이 발생, 연소실에 기관 오일 상승, 피스톤 슬랩 발생, 연료가 기관 오일에 떨어져 희석되고, 기관 기동성 저하, 기관 출력이 감소하는 원인이 된다.

07 전자제어 엔진에 구성되어 있는 센서의 설명으로 틀린 것은?

① 공기유량센서는 흡입되는 공기량에 비례하는 신호를 보낸다.
② 크랭크 각 센서는 크랭크축의 회전위치를 감지한다.
③ 산소센서에 의한 피드백은 냉간 시 폐회로상태로 작동한다.
④ 수온센서는 기관의 냉각수 온도를 감지한다.

해설
산소센서에 의한 피드백은 열간 시 폐회로상태로 작동한다.
※ 산소센서 신호를 기준으로 피드백 작용을 하지 않는 개회로 상태는 시동 시, 냉간 시, 가속 시이다.

08 실린더 블록과 헤드 사이에 끼워져 압력가스의 누출을 방지하는 것은?

① 실린더 헤드
② 물재킷
③ 실린더 로커 암
④ 헤드 개스킷

해설
헤드 개스킷은 실린더 헤드와 블록 사이에 삽입하여 압축과 폭발가스의 기밀을 유지하고 냉각수와 엔진오일이 누출되는 것을 방지하는 역할을 한다.

정답 5 ④ 6 ① 7 ③ 8 ④

09 건설기계의 아워 미터(Hour Meter)가 표시하는 것은?

① 건설기계의 주행거리
② 건설기계의 가동시간
③ 건설기계의 주행속도
④ 건설기계의 기관온도

해설
시간계(Hour Meter)는 실제로 일한 시간을 측정할 수 있는 계측기로 시기마다 정비해 주어야 할 장비 점검, 오일 점검을 위해 시간을 알려주는 역할을 한다.

10 감속기를 사용하지 않는 기동전동기의 피니언기어와 링 기어(Ring Gear)의 기어비로 가장 옳은 것은?

① 약 1 : 1
② 약 5~8 : 1
③ 약 9~15 : 1
④ 약 15~20 : 1

11 건설기계 기관의 밸브(Valve)가 갖추어야 할 조건으로 틀린 것은?

① 열전도율이 낮아야 한다.
② 고온가스에 부식되어서는 안 된다.
③ 충격에 대한 저항력이 커야 한다.
④ 내마모성이 있어야 한다.

해설
밸브 헤드 부분의 열전도율이 커야한다.

12 기동모터가 정상 회전하지 않는 원인으로 틀린 것은?

① 축전지의 전압이 낮다.
② 예열플러그가 작동하지 않는다.
③ 축전지 터미널 접촉이 나쁘다.
④ 모터 솔레노이드 스위치 작동이 불량하다.

해설
예열플러그 미작동 시 시동이 안 된다.

13 발전기의 자극 수가 4극이고 출력 전압의 주파수가 60Hz일 때 회전속도는?

① 1,600rpm   ② 1,800rpm
③ 2,000rpm   ④ 2,200rpm

해설
$N = \dfrac{120f}{P} = \dfrac{120 \times 60}{4} = 1,800\text{rpm}$
여기서, N : 회전속도
　　　　f : 주파수
　　　　P : 극수

14 과급기를 통해 흡입되는 공기온도를 낮추어 공기밀도를 높여 줌으로서 흡입효율을 증대시키는 장치는?

① 디퓨저　② 블로어
③ 인터쿨러　④ 터빈

해설
인터쿨러는 터보차저 임펠러와 흡기다기관 사이에 설치되어 과급된 공기를 냉각시키는 역할을 한다.

15 라디에이터의 세척제로 널리 사용되고 있는 것은?

① 염산　② 알코올
③ 알칼리 용액　④ 탄산나트륨

해설
라디에이터 세척제는 탄산나트륨, 중탄산나트륨을 사용한다.

16 건설기계의 디젤기관 노킹 방지책은?

① 실린더 내부를 냉각시킨다.
② 착화지연을 짧게 한다.
③ 압축비를 낮춘다.
④ 흡기온도를 낮춘다.

해설
디젤 노크(Diesel Knock)
착화지연 기간이 길면 분사된 다량의 연료가 화염 전파 기간 중에 일시적으로 연소하여 압력 급상승에 원인하여 기관에 충격을 주는 현상이다.

17 엔진오일에 냉각수가 침입되었을 때 기관 냉각 후 오일의 색은?

① 우유색
② 흑색
③ 적색
④ 갈색

해설
오일의 색깔이 우유색에 가까운 것은 냉각수가 혼입되어 있는 것이다.

18 피스톤 링에 대한 설명으로 틀린 것은?

① 역할에 따라 일체형, 동심형, 편심형 링으로 분류된다.
② 링 이음에는 버트 이음, 랩 이음, 각 이음 형식이 있다.
③ 적당한 탄성을 갖게 하기 위해 그 일부를 잘라서 개방시킨 구조로 되어 있다.
④ 열팽창이 작고 내마멸성이 큰 재료인 특수주철이 많이 사용되고 있다.

해설
피스톤 링
• 역할에 따른 분류 : 압축링, 오일링
• 형태에 따른 분류 : 동심형 링, 편심형 링

정답　14 ③　15 ④　16 ②　17 ①　18 ①

19 충전 실린더에서 축전지가 과충전되는 이유로 옳은 것은?

① 조정기의 조정전압이 너무 높다.
② 스테이터 코일이 접지되었다.
③ 조정기의 고속 포인트가 달라붙었다.
④ 브러시와 스프링의 접촉이 불량하다.

해설
발전기 전압 조정기의 조정 전압이 너무 낮으면 축전지에 충전이 안 된다.

21 유압펌프를 표시하는 기호는?

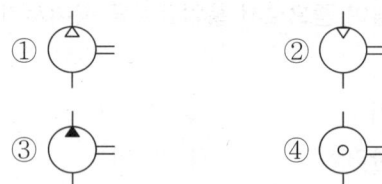

해설
유압 기호

명 칭	기 호	비 고
펌프 및 모터	유압펌프 / 공기압 모터	일반 기호
유압펌프		• 1방향 유동 • 정용량형 • 1방향 회전형
유압모터		• 1방향 유동 • 가변용량형 • 조작기구를 특별히 지정하지 않는 경우 • 외부 드레인 • 1방향 회전형 • 양축형
공기압 모터		• 2방향 유동 • 정용량형 • 2방향 회전형
정용량형 펌프·모터		• 1방향 유동 • 정용량형 • 1방향 회전형
가변용량형 펌프·모터 (인력 조작)		• 2방향 유동 • 가변용량형 • 외부 드레인 • 2방향 회전형

20 건설기계의 공조장치에서 냉매의 구비조건으로 틀린 것은?

① 증발압력이 저온에서 대기압 이상일 것
② 증발잠열이 작을 것
③ 응축압력이 낮을 것
④ 응고온도가 낮을 것

해설
증발잠열이 크고, 냉매순환량이 적을 것

22 굴착기의 버킷용량이 0.8m³이고 1회 작업 시간이 20초인 경우 1시간당 이론 작업량은?

① 124m³/h
② 134m³/h
③ 144m³/h
④ 154m³/h

해설

$$Q = \frac{3{,}600 \times B}{C_m} = \frac{3{,}600 \times 0.8}{20} = 144\text{m}^3/\text{h}$$

여기서, Q : 1시간당 이론 작업량(m³/h)
B : 버킷 용량(m³)
C_m : 1회 작업 시간(s)

23 굴착기에 장착된 전자제어장치(ECU)의 주된 기능으로 가장 옳은 것은?

① 운전 상황에 맞는 엔진 속도제어 및 고장진단 등을 하는 장치이다.
② 운전자가 편리하도록 작업 장치를 자동적으로 조작시켜 주는 장치이다.
③ 조이스틱의 작동을 전자화한 장치이다.
④ 컨트롤 밸브의 조작을 용이하게 하기 위해 전자화한 장치이다.

24 액시얼형 사판식 플런저 펌프에서 사판의 각을 조정하면?

① 토출유량이 변화한다.
② 온도가 변화한다.
③ 액추에이터의 작동방향이 변화한다.
④ 펌프의 회전속도가 변화한다.

해설
경사판식 액시얼 피스톤 펌프는 경사판(Swash Plate) 각도를 조정하여 송출유량을 조정한다.

25 기중기가 붐의 최대 안정각도 이내에서 작업을 할 때, 작업반경이 작아지면 기중능력은?

① 감소한다.
② 증가한다.
③ 변하지 않는다.
④ 수시로 변한다.

해설
작업반경(운전반경)이 커지면 기중능력은 감소한다.

26 도저의 블레이드 높이가 600mm이고, 길이가 2,000mm일 때 블레이드 용량은?

① 0.72m³
② 1.2m³
③ 2.4m³
④ 3.6m³

해설
$Q = BH^2$
$= 2 \times 0.6^2 = 0.72\text{m}^3$
여기서, Q : 블레이드 용량(m³)
B : 블레이드 길이(m)
H : 블레이드 높이(m)

정답 22 ③ 23 ① 24 ① 25 ② 26 ①

27 유압장치가 처음부터 작동이 불량할 때 점검개소로 가장 거리가 먼 것은?

① 유압펌프
② 메인 릴리프 밸브
③ 오일냉각기
④ 전류식 여과기

해설
오일냉각기는 엔진의 작동으로 인해 과열된 윤활유를 냉각시키기 위해 설치된 구성품이다.

28 공기 브레이크에서 압축기의 공기압력 제어가 불량할 때 점검해야 할 밸브는?

① 언로더 밸브
② 릴레이 밸브
③ 안전 밸브
④ 체크 밸브

해설
공기탱크 내의 공기 압력이 규정값 이하가 되면 언로더 밸브가 원위치로 복귀되어 공기 압축 작동이 다시 시작되기 때문이다.

29 클러치 페달의 자유간극을 조정하는 방법으로 옳은 것은?

① 클러치 페달을 움직여서
② 클러치 스프링의 장력을 조정하여
③ 클러치 페달 리턴스프링의 장력을 조정하여
④ 클러치 링키지의 길이를 조정하여

해설
클러치 페달의 자유간극 조정방법은 링키지 로드, 페달 또는 로드 조정너트로 한다.

30 유압기호에서 제어방식 중 전자방식을 나타내는 것은?

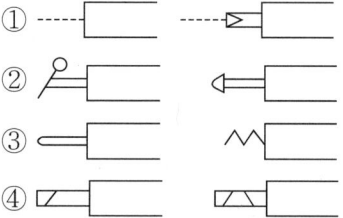

해설
① 공기압 조작방식
② 인력조작방식(레버, 누름버튼)
③ 기계방식(플런저), 복귀유지방식

31 지게차의 포크를 상승 또는 하강시키는 데 사용되는 레버는?

① 틸트 레버
② 리프트 레버
③ 사이드 시프트 레버
④ 로드 스태빌라이저 레버

해설
리프트 실린더의 주된 역할은 포크를 상승·하강시킨다.

27 ③ 28 ① 29 ④ 30 ④ 31 ②

32 유압식 브레이크 라인에 공기가 들어가면 나타나는 증상은?

① 드럼이 과열한다.
② 스펀지 현상이 일어난다.
③ 오일이 누설된다.
④ 브레이크 페달의 유격이 작아진다.

해설
유압라인 내에 공기가 들어가면 브레이크를 밟아도 스펀지를 밟듯이 푹푹 꺼지며, 브레이크가 작동되지 않는 현상이 생기는데 이를 베이퍼 로크라고 한다.

33 스크레이퍼의 작업장치 중 볼(Bowl)에 대한 설명으로 틀린 것은?

① 전진하면서 볼(Bowl)을 하강시켜 토사를 굴착한다.
② 볼(Bowl)의 전체는 상하로 움직일 수 있도록 되어 있다.
③ 볼(Bowl) 뒤에 설치된 에이프런은 볼(Bowl) 내에서 전후로 작동한다.
④ 볼(Bowl)의 아랫면은 앞부분에 절삭칼날(Cutting Edge)이 부착되어 있다.

해설
에이프런은 볼의 전면에 설치되어 앞벽을 형성하여 상하 작동하여 배출구를 개폐하는 장치이다.

34 트랙장력이 약해지는 원인과 관계없는 것은?

① 트랙 핀의 마모
② 트랙 슈의 마모
③ 스프로킷의 마모
④ 부시의 마모

해설
트랙 슈(Track Shoe)는 무한궤도의 일부분으로 크레인과 굴착기의 바퀴를 감싸고 있는 체인으로 중장비의 신발과 같은 역할을 한다.

35 오버 드라이브 장치를 설치하였을 때 장점이 아닌 것은?

① 타이어 마멸을 감소시킨다.
② 운전이 조용하다.
③ 평탄도로에서 연료 절감 효과가 크다.
④ 엔진 수명이 연장된다.

해설
오버 드라이브 장치의 장점
• 자동차의 속도를 30% 정도 빠르게 할 수 있다.
• 평탄한 도로 주행 시 약 20%의 연료를 절약할 수 있다.
• 엔진의 운전이 정숙하며 수명이 연장된다.

정답 32 ② 33 ③ 34 ② 35 ①

36 모터그레이더의 탠덤 드라이브에 들어가는 오일로 가장 적합한 것은?

① 그리스
② 엔진오일
③ 유압유
④ 기어오일

해설
탠덤 드라이브장치에는 기어오일을 주유하며, 기어형식과 체인형식이 있다.

37 불도저의 상부 롤러(Carrier Roller) 탈거방법으로 옳은 것은?

① 아이들러를 분리하고 탈거한다.
② 트랙 롤러를 분리하고 탈거한다.
③ 스프로킷과 트랙링크 사이에 단단한 나무나 환봉을 끼우고 탈거한다.
④ 트랙 하부에 돌이나 환봉을 넣어 트랙 장력을 만들어서 탈거한다.

해설
상부 롤러 탈거방법 : 스프로킷과 트랙링크 사이에 단단한 나무나 환봉을 끼우고 탈거한다.

38 바퀴를 제거하지 않고 액슬축을 빼낼 수 있는 차축 형식은?

① 전부동식
② 1/4부동식
③ 1/2부동식
④ 3/4부동식

해설
차축 – 지지형식에 따른 분류
- 전부동식 : 자동차의 모든 중량을 액슬 하우징에서 지지하고 차축은 동력만을 전달하는 방식이다. 무거운 중량을 지지할 수 있어서 화물차나 버스 등 대형차량에 주로 사용되고 타이어를 제거하지 않고도 액슬축을 빼낼 수 있는 특징이 있다.
- 3/4 부동식 : 차축은 동력을 전달하면서 하중은 1/4 정도만 지지하는 형식이다. 소형차량에 사용된다.
- 반부동식 : 차축에서 1/2, 하우징이 1/2 정도의 하중을 지지하는 타입이다. 승용차량과 같이 중량이 가볍고 높은 속도를 필요로 하는 자동차에 적합하나 굽힘 및 충격하중을 받는다.

39 유체클러치에서 와류를 감소시키는 것은?

① 스테이터
② 베 인
③ 커플링 케이스
④ 가이드 링

해설
가이드 링 : 유체클러치 내부에 일어나는 와류를 감소시켜 유체충돌 방지, 중심부에 원형의 모양

40 굴착기의 유압탱크에 설치되어 있는 스트레이너가 일부 막히거나 너무 조밀하면 어떤 현상이 생기는가?

① 베이퍼 로크 현상 ② 페이드 현상
③ 숨 돌리기 현상 ④ 캐비테이션 현상

해설
공동현상(캐비테이션)은 유압회로 내에 기포가 발생되면 이 기포가 유압기기의 표면을 파손시키거나 국부적인 고압 또는 소음을 발생하는 현상이다.

41 불도저의 유압회로도에서 유압탱크에 해당하는 것은?

①  ② ○
③ ▭ ④ ⋀⋁⋀

해설
기호 회로도

정용량 유압펌프	⌽	압력 스위치	⌐⊙
가변용량형 유압펌프	⌽	단통 실린더	▭
복통 실린더	▭	릴리프 밸브	▭
무부하 밸브	▭	체크 밸브	◇
축압기(어큐뮬레이터)	○	공기·유압 변환기	▭
압력계	⊙	오일탱크	⌴
유압 동력원	▶	오일여과기	◇
정용량형 펌프·모터	⌽	회전형 전기 액추에이터	Ⓜ
가변용량형 유압모터	⌽	솔레노이드 조작 방식	▭
간접 조작 방식	▭	레버 조작 방식	▭
기계 조작 방식	▭	복통 실린더 양로드형	▭
드레인 배출기	◇	전자·유압 파일럿	▭

42 콘크리트 피니셔의 3대 작업기구에 해당하지 않는 것은?

① 퍼스트 스크리드
② 바이브레이터
③ 피니싱 스크리드
④ 블레이드

해설
콘크리트 피니셔
콘크리트 표면을 평탄하고 균일하게 다듬는 기계로 그 구조는 콘크리트를 일정한 높이로 펴서 고르는 1차 스크리드, 콘크리트에 진동과 압력을 주어 단단하게 다지는 바이브레이터, 피니싱 스크리드 등으로 이루어져 있다.

43 유압 작동유의 기능과 거리가 먼 것은?

① 열을 흡수하는 작용을 한다.
② 윤활작용을 한다.
③ 밀봉작용을 한다.
④ 촉매작용을 한다.

해설
유압 작동유의 기능
• 부식을 방지한다.
• 윤활작용, 냉각작용을 한다.
• 압력에너지를 이송한다(동력전달기능).
• 필요한 요소 사이를 밀봉한다.

44 로더의 버킷에 흙을 담아 컨트롤 레버를 중립에 위치시킨 후 이동할 때, 작업장치가 불안정하게 움직이는 원인이 아닌 것은?

① 링키지의 핀과 부싱에 과도한 부하가 걸렸을 때
② 펌프 PTO 장치가 구동되지 않을 때
③ 덤프 실린더의 피스톤 실이 불량할 때
④ 덤프 실린더 아래쪽의 안전 밸브가 불량할 때

해설
PTO(Power Take Off, 동력인출장치) 장치는 엔진의 동력을 주행과는 관계없이 다른 용도에 이용하기 위해 설치한 장치이다.

정답 40 ④ 41 ① 42 ④ 43 ④ 44 ②

45 유압모터의 토크를 조절하는 방법으로 가장 적당한 것은?

① 베인 펌프와 연결한다.
② 시퀀스 밸브를 사용한다.
③ 릴리프 밸브의 설정압력을 바꾼다.
④ 배관의 지름과 길이를 변화시킨다.

46 내용적 40L의 산소용기에 조정기의 고압측 압력계가 50kgf/cm²를 지시하고 있다면, 이 용기에는 잔류산소가 몇 리터(L) 있는가?

① 100
② 200
③ 1,000
④ 2,000

해설
$Q = PV$
$= 50 \times 40 = 2,000$L
여기서, Q : 잔류산소의 양(L)
P : 산소용기 내의 압력(kgf/cm²)
V : 산소용기의 내용적(L)

47 다음 중 용착효율이 가장 높은 용접법은?

① 서브머지드 아크용접
② FCAW 용접
③ TIG, MIG 용접
④ 피복아크 용접

해설
용착효율
- 서브머지드 아크용접 : 100%
- FCAW(플럭스 코어드 아크) 용접 : 75~85%
- MIG 용접 : 92%
- 피복아크 용접 : 65%

48 연강피복 아크용접봉인 E4316의 계열은 어느 계열인가?

① 저수소계
② 고산화타이타늄계
③ 철분 저수소계
④ 일미나이트계

해설
피복금속 아크용접봉의 종류
- E4301 : 일미나이트계
- E4303 : 라임타이타니아계
- E4311 : 고셀룰로스계
- E4313 : 고산화타이타늄계
- E4316 : 저수소계
- E4324 : 철분 산화타이타늄계
- E4326 : 철분 저수소계
- E4327 : 철분 산화철계

49 피복아크 용접 시 안전홀더를 사용하는 이유로 가장 옳은 것은?

① 자외선과 적외선 차단
② 유해가스 중독방지
③ 고무장갑 대용
④ 용접작업 중 전격방지

해설
감전 방지를 위해 안전홀더를 사용한다.

정답 45 ③ 46 ④ 47 ① 48 ① 49 ④

50 용접법을 크게 융접, 압접, 납땜을 분류할 때 압접에 해당되는 것은?

① 전자빔용접
② 초음파용접
③ 원자수소용접
④ 일렉트로슬래그용접

해설
압접 : 초음파용접
융접 : 전자빔용접, 원자수소용접, 일렉트로슬래그용접
※ 용접법의 종류

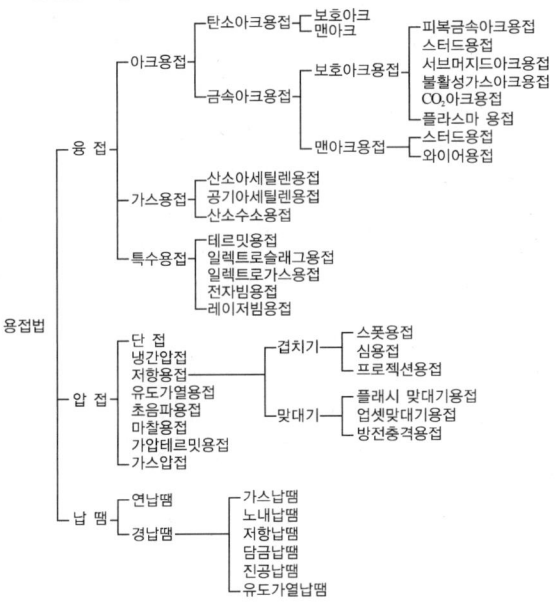

51 도로주행용 건설기계의 라디에이터 코어 핀 부분의 이물질을 청소할 때 가장 적합한 방법은?

① 압축공기로 바깥쪽으로 불어낸다.
② 압축공기로 엔진쪽으로 불어낸다.
③ 압축공기로 엔진쪽으로 빨아들인다.
④ 압축공기로 바깥쪽으로 빨아들인다.

해설
라디에이터 핀의 청소는 압축공기로 기관쪽에서 바깥쪽으로 불어낸다.

52 도저의 트랙을 분리할 때, 안전한 작업방법은?

① 스프로킷을 후진위치가 되게 한다.
② 마스터 핀을 기동륜과 캐리어 롤러 사이에 있게 한다.
③ 트랙의 장력을 높이고 마스트 핀을 뺀다.
④ 트랙 핀을 아이들러와 캐리어 롤러 사이에 있게 한다.

53 어큐뮬레이터에 대한 설명으로 틀린 것은?

① 보수 및 관리가 용이하도록 접근하기 쉬운 장소에 설치한다.
② 진동이 심한 곳에 설치할 때는 반드시 용접하여 완전히 고정시켜 진동을 최소화한다.
③ 펌프와 어큐뮬레이터 사이에는 체크 밸브를 설치하여 유압유가 펌프 쪽으로 역류되지 않도록 한다.
④ 어큐뮬레이터를 설치할 때는 유압시스템의 압력이 제거된 상태에서 작업한다.

해설
진동이 심한 곳에서는 충분한 지지기구로 완전히 고정시킬 것

정답 50 ② 51 ① 52 ② 53 ②

54 차체를 용접할 때 안전사항으로 틀린 것은?

① 홀더는 항상 파손되지 않은 것을 사용한다.
② 용접 시에는 소화수 및 소화기를 준비한다.
③ 아세틸렌 누출을 검사할 때에는 비눗물을 사용한다.
④ 교류아크용접은 스파크가 위험하므로 반드시 옥외에서 용접한다.

해설
교류아크용접
옥내작업 시 일정장소에서 용접작업 국소배기시설과 환기시설을 설치하고, 옥외에서 작업하는 경우 바람을 등지고 작업한다.

56 폭발 위험이 있는 가스, 증기, 또는 분진이 발산하는 장소에서 금지해야 할 사항으로 틀린 것은?

① 화기의 사용
② 과열로 점화의 원인이 될 수 있는 기계의 사용
③ 사용 도중 불꽃이 발생하는 공구의 사용
④ 불연성 재료의 사용

해설
불연성 재료 : 불에 타지 않는 성질을 가진 재료

55 먼지가 많은 토목공사 현장에서 하루 동안 작업을 마친 장비를 보관하기 전에 점검할 사항과 가장 거리가 먼 것은?

① 에어클리너 : 엘리먼트 집진 캡을 청소한다.
② 라디에이터 : 코어가 막히지 않도록 압축공기로 청소한다.
③ 전장품 : 단선, 쇼트 및 느슨한 단자 점검과 청소를 한다.
④ 작동유 : 유압탱크, 오일 교환 및 청소한다.

57 재해의 원인 중 생리적인 원인은?

① 작업자의 피로
② 작업복의 부적당
③ 안전장치의 불량
④ 안전수칙의 미준수

해설
생리적 원인은 작업하는 주체인 인간이 그 작업에 대한 체력의 부족, 생리 기능적인 결함 또는 피로, 수면 부족, 질병 등에 의해서 재해를 발생시킨 경우이다.

58 드릴링 머신 사용 시 안전수칙으로 틀린 것은?

① 구멍뚫기를 시작하기 전에 자동이송장치를 쓰지 말 것
② 드릴을 회전시킨 후 테이블을 조정하지 말 것
③ 드릴을 끼운 뒤에는 척키를 반드시 꽂아 놓을 것
④ 드릴 회전 중에는 쇳밥(칩)을 맨손으로 털지 말 것

[해설]
드릴을 끼운 뒤에는 척키를 반드시 빼 놓을 것

59 기계장치 작업 시 수공구 사용에 대한 유의사항으로 틀린 것은?

① 수공구는 규정대로 사용하여야 한다.
② 렌치 사용 시 몸 밖으로 힘을 적당히 주어 사용한다.
③ 오픈렌치는 해머 대용으로 사용하지 않는다.
④ 쪼아내기 작업은 보호안경을 착용하고 작업한다.

[해설]
렌치를 몸 안쪽으로 잡아당겨 움직이게 한다.

60 정 작업에 대한 주의사항으로 틀린 것은?

① 정 작업을 할 때는 서로 마주보고 작업하지 말 것
② 정 작업은 반드시 열처리한 재료에만 사용할 것
③ 정 작업은 시작과 끝에 조심할 것
④ 정 작업에서 버섯 머리는 그라인더로 갈아서 사용할 것

[해설]
열처리한 재료는 정으로 작업하지 않는다.

[정답] 58 ③ 59 ② 60 ②

2015년 제1회 과년도 기출문제

01 윤활유 소모가 규정보다 과다할 때 점검정비를 하지 않아도 되는 것은?

① 피스톤 링
② 오일 펌프
③ 밸브 가이드 고무
④ 크랭크축 오일 실

해설
윤활유 소모가 과다하면 피스톤 링의 마모, 실린더 벽의 마모, 밸브 가이드 고무의 마모, 크랭크축 오일 실의 마모 등을 점검한다.

02 차실 내·외부의 공기를 도입하여 하류의 열교환기나 히터코어에 보내는 역할을 하는 것은?

① 파워 트랜스미터
② 블로어 모터
③ 레지스터
④ 에버포레이터

03 축전지 격리판의 구비조건에 대한 설명으로 틀린 것은?

① 비전도성일 것
② 단공성일 것
③ 전해액의 확산이 잘될 것
④ 기계적 강도가 양호할 것

해설
축전지 격리판의 구비조건
• 전해액의 확산이 잘될 것
• 다공성, 비전도성일 것
• 전해액에 부식되지 않을 것
• 기계적 강도가 있을 것

04 200Ah인 축전지는 10A의 전류를 몇 시간 동안 방전시킬 수 있는가?

① 10   ② 20
③ 30   ④ 40

해설
축전지용량(Ah) = 방전전류(A) × 방전시간(h)
$200 = 10x$
$x = 20$시간

05 디젤기관 실린더에서 발생하는 측압에 대한 설명으로 옳은 것은?

① 피스톤 하강 시 커넥팅로드를 요동으로 작동시키는 것
② 배기행정 시 피스톤의 상승운동을 방해하는 압력
③ 압축행정 시 피스톤의 상승운동을 방해하는 압력
④ 압축행정 시 피스톤이 실린더에 벽에 접촉되어 가하는 압력

06 다음 중 기동전동기의 일반적인 연속 사용 시간으로 옳은 것은?

① 5분 ② 3분
③ 2분 ④ 10초

해설
기동전동기 연속 사용 시간은 10~15초 정도로 하고, 기관이 시동되지 않으면 다른 부분을 점검한 후 다시 시동하도록 한다.

07 기관에서 로커암 방식의 밸브기구에서 캠이 마멸되면?

① 밸브간극이 좁아진다.
② 밸브 양정(Lift)이 줄어든다.
③ 압축이 누설된다.
④ 밸브스프링이 약화된다.

해설
밸브가 열리는 것은 캠축의 캠에 의해서 열리고 밸브가 닫히는 것은 밸브 스프링의 장력에 의해서 닫힌다.
※ 밸브의 양정(Lift)은 밸브가 이동하는 최대 거리를 말한다.

08 기관의 밸브스프링 규정장력이 35kgf이었다면 교환해야 할 시점의 장력은?

① 33.75kgf 이하
② 32.5kgf 이하
③ 29.75kgf 이하
④ 26.25kgf 이하

해설
밸브스프링의 규정값은 표준장력의 15% 이내 있어야 정상이다.
35 − (35 × 0.15) = 29.75kgf

09 프라이밍 펌프의 기능에 대한 설명으로 옳은 것은?

① 공급 펌프로부터 연료를 다시 가압하는 일을 한다.
② 엔진이 작동하고 있을 때 연료 공급을 보조한다.
③ 엔진이 고속회전을 하고 있을 때 분사 펌프를 돕는다.
④ 엔진 정지 시 연료장치 회로 내의 공기빼기 등을 위하여 수동으로 작동시킨다.

해설
프라이밍 펌프는 수동용 펌프로서, 엔진이 정지되었을 때 연료 탱크의 연료를 연료 분사 펌프까지 공급하거나 연료 라인 내의 공기 빼기 등에 사용한다.

10 디젤기관에서 회전운동을 하지 않는 것으로 가장 적합한 것은?

① 캠 축
② 로터리식 오일 펌프
③ 피스톤
④ 크랭크축

해설
피스톤은 상하 왕복운동을 한다.

정답 6 ④ 7 ② 8 ③ 9 ④ 10 ③

11 냉각수의 비점을 올리는 것은?

① 온도조절기
② 압력식 캡
③ 진공식 캡
④ 오버플로 캡

해설
압력식 캡 : 냉각계통의 순환압력을 0.3~0.9kg/cm² 상승시켜, 냉각수의 비등점을 112℃로 높임으로써 열효율을 높이고, 냉각수 손실을 줄인다.

12 효율이 45%인 기관에서 연료의 저위발열량이 10,500kcal/kg일 때 연료 소비율은?

① 약 116g/PS-h
② 약 134g/PS-h
③ 약 250g/PS-h
④ 약 320g/PS-h

해설
$$\eta_e = \frac{PS \times 632.3}{be \times H_l} \times 100$$
$$45 = \frac{632.3}{be \times 10,500} \times 100$$
$\therefore be = 0.134 \text{kgf/PS} \cdot h = 134 \text{gf/PS} \cdot h$

여기서, η_e : 열효율(%)
　　　　PS : 마력(kgf·m/s)
　　　　be : 연료 소비율(kgf/PS·h)
　　　　H_l : 연료의 저위발열량(kcal/kgf)

13 교류발전기에서 트랜지스터식 전압조정기는 어떤 작용을 이용하여 발생전압을 조정하는가?

① 정류작용
② 증폭작용
③ 전압작용
④ 스위칭 작용

해설
트랜지스터식 조정기는 접점대신 트랜지스터의 스위칭 작용을 이용하여 로터 전류의 평균값을 변화함으로써 전압을 제어하는 방식이다.

14 2,000rpm에서 최대 토크 35kgf·m일 때 기관의 축 마력은?

① 약 102.35PS
② 약 116.21PS
③ 약 99.25PS
④ 약 97.77PS

해설
$$축마력(PS) = \frac{토크 \times 회전속도}{716} = \frac{35 \times 2,000}{716} = 97.77PS$$

15 디젤 연료장치의 연료공급 펌프 정비 후 시험항목으로 옳은 것은?

① 분사량 및 압력
② 분사시기 및 회전수
③ 누설 시험 및 송출압력 시험
④ 래크행정 및 태핏간극

해설
디젤 연료공급 펌프의 시험 항목에는 누설 시험, 송출압력 시험, 공급압력 시험 등이 있다.

16 기관에서 팬 벨트의 점검사항으로 틀린 것은?

① 장력
② 손상
③ 균열
④ 누설

해설
팬 벨트의 점검사항은 벨트의 장력, 균열이나 손상을 점검한다.

17 기관에 사용하는 반도체에 대한 설명으로 틀린 것은?

① 온도가 높아지면 저항이 감소하는 부온도계수 물질도 있다.
② 고유저항이 도체에 비해 낮다.
③ 빛, 열, 자력 등의 외력에 의해 다양한 반응을 보인다.
④ 도체와 부도체의 중간 정도 고유저항을 가진 물질이다.

해설
반도체는 도체와 절연체의 중간 정도의 고유저항을 가지는 물질을 말한다.

18 연소실의 체적이 40cc이고, 행정체적이 300cc인 엔진의 압축비는?

① 8.5 : 1
② 7.5 : 1
③ 7.25 : 1
④ 6.5 : 1

해설
압축비(ε) $= 1 + \dfrac{V_s}{V_c}$
$= 1 + \dfrac{300}{40} = 8.5$
여기서, V_s : 행정체적
V_c : 연소실체적

19 방향지시등에 대한 설명으로 틀린 것은?

① 플래셔 유닛에 점멸된다.
② 등광색은 흰색이어야 한다.
③ 점멸주기는 1분에 60~120회 이내이어야 한다.
④ 작동이 확실한가를 운전석에서 확인할 수 있어야 한다.

해설
방향지시등의 등광색은 황색 또는 호박색이어야 한다.

20 기동전동기의 시험항목에 속하지 않는 것은?

① 무부하시험
② 중부하시험
③ 회전력 시험
④ 저항시험

해설
기동전동기의 성능 시험항목
• 무부하시험 : 무부하 상태에서 시동 전동기의 전류와 회전속도를 측정하는 시험이다.
• 회전력 시험 : 부하 상태에서 시동 전동기의 전류와 회전력을 측정하는 시험이다.
• 저항시험 : 시동 전동기를 고정시킨 상태에서 전류를 측정하는 시험이다.

정답 16 ④ 17 ② 18 ① 19 ② 20 ②

21 유압조절 밸브의 스프링 장력을 강하게 조절하면 유압의 변화로 옳은 것은?

① 약간 낮아진다.
② 크게 낮아진다.
③ 상승한다.
④ 변동이 없다.

해설
밸브스프링의 장력약화는 밸브와 시트 사이의 밀착이 완전하지 않으면 실린더 내 압력 누출의 원인이 된다.

22 구동기어의 잇수가 10개, 피동기어의 잇수가 25개, 구동기어가 100rpm일 때 피동기어는 분당 몇 회전하는가?

① 40rpm
② 80rpm
③ 250rpm
④ 500rpm

해설
$$N_2 = \frac{Z_1}{Z_2} \times N_1$$
$$= \frac{10}{25} \times 100 = 40 \text{rpm}$$

여기서, N_2 : 피동기어의 회전수
Z_1 : 구동기어의 잇수
Z_2 : 피동기어의 잇수
N_1 : 구동기어의 회전수

23 변속기에서 기어변속이 잘되나 동력전달이 좋지 못한 원인으로 가장 적합한 것은?

① 클러치가 끊어지지 않을 때
② 변속기 축 스플라인 홈이 마모되었을 때
③ 싱크로나이저 링과 접촉이 불량할 때
④ 클러치 디스크가 마모되었을 때

해설
클러치 디스크는 플라이휠과 압력판 사이에 끼어져 있으며 기관의 동력을 변속기 입력축을 통하여 변속기로 전달하는 마찰판이다.

24 머캐덤 롤러의 축과 바퀴의 배열로 맞는 것은?

① 2축 2륜
② 2축 3륜
③ 2축 4륜
④ 3축 3륜

해설
머캐덤 롤러 : 전륜이 2개이고 후륜이 1개인 2축 3륜 형식의 롤러이다.

25 모터그레이더의 스캐리파이어 작업에 대한 설명으로 틀린 것은?

① 스캐리파이어는 섕크를 최대 2개까지 제거하여 사용할 수 있다.
② 섕크를 제거할 때에는 가운데로부터 하나 건너씩 제거한다.
③ 섕크를 땅에 박고 방향 전환을 하면 안 된다.
④ 일반적으로 스캐리파이어의 섕크 총수는 11개 이다.

해설
스캐리파이어(쇠스랑)은 굳은 땅 파헤치기, 나무 뿌리 뽑기 등을 할 수 있는 작업조건에 섕크는 모두 11개이나 작업조건에 따라 5개까지 빼내고 작업할 수 있으며 지균작업을 할 때에는 떼어낸다.

27 유압회로에서 그림과 같은 기호는?

① 한쪽에 체크 밸브가 있는 급속이음
② 체크 밸브가 없는 급속이음
③ 양쪽에 체크 밸브가 있는 급속이음
④ 관로의 접속

해설
유압기호

체크 밸브	

26 기관에서 압축압력이 얼마일 때부터 해체정비를 해야 하는가?

① 규정값의 70%
② 규정값의 80%
③ 규정값의 90%
④ 규정값의 95%

해설
기관의 분해정비 시기 판단
• 압축압력(kg/cm²) : 규정압력 70% 이하 혹은 각 실린더 압력차 10% 이상일 때
• 연료 소비율(km/L) : 표준 연료 소비율 60% 이상일 때
• 윤활유 소비율(km/L) : 표준 윤활유 소비율 50% 이상일 때

28 도로주행 건설기계의 유압 브레이크에서 20kgf의 힘을 마스터 실린더의 피스톤에 작용시켰을 때 제동력은?(단, 마스터 실린더 피스톤 단면적 5cm², 휠 실린더의 피스톤 단면적은 15cm²이다)

① 20kgf
② 40kgf
③ 60kgf
④ 80kgf

해설
제동력 = $\dfrac{\text{휠실린더의 피스톤 면적}}{\text{마스터실린더 피스톤 단면적}}$ × 마스터실린더의 피스톤에 작용하는 힘

= $\dfrac{15cm^2}{5cm^2} \times 20kgf = 60kgf$

29 다음의 유압펌프 중 가장 큰 출력을 낼 수 있는 것은?

① 기어 펌프
② 베인 펌프
③ 나사 펌프
④ 피스톤 펌프

해설
피스톤 펌프는 펌프의 최고 토출압력, 평균효율이 가장 높아 고압 출력에 사용하는 유압펌프이다.

30 유압 작동유를 교환할 때의 주의사항으로 틀린 것은?

① 장비가동을 완전히 멈춘 후에 교환한다.
② 화기가 있는 곳에서 교환하지 않는다.
③ 유압 작동유의 온도가 80℃ 이상의 고온일 때 교환한다.
④ 수분이나 먼지 등의 이물질이 유입되지 않도록 한다.

해설
작동유가 냉각되기 전에 교환하여야 한다.

31 트랙식 굴착기에서 트랙의 장력을 조정하기 위하여 트랙 프레임 위를 전후로 움직이는 구조로 되어 있는 것은?

① 캐리어 롤러
② 트랙 아이들러
③ 리코일 스프링
④ 스프로킷

해설
트랙 아이들러가 프레임 위를 전후로 움직이는 구조로 된 이유
• 트랙 장력(긴도)을 조정하기 위하여
• 주행 중 지면으로부터 받는 충격을 완화하기 위하여

32 유압의 작동은 어떤 원리를 이용한 것인가?

① 베르누이의 원리
② 파스칼의 원리
③ 보일-샤를의 원리
④ 아르키메데스의 원리

해설
파스칼(Pascal)의 원리
밀폐된 유체의 일부에 압력을 가하면 그 압력이 유체 내의 모든 곳에 같은 크기로 전달된다고 하는 원리로 유압식 브레이크나 지게차, 굴착기와 같이 작은 힘을 주어 큰 힘을 내는 장치들은 모두 이 원리를 이용하고 있다.

33 불도저의 언더 캐리지 부품이 아닌 것은?

① 트랙
② 리퍼
③ 트랙롤러
④ 트랙 프레임

해설
리퍼는 도저의 뒤쪽에 설치되며 굳은 지면, 나무뿌리, 암석 등을 파헤치는 데 사용한다.

34 클러치 페달에 유격을 주는 이유가 아닌 것은?

① 동력전달을 증대시킨다.
② 변속기어의 물림을 쉽게 하기 위해서이다.
③ 클러치판의 미끄럼을 방지하기 위해서이다.
④ 크랭크축 페이싱의 마멸을 작게 하기 위해서이다.

해설
클러치 유격
- 클러치 페달에 유격을 두는 이유 : 클러치의 미끄럼을 방지하기 위해
- 클러치 페달에 유격이 너무 작으면 클러치의 미끄럼이 발생하고, 너무 크면 제동 성능이 감소된다.
- 클러치가 미끄러지면 속도, 견인력 등이 감소되어 연료 소비가 증가하고 기관이 과열된다.

35 축거가 1.2m인 지게차의 핸들을 왼쪽으로 완전히 꺾었을 때 오른쪽 바퀴의 각도가 30°이고 왼쪽 바퀴의 각도가 45°일 때 최소 회전반지름은?

① 1.2m
② 1.68m
③ 2.1m
④ 2.4m

해설
최소 회전반지름 $= \dfrac{축거}{\sin\alpha} = \dfrac{1.2}{\sin 30°} = 2.4m \,(\because \sin 30° = 0.5)$

36 굴착기에서 작업장치의 구성요소가 아닌 것은?

① 붐
② 트랙
③ 암
④ 버킷

해설
굴착기의 작업장치는 붐, 암, 버킷으로 구성되며, 3~4개의 유압 실린더에 의해 작동된다.

37 트랙의 주요 구성품으로 맞는 것은?

① 핀, 부시, 롤러, 링크
② 슈, 링크, 부싱, 동판
③ 핀, 부시, 링크, 슈
④ 슈, 링크, 동판, 롤러

해설
트랙은 핀, 부시, 링크, 슈 등으로 구성되어 있고 스프로킷의 구동력을 받아 지면과 직접 접촉하면서 본체를 지지 및 주행하는 기구이다.

38 유압장치에서 유압이 낮은 원인으로 틀린 것은?

① 유압 조정 밸브 스프링의 쇠손
② 유압펌프 흡입구의 막힘
③ 유압작동유의 점도가 높음
④ 탱크 내의 유압작동유가 부족

해설
유압이 낮아지는 원인
- 오일 펌프가 마모되었을 때
- 오일 펌프의 흡입구가 막혔을 때
- 윤활유의 점도가 낮을 때
- 오일 팬 내의 오일이 부족할 때
- 윤활통로 내에 공기가 유입되거나 베이퍼 로크 현상이 났을 때
- 윤활통로가 파손되었을 때
- 윤활간극이 클 때
- 유압조절 밸브의 밀착이 불량할 때
- 오일 펌프의 흡입구가 막혔을 때

39 강제식 유압펌프(용적형)에 대한 설명 중 틀린 것은?

① 높은 압력을 낼 수 있다.
② 조건에 따라 효율의 변화가 작다.
③ 크기가 작다.
④ 유량이 많은 경우에 적합하다.

해설
유압펌프는 크게 강제식 펌프와 비강제식 펌프로 나눈다.
• 강제식 펌프 : 동작이 1주기가 되면 일정한 양의 유체가 유압 장치로 밀려들어가게 하는 것이고, 유압 장치에는 높은 압력이 요구되기 때문에 강제식 펌프가 주로 사용되고, 강제식 펌프를 체적형 펌프라 한다.
• 비강제식 펌프 : 원심식 펌프와 같이 회전하면서 일정한 유량을 일정한 압력 사이에서 흐르게 하는 것이다.

40 하역기계로 사용되는 기중기의 규격이나 작업능력 등을 표시할 때 사용되는 사항들 중 틀린 것은?

① 기중능력(ton)
② 최대 인양능력(ton)
③ 시간당 작업량(ton)
④ 블레이드 길이(m)

해설
기중기의 규격표시 : 들어 올림능력(ton)으로 한다.

41 건설기계 제동장치에서 하이드로백 릴레이 밸브의 진공 밸브는 무엇에 의해 열리는가?

① 공기압력
② 스프링의 장력
③ 오일압력
④ 부압(진공)

42 강판으로 만든 속이 빈 원통의 외주에 다수의 돌기를 붙인 것으로 사질토보다는 점토질의 다짐에 효과적인 롤러는?

① 탬핑 롤러
② 탠덤 롤러
③ 머캐덤 롤러
④ 진동 롤러

해설
탬핑 롤러는 땅을 다져 굳히는 데에 쓰는 롤러로 롤러에 돌기 부분이 있어 깊은 땅속까지 다질 수 있다.

43 전륜구동 지게차의 앞차축이 하는 주요기능은?

① 무게지지 및 조향
② 조향 및 감속
③ 무게지지 및 구동력 전달
④ 조향 및 구동력 증가

해설
지게차는 화물을 적재했을 때 부하가 미치는 전륜이 구동바퀴 구실을 한다.

44 불도저에서 트랙에 오는 충격을 완화시켜 주는 기능을 하는 것은 무엇인가?

① 쇼크 업소버
② 리코일 스프링
③ 스프로킷
④ 아이들러

해설
리코일 스프링의 설치 목적
• 트랙 전면의 충격 흡수(트랙 아이들러 완충장치)
• 트랙 장력과 긴장도 유지
• 차체 파손 방지와 원활한 운전
• 서징 현상 방지

45 유압실린더의 분해조립 시 주의사항으로 틀린 것은?

① 용도와 크기에 맞는 공구를 사용한다.
② 분해조립 시 무리한 힘을 가하지 않는다.
③ 피스톤 로드의 휨 측정은 마이크로미터를 사용한다.
④ 실린더 내부의 부품조립 시 유압유를 바르고 분해의 역순으로 조립한다.

해설
피스톤 로드의 휨 측정은 다이얼 게이지를 사용한다.

46 피복금속 아크용접의 아크 길이에 대한 설명으로 맞는 것은?

① 긴 아크 길이는 용융금속의 산화 및 질화의 우려가 있다.
② 긴 아크 길이는 양호한 용접부를 형성한다.
③ 긴 아크 길이는 발열량이 감소하고 비드 폭이 좁아진다.
④ 긴 아크 길이는 스패터 발생을 감소시킨다.

해설
아크 길이가 길면 용융부를 보호하지 못하므로 용융금속의 산화 및 질화를 일으키기 쉽게 하고 전압을 높게 하여 스패터도 많이 발생하고 용접한 제품의 재질약화 및 기공, 균열 불량도 일으킨다. 아크가 불안정해지면서 열의 집중성이 떨어져서 열영향부를 크게 한다.

47 연강용 피복아크 용접봉 중 일미나이트계(Ilmenite Type)에 대한 설명으로 맞는 것은?

① 용접봉의 기호는 E4313이고 슬래그의 유동성이 나쁘다.
② 산화타이타늄을 30% 이상 포함한 루틸(Rutile Type)계다.
③ 산화타이타늄을 45% 이상 포함한 루틸(Rutile Type)계다.
④ 용접봉의 기호는 E4301이고 슬래그의 유동성이 좋다.

해설
일미나이트계 E4301
• 일미나이트($TiO_2 \cdot FeO$)를 약 30% 이상 합금한 것으로 우리나라에서 많이 사용한다.
• 일본에서 처음 개발한 것으로 작업성과 용접성이 우수하며 값이 저렴하여 철도나 차량, 구조물, 압력 용기에 사용된다.
• 내균열성, 내가공성, 연성이 우수하여 25mm 이상의 후판용접도 가능하다.

48 다음 용접작업의 결함 중 보기에 해당되는 것은?

┌─보기─────────────────────┐
- 용접전류가 너무 높을 때
- 부적합한 용접봉을 사용했을 때
- 용접속도가 너무 빠를 때
- 용접봉의 각도가 부적당할 때
└──────────────────────────┘

① 피 드 ② 언더컷
③ 용 락 ④ 용입 부족

해설
언더컷

원 인	방지대책
• 전류가 높을 때 • 아크 길이가 길 때 • 용접 속도가 빠를 때 • 운봉 각도가 부적당할 때 • 부적당한 용접봉을 사용할 때	• 전류를 낮춘다. • 아크 길이를 짧게 한다. • 용접 속도를 알맞게 한다. • 운봉 각도를 알맞게 한다. • 알맞은 용접봉을 사용한다.

49 다음 중 가스용접의 장점은?

① 열효율이 낮다.
② 열의 집중성이 어렵다.
③ 금속이 탄화 또는 산화될 우려가 많다.
④ 열량 조절이 자유롭다.

해설
가스용접

장 점	• 전기가 필요 없다. • 용접기의 운반이 비교적 자유롭다. • 용접 장치의 설비비가 전기 용접에 비하여 싸다. • 불꽃을 조절하여 용접부의 가열 범위를 조정하기 쉽다. • 박판 용접에 적당하다. • 용접되는 금속의 응용 범위가 넓다. • 유해 광선의 발생이 적다. • 용접 기술이 쉬운 편이다.
단 점	• 고압가스를 사용하기 때문에 폭발, 화재의 위험이 크다. • 열효율이 낮아서 용접 속도가 느리다. • 아크 용접에 비해 불꽃의 온도가 낮다. • 금속이 탄화 및 산화될 우려가 많다. • 열의 집중성이 나빠 효율적인 용접이 어렵다. • 일반적으로 신뢰성이 적다. • 용접부의 기계적 강도가 떨어진다. • 가열 범위가 넓어 용접 응력이 크고, 가열 시간 또한 오래 걸린다.

50 가스 자동 절단 시 팁과 강판과의 간격은 예열불꽃의 백심으로부터 가장 적당한 거리는?

① 약 1.5~2.5mm
② 약 3.5~4.5mm
③ 약 5.5~6.5mm
④ 약 7.5~8.5mm

해설
가스 자동 절단 시 팁과 강판과의 간격은 예열 불꽃의 백심으로부터 1.5~2.5mm 거리가 가장 적당하다.

51 지게차(Fork Lift)의 틸트 실린더 마스트 경사각에 대한 내용이다. 정격하중이 10톤을 초과하는 경우 전경각은?

① 2~3° ② 3~6°
③ 6~9° ④ 9~12°

해설
마스트의 전경각 및 후경각
- 카운터밸런스 지게차의 전경각은 6° 이하, 후경각은 12° 이하일 것
- 사이드포크형 지게차의 전경각 및 후경각은 각각 5° 이하일 것
※ 관련 법 개정으로 인하여 정답 없음

48 ② 49 ④ 50 ① 51 정답 없음

52 동력조향장치 분해 정비 시 작업 안전사항으로 잘못된 것은?

① 유압실린더 로드를 움직이면 유압오일이 흘러나오므로 주의한다.
② 오일실과 부품은 반드시 가솔린으로 세척하도록 한다.
③ 오일 출입구의 유압호스 제거 시 먼지가 들어가지 않도록 한다.
④ 반드시 시동이 정지 후 탈거 및 조립한다.

[해설]
오일실과 부품은 반드시 경유로 세척하도록 한다.

53 현장에서 금속아크 용접을 마쳤는데 시간이 경과될수록 눈이 따갑고 견디기가 어렵다. 이때 예상되는 가장 적합한 원인은?

① 무의식 중에 아크 빛에 눈이 노출되었다.
② 작업 시간을 초과하여 작업하였다.
③ 적정전류보다 높은 전류를 사용하였다.
④ 스패터가 많이 발생하도록 작업하였다.

[해설]
아크 용접 시 발생되는 빛 속에 강한 자외선과 적외선이 눈의 각막을 상하게 할 수 있다.

54 건설기계에서 공기청정기의 에어필터가 막혔을 때의 결과가 아닌 것은?

① 배기가스의 색깔이 검어진다.
② 연료의 소비가 많아진다.
③ 엔진의 출력이 증가한다.
④ 흡입효율이 감소한다.

[해설]
공기청정기가 막히면 실린더에 유입되는 공기량이 적기 때문에 진한 혼합비가 형성되고, 불완전 연소로 배출 가스색은 검고 출력은 저하된다.

55 피스톤에서 피스톤 링을 탈거하거나 장착할 때 필요한 공구는?

① 피스톤 스냅링
② 피스톤 링 컴프레서
③ 피스톤 링 플라이어
④ 피스톤 라이너

[해설]
피스톤 링 플라이어는 피스톤 링을 장착하거나 제거할 때 사용한다.

56 전동공구를 사용하여 작업할 때의 준수사항이다. 맞는 것은?

① 코드는 방수제로 되어 있기 때문에 물이나 기름이 있는 곳에 놓아도 좋다.
② 무리하게 코드를 잡아당기지 않는다.
③ 드릴의 이동이나 교환 시는 모터를 손으로 멈추게 한다.
④ 코드는 예리한 걸이에 걸어도 절단이나 파손이 안 되므로 걸어도 좋다.

[정답] 52 ② 53 ① 54 ③ 55 ③ 56 ②

57 안전·보건표지의 종류별 용도·사용장소·형태 및 색채에서 바탕은 노란색, 기본모형 관련 부호 및 그림은 검정색으로 된 것은?

① 금지표지 ② 지시표지
③ 경고표지 ④ 안내표지

해설
안전보건표지의 종류별 용도, 사용 장소, 형태 및 색채

구 분	바 탕	기본모형	관련 부호 및 그림
금지표지	흰 색	빨간색	검은색
경고표지	노란색	검은색	검은색
지시표지	파란색	–	관련 그림 : 흰색
안내표지	흰 색	–	녹 색
	녹 색	–	흰 색

58 산업재해 분석을 위한 다음 식은 어떤 재해율을 나타낸 것인가?

$$\frac{재해자수}{평균근로자수} \times 1,000$$

① 연천인율
② 도수율
③ 강도율
④ 하인리히율

해설
① 연천인율 : 근로자 1,000명을 기준으로 한 재해발생건수의 비율이다.

$$연천인율 = \frac{연간\ 재해자수}{연평균\ 근로자수} \times 1,000$$

② 도수율 : 연간 총근로시간에서 100만시간당 재해발생건수를 말한다.

$$도수율 = \frac{재해발생건수}{연간\ 총근로시간} \times 1,000,000$$

③ 강도율 : 연간 총근로시간에서 1,000시간당 근로손실일수를 말한다.

$$강도율 = \frac{근로손실일수}{연간\ 총근로시간} \times 1,000$$

59 복스렌치가 오픈엔드렌치보다 더 사용되는 가장 중요한 이유는?

① 볼트, 너트 주위를 완전히 싸게 되어 있어서 사용 중에 미끄러지지 않는다.
② 여러 가지 크기의 볼트, 너트에 사용할 수 있다.
③ 값이 싸며, 작은 힘으로 작업할 수 있다.
④ 가볍고, 사용하는 데 양손으로도 사용할 수 있다.

해설
오픈엔드렌치는 볼트나 너트를 감싸는 부분의 양쪽이 열려 있어 연료 파이프의 피팅(Fitting) 및 브레이크 파이프의 피팅 등을 풀거나 조일 때 사용하는 렌치로 항상 당겨서 작업하도록 한다.

60 다이얼게이지 취급 시 주의사항으로 잘못된 것은?

① 게이지는 측정 면에 직각으로 설치한다.
② 충격은 절대로 금해야 한다.
③ 게이지 눈금은 0점 조정을 하여 사용한다.
④ 스핀들에는 유압유를 급유하여 둔다.

해설
스핀들에는 급유를 해서는 안 된다.

정답 57 ③ 58 ① 59 ① 60 ④

2015년 제 2 회 과년도 기출문제

01 디젤엔진의 노크를 방지하기 위한 방법으로 틀린 것은?

① 세탄가가 높은 연료를 사용한다.
② 실린더 벽의 온도를 높게 유지한다.
③ 압축비를 낮게 한다.
④ 연료의 착화성을 좋게 한다.

해설
디젤엔진의 노크를 방지하기 위한 방법
- 세탄가가 높은 연료를 사용한다.
- 실린더 벽의 온도, 흡기온도 및 압력을 높게 유지한다.
- 압축비를 높게 한다.
- 연료의 착화성을 좋게 한다.
- 연료의 분사시기를 알맞게 한다.
- 착화지연기간을 짧게 한다.
- 착화지연기간 중에 연료분사량을 적게 한다.

02 링 기어 잇수 120, 피니언의 잇수가 12일 때 총배기량이 1,500cc이고 기관회전 저항이 7kgf·m이라면 기동전동기가 필요로 하는 최소 회전력은?

① 0.7kgf·m
② 1.0kgf·m
③ 1.2kgf·m
④ 1.5kgf·m

해설
최소 회전력 = $\dfrac{\text{회전저항} \times \text{피니언의 잇수}}{\text{링기어의 잇수}}$

$= \dfrac{7 \times 12}{120} = 0.7\text{kgf·m}$

03 건설기계용 기관에서 밸브간극이란?

① 밸브 스템 엔드와 로커 암 사이의 간극
② 캠과 로커 암 사이의 간극
③ 밸브스프링과 밸브 스템 사이의 간극
④ 푸시로드와 캠 사이의 간극

해설
밸브간극
밸브 스템 엔드와 로커 암 사이 0.1~0.3mm 정도의 간극으로 엔진 작동 간 발생하는 밸브 기구의 열팽창을 고려하여 간극이 필요하다.

04 축전지 셀의 극판수를 증가하면?

① 용량이 감소된다.
② 저항이 증가한다.
③ 이용전류가 증가한다.
④ 허용전압이 증가한다.

해설
극판수가 증가하면 용량이 증가하여 이용전류가 많아진다.

05 디젤 연료계통에 공기빼기 작업이 불량 시 발생될 수 있는 사항으로 가장 거리가 먼 것은?

① 변속이 잘 안 된다.
② 엔진 기동이 잘 안 된다.
③ 분사 펌프의 연료압송이 불량해진다.
④ 분사노즐의 분사상태가 불량해진다.

해설
연료계통 속에 공기가 들어 있을 때 발생될 수 있는 사항
- 기동성이 떨어지고, 엔진의 진동이 발생한다.
- 기관의 회전상태가 고르지 못하고 심할 때에는 정지된다.
- 연료분사 펌프에서 연료의 압송이 불량하게 된다.
- 분사노즐로부터의 연료분사가 불량해진다.

정답 1 ③ 2 ① 3 ① 4 ③ 5 ①

06 디젤기관에서 가속페달을 밟으면 직접 연결되어 작용하는 것은?

① 스로틀 밸브
② 연료분사 펌프의 래크와 피니언
③ 노 즐
④ 프라이밍 펌프

해설
연료제어순서
가속페달의 조작은 모두 조속기를 거쳐 제어래크로 전달된다. 제어래크는 슬리브에 끼워져 있는 피니언과 결합되어 있으며, 래크의 직선운동을 피니언의 회전운동으로 바꾸어 모든 플런저를 동시에 회전시키는 일을 한다.

07 오염된 엔진오일의 색과 그 원인을 표시한 것으로 틀린 것은?

① 검은색 : 장시간 오일 무교환 시
② 우유색 : 냉각수 혼입
③ 붉은색 : 파워스티어링 오일 혼입
④ 회색 : 연소가스 생성물 혼입

해설
③ 붉은색 : 가솔린 유입
① 검은색 : 심한 오염
② 우유색 : 냉각수 침입
④ 회색 : 4에틸납, 연소 생성물 혼입

08 배터리, 점화코일, 점화플러그 등을 합하여 무슨 장치라고 하는가?

① 배전장치
② 발전장치
③ 점화장치
④ 축전장치

해설
점화장치는 연소실 안에 압축된 혼합기를 전기 불꽃으로 적절한 시기에 점화하여 연소시키는 장치이며 일반적으로 축전지, 점화코일, 배전기, 고압케이블 및 점화플러그 등으로 구성되어 있다.

09 4행정기관은 1사이클당 크랭크축이 몇 회전하는가?

① 1회전
② 2회전
③ 3회전
④ 4회전

해설
4행정 기관
흡기, 압축, 연소, 배기라는 4가지 피스톤 행정을 1사이클로 하여 크랭크축이 2회전할 때 1회의 사이클이 완료되는 기관이다.

10 부동액의 성분이 아닌 것은?

① 알코올
② 글리세린
③ 에틸렌글리콜
④ 벤 졸

해설
부동액의 성분에는 메탄올(알코올), 에틸렌글리콜, 글리세린 등이 있다.

11 에어컨에서 실내·외 온도 및 증발기의 온도를 감지하는 센서의 종류는?

① 다이오드
② 솔레노이드
③ 콘덴서
④ 서미스터

해설
서미스터
• 부특성(NTC) 서미스터는 주로 온도감지, 온도보상, 액위/풍속/진공검출, 돌입전류방지, 연소자 등으로 사용된다.
• 정특성(PTC) 서미스터는 모터기동, 자기소거, 정온발열, 과전류보호용으로 사용된다.

12 디젤기관의 과열원인으로 틀린 것은?

① PCV 밸브 작동 불량
② 수온조절기 작동 불량
③ 라디에이터의 막힘
④ 냉각수의 부족

해설
기관의 과열원인
• 물 펌프의 작동 불량
• 수온조절기가 닫힌 채 고장
• 수온조절기의 열리는 온도가 너무 높음
• 라디에이터 코어의 막힘이 과다
• 라디에이터 코어의 오손 및 파손
• 냉각수 부족
• 기관 오일의 부족
• 물재킷 내에 스케일 부착
• 팬 벨트의 장력이 약함
• 팬 벨트의 이완, 절단
• 윤활유 부족

13 연소실 체적이 50cc, 배기량이 360cc인 엔진을 보링한 후에 배기량이 370cc가 되었다. 압축비는?(단, 연소실 체적은 변화가 없음)

① 7.4 : 1
② 8.4 : 1
③ 9.4 : 1
④ 10.4 : 1

해설

압축비$(\varepsilon) = 1 + \dfrac{V_s}{V_c}$

$= 1 + \dfrac{370}{50} = 8.4$

여기서, V_s : 행정체적
V_c : 연소실체적

14 교류발전기에 관한 설명으로 옳지 않은 것은?

① 교류를 직류로 정류하는 데 실리콘 다이오드를 사용한다.
② 브러시는 슬립링과 접촉한다.
③ 스테이터와 로터로 구성된다.
④ 계자코일은 스테이터에 감고 전기자코일은 로터에 감긴다.

해설
교류발전기와 직류발전기의 비교

기능(역할)	교류(AC)발전기	직류(DC)발전기
전류발생	고정자(스테이터)	전기자(아마추어)
정류작용 (AC→DC)	실리콘 다이오드	정류자, 러시
역류방지	실리콘 다이오드	컷아웃릴레이
여자형성	로터	계자코일, 계자철심
여자방식	타여자식(외부전원)	자여자식(잔류자기)

정답 11 ④ 12 ① 13 ② 14 ④

15 건설기계의 제동등 설명으로 틀린 것은?

① 제동등의 등광색은 적색이다.
② 제동등 스위치는 브레이크 페달을 밟으면 작동된다.
③ 제동등 좌우 램프는 병렬로 접속되어 있다.
④ 제동등 전구는 50~60W를 가장 많이 사용한다.

해설
한등당 광도는 40cd 이상 420cd 이하일 것

16 전자제어 디젤분사장치의 장점이 아닌 것은?

① 배출가스 규제수준 충족
② 기관 소음의 감소
③ 연료소비율 증대
④ 최적화된 정숙운전

해설
전자제어 디젤분사장치의 장점
- 시동 분사량을 제어하여 기관을 시동할 때 매연의 발생이 없다.
- 기관의 운전상태에 따라서 최적 분사로 제어하기 때문에 운전성능이 향상되고 연료 소모가 적다.
- 에어컨 및 조향 장치 등의 동력 손실에 관계없이 안정된 공전속도를 유지할 수 있다.
- 특정 실린더의 분사량을 선택, 제어할 수 있기 때문에 기관의 회전속도가 균일하다.
- ECU에 의해 분사량이 보정되기 때문에 기관과 동력전달 시 헌팅 현상을 방지할 수 있다.
- 가속 위치와 기관의 회전력 특성이 ECU에 입력되어 주행 상태에 따라 제어되므로 주행성능이 향상된다.

17 기관의 피스톤 핀의 고정방법이 아닌 것은?

① 고정식
② 반고정식
③ 전부동식
④ 반부동식

해설
피스톤 핀 설치 방식
- 고정식 : 피스톤 핀을 피스톤 보스에 볼트로 고정하는 방식
- 반부동식(요동식) : 가솔린 엔진에서 많이 이용되고 있는 방식으로, 커넥팅 로드의 작은쪽에 피스톤 핀이 압입되는 방식
- 전부동식 : 피스톤 보스, 커넥팅 로드 소단부 등 어느 부분에도 고정하지 않는 방식

18 기관에 사용되는 밸브 스프링 점검과 관계없는 것은?

① 직각도
② 코일의 수
③ 자유높이
④ 스프링 장력

해설
밸브 스프링 점검 시 규정값
- 자유고 3% 이내 : 버니어 캘리퍼스를 사용하여 측정
- 직각도 3% 이내 : 직각자와 밸브스프링 상부의 틈새에 필러게이지로 측정
- 장력 15% 이내 : 장력게이지를 규정 장력만큼 압축시켰을 때 길이 측정 or 장력게이지를 규정 길이만큼 압축시켰을 때 장력 측정

19 디젤기관의 실린더 헤드의 변형은 무엇으로 점검하는가?

① 마이크로미터와 강철자
② 다이얼 게이지와 직각자
③ 플라스틱 게이지와 필러 게이지
④ 곧은자와 필러 게이지

해설
실린더 헤드나 블록의 평면도 점검은 직각자(또는 곧은 자)와 필러(틈새) 게이지를 사용한다.

20 축전지를 충전하면 음극판은 무엇으로 되는가?

① PbO_2
② Pb
③ $PbSO_4$
④ $2H_2O$

해설
화학 반응식

$$PbO_2 + 2H_2SO_4 + Pb \underset{충전}{\overset{방전}{\rightleftarrows}} PbSO_4 + 2H_2O + PbSO_4$$

양극판 전해질 음극판   양극판 전해액 음극판

21 불도저의 최종 감속장치에서 감속비가 가장 클 때 사용하는 감속기구는?

① 1단 감속 기구
② 2단 감속 기구
③ 유성기어 기구
④ 베벨기어 기구

해설
유성기어는 자동차의 오버드라이브 장치, 자동변속기, 종감속기어 장치 또는 건설 기계 로더의 최종 감속기에 사용한다.

22 리코일 스프링의 완충방식이 아닌 것은?

① 코일 스프링식
② 다이어프램 스프링식
③ 질소가스 스프링식
④ 토션 바 스프링식

해설
리코일 스프링의 종류에는 코일 스프링식, 질소가스 스프링식, 다이어프램 스프링식이 있다.

23 주어진 조건을 가진 굴착기의 작업량은 얼마인가?(단, 버킷용량 : $0.6m^3$, 사이클 시간 : 0.5min, 버킷계수 : 1, 토량환산계수 : 1.2, 작업효율 : 85% 이다)

① $73.44m^3/h$
② $93.44m^3/h$
③ $2,204m^3/h$
④ $4,406m^3/h$

해설
$$Q = \frac{3,600 \times q \times K \times f \times E}{C_m}$$
$$= \frac{3,600 \times 0.6 \times 1 \times 1.2 \times 0.85}{0.5 \times 60} = 73.44 m^3/h$$

여기서, Q : 시간당 작업량(m^3/h)
q : 버킷용량(m^3)
K : 버킷계수
f : 토량환산계수
E : 작업효율
C_m : 사이클 시간(sec)

24 유압작동유의 기포발생을 방지하거나 저장하는 기능을 하는 것은?

① 유압 밸브
② 유압탱크
③ 유압펌프
④ 유압모터

해설
유압탱크는 유압유를 저장하는 역할과 윤활유 공급, 열교환(온도 조절), 기포 및 이물질 제거의 역할을 한다.

정답 20 ② 21 ③ 22 ④ 23 ① 24 ②

25 토크 컨버터의 기본 구성품이 아닌 것은?

① 임펠러(펌프)
② 베 인
③ 터빈(러너)
④ 스테이터

해설
토크 컨버터(토크 변환장치)
일반적으로는 유체를 사용해서 토크 변환을 하는 장치로 구성품 3요소는 펌프, 터빈, 스테이터이다.

26 유압작동유가 갖추어야 할 조건에 대한 설명으로 틀린 것은?

① 방청성이 좋을 것
② 온도에 대하여 점도 변화가 작을 것
③ 인화점이 낮을 것
④ 화학적으로 안정될 것

해설
윤활유의 구비조건
• 기포발생이 없고 방청성이 있을 것
• 점도가 적당할 것(점도지수가 클 것)
• 인화점 및 발화점이 높을 것
• 열과 산에 대하여 안정성이 있을 것
• 비중이 적당할 것
• 응고점이 낮을 것
• 카본 생성이 적을 것

27 유체클러치 오일이 갖추어야 할 조건 중 틀린 것은?

① 비점이 높을 것
② 착화점이 높을 것
③ 점도가 높을 것
④ 비중이 클 것

해설
유체클러치 오일의 구비조건
• 비점이 높을 것   • 착화점이 높을 것
• 점도가 낮을 것   • 비중이 클 것
• 내산성이 클 것   • 유성이 좋을 것
• 유점이 낮을 것   • 윤활성이 좋을 것

28 크레인의 붐은 상부회전체에 무엇으로 연결되어 있는가?

① 볼 이음   ② 체 인
③ 세레이션   ④ 핀

해설
상부회전체의 각 부분 연결핀, 볼트 및 너트는 풀림 또는 탈락이 없어야 한다.

29 유압회로 중 속도제어회로가 아닌 것은?

① 차동회로   ② 로크회로
③ 감속회로   ④ 동기회로

해설
로크회로는 방향제어회로이다.
속도제어회로 종류
• 유량조정 밸브에 의한 속도제어회로 : 미터인회로, 미터아웃회로, 블리드오프회로
• 동기회로
• 감속회로
• 카운터밸런스회로
• 차동회로
• 가변용량형 펌프회로

정답 25 ② 26 ③ 27 ③ 28 ④ 29 ②

30 트랙이 밑으로 처지지 않도록 받쳐 주는 역할을 하는 것은?

① 상부 롤러
② 하부 롤러
③ 프런트 아이들러
④ 롤러가드

> **해설**
> 상부 롤러 : 전부 유동륜과 스프로킷 사이의 트랙이 밑으로 처지지 않도록 받쳐 주며, 트랙의 회전을 바르게 유지하는 일을 한다.

31 스크레이퍼의 작업장치 중에 에이프런(Apron)에 대한 설명으로 맞는 것은?

① 트랙터와 볼(Bowl)을 연결해 주는 부분이다.
② 볼(Bowl) 앞에 설치된 토사의 배출구를 닫아주는 문이다.
③ 토사를 적재할 때 볼(Bowl)의 뒷벽을 구성한다.
④ 배토 시에는 아래로 내려 토사가 배출되도록 한다.

> **해설**
> 볼의 전면에 설치되어 앞벽을 형성하여 상하 작동하여 배출구를 개폐하는 장치다.

32 지게차에서 리프트 실린더의 상승력이 부족한 원인과 거리가 먼 것은?

① 유압펌프의 불량
② 오일필터의 막힘
③ 리프트 실린더의 피스톤실부 손상
④ 틸트 컨트롤 제어부 손상

> **해설**
> 틸트(Tilt) 컨트롤 제어부 손상은 틸트 실린더에 영향을 준다.

33 유압 실린더의 피스톤 로드가 가하는 힘이 5,000kgf, 피스톤 속도가 3.8m/min인 경우 실린더 내경이 8cm라면 소요되는 마력은 약 얼마인가?

① 66.67PS
② 33.78PS
③ 8.89PS
④ 4.22PS

> **해설**
> $PS = \dfrac{PV}{75 \times 60} = \dfrac{5,000 \times 3.8}{75 \times 60} = 4.22PS$
> 여기서, PS : 마력
> P : 피스톤 로드가 가하는 힘
> V : 피스톤 속도

34 정용량형 유압펌프에서 토출되지 않거나 토출량이 적은 원인으로 틀린 것은?

① 펌프의 회전방향이 틀리다.
② 유압펌프의 회전속도가 빠르다.
③ 작동유가 부족하다.
④ 벨트 구동식에서 V벨트가 헐겁다.

> **해설**
> 유압펌프의 토출량 과다는 규정속도보다 빨라질 수 있는 원인이 된다.

35 도로주행 건설기계의 공기 브레이크에서 릴레이 밸브(Relay Valve)에 관한 설명으로 틀린 것은?

① 브레이브 밸브로부터 공기되는 공기압을 뒤 브레이크 체임버로 보낸다.
② 앞·뒷바퀴의 제동시기를 일치시킨다.
③ 브레이크 페달을 놓았을 때 신속히 브레이크가 풀리게 한다.
④ 브레이크 체임버와 라이닝 사이에 설치되어 있다.

해설
공기 브레이크 장치에서 릴레이 밸브는 공기탱크와 브레이크 체임버 사이에 설치되어 있다.

36 스크레이퍼의 성능과 관계없는 것은?

① 주행속도
② 사이클 타임
③ 볼의 용량
④ 장비의 중량

해설
건설기계에서의 사이클 타임은 건설기계가 작업할 때 반복 작업으로 시공할 경우, 1공정에 요하는 시간을 말한다.

37 압력제어 밸브 중 파일럿 작동형 감압 밸브의 기호는?

① 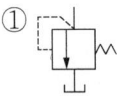 ②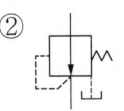

③ 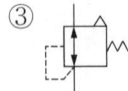 ④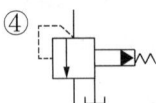

해설
① 릴리프 밸브
② 감압 밸브
③ 릴리프 붙이 감압 밸브

38 반복 작업 중 일을 하지 않는 동안에 펌프로부터 공급되는 작동유를 기름 탱크에 저압으로 되돌려 보냄으로써 유압펌프를 무부하로 만드는 회로는?

① 증압회로
② 축압기 회로
③ 언로더 회로
④ 차동실린더 회로

39 모터 그레이더 조향장치의 부품이 아닌 것은?

① 타이로드
② 너 클
③ 드래그 링크
④ 스캐리파이어

해설
스캐리파이어(쇠스랑)
건설 도로 공사용 굴삭 기계에서 사용하는 도구의 하나로 지반의 견고한 흙을 긁어 일으키기 위하여 모터 그레이더나 로드 롤러에 부착하는 도구이다.

40 종감속기어에서 구동 피니언의 물림이 링기어 잇면의 이뿌리 부분에 접촉하는 것은?

① 플랭크 접촉
② 페이스 접촉
③ 토 접촉
④ 힐 접촉

해설
① 플랭크(Flank) 접촉 : 구동 피니언이 링기어의 이뿌리 부분에 접촉
② 페이스(Face) 접촉 : 구동 피니언이 링기어의 잇면 끝부분에 접촉
③ 토(Toe) 접촉 : 구동 피니언이 링기어의 토부(소단부)에 접촉
④ 힐(Heel) 접촉 : 구동 피니언이 링기어의 힐부(대단부)에 접촉

41 블레이드 용량이 0.845m³이고, 블레이드 높이가 650mm일 때 블레이드 길이는 얼마인가?

① 600mm
② 720mm
③ 1,440mm
④ 2,000mm

해설
$Q = BH^2$
$0.845 = B \times 0.65^2$
$B = \dfrac{0.845}{0.65^2} = 2m = 2,000mm$
여기서, Q : 블레이드 용량(m³)
B : 블레이드 길이(m)
H : 블레이드 높이(m)

42 기중기에서 붐 각을 크게 하면?

① 운전반경이 작아진다.
② 기중능력이 작아진다.
③ 임계하중이 작아진다.
④ 붐의 길이가 짧아진다.

해설
기중기에서 붐 각을 크게 하면 운전반경이 작아지고, 기중능력은 증가한다.

43 액슬축의 차량 중량지지 방식이 아닌 것은?

① 전부동식
② 1/4부동식
③ 반부동식
④ 3/4부동식

해설
차축 – 지지형식에 따른 분류
• 전부동식 : 자동차의 모든 중량을 액슬 하우징에서 지지하고 차축은 동력만을 전달하는 방식이다. 무거운 중량을 지지할 수 있어서 화물차나 버스 등 대형차량에 주로 사용되고 타이어를 제거하지 않고도 액슬축을 빼낼 수 있는 특징이 있다.
• 3/4 부동식 : 차축은 동력을 전달하면서 하중은 1/4 정도만 지지하는 형식이다. 소형차량에 사용된다.
• 반부동식 : 차축에서 1/2, 하우징이 1/2 정도의 하중을 지지하는 타입이다. 승용차량과 같이 중량이 가볍고 높은 속도를 필요로 하는 자동차에 적합하나 굽힘 및 충격하중을 받는다.

44 모터 그레이더에서 앞바퀴 경사장치의 경사각은 어느 정도인가?

① 0~10°
② 20~30°
③ 30~40°
④ 40~50°

45 건설기계에서 유압펌프를 교환한 후 시운전 요령에 해당하지 않는 것은?

① 유압라인의 공기빼기 작업을 한다.
② 펌프의 회전방향이 틀리지 않도록 한다.
③ 유압 작동유가 탱크에 채워져 있는가를 확인한다.
④ 펌프의 성능확인을 위해 시동 후 2~3초 이내에 최대부하 운전을 한다.

해설
유압펌프를 교환한 후 시운전 요령
- 유압 작동유가 탱크에 채워져 있는가를 확인한다.
- 유압라인의 공기빼기 작업을 한다.
- 유압 작동유 탱크의 유면을 수시로 점검한다.
- 펌프의 회전방향이 틀리지 않도록 한다.
- 펌프가 작동 중일 때는 펌프에 손을 대지 않는다.
- 유압 작동유가 정상온도에 도달했을 때 부하운전을 한다.

46 탄산가스 성질에 관한 사항으로 가장 거리가 먼 것은?

① 대기 중에서 기체로 존재하며 공기보다 무겁다.
② 공기 중 농도가 크면 눈, 코, 입 등에 자극이 느껴진다.
③ 무색, 무취, 무미이다.
④ 저장, 운반이 불편하며 비교적 값이 비싸다.

해설
상온에서 쉽게 액화하므로 저장, 운반이 용이하며 비교적 값이 저렴하다.

47 이산화탄소 아크용접과 관련이 없는 것은?

① 탄산가스 용기
② 용접기
③ 산 소
④ 와이어 송급장치

해설
이산화탄소 아크용접 시 실드 가스(용접아크를 보호하기 위한 가스)로는 액화 이산화탄소가 사용된다.

48 최대 정격 2차 전류가 160A, 허용사용률이 30%, 실제의 용접전류가 140A일 때 정격사용률은 약 몇 %인가?

① 23
② 33
③ 43
④ 53

해설
$$정격사용률 = \frac{허용사용률 \times (실제용접전류)^2}{(최대\ 정격\ 2차\ 전류)^2} \times 100$$
$$= \frac{0.3 \times 140^2}{160^2} \times 100 = 23\%$$

49 용해 아세틸렌 가스충전 압력으로 가장 알맞은 것은?

① $160 kgf/cm^2$
② $150 kgf/cm^2$
③ $30 kgf/cm^2$
④ $15 kgf/cm^2$

해설
아세틸렌가스의 충전은 15℃, 1기압하에서 $15 kgf/cm^2$의 압력으로 한다.

50 가스절단 시 양호한 절단면을 얻기 위한 품질기준과 거리가 먼 것은?

① 슬래그 이탈이 양호할 것
② 절단면의 표면각이 예리할 것
③ 절단면이 평활하며 노치 등이 없을 것
④ 드래그 홈이 높고 가능한 한 클 것

해설
드래그 홈이 가능한 한 작아야 한다.

51 도저의 성능과 안전작업에 대한 설명 중 틀린 것은?

① 불도저의 등판능력은 30° 정도이다.
② 틸트 도저의 좌우 경사 한계각은 40°이다.
③ 평탄도로에서 견인력은 대체로 자중을 넘지 못한다.
④ 절토작업, 굳은 땅 옆으로 자르기, 제설작업 등에 쓰인다.

해설
틸트 도저는 수평면을 기준으로 하여 블레이드를 좌우로 15cm(최대 30cm) 정도 기울일 수 있어 블레이드 한쪽 끝부분에 힘을 집중시킬 수 있다. 주작업은 V형 배수로 굴삭, 언 땅 및 굳은 땅 파기, 나무뿌리 뽑기, 바위 굴리기 등이다.

52 건설기계 엔진의 공회전 상태에서 점검사항과 가장 거리가 먼 것은?

① 에어클리너 청소
② 각 접속부 누유
③ 유압계통 이상 유무
④ 이상음 및 배기가스 색

53 전기용접 작업 시 주의사항으로 틀린 것은?

① 용접작업자는 용접기 내부에 손을 대지 않도록 한다.
② 용접전류는 아크가 발생하는 도중에 조절한다.
③ 용접준비가 완료된 후 용접기 전원스위치를 ON 시킨다.
④ 용접 케이블의 접속상태가 양호한가를 확인한 후 작업하여야 한다.

해설
감전 및 손상이 있을 수 있으므로 아크가 발생하는 도중에는 전류를 조절하지 않는다.

정답 50 ④ 51 ② 52 ① 53 ②

54 배터리를 탈거 후 급속충전 또는 보충전할 때 안전 측면에서 주의를 기울여야 할 사항과 가장 거리가 먼 것은?

① 화 기
② 점화스위치
③ 환 기
④ 전해액 온도

[해설]
충전 시 충전 정도는 전해액 비중측정으로 알 수 있으며 화기, 전해액 온도, 환기장치 등에 주의한다.

55 고전압 전선 부근에서 기중작업 시 안전거리로 틀린 것은?

① 전선 전압이 6,600V일 때 3m 이상 유지
② 전선 전압이 33,000V일 때 4m 이상 유지
③ 전선 전압이 66,000V일 때 5m 이상 유지
④ 전선 전압이 154,000V일 때 6m 이상 유지

[해설]
전선 전압이 154,000V일 때 5m 이상 유지

56 제1종 유기용제의 색상 표시기준은?

① 빨 강   ② 파 랑
③ 노 랑   ④ 흰 색

[해설]
유기용제 취급장소의 색표시
• 제1종 : 빨강
• 제2종 : 노랑
• 제3종 : 파랑

57 자동차 정비공장에서 폭발의 우려가 있는 가스, 증기 또는 분진을 발산하는 장소에서 금지해야 할 사항에 속하지 않는 것은?

① 화기의 사용
② 과열함으로써 점화의 원인이 될 우려가 있는 기계의 사용
③ 사용 도중 불꽃이 발생하는 공구의 사용
④ 불연성 재료의 사용

[해설]
불연성 재료 : 불에 타지 않는 성질을 가진 재료

58 다이얼게이지로 휨을 측정할 때 올바른 설치방법은?

① 스핀들의 앞 끝을 보기 좋은 위치에 설치한다.
② 스핀들의 앞 끝을 기준면인 축(Shaft)에 수직으로 설치한다.
③ 스핀들의 앞 끝을 공작물의 우측으로 기울이게 설치한다.
④ 스핀들의 앞 끝을 공작물의 좌측으로 기울이게 설치한다.

[해설]
휨을 측정할 때 게이지는 공작물에 수직으로 놓는다.

59 전기로 작동되는 기계운전 중 기계에서 이상한 소음, 진동, 냄새 등이 날 경우 가장 먼저 취해야 할 조치는?

① 즉시 전원을 내린다.
② 상급자에게 보고한다.
③ 기계를 가동하면서 고장 여부를 파악한다.
④ 기계 수리공이 올 때까지 기다린다.

[해설]
이상음이 발생하면 즉시 정지하고, 전원 차단 후 원인을 점검한다.

60 해머작업 시 주의사항이 아닌 것은?

① 해머를 휘두르기 전에 반드시 주위를 살핀다.
② 해머머리가 손상된 것은 사용하지 않는다.
③ 오래 작업하면 손바닥에 물집이 생기므로 장갑을 끼고 한다.
④ 해머로 녹슨 것을 때릴 때에는 반드시 보안경을 쓴다.

[해설]
선반, 드릴, 해머작업은 장갑을 사용할 경우 미끄러질 수 있으므로 사용하지 않는다.

2015년 제4회 과년도 기출문제

01 엔진오일 여과방식 중 엔진 내부의 베어링이 손상될 우려가 깊은 형식은?

① 분류식
② 샨트식
③ 전류식
④ 반류식

해설
엔진오일 여과방식
- 전류식 : 오일펌프에서 내보낸 오일을 모두 여과하여 윤활부로 보내는 방식으로, 깨끗한 오일로 윤활 작용을 하기 때문에 베어링 손상이 없다.
- 분류식 : 오일펌프에서 내보낸 오일의 일부만 여과하여 오일팬으로 바이패스(By-pass)시키고, 여과되지 않은 나머지 오일은 윤활부로 보내 윤활 작용을 하는 방식으로, 베어링이 손상될 우려가 높다.
- 샨트식 : 전류식과 분류식의 단점을 보완한 방식으로, 오일의 청정 작용이 높다.

02 어떤 건설기계로 440m의 언덕길을 왕복하는 데 0.330L의 연료가 소비되었다. 내려올 때 연료 소비율이 8km/L이었다면 올라갈 때의 연료소비율은?

① 0.8km/L
② 1.6km/L
③ 2.5km/L
④ 3.2km/L

해설
언덕길을 왕복하는 데 소비한 연료량
= 올라갈 때 소비한 연료량 + 내려올 때 소비한 연료량
= $\dfrac{\text{올라갈 때 움직인 거리}}{\text{올라갈 때 연료소비율}} + \dfrac{\text{내려올 때 움직인 거리}}{\text{내려올 때 연료소비율}}$

$0.33L = \dfrac{0.44km}{\text{올라갈 때 연료소비율}} + \dfrac{0.44km}{8km/L}$

∴ 올라갈 때 연료소비율 = 1.6km/L

03 디젤기관의 연료분사노즐의 종류에 속하지 않는 것은?

① 단공형 노즐
② 핀틀형 노즐
③ 상시형 노즐
④ 스로틀형 노즐

해설
분사노즐의 종류
- 개방형 노즐
- 밀폐형 노즐 : 구멍형(단공형과 다공형), 핀틀형, 스로틀형

04 디젤기관의 연료계통 공기빼기 작업순서를 나열한 것 중 옳은 것은?

① 공급 펌프 → 연료여과기 → 분사 펌프
② 분사 펌프 → 연료여과기 → 공급 펌프
③ 연료여과기 → 공급 펌프 → 분사 펌프
④ 연료여과기 → 분사 펌프 → 공급 펌프

해설
디젤엔진에서 연료계통의 공기 빼기 순서
공급 펌프 → 연료여과기 → 분사 펌프

정답 1① 2② 3③ 4①

05 실린더 헤드를 연삭하면 압축비가 어떻게 변하는가?

① 커진다.
② 작아진다.
③ 변하지 않는다.
④ 엔진에 따라 다르다.

해설
실린더 헤드를 연마하여 압축비가 높아지면 기관에 노킹을 일으키기 쉽다.

06 냉방장치 회로를 구성하는 구성품이 아닌 것은?

① 압축기
② 응축기
③ 팽창 밸브
④ 촉매기

해설
냉방장치의 구성품 : 압축기, 응축기, 건조기, 팽창 밸브, 증발기

07 기관의 크랭크 케이스 환기에 대한 대기오염방지를 위한 장치는?

① 강제환기장치(PCV)
② 증발제어장치(ECS)
③ 증발물질 제어장치(EEC)
④ 공기분사장치(ARS)

해설
강제환기장치(PCV) : 기관의 크랭크 케이스 환기에 대한 대기오염 방지를 위한 장치

08 기관에서 실린더의 행정체적(배기량)을 계산하는 공식으로서 맞는 것은?[단, D : 실린더 내경(cm), S : 행정(cm), V_s : 행정체적(cm³)]

① $V_s = \dfrac{\pi D^2 S}{4}$

② $V_s = \dfrac{D^2 S}{1,613}$

③ $V_s = \dfrac{\pi D^2 S}{4 \times 100}$

④ $V_s = \dfrac{\pi D^2 S}{4 \times 1,000}$

해설
행정체적 공식
행정체적 = 실린더 단면적 × 행정
$V_s = \dfrac{\pi D^2 S}{4}$

09 부동액 넣기에 대한 설명으로 틀린 것은?

① 부동액을 주입할 때는 외부에 흘리지 않도록 주의한다.
② 부동액의 배합은 그 지방 최저온도보다 5~10℃ 가량 낮게 맞춘다.
③ 부동액 주입은 냉각수 용량의 80% 정도 넣고, 기관을 난기운전(웜업) 후 규정량만큼 추가 보충한다.
④ 냉각수 완전 배출 후, 부동액을 주입한다. 이때 냉각장치 세척은 불필요하다.

해설
냉각수 완전 배출 후, 냉각장치를 세척한 다음 부동액을 주입한다.

정답 5 ① 6 ④ 7 ① 8 ① 9 ④

10 발전기가 정지되어 있거나 발생전압이 낮을 때 배터리에서 발전기로 전류가 역류하는 것을 방지하는 것은?

① 전류조정기
② 전압조정기
③ 컷 아웃 릴레이
④ 다이오드

해설
컷 아웃 릴레이 : 축전지에서 발전기로 전류가 역류되는 것을 방지한다.

11 피스톤과 실린더와의 간극은 어디에서 측정하는 것이 가장 올바른가?

① 피스톤 헤드
② 피스톤 보스
③ 피스톤 핀
④ 피스톤 스커트

해설
피스톤 간극은 진원부분인 피스톤 스커트 부분에서 측정한다.

12 기관의 윤활유 소비가 많은 원인과 거리가 가장 먼 것은?

① 피스톤 및 실린더의 마멸과 손상
② 오일 펌프의 불량
③ 밸브 가이드(Valve Guide) 및 밸브 스템(Valve Stem)의 마멸
④ 외부로부터의 누설

해설
윤활유 소모가 과다하면 피스톤 링의 마모, 실린더 벽의 마모, 밸브 가이드 고무의 마모, 크랭크축 오일 실의 마모 등을 점검한다.

13 보기에서 설명한 법칙은 무엇인가?

┤보기├
도체에 영향을 주는 자력선을 변화시켰을 경우, 유도 기전력은 코일 내부 자속의 변화를 방해하는 방향으로 생긴다.

① 플레밍의 왼손법칙
② 키르히호프의 법칙
③ 렌츠의 법칙
④ 패러데이의 법칙

해설
렌츠의 법칙은 전자유도 현상에 의해서 코일에 생기는 유도 기전력의 방향을 나타내는 법칙이다.

14 크랭크축 베어링에 관한 사항 중 틀린 것은?

① 온도 변화에 따른 베어링이 저널에 따라 움직임을 방지하는 것은 스프레드이다.
② 베어링 러그는 축방향이나 회전방향으로 움직이지 못하도록 하는 것이다.
③ 베어링 크러시는 베어링의 외경과 하우징 둘레와의 차이를 의미한다.
④ 베어링 두께는 반원부 중앙의 두께로 표시하고 베어링 양끝부분이 조금 얇다.

해설
베어링 스프레드는 베어링을 장착하지 않은 상태에서 바깥 지름과 하우징의 지름의 차이를 말하며 조립 시 밀착을 좋게 하고 크러시의 압축에 의한 변형을 방지한다.
※ 베어링 크러시(Bearing Crush)
베어링을 하우징과 완전 밀착시켰을 때 베어링 바깥둘레가 하우징 안쪽 둘레보다 약간 크다. 이 차이를 크러시라 하며 볼트로 압착시키면 차이는 없어지고 밀착된 상태로 하우징에 고정된다.

15 충전 시 배터리에서 가스 발생이 거의 없고 일정한 전압이 유지되며, 충전효율이 좋으나 충전 초기에 큰 전류가 흘러서 배터리 수명에 크게 영향을 미치는 충전법은?

① 정전압 충전법
② 단별전류 충전법
③ 정전류 충전법
④ 급속저항 충전법

해설
충전 방식
• 정전압 충전 : 일정한 전압으로 충전
• 단별전류 충전 : 단계적으로 전류를 감소시켜 충전
• 정전류 충전 : 표준 전류-축전지 용량의 10%/최소 전류-5%/최대 전류-20%
• 급속충전 : 충전전류의 1/2로 긴급 시 충전

16 전자제어식 분사 펌프 장치의 장점과 가장 거리가 먼 것은?

① 각 운전점에서 최적의 거동
② 가속 시 스모그 증가
③ 더 많은 영향변수 고려 가능
④ 분사 펌프 설치 공간 절약

해설
전자제어식 분사 펌프 장치의 장점
• 각 운전점에서 회전력의 향상이 가능하고 동력성능이 향상된다.
• 배출가스 규제수준을 충족시킬 수 있다.
• 더 많은 영향변수의 고려가 가능하다.
• 분사 펌프의 설치공간이 절약된다.
• 기관 소음을 감소시켜 최적화된 정숙운전이 가능하다.

17 2행정 사이클 디젤기관의 소기에 대한 설명 중 맞는 것은?

① 에어클리너에 의해 고압 공기를 밀어 넣는다.
② 카뷰레터에 의해 고압 공기를 밀어 넣는다.
③ 조속기에 의해 압축된 공기를 밀어 넣는다.
④ 소기 펌프에 의해 압축된 공기를 밀어 넣는다.

해설
소기는 2사이클 내연기관에서 연소된 가스를 새로운 공기 또는 혼합기로 내보내고 실린더 속을 이들의 새로운 기체로 가득 채우는 작용을 말한다. 이 작용이 원활히 이루어지기 위해서는 새로운 기체의 압력이 배기압력보다 높아야 하는데 독립된 소기 펌프를 이용하거나 크랭크실의 압축방식을 채용하고 있다.

18 정전류 충전법에서 여러 개의 배터리를 충전할 때는 어떤 연결을 하는가?

① 직렬연결
② 병렬연결
③ 직·병렬연결
④ 수직연결

해설
충전법
• 정전류 충전법(단, 2대 이상 시 직렬연결)
• 정전압 충전법(단, 2대 이상 시 병렬연결)

19 기동전동기 분해점검 사항에 해당되지 않는 것은?

① 정류자 점검
② 브러시 홀더 점검
③ 슬립링 점검
④ 아마추어 단락 점검

해설
슬립링은 교류발전기의 구성요소이다.

정답 15 ① 16 ② 17 ④ 18 ① 19 ③

20 실드 빔 방식의 전조등 실린더에 대한 설명 중 틀린 것은?

① 대기의 조건에 따라 반사경이 흐려지지 않는다.
② 사용에 따르는 광도의 변화가 적다.
③ 필라멘트가 끊어지면 전조등 전체를 교환해야 한다.
④ 내부에 활성가스를 넣어 그 자체가 1개의 전구가 되도록 한 것이다.

해설
내부에 불활성가스를 넣어 그 자체가 1개의 전구가 되도록 한 것이다.
①, ②, ③ 외에 전구의 효율이 높아 밝기가 크다는 특징이 있다.

21 스노 타이어 사용 시 주의사항으로 틀린 것은?

① 50% 이상 마멸되면 체인을 병용할 것
② 등판주행 시에 저속기어를 사용할 것
③ 구동바퀴에 걸리는 하중을 작게 하여 구동력을 높일 것
④ 출발 시에는 동력전달을 천천히 할 것

해설
구동바퀴에 걸리는 하중을 크게 하여 구동력을 높일 것

22 콘크리트 믹서트럭으로 생콘크리트를 타설 현장까지 운반하는 도중 재료가 분리되거나 경화되는 것을 방지하기 위한 방법으로 맞는 것은?

① 드럼을 가열하여 드럼 내부 온도를 일정하게 유지한다.
② 드럼 내에 공기를 이용하여 압력을 가한다.
③ 모터를 이용하여 드럼을 회전시킨다.
④ 드럼에 전기가열장치를 설치한다.

해설
일반적인 콘크리트 믹서트럭은 레미콘의 운반과정에서 믹서드럼(Drum)에 담긴 레미콘의 응고를 방지하기 위하여 모터와 상기 모터에 연결된 감속기를 작동시켜 믹서드럼을 적정(5~10rpm) 속도로 회전시키면서 믹서 드럼 내부의 레미콘을 교반시키게 된다.

23 타이어식 로더의 축간거리가 1,620mm이고, 이때 최소 회전반경이 2.1m일 경우 주향륜의 조향각은 약 몇 °인가?(단, sin30° = 0.5, sin44° = 0.7, sin50° = 0.77, sin54° = 0.81)

① 30° ② 44°
③ 50° ④ 54°

해설
$R = \dfrac{L}{\sin\alpha}$

$\sin\alpha = \dfrac{L}{R} = \dfrac{1.62}{2.1} = 0.77$

$\alpha = \sin^{-1}(0.77) = 50°$

여기서, α : 조향각
R : 최소 회전반경
L : 축간거리

24 작동형 릴리프 밸브의 정비 작업 중 틀린 것은?

① 분해한 부품은 깨끗이 세척하여 닦는다.
② 조립 시에는 유압유를 작동 면에 바르고 조립한다.
③ 조립 후에는 조정나사를 돌려 스프링의 작동상태를 확인한다.
④ 밸브 본체 및 각 부품의 유로(통로)는 강선으로 막힘 여부를 확인한다.

해설
밸브 본체 및 각 부품의 유로(통로)는 압축공기로 막힘 여부를 확인한다.

25 구동토크를 좌우 구동륜에 균등하게 분해해 주는 장치는?

① 조향장치
② 제동장치
③ 차동장치
④ 드라이브 라인

해설
차동기어 장치
하부 추진체가 휠로 되어 있는 건설기계장비로 선회 시 좌우 구동바퀴의 회전속도를 달리하여 선회를 원활하게 한다.

26 건설기계를 앞에서 보면 그 앞바퀴가 수직선에 대해 어떤 각도를 두고 설치되어 있는데 이를 무엇이라 하는가?

① 캠 버
② 토 인
③ 캐스터
④ 킹핀 경사각

해설
앞바퀴 정렬요소
• 캠버 : 앞바퀴를 앞에서 보면 수직선에 대해 중심선이 경사되어 있는 것이며 바퀴의 중심선과 노면에 대한 수직선이 이루는 각도를 캠버각이라 한다.
• 토인 : 바퀴를 위에서 보았을 때 좌우 바퀴의 중심 간 거리가 뒷부분보다 앞부분이 좁게 된 상태
• 캐스터 : 바퀴를 옆에서 보면 차축에 설치한 킹핀이 수직선과 각도를 이루고 설치된 상태
• 킹핀 경사각 : 바퀴를 앞에서 보았을 때 킹핀의 중심선과 수직선이 이루는 각도

27 지게차 조향장치의 컨트롤 밸브에서 센터링 스프링의 역할로 알맞은 것은?

① 스폴에 설치되어 유로를 구성한다.
② 스폴과 슬리브에 부착되어 밸브가 중립을 유지한다.
③ 핸들 회전각에 따라 유량을 일정하게 배분하는 작용을 한다.
④ 핸들 회전 시 일정한 유량을 조향 실린더에 공급하는 작용을 한다.

28 크레인에서 지브 붐(연장형)에 설치할 수 있는 전부장치는?

① 조 개
② 시 브
③ 갈고리
④ 트랜치호(파이프형)

해설
기중기(크레인)의 6대 전부장치
• 훅(Hook, 갈고리)
• 드래그 라인(Drag Line)
• 파일 드라이버(Pile Driver)
• 클램셸(Clamshell)
• 셔블(Shovel)
• 백호(Backhoe)

29 트랙장력이 너무 팽팽하거나 느슨할 때 어느 부분의 마모가 가장 촉진되는가?

① 언더캐리지 ② 배토판
③ 틸트 실린더 ④ 리 퍼

해설
트랙장력이 너무 팽팽하거나 느슨할 때 언더캐리지의 마모가 가장 촉진된다.

30 유압 작동유에 혼입된 공기의 압축 팽창차에 의해 피스톤의 동작이 불안정하고 느려지며, 압력이 낮거나 공급량이 적을수록 그 정도가 심해지는 현상은?

① 기포현상
② 캐비테이션 현상
③ 유압유의 열화 촉진
④ 숨 돌리기 현상

해설
숨 돌리기 현상
공기가 실린더에 혼입되면 피스톤의 작동이 불량해져 작동시간의 지연을 초래하는 현상으로 오일공급 부족과 서징(Surging)이 발생한다.

31 트랙 아이들러에는 어떤 베어링을 사용하는가?

① 테이퍼 롤러베어링
② 니들 베어링
③ 볼베어링
④ 부 싱

해설
트랙 아이들러와 하부 롤러 베어링은 일반적으로 부싱을 많이 사용한다.

32 급유가 불필요하고 회전이 정숙한 반면 축의 각도를 10° 이상으로 설치하면 작동이 원활하지 못한 변속 조인트는?

① 플렉시블형 ② 벤딕스형
③ 제파형 ④ 트러니언형

해설
플렉시블 조인트는 2개의 요크 사이에 굽힘이나 원심력에 충분히 견딜 수 있는 강인한 삼베 직물을 여러 장 맞붙인 것 또는 가죽을 맞붙인 가요성 원판을 집어넣고 볼트로 고정시킨 것이다. 마찰부분이 없으므로 급유할 필요가 없으며 회전도 정숙하지만 양 축의 경사각은 7~10° 이상으로 하는 것이 곤란하며 전달 효율도 낮고 양축의 센터가 잘 맞지 않아 진동이 일어나기 쉬운 결점이 있다.

33 튜브레스 타이어의 장점이 아닌 것은?

① 못이 박혀도 공기가 잘 새지 않는다.
② 고속 주행하여도 발열이 적다.
③ 펑크의 수리가 간단하다.
④ 림이 약간 굽어도 공기가 새지 않는다.

해설
튜브레스 타이어의 장단점

장점	• 공기압의 유지가 좋다. • 못 등에 찔려도 급속한 공기누출이 없다. • 타이어 내부의 공기가 직접 림에 접촉되고 있기 때문에 주행 중의 열발산이 좋다. • 튜브 불림 등의 튜브에 의한 고장이 없다. • 튜브조립이 없으므로 작업성이 향상된다.
단점	• 타이어의 내측, 비드부에 흠이 생기면 분리 현상이 일어난다. • 타이어와 림의 조립이 불완전하거나, 림 플랜지 부위에 변형이 있으면 공기누출을 일으키는 일이 있다. • 포장도로를 주행할 경우 노면의 돌 등에 의해 림 플랜지 부분이 손상을 입어 공기누출을 일으킬 경우가 있기 때문에 주의할 필요가 있다.

정답 29 ① 30 ④ 31 ④ 32 ① 33 ④

34 로드롤러 운전 중 변속기가 과열되는 원인이 아닌 것은?

① 기어의 물림이 나쁘다.
② 변속레버가 헐겁다.
③ 오일이 부족하다.
④ 오일의 점도가 지나치게 높다.

해설
변속레버가 헐거우면 변속이 원활하게 이루어지지 않는다.

35 동절기 제설작업에 가장 적합한 건설기계는?

① 도로보수 트럭
② 롤 러
③ 노상안정기
④ 모터 그레이더

해설
모터 그레이더는 지균작업(평판작업), 배수로, 굴삭, 매몰작업, 경사면 절삭, 제설작업, 도로 보수 작업 등을 할 수 있는 건설기계이다.

36 프런트 아이들러에 대한 설명이 아닌 것은?

① 트랙 프레임 앞쪽에 설치된다.
② 동력전달 계통에서 동력을 직접 받는다.
③ 트랙의 진행방향을 유도한다.
④ 프레임 위의 요크에 설치되어 있다.

해설
프런트 아이들러(전부 유동륜)는 트랙의 진로를 조정하면서 주행 방향으로 트랙을 유도한다.

37 플런저 펌프의 토출량을 제어하는 방법이 아닌 것은?

① 유량제어   ② 마력제어
③ 압력제어   ④ 회전수제어

해설
플런저 펌프에서 토출량을 제어하는 방법 : 유량제어, 마력제어, 압력제어

38 마찰클러치가 장착된 지게차의 동력전달 순서로 맞는 것은?

① 기관 → 클러치 → 변속기 → 차동장치 → 앞차축 → 앞바퀴
② 기관 → 클러치 → 차동장치 → 변속기 → 뒤차축 → 뒷바퀴
③ 기관 → 변속기 → 클러치 → 차동장치 → 앞차축 → 앞바퀴
④ 기관 → 클러치 → 변속기 → 차동장치 → 뒤차축 → 뒷바퀴

해설
동력전달 순서(마찰클러치식 지게차)
엔진 → 클러치 → 변속기 → 종감속 기어 및 차동장치 → 앞차축 → 앞바퀴

정답 34 ② 35 ④ 36 ② 37 ④ 38 ①

39 와이어로프 공칭지름이 20mm일 때 몇 mm 이하로 감소하면 교체해야 하는가?

① 19.5 ② 19.0
③ 18.9 ④ 18.6

해설
와이어로프 교체기준 : 지름의 감소가 공칭지름의 7%를 초과하는 것
∴ 20 × 0.93 = 18.6mm

40 유압펌프를 정비할 때의 주의사항으로 틀린 것은?

① 반드시 안전화를 착용한다.
② 조립 시에는 내부의 주요부품에 그리스를 바른 후 조립한다.
③ 작업장 바닥에는 유압 작동유 또는 세척액이 없도록 깨끗이 닦는다.
④ 부품이 누락되지 않도록 하고 분해한 부품은 분해순서에 따라 정렬한다.

해설
조립 시에는 내부의 주요부품에 작동유를 바른 후 조립한다.

41 건설기계에서 차축과 프레임 사이에 설치되어 바퀴에 가해지는 충격이나 진동을 완화하여 차체에 전달되지 않게 해 주는 장치는?

① 스프링
② 스태빌라이저
③ 엔진블록
④ 리트랙트

해설
② 스태빌라이저(Stabilizer) : 건설기계의 롤링을 작게 하고 가능한 한 빨리 평형상태를 유지하도록 하는 것
④ 리트랙트(Retract) : 크레인의 셔블 당기기 운동

42 유압식 굴착기에서 센터조인트가 하는 역할은?

① 상부에서 하부로 유압 작동유를 공급한다.
② 상하부의 연결을 기계적으로 해 준다.
③ 상부회전체의 중심역할을 한다.
④ 기관에 연결되어 상부회전체에 동력을 전달한다.

해설
센터조인트는 상부회전체의 오일을 하부 주행모터에 공급한다.

43 정용량형 유압펌프의 기호는?

①   ②
③  ④

해설
① 정용량형 유압모터
② 가변용량형 유압모터
④ 압력계

44 건설기계의 유압회로에서 실린더로 전송되는 오일의 압력을 조정하는 밸브는?

① 릴레이 밸브
② 리턴 밸브
③ 릴리프 밸브
④ 시퀀스 밸브

> **해설**
> 릴리프 밸브 : 회로의 압력이 밸브의 설정치에 도달하였을 때, 흐름의 일부 또는 전량을 기름탱크측으로 흘려보내서 회로 내의 압력을 설정값으로 유지하는 밸브

45 버킷 준설선 작업으로 적합하지 않은 것은?

① 자갈준설
② 모래준설
③ 암반준설
④ 진흙준설

> **해설**
> 버킷 준설선(Bucket Dredger)은 해저의 흙, 모래, 자갈 등을 퍼올리는 준설 작업에 사용하는 선박을 말한다.

46 용접 중 아크를 중단시키면 중단된 부분이 오목하거나 납작하게 파진 모습이 되는데 이것을 무엇이라 하는가?

① 용융상태
② 스패터
③ 아크 쏠림
④ 크레이터

47 교류아크 용접기의 종류와 특성을 설명한 것으로 맞는 것은?

① 가동 철심형 - 광범위한 전류조정이 쉽고, 미세한 전류조정이 가능하다.
② 가포화 리액터형 - 가변저항의 변화로 용접전류를 조정한다.
③ 탭 전환형 - 탭의 전환으로 전류를 조정하며 미세전류 조정이 쉽다.
④ 가동 코일형 - 아크 안정도는 높으나 소음이 심하다.

> **해설**
> ① 가동 철심형 - 광범위한 전류조정이 어렵고, 미세한 전류조정이 가능하다.
> ③ 탭 전환형 - 코일의 감긴 수에 따라 전류를 조정하며 미세전류 조정이 어렵다.
> ④ 가동 코일형 - 아크 안정성이 크고 소음이 없다.

48 이산화탄소 아크용접에서 반자동 용접의 용접속도(위빙 및 토치 이동)로 가장 적합한 것은?

① 10~20cm/min
② 30~50cm/min
③ 60~70cm/min
④ 70~80cm/min

> **해설**
> 탄산가스 아크용접에서 반자동 용접의 용접속도(위빙 및 토치 이동) : 30~50cm/min

49 아크용접에서 발생하는 용접결함의 종류가 아닌 것은?

① 오버랩
② 언더컷
③ 용입 부족
④ 이면비드

해설
이면비드(Back Bead) : 용접이음부의 용접표면에 대하여 뒷면에 형성된 용접비드를 말한다.
① 오버랩 : 용착금속이 변끝에서 모재에 융합되지 않고 겹친 부분
② 언더컷 : 용접에서 모재와 용착금속의 경계 부분에 오목하게 파여 들어간 것
③ 용입 부족 : 모재의 어느 한 부분이 완전히 용착되지 못하고 남아 있는 현상

50 점용접의 3대 요소로 적합한 것은?

① 전압의 세기, 통전시간, 용접전극
② 전압의 세기, 통전속도, 가압력
③ 전류의 세기, 통전시간, 가압력
④ 전류의 세기, 통전속도, 용접전극

해설
점용접의 3대 요소 : 가압력, 통전시간, 전류의 세기

51 농경지 작업이나 도로공사, 댐 공사 등에서 흙, 돌 등을 운반하기 위한 작업장치는?

① 스트레이트 도저의 리퍼
② 틸트 도저의 슈
③ 틸트 도저의 블레이드
④ 스트레이트 도저의 트랙

해설
틸트 도저는 수평면을 기준으로 하여 블레이드를 좌우로 15cm(최대 30cm) 정도 기울일 수 있어 블레이드 한쪽 끝 부분에 힘을 집중시킬 수 있다. 틸트 도저의 주작업은 V형 배수로 굴삭, 언 땅 및 굳은 땅 파기, 나무뿌리 뽑기, 바위 굴리기 등이다.

52 기중기 하중에 대한 설명으로 틀린 것은?

① 정격 총 하중 : 붐의 길이와 작업 반경에 허용되는 훅, 그래브, 버킷 등을 달아 올림 기구를 포함한 최대하중
② 정격하중 : 정격 총 하중에서 훅, 그래브, 버킷 등 달아 올림 기구의 무게에 상당하는 하중을 뺀 하중
③ 호칭하중 : 기중기의 최대 작업하중
④ 작업하중 : 기중기로 화물을 최대로 들 수 있는 하중과 들 수 없는 하중과의 한계점에 놓인 하중

해설
• 작업하중 : 화물을 들어 올려 안전하게 작업할 수 있는 하중
• 임계하중 : 기중기가 들 수 있는 하중과 들 수 없는 하중의 임계점 하중

53 분사 펌프의 고압 파이프나 연료 파이프를 풀거나 체결할 때 안전하게 작업할 수 있는 공구는?

① 소켓렌치
② 파이프 렌치
③ 복스엔드 렌치
④ 오픈엔드 렌치

해설
연료 파이프라인의 피팅을 풀고 조일 때는 오픈엔드 렌치로 한다.

54 엔진 정비용 수공구를 사용할 때 틀린 것은?

① 공구 사용 후에는 정해진 장소에 보관한다.
② 수공으로 적당히 만든 공구를 사용해도 좋다.
③ 작업대 위에서 떨어지지 않게 안전한 곳에 둔다.
④ 수공구는 용도 이외에 사용하지 않는다.

해설
수공으로 적당히 만든 공구를 사용해서는 안 된다.

55 산소용접을 할 경우 안전수칙으로 틀린 것은?

① 산소저장 용기는 눕혀서 사용한다.
② 점화는 성냥불로 직접 하지 않는다.
③ 산소저장 용기의 밸브에 기름을 묻히지 않는다.
④ 산소저장 용기의 밸브는 천천히 열고 닫는다.

해설
산소, 아세틸렌 등 모든 용기의 밸브는 용기 위쪽에 달려 있어 눕혀진 상태에는 외부 충격이 용기 밸브 파손 등 사고 위험이 있다. 특히 액체가스는 용기 안에 액체 상태로 물처럼 들어 있기 때문에 용기를 뉘어서 보관 사용할 경우 출구로 액체가 흘러나와 압력조정기 등이 정상적으로 작동되지 않아 가스사고가 발생할 수 있다.

56 안전·보건표지의 종류와 형태에서 그림이 나타내는 것은?

① 출입금지　　② 보행금지
③ 차량통행금지　　④ 사용금지

해설
안전보건표지의 종류와 형태

출입금지	보행금지	차량통행금지	사용금지

57 선반작업 중의 안전수칙으로 틀린 것은?

① 선반의 베드 위나 공구대 위에 직접 측정기나 공구를 올려놓지 않는다.
② 치수를 측정할 때는 기계를 정지시키고 측정한다.
③ 내경 작업 중에는 구멍 속에 손가락을 넣어 청소하거나 점검하려고 하면 안 된다.
④ 바이트는 끝을 길게 설치하여야 한다.

해설
바이트는 가급적 짧고 단단히 조일 것

58 줄 작업 시 주의사항으로 틀린 것은?

① 사용 전 줄의 균열 유무를 점검한다.
② 줄 작업은 전신을 이용할 수 있게 하여야 한다.
③ 작업의 효율을 높이기 위해 줄에 오일을 칠하여 작업한다.
④ 작업대 높이는 작업자의 허리높이로 한다.

해설
줄 작업 시 줄에 오일을 칠하면 안 된다.

59 드릴작업의 안전사항 중 틀린 것은?

① 장갑을 끼고 작업한다.
② 머리가 긴 경우 단정하게 하여 작업모를 착용한다.
③ 작업 중 쇳가루를 입으로 불어서는 안 된다.
④ 공작물은 단단히 고정시켜 따라 돌지 않게 한다.

해설
선반, 드릴, 해머 작업은 장갑을 사용할 경우 미끄러질 수 있으므로 사용하지 않는다.

60 작업장에서 지켜야 할 안전사항으로 적합하지 않은 것은?

① 도료 및 용제는 위험물로 화재에 특히 유의하여 관리해야 한다.
② 인화성 도료 및 용제를 사용하는 작업장은 장소와 관계없이 작업이 가능하다.
③ 작업에 소요되는 규정량 이상의 도료 및 용제는 작업장에 적재하지 않는다.
④ 도장작업 시 배출되는 유해물질을 안전하게 처리하여야 한다.

해설
인화성 물질 또는 가연성의 가스나 증기 및 분진 등으로 화재·폭발 위험이 있는 장소에서는 정전기의 발생을 억제하거나 제거하기 위한 제반조치가 필요하다.

정답 58 ③ 59 ① 60 ②

2016년 제1회 과년도 기출문제

01 공기압축기에서 압축기의 작동방식에 의한 분류로 적당하지 않는 것은?

① 실드형 ② 왕복형
③ 베인형 ④ 스크루형

해설
공기압축기의 분류

작동방식에 의한 분류	• 왕복형식(피스톤 형식) • 베인형식(Vane Type) • 스크루 형식(Rotary Type)
실린더 배치 모양에 의한 분류	• 수직형 압축기 • 수평 대향형 압축기
이동 방식에 의한 분류	• 트럭 탑재형 • 트레일러 탑재형 • 침목 탑재형

02 엔진 오일 압력이 낮아지는 원인과 관계가 먼 것은?

① 크랭크축의 마멸이 클 때
② 유압 조정 밸브의 스프링 장력이 클 때
③ 오일 펌프 기어의 마멸이 클 때
④ 엔진 오일의 점도가 낮을 때

해설
엔진 오일 압력이 낮아지는 원인
• 크랭크축의 마멸이 클 때
• 오일 펌프 기어의 마멸이 클 때
• 엔진 오일의 점도가 낮을 때
• 윤활유가 너무 적을 때
• 유압조절 밸브 스프링이 약할 때
• 윤활유 압력 릴리프 밸브가 열린 채 고착되었을 때 등

03 기동전동기의 기본원리로 인지손가락은 자력선 방향, 중지손가락은 전류의 방향, 엄지손가락은 힘의 방향으로 표현한 법칙은?

① 오른나사 법칙
② 플레밍의 오른손 법칙
③ 플레밍의 왼손법칙
④ 패러데이 법칙

해설
플레밍의 왼손법칙
자기장 속에 전류를 통한 도선을 둘 때 도선이 받는 힘의 방향을 나타내는 법칙으로, 전동기의 원리를 나타낸다.

04 그림과 같은 전기회로에서 전류계에 2.5A의 전류가 흐르고 있다면 이 전구의 전력은?(단, 축전지는 24V이다)

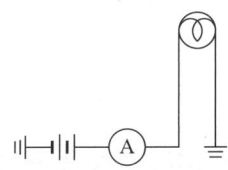

① 15W ② 30W
③ 45W ④ 60W

해설
$P = EI$
　$= 24 \times 2.5 = 60W$
여기서, P : 전력(W)
　　　　E : 전압(V)
　　　　I : 전류(A)

정답 1 ① 2 ② 3 ③ 4 ④

05 공기청정기에 대한 설명이 틀린 것은?

① 흡입공기의 먼지 등을 여과한다.
② 흡입공기의 소음을 감소시킨다.
③ 역화가 발생할 때 불길을 저지하는 역할을 한다.
④ 건식 여과기는 압축공기를 바깥쪽에서 안쪽으로 불어내어 청소한다.

해설
건식 여과기는 압축공기를 안에서 바깥으로 불어내어 청소한다.

06 피스톤 링의 절개구가 서로 120~180° 방향이 되도록 끼우는 이유는?

① 벗겨지지 않게 하기 위해
② 절개구 쪽으로 압축이 새는 것을 방지하기 위해
③ 피스톤의 강도를 보강하기 위해
④ 냉각을 돕기 위해

해설
피스톤 링은 절개구 쪽으로 압축가스 및 폭발가스가 새는 것을 방지하기 위하여 절개구를 핀보스와 측압을 피하여 120~180°로 조립한다.

07 기관에서 밸브 오버랩은 무엇을 나타내는가?

① 흡·배기 밸브가 동시에 열려 있는 시기
② 흡기 밸브만 열려 있는 시기
③ 배기 밸브만 열려 있는 시기
④ 흡·배기 밸브가 동시에 닫혀 있는 시기

해설
밸브 오버랩 : 자동차 엔진의 흡기밸브와 배기밸브가 동시에 열려 있는 시기를 말한다.

08 납산축전지가 완전 충전상태일 때의 전해액의 비중으로 알맞은 것은?

① 1.300~1.310
② 1.260~1.280
③ 1.210~1.230
④ 1.100~1.220

해설
비중에 의한 충전 상태
• 100% 충전 : 1.260~1.280 이상
• 75% 충전 : 1.210~1.259
• 50% 충전 : 1.150~1.209
• 25% 충전 : 1.100~1.149
• 0% 상태 : 1.050~1.099

09 실린더 블록의 급유통로 막힘 검사로 가장 좋은 방법은?

① 구리선을 넣어 검사한다.
② 압축공기로 검사한다.
③ 물을 넣어 검사한다.
④ 연기에 의해 검사한다.

해설
각 부품의 유로(통로)는 압축공기로 막힘 여부를 확인한다.

10 에어컨 장치에서 컴프레서(Compressor)의 압축이 불량일 경우 에어컨의 압력(저압축과 고압축)은 어떻게 나타나는가?

① 저압 – 낮다, 고압 – 낮다
② 저압 – 낮다, 고압 – 높다
③ 저압 – 높다, 고압 – 낮다
④ 저압 – 높다, 고압 – 높다

11 충전장치에서 발전기의 자극 수가 4, 주파수는 70Hz일 때 정상 회전수는?

① 1,200rpm
② 1,500rpm
③ 1,800rpm
④ 2,100rpm

해설
$$N = \frac{120f}{P} = \frac{120 \times 70}{4} = 2,100\text{rpm}$$
여기서, N : 회전속도
f : 주파수
P : 극수

12 전자제어 디젤분사장치의 수행기능이 아닌 것은?

① 전부하 분사량 제한
② 최고속도 제한
③ 시동 분사량 제어
④ 무부하 분사량 제한

해설
전자제어 디젤분사장치의 수행기능
• 흡기다기관의 압력 제어
• 시동할 때 연료분사량 제어
• 정속운전(최고속도) 제어
• 공전속도 제어 및 최고속도 제한
• 전부하 연료분사량 제어
• 연료 분사시기 제어
• 배기가스 재순환 제어

13 교류 발전기의 구성 요소 중 자계를 발생시키는 부품은?

① 로터
② 스테이터
③ 슬립링
④ 다이오드

해설
로터코일과 자극편(Pole Shoe)에 의해 자속(자계)이 형성된다.

14 도로주행 건설기계의 2등식 전조등에서 좌측과 우측은 어떤 회로로 연결되어 있는가?

① 병렬회로
② 직렬회로
③ 직·병렬회로
④ 단식회로

해설
전조등(헤드라이트)은 병렬회로로 연결한다.

정답 10 ③ 11 ④ 12 ④ 13 ① 14 ①

15 전자제어 디젤기관의 분사량 제어와 거리가 먼 것은?

① 분사압력 제어
② 공회전 제어
③ 시동 시 분사량 제어
④ 기본 분사량 제어

해설
전자제어 디젤기관의 분사량 제어
- 기본 분사량 제어
- 공회전 제어
- 시동 시 분사량 제어
- 정속운전 시 분사량 제어
- 전부하 시 분사량 제어
- 연료분사량 불균율의 보상 제어

16 휠 구동식 건설기계가 주행 중 선회하거나 노면이 울퉁불퉁하여 좌우 바퀴에 회전차가 생기는 것을 자동적으로 조정하여 원활한 회전이 이루어지도록 해주는 장치는?

① 종감속장치
② 차동장치
③ 자재 이음
④ 차 축

해설
차동장치는 자동차에서 회전을 원활하게 하기 위한 기구이다.

17 기관오일 소비가 많아지는 원인 중 가장 관계가 깊은 것은?

① 기관이 너무 냉각되어 있다.
② 기능이 약화된 라디에이터
③ 연료의 불완전 연소
④ 마멸된 실린더 벽과 피스톤 링

해설
윤활유 소모 과다 시 점검사항
- 피스톤 링의 마모
- 실린더 벽의 마모
- 밸브 가이드 고무의 마모
- 크랭크축 오일 실의 마모 등을 점검한다.

18 전자제어 디젤기관의 노크방지 대책에 대한 설명으로 틀린 것은?

① 착화 늦음이 짧은 연료를 사용한다.
② 예비분사를 실시한다.
③ 분사개시 때 분사량을 크게 한다.
④ 전자제어화하여 다단분사한다.

해설
착화지연기간 중에 연료분사량을 적게 한다.

19 디젤 노크의 원인이 아닌 것은?

① 연료분사 시기의 빠름
② 연료 속에 공기가 들어 있을 때
③ 압축공기의 누설이 심할 때
④ 기관의 온도가 낮거나 분사상태가 불량할 때

해설
디젤 노크의 원인
- 연료분사 시기의 빠름
- 연료의 세탄가가 낮을 때
- 압축공기의 누설이 심할 때
- 기관의 온도가 낮거나 분사상태가 불량할 때
- 착화지연기간이 길다.
- 분사노즐의 분무상태가 불량하다.
- 기관이 과랭되었다.
- 착화지연기간 중 연료분사량이 많다.

20 보링 후 각 실린더 간의 압축압력 차는 몇 % 이내이어야 하는가?

① 10%
② 20%
③ 30%
④ 40%

해설
기관의 분해정비 시기 판단
• 압축압력(kg/cm²) : 규정압력 70% 이하 혹은 각 실린더 압력차 10% 이상일 때
• 연료 소비율(km/L) : 표준 연료 소비율 60% 이상일 때
• 윤활유 소비율(km/L) : 표준 윤활유 소비율 50% 이상일 때

21 종감속장치 링 기어의 심한 힐 접촉을 수정하려면 무엇을 어떻게 이동시켜야 하는가?

① 구동 피니언을 안쪽으로, 링 기어를 바깥쪽으로
② 구동 피니언과 링 기어를 동시에 안쪽으로
③ 구동 피니언과 링 기어를 동시에 바깥쪽으로
④ 구동 피니언을 바깥쪽으로, 링 기어를 안쪽으로

해설
구동 피니언과 링 기어의 접촉 상태 및 수정방법
• 힐(Heel) 접촉 : 구동 피니언을 안쪽으로, 링 기어를 밖으로
• 토(Toe) 접촉 : 구동 피니언을 밖으로, 링 기어를 안쪽으로
• 페이스(Face) 접촉 : 구동 피니언을 안쪽으로, 링 기어를 밖으로
• 플랭크(Flank) 접촉 : 구동 피니언을 밖으로, 링 기어를 안쪽으로

22 지게차 브레이크 드럼을 분해하여 일반적으로 점검하는 항목이 아닌 것은?

① 턱 마모 및 균열
② 런 아웃 및 부식
③ 접촉면의 긁힘 및 균열
④ 접촉면의 손상 및 편마멸

해설
지게차 브레이크 드럼을 분해하여 점검하지 않아도 되는 것은 런 아웃 및 부식이다.

23 건설기계 하부 구동체에서 스프로킷의 중심위치를 맞추는 방법으로 옳은 것은?

① 축을 교환
② 베어링을 교환
③ 베어링 간극으로 조정
④ 베어링의 뒤 심으로 조정

해설
하부 구동체 스프로킷의 중심 위치는 베어링 뒤의 심으로 조정하여 맞춘다.

정답 20 ① 21 ① 22 ② 23 ④

24 유압장치에서 작동유가 과열하는 원인이 아닌 것은?

① 작동유의 점도가 불량할 때
② 작동유의 유량이 적을 때
③ 릴리프 밸브의 작동압력이 높을 때
④ 냉각기의 냉각효율이 높을 때

해설
냉각기 필요시, 냉각기 용량 부족, 냉각기의 고장 시 작동유가 과열한다.
유압유(작동유)의 온도가 높아지는 원인
- 유압 작동유가 부족할 때
- 유압펌프 내부 누설이 증가되고 있을 때
- 밸브의 누유가 많고 무부하 시간이 짧을 때
- 유압 작동유가 노화되었을 때
- 유압의 점도가 부적당할 때
- 펌프의 효율이 불량할 때
- 오일 냉각기의 냉각핀 오손
- 냉각팬의 회전속도가 느릴 때
- 릴리프 밸브가 과도하게 작동할 때

25 디젤기관의 압축비가 21이고 연소실 체적이 50cc일 때 행정체적은?

① 500cc
② 1,000cc
③ 1,500cc
④ 2,000cc

해설
압축비(ε) = $1 + \dfrac{V_s}{V_c}$

$21 = 1 + \dfrac{V_s}{50}$

∴ V_s = 1,000cc

여기서, V_s : 행정체적
V_c : 연소실체적

26 브레이크 유압라인에 베이퍼 로크가 생기는 원인 중 틀린 것은?

① 장시간 브레이크를 사용하였다.
② 라이닝 간극이 너무 적다.
③ 슈의 리턴 스프링 장력이 너무 세다.
④ 비점이 낮은 브레이크 오일을 사용하였다.

해설
브레이크 슈 리턴 스프링 쇠손에 의한 잔압 저하 시 베이퍼 로크가 생긴다.

27 유량제어 밸브에 해당되는 밸브는?

① 체크 밸브
② 교축 밸브
③ 포트 밸브
④ 감압 밸브

해설
교축 밸브(스로틀 밸브)
작동유의 점성에 관계없이 유량을 조절할 수 있으며, 조정범위가 크고 미세량도 조정 가능한 밸브이다.
- 방향제어 밸브 : 체크 밸브, 포트 밸브
- 유압제어 밸브 : 감압 밸브

28 클로즈 회로의 유압장치에서 펌프나 모터 등에서 누설이 생겼을 때 작동유를 보충해 주는 회로는?

① 탠덤 회로(Tandem Circuit)
② 미터 인 회로(Meter In Circuit)
③ 오픈 회로(Open Circuit)
④ 피드 회로(Feed Circuit)

해설
① 탠덤 회로(Tandem Circuit) : 제어 밸브 2개를 동시에 조작할 때는 뒤에 있는 제어 밸브의 액추에이터는 작동되지 않는 회로이다.
② 미터 인 회로(Meter In Circuit) : 유압 실린더 입구에 유량제어 밸브를 설치하여 속도를 제어한다.
③ 오픈 회로(Open Circuit) : 작동유가 탱크에서 펌프로 흡입되어 펌프에서 제어 밸브를 거쳐 액추에이터에 이르고 액추에이터에서 다시 밸브를 거쳐 탱크로 되돌아오는 유압회로이다.

29 불도저의 귀 삽날(End Bit)의 정비 방법으로 옳은 것은?

① 한쪽이 마모되면 반대쪽과 바꿔 낀다.
② 마모된 쪽만 교환한다.
③ 용접하여 사용한다.
④ 한쪽이라도 마모되면 모두 교환한다.

해설
불도저 블레이드 양쪽에는 내마멸성이 큰 귀 삽날이 부착되어 있다. 마모된 쪽만 교환해서 정비한다.

30 클러치의 동력 차단이 불량한 이유가 아닌 것은?

① 릴리스 레버의 마멸
② 클러치판의 비틀림
③ 페달유격 과대
④ 토션 스프링의 파손

해설
클러치 차단 불량의 원인
• 클러치 페달의 자유간격이 너무 크거나 릴리스 베어링의 손상 및 파손을 들 수 있다.
• 클러치 디스크의 흔들림(Run Out)이 크거나 유압 라인에 공기가 침입, 클러치 각 부가 심하게 마멸된 경우이다.

31 무한궤도식 굴착기에서 주행 시 동력전달순서로 맞는 것은?

① 엔진 → 메인유압펌프 → 고압파이프 → 트랙 → 주행 모터
② 엔진 → 컨트롤 밸브 → 고압파이프 → 메인유압펌프 → 트랙
③ 엔진 → 고압파이프 → 컨트롤 밸브 → 메인유압펌프 → 트랙
④ 엔진 → 메인유압펌프 → 컨트롤 밸브 → 센터 조인트 → 주행 모터 → 트랙

해설
동력전달순서(무한궤도식 굴착기)
엔진 → 메인유압펌프 → 컨트롤 밸브 → 센터 조인트 → 주행 모터 → 트랙

32 유압펌프 중에서 가장 많이 사용되는 형식으로 용적효율이 60~90% 정도인 것은?

① 내접 기어 펌프
② 외접 기어 펌프
③ 크레센트(Crescent) 기어 펌프
④ 트로코이드(Trochoid) 기어 펌프

정답 28 ④ 29 ② 30 ④ 31 ④ 32 ②

33 타이어식 굴착기의 조향각도가 규정보다 작다면 무엇으로 수정해야 하는가?

① 스톱 볼트
② 타이로드
③ 드래그 링크
④ 조향실린더 길이

해설
타이어식(휠 구동식) 굴착기의 조향각도가 규정보다 작을 때 스톱 볼트로 수정한다.

34 유압용 고무호스 설명 중 틀린 것은?

① 진동이 있는 곳에는 사용하지 않는다.
② 고무호스는 저압, 중압, 고압용의 3종류가 있다.
③ 고무호스를 조립할 때는 비틀림이 없도록 한다.
④ 고무호스 사용 내압은 적어도 5배의 안전 계수를 가져야 한다.

해설
진동이 있는 곳에 사용할 수 있다.

35 펌프에서 토출한 유량이 실린더 내로 들어가서 작용할 때의 압력에 대한 설명으로 옳은 것은?

① 피스톤 헤드에만 같은 압력을 받는다.
② 피스톤 링에만 같은 압력을 받는다.
③ 실린더에만 같은 압력을 받는다.
④ 유체가 가해진 실린더 내의 모든 점에 같은 압력을 받는다.

해설
파스칼의 원리
밀폐된 유체의 일부에 압력을 가하면 그 압력이 유체 내의 모든 곳에 같은 크기로 전달된다고 하는 원리이다. 유압식 브레이크나 지게차, 굴착기와 같이 작은 힘을 주어 큰 힘을 내는 장치들은 모두 이 원리를 이용하고 있다.

36 지게차의 구성부품에 해당되는 것은?

① 상부 및 하부 롤러
② 레이크 블레이드
③ 버 킷
④ 포 크

해설
지게차 구조 : 마스트, 포크, 틸트 실린더, 컨트롤 밸브, 유압실린더 등

37 투상도를 보고 물체의 형상을 판단하고자 할 때 선과 현의 분석요령으로 잘못된 것은?

① 투상면에 평행한 직선은 물체의 실제 길이를 나타낸다.
② 투상면에 평행한 평면은 물체의 실제 형상을 나타낸다.
③ 투상면에 수직인 평면은 점이 된다.
④ 투상면에 경사진 직선은 실제의 길이보다 짧게 나타난다.

해설
투상면에 수직인 평면은 직선이 된다.

38 타이어식 건설기계에서 캠버의 측정단위는?

① g
② 각도(°)
③ mm
④ 온도(℃)

해설
캠버의 측정단위는 °(도)로 표기한다.

39 수동변속기에서 백래시(Back Lash)가 과대하면 일어나는 현상은?

① 저단기어 변속 시 기어가 쉽게 물리지 않는다.
② 저단기어 변속 시 물린 기어가 빠지기 쉽다.
③ 고단기어 변속 시 기어가 쉽게 물리지 않는다.
④ 고단기어 변속 시 물린 기어가 쉽게 빠지지 않는다.

40 불도저가 어느 방향으로도 환향되지 않을 때의 원인으로 틀린 것은?

① 환향 클러치판의 과도한 마모
② 환향 클러치 스프링 고정 볼트 파손
③ 링키지 조정불량
④ 변속기가 1단에 들어갔을 때

해설
불도저가 어느 방향으로도 환향되지 않을 때의 원인
• 환향 클러치판의 과도한 마모
• 환향 클러치 스프링 고정 볼트 파손
• 링키지 조정 불량

41 마스터 실린더의 피스톤 지름이 30mm, 작동유압이 40kgf/cm²일 때 브레이크 페달을 미는 힘은?

① 120.8kgf
② 141.4kgf
③ 282.7kgf
④ 1,130kgf

해설
$F = PA$
$= 40 \times \dfrac{\pi \times 3^2}{4} = 282.7 \text{kgf}$

여기서, F : 푸시로드를 미는 힘
P : 작동유압
A : 마스터 실린더의 단면적

42 불도저의 스프로킷 허브(Sprocket Hub) 주위에서 오일이 누설되는 원인은?

① 내·외측 듀콘 실이 파손되었을 때
② 트랙프레임이 균열되었을 때
③ 작업장 조건이 편평하지 않을 때
④ 트랙장력이 너무 작을 때

해설
내외측 듀콘 실이 파손되었을 때 불도저의 스프로킷 허브 주위에서 오일이 누설된다.

정답 38 ② 39 ② 40 ④ 41 ③ 42 ①

43 지게차 리프트 실린더 외경이 70mm, 실린더 내경이 65mm, 로드 지름이 50mm, 압력이 210kgf/cm² 일 때 포크로 상승시킬 수 있는 무게는?

① 약 3,482kgf
② 약 6,965kgf
③ 약 7,065kgf
④ 약 8,078kgf

해설
$F = PA$
$= 210 \times \dfrac{\pi \times 6.5^2}{4} ≒ 6,965 \text{kgf}$

여기서, F : 힘
P : 압력
A : 실린더 단면적

44 유압호스가 가장 바르게 설치된 것은?

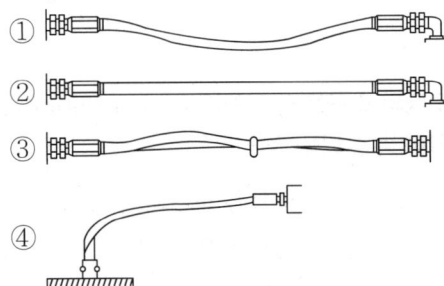

해설
호스 길이에 여유가 충분하지 않으면 호스 피팅 연결부에 압력이 가해졌을 때, 누유가 발생하거나 호스가 피팅에서 풀리면서 치명적인 사고가 발생할 수 있고, 반대로 너무 느슨하면 호스 마모 또는 주변 구성 요소에 걸리는 위험이 발생할 수 있다.

45 유압펌프에서 소음이 나는 이유로 적당치 않은 것은?

① 릴리프 밸브의 설정압이 너무 낮다.
② 흡입되는 작동유에 기포가 있다.
③ 펌프 구동축의 베어링이 마모되었다.
④ 펌프 상부 커버의 볼트가 풀렸다.

해설
유압펌프에서 소음이 발생하는 원인
• 흡입 오일 속에 기포가 있다.
• 펌프축의 센터와 원동기축의 센터가 맞지 않다.
• 펌프의 상부 커버의 고정 볼트가 헐겁다.
• 펌프 흡입관의 결합부에서 공기가 누입되고 있다.
• 흡인관이나 흡입여과기의 일부가 막힌다.
• 펌프의 회전이 너무 빠르다.
• 오일의 점도가 너무 진하다.
• 여과기가 너무 작다.

46 보기에서 설명한 작업 상황에서 발생하는 용접작업의 결함은 무엇인가?

보기
• 용접전류가 너무 높을 때 • 부적합한 용접봉을 사용했을 때 • 용접 속도가 부적당할 때 • 아크의 길이가 너무 길 때

① 피 드
② 언더컷
③ 용 락
④ 용입 부족

해설
언더컷

원 인	방지대책
• 전류가 높을 때	• 전류를 낮춘다.
• 아크 길이가 길 때	• 아크 길이를 짧게 한다.
• 용접 속도가 빠를 때	• 용접 속도를 알맞게 한다.
• 운봉 각도가 부적당할 때	• 운봉 각도를 알맞게 한다.
• 부적당한 용접봉을 사용할 때	• 알맞은 용접봉을 사용한다.

47 이산화탄소 아크용접 방법에서 전진법의 특성이 아닌 것은?

① 용접선이 잘 보이므로 운봉을 정확하게 할 수 있다.
② 비드 높이가 낮고 평탄한 비드가 형성된다.
③ 비드 형상이 잘 보이기 때문에 비드폭 높임을 얻을 수 있다.
④ 용착 금속이 아크보다 앞서기 쉬워 용입이 얕아진다.

해설
전진법
- 토치각을 용접진행방향 반대쪽으로 15~20° 유지하는 방식이다.
- 용접선이 잘 보이므로 운봉을 정확하게 할 수 있다.
- 비드 높이가 낮고 평탄한 비드가 형성된다.
- 스패터가 비교적 크고 많으며 진행방향쪽으로 흩어진다.
- 용착금속이 아크보다 앞서기 쉬워 용입이 낮아진다.
- 주로 박판에 사용된다.
- 다층용접이나 용접면에 요철이 있는 경우 융합 불량이 생길 수 있다.

48 아세틸렌 용기취급 시 주의사항으로 틀린 것은?

① 화기에 가깝거나 높은 곳에 설치해서는 안 된다.
② 아세틸렌 용기에는 타격이나 충격을 주어서는 안 된다.
③ 아세틸렌 가스의 누설은 폭발을 초래하기 쉬우므로 충분히 주의하고 누설검사에는 비눗물을 사용한다.
④ 아세틸렌 용기는 반드시 눕히거나 거꾸로 하여 사용해야 한다.

해설
아세틸렌 용기는 반드시 세워서 사용할 것

49 아세틸렌 용접용 가스의 특징과 관리방법에 대한 설명으로 틀린 것은?

① 아세틸렌 충전구가 동결되어 온수로 녹일 때는 35℃ 이하의 온수로 녹여야 안전하다.
② 용기는 진동이나 충격을 가하지 말고 신중히 취급한다.
③ 저장실의 전기스위치, 전등 등은 방폭 구조여야 한다.
④ 용해 아세틸렌은 발생기를 사용할 때보다 순도가 낮다.

해설
용해 아세틸렌은 발생기를 사용할 때보다 순도가 높다.

50 용접 시 발생한 잔류응력을 제거하는 방법이 아닌 것은?

① 저온응력 완화법
② 기계적 응력 완화법
③ 스킵법
④ 피닝법

해설
잔류응력 제거 방법으로는 노내 풀림법, 국부 풀림법, 저온응력 완화법, 기계적 응력 완화법, 피닝법 등이 있다.

51 도저의 조향 클러치가 슬립되는 원인은?

① 레버 유격이 너무 크다.
② 오일압력이 부족하다.
③ 페이싱이 마모되었다.
④ 수동 드럼 내치가 마모되었다.

정답 47 ③ 48 ④ 49 ④ 50 ③ 51 ③

52 작업현장에서 정비 작업을 위하여 변속기를 이동시키려고 할 때 가장 안전한 이동방법은?

① 체인블록이나 호이스트를 사용한다.
② 지렛대를 이용하여 이동한다.
③ 로프로 묶어서 이동한다.
④ 여러 사람이 들고 이동한다.

해설
체인블록 사용 시 외부 검사를 잘하여 변형 마모손상을 점검한다.

53 배터리의 전해액을 다룰 때 필요한 보호 장비는?

① 면장갑을 끼고 작업한다.
② 앞치마를 두르고 작업한다.
③ 방독마스크를 쓰고 작업한다.
④ 고무장갑을 끼고 작업한다.

해설
전해액을 다룰 때는 고무장갑을 껴야 한다.

54 전기장치를 지켜야 할 안전수칙으로 바르지 못한 것은?

① 절연되어 있는 부분을 세척제로 세척한다.
② 전압계는 병렬접속하고, 전류계는 직렬접속한다.
③ 축전지 케이블은 전장용 스위치를 모두 OFF 상태에서 분리한다.
④ 배선연결 시에는 부하 측으로부터 전원 측으로 접속하고 스위치는 OFF로 한다.

55 건설기계 차체를 용접할 경우 용접기에서 접지를 해서는 안 되는 곳은?

① 섀시 프레임 부분
② 차축 하우징 부분
③ 실린더 로드 부분
④ 실린더 하우징 부분

해설
실린더 로드 부분에 흠집이 있으면 유압 실린더의 누유가 발생할 수 있어 실린더 로드 부분에는 접지를 하여서는 안 된다.

56 정 작업에 대한 주의사항으로 틀린 것은?

① 정 작업을 할 때는 서로 마주보고 작업하지 말 것
② 정 작업은 반드시 열처리한 재료에만 사용할 것
③ 정 작업은 시작과 끝에 조심할 것
④ 정 작업에서 버섯 머리는 그라인더로 갈아서 사용할 것

해설
열처리한 재료는 정으로 타격하지 않는다.

57 연삭기의 사용 시 안전사항으로 틀린 것은?

① 소형 숫돌은 측압이 강하므로 가급적 측면을 사용한다.
② 숫돌과 받침대 간격은 3mm 이하로 유지한다.
③ 숫돌차는 기계에 규정된 것을 사용한다.
④ 숫돌 커버를 벗기고 작업해서 안 된다.

해설
소형 숫돌은 측압에 약하므로 측면사용을 금지할 것

58 기관 분해·조립 시 스패너 사용자세로 옳지 않은 것은?

① 몸의 중심을 유지하게 한 손은 작업물을 지지한다.
② 스패너 자루에 파이프를 끼우고 발로 민다.
③ 너트에 스패너를 깊이 물리고 조금씩 앞으로 당기는 식으로 풀고, 조인다.
④ 몸은 항상 균형을 잡아 넘어지는 것을 방지한다.

해설
스패너 손잡이에 파이프를 이어서 사용하지 말 것

59 작업 시작 전의 안전점검에 관한 사항을 짝지은 것으로 틀린 것은?

① 인적인 면 - 건강상태, 기능상태
② 물적인 면 - 기계기구 설비, 공구
③ 관리적인 면 - 작업내용, 작업순서
④ 환경적인 면 - 작업방법, 안전수칙

해설
작업 시작 전의 안전점검
- 인적인 면 : 건강상태, 보호구 착용, 기능상태, 자격 적정배치 등
- 물적인 면 : 기계기구의 설비, 공구, 재료 적치보관상태, 준비상태, 전기시설, 작업발판
- 관리적인 면 : 작업내용, 작업순서기준, 직종간 조정, 긴급시 조치, 작업방법, 안전수칙, 작업중임을 알리는 표지
- 환경적인 면 : 작업장소, 환기, 조명, 온도, 습도, 분진, 청결상태

60 소화 작업에 대한 설명 중 틀린 것은?

① 산소의 공급을 차단한다.
② 유류 화재 시 표면에 물을 붓는다.
③ 가연 물질의 공급을 차단한다.
④ 점화원을 발화점 이하의 온도로 낮춘다.

해설
유류 화재는 물을 사용하여 진압하면 유류가 물보다 가벼운 성질로 물 표면에 유류가 뜨게 돼 불이 더욱 더 확산되는 위험이 있다.

정답 57 ① 58 ② 59 ④ 60 ②

2017년 제1회 과년도 기출복원문제

※ 2017년부터는 CBT(컴퓨터 기반 시험)로 진행되어 수험자의 기억에 의해 문제를 복원하였습니다. 실제 시행문제와 일부 상이할 수 있음을 알려드립니다.

01 등화장치에서 어떤 방향에서의 빛의 세기를 나타내는 것을 무엇이라 하는가?

① 조 도
② 럭스(lx)
③ 데시벨(dB)
④ 칸델라(cd)

해설
측광단위

구 분	정 의	기 호	단 위
조 도	단위면적당 빛의 도달 정도	E	lx
광 도	빛의 강도	I	cd
광 속	광원에 의해 초(sec)당 방출되는 가시광의 전체량	f	lm
휘 도	어떤 방향으로부터 본 물체의 밝기	L	cd/m^2, nt
램프 효율	소모하는 전기 에너지가 빛으로 전환되는 효율성	h	lm/W

02 기동 전동기의 홀드인 코일의 주된 역할은?

① 배터리의 (+) 단자와 (−) 단자를 연결시키는 역할
② 전기자코일에 전원을 공급하는 역할
③ 단속기를 움직이는 역할
④ 플라이휠의 링기어와 전기자의 피니언기어 물림 상태 유지

03 유압펌프의 특징에 대한 설명으로 틀리는 것은?

① 기어 펌프 : 구조가 간단하고 소형이다.
② 베인 펌프 : 장시간 사용해도 성능의 저하가 작다.
③ 나사 펌프 : 운전이 동적이고 내구성이 작다.
④ 피스톤 펌프 : 고압에 적당하고 효율이 좋다.

해설
나사 펌프 : 작동유의 흐름에 무리가 없고 저맥동, 저소음이다.

04 에어컨 장치에서 대기 중에 함유되어 있는 유해가스를 감지하여 가스의 실내 유입을 자동적으로 차단하여 차 실내의 공기청정도를 유지하는 것은?

① AQS(Air Quality System) 센서
② 핀 서모 센서
③ 습도 센서
④ 일사량 센서

해설
① AQS(Air Quality System) 센서 : 유해가스차단장치
② 핀 서모 센서 : 에어컨장치의 증발기에 설치되어 증발기 출구 측의 온도를 감지하여 증발기의 빙결을 예방할 목적으로 설치한 것
③ 습도 센서 : 전기저항식이나 광전식 등으로 습도를 검출하는 센서
④ 일사량 센서 : 포토다이오드를 사용하며 포토다이오드는 빛의 양에 따른 일종의 가변전원

정답 1 ④ 2 ④ 3 ③ 4 ①

05 폭발 순서가 1-3-4-2인 4행정 기관에서 1번 실린더가 흡입행정일 때 3번 실린더는 행정은?

① 압축행정
② 흡입행정
③ 배기행정
④ 팽창행정

해설
1. 원을 그린 후 4등분 하여 흡입, 압축, 폭발(동력), 배기를 시계방향으로 적는다.
2. 주어진 보기에 1번이 흡입이라고 했으므로 흡입에 1번을 적고, 행정 순서를 시계반대방향으로 적는다. 즉, 압축(2)-흡입(1)-배기(3)-폭발(4)이므로 3번 실린더는 배기행정이다.

06 과급기에 대한 설명한 것 중 옳지 않은 것은?

① 배기 터빈 과급기는 주로 원심식이다.
② 흡입 공기에 압력을 가해 기관에 공기를 공급한다.
③ 과급기를 설치하면 엔진 중량과 출력이 감소된다.
④ 4행정 사이클 디젤기관은 배기가스에 의해 회전하는 원심식 과급기가 주로 사용된다.

해설
과급기를 설치하면 엔진 중량은 10~15% 증가하며, 출력은 35~45 정도 증가한다.

07 디젤 분사 펌프의 각 플런저 분사량 오차는 일반적으로 전부하 시에는 얼마 이내이어야 하는가?

① ±0%   ② ±1%
③ ±3%   ④ ±5%

해설
디젤 분사펌프의 각 플런저 분사량의 오차는 일반적으로 ±3% 이내이어야 한다.

08 엔진 오일 펌프 출구 쪽에 설치된 릴리프 밸브의 설치 목적은?

① 오일을 빨리 압송하기 위하여
② 유압계통 내의 유압이 과도하게 상승되는 것을 방지하기 위하여
③ 윤활계통 내의 오일량을 조절하기 위하여
④ 순환되는 오일을 깨끗이 여과하기 위하여

해설
릴리프 밸브는 유압 회로의 최고 압력을 제어하는 밸브로서 회로의 압력을 일정하게 유지시키는 밸브이다.

09 디젤기관과 관계없는 것은?

① 디젤 노크를 일으키기 쉬운 회전 범위는 저속이다.
② 연료의 인화점이 높아서 화재의 위험성이 작다.
③ 연료소비율이 작고 열효율이 높다.
④ 점화 장치 내에 배전기가 있다.

해설
디젤기관은 압축착화 방식이므로 점화 장치가 필요치 않다.

10 와류실식 디젤기관의 장점이 아닌 것은?

① 노킹이 잘 일어나지 않는다.
② 와류 이용이 좋다.
③ 분사압력이 낮아도 된다.
④ 연료 소비율이 예연소실식보다 우수하다.

해설
실린더 헤드 구조가 복잡하고 저속에서 노크 발생이 쉽다.

11 기동전동기가 작동이 안 된다. 원인이 아닌 것은?

① 연료 여과기가 막혔다.
② 축전지 불량
③ 시동전동기의 배선 접촉 불량
④ 퓨즈가 끊어졌다.

해설
기동전동기는 엔진을 시동하는 전동기로서 점화스위치에 의하여 작동된다.

12 디젤기관에서 사용되는 윤활유 공급 펌프의 종류가 아닌 것은?

① 원심 펌프   ② 기어 펌프
③ 베인 펌프   ④ 로터 펌프

해설
급유 펌프는 윤활유를 엔진 각 윤활부로 압송하는 펌프로서 기어 펌프, 베인 펌프, 로터 펌프 등이 쓰인다.

13 연료여과기 내의 연료압력이 규정 이상이 되면?

① 오버플로 밸브가 열려 연료를 연료탱크로 되돌아가게 한다.
② 바이패스 밸브가 열려 직접 분사 펌프로 보낸다.
③ 공급 펌프의 작동을 중지시킨다.
④ 어떤 작동도 하지 않으며, 이때 여과 성능이 가장 좋게 된다.

해설
연료여과기 내의 연료압력이 규정 이상이 되면 오버플로 밸브가 열려 연료를 탱크로 우회시켜 여과기를 보호한다.

14 피스톤과 실린더와의 틈새가 클 때 일어나는 현상 중 틀린 것은?

① 피스톤 슬랩 현상이 생긴다.
② 압축 압력이 저하한다.
③ 오일이 연소실로 올라온다.
④ 피스톤과 실린더의 소결이 일어난다.

해설
피스톤과 실린더 벽 사이의 열전도율이 저하된다.

15 유닛 분사 펌프의 시스템에서 가속 페달 센서의 설치 위치는?

① 페달 근처
② 분사 펌프
③ 인젝터
④ 조향핸들

해설
유닛 분사펌프의 시스템에서 페달 근처에 가속 페달 센서를 설치한다.

16 크랭크축의 오버랩을 설명한 것 중 맞는 것은?

① 핀 저널과 메인저널이 겹치는 부분
② 핀 저널과 메인저널과의 직경 차
③ 핀 저널과 메인저널과의 길이 차
④ 크랭크 암과 메인저널이 겹치는 부분

해설
크랭크축의 오버랩은 핀 저널과 메인저널이 겹치는 부분으로 기계적 강도를 높이기 위함이다.

17 유압식 굴착기의 특징이 아닌 것은?

① 구조가 간단하다.
② 운전조작이 용이하다.
③ 작업장치의 교환이 쉽다.
④ 상부회전체 용량이 크다.

해설
유압식 굴착기의 특징
• 구조가 간단하여 운전조작이 용이하다.
• 주행이 용이하고 보수가 쉽다.
• 회전부분의 용량이 적다.

18 기관의 캠축 휨을 측정할 수 있는 것은?

① 다이얼 게이지
② 마이크로미터
③ 필러게이지
④ 버니어 캘리퍼스

해설
기관의 캠축 휨 측정은 다이얼 게이지로 사용한다.

19 휠 구동식 건설기계에서 브레이크 페달을 밟았을 때 브레이크가 잘 작동되지 않는 원인이 아닌 것은?

① 브레이크 회로에 누유가 있을 때
② 라이닝에 이물질이 묻어 있을 때
③ 브레이크액에 공기가 들어 있을 때
④ 브레이크 드럼과 라이닝 간격이 작을 때

해설
브레이크 드럼 간극이 클 때

정답 15 ① 16 ① 17 ④ 18 ① 19 ④

20 유압식 자동변속기를 장착한 불도저에서 기어 변속이 전혀 안 되는 원인은 무엇인가?(단, 완전 분해 수리를 완료한 후 장비에 부착했다)

① 자동변속기의 오일 라인에 공기가 차있다.
② 디퍼렌셜 기어가 파손되었다.
③ 엔진의 출력이 부족하다.
④ 오일 필터를 교환하지 않았다.

21 포크 리프트나 기중기의 최후단에 붙어서 자체 앞쪽에 화물을 실었을 때 쏠리는 것을 방지하기 위한 것은?

① 이퀄라이저   ② 밸런스 웨이트
③ 리닝 장치   ④ 마스트

> **해설**
> 밸런스 웨이트(균형추, 평형추) : 기중기의 안정상, 매달림 하중과 평형을 취하기 위해 뒷부분에 붙이는 추이다.

22 작동유가 가지고 있는 에너지를 잠시 저축했다가 이것을 이용하여 완충작용할 수 있는 유압 기기는?

① 유체 커플링
② 유량 제어 밸브
③ 축압기
④ 압력 제어 밸브

> **해설**
> 축압기의 용도
> • 회로 내의 부족한 압력을 대신 할 수 있어 2차 회로의 보상을 할 수 있다.
> • 회로 내의 부족한 압력을 보충할 수 있어 사이클 시간을 단축할 수 있다.
> • 충격압력 흡수 및 유압펌프의 공회전 시 유압 에너지를 저장한다.
> • 펌프의 전원이 차단되었을 때 펌프의 역할을 하여 작동유의 수송을 할 수 있다.
> • 펌프의 맥동을 흡수할 수 있다(노이즈 댐퍼).
> • 충격압력(서지압력)을 흡수할 수 있다.
> • 고장, 정전 등의 긴급 유압원으로 사용할 수 있다.

23 유압 구성기기의 외관을 그림으로 표시한 회로도는?

① 기호 회로도   ② 그림 회로도
③ 조합 회로도   ④ 단면 회로도

> **해설**
> ② 그림 회로도 : 기기의 외형도를 배치한 회로도
> ① 기호 회로도 : 기기의 기능을 규약화한 기호를 사용하여 표현한 회로도
> ③ 조합 회로도(복합 회로도) : 회로 내의 일부분을 뚜렷하게 나타내기 위하여 그림 회로도, 단면 회로도, 기호 회로도를 복합적으로 사용한 회로도
> ④ 단면 회로도 : 기기의 내부 구조나 동작을 알기 쉽게 하기 위하여 기기를 단면으로 표시한 회로도

24 유압식 굴착기를 주행할 때 동력전달 순서가 올바른 것은?

① 엔진 → 유압펌프 → 주행모터 → 센터조인트 → 제어 밸브 → 구동
② 엔진 → 유압펌프 → 센터조인트 → 제어 밸브 → 주행모터 → 구동
③ 엔진 → 유압펌프 → 제어 밸브 → 주행모터 → 센터조인트 → 구동
④ 엔진 → 유압펌프 → 제어 밸브 → 센터조인트 → 주행모터 → 구동

> **해설**
> 동력전달 순서(유압식 굴착기)
> 엔진 → 유압펌프 → 제어 밸브 → 센터조인트 → 주행모터 → 구동

25 동력 조향장치에 대한 설명 중 틀린 것은?

① 유압펌프의 고장 시에도 기본 작동은 가능하다.
② 유압펌프의 고장 시에는 작동이 전혀 불가능하다.
③ 유압펌프의 유압에 의해 배력 작용이 가능하다.
④ 유압펌프는 베인식을 주로 사용한다.

해설
동력 조향장치의 특징
- 유압펌프의 유압에 의해 배력작용이 가능하다.
- 유압펌프 고장 시에도 기본동작이 가능하다.
- 유압계통이 고장이 나도 안전 체크 밸브가 설치되어 수동으로 조향조작을 할 수 있다.
- 유압펌프는 베인식을 주로 사용한다.

26 다음은 기중기의 붐각도에 대해 설명한 것이다. 틀린 것은?

① 붐의 각도가 커지면 작업반경은 작아진다.
② 붐의 각도가 커지면 기중능력은 커진다.
③ 작업반경이 커지면 기중능력은 작아진다.
④ 화물이 무거울수록 붐 길이를 길게 하고, 각도는 크게 한다.

해설
화물이 무거울수록 붐 길이를 짧게 하고, 각도는 크게 한다.

27 전동기에 대한 설명으로 틀린 것은?

① 직권 전동기는 계자코일과 전기자 코일이 직렬로 연결되어 있다.
② 분권 전동기는 계자코일과 전기자 코일이 병렬로 연결되어 있다.
③ 직권 전동기는 시동 모터에 주로 사용된다.
④ 분권 전동기는 일반적으로 직권 전동기보다 기동 회전력이 크다.

해설
직권 전동기는 변속도 특성 때문에 제어용으로 부적합하고 자동차의 시동 전동기, 크레인, 전동차 등에 사용된다.

28 건설기계로 사용되는 콘크리트 플랜트의 작업능력을 산정하는 요소가 아닌 것은?

① 최대 인양 능력
② 재료의 저장용량
③ 믹서의 용량과 대수
④ 단위시간당 혼합능력

해설
배치 플랜트(Batch Plant)의 작업능력 산정 방법
콘크리트 재료의 저장용량, 콘크리트 믹서의 대수, 단위시간당 혼합능력 등을 가지고 표현한다. 따라서 믹서의 크기 0.6~3m^3, 믹서의 대수 2~4대 정도를 일반적으로 많이 사용하며 플랜트의 용량은 단위시간당 혼합 능력(m^3/h)으로 표시하고 믹서 용량, 대수, 계량방식에 따라 다르다.

[정답] 25 ② 26 ④ 27 ③ 28 ①

29 암석, 자갈 등이 하부 롤러에 직접 충돌하는 것을 방지하여 롤러를 보호하는 장치는?

① 평형 스프링
② 롤러 가드
③ 프런트 아이들러
④ 리코일 스프링

해설
롤러 가드 : 암석, 자갈 등의 충격으로부터 하부 롤러를 보호하는 장치

30 다음 중 유압 장치의 특징으로 볼 수 없는 것은?

① 소형 장치로 큰 출력을 얻을 수 있다.
② 사용 압력의 한계는 70bar이다.
③ 전기 전자의 조합으로 자동 제어가 가능하다.
④ 제어가 비교적 간단하고 정확하다.

해설
유압 장치의 특징
• 소형 장치로 큰 출력을 얻을 수 있다.
• 전기 전자의 조합으로 자동 제어가 가능하다.
• 제어가 비교적 간단하고 정확하다.
• 유량의 조절을 통해 무단변속이 가능하다.

31 실드형 예열플러그의 설명 중 틀린 것은?

① 병렬로 결선되어 있다.
② 발열부가 가는 열선으로 되어 있다.
③ 저항기가 필요치 않다.
④ 히트코일이 연소실에 직접 노출되어 있다.

해설
④는 코일형 예열플러그에 대한 설명이다.
예열플러그

실드형	• 열선이 병렬로 결선되어 있다. • 튜브 속에 열선이 들어 있어 연소실에 노출되지 않는다. • 히트코일이 가는 열선으로 구성되어 있다. • 발열량이 크고, 열용량도 크다.
코일형	• 직렬로 결선되어 있다. • 코일이 연소실에 노출되어 있다. • 굵은 열선으로 되어 있다.

32 자동 변속기 유압 제어 회로에 작용하는 유압은 어디서 발생하는가?

① 기관의 오일 펌프
② 변속기 내의 오일 펌프
③ 흡기 다기관의 부압
④ 배기 다기관의 부압

해설
자동 변속기 유압 제어 회로에 작용하는 유압은 변속기 내의 오일 펌프에서 발생한다.

33 덤프트럭의 스프링 센터 볼트가 절손되는 원인은?

① 심한 구동력
② 스프링 탄성
③ U 볼트 풀림
④ 스프링의 압축

34 클러치 판의 비틀림 코일 스프링이 파손되었을 때 생기는 현상이 아닌 것은?

① 페달 유격이 커진다.
② 소리가 심하게 난다.
③ 클러치 작용 시 충격흡수가 안 된다.
④ 클러치 작용이 원활하지 못하게 한다.

[해설]
비틀림 코일 스프링은 클러치 판이 플라이휠에 접속되어 동력 전달이 시작될 때 회전방향의 충격을 흡수한다.

35 건설기계에서 유압 배관을 정비 및 탈거하는 경우 주의 사항 중 틀린 것은?

① 회로의 잔압이 없는 것을 확인하고 작업한다.
② 버킷을 땅 위에 내려놓고 작업한다.
③ 배관은 마찰이 있을 때 직각으로 구부려 조립한다.
④ 복잡한 배관은 꼬리표를 붙인다.

[해설]
배관은 마찰이 있을 때 적절한 각도로 구부려 조립한다.

36 오일여과기의 설명으로 틀린 것은?

① 오일여과기의 역할은 오일 세정작용이다.
② 오일의 여과방식에는 샨트식, 전류식, 분류식 등이 있다.
③ 오일여과기의 교환시기는 윤활유 3회 교환 시 1회 교환한다.
④ 여과기가 막히면 유압이 높아진다.

[해설]
오일여과기의 교환시기는 윤활유 1회 교환 시 1회 교환한다.

37 윤활유 특징으로 틀린 것은?

① 온도에 따르는 오일의 점도변화 정도를 점도지수라 한다.
② 점도가 기준보다 높은 것을 사용하면 윤활유 공급이 원활하지 못하다.
③ 점도가 너무 높은 것을 사용하면 엔진을 시동할 때 필요 이상의 동력이 소모된다.
④ 윤활유는 인화점이 낮아야 한다.

[해설]
인화점이 낮으면 화재발생의 원인이 되므로 응고점이 낮고, 인화점은 높아야 한다.

[정답] 33 ③ 34 ① 35 ③ 36 ③ 37 ④

38 트랙 정렬에서 아이들 롤러가 중심부에서 바깥쪽으로 밀린 상태로 조립되었을 때 일어나는 현상이 아닌 것은?

① 아이들 롤러의 바깥쪽 마모가 심하다.
② 아이들 롤러의 안쪽 마모가 심하다.
③ 롤러의 안쪽 플랜지 마모가 심하다.
④ 바깥쪽 링크의 내면이 심하게 마모된다.

해설
아이들 롤러가 중심부 바깥쪽으로 밀린 상태로 조립되었을 때 일어나는 현상
• 아이들 롤러의 바깥쪽 마모가 심하다.
• 롤러의 안쪽 플랜지 마모가 심하다.
• 바깥쪽 링크의 내면이 심하게 마모된다.

39 압력제어 밸브가 아닌 것은?

① 릴리프 밸브
② 카운터 밸런스 밸브
③ 언로드 밸브
④ 스로틀 밸브

해설
스로틀 밸브는 유량제어 밸브에 속한다.

40 기관에 필요한 공기의 무게와 운전 상태에서 실제로 흡입되는 공기의 무게비를 무엇이라 하는가?

① 배기효율
② 압축효율
③ 체적효율
④ 열효율

해설
체적효율 : 기관에 필요한 공기의 무게와 운전 상태에서 실제로 흡입되는 공기의 무게비

41 철강재에 함유된 원소의 중요 5대 성분은?

① 황, 망간, 인, 규소, 탄소
② 황, 인, 니켈, 규소, 망간
③ 황, 크롬, 망간, 규소, 중석
④ 황, 탄소, 망간, 크롬, 인

해설
철강재에 함유된 원소의 중요 5대 성분 : 황(S), 망간(Mn), 인(P), 규소(Si), 탄소(C)

42 주조용 알루미늄 합금에 내열성 및 내식성을 개선하기 위하여 첨가하는 원소가 아닌 것은?

① 인
② 구 리
③ 규 소
④ 마그네슘

43 다듬질 기호 중 고속 베어링 면과 같이 래핑, 버핑 등의 작업으로 광택이 나는 다듬면을 표시하는 기호는?

① ▽
② ▽▽
③ ~
④ ▽▽▽▽

해설
다듬질 기호와 종류

기호		최대 높이 거칠기	삼각 기호	끼워 맞춤	적용	다듬질 정도
기호	Ra					
∇	∇	~	~		제거가공을 하지 않는 곳(주로 주물제품의 가공이나 제거 작업을 하지 않는 면)	주조, 단조, 압연 등의 자연면
▽	25	100s	▽	N11	부품과 접촉하지 않는 다듬면, 중요하지 않는 동력의 거친 다듬면	선반 그라인딩 가공으로 가공 흔적이 눈에 보일 정도의 거친 가공
▽▽	6.3	25s	▽▽	N9	베어링 바깥지름과 케이스의 접촉면, 기어의 이끝면, 볼트로 고정되는 접촉면, 기타 서로 회전 또는 활동하지 않는 접촉면	선삭 또는 그라인드에 의한 가공으로 눈에 띄지 않을 정도의 보통 가공
▽▽▽	1.6	6.3s	▽▽▽	N7	기어의 맞물림면, V-풀리의 벨트 접착면, 베어링과 접촉되는 축의 원주 외 기타 윤이 나는 외관을 갖는 정밀 다듬면	선삭 그라인드 또는 래핑 등의 가공으로 흔적이 전혀 남지 않는 극히 평활한 가공
▽▽▽▽	0.2	0.8s	▽▽▽▽	N4	디젤기관의 피스톤로드 외 정밀 다듬 래핑, 버핑에 의한 특수 용도의 고급 다듬질면	래핑, 버핑 등의 작업으로 광택이 나는 고급 다듬질면

44 인청동에 대한 설명으로 틀린 것은?

① 내마모성이 크다.
② 탄성이 크다.
③ 내산성이 크다.
④ 내식성이 크다.

해설
인청동은 탄성, 내마모성, 내식성을 필요로 하는 용도에 공급되어 용수철, 다이어프램, 축받이, 취동부품 등에 이용된다.

45 B급 게이지 블록은 주로 무슨 용도로 사용되는가?

① 공작용
② 검사용
③ 참조용
④ 표준용

해설
② 검사용 : 게이지의 정도검사, 기계 부품 및 공구 등의 검사, 게이지의 제작
① 공작용 : 공구, 절삭 공구의 장치, 측정기류의 정도조정
③ 참조용 : 표준용 블록 게이지의 정도검사, 학술 연구용
④ 표준용 : 공작용, 검사용 블록 게이지의 정도검사, 측정기류의 정도검사

정답 43 ④ 44 ③ 45 ②

46 베어링에 사용되는 비금속 재료로 별도의 윤활제가 필요하지 않는 것은?

① 플라스틱
② 흑 연
③ 나 무
④ 고 무

해설
흑연은 고체 윤활제의 역할을 하기 때문에 별도의 윤활제가 필요하지 않다.

47 드릴가공에 대한 일반적인 설명 중 틀린 것은?

① 재료에 기공이 있으면 가공이 용이하다.
② 드릴의 날끝각은 공작물의 재질에 따라 다르다.
③ 겹쳐진 구멍을 뚫을 때는 먼저 뚫은 구멍에 같은 종류의 재료를 메우고 구멍을 뚫는다.
④ 탭이 파손될 경우에는 나사뽑기 기구를 사용한다.

48 전류에 관한 설명이다. 틀린 것은?

① 전류는 전압·저항과 무관하다.
② 전류는 전압 크기에 비례한다.
③ $V = IR$ (V : 전압, I : 전류, R : 저항)이다.
④ 전류는 저항 크기에 반비례한다.

해설
전류는 전압에 비례하고 저항에 반비례한다.

49 산소가 적고 아세틸렌이 많을 때의 불꽃은?

① 중성 불꽃
② 탄화 불꽃
③ 표준 불꽃
④ 프로판 불꽃

해설
탄화 불꽃 : 불꽃심과 겉불꽃 사이에 있는 백색의 불꽃으로 산소가 적고 아세틸렌 가스의 양이 많을 때 생기며 스테인리스강, 니켈강 등의 용접에 이용된다.

50 신속한 체결과 풀림이 가능하여 선반의 공구대나 지그(Jig) 등에 많이 사용되는 너트(Nut)는?

① 나비 너트
② 홈붙이 너트
③ 원형 너트
④ 간편 너트

51 가스용접 등에 사용되는 고압가스 용기의 안전한 취급사항이 아닌 것은?

① 용기의 온도는 40℃ 이하로 유지시킨다.
② 빈 용기와 충전된 용기는 확실히 구별하여 보관한다.
③ 아세틸렌 용기는 가능하면 눕혀 놓고 사용한다.
④ 운반 및 이동 시는 밸브를 완전히 잠그고, 캡을 확실하게 고정한다.

해설
아세틸렌 용기는 반드시 세워서 보관해야 한다.

정답 46 ② 47 ① 48 ① 49 ② 50 ④ 51 ③

52 클램셸 작업장치의 작업능률을 향상시키기 위한 기본적인 사항으로 틀린 것은?

① 작업장 주변의 장애물에 유의하여 붐을 선회시킨다.
② 굴착 대상물의 종류와 크기에 적합한 버킷을 선정한다.
③ 경토질을 굴착할 때는 버킷에 투스를 설치한다.
④ 덤프트럭에 적재할 때는 붐 끝에서 되도록 멀리 설치한다.

[해설] 덤프트럭에 적재할 때는 붐 끝에서 되도록 가까이 설치한다.

53 하체작업을 하기 위해 지게차를 들어 올리고 차체 밑에서 작업할 때 주의사항으로 틀린 것은?

① 고정 스탠드로 차체의 4곳을 받치고 작업한다.
② 잭으로 받쳐 놓은 상태에서는 밑부분에 들어가지 않는 것이 좋다.
③ 바닥이 견고하면서 수평되는 곳에 놓고 작업하여야 한다.
④ 고정 스탠드로 3곳을 받치고 한 곳은 잭으로 들어 올린 상태에서 작업하면 작업 효율이 증대된다.

[해설] 고정 스탠드로 4곳을 받치고 작업하면 작업효율이 증대된다.

54 전기장치를 정비할 경우 안전수칙으로 바르지 못한 것은?

① 절연되어 있는 부분을 세척제로 세척한다.
② 전압계는 병렬 접속하고, 전류계는 직렬 접속한다.
③ 축전지 케이블은 전장용 스위치를 모두 OFF 상태에서 분리한다.
④ 배선 연결 시에는 부하 축으로부터 전원 축으로 접속하고 스위치는 OFF로 한다.

55 디젤기관의 압축압력을 점검할 때 안전에 관한 사항으로 가장 적합한 것은?

① 기관 점검 시 회전하는 물체에 손이나 옷자락이 닿지 않도록 한다.
② 압축압력 측정 시 측정하지 않는 실린더의 점화 플러그 홀은 열려 있는 상태로 한다.
③ 점화 1차 회로는 연결한 상태로 압축압력을 측정한다.
④ 압축압력을 정확하게 읽기 위하여 압력계를 눈에 가까이 한다.

[정답] 52 ④ 53 ④ 54 ① 55 ①

56 게이지 블록 사용 후 보관방법으로 가장 옳은 것은?

① 깨끗이 닦은 후 겹쳐 보관한다.
② 먼지, 칩 등을 깨끗이 닦고 방청유를 발라 보관함에 보관한다.
③ 철제 공구 상자에 블록을 하나씩 보관한다.
④ 기름이나 먼지를 깨끗이 닦고 헝겊에 싸서 보관한다.

해설
블록게이지 사용 후 먼지, 칩 등을 깨끗이 닦고 방청유를 발라 보관함에 보관한다.
※ 표면손상의 우려가 있으므로 겹쳐 보관하지 않는다.

57 분사노즐 시험 및 취급 시 주의사항 중 틀린 것은?

① 분사된 연료는 피부를 투과할 수 있으므로 피부에 직접 닿지 않도록 한다.
② 분사노즐의 모든 부품은 깨끗이 세척하고 이물질이나 물이 들어가지 않도록 한다.
③ 분해된 부품은 다른 분사노즐과 함께 보관한다.
④ 시험은 노즐분사압력 시험기로 한다.

해설
분해된 부품은 다른 분사노즐과 섞이면 안 된다.

58 압축공기를 이용한 공구사용 중 틀린 것은?

① 공기건조기를 사용하면 수명이 길어진다.
② 압축공기를 이용하여 작업복의 먼지를 털어낸다.
③ 압축공기 탱크의 수분을 정기적으로 배출시킨다.
④ 공구를 사용 시는 규정압력 이상이 되지 않도록 주의한다.

해설
압축공기는 인명에 심한 피해를 줄 수 있으므로 압축공기로 규정된 용도 외로 사용하지 않는다.

59 줄 작업 시 주의사항이 아닌 것은?

① 뒤로 당길 때만 힘을 가한다.
② 공작물을 바이스에 확실히 고정한다.
③ 날이 메워지면 와이어 브러시로 털어낸다.
④ 절삭가루는 솔로 쓸어낸다.

해설
줄 작업 시 주의사항
• 작업을 할 때는 반드시 손잡이를 끼워서 사용해야 한다.
• 줄 작업을 할 때는 오일을 발라서는 안 된다.
• 새 줄은 연한 재료로부터 단단한 재료의 순으로 사용해야 한다.
• 줄 작업한 면에는 손을 대서는 안 된다.
• 절삭칩 제거는 입으로 불지 말고 브러시나 긁기봉을 사용한다.
• 날이 메꾸어지면 와이어 브러시로 털어낸다.

60 다음 중 안전사고의 원인으로 인적 요인이 아닌 것은?

① 작업방법의 잘못
② 근로조건
③ 신체조건
④ 작업환경

해설
산업재해의 4가지 기본원인(4M)
• 인적 요인(Man)
• 설비적 요인(Machine)
• 작업적 요인(Media)
• 관리적 요인(Management)

정답 56 ② 57 ③ 58 ② 59 ① 60 ④

2017년 제2회 과년도 기출복원문제

01 혼을 축전지에 직접 연결하였을 때에는 작동되나 건설기계에 장착하였을 때에는 작동되지 않았을 경우에 그 원인이 아닌 것은?

① 퓨즈의 소손
② 혼 릴레이 작동 불량
③ 혼 스위치 불량
④ 축전지 전압이 낮을 때

02 건설기계의 전조등에서 광도 부족 원인이 아닌 것은?

① 각 배선 단자의 접촉 불량
② 접속부 저항에 의한 전압 강하
③ 장기간 사용으로 인한 전구의 열화
④ 전구의 설치 위치가 올바를 때

해설
건설기계의 전조등에서 광도 부족 원인
• 각 배선 단자의 접촉 불량
• 접속부 저항에 의한 전압 강하
• 장기간 사용으로 인한 전구의 열화
• 전구의 설치 위치가 틀릴 때

03 피스톤 종류 중 스플릿 피스톤의 슬릿(Slit) 설치목적으로 가장 적합한 것은?

① 피스톤의 강도를 크게 하기 위하여
② 헤드에서 스커트부로 흐르는 열을 차단하기 위하여
③ 피스톤의 무게를 적게 하기 위하여
④ 헤드부의 열을 스커트부로 빨리 전달하기 위하여

04 디젤기관의 진동 원인이 아닌 것은?

① 분사시기의 불균형
② 분사량의 불균형
③ 프로펠러 샤프트의 불균형
④ 분사압력의 불균형

해설
디젤기관의 진동 원인
• 분사시기, 분사간격, 분사압력, 분사량이 다르다.
• 각 피스톤의 중량차가 크다.
• 피스톤 및 커넥팅로드의 중량 차이가 있다.
• 4실린더 엔진에서 1개의 분사노즐이 막혔다.
• 크랭크축에 불균형이 있다.

05 기관의 밸브기구에서 일반적인 밸브 시트 수명은?

① 흡기 밸브가 배기 밸브보다 짧다.
② 배기 밸브가 흡기 밸브보다 짧다.
③ 배기 밸브나 흡기 밸브나 같다.
④ 운전조건에 따라 항상 다르다.

정답 1 ④ 2 ④ 3 ② 4 ③ 5 ②

06 피스톤이 상사점에 있을 때의 용적은?

① 간극용적
② 행정용적
③ 실린더용적
④ 배제용적

해설
② 행정용적 : 실린더 내의 상사점과 하사점 사이의 용적
③ 실린더용적 : 피스톤이 하사점에 있을 때의 실린더의 용적
④ 배제용적 : 용적형 펌프 또는 모터의 1회전당 배제되는 기하학적 체적

07 블로바이의 설명 중 가장 적합한 것은?

① 연소실 내에서 신기와 배기가 서로 공존하는 현상
② 신기가 연소실에 들어오는 양만큼 배기가 연소실에서 빠져나가는 현상
③ 신기와 배기가 연소실 내에서 경계층을 이루고 있는 현상
④ 연소실 가스가 피스톤과 실린더 사이로 빠져 나가는 현상

해설
블로바이 현상 : 압축 및 폭발 행정 시에 혼합기 또는 연소가스가 피스톤과 실린더 사이에서 크랭크 케이스로 새는 현상

08 실린더의 마멸 정도를 알아보기 위해 내경을 측정하려고 한다. 설명 중 틀린 것은?

① 텔레스코핑 게이지를 활용하여 측정할 수 있다.
② 최대 마멸 부위는 실린더의 상부이다.
③ 마이크로미터를 활용하여 측정 시는 반드시 영점 조를 확인한다.
④ 크랭크축 방향이 축의 직각방향보다 마멸이 더 크다.

해설
실린더 벽의 마멸은 측압 쪽(크랭크축 직각방향)이 더 심하다.

09 기관 윤활유 소비증대 원인 중 틀린 것은?

① 베어링과 핀 저널의 마멸에 의한 틈새 증대
② 기관 연소실에서 연소에 의한 소비 증대
③ 기관 열에 의하여 증발되어 외부로 방출 및 연소
④ 크랭크케이스 혹은 크랭크축 오일 실에서의 누유

해설
베어링과 핀 저널의 마멸에 의한 틈새 증대는 유압이 낮아진다.

10 캠축 캠의 마모가 심할 때 일어나는 현상 중 틀린 것은?

① 흡·배기 효율이 낮아진다.
② 소음이 심해진다.
③ 밸브 간극이 작아진다.
④ 밸브의 유효행정이 작아진다.

해설
캠축 캠의 마모가 심할 때 일어나는 현상
• 흡배기 효율이 낮아진다.
• 소음이 심해진다.
• 밸브의 유효행정이 작아진다.

11 자동차용 기관에서 과급을 하는 주된 목적은?

① 흡·배기 소음을 줄이기 위하여
② 실린더 내 평균 유효압력을 낮추기 위하여
③ 기관의 출력을 증대시키기 위하여
④ 기관의 윤활유 소비를 줄이기 위하여

해설
과급기는 실린더 내의 흡기 공기량을 증대시켜 기관 출력을 증가시킨다.

12 콘덴서를 이용한 주회로가 아닌 것은?

① 발진 회로
② 스위칭 회로
③ 증폭 회로
④ 정류 회로

해설
전자회로의 기본적인 구성은 발진 회로, 증폭 회로, 정류 회로이다.

13 4행정 기관에 비해서 2행정 기관의 가장 큰 장점이 되는 것은?

① 기계적 효율이 높다.
② 배기작용이 충분하므로 연료 소비가 적다.
③ 열효율, 체적효율이 높다.
④ 동일출력에 대해 체적이 작아 중량을 적게 할 수 있다.

해설
4행정 사이클 기관에 비하여 1.6~1.7배의 출력이 있다.

14 디젤기관의 조속기(Governor)는 무슨 작용을 하는가?

① 자동적으로 디젤노크를 막는다.
② 자동적으로 엔진의 회전을 조정한다.
③ 자동적으로 노즐의 분사방향을 조정한다.
④ 자동적으로 분사 펌프 방향을 조정한다.

해설
조속기는 제어래크와 직결되어 있으며 기관의 회전속도와 부하에 따라 자동적으로 제어래크를 움직여 분사량을 조정한다.

15 발전기의 기전력 변화를 시킬 수 있는 요소가 아닌 것은?

① 충전 전류의 세기
② 자력의 세기
③ 자계 내에 있는 도체의 길이
④ 기관 회전속도

해설
발전기의 기전력을 변화시킬 수 있는 것 : 자력의 세기, 자계 내에 있는 도체의 길이, 기관 회전속도

16 냉방회로에서 응축효과를 증대시키는 방법이 아닌 것은?

① 엔진 냉각 팬의 직경을 작게 한다.
② 라디에이터 시라우드를 설치한다.
③ 응축기 외부 표면의 먼지 등 이물질을 제거한다.
④ 응축기 냉각용 핀이 막히거나 찌그러지지 않게 한다.

해설
냉방회로에서 응축효과를 증대시키는 방법
- 엔진 냉각 팬의 직경을 크게 한다.
- 라디에이터 슈라우드를 설치한다.
- 응축기 외부 표면에 먼지 등의 이물질을 제거한다.
- 응축기 냉각용 핀이 막히거나 찌그러지지 않게 한다.

17 지게차의 제원에 대한 설명으로 틀린 것은?

① 전경각 : 마스트의 수직위치에서 앞으로 기울인 경우의 최대 경사각을 말하며 5~6° 이하 범위이다.
② 최대 올림높이 : 마스트를 수직으로 하고 기준하중의 중심에 최대하중을 적재한 상태에서 포크를 최고 위치로 올렸을 때 지면에서 포크의 윗면까지 높이
③ 기준 부하상태 : 기준하중의 중심에 최대 하중을 적재하고 마스트를 수직으로 하여 포크를 지상 300mm까지 올린 상태
④ 최소 회전반경 : 무부하 상태에서 최대 조향각으로 서행한 경우 차체의 가장 안부분이 그리는 원의 반지름

해설
최소 회전반경 : 무부하 상태에서 지게차의 최저 속도로 최소의 회전할 때 지게차의 가장 바깥 부분(CWT)이 그리는 원의 반경

18 불도저 유압장치에서 일일점검 정비사항 중 틀린 것은?

① 펌프, 밸브, 유압실린더의 오일 누유점검
② 작동유의 교환, 스트레이너 세척 또는 필터 교환
③ 이음부분과 탱크 급유구 등의 풀림상태 점검
④ 실린더로드 손상과 호스의 손상 및 접촉면 점검

해설
불도저 유압장치에서 일일점검 정비사항
- 펌프, 밸브, 유압실린더의 오일 누유 점검
- 탱크의 오일량 점검, 이음 부분의 누유 점검
- 이음부분과 탱크 급유구 등의 풀림 상태 점검
- 실린더로드 손상과 호스의 손상 및 접촉면 점검

19 윤활유의 작용에 대한 설명으로 적합하지 않은 것은?

① 윤활유는 기관에서 많은 열을 흡수하므로 냉각시켜야 한다.
② 윤활유의 온도가 오르면 점도가 높아진다.
③ 마찰부에 유막을 형성하여 소음과 진동을 감소시킨다.
④ 기관부품이 가진 열을 흡수하므로 부품들이 과열되지 않게 보호한다.

해설
윤활유의 온도가 오르면 점도가 낮아진다.

20 플로팅 실의 실면 처리방법은 무엇인가?

① 랩 가공으로 다듬질
② 랩 가공으로 담금질
③ 밀링 가공으로 다듬질
④ 밀링 가공으로 담금질

정답 16 ① 17 ④ 18 ② 19 ② 20 ①

21 덤프트럭 주행속도가 36km/h일 때, 초속으로 산출하면?

① 10m/s ② 20m/s
③ 129.6m/s ④ 600m/s

해설
초속(m/s) = $\frac{36 \times 1{,}000}{3{,}600}$ = 10m/s

22 모터 그레이더 탠덤 드라이브에 들어가는 오일은?

① 그리스 ② 엔진오일
③ 유압유 ④ 기어오일

해설
탠덤 드라이브장치에는 기어오일을 주유하며, 기어형식과 체인형식이 있다.

23 브레이크에서 하이드로백에 관한 설명으로 틀린 것은?

① 대기압과 흡기다기관 부압과의 차를 이용하였다.
② 하이드로백이 고장 나면 브레이크가 전혀 작동되지 않는다.
③ 외부에 누출이 없는 데 브레이크 작동이 나빠지는 것은 하이드로백 고장일 수 있다.
④ 하이드로백은 브레이크 계통에 설치되어 있다.

해설
하이드로백이 고장 나더라도 브레이크는 작동한다.

24 굴착기 버킷을 지면에서 1m 들어 올려 놓고 잠시 후에 보았더니 버킷이 지면에 닿아 있을 때 점검해야 할 것은?

① 암 실린더 웨어링
② 암 실린더 백업 링
③ 버킷 실린더 더스트 실
④ 붐 실린더 피스톤 패킹

25 불도저 파워시프트 변속기에서 원활한 변속 및 발진을 위해 사용되는 것은?

① 모듈레이팅 밸브
② 스피드 밸브
③ 방향 선택 밸브
④ 안전 밸브

[정답] 21 ① 22 ④ 23 ② 24 ④ 25 ①

26 유압회로 중 일을 하는 행정에서는 고압릴리프 밸브로, 일을 하지 않을 때는 저압릴리프 밸브로 압력 제어를 하여 작동목적에 알맞은 압력을 얻는 회로는 어느 것인가?

① 클로즈 회로
② 최대 압력제한 회로
③ 미터인 회로
④ 블리드 오프 회로

해설
① 클로즈 회로(Close Circuit) : 펌프에서 토출된 유압작동유가 제어 밸브를 경유하여 작동기에서 일을 한 다음 다시 제어 밸브를 통하여 펌프 입구측으로 이동하는 유압회로
③ 미터인 회로(Meter In Circuit) : 액추에이터의 입구쪽 관로에 유량제어 밸브를 직렬로 설치하여 작동유의 유량을 제어함으로써 액추에이터의 속도를 제어한다.
④ 블리드 오프 회로(Bleed Off Circuit) : 유량제어 밸브를 실린더와 병렬로 설치한다. 유압펌프 토출 유량 중 일정한 양을 오일탱크로 되돌리므로 릴리프 밸브에서 과잉 압력을 줄일 필요가 없는 장점이 있으나 부하 변동이 급격한 경우에는 정확한 유량제어가 곤란하다.

27 릴리프 밸브의 주기능 설명으로 가장 적합한 것은?

① 유압회로의 최고압력을 제한하여 회로 내의 과부하를 방지한다.
② 유압회로의 최저압력 이하로 감압되지 않도록 한다.
③ 유압회로의 압력을 작동순에 따라 제한한다.
④ 유압회로의 유압방향을 제어한다.

해설
릴리프 밸브 : 유압회로의 최고 압력을 제어하는 밸브로서 회로의 압력을 일정하게 유지시키는 밸브로 펌프와 제어밸브 사이에 설치된다.

28 유압회로의 제어 밸브 종류로 볼 수 없는 것은?

① 방향제어 밸브
② 압력제어 밸브
③ 유량제어 밸브
④ 속도제어 밸브

해설
유압회로에 사용되는 3종류의 제어 밸브
• 압력제어 밸브 : 일의 크기제어
• 유량제어 밸브 : 일의 속도제어
• 방향제어 밸브 : 일의 방향제어

29 다음 중 기중기의 안전장치로 와이어로프를 너무 감으면 와이어로프가 절단되거나 훅 블록이 시브와 충돌하는 것을 방지하는 것은 무엇인가?

① 과부하 경보장치
② 과권 경보장치
③ 전도 방지장치
④ 붐 각도지시장치

30 기중기의 안전하중에 대한 설명 중 맞는 것은?

① 회전하며 작업할 수 있는 하중
② 기중기가 최대로 들어 올릴 수 있는 하중
③ 붐 각도에 따라 안전하게 들어 올릴 수 있는 하중
④ 붐의 최대 제한 각도에서 안전하게 권상할 수 있는 하중

해설
기중기 하중
• 정격 총하중 : 각 붐의 길이와 작업 반경에 허용되는 훅, 그래브, 버킷 등 달아올림 기구를 포함한 최대하중
• 정격하중 : 정격 총하중에서 훅, 그래브, 버킷 등 달아올림 기구의 무게에 상당하는 하중을 뺀 하중
• 호칭하중 : 기중기의 최대 작업하중
• 작업하중(안전하중) : 붐 각도에 따라 안전하게 들어 올릴 수 있는 하중

31 왕복형 공기압축기에 설치되어 있는 것으로서 저압실린더에서 공기를 압축할 때 발생한 열을 냉각시켜 고압실린더로 보내는 역할을 하는 장치는?

① 언로더(Unloader)
② 인터 쿨러(Inter Cooler)
③ 센터 쿨러(Center Cooler)
④ 애프터 쿨러(After Cooler)

해설
인터 쿨러(Inter Cooler)는 체적 효율을 높이기 위해 실린더 이전에 공기를 냉각시키는 냉각기이다.

32 굴착기 점검 정비 시 주의사항 중 옳지 않은 것은?

① 평탄한 곳에 주차하고 점검·정비를 한다.
② 버킷을 높게 유지한 상태로 점검·정비를 하지 않는다.
③ 유압펌프 압력을 측정하기 위해 압력계는 엔진 시동을 걸고 설치한다.
④ 붐이나 암으로 차체를 들어 올린 상태에서 차체 밑에는 들어가지 않는다.

해설
유압펌프 압력을 측정하기 위해 압력계는 엔진가동을 정지시킨 상태에서 설치한 후 엔진 시동을 걸고 측정한다.

33 지게차 포크리프트 상승속도가 규정보다 늦을 때 점검하는 사항과 거리가 가장 먼 것은?

① 실린더의 누유 상태
② 여과기의 막힘 상태
③ 펌프의 토출량 상태
④ 틸트레버 작동 상태

해설
틸트(Tilt) 레버를 당기면 마스트가 운전석 쪽으로 넘어오고, 밀면 마스트가 앞으로 기울어진다.

34 유니버설 조인트의 설치 목적에 대한 설명 중 맞는 것은?

① 추진축의 길이 변화를 가능케 한다.
② 추진축의 회전 속도를 변화해 준다.
③ 추진축의 신축성을 제공한다.
④ 추진축의 각도 변화를 가능케 한다.

해설
유니버설 조인트 : 동력전달장치에서 두 축 간의 충격완화와 각도변화를 융통성 있게 하면서 동력을 전달하는 기구이다.

35 왕복형 내연기관에 대한 설명 중 옳지 않은 것은?

① 4행정 사이클 기관에서는 팽창 행정 때 동력이 얻어진다.
② 가솔린 기관은 혼합기를 흡입하고 디젤기관은 공기만 흡입한다.
③ 실린더 내의 체적이 최소가 되는 피스톤 위치를 상사점이라 한다.
④ 피스톤이 하사점에 있을 때의 실린더 내 전체적을 행정체적이라 한다.

해설
피스톤이 하사점에 있을 때의 실린더 내 전체적을 실린더 체적이라 하고, 행정용적은 실린더 내의 상사점과 하사점 사이의 체적이다.

정답 31 ② 32 ③ 33 ④ 34 ④ 35 ④

36 유압 클러치의 컷오프 밸브가 하는 역할을 알맞게 설명한 것은?

① 브레이크를 밟으면 전·후륜이 동시에 작동되는 장치이다.
② 브레이크를 밟으면 전륜이 먼저 작동되는 장치이다.
③ 브레이크를 후륜이 먼저 작동되는 장치이다.
④ 브레이크를 밟으면 클러치가 차단되는 장치이다.

37 피스톤 링의 역할 중 틀린 것은?

① 기밀을 유지한다.
② 피스톤의 열을 실린더 벽에 전달한다.
③ 오일 링은 실린더 벽 오일의 점도를 제어한다.
④ 오일 링은 실린더 벽의 윤활유를 제어한다.

[해설]
피스톤 링의 작용
피스톤 상단부에 설치되어 기밀작용, 열전도 작용(기관 내의 열을 외부로 전달하는 작용), 오일제어 작용을 한다.

38 타이어 롤러의 타이어 공기압에 대한 설명 중 맞는 것은?

① 앞타이어보다 뒷타이어의 공기압이 약간 높은 것이 좋다.
② 중앙의 타이어보다 양측의 타이어의 공기압이 약간 높은 것이 좋다.
③ 타이어의 공기압은 되도록 높게 하는 것이 좋다.
④ 타이어의 공기압은 앞뒤 모두 동일하게 하는 것이 좋다.

39 건설기계의 축거가 4.8m, 외측 차륜의 조향각도가 30°, 내측 차륜의 조향각도가 40°, 킹핀과 바퀴접지면까지의 거리가 0.5m인 경우 최소 회전반경은 얼마인가?

① 8.0m
② 8.5m
③ 9.6m
④ 10.1m

[해설]
최소 회전반경 $= \dfrac{L(축거)}{\sin\theta(외측\ 바퀴의\ 각도)} + \alpha(킹핀과의\ 거리)$

$= \dfrac{4.8}{\sin 30°} + 0.5 = 10.1\text{m}$

여기서, $\sin 30° = 0.5$

40 디젤 엔진의 예연소실식 연소실의 장점을 설명한 것으로 틀린 것은?

① 사용연료의 변화에 민감하지 않는다.
② 연료의 분사압력이 낮아도 되므로 연료장치의 고장이 적고 수명도 길다.
③ 운전상태가 정숙하고 디젤 노크가 적다.
④ 연소실의 표면적 대 체적비가 작기 때문에 냉각 손실이 적다.

[해설]
연소실 표면적에 비해 체적비가 커서 냉각 손실이 크다.

41 측정자의 미소한 움직임을 광학적으로 확대하여 측정하는 기구는?

① 미니미터
② 옵티미터
③ 공구현미경
④ 전기 마이크로미터

42 아크 용접에서 용접 입열이란?

① 용접봉에서 모재로 용융금속이 옮겨가는 상태
② 단위 시간당 소비되는 용접봉의 중량
③ 용접봉이 녹기 시작하는 온도
④ 용접부에 외부에서 주어지는 열량

43 강을 열처리할 때 사용하는 냉각제 중에서 냉각 속도가 가장 빠른 것은?

① 물
② 기름
③ 공기
④ 소금물

44 금속 현미경에 의한 시험 검사 방법이 아닌 것은?

① 열처리 조직관찰
② 표면탈탄 검사
③ 화학성분 검사
④ 비금속 개재물 검사

[해설]
비금속 개재물이란 산화물, 규산물, 황화물, 내화물, 광재(鑛滓) 등이 금속 중에 개재되어 있는 것을 말한다.

45 물체의 원통부분에 두 곳 이상의 지름의 불균일의 크기를 나타내는 기하공차는?

① 불균일도
② 진원도
③ 원통도
④ 지름도

[정답] 41 ② 42 ④ 43 ④ 44 ③ 45 ③

46 금속 합금의 반응식 중 잘못 설명된 것은?

① 공정 : 액체 ↔ 고체 + 고체
② 공석 : 고체 ↔ 고체 + 고체
③ 포정 : 고체 ↔ 액체 + 고체
④ 편정 : 액체 ↔ 고체 + 고체

해설
편정 : 액체 ↔ 고체 + 액체

47 구리의 일반적인 성질에 대한 설명으로 틀린 것은?

① 용융점 이외는 변태점이 없다.
② 전기 및 열전도도가 높다.
③ 연하고 전연성이 커서 가공하기 어렵다.
④ 철강 재료에 비하여 내식성이 커서 공기 중에서는 거의 부식되지 않는다.

해설
연하고 전연성이 커서 가공하기 쉽다.

48 판 스프링에 대한 설명 중 틀린 것은?

① 내구성이 좋다.
② 판 스프링은 강판의 소성 성질을 이용한 것이다.
③ 판 사이의 마찰에 의하여 진동을 억제하는 작용을 한다.
④ 판 사이의 마찰로 인하여 작은 진동의 흡수가 곤란하다.

해설
판 스프링은 강판의 탄성 성질을 이용한 것이다.

49 주철의 결점인 여리고 약한 인성을 개선하기 위하여 먼저 백주철을 만들고 이것을 장시간 열처리하여 탄소상태를 분해 또는 소실시켜 인성 또는 연성을 증가시킨 주철은?

① 회주철
② 칠드 주철
③ 합금 주철
④ 가단 주철

해설
① 회주철 : 다른 주철에 비하여 규소(Si)의 함유량이 많으며 응고 시 냉각속도를 느리게 하여 조직 중에 탄소의 많은 양이 흑연화되어 있다.
② 칠드 주철 : 주조할 때 금형의 다이에 접속된 표면을 급랭시켜서 표면은 시멘타이트(Fe_3C)가 되게 하고 금속의 내부는 서랭시켜서 펄라이트가 된다. 칠드 주철의 표면 조직은 시멘타이트 조직으로 되어 경도가 높아지고 내마멸성과 압축강도가 커서 기차 바퀴나 분쇄기롤러 등에 사용된다.

50 볼트나 너트를 완전히 감싸서 오픈엔드 렌치보다 큰 토크를 걸 수 있고 오프셋 각도를 가지는 공구는?

① 오프셋 복스 렌치
② 오프셋 태핏 렌치
③ 휠 너트 렌치
④ 소켓 렌치

51 기중기 작업장치 중 붐 기복 시 버킷이 심하게 흔들리거나 로프가 꼬이면 어느 작업 안전장치가 고장이고 볼 수 있는가?

① 클램셸
② 태그라인
③ 훅 블록
④ 페이로드

해설
태그라인 장치 : 선회나 지브 기복 시 버킷이 흔들리거나(요동), 회전할 때 와이어로프(케이블)가 꼬이는 것을 방지하기 위해 와이어로프를 가볍게 당겨주는 장치

52 건설기계에서 기관을 조립한 후 가동할 때 준비해야 할 사항으로 가장 거리가 먼 것은?

① 소화기를 반드시 비치하여야 한다.
② 냉각수와 오일을 준비해 둔다.
③ 배터리 전해액을 준비해야 한다.
④ 충전된 배터리를 준비해 둔다.

53 건설기계 작업장치의 제작, 수리 및 보수 작업으로 용접을 많이 이용하는데 용접을 선택한 장점으로 거리가 먼 것은?

① 자재의 절약
② 중량의 경감
③ 공정수의 감소
④ 성능과 수명의 향상

해설
용접의 장단점
• 장점 : 재료의 절약, 공정수의 절감, 성능 및 수명의 향상 등
• 단점 : 재질의 변화, 수축변형 및 잔류응력의 존재, 응력집중, 품질검사의 곤란

54 건설기계에서 납산축전지 사용 시 안전 및 유의사항으로 옳은 것은?

① 전해액이 옷이나 피부에 닿으면 걸레로 닦는다.
② 방전된 축전지를 부하시험으로 확인한다.
③ 축전지는 단자를 단락시켜야 한다.
④ 축전지의 충전은 환기가 잘되는 장소에서 해야 한다.

55 피스톤 링을 피스톤에 설치할 때 절개구 방향이 측압을 피해 120° 또는 180° 방향으로 돌려 설치를 한다. 그 이유로 적당한 것은?

① 폭발 압력을 높이기 위해 설치한다.
② 압축가스 및 폭발가스가 새는 것을 방지하기 위해 설치한다.
③ 엔진의 출력을 높이기 위해 설치한다.
④ 엔진의 연료 소비를 줄이기 위해 설치한다.

해설
피스톤 링을 피스톤에 설치할 때 절개구 쪽으로 압축가스 및 폭발가스가 새는 것을 방지하기 위하여 절개구 방향이 측압을 피해 120° 또는 180° 방향으로 돌려 설치한다.

56 다음 중 인화성 물질이 아닌 것은?

① 아세틸렌가스
② 가솔린
③ 프로판가스
④ 산 소

해설
산소는 다른 연소 물질이 타는 것을 도와주는 조연성 가스이다.

57 다음 중 기계 작업을 할 때의 주의사항으로 적합하지 않은 것은?

① 기어와 벨트 전동 부분에는 보호 커버를 씌운다.
② 스위치를 OFF하고 작업기계를 빨리 정지시키기 위하여 손이나 공구 등을 사용하여 정지시킨다.
③ 운전 중에는 기계로부터 이탈하지 말아야 한다.
④ 기계에 주유를 할 때에는 운전을 정지한 상태에서 오일 건을 사용하여 주유한다.

해설
스위치를 끄고 작업기계를 손, 발, 공구 등으로 정지시켜서는 안 된다.

58 마이크로미터의 취급 시 안전사항이 아닌 것은?

① 사용 중 떨어뜨리거나 큰 충격을 주지 않도록 한다.
② 온도변화가 심하지 않은 곳에 보관한다.
③ 앤빌과 스핀들을 접촉되어 있는 상태로 보관한다.
④ 눈금은 시차를 작게 하기 위해서 수직위치에서 읽는다.

해설
앤빌과 스핀들을 접촉되어 있는 상태로 보관하지 않는다.

59 연 근로시간 1,000시간 중에 발생한 재해로 인하여 손실된 일수로 나타내는 것은?

① 연천인율
② 강도율
③ 도수율
④ 손실률

해설
강도율 = $\dfrac{\text{근로손실일수}}{\text{연간 총근로시간}} \times 1,000$

60 해머사용 시의 안전사항으로 잘못된 것은?

① 쐐기를 박아서 자루가 단단한 것을 사용한다.
② 담금질된 재료는 강하게 때린다.
③ 작업 전에 장비상태의 이상 유무를 점검한 후 사용한다.
④ 재료에 변형이나 요철이 있을 때 해머를 타격하면 한쪽으로 튕겨서 부상을 당할 수 있으므로 주의한다.

해설
담금질한 것은 무리하게 두들기지 않는다.

2018년 제1회 과년도 기출복원문제

01 냉각장치의 수온조절기가 완전히 열리는 온도가 낮을 경우 가장 적절한 것은?

① 엔진의 회전속도가 빨라진다.
② 엔진이 과열되기 쉽다.
③ 워밍업 시간이 길어지기 쉽다.
④ 물 펌프에 부하가 걸리기 쉽다.

[해설]
수온조절기가 완전히 열리는 온도가 낮으면 워밍업 시간이 길어지기 쉽다.

02 공기 청정기에 대한 설명으로 틀린 것은?

① 공기 청정기는 실린더 마멸과 관계없다.
② 공기 청정기가 막히면 배기 색은 흑색이 된다.
③ 공기 청정기가 막히면 출력이 감소한다.
④ 공기 청정기가 막히면 연소가 나빠진다.

[해설]
공기 청정기가 막히면 실린더 내로의 공기 공급부족으로 불완전 연소가 일어나 실린더 마멸을 촉진한다.

03 분사노즐의 기능이 불량할 때 일어나는 현상 설명으로 틀린 것은?

① 연소 상태가 불량하다.
② 노크의 발생으로 기관 출력이 떨어진다.
③ 연소실에 탄소가 쌓이며, 매연이 발생된다.
④ 회전 폭발이 고르지 못하나 압력은 증대된다.

[해설]
노즐 작동이 불량하면 연소 불량, 노크현상, 카본 부착으로 배기의 매연이 증가하고, 회전이 고르지 못하며 출력이 감소한다.

04 기관의 커넥팅 로드 베어링 위쪽 부분에 오일 분출 구멍을 설치하는 목적으로 가장 옳은 것은?

① 오일의 소비를 적게 하기 위해
② 오일의 압력을 낮게 하기 위해
③ 실린더 벽에 오일을 공급하기 위해
④ 커넥팅 로드 비틀림을 방지하기 위해

[정답] 1 ③ 2 ① 3 ④ 4 ③

05 플라이휠에 대한 설명으로 틀린 것은?

① 플라이휠의 뒷면에는 기관의 동력을 단속하는 클러치가 설치된다.
② 기관의 시동을 끄면 기관은 압축행정이 겹치거나 압축행정 말에 정지되므로 항상 일정한 위치에서 정지된다.
③ 플라이휠의 바깥 둘레에는 기동 전동기의 피니언 기어와 맞물리는 링기어가 있다.
④ 플라이휠과 링기어는 일체형으로 제작되므로 링기어의 파손 시 반드시 플라이휠을 교체해야 한다.

해설
링 기어의 일부분이 마멸되었을 때는 링 기어 주위를 가열한 후 가볍게 두드려 빼낸 후 위치 변경을 하여 조립하면 된다.

06 헤드라이트의 형식 중 내부에 불활성 가스가 들어 있고 대기조건에 따라 반사경이 흐려지지 않는 등의 장점이 많은 헤드라이트의 형식은?

① 세미 실드빔식
② 실드빔식
③ 환구식
④ 로빔식

해설
전조등에는 실드빔형과 세미 실드빔형이 있다.
• 실드빔
 – 1개의 전구(반사경, 렌즈, 필라멘트)가 일체형으로 되어 있다.
 – 내부에 불활성 가스가 들어 있고 대기조건에 따라 반사경이 흐려지지 않는다.
 – 수명이 길고, 가격이 비싸다.
 – 사용에 따른 광도의 변화가 작다.
 – 필라멘트가 끊어지면 전조등 전체를 교환해야 한다.
• 세미 실드빔
 – 반사경과 렌즈는 일체형이고, 필라멘트는 별개로 되어 있다.
 – 반사경이 흐려지기 쉽다.
 – 필라멘트가 끊어지면 전구만 교환한다.

07 압축비 7.25, 행정체적 300cm³인 기관의 연소실 체적은?

① $47cm^3$
② $48cm^3$
③ $49cm^3$
④ $50cm^3$

해설
$$압축비(\varepsilon) = 1 + \frac{행정체적}{연소실체적}$$

$$연소실체적 = \frac{행정체적}{(압축비-1)} = \frac{300}{(7.25-1)} = 48cm^3$$

08 디젤기관의 설명으로 옳지 않은 것은?

① 시동을 보조하는 장치는 예열장치, 실린더 감압장치, 히트레인지(흡기 히터) 등이 있다.
② 디젤기관에서만 볼 수 있는 회로는 점화 플러그이다.
③ 감압장치는 밸브를 열어 주어 가볍게 회전시키는 기능을 한다.
④ 디젤분사 펌프의 각 플런저 분사량 오차는 일반적으로 ±3% 이내이어야 한다.

해설
가솔린이나 LPG 차량은 점화 플러그가 있어 연소를 도와주고 디젤은 예열 플러그만 있다.

09 축전지의 설페이션(유화)의 원인이 아닌 것은?

① 과방전한 경우
② 장기간 방전상태로 방치하였을 때
③ 전해액의 부족으로 극판이 노출되어 있을 때
④ 전해액에 증류수가 혼입되어 있을 때

해설
축전지의 설페이션(유화)의 원인
- 과방전한 경우(단락했을 경우)
- 장기간 방전상태로 방치하였을 때
- 전해액의 부족으로 극판이 노출되어 있을 때
- 전해액의 비중이 너무 높거나 낮을 때
- 전해액에 불순물이 혼입되었을 때
- 불충분한 충전을 반복했을 때

10 예열플러그 및 히트레인지에 대한 설명 중 잘못된 것은?

① 코일형(Coil Type)과 실드형(Shield Type) 예열플러그가 있다.
② 예열플러그 발열부의 온도는 약 950~1,050℃이다.
③ 히트레인지(Heat Range)의 히터 용량은 400~600W 정도이다.
④ 코일형(Coil Type) 예열플러그의 예열시간은 5~10초이다.

해설
예열플러그의 예열시간은 코일형은 40~60초, 실드형은 60~90초이다.

11 과충전되고 있는 교류발전기는 어디를 정비하여야 하는가?

① 배터리
② 다이오드
③ 레귤레이터
④ 스테이터 코일

해설
충전회로에서 레귤레이터의 주역할
- 교류를 직류로 바꾸어서 충전이 될 수 있게 해 준다.
- 충전에 필요한 일정한 전압을 유지시켜 준다.

12 증발기 입구에 설치되어 건조기에서 보내온 고온·고압의 액체 냉매의 통로를 수축한 작은 구멍에 분사하여 급격히 팽창시켜 기화작용에 의한 저온·저압의 안개상태의 냉매를 만드는 역할을 하는 부품은?

① 쿨링 유닛(Cooling Unit)
② 팽창 밸브(Expansion Valve)
③ 증발기(Evaporator)
④ 건조기(Receiver Drier)

해설
팽창 밸브 : 증발기에 공급되는 액체 냉매의 양을 자동적으로 조정한다.

13 디젤 전자제어 분배형 분사 펌프에서 TPS(타이머 피스톤 센서)의 기능은?

① 타이머 피스톤 위치 검출
② 타이머 피스톤 속도 검출
③ 펌프 회전수 검출
④ 타이머 피스톤의 회전수 검출

정답 9 ④ 10 ④ 11 ③ 12 ② 13 ①

14 엔진의 흡배기 밸브에서 밸브의 서징(Surging)현상을 방지하는 사항 중에서 옳지 않은 것은?

① 피치가 서로 다른 2중 스프링을 사용한다.
② 코일스프링의 수를 크게 한다.
③ 원추형 스프링을 사용한다.
④ 코일을 부등(不等) 피치로 한다.

해설
밸브 서징현상을 방지하는 방법
- 공진을 상쇄시키고 정해진 양정에서 충분한 스프링 정수를 얻도록 한다.
- 부등 피치의 2중 스프링을 사용한다.
- 고유 진동수가 틀린 2중 스프링을 사용한다.
- 부등 피치의 원뿔형 스프링을 사용한다.

15 건설기계 기관의 밸브(Valve)가 갖추어야 할 조건으로 틀린 것은?

① 열 전도율이 낮아야 한다.
② 고온 가스에 부식되어서는 안 된다.
③ 충격에 대한 저항력이 커야 한다.
④ 내마모성이 있어야 한다.

해설
밸브의 구비조건
- 열에 대한 저항력이 클 것(고온에서 견딜 것)
- 밸브 헤드 부분의 열전도율이 클 것
- 고온에서의 장력과 충격에 대한 저항력이 클 것
- 고온 가스에 부식되지 않을 것
- 가열이 반복되어도 물리적 성질이 변하지 않을 것
- 관성력이 커지는 것을 방지하기 위하여 무게가 가볍고 내구성이 클 것
- 흡·배기가스 통과에 대한 저항이 작은 통로를 만들 것
- 열에 대한 팽창률이 작을 것

16 건설기계의 디젤기관 노킹 방지책으로 틀린 것은?

① 연료의 착화점이 낮은 것을 사용한다.
② 착화지연을 짧게 한다.
③ 압축비를 낮춘다.
④ 흡기온도를 높인다.

해설
디젤기관의 노킹 방지책
- 착화성이 좋은(세탄가가 높은, 발화성이 좋은) 연료를 사용한다.
- 압축비를 높여 실린더 내의 압력과 온도를 상승시킨다.
- 흡입공기의 온도를 높인다.
- 냉각수 온도를 높여 연소실 온도를 상승시킨다.
- 연소실 내의 공기와류를 일으킨다.
- 착화지연 기간을 단축한다.
- 착화기간 중의 분사량을 적게 한다.

17 스크레이퍼(Scraper)의 구성 품목이 아닌 것은?

① 커팅 에지
② 이젝터
③ 에이프런
④ 바이브레이터

해설
스크레이퍼(Scraper)의 구성 장치 : 커팅 에지, 이젝터, 에이프런, 볼(Bowl)

18 아스팔트 믹싱 플랜트에서 골재의 수분을 완전히 제거하고 가열하는 장치는?

① 엘리베이터
② 드라이어
③ 믹 서
④ 저장통

19 공기압축기의 제원표에 공기 토출량이 750cfm로 표기되어 있다. m³/min으로 변환한 값은?

① 18.6
② 20.5
③ 21.2
④ 23.4

해설
cfm = $(0.3048)^3$ m³/min
750cfm = 750 × $(0.3048)^3$ = 21.2m³/min

20 덤프트럭 브레이크 파이프 내에 베이퍼 로크가 생기면?

① 제동력이 강해진다.
② 제동력이 약해진다.
③ 제동력에는 관계없다.
④ 제동이 더욱 잘된다.

21 유압식 조향장치의 핸들의 조작이 무거운 원인으로 가장 거리가 먼 것은?

① 유압계통 내에 공기가 유입되었다.
② 타이어의 공기압력이 너무 낮다.
③ 유압이 낮다.
④ 펌프의 회전이 빠르다.

해설
핸들이 무거운 원인
• 유압계통 내에 공기가 유입되었다.
• 타이어의 공기압력이 너무 낮다.
• 유압이 낮거나 오일이 부족하다.
• 오일 펌프의 회전이 느리다.
• 오일 펌프의 벨트 또는 오일호스가 파손되었다.

22 덤프트럭이 평탄한 도로를 제3속으로 주행하고 있을 때 엔진의 회전수가 2,800rpm이라면 현재 이 차량의 주행속도는?(단, 제3속 변속비 1.5 : 1, 종감속비 6.2 : 1, 타이어 반경 0.6m이다)

① 68km/h   ② 72km/h
③ 78km/h   ④ 82km/h

해설
$$\text{차속} = \frac{\pi \times \text{타이어지름} \times \text{엔진회전수} \times 60}{\text{변속비} \times \text{종감속비} \times 1,000}$$
$$= \frac{\pi \times (0.6 \times 2) \times 2,800 \times 60}{1.5 \times 6.2 \times 1,000} = 68.1 \text{km/h}$$

23 포크리프트나 기중기의 최후단에 붙어서 차체의 앞쪽에 화물을 실었을 때 쏠리는 것을 방지하기 위한 것은?

① 이퀄라이저
② 밸런스 웨이트
③ 리닝 장치
④ 마스터

해설
밸런스 웨이트(균형추, 평형추) : 기중기의 안정상 매달림 하중과 평형을 취하기 위해 뒷부분에 붙이는 추이다.

24 클러치 용량이 의미하는 것은?

① 클러치 하우징 내에 담기는 오일의 양
② 클러치 마찰판의 계수
③ 클러치 수동판 및 압력판의 크기
④ 클러치가 전달할 수 있는 회전력의 세기

해설
클러치는 엔진의 회전력을 단속하는 장치이므로 전달할 수 있는 회전력을 고려하여야 한다. 클러치 용량이란 클러치가 전달할 수 있는 회전력의 크기를 말한다.

25 굴착기 전부 작업장치인 브레이커 설치로 암반 파쇄작업을 수행하였으나 타격(작동)이 되지 않는 경우 그 원인이 될 수 없는 것은?

① 호스 및 파이프의 배관 결함
② 컨트롤 밸브의 결함
③ 착암기(Accumulator)의 압력 부족
④ 메인 펌프의 결함

해설
유압브레이커는 굴착기의 유압모터에서 공급되는 유압동력원으로부터 피스톤을 상하 왕복 운동시켜 지속적으로 툴을 타격하는 작동원리를 갖는 구조이며 유압브레이커 및 작업의 조건에 따라 소음이 발생하는 장비이다.

26 유압회로의 제어 밸브 종류로 볼 수 없는 것은?

① 방향제어 밸브
② 압력제어 밸브
③ 유량제어 밸브
④ 속도제어 밸브

해설
유압회로에 사용되는 3종류의 제어 밸브
- 압력제어 밸브 : 일의 크기제어
- 유량제어 밸브 : 일의 속도제어
- 방향제어 밸브 : 일의 방향제어

27 도로주행 건설기계에서 차동장치의 백래시를 측정하는 방법으로 틀린 것은?

① 다이얼 게이지를 캐리어에 견고하게 고정시킨다.
② 구동 피니언 기어를 고정한 후 링 기어를 움직여 측정한다.
③ 다이얼 게이지 스핀들을 링 기어 잇면에 수직되게 접촉시킨다.
④ 측정값이 규정값 내에 들지 않으면 한쪽 조정나사를 돌려 조정한다.

해설
백래시 조정은 심으로 하는 방법과 조정나사로 하는 방법이 있다.
- 측정값이 규정값보다 작을 경우 링 기어쪽 조정나사를 풀고 피니언 기어 조정나사를 조여서 조정해 준다.
- 측정값이 규정값보다 클 경우 링 기어쪽 조정나사를 조인 후 피니언 기어 조정나사를 풀어 조정해 준다.

정답 23 ② 24 ④ 25 ③ 26 ④ 27 ④

28 불도저의 조향장치에서 레버를 당겨도 조향이 잘 되지 않는 원인으로 틀린 것은?

① 페이싱이 마모되었을 때
② 크랭크축 간격이 맞지 않을 때
③ 압력스프링이 마모 또는 장력이 약할 때
④ 벨로스 실이 파손되었을 때

해설
불도저 조향장치의 레버를 당겨도 조향이 잘되지 않는 원인
- 페이싱이 마모되었을 때
- 크랭크축 간격이 맞지 않을 때
- 압력스프링이 마모 또는 장력이 약할 때
- 유압 부스터용 오일 펌프의 흡입구가 막혔을 때
- 유압 부스터용 작동유에 공기가 혼입되었을 때

29 17톤 불도저의 제2속에서 견인력은 15,000kgf이며, 속도는 3.6km/h이었다. 이때 견인 출력은?

① 85PS　　② 98PS
③ 100PS　　④ 200PS

해설
$$P = \frac{F \cdot V}{75 \cdot \eta}$$
$$= \frac{15,000 \times (3.6 \times 1,000)}{75 \times 3,600} = 200PS$$

여기서, F : 견인력(kgf)
　　　　V : 속도(m/s)
　　　　η : 기계 효율

30 변속기 기어(Gear)의 육안 점검사항과 무관한 것은?

① 기어의 백래시
② 이 끝의 절손 유무
③ 기어의 강도 점검
④ 기어의 균열 상태

해설
변속기 기어의 육안 점검사항 : 기어의 백래시, 이 끝의 절손 유무, 기어의 균열 상태

31 트랙 장력이 약해지는 것과 관계없는 것은?

① 트랙 핀의 마모
② 트랙 슈의 마모
③ 스프로킷의 마모
④ 부시의 마모

해설
트랙 슈(Track Shoe)는 크레인과 굴착기의 바퀴를 감싸고 있는 체인으로 전체 하중을 지지하고 견인하면서 회전하는 부품으로 지면과 접촉하는 부분에 돌기를 만들어 견인력을 증대시킨다.

32 건설기계 유압장치의 운전 전 점검사항 중 틀린 것은?

① 종류가 다른 유압유를 혼합해서 사용한다.
② 유압 작동유의 누유가 있는가를 확인한다.
③ 건설기계는 평탄한 곳에 주차하고 점검한다.
④ 유압 작동유 탱크의 유량을 확인하고 부족할 경우에는 보충한다.

해설
종류가 다른 유압유를 혼합해서 사용하지 않는다.

33 스프링 정수가 3kgf/mm인 코일 스프링을 3cm 압축하려면 필요한 힘은?

① 30kgf ② 60kgf
③ 90kgf ④ 120kgf

해설
$K = \dfrac{W}{a}$

$3 = \dfrac{W}{30}$

∴ $W = 90$ kgf

여기서, K : 스프링 정수(kgf/mm)
　　　　W : 하중(kgf)
　　　　a : 변형량(mm)

34 기중기의 3가지 주요 작동체에 해당되지 않는 것은?

① 하부 주행장치
② 상부 회전체
③ 작업장치
④ 굴삭장치

해설
기중기의 3가지 주요 작동체 : 하부 주행장치, 상부 회전체, 작업장치

35 다음 중 정용량형 유압펌프의 기호는?

① 　②
③ 　④

해설
② 가변용량 유압펌프
④ 유압 압력계

36 모터그레이더의 동력전달 장치와 관계없는 것은?

① 클러치
② 변속장치
③ 차동장치
④ 구동장치

해설
모터그레이더의 동력전달 순서 : 주클러치 → 변속기 → 구동장치 → 탠덤장치 → 뒤차륜

37 쇄석기에 사용되는 골재 이송은 컨베이어 벨트가 쏠리는 경우가 아닌 것은?

① 벨트가 늘어졌을 때
② 각종 롤러가 마모되었을 때
③ 리턴 롤러가 고정되었을 때
④ 흙이나 오물이 끼었을 때

해설
리턴 롤러는 벨트 중간에 설치하여 벨트의 처짐을 방지하는 롤러이다.

38 유압장치에서 구성기기의 외관을 그림으로 표시한 회로와 기기의 내부 및 동작을 단면으로 표시한 회로를 함께 나타내는 회로도는?

① 조합 회로도
② 그림 회로도
③ 단면 회로도
④ 기호 회로도

해설
조합 회로도(복합 회로도) : 회로 내의 일부분을 뚜렷하게 나타내기 위하여 그림 회로도, 단면 회로도, 기호 회로도를 복합적으로 사용한 회로도
② 그림 회로도 : 기기의 외형도를 배치한 회로도
③ 단면 회로도 : 기기의 내부 구조나 동작을 알기 쉽게 하기 위하여 기기를 단면으로 표시한 회로도
④ 기호 회로도 : 기기의 기능을 규약화한 기호를 사용하여 표현한 회로도

39 캐비테이션(공동현상) 발생원인으로 틀린 것은?

① 흡입 필터가 막혀 있을 경우
② 메인 릴리프 밸브의 설정 압력이 낮은 경우
③ 흡입관의 굵기가 펌프 본체 흡입구보다 가늘 경우
④ 유압펌프를 규정 속도 이상으로 고속 회전을 시킬 경우

해설
캐비테이션(공동현상)은 유압장치 내에 국부적인 높은 압력과 소음진동이 발생하는 현상이다.

40 유압제어 밸브를 실린더의 입구 측에 설치하였으며, 펌프에서 송출되는 여분의 유압은 릴리프 밸브를 통해서 펌프로 방유되는 속도제어 회로는?

① 미터 아웃 회로
② 블리드 오프 회로
③ 최대 압력제한 회로
④ 미터 인 회로

해설
미터 인(Meter In) 회로 : 유압실린더 입구에 유량제어 밸브를 설치하여 속도제어
① 미터 아웃(Meter Out) 회로 : 유압실린더 출구에 유량제어 밸브를 설치하여 속도를 제어
② 블리드 오프(Bleed Off) 회로 : 실린더와 병렬로 유량제어 밸브 설치하고, 그 출구를 기름탱크에 접속하여 실린더 속도를 제어
③ 최대 압력제한 회로 : 유압회로 중 일을 하는 행정에서는 고압릴리프 밸브로, 일을 하지 않을 때는 저압 릴리프 밸브로 압력제어를 하여 작동목적에 알맞은 압력을 얻는 회로

41 담금질 온도가 지나치게 높을 때 나타나는 현상이 아닌 것은?

① 기계적 성질이 나빠진다.
② 담금질 효과가 좋아진다.
③ 재료의 균열을 일으키기 쉽다.
④ 재료의 변형을 일으키기 쉽다.

해설
담금질 효과가 나빠진다.

42 측정 오차에 해당되지 않는 것은?

① 개인 오차
② 측정기 오차
③ 우연 오차
④ 간섭 오차

해설
측정 오차의 종류
- 개인 오차 : 눈금을 읽을 때 측정하는 사람의 습관이나 방법에 따라 생기는 오차
- 기기 오차 : 측정기의 구조상 일어나는 고유의 오차
- 우연 오차 : 복합적인 요소가 중복된 보정할 수 없는 예측할 수 없는 오차
- 환경 오차 : 온도 또는 채광에 따라 발생되는 오차

43 기계식 조향 장치에서 조향 기어의 구성부품이 아닌 것은?

① 웜 기어
② 섹터 기어
③ 조정 스크루
④ 하이포이드 기어

해설
하이포이드 기어는 종감속 기어의 구성품이다.

44 일반적으로 굽힘 하중을 많이 받는 데 사용되는 스프링은?

① 인장 코일 스프링
② 토션 바
③ 공기 스프링
④ 겹판 스프링

해설
겹판 스프링
긴 판을 여러 장 붙인 구조로 일반적으로 굽힘 하중을 많이 받는 데 사용한다. 싸고 간편하며 높은 하중에 잘 버틴다.

45 이산화탄소 아크용접에서 반자동 용접의 용접속도(위빙 및 토치 이동)로 가장 적합한 것은?

① 10~20cm/min
② 30~50cm/min
③ 60~70cm/min
④ 70~80cm/min

해설
탄산가스 아크용접에서 반자동 용접의 용접속도(위빙 및 토치 이동) : 30~50cm/min

46 가로방향의 미끄럼을 방지하기 위하여 양쪽에 리브를 설치한 슈는?

① 단일 돌기 슈
② 이중 돌기 슈
③ 암반용 슈
④ 평활 슈

해설
③ 암반용 슈 : 가로방향의 미끄럼을 방지하기 위하여 양쪽에 리브를 설치한 슈
① 단일 돌기 슈 : 돌기가 1개인 것으로 견인력이 크며, 중하중용 슈이다.
② 이중 돌기 슈 : 돌기가 2개인 것으로, 중하중에 의한 슈의 굽음을 방지할 수 있으며 선회성능이 우수하다.
④ 평활 슈 : 도로를 주행할 때 포장 노면의 파손을 방지하기 위해 주로 사용하는 트랙 슈

정답 42 ④ 43 ④ 44 ④ 45 ② 46 ③

47 가스 절단 중 예열 불꽃이 강할 때 절단 결과에 미치는 영향은?

① 모서리가 용융되어 둥글게 된다.
② 드래그가 증가한다.
③ 슬래그 성분 중 철 성분의 박리가 쉬워진다.
④ 절단속도가 늦어지고 절단이 중단되기 쉽다.

해설
가스 절단 시 예열 불꽃이 강하면 절단면이 거칠며 열량이 많아서 모서리가 용융되어 둥글게 되며, 철과 슬래그의 구분이 어려워진다.

48 철사 등을 당길 때 가늘고 길게 늘어나는 성질은?

① 전 성
② 연 성
③ 전연성
④ 인 성

해설
② 연성 : 끊어지지 않고 길게 선으로 뽑힐 수 있는 성질
① 전성 : 부서짐 없이 넓게 늘어나며 펴지는 성질
③ 전연성 : 펴지고 늘어나는 성질
④ 인성 : 휘거나 비틀거나 구부렸을 때 버티는 힘

49 칠드 주물의 설명으로 옳은 것은?

① 냉각속도를 조정하여 표면이 펄라이트가 된 주물
② 급랭으로 표면의 조직이 시멘타이트가 된 주물
③ 항온 열처리를 하여 조직이 베이나이트가 된 주물
④ 계단 열처리를 하여 조직이 마텐자이트가 된 주물

50 스퍼 외접기어의 모듈(m)이 5이고, 기어의 잇수가 각각 $Z_1 = 20$, $Z_2 = 40$일 때 양 축 간의 중심거리는?

① 100mm
② 1,000mm
③ 150mm
④ 1,500mm

해설
중심거리 $C = \dfrac{(Z_1 + Z_2)m}{2} = \dfrac{(20+40) \times 5}{2} = 150\text{mm}$

51 유류 화재 시 불을 끄기 위한 방법으로 틀린 것은?

① 물을 사용한다.
② 소화탄을 사용한다.
③ 모래를 사용한다.
④ 탄산(CO_2) 가스를 사용한다.

해설
유류 화재 시 소화기 이외의 소화 재료로 모래가 적당하며, 물을 사용하면 위험하다.

52 연근로시간 1,000시간 중에 발생한 재해로 인하여 손실일수로 나타낸 것은?

① 연천인율 ② 강도율
③ 도수율 ④ 손실률

해설
강도율은 산업재해로 인한 작업능력의 손실을 나타내는 척도이다.

$$강도율 = \frac{근로손실일수}{연간\ 총근로시간} \times 1,000$$

53 블록게이지 사용 후 보관 시 가장 옳은 방법은?

① 깨끗이 닦은 후 겹쳐 보관한다.
② 먼지, 칩 등을 깨끗이 닦고 방청유를 발라 보관함에 보관한다.
③ 철재 공구 상자에 블록을 하나씩 보관한다.
④ 기름이나 먼지를 깨끗이 닦고 헝겊에 싸서 보관한다.

해설
블록게이지 사용 후 먼지, 칩 등을 깨끗이 닦고 방청유를 발라 보관함에 보관한다.
※ 표면손상의 우려가 있으므로 겹쳐 보관하지 않는다.

54 연삭작업 시 안전사항이 아닌 것은?

① 연삭숫돌 설치 전 해머로 가볍게 두들겨 균열 여부를 확인해 본다.
② 연삭숫돌의 측면에 서서 연삭한다.
③ 연삭기의 커버를 벗긴 채 사용하지 않는다.
④ 연삭숫돌의 주위와 연삭 지지대 간의 간격은 5mm 이상으로 유지한다.

해설
연삭숫돌과 작업대의 간격은 1~3mm를 유지하고, 연삭숫돌과 덮개의 간격은 3~10mm를 유지한다.

55 차량 시험기기에 대한 설명으로 틀린 것은?

① 시험기기 전원의 종류와 용량을 확인한 후 전원 플러그를 연결할 것
② 시험기기의 보관은 깨끗한 곳이면 아무 곳이나 좋다.
③ 눈금의 정확도는 수시로 점검해서 0점을 조정해 준다.
④ 시험기기의 누전 여부를 확인한다.

해설
검사측정 장비의 보관 장소는 분진이나 이물질, 진동·소음이 없는 장소에 설치하거나 보관되어야 한다.

56 전기용접 작업 시 주의사항으로 틀린 것은?

① 용접작업자는 용접기 내부에 손을 대지 않도록 한다.
② 용접전류는 아크가 발생하는 도중에 조절한다.
③ 용접준비가 완료된 후 용접기 전원 스위치를 ON 시킨다.
④ 용접 케이블의 접속 상태가 양호한지를 확인한 후 작업해야 한다.

해설
용접전류 볼륨을 적절한 위치로 조정하고 아크를 발생시킨다.

57 기중기 하중에 대한 용어 설명으로 틀린 것은?

① 정격 총 하중 : 각 붐의 길이와 작업 반경에 허용되는 훅, 그래브, 버킷 등 달아올림 기구를 포함한 최대하중
② 정격하중 : 정격 총 하중에서 훅, 그래브, 버킷 등 달아올림 기구의 무게에 상당하는 하중을 뺀 하중
③ 호칭하중 : 기중기의 최대 작업하중
④ 작업하중 : 기중기로 화물을 최대로 들 수 있는 하중과 들 수 없는 하중과의 한계점에 놓인 하중

해설
작업하중(안전하중) : 붐 각도에 따라 안전하게 들어 올릴 수 있는 하중

58 건설기계의 차동기어장치 분해정비 시 안전작업 방법 설명으로 틀린 것은?

① 뒤 차축을 빼낸 후 브레이크 뒤판 고정 볼트를 분리한다.
② 차동기어 케이스 커버와 케이스에 맞춤 표시를 한다.
③ 사이드 기어를 들어낼 때 심의 위치, 장수, 두께에 주의한다.
④ 분해 부품의 세척 시에는 실(Seal)이 분실되지 않도록 한다.

해설
브레이크 뒤판 고정 볼트를 풀어 뒤판을 분리한 후 뒤 차축을 빼낸다.

59 축전지를 급속 충전 또는 보충전할 때 안전에 주의하지 않아도 되는 것은?

① 화 기
② 스위치
③ 환기장치
④ 전해액 온도

해설
① 충전 중인 축전지 근처에서 불꽃을 가까이 해서는 안 된다(수소가스가 폭발성가스이다).
③ 충전하는 장소는 반드시 환기장치를 하여야 한다.
④ 충전 중 전해액의 온도를 45℃ 이상으로 상승시키지 않는다.

60 도로주행용 건설기계의 라디에이터 코어 핀 부분의 이물질을 청소할 때 가장 적합한 방법은?

① 압축공기로 엔진쪽에서 불어낸다.
② 압축공기로 바깥쪽에서 불러낸다.
③ 압축공기로 엔진쪽에서 빨아들인다.
④ 압축공기로 바깥쪽으로 빨아들인다.

해설
라디에이터 핀의 청소는 압축공기로 기관쪽에서 바깥쪽으로 불어낸다.

정답 57 ④ 58 ① 59 ② 60 ①

2019년 제1회 과년도 기출복원문제

01 방열기 캡을 열어 냉각수를 점검했더니 기름이 떠 있을 때의 원인은?

① 압축 압력이 높아 역화 현상
② 피스톤 링과 실린더 마모
③ 밸브 간격 과다
④ 실린더 헤드 개스킷 파손

해설
냉각수에 오일이 섞여 있는 경우의 원인
- 실린더 헤드 개스킷 파손
- 실린더 헤드 볼트 파손 또는 풀림
- 수랭식 오일 쿨러(Oil Cooler) 파손

02 디젤기관에서 연료장치의 구성을 순서대로 바르게 나타낸 것은?

① 연료탱크-분사노즐-분사펌프-연료필터-엔진
② 연료탱크-분사펌프-연료필터-분사노즐-엔진
③ 연료탱크-분사펌프-분사노즐-연료필터-엔진
④ 연료탱크-연료필터-분사펌프-분사노즐-엔진

해설
디젤엔진에서 연료장치의 구성 순환 순서
연료탱크 → 연료공급펌프 → 연료필터 → 분사펌프 → 분사노즐

03 디젤엔진에서 공기 예열 경고등의 기능이 아닌 것은?

① 흡입공기의 예열상태를 표시한다.
② 예열완료 시 소등된다.
③ 엔진의 온도로 작동된다.
④ 시동이 완료되면 소등된다.

해설
디젤엔진에서 공기 예열 경고등은 흡입공기를 예열하여 연소 효율을 높이기 위한 기능을 수행하며, 이를 표시하기 위한 것이다. 따라서 이 경고등은 엔진의 온도와는 무관하게 작동된다.

04 연료 분사노즐의 분무상태와 관계없는 것은?

① 분사착색
② 분사각도
③ 분사압력
④ 관통력

해설
분무상태는 분사압력, 분사노즐의 형상, 실린더 내의 압력 등에 의해 영향을 받으며, 결과적으로 연소형상에 직접적인 영향을 준다.

05 신품 방열기 용량이 40L이고 사용 중인 것의 용량이 32L일 때 코어의 막힘률은?

① 10%
② 20%
③ 30%
④ 40%

해설
$$코어\ 막힘률 = \frac{신품용량 - 구품용량}{신품용량} \times 100$$
$$= \frac{40-32}{40} \times 100 = 20\%$$

정답 1 ④ 2 ④ 3 ③ 4 ① 5 ②

06 표준 지름이 75mm인 크랭크축 저널의 외경을 측정한 결과 74.68mm, 74.82mm, 74.76mm였다. 크랭크축을 연마할 경우 알맞은 수정값은?

① 74.50mm ② 74.46mm
③ 74.25mm ④ 74.62mm

해설
이것을 진원으로 수정하려면 측정값에서 0.2mm를 더 연마하여야 하므로 가장 많이 마모된 저널의 지름 74.66mm − 0.2mm(진원 절삭값) = 74.46mm이다.
그러나 언더 사이즈 표준 값에는 0.46mm가 없으므로 이 값보다 작으면서 가장 가까운 값인 0.25mm를 선정한다. 따라서, 저널 수정값은 74.25mm이며, 언더 사이즈 값은 75.00mm(표준 치수) − 74.25mm(수정값) = 0.75mm이다.
※ 저널의 언더 사이즈 기준값에는 0.25mm, 0.50mm, 0.75mm, 1.00mm, 1.25mm, 1.50mm의 6단계가 있다.

07 도로를 주행하는 장비에서 차선을 변경하고자 할 때 사용하는 등화장치는?

① 번호판등 ② 제동등
③ 방향 지시등 ④ 전조등

08 기관의 오일계통을 설명한 것으로 틀린 것은?

① 기관의 크랭크케이스 환기에 대한 대기 오염 방지를 위한 장치는 강제 환기 장치(P.C.V)이다.
② 크랭크 케이스를 환기하는 목적은 오일의 슬러지 형성을 막기 위함이다.
③ 기관의 오일 게이지는 연료탱크 내의 유면의 높이를 측정한다.
④ 오일 펌프의 압력조절 밸브를 조정하여 스프링 장력을 높게 하면 유압이 높아진다.

해설
기관의 오일 게이지는 오일 팬 내의 유면 높이를 측정한다.

09 교류 발전기에 대한 설명으로 틀린 것은?

① 컷아웃 릴레이는 필요하고 전류 조정기는 필요 없다.
② 소형·경량이고, 출력이 크다.
③ 기계적 내구성이 우수하므로 고속 회전에 견딘다.
④ 저속에 있어서도 충전 성능이 우수하다.

해설
교류발전기는 실리콘 다이오드가 있기 때문에 컷아웃 릴레이와 전류 조정기가 필요 없다.

10 배터리에 사용되는 전해액을 만들 때 올바른 방법은?

① 황산을 가열하여야 한다.
② 철재의 용기를 사용한다.
③ 물을 황산에 부어야 한다.
④ 황산을 물에 부어야 한다.

해설
전해액을 만들 때는 절연체 용기를 사용하며, 황산을 물에 부어야 한다.

11 기관에서 실린더의 행정체적(배기량)을 계산하는 공식으로서 맞는 것은?[단, D : 실린더 내경(cm), S : 행정(cm), V_s : 행정체적(cm³)]

① $V_s = \dfrac{\pi D^2 S}{4}$
② $V_s = \dfrac{D^2 S}{1613}$
③ $V_s = \dfrac{\pi D^2 S}{4 \times 100}$
④ $V_s = \dfrac{\pi D^2 S}{4 \times 1,000}$

해설
행정체적 공식
행정체적 = 실린더 단면적 × 행정
$V_s = \dfrac{\pi D^2 S}{4}$

12 디젤기관의 연료장치에 대한 설명으로 틀린 것은?

① 연료 분사에 대한 요건은 관통력, 분포, 무화이다.
② 연료장치 공기빼기 순서는 공급 펌프 → 연료여과기 → 분사 펌프이다.
③ 코어 플러그는 연료필터에서 공기를 배출하기 위해 사용한다.
④ 연료라인에 공기가 유입되면 기관 부조 현상이 발생된다.

해설
연료필터에서 공기를 배출하기 위해 사용하는 플러그는 벤트 플러그이다. 코어 플러그는 실린더 헤드와 블록에 설치한 동파방지용 플러그이다.

13 에어컨시스템의 순환과정으로 맞는 것은?

① 압축기 → 팽창 밸브 → 건조기 → 응축기 → 증발기
② 압축기 → 건조기 → 응축기 → 팽창 밸브 → 증발기
③ 압축기 → 응축기 → 건조기 → 팽창 밸브 → 증발기
④ 압축기 → 건조기 → 팽창 밸브 → 응축기 → 증발기

해설
에어컨 시스템의 순환과정 : 압축기 → 응축기 → 건조기 → 팽창 밸브 → 증발기

14 디젤 연료분사 펌프의 설명으로 옳지 않은 것은?

① 분사량을 제어하는 기구에는 제어 래크, 제어 슬리브, 제어 피니언 등이 있다.
② 분사 펌프의 플런저와 배럴 사이의 윤활은 경유로 한다.
③ 연료 분사 펌프에서 분사시기, 분사압력, 분사량, 플런저행정을 조정할 수 있다.
④ 분사 펌프의 구조에는 제어랙과 피니언, 캠과 롤러, 태핏, 플런저 스프링 등이 있다.

해설
분사압력은 분사노즐에서 조정한다.

15 밸브스프링 서징현상을 방지하는 방법에 대한 설명 중 틀린 것은?

① 고유 진동수가 같은 2중 스프링 사용
② 부등 피치의 2중 스프링 사용
③ 고유 진동수가 틀린 2중 스프링 사용
④ 부등 피치의 원뿔형 스프링 사용

해설
밸브 서징현상을 방지하는 방법
- 공진을 상쇄시키고 정해진 양정에서 충분한 스프링 정수를 얻도록 한다.
- 부등 피치의 2중 스프링을 사용한다.
- 고유 진동수가 틀린 2중 스프링을 사용한다.
- 부등 피치의 원뿔형 스프링을 사용한다.

16 2행정 기관의 단점으로 맞는 것은?

① 가스교환이 확실하다.
② 윤활유 소비량이 적다.
③ 고속운전이 곤란하다.
④ 열효율이 높다.

해설
2행정 기관의 장단점

장점	• 밸브 개폐 기구가 없거나 간단하여 마력당 무게가 적다(배기량이 같은 상태에서 그 무게가 가볍다). • 가격이 저렴하고 취급하기가 쉽다. • 크랭크축 1회전마다 동력이 발생하므로 회전력 변동이 작다. • 실린더 수가 적어도 작동이 원활하다. • 4행정 사이클 기관에 비하여 1.6~1.7배의 출력이 있다.
단점	• 배기행정이 불안정하고 유효행정이 짧다. • 연료와 윤활유 소비량이 많다. • 고속운전이 곤란하고, 역화(逆火)현상이 일어난다. • 평균 유효압력과 효율을 높이기 어렵다. • 피스톤 및 피스톤링의 손상이 크다.

17 무한궤도식 장비에서 트랙프레임 앞에 설치되어서 트랙 진행방향을 유도하여 주는 것은?

① 스프로킷(Sprocket)
② 상부 롤러(Upper Roller)
③ 하부 롤러(Lower Roller)
④ 전부 유동륜(Idle Roller)

해설
전부 유동륜 : 트랙의 장력을 조정하면서 트랙의 진행방향을 유도한다.
① 스프로킷 : 최종 감속 기어의 동력을 트랙으로 전달해 준다.
② 상부 롤러 : 전부 유동륜과 스프로킷 사이의 트랙이 밑으로 처지지 않도록 받쳐주며, 트랙의 회전을 바르게 유지하는 일을 한다.
③ 하부 롤러 : 장비의 전체 중량을 지지하고, 전체 중량을 트랙에 균등하게 분배해 주며, 트랙의 회전위치를 바르게 유지한다.

18 구동기어 잇수가 10개, 피동기어 잇수가 25개, 구동기어가 100rpm일 때 피동기어는 몇 회전하는가?

① 40rpm   ② 80rpm
③ 250rpm   ④ 500rpm

해설
$$N_2 = \frac{Z_1}{Z_2} \times N_1 = \frac{10}{25} \times 100 = 40 \text{rpm}$$
여기서, N_2 : 피동기어의 회전수
Z_1 : 구동기어의 잇수
Z_2 : 피동기어의 잇수
N_1 : 구동기어의 회전수

19 로드 롤러 운전 중 변속기가 과열되는 원인이 아닌 것은?

① 기어의 물림이 나쁘다.
② 변속레버가 헐겁다.
③ 오일이 부족하다.
④ 오일의 점도가 지나치게 높다.

해설
변속레버가 헐거우면 변속이 원활하게 이루어지지 않는다.

정답 15 ① 16 ③ 17 ④ 18 ① 19 ②

20 모터 그레이더의 탠덤 드라이브 장치의 역할은?

① 견인력을 크게 한다.
② 차의 속도를 빠르게 한다.
③ 차체의 안정을 유지한다.
④ 핸들의 충격을 흡수한다.

해설
모터 그레이더의 탠덤 드라이브 장치의 역할
• 그레이더의 균형을 유지해 준다.
• 최종 감속 작용을 한다.
• 그레이더의 차체가 안정된다.

21 무한궤도식 건설기계 트랙에서 스프로킷이 이상 마모되는 원인으로 가장 적합한 것은?

① 유압이 높다.
② 트랙이 이완되어 있다.
③ 댐퍼 스프링의 장력이 약하다.
④ 유압유가 부족하다.

해설
무한궤도식 주행 장치에서 스프로킷의 이상 마모를 방지하기 위해서 트랙의 장력을 조정하여야 한다. 트랙의 장력이 너무 팽팽하면 트랙 관련 부품이 마모가 되고, 요철 있는 부분 지날 때 잘못하면 트랙이 끊어질 수도 있다. 반대로 너무 이완되어 있으면 트랙이 잘 벗겨진다.

22 무한궤도식에서 하부 롤러 베어링은 일반적으로 무엇을 많이 사용하는가?

① 테이퍼 베어링
② 부 싱
③ 오일리스 베어링
④ 실(Seal)

해설
트랙 아이들러와 하부 롤러 베어링은 일반적으로 부싱을 많이 사용한다.

23 쇄석기의 쇄석과정을 바르게 표시한 것은?

① 투입구 → 1차 크러셔 → 전달 컨베이어 → 선별기 → 2차 크러셔 → 컨베이어 → 선별 산적
② 투입구 → 1차 크러셔 → 전달 컨베이어 → 2차 크러셔 → 컨베이어 → 선별기 → 선별 산적
③ 투입구 → 1차 크러셔 → 2차 크러셔 → 전달 컨베이어 → 선별기 → 컨베이어 → 선별 산적
④ 투입구 → 1차 크러셔 → 선별기 → 전달 컨베이어 → 2차 크러셔 → 컨베이어 → 선별 산적

해설
쇄석기의 쇄석과정 : 투입구 → 1차 크러셔 → 전달 컨베이어 → 선별기 → 2차 크러셔 → 컨베이어 → 선별 산적

24 마스터 실린더 푸시로드의 길이를 길게 하였을 때 일어나는 현상으로 가장 밀접하게 관련된 것은?

① 라이닝의 팽창이 풀린다.
② 브레이크 페달 높이가 낮아진다.
③ 라이닝이 팽창하여 풀리지 않는다.
④ 브레이크 페달 높이가 높아진다.

해설
마스터 실린더 푸시로드의 길이를 길게 하거나 마스터 실린더의 리턴구멍이 막히면 브레이크 라이닝 슈가 벌어진 상태에서 되돌아오지 못하여 제동상태가 풀리지 않는다.

정답 20 ③ 21 ② 22 ② 23 ① 24 ③

25 토크 컨버터의 기본 구성품이 아닌 것은?

① 임펠러(펌프)
② 베 인
③ 터빈(러너)
④ 스테이터

해설
토크 컨버터의 기본 구성품
• 임펠러(펌프) : 엔진과 직결되어 같은 회전수로 회전
• 터빈(러너) : 변속기 입력축과 연결
• 스테이터 : 회전력을 증대시키고 오일의 흐름방향을 바꿔 주며, 저속, 중속에서 회전력을 크게 한다.

26 유압 밸브 중 일의 크기를 결정하는 밸브는?

① 압력제어 밸브
② 유량조정 밸브
③ 방향전환 밸브
④ 교축 밸브

해설
유압회로에 사용되는 3종류의 제어 밸브
• 압력제어 밸브 : 일의 크기제어
• 유량제어 밸브 : 일의 속도제어
• 방향제어 밸브 : 일의 방향제어

27 트럭 탑재식 기중기에서 아우트리거가 불량일 경우 일어날 수 있는 고장은?

① 선회가 되지 않는다.
② 작업 선회 시 차체가 기울어진다.
③ 축이 올라가지 않는다.
④ 붐이 올라가지 않는다.

28 트랙 장력이 너무 팽팽하거나 느슨할 때 어느 부분의 마모가 가장 촉진되는가?

① 언더캐리지
② 배토판
③ 틸트실린더
④ 리 퍼

29 20톤급 불도저가 전진 2단에서 견인력이 7,500kgf이고 이때 작업속도가 3.6km/h라고 하면 견인출력은?

① 85PS
② 100PS
③ 125PS
④ 150PS

해설
$$P = \frac{F \cdot V}{75 \cdot \eta}$$
$$= \frac{7,500 \times (3.6 \times 1,000)}{75 \times 3,600} = 100\text{PS}$$
여기서, F : 견인력(kgf)
V : 속도(m/s)
η : 기계 효율

30 기관에서 압축압력 저하가 얼마 이하이면 해체정비를 해야 하는가?

① 50% 이하
② 60% 이하
③ 70% 이하
④ 80% 이하

해설
기관에서 압축압력 저하가 70% 이하이면 해체정비를 해야 한다.

31 불도저 뒷면에 있는 유압 리퍼는 일반적으로 몇 개의 섕크(Shank)로 구성되는가?

① 1~5개
② 6~10개
③ 10~15개
④ 8~12개

해설
불도저 뒷면에 있는 유압 리퍼는 1~5개의 섕크로 구성된다.

32 타이어식 굴착기 및 기중기는 평탄하고 견고한 건조지면일 경우 몇 % 구배의 제동능력을 갖추어야 되는가?

① 15%
② 25%
③ 35%
④ 45%

해설
타이어식 굴착기 및 기중기는 25% 구배(평탄하고 견고한 건조지면)의 제동능력을 갖추어야 한다.

33 유압펌프와 비교하여 유압모터의 가장 큰 특징은?

① 일방향으로 구동되는 것이다.
② 공급되는 유량으로 회전속도가 제어되는 것이다.
③ 펌프 작용을 하지 못하는 것이다.
④ 구조가 훨씬 간단한 것이다.

해설
유압모터는 무단변속을 통해 회전수를 조절할 수 있어, 넓은 범위에서 유연한 속도 제어가 가능하다.

34 축압기(Accumulator)의 기능으로 적합하지 않은 것은?

① 펌프 및 유압장치의 파손을 방지할 수 있다.
② 에너지를 절약할 수 있다.
③ 맥동, 충격을 흡수할 수 있다.
④ 압력 에너지를 축적할 수 있다.

해설
축압기의 기능
펌프 대용 및 안전장치의 역할, 에너지 보조, 유체의 맥동 감쇠, 충격 압력 흡수, 유압 에너지의 축적, 압력 보상, 부하 회로의 오일 누설 보상, 서지 압력방지, 2차 유압회로의 구동, 액체 수송(펌프 작용), 사이클 시간 단축

정답 30 ③ 31 ① 32 ② 33 ② 34 ②

35 진동 롤러의 기진기구에 대한 설명 중 틀린 것은?

① 기진력은 불평형추의 무게에 비례한다.
② 기진력은 불평형추의 편심량에 비례한다.
③ 기진력은 불평형추의 회전속도에 비례한다.
④ 기진력은 불평형추의 고유진동수에 비례한다.

36 유압회로 내의 서지 압력(Surge Pressure)이란?

① 정상적으로 발생하는 압력의 최솟값
② 과도적으로 발생하는 이상 압력의 최솟값
③ 정상적으로 발생하는 압력의 최댓값
④ 과도적으로 발생하는 이상 압력의 최댓값

해설
유압회로 내의 서지 압력 : 과도적으로 발생하는 이상 압력의 최댓값

37 유압기기의 작동원리는 어떤 원리를 이용한 것인가?

① 베르누이의 원리
② 파스칼의 원리
③ 보일-샤를의 원리
④ 아르키메데스의 원리

해설
유압기기는 유압에 의해 구동되는 기기로 밀폐된 용기에 채워진 유체의 일부에 압력을 가하면 유체 내의 모든 곳에 같은 크기로 전달된다는 원리인 파스칼의 원리를 이용한다.

38 타이어식 건설기계 정비에서 토인에 대한 설명으로 틀린 것은?

① 토인은 좌우 앞바퀴의 간격이 앞보다 뒤가 좁은 것이다.
② 토인은 직진 성능을 좋게 하고 조향을 가볍도록 한다.
③ 토인은 반드시 직진상태에서 측정해야 한다.
④ 토인 조정이 잘못되면 타이어가 편마모된다.

해설
토인은 좌우 앞바퀴의 간격이 앞보다 뒤가 넓은 것이다.

39 지게차에서 토인 조정방법으로 맞는 것은?

① 앞차축에서 타이로드 엔드로 조정
② 앞차축에서 피트먼암으로 조정
③ 뒷차축에서 벨 크랭크로 조정
④ 뒷차축에서 타이로드 엔드로 조정

해설
지게차 정비 주요 정비사항
• 지게차 마스트 경사각을 조정할 때 마스트를 수직 상태로 하면 가장 효과적이다.
• 지게차 전·후방 안전 경사각도 조정 : 틸트 실린더 로드로 조정
• 지게차의 타이로드 조정 : 후륜 부분에서 조정
• 지게차의 토인 조정 : 뒷차축에서 타이로드 엔드로 조정

정답 35 ④ 36 ④ 37 ② 38 ① 39 ④

40 허리꺾기식 조향장치의 특징으로 옳은 것은?

① 좁은 장소에서의 작업이 어렵다.
② 작업 안정성이 높다.
③ 회전 반경이 작다.
④ 연결 부분의 고장이 적다.

해설
허리꺾기 형식(Center Pin)
- 차체를 앞 차체와 뒤 차체로 나누고 앞뒤 차체 사이를 핀과 조인트로 결합시켜 자유로운 조향이 가능하다.
- 회전 반경이 작아 좁은 장소에서의 작업이 용이하다.
- 작업할 때 안전성이 결여되며, 핀과 조인트 부분의 고장이 빈번하다.
- 작업시간을 단축하여 능률을 향상시킬 수 있다.
- 주요부품은 유압실린더, 유압펌프, 제어 밸브 등이 있다.
- 유압실린더 형식은 복동식이다.

41 측면 필릿이음 용접 비드에서 실제 목 두께를 바르게 설명한 것은?

① 용입을 고려한 용접의 루트부터 필릿 용접의 표면까지의 최대거리
② 용입을 고려한 용접의 루트부터 필릿 용접의 중심부까지의 중심거리
③ 용입을 고려한 용접의 루트부터 필릿 용접의 표면까지의 최단거리
④ 용입을 고려한 용접의 루트부터 필릿 용접의 중심부까지의 최단거리

42 자동차에 많이 사용하는 스프링강의 성분은?

① 규소-망간강
② 황-망간강
③ 크롬-니켈강
④ 니켈-크롬-몰리브덴강

해설
자동차에 많이 사용하는 스프링강의 성분 : 규소-망간강

43 담금질한 강에 인성을 주기 위하여 A_1변태점 이하의 적당한 온도로 가열한 후 서서히 냉각시키는 열처리 방법은?

① 담금질
② 뜨 임
③ 불 림
④ 풀 림

해설
① 담금질 : 강을 Fe-C상태도상에서 A_3 및 A_1 변태선 이상 30~50°C로 가열 후 급랭시켜 오스테나이트조직에서 마텐자이트조직으로 강도가 큰 재질을 만드는 열처리작업
③ 불림 : 단단해지거나 너무 연해진 금속을 표준화 상태로 되돌리는 열처리 방법으로 표준 조직을 얻고자 할 때 사용하는 열처리 방법
④ 풀림 : 재질을 연하고 균일화시킬 목적으로 목적에 맞는 일정온도 이상으로 가열한 후 서랭한다.

44 축의 회전속도가 2,400rpm이고, 전달마력이 30PS일 때 축의 비틀림 모멘트는?

① 6,925.5kgf·mm
② 7,365.5kgf·mm
③ 7,965.5kgf·mm
④ 8,952.5kgf·mm

해설
$$T = 716{,}200 \times \frac{30}{2{,}400} = 8{,}952.5\,\text{kgf} \cdot \text{mm}$$

45 마이크로미터에서 심블을 1회전시키면 스핀들은 축 방향으로 몇 mm만큼 이동하는가?

① 0.01mm
② 0.05mm
③ 0.1mm
④ 0.5mm

해설
마이크로미터 읽는 법
- 마이크로미터에서 딤블을 1회전시키면 스핀들은 축 방향으로 0.5mm 이동한다.
- 1/100mm까지 측정할 수 있는 마이크로미터의 심블을 5눈금 회전시켰을 때 스핀들의 움직인 양은 0.05mm이다(단, 마이크로미터 심블의 원주는 50등분되어 있고, 나사 피치는 0.5mm이다).

46 나사의 원리를 이용한 측정기구는?

① 버니어캘리퍼스(Vernier Calipers)
② 하이트게이지(Height Gauge)
③ 블록게이지(Block Gauge)
④ 마이크로미터(Micro Meter)

47 이산화탄소 아크용접에서 발생하는 용접결함의 종류가 아닌 것은?

① 오버랩
② 용입 부족
③ 언더 컷
④ 이면비드

해설
이면비드(Back Bead) : 용접했을 때 용접한 방향이 아닌 반대쪽을 말한다.

48 치차 기구에서 이의 간섭을 방지하는 방법으로 알맞은 것은?

① 이의 높이를 크게 한다.
② 압력 각을 20° 이상으로 크게 한다.
③ 치형의 이끝 면을 높게 한다.
④ 피니언 기어의 반지름 방향의 이뿌리 면을 높게 한다.

해설
이의 간섭 방지법
- 압력각을 20° 이상으로 크게 하며 스터브 기어를 사용한다.
- 이끝 높이를 줄이거나 이뿌리를 파내고 이의 높이를 줄인다.

49 금속재료의 기계적 성질 중 연성과 강도가 큰 성질은?

① 경 도   ② 전 성
③ 인 성   ④ 취 성

해설
인성 : 연성과 강도가 큰 성질, 즉 점성이 강한 끈기 있고 질긴 성질로서 충격에 대한 재료의 저항성으로 굽힘이나 비틀림 작용을 반복하여 가할 때 이 외력에 저항하는 성질
① 경도 : 금속 표면이 외력에 저항하는 성질로 물체의 기계적인 단단함의 정도를 나타낸 것
② 전성 : 금속을 압연 또는 두드리는 경우 얇은 판으로 늘어난 성질
④ 취성 : 물체가 약간의 변형에도 견디지 못하고 파괴되는 성질로서 인성에 반대되는 성질이다.

정답 45 ④ 46 ④ 47 ④ 48 ② 49 ③

50 도료를 뿌리는 분무기로서 주로 압축 공기를 이용하여 도장작업에 사용하는 공구는?

① 스프레이 건
② 리 머
③ 폴리셔
④ 샌 더

51 용접공이 가스 절단 작업에서 안전을 우선으로 고려하여 작업하지 않는 것은?

① 절단부가 예리하고 날카롭게 작업하였다.
② 호스가 꼬여 있어서 풀어 놓고 작업하였다.
③ 절단 토치의 불꽃 방향을 확인 후 작업하였다.
④ 절단 진행 중에 시선을 고정하여 작업하였다.

52 크롤러식 건설기계의 아이들러 점검 및 정비 시 안전한 방법으로 볼 수 없는 것은?

① 아이들러 균열 및 손상을 점검한다.
② 아이들러 바깥지름과 마멸을 점검한다.
③ 축의 오일 구멍을 와이어브러시로 청소한다.
④ 축의 플랜지와 부싱 마멸을 점검한다.

[해설]
이물질 등이 없도록 압축 공기를 사용하여 오일 구멍을 청소한다.

53 기관이 과열되는 원인과 관계없는 것은?

① 라디에이터 코어의 막힘
② 기관 오일의 부족
③ 라디에이터 캡의 불량
④ 부동액의 농도 불량

[해설]
기관이 과열되는 원인
• 라디에이터 코어의 막힘
• 기관 오일의 부족
• 라디에이터 캡의 불량
• 분사시기의 부적당
• 냉각수 부족, 팬 벨트의 느슨함
• 정온기가 닫힌 채 고장이 났을 때 등

54 150Ah인 축전지를 급속 충전할 때 충전전류로 가장 적합한 것은?

① 30A
② 55A
③ 75A
④ 100A

[해설]
급속 충전의 충전전류는 20시간율 용량의 50%로 선정한다.
∴ $150 \times 0.5 = 75A$

55 불가피하게 고전압선 가까이에서 굴착기로 나무이식 작업을 할 때 사고방지를 위해 지켜야 할 사항 중 틀린 것은?

① 운전자는 고무나 밑창이 가죽으로 만든 구두를 착용하는 것이 좋다.
② 만일 작업장치가 전선에 접촉한 경우 운전자는 즉시 운전석에서 떠난다.
③ 전선에 접촉한 장비 가까이 사람이 접근하지 않도록 한다.
④ 장비가 전선에 가까이 가지 않도록 유도자를 배치한다.

56 자동차 정비공장에서 폭발의 우려가 있는 가스, 증기 또는 분진을 발산하는 장소에서 금지해야 할 사항에 속하지 않는 것은?

① 화기의 사용
② 과열함으로써 점화의 원인이 될 우려가 있는 기계
③ 사용 도중 불꽃이 발생하는 공구
④ 불연성 재료의 사용

해설
불연성 재료 : 불에 타지 않는 성질을 가진 재료

57 실린더 보어 게이지 취급 시 안전사항과 관련이 없는 것은?

① 스핀들이 잘 움직이지 않을 때 휘발유로 세척한다.
② 스핀들은 공작물에 가만히 접촉하도록 한다.
③ 보관 시는 건조된 헝겊으로 닦아서 보관한다.
④ 스핀들이 잘 움직이지 않으면 고급 스핀들유를 바른다.

해설
실린더 보어 게이지 취급 시 안전사항
• 스핀들은 공작물에 가만히 접촉하도록 한다.
• 보관 시 건조한 헝겊으로 닦아서 보관한다.
• 스핀들이 잘 움직이지 않으면 고급 스핀들유를 바른다.

58 안전보건표지의 종류별 용도·사용장소·형태 및 색채에서 바탕은 노란색, 기본모형 관련 부호 및 그림은 검은색으로 된 것은?

① 금지표지
② 지시표지
③ 경고표지
④ 안내표지

해설
안전보건표지의 종류별 용도, 사용 장소, 형태 및 색채

구 분	바 탕	기본모형	관련 부호 및 그림
금지표지	흰 색	빨간색	검은색
경고표지	노란색	검은색	검은색
지시표지	파란색	–	관련 그림 : 흰색
안내표지	흰 색	–	녹 색
	녹 색	–	흰 색

정답 55 ② 56 ④ 57 ① 58 ③

59 일반기기를 사용하여 작업 시 준수해야 할 사항 중 틀린 것은?

① 원동기의 기동 및 정지는 서로 신호에 의거한다.
② 고장 중의 기기에는 반드시 표식을 한다.
③ 정전 시는 반드시 스위치를 OFF한다.
④ 다른 볼일이 있을 때는 기기작동을 자동으로 조정하고 자리를 비워도 좋다.

[해설]
작업 중 자리를 비울 때는 운전을 정지하고 기계의 가동 시에는 자리를 비우지 않는다.

60 렌치를 사용한 작업 설명으로 틀린 것은?

① 스패너의 자루가 짧다고 느낄 때는 긴 파이프를 연결하여 사용할 것
② 스패너를 사용할 때는 앞으로 당길 것
③ 스패너는 조금씩 돌리며 사용할 것
④ 파이프 렌치는 반드시 둥근 물체에만 사용할 것

[해설]
스패너의 자루에 파이프를 이어서 사용해서는 안 된다.

2019년 제2회 과년도 기출복원문제

01 크랭크축과 저널 베어링 틈새 측정에 쓰이는 게이지 중 가장 적합한 것은?

① 필러 게이지(Feeler Gauge)
② 다이얼 게이지(Dial Gauge)
③ 플라스틱 게이지(Plastic Gauge)
④ 텔레스코핑 게이지(Telescoping Gauge)

해설
플라스틱 게이지 : 베어링 등의 결합에 의해 눌린 넓이를 이용하여 측정한다.
플라스틱 게이지의 용도
- 크랭크축 베어링의 마모나 파손의 원인을 찾기 위해 사용(베어링의 간극 측정)
- 크랭크 핀의 테이퍼와 진원도 측정

02 축전지 터미널의 식별 방법이 아닌 것은?

① P, N의 문자로 표시
② 터미널의 요철로 표시
③ 굵고 가는 것으로 표시
④ 적색과 흑색으로 표시

해설
축전지 터미널의 식별 방법
- P(Positive), N(Negative)의 문자로 표시
- 부호(+, −)로 표시
- (+)가 굵고 (−)는 가는 것으로 표시
- 적색(+)과 흑색(−)으로 표시

03 표준 안지름 90mm의 실린더에서 0.26mm가 마멸되었을 때 보링 치수는 얼마인가?

① 안지름을 90.30mm로 한다.
② 안지름을 90.40mm로 한다.
③ 안지름을 90.50mm로 한다.
④ 안지름을 90.60mm로 한다.

해설
보링치수 = 실린더 최대 마모 측정값 + 수정 절삭량(0.2mm)
= 90.26mm + 0.2mm = 90.46mm
따라서 보링 최적 치수는 계산값보다 크고 가장 가까운 실린더 내경을 90.50mm로 한다.

04 자동차 2등식 전조등에서 좌측과 우측은 어떤 회로로 연결되어 있는가?

① 병렬회로
② 직렬회로
③ 직·병렬회로
④ 단식회로

해설
양쪽의 전조등은 하이 빔과 로빔이 각각 병렬로 접속되어 있다.

정답 1 ③ 2 ② 3 ③ 4 ①

05 실린더 총체적(V)이 1,000cc이고, 행정체적이 850cc인 엔진의 압축비는?

① 5.60 : 1
② 6.67 : 1
③ 5.67 : 1
④ 7.52 : 1

해설
연소실 체적 = 실린더 총체적 − 행정체적

압축비 = $1 + \dfrac{\text{행정체적}}{\text{연소실체적}} = 1 + \dfrac{850}{1{,}000 - 850} = 6.67$

06 디젤기관 운전 중 검은 연기가 심할 때 원인으로 틀린 것은?

① 공기청정기가 막혀 있을 때
② 분사시기가 어긋나 있을 때
③ 분사압력이 과다하게 낮을 때
④ 연료 중에 공기가 흡입되어 있을 때

해설
연료 필터의 교환, 연료계통의 분해·조립 시 또는 연료의 부족으로 인하여 연료계통에 공기가 흡입된 경우 시동이 어렵거나 엔진속도가 불규칙하게 변한다.

07 기관의 냉각장치의 설명으로 틀린 것은?

① 냉각수온도 센서는 온도에 따른 저항값을 측정하여 비교해 점검한다.
② 냉각수의 수온을 측정하는 곳은 실린더 헤드 물재킷(물통로) 부분이다.
③ 기관의 정상적인 냉각수온도는 80~85℃ 정도이다.
④ 냉각장치에 사용되는 전동 팬은 엔진이 시동되면 회전한다.

해설
전동 팬은 냉각수온도에 따라 작동한다. 즉, 약 85~100℃에서 간헐적으로 작동한다.

08 축전지 충전 시 안전수칙으로 맞지 않는 것은?

① 전해액 온도는 45℃ 이상 되지 않게 한다.
② 충전장소는 반드시 환기장치를 해야 한다.
③ 각 셀의 벤트 플러그는 닫아 두지 않는다.
④ 충전 시에는 발전기와 병렬 접속하여 충전한다.

해설
2개 이상 동시에 충전할 때에는 반드시 직렬 접속해야 한다.

09 기관 팬 벨트의 점검 등의 설명으로 틀린 것은?

① 팬의 벨트 유격이 너무 크면 점화시기가 빨라진다.
② 팬 벨트는 엄지손가락으로 눌러(약 10kgf) 13~20mm 정도로 한다.
③ 장력이 너무 강할 경우 발전기 베어링이 손상된다.
④ 팬 벨트의 점검 사항은 장력, 손상, 균열 등을 한다.

해설
장력이 크면 유격이 작고, 장력이 작으면 유격이 많다.
- 팬 벨트 장력이 너무 크면(팽팽할 경우) : 각 풀리 베어링의 마모 촉진 및 기관이 과랭된다.
- 팬 벨트 장력이 너무 작으면(헐거울 경우) : 냉각수 순환 불량으로 기관이 과열한다.

10 독립식 분사 펌프가 부착된 건설기계 디젤기관에서 공기빼기 작업을 하고자 할 때 바르지 못한 방법은?

① 공급 밸브 입구 파이프 피팅을 조금 열고 플라이밍 펌프를 작동시켜 기포가 나오지 않을 때까지 작업을 한 후 피팅을 조인다.
② 연료필터 입구 파이프 피팅을 조금 풀고 플라이밍 펌프를 작동시켜 기포가 나오지 않을 때까지 작업을 한 후 피팅을 조인다.
③ 연료필터 출구 파이프 피팅을 조금 풀고 플라이밍 펌프를 작동시켜 기포가 나오지 않을 때까지 작업을 한 후 피팅을 조인다.
④ 분사 펌프 입구 파이프 피팅을 조금 풀고 플라이밍 펌프를 작동시켜 기포가 나오지 않을 때까지 작업을 한 후 피팅을 조인다.

해설
공급 펌프 출구 파이프 피팅을 조금 풀고 플라이밍 펌프를 작동시켜 기포가 나오지 않을 때까지 작업을 한 후 피팅을 조인다.

11 터보차저 터빈 축의 축방향 유격은 무엇으로 측정하는가?

① 외경 마이크로미터
② 내경 마이크로미터
③ 다이얼 게이지
④ 직각자

해설
다이얼 게이지 측정
- 터보차저 터빈 축의 축방향 유격 측정
- 구동 피니언 기어와 링 기어의 백래시 점검
- 크랭크축의 휨의 정도와 기어의 백래시를 검사

12 피스톤 간격이 클 경우 생기는 현상으로 틀린 것은?

① 압축압력 상승
② 블로바이가스 발생
③ 피스톤 슬랩 발생
④ 엔진 출력 저하

해설
피스톤 간극(피스톤과 실린더 사이의 간극)이 클 경우 나타나는 현상
- 블로바이에 의해 압축 압력 저하
- 피스톤 슬랩 현상
- 엔진 출력 저하
- 엔진 오일 소비 증대

정답 9 ① 10 ① 11 ③ 12 ①

13 밸브 구조에 대한 설명으로 틀린 것은?

① 밸브 헤드부 열은 밸브 스템을 통해 가장 많이 방출한다.
② 일반적으로 밸브 헤드부는 배기 밸브가 흡입 밸브보다 작다.
③ 디젤기관 흡입 및 배기 밸브 마친 두께가 규정값 이하가 되면 교환한다.
④ 밸브 면은 밸브시트에 접촉되어 기밀유지 및 밸브 헤드의 열을 시트에 전달한다.

해설
밸브가 받는 열 중 페이스를 통하여 75% 방출, 스템을 통하여 25% 방출한다.

14 분사 펌프 연료 차단 솔레노이드 밸브 단품 점검 방법으로 적합한 것은?

① 작동음과 저항값 점검
② 진동음과 절연값 점검
③ 저항값과 절연값 점검
④ 작동음과 듀티율 점검

15 예열장치 점검 사항이 아닌 것은?

① 예열 플러그 단선 점검
② 예열 플러그 양부 점검
③ 접지 전극 점검
④ 예열 플러그 파일럿 및 예열 플러그 저항값 점검

해설
예열장치 점검사항
• 예열플러그 단선 점검
• 예열플러그 양부 점검
• 예열플러그 파일럿 및 예열플러그 저항값 점검

16 다이오드는 P타입과 N타입의 반도체를 맞대어 결합한 것이다. 장점이 아닌 것은?

① 내부의 전력손실이 작다.
② 소형이고 가볍다.
③ 예열시간을 요구하지 않고 곧바로 작동한다.
④ 200℃ 이상의 고온에서도 사용이 가능하다.

해설
반도체는 내부 전압 강하가 작고, 전력손실이 작으나 고온(150℃ 이상 되면 파손되기 쉽다)·고전압에 약하다.

17 탄산가스 용접기의 토치 부품에 해당하지 않는 것은?

① 노 즐
② 인슐레이터
③ 팁
④ 유량계

해설
용접토치

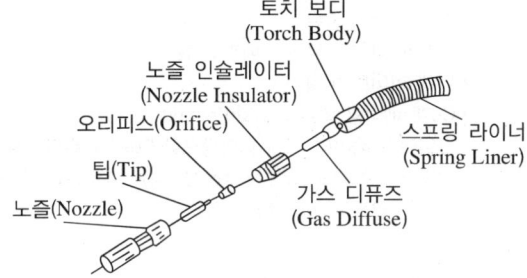

18 측정기(마이크로미터)의 보관방법 설명으로 옳지 않은 것은?

① 직사광선 및 진동이 없는 장소에 보관한다.
② 방청유를 바르고 나무상자에 보관한다.
③ 스톱 래칫을 회전시켜 적당한 압력으로 앤빌과 스핀들 측정면을 밀착시켜 둔다.
④ 습기나 먼지가 없는 장소에 둔다.

해설
앤빌과 스핀들을 접촉되어 있는 상태로 보관하지 않는다.

19 부품이나 재료 등을 잡은 상태로 고정할 수 있는 구조의 공구는?

① 콤비네이션 플라이어
② 롱 노즈 플라이어
③ 스냅 링 플라이어
④ 바이스 플라이어

20 피복 아크 용접 시 용접봉과 용접선이 이루는 각도를 무엇이라 하는가?

① 작업 각도
② 용접 각도
③ 진행 각도
④ 자세 각도

해설
용접봉의 각도
• 진행 각도 : 용접봉과 용접선이 이루는 각도로서 용접봉과 수직선 사이의 각도로 표시
• 작업 각도 : 용접과 이음 방향에 나란히 세워진 수직 평면과 각도로 표시한다.

21 고무 스프링에 대한 설명으로 맞지 않는 것은?

① 인장력에 강하므로 인장하중을 피하는 것이 좋다.
② 감쇠작용이 커서 진동 및 충격흡수가 좋다.
③ 방진효과뿐만 아니라 방음효과도 우수하다.
④ 노화와 변질방지를 위하여 0~70℃ 온도 범위에서 사용하여야 하며, 기름과의 접촉과 직사광선을 피하도록 한다.

해설
인장력에 약하므로 인장하중을 피하는 것이 좋다.

정답 17 ④ 18 ③ 19 ④ 20 ③ 21 ①

22 주조할 때 금형의 다이에 접속된 표면을 급랭시켜서 표면은 Fe₃C(시멘타이트)가 되게 하고 금속의 내부는 서랭시켜서 펄라이트가 되게 한 주철은?

① 구상 흑연 주철
② 칠드 주철
③ 가단 부철
④ 미하나이트 주철

해설
칠드 주철 : 주조할 때 금형의 다이에 접속된 표면을 급랭시켜서 표면은 시멘타이트(Fe3C)가 되게 하고 금속의 내부는 서랭 시켜서 펄라이트가 된다. 칠드 주철의 표면 조직은 시멘타이트 조직으로 되어 경도가 높아지고 내마멸성과 압축강도가 커서 기차 바퀴나 분쇄기 롤러 등에 사용된다.

23 다음 중 상온에서 충격값을 저하시키는 상온메짐(냉간취성)의 원인은?

① 망 간
② 규 소
③ 황
④ 인

24 큰 동력을 전달할 수 있고 축 방향으로 보스를 이동시킬 수 있는 키는?

① 스플라인(Spline)
② 세레이션(Serration)
③ 원추 키(Cone Key)
④ 묻힘 키(Sunk Key)

25 다음의 비철금속 중 베어링 합금재료로 부적당한 것은?

① 화이트 메탈
② 배빗 메탈
③ 켈밋 합금
④ 서 멧

해설
베어링 합금의 종류
• 주석계 화이트 메탈 : 배빗 메탈
• 납계 화이트 메탈
• Cu계 베어링 합금 : 켈밋(Kelmet)
• 오일리스 베어링 : Cu계 합금으로 Cu-Sn-흑연 합금이 많이 사용되며, 이외에 Cd에 Ni, Ag, Cu 등을 넣은 Cd계 합금과 Zn계 합금인 알젠(Alzen) 305가 있다.

26 제철을 할 때 용광로 속에 주입되지 않는 것은?

① 철광석
② 석회석
③ 코크스
④ 석탄가스

27 유체 클러치 오일이 갖추어야 할 조건 중 틀린 것은?

① 비점이 높을 것
② 착화점이 높을 것
③ 점도가 높을 것
④ 비중이 클 것

해설
유체 클러치 오일의 구비조건
• 점도가 낮을 것
• 비중이 클 것
• 착화점이 높을 것
• 내산성이 클 것
• 유성이 좋을 것
• 비등점이 높을 것
• 응고점이 낮을 것
• 윤활성이 클 것

28 동력 조향장치가 고장 났을 때 수동조작을 가능하게 하는 밸브는?

① 안전체크 밸브
② 흐름제어 밸브
③ 압력조절 밸브
④ 밸브스풀

해설
동력 조향장치의 특징
• 유압펌프의 유압에 의해 배력작용이 가능하다.
• 유압펌프 고장 시에도 기본동작이 가능하다.
• 유압계통이 고장 나도 안전체크 밸브가 설치되어 수동으로 조향조작을 할 수 있다.
• 유압펌프는 주로 베인식을 사용한다.
• 조향장치 휠 얼라인먼트 상태의 캐스터가 불량하면 제동 시 다이빙 현상, 차체의 흔들림 현상, 핸들 조작이 무거워지며, 주행 직진성 불량 등이 발생한다.

29 트랙의 주요 구성품으로 맞는 것은?

① 핀, 부시, 롤러, 링크
② 슈, 링크, 부싱, 동판
③ 핀, 부시, 링크, 슈
④ 슈, 링크, 동판, 롤러

해설
트랙은 핀, 부시, 링크, 슈 등으로 구성되어 있고 스프로킷의 구동력을 받아 지면과 직접 접촉하면서 본체를 지지 및 주행하는 기구이다.

30 유압장치에서 동작유의 오염은 기기를 손상시킨다. 이 때문에 펌프의 흡입관로에 설치하여 흡입되는 불순물을 제거할 목적으로 사용되는 것은?

① 스트레이너
② 릴리프 밸브
③ 개스킷
④ 패킹

해설
스트레이너 : 비교적 큰 불순물을 제거하기 위하여 사용하며 유압펌프의 흡입측에 장치하여 오일탱크로부터 펌프나 회로에 불순물이 혼입되는 것을 방지한다.

31 유압식 굴착기의 작업장치, 주행, 선회 등에서 힘이 약할 때의 고장 원인 중 틀린 것은?

① 작동유량이 부족하거나 흡입필터가 막혀 있다.
② 릴리프 밸브(레귤레이터 밸브)의 설정압이 낮다.
③ 쿠션 밸브(스윙 브레이크 밸브) 스프링이 절손되었다.
④ 유압펌프 기능이 저하되거나 공기가 혼입되었다.

해설
유압식 굴착기의 작업장치, 주행, 선회 등에서 힘이 약할 때의 원인
• 작동유량이 부족하거나 흡입필터가 막혀 있다.
• 릴리프 밸브(레귤레이터 밸브)의 설정압이 낮다.
• 유압펌프 기능이 저하되거나 공기가 혼입되었다.
• 흡입 스트레이너가 막혔다.
• 유압펌프의 토출 유량이 적다.

정답 27 ③ 28 ① 29 ③ 30 ① 31 ③

32 타이어식 건설기계 제동장치에서 디스크 브레이크의 특징 중 틀린 것은?

① 디스크가 노출되어 회전하기 때문에 방열이 잘되며, 열 변형에 의한 제동력 저하가 없다.
② 자기배력작용이 거의 없어 고속에서 사용해도 제동력의 변화가 적다.
③ 디스크와 패드의 마찰면적이 크기 때문에 패드의 누르는 힘을 작게 해도 된다.
④ 자기배력작용이 거의 없기 때문에 조작력이 커야 한다.

[해설] 디스크와 패드의 마찰면적이 작기 때문에 패드의 누르는 힘을 크게 해야 한다.

33 지게차 마스트 경사각을 조정할 때 마스트를 어느 상태로 하면 가장 효과적으로 조정할 수 있는가?

① 수평상태
② 앞으로 기울인 상태
③ 뒤로 기울인 상태
④ 수직상태

[해설] 지게차 마스트 경사각을 조정할 때 마스트를 수직상태로 하면 가장 효과적이다.

34 불도저의 파이널 드라이브 기어장치 구성부품이라고 볼 수 없는 것은?

① 더블 헬리컬 기어
② 아이들 피니언 기어
③ 메인 드라이브 기어
④ 피니언 기어

35 유압펌프 중 가장 고압용은?

① 기어 펌프
② 베인 펌프
③ 나사 펌프
④ 피스톤 펌프

[해설] 피스톤 펌프는 작은 크기로 토출압력을 높게 할 수 있고 토출량을 크게 할 수 있다.

36 주어진 조건을 가진 굴착기의 작업량은 얼마인가?(단, 버킷용량 : 0.6m³, 사이클 시간 : 0.5min, 버킷계수 : 1, 토량환산계수 : 1.2, 작업효율 : 85% 이다)

① 73.44m³/h
② 93.44m³/h
③ 2,204m³/h
④ 4,406m³/h

[해설]
$$Q = \frac{3,600 \times q \times K \times f \times E}{C_m}$$
$$= \frac{3,600 \times 0.6 \times 1 \times 1.2 \times 0.85}{0.5 \times 60} = 73.44 \text{m}^3/\text{h}$$

여기서, Q : 시간당 작업량(m³/h)
q : 버킷용량(m³)
K : 버킷계수
f : 토량환산계수
E : 작업효율
C_m : 사이클 시간(sec)

37 유압회로의 일부를 표시한 것이다. A에는 무엇이 연결되어야 하는가?

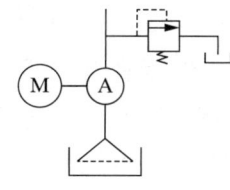

① 유압 실린더
② 오일 여과기
③ 유압펌프
④ 방향제어 밸브

38 유압 액추에이터(Actuator) 기능 설명으로 가장 적절한 것은?

① 작동유의 압력에너지를 기계적 에너지로 바꾼다.
② 작동유를 일정한 장소에 저장한다.
③ 작동유의 유량을 조절하는 밸브의 일종이다.
④ 작동유의 압력을 축적하는 용기이다.

[해설]
유압 액추에이터(Actuator)는 작동유의 압력에너지를 기계적 에너지로 바꾼다.

39 유압 작동유에 요구되는 성질로 틀린 것은?

① 온도 변화에 따른 점도 변화가 작을 것
② 강력한 유막을 형성할 수 있을 것
③ 열팽창 계수가 작을 것
④ 인화점과 발화점이 낮을 것

[해설]
발화점, 인화점, 점성, 유동점이 높을 것

40 타이어의 규격을 나타낸 것이다. 표기되지 않은 것은?

7.5×20×8P

① 타이어 폭   ② 타이어 외경
③ 타이어 내경   ④ 플라이 수

[해설]
타이어 호칭 표시방법
• 저압 타이어 : 타이어의 폭-타이어의 내경-플라이수
 즉, 저압 타이어의 호칭이 6.00-13-4PR이면, 타이어 폭이 6.00 inch, 타이어 안지름 13inch, 플라이 수가 4이다.
• 고압 타이어 : 타이어의 외경×타이어의 폭-플라이수
 즉, 고압 타이어의 호칭이 32×8-10PR이면, 타이어 바깥지름이 32inch, 타이어 폭이 8inch, 플라이 수가 10이란 의미이다.
• 레이디얼 타이어 : 레이디얼 타이어의 호칭이 175/70 SR 14이면, 타이어 폭이 175mm, 편평비가 70시리즈, 타이어 안지름 14inch 이다.

41 도로주행 건설기계의 유압 브레이크에서 20kgf의 힘을 마스터 실린더의 피스톤에 작용했을 때 제동력은 얼마인가?(단, 마스터 실린더 피스톤 단면적 5cm², 휠 실린더의 피스톤 단면적은 15cm²이다)

① 20kgf   ② 40kgf
③ 60kgf   ④ 80kgf

[해설]
제동력 = $\dfrac{\text{휠실린더의 피스톤 면적}}{\text{마스터실린더 피스톤 단면적}}$ × 마스터실린더의 피스톤에 작용하는 힘

= $\dfrac{15cm^2}{5cm^2}$ × 20kgf = 60kgf

42 불도저의 평균운반거리 : 50m이고, 전진 평균속도 : 40m/min, 후진 평균속도 : 100m/min일 때 1사이클에서 변속을 요하는 기어변환 총시간은 0.25min이다. 도저 블레이드의 사이클 시간은?

① 1min
② 2min
③ 3min
④ 4min

해설

$$C_m = \frac{L}{V_1} + \frac{L}{V_2} + t = \frac{50}{40} + \frac{50}{100} + 0.25 = 2\text{min}$$

여기서, C_m : 사이클 시간(min)
L : 운반거리(m)
V_1 : 전진속도(m/min)
V_2 : 후진속도(m/min)
t : 기어변환시간(min)

43 트랙식 굴착기에서 트랙의 장력을 조정하기 위하여 트랙 프레임 위를 전후로 움직이는 구조로 되어 있는 것은?

① 캐리어 롤러
② 트랙 아이들러
③ 리코일 스프링
④ 스프로킷

해설

트랙 아이들러가 프레임 위를 전후로 움직이는 구조로 된 이유
• 트랙 장력(긴도)을 조정하기 위하여
• 주행 중 지면으로부터 받는 충격을 완화하기 위하여

44 윤활유의 구비조건이 아닌 것은?

① 비중이 적당할 것
② 열이나 산에 대하여 강할 것
③ 적당한 점성을 가질 것
④ 인화점 및 발화점이 낮을 것

해설

인화점 및 발화점이 높을 것

45 유압기기 정비 작업 시 주의해야 할 사항 중 옳지 않은 것은?

① 유압펌프나 모터를 개조해서 사용한다.
② 펌프, 모터 등을 밟고 올라가지 않는다.
③ 유압 작동유가 바닥에 떨어지지 않게 한다.
④ 유압라인 가까이에서 산소 용접이나 전기 용접을 하지 않는다.

해설

유압기기 정비 작업 시 유의사항
• 유압펌프나 모터를 개조해서 사용하지 않는다.
• 펌프, 모터 등을 밟고 올라가지 않는다.
• 유압 작동유가 바닥에 떨어지지 않도록 한다.
• 유압라인 가까이에서 산소 용접이나 전기 용접을 하지 않는다.

46 모터그레이더의 스캐리파이어는 무엇인가?

① 작업 노면을 골라 주는 삽이다.
② 작업 노면을 긁어 파는 쇠스랑이다.
③ 작업 노면과의 충격이 환향 휠에 전달되는 것을 감소시키는 장치이다.
④ 삽을 360° 회전시켜 주는 장치이다.

해설

스캐리파이어는 쇠스랑으로 노면을 긁어 파는 데 사용하며, 삭토 작업을 할 때 가장 알맞은 각도는 36~38°이다.

정답 42 ② 43 ② 44 ④ 45 ① 46 ②

47 다음 중 아스팔트 피니셔의 크라운율을 바르게 설명한 것은?

① 포장 가능한 횡단구배를 백분율로 나타낸 것
② 댐퍼의 다짐압력을 다짐면적으로 나눈 값을 백분율로 나타낸 것
③ 호퍼의 용량을 작업속도로 나눈 값을 백분율로 나타낸 것
④ 슈플레이트의 면적에 피니셔의 중량을 나눈 값을 백분율로 나타낸 것

[해설]
아스팔트 피니셔 : 아스팔트 혼합재를 노면 위에 균일 두께로 깔고 다듬는 아스팔트 포장기계이다.
※ 크라운율 : 포장 가능한 횡단구배를 백분율로 나타낸 것

48 공기압축기에서 압축소요시간이 과다하게 소요될 때의 원인으로 거리가 먼 것은?

① 체크 밸브의 밀착이 불량하여 역류 발생
② V벨트가 느슨하여 구동이 불량
③ 유압펌프의 결함
④ 압축기 각부의 마모

[해설]
공기압축기에서 압축 소요시간이 과다하게 소요될 때의 원인
• 체크 밸브의 밀착이 불량하여 역류 발생
• V벨트가 느슨하여 구동이 불량
• 압축기 각부의 마모

49 콘크리트 믹서트럭 정비 시 안전 및 유의사항 중 해당되지 않는 것은?

① 정비, 점검 시에는 평탄한 곳에 주차하고 주차 브레이크를 채우고 바퀴에 고임목을 채운다.
② 드럼을 회전시킬 때 급격한 역회전으로 상태를 점검한다.
③ 드럼상부 또는 호퍼의 정비 작업 시 미끄러짐에 주의한다.
④ 드럼 내부 정비 시는 반드시 기관을 정지시키고 기관 시동 금지 표지판을 붙인다.

50 기중기의 붐 작업을 할 때 운전반경이 작아지면 기중능력은?

① 감소한다.
② 증가한다.
③ 변하지 않는다.
④ 수시로 변한다.

[해설]
기중기의 붐 작업을 할 때 운전반경이 작아지면 기중능력은 증가하고, 작업반경(운전반경)이 커지면 기중능력은 감소한다.

51 안전보건표지의 종류와 형태에서 그림이 나타내는 것은?

① 출입금지 ② 보행금지
③ 차량통행금지 ④ 사용금지

[해설]
금지표지

출입금지	보행금지	차량통행금지	사용금지
🚷	🚷	🚫	🚫

52 산업재해 분석을 위한 다음 식은 어떤 재해율을 나타낸 것인가?

$$\frac{재해자수}{평균근로자수} \times 1,000$$

① 연천인율 ② 도수율
③ 강도율 ④ 하인리히율

[해설]
연천인율은 근로자 1,000명을 기준으로 한 재해발생건수의 비율이다.

53 수공구 보관 방법 중 바르지 못한 것은?

① 수공구는 한곳에 모아서 보관한다.
② 숫돌은 건조하고 통풍이 잘되는 곳에 보관한다.
③ 날이 있거나 끝이 뾰족한 물건은 뚜껑을 씌워 보관한다.
④ 종류와 크기를 구분하여 보관한다.

[해설]
공구함을 준비하여 종류와 크기별로 수량을 파악하여 보관한다.

54 공기압축기 운전 시 점검사항으로 적합하지 않은 것은?

① 압력계, 안전 밸브 등의 이상 유무
② 이상 소음 및 진동
③ 이상 온도 상승
④ 공기 탱크 내의 청결 여부

[해설]
공기압축기 운전 시 점검사항
• 압력계, 안전 밸브 등의 이상 유무
• 이상 소음 및 진동
• 이상 온도 상승

55 아크 용접 시 용접에서 발생되는 빛을 가리는 이유는?

① 빛이 너무 밝기 때문에 눈이 나빠질 염려가 있어서
② 빛이 너무 세기 때문에 피부가 탈 염려가 있어서
③ 빛이 자주 깜박거리기 때문에 화재의 위험이 있어서
④ 빛 속에 강한 자외선과 적외선이 눈의 각막을 상하게 하므로

[해설]
아크의 빛은 복합광이며 파장에 따라 가시광선, 자외선, 적외선 등의 여러 가지 유해광선이 포함되어 있다. 따라서 빛에 대한 재해를 방지하기 위해 반드시 적절한 차광보호구를 착용해야 한다.

정답: 51 ④ 52 ① 53 ① 54 ④ 55 ④

56 휠 로더의 정비 작업 시 안전수칙이다. 맞지 않는 것은?

① 장비에는 운전자 이외는 승차시키지 않는다.
② 장비를 사용하지 않을 때는 버킷을 지면에 내려놓는다.
③ 타이어 또는 차축 수리 시에는 고임장치를 확실히 한다.
④ 빈 버킷을 항상 높이 들고 이동한다.

해설
상차 작업과 굴삭 작업 중에는 버킷을 높이 들고 이동한다. 다만, 평상시 또는 정비 시에는 버킷을 낮추어 주행한다.

57 축전지를 탈거하지 않고 급속 충전할 때 발전기의 다이오드 손상을 방지하기 위해서 안전한 조치는?

① 발전기 R단자를 분리한다.
② 발전기 L단자를 분리한다.
③ 축전지 양측 케이블을 분리한다.
④ 점화스위치를 OFF상태에 놓는다.

해설
급속충전할 때 축전지의 양쪽 단자를 탈거하지 않고 충전하면 발전기 다이오드가 손상된다.

58 다음 중 클러치 부품을 세척유로 세척을 하고자 한다. 세척해서는 안 되는 부품은?

① 클러치 커버
② 릴리스 레버
③ 클러치 스프링
④ 릴리스 베어링

해설
릴리스 베어링의 종류에는 앵귤러 접촉형, 볼 베어링형, 카본형 등이 있으며, 대개 영구 주유식(Oilless Bearing)이므로 솔벤트 등의 세척제 속에 넣고 세척해서는 안 된다.

59 유체 클러치 내에서 맴돌이 흐름으로 유체의 충돌이 일어나 효율을 저하시키고 있다. 이 충돌을 방지하는 것은?

① 가이드링
② 스테이터
③ 임펠러
④ 펌프

해설
가이드링 : 유체 클러치 내에서 맴돌이 흐름으로 유체의 충돌이 일어나 효율을 저하시킬 경우 충돌을 방지한다. 즉, 와류를 감소시킨다.

60 전동 공구 사용 시 주의사항으로 바르지 못한 것은?

① 회전하고 있는 공구는 정지한 후 작업대 위에 놓는다.
② 전기 그라인더 커버의 열림부 각도는 180° 이내로 해야 한다.
③ 전기 센더(Sender)의 커버는 작업자 쪽을 가리지 않으면 안 된다.
④ 전기 드릴을 사용할 때는 감전사고 예방을 위해 장갑을 끼고 작업한다.

해설
장갑을 착용하면 안 되는 작업 : 선반작업, 드릴작업, 목공 기계 작업, 연삭작업, 제어작업 등

[정답] 56 ④ 57 ③ 58 ④ 59 ① 60 ④

2020년 제2회 과년도 기출복원문제

01 연료 분사펌프에서 연료의 분사량을 조정하는 것은?

① 딜리버리 밸브
② 태핏간극
③ 제어 슬리브
④ 노 즐

해설
분사펌프의 분사량은 제어 래크, 제어 피니언과 제어 슬리브를 변경하여 조정한다.
제어 슬리브
• 제어 피니언의 회전운동을 플런저에 전달하는 역할을 한다.
• 플런저의 유효행정을 변화시켜 연료의 분사량을 조절한다.

02 세탄가는 어떤 원료의 착화성을 나타내는 것인가?

① 경 유
② 석 유
③ 중 유
④ 가솔린

해설
세탄가
디젤(경유)연료 착화성의 성능평가를 나타내는 지표이며, 디젤의 점화가 지연되는 정도를 나타내는 수치

03 유압기기의 작동 기본 원리는?

① 파스칼의 원리
② 아르키메데스의 원리
③ 베르누이의 원리
④ 보일-샤를의 원리

해설
파스칼(Pascal)의 원리
밀폐된 유체의 일부에 압력을 가하면 그 압력이 유체 내의 모든 곳에 같은 크기로 전달된다고 하는 원리로 유압식 브레이크나 지게차, 굴착기와 같이 작은 힘을 주어 큰 힘을 내는 장치들은 모두 이 원리를 이용하고 있다.

04 플런저 펌프의 토출량 제어방법이 아닌 것은?

① 압력제어
② 마력제어
③ 유량제어
④ 회전수제어

해설
플런저 펌프에서 토출량을 제어하는 방법 : 유량제어, 마력제어, 압력제어

05 변속할 때 기어의 물림 소리가 심하게 나는 가장 큰 원인은?

① 윤활유의 부족
② 기어 사이의 백래시 과다
③ 클러치가 끊어지지 않을 때
④ 시프트 포크와 시프트 레일과의 관계 불량

해설
변속할 때 클러치가 끊어지지 않으면 기어끼리 부드럽게 맞물리지 못해 소음이 발생한다.

06 축압기(어큐뮬레이터) 취급상의 주의사항으로 틀린 것은?

① 충격 흡수용 축압기는 충격 발생원에 가깝게 설치한다.
② 유압펌프 맥동 방지용 축압기는 펌프의 입구 측에 설치한다.
③ 축압기에 봉입하는 가스는 폭발성 기체를 사용하면 안 된다.
④ 축압기에 용접을 하거나 가공, 구멍 뚫기 등을 해서는 안 된다.

해설
유압펌프 맥동 방지용 축압기는 펌프의 출구 측에 설치한다.

07 실린더 헤드 볼트를 풀 때의 요령은?

① 풀기 쉬운 것부터 푼다.
② 중심에서 외측으로 향해 푼다.
③ 외측에서 대각선 방향으로 풀어 중앙으로 온다.
④ 고정 토크로 한 번에 전부 일렬로 푼다.

해설
실린더 헤드의 중앙에서 바깥쪽을 향하여 대각선 방향으로 조이므로 풀 때는 바깥쪽에서 중앙을 향하여 대각선 방향으로 푼다.

08 용접봉의 피복제 역할로 맞는 것은?

① 스패터의 발생을 많게 한다.
② 용착 금속의 냉각 속도를 빠르게 하여 급랭시킨다.
③ 슬래그 생성을 돕고, 파형이 고운 비트를 만든다.
④ 대기 중으로부터 산화, 질화 등을 방지하여 용착 금속을 보호한다.

해설
용접봉 피복제의 역할
• 대기 중의 산소나 질소의 침입을 방지하고 용착금속을 보호한다.
• 아크를 안정되게 하며, 용융점이 낮은 가벼운 슬래그를 만든다.
• 슬래그 제거가 쉽고, 파형이 고운 비드를 만든다.
• 용착금속의 탈산 및 정련 작용을 한다.
• 용착금속에 적당한 합금원소를 첨가한다.
• 용적을 미세화하고, 용착효율을 높인다.
• 모든 자세의 용접을 가능하게 하며, 용착금속의 응고와 냉각속도를 지연시킨다.
• 전기절연 작용을 한다.

정답 5 ③ 6 ② 7 ③ 8 ④

09 아크용접에서 발생하는 용접 결함의 종류가 아닌 것은?

① 오버랩(Overlap)
② 언더컷(Under Cut)
③ 용입 불량(Incomplete Fusion, 부족)
④ 이면비드(Back Bead)

해설
이면비드(Back Bead) : 용접이음부의 용접표면에 대하여 뒷면에 형성된 용접비드를 말한다.
① 오버랩(Overlap) : 용착금속이 변 끝에서 모재에 융합되지 않고 겹친 부분
② 언더컷(Under Cut) : 용접에서 모재와 용착금속의 경계 부분에 오목하게 파여 들어간 것
③ 용입 불량(Incomplete Fusion) : 모재의 어느 한 부분이 완전히 용착되지 못하고 남아 있는 현상

10 충전 중 화기를 가까이하면 축전지가 폭발할 수 있는데 무엇 때문인가?

① 산소 가스
② 전해액
③ 수소 가스
④ 수증기

해설
축전지를 충전할 때는 음극에서 폭발성가스인 수소 가스가 발생하기 때문에 환기가 잘되는 곳에서 충전을 해야 한다.

11 유압장치에서 축압기(Accumulator)의 기능으로 적합하지 않은 것은?

① 펌프 및 유압장치의 파손을 방지할 수 있다.
② 에너지를 절약할 수 있다.
③ 맥동, 충격을 흡수할 수 있다.
④ 압력 에너지를 축적할 수 있다.

해설
축압기의 용도
• 회로 내의 부족한 압력을 대신할 수 있어 2차 회로의 보상을 할 수 있다.
• 회로 내의 부족한 압력을 보충할 수 있어 사이클 시간을 단축할 수 있다.
• 충격압력 흡수 및 유압펌프의 공회전 시 유압 에너지를 저장한다.
• 펌프의 전원이 차단되었을 때 펌프의 역할을 하여 작동유의 수송을 할 수 있다.
• 펌프의 맥동을 흡수할 수 있다(노이즈 댐퍼).
• 충격압력(서지압력)을 흡수할 수 있다.
• 고장, 정전 등의 긴급 유압원으로 사용할 수 있다.

12 유압 실린더에 사용되는 패킹의 재질로서 갖추어야 할 조건이 아닌 것은?

① 운동체의 마모를 작게 할 것
② 마찰 계수가 클 것
③ 탄성력이 클 것
④ 오일 누설을 방지할 수 있을 것

해설
유압 실린더에 사용되는 패킹 재질의 구비 조건
• 운동체의 마모를 작게 할 것
• 마찰 계수가 작을 것
• 탄성력이 클 것
• 오일 누설을 방지할 수 있을 것

13 작업 도중 엔진이 정지할 때 토크 변환기에서 오일의 역류를 방지하는 밸브는?

① 압력조정 밸브
② 스로틀 밸브
③ 체크 밸브
④ 매뉴얼 밸브

해설
체크 밸브
유압회로에서 역류를 방지하고 회로 내의 잔류압력을 유지하는 밸브

14 조향장치에서 킹핀이 마모되어 앞바퀴가 좌우로 심하게 흔들리는 현상을 무엇이라 하는가?

① 로드 스웨이(Road Sway)
② 트램핑(Tramping)
③ 피칭(Pitching)
④ 시미(Shimmy)

해설
시미(Shimmy) : 바퀴의 동적 불평형으로 인한 바퀴의 좌우 진동 현상
① 로드 스웨이(Road Sway) : 고속 주행 시 차의 앞부분이 상하 또는 옆으로 진동되어 제어할 수 없을 정도로 심한 진동 현상
② 트램핑(Tramping) : 바퀴의 정적 불평형으로 인한 바퀴의 상하 진동이 생기는 현상
③ 피칭(Pitching) : 차체의 앞부분이 상하로 진동하는 일시적인 현상으로 급제동할 때 발생한다.

15 좌우트랙의 앞부분에서 트랙이 제자리에 유지하도록 하부중심선에 일치하게 안내해 주는 역할을 하는 것은?

① 스프로킷
② 트랙 아이들러
③ 트랙롤러
④ 캐리어롤러

해설
아이들러(Idler)
무한궤도식 굴착기 하부 주행 장치에 장착되어 주행트랙의 이탈을 방지하고 회전 운동을 유도

16 연 근로시간 1,000시간 중에 발생한 재해로 인하여 손실일수로 나타낸 것은?

① 연천인율
② 강도율
③ 도수율
④ 손실률

해설
② 강도율 : 연간 총근로시간에서 1,000시간당 근로손실일수를 말한다.

$$강도율 = \frac{근로손실일수}{연간\ 총근로시간} \times 1,000$$

① 연천인율 : 근로자 1,000명을 기준으로 한 재해발생건수의 비율이다.

$$연천인율 = \frac{연간\ 재해자수}{연평균\ 근로자수} \times 1,000$$

③ 도수율 : 연간 총근로시간에서 100만 시간당 재해발생건수를 말한다.

$$도수율 = \frac{재해발생건수}{연간\ 총근로시간} \times 1,000,000$$

17 기관의 피스톤 링이 끼워지는 홈과 홈 사이의 명칭은?

① 리브(Rib)
② 랜드(Land)
③ 스커트(Skirt)
④ 히트 댐(Heat Dam)

해설
링이 끼워지는 홈을 링 홈(Ring Groove), 홈과 홈 사이는 랜드(Land)라고 부른다.

18 유압 작동유의 기능과 거리가 먼 것은?

① 열을 흡수하는 작용을 한다.
② 윤활작용을 한다.
③ 밀봉작용을 한다.
④ 촉매작용을 한다.

해설
유압 작동유의 기능
• 부식을 방지한다.
• 마찰 부분의 윤활작용, 냉각작용을 한다.
• 압력에너지를 이송한다(동력전달기능).
• 필요한 요소 사이를 밀봉한다.

19 변속기에서 기어변속이 잘되나 동력전달이 좋지 못한 원인으로 가장 적합한 것은?

① 클러치가 끊어지지 않을 때
② 변속기 축 스플라인 홈이 마모되었을 때
③ 싱크로나이저 링과 접촉이 불량할 때
④ 클러치 디스크가 마모되었을 때

해설
클러치 디스크
플라이휠과 압력판 사이에 끼어져 있으며 기관의 동력을 변속기 입력축을 통하여 변속기로 전달하는 마찰판

20 불도저의 언더 캐리지 부품이 아닌 것은?

① 트랙
② 리퍼
③ 트랙 롤러
④ 트랙 프레임

해설
리퍼는 도저의 뒤쪽에 설치되며 굳은 지면, 나무뿌리, 암석 등을 파헤치는 데 사용한다.
불도저의 언더 캐리지(하부주행체) 부품 : 트랙, 트랙 롤러, 트랙 프레임 등

21 유압 작동유에 혼입된 공기의 압축 팽창차에 의해 피스톤의 동작이 불안정하고 느려지며, 압력이 낮거나 공급량이 적을수록 그 정도가 심해지는 현상은?

① 기포현상
② 캐비테이션 현상
③ 유압유의 열화 촉진
④ 숨 돌리기 현상

해설
숨 돌리기 현상
공기가 실린더에 혼입되면 피스톤의 작동이 불량해져 작동시간의 지연을 초래하는 현상으로 오일공급 부족과 서징(Surging)이 발생한다.

22 유량제어 밸브에 해당되는 밸브는?

① 체크 밸브
② 교축 밸브
③ 포트 밸브
④ 감압 밸브

해설
교축 밸브(스로틀 밸브)
작동유의 점성에 관계없이 유량을 조절할 수 있으며, 조정범위가 크고 미세량도 조정 가능한 밸브이다.
• 방향제어 밸브 : 체크 밸브, 포트 밸브
• 유압제어 밸브 : 감압 밸브

23 건설기계 차체를 용접할 경우 용접기에서 접지를 해서는 안 되는 곳은?

① 섀시 프레임 부분
② 차축 하우징 부분
③ 실린더 로드 부분
④ 실린더 하우징 부분

해설
실린더 로드 부분에 흠집이 있으면 유압 실린더의 누유가 발생할 수 있어 실린더 로드 부분에는 접지를 하여서는 안 된다.

24 휠 로더의 정비 작업 시 안전수칙으로 맞지 않는 것은?

① 장비에는 운전자 이외는 승차시키지 않는다.
② 장비를 사용하지 않을 때는 버킷을 지면에 내려놓는다.
③ 타이어 또는 차축 수리 시에는 고임장치를 확실히 한다.
④ 빈 버킷을 항상 높이 들고 이동한다.

해설
상차 작업과 굴삭 작업 중에는 버킷을 높이 들고 이동한다. 다만, 평상시 또는 정비 시에는 버킷을 낮추어 주행한다.

25 얇은 판에 구멍 뚫기 작업 시 밑면에 까는 판으로 가장 적합한 것은?

① 얇은 강판
② 벽 돌
③ 나무판
④ 두꺼운 강판

해설
드릴 프레스로 얇은 판에 구멍을 뚫을 때 얇은 판 밑에 나무판을 받친다.

26 지게차의 구성부품에 해당되는 것은?

① 상부 및 하부 롤러
② 레이크 블레이드
③ 버 킷
④ 포 크

해설
지게차 구조 : 마스트, 포크, 틸트 실린더, 컨트롤 밸브, 유압실린더 등

정답 22 ② 23 ③ 24 ④ 25 ③ 26 ④

27 MF(Maintenance Free) 축전지의 특징이 아닌 것은?

① 극판이 납 칼슘으로 구성되어 있다.
② 자기 방전이 높다.
③ 촉매 마개를 사용한다.
④ 전해액 보충이 필요 없다.

해설
MF(Maintenance Free) 축전지
- 무보수 축전지라고도 한다.
- 극판이 납 칼슘으로 구성되어 있고, 전해액 보충이 필요 없고 자기 방전이 적다.
- 전기 분해 시 발생하는 산소와 수소 가스를 촉매로 사용하여 다시 증류수로 환원시키는 촉매 마개를 사용한다.

28 바이패스 밸브에 대한 설명으로 옳은 것은?

① 회로의 압력이 밸브의 설정치에 도달했을 때, 흐름의 일부 또는 전량을 기름탱크 측으로 흘려보내 회로 내의 압력을 설정값으로 유지하는 밸브
② 사용유 등의 통로 단면을 변화시켜 유량을 조절하는 밸브
③ 연료라인 내 압력 유지 및 베이퍼 로크를 방지하는 밸브
④ 기관의 윤활장치에서 오일필터가 막힐 경우를 대비하여 여과되지 않은 오일이 윤활부로 직접 들어갈 수 있도록 하는 밸브

해설
① 릴리프 밸브 : 회로의 압력이 밸브의 설정치에 도달하였을 때, 흐름의 일부 또는 전량을 기름탱크 측으로 흘려보내서 회로 내의 압력을 설정값으로 유지하는 밸브
② 스로틀 밸브 : 사용유의 통로 단면을 변화시켜 유량을 조절하는 밸브
③ 체크 밸브 : 연료라인 내에 압력 유지 및 베이퍼 로크 방지

29 소화 작업에 대한 설명 중 틀린 것은?

① 산소의 공급을 차단한다.
② 유류 화재 시 표면에 물을 붓는다.
③ 가연 물질의 공급을 차단한다.
④ 점화원을 발화점 이하의 온도로 낮춘다.

해설
유류는 물보다 가볍기 때문에 유류 화재 진압 시 물을 사용하면 물 표면에 유류가 뜨게 돼 불이 더욱 더 확산되는 위험이 있다.

30 건설기계를 앞에서 보면 그 앞바퀴가 수직선에 대해 어떤 각도를 두고 설치되어 있는데 이를 무엇이라 하는가?

① 캠 버
② 토 인
③ 캐스터
④ 킹핀 경사각

해설
앞바퀴 정렬요소
- 캠버 : 앞바퀴를 앞에서 보면 수직선에 대해 중심선이 경사되어 있는 것이며 바퀴의 중심선과 노면에 대한 수직선이 이루는 각도를 캠버각이라 한다.
- 토인 : 바퀴를 위에서 보았을 때 좌우 바퀴의 중심 간 거리가 뒷부분보다 앞부분이 좁게 된 상태
- 캐스터 : 바퀴를 옆에서 보면 차축에 설치한 킹핀이 수직선과 각도를 이루고 설치된 상태
- 킹핀 경사각 : 바퀴를 앞에서 보았을 때 킹핀의 중심선과 수직선이 이루는 각도

27 ② 28 ④ 29 ② 30 ①

31 동력 조향장치가 고장 났을 때 수동조작을 가능하게 하는 밸브는?

① 안전체크 밸브
② 흐름제어 밸브
③ 압력조절 밸브
④ 밸브스풀

해설
동력 조향장치의 특징
• 유압펌프의 유압에 의해 배력작용이 가능하다.
• 유압펌프 고장 시에도 기본동작이 가능하다.
• 유압계통이 고장 나도 안전체크 밸브가 설치되어 수동으로 조향 조작을 할 수 있다.
• 유압펌프는 주로 베인식을 사용한다.
• 조향장치 휠 얼라인먼트 상태의 캐스터가 불량하면 제동 시 다이빙 현상, 차체의 흔들림 현상, 핸들 조작이 무거워지며, 주행 직진성 불량 등이 발생한다.

32 탄산가스 용접기의 토치 부품에 해당하지 않는 것은?

① 노즐(Nozzle)
② 노즐 인슐레이터(Nozzle Insulator)
③ 팁(Tip)
④ 유량계(Flowmeter)

해설
용접토치

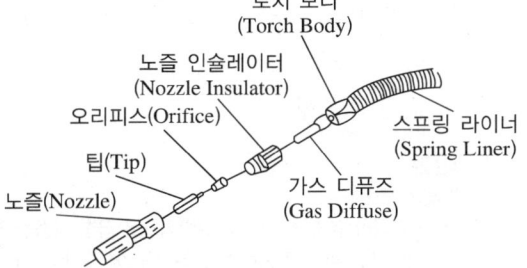

33 크랭크축과 저널 베어링 틈새 측정에 쓰이는 게이지 중 가장 적합한 것은?

① 필러 게이지(Feeler Gauge)
② 다이얼 게이지(Dial Gauge)
③ 플라스틱 게이지(Plastic Gauge)
④ 텔레스코핑 게이지(Telescoping Gauge)

해설
플라스틱 게이지 : 베어링 등의 결합에 의해 눌린 넓이를 이용하여 측정한다.
플라스틱 게이지의 용도
• 크랭크축 베어링의 마모나 파손의 원인을 찾기 위해 사용(베어링의 간극 측정)
• 크랭크 핀의 테이퍼와 진원도 측정

34 밸브스프링 서징현상을 방지하는 방법에 대한 설명 중 틀린 것은?

① 고유 진동수가 같은 2중 스프링 사용
② 부등 피치의 2중 스프링 사용
③ 고유 진동수가 틀린 2중 스프링 사용
④ 부등 피치의 원뿔형 스프링 사용

해설
밸브 서징(Surging)현상 방지법
• 부등 피치의 2중 스프링을 사용한다.
• 고유 진동수가 다른 2중 스프링을 사용한다.
• 부등 피치의 원뿔형 스프링을 사용한다.

정답 31 ① 32 ④ 33 ③ 34 ①

35 무한궤도식 장비에서 트랙 프레임 앞에 설치되어서 트랙 진행방향을 유도해 주는 것은?

① 스프로킷(Sprocket)
② 상부 롤러(Upper Roller)
③ 하부 롤러(Lower Roller)
④ 전부 유동륜(Front Idler, 프런트 아이들러)

해설
전부 유동륜(Front Idler, 프런트 아이들러)
• 트랙의 진로를 조정하면서 주행 방향으로 트랙을 유도한다.
• 트랙 프레임 앞에 설치되어 있다.
• 트랙의 장력을 조정하기 위하여 트랙 프레임 위를 전후로 움직이는 구조로 되어 있다.

36 엔진의 실린더 내에서 피스톤 링이 하는 역할로 옳은 것은?

① 냉각, 밀봉 및 오일 제어
② 밀봉, 피스톤 슬랩의 방지와 방축 유지
③ 밀봉, 압축 및 제어
④ 밀봉, 블로바이 발생, 압축 유지

해설
피스톤 링의 3대 작용
• 열전도(냉각작용)
• 기밀 유지
• 오일 제어(오일을 긁어내려 준다)

37 연삭기의 사용 시 안전사항으로 틀린 것은?

① 소형 숫돌은 측압이 강하므로 가급적 측면을 사용한다.
② 숫돌과 받침대 간격은 3mm 이하로 유지한다.
③ 숫돌차는 기계에 규정된 것을 사용한다.
④ 숫돌 커버를 벗기고 작업해서는 안 된다.

해설
소형 숫돌은 측압에 약하므로 측면 사용을 금지할 것

38 블록게이지 사용 후 보관 시 가장 옳은 방법은?

① 깨끗이 닦은 후 겹쳐 보관한다.
② 먼지, 칩 등을 깨끗이 닦고 방청유를 발라 보관함에 보관한다.
③ 철재 공구 상자에 블록을 하나씩 보관한다.
④ 기름이나 먼지를 깨끗이 닦고 헝겊에 싸서 보관한다.

해설
블록게이지 사용 후 먼지, 칩 등을 깨끗이 닦고 방청유를 발라 보관함에 보관한다.
※ 표면손상의 우려가 있으므로 겹쳐 보관하지 않는다.

39 일반적으로 굽힘 하중을 많이 받는 데 사용되는 스프링은?

① 코일 스프링
② 토션 바 스프링
③ 공기 스프링
④ 겹판 스프링

해설
겹판 스프링
긴 판을 여러 장 붙인 구조로 일반적으로 굽힘 하중을 많이 받는 데 사용한다. 싸고 간편하며 높은 하중에 잘 버틴다.

정답 35 ④ 36 ① 37 ① 38 ② 39 ④

40 캐비테이션(공동현상) 발생 원인으로 틀린 것은?

① 흡입 필터가 막혀 있을 경우
② 메인 릴리프 밸브의 설정 압력이 낮은 경우
③ 흡입관의 굵기가 펌프 본체 흡입구보다 가늘 경우
④ 유압펌프를 규정 속도 이상으로 고속 회전을 시킬 경우

해설
캐비테이션(Cavitation, 공동현상)
• 유압장치 내에 국부적인 높은 압력과 소음, 진동이 발생하는 현상이다.
• 작동유(유압유) 속에 용해 공기가 기포로 되어 있는 상태이다.
• 유동하고 있는 액체의 압력이 국부적으로 저하되어 포화 증기나 기포가 발생하고, 이것들이 터지면서 소음이 발생한다.

41 유압제어 밸브를 실린더의 입구 측에 설치하였으며, 펌프에서 송출되는 여분의 유압은 릴리프 밸브를 통해서 펌프로 방유되는 속도제어 회로는?

① 최대 압력제한 회로
② 블리드 오프(Bleed Off) 회로
③ 미터 아웃(Meter Out) 회로
④ 미터 인(Meter In) 회로

해설
미터 인(Meter In) 회로 : 유압실린더 입구에 유량제어 밸브를 설치하여 속도제어
① 최대 압력제한 회로 : 유압회로 중 일을 하는 행정에서는 고압릴리프 밸브로, 일을 하지 않을 때는 저압릴리프 밸브로 압력제어를 하여 작동목적에 알맞은 압력을 얻는 회로
② 블리드 오프(Bleed Off) 회로 : 실린더와 병렬로 유량제어 밸브를 설치하고, 그 출구를 기름탱크에 접속하여 실린더 속도를 제어
③ 미터 아웃(Meter Out) 회로 : 유압실린더 출구에 유량제어 밸브를 설치하여 속도를 제어

42 건설기계 유압장치의 운전 전 점검사항 중 틀린 것은?

① 종류가 다른 유압유를 혼합해서 사용한다.
② 유압 작동유의 누유가 있는가를 확인한다.
③ 건설기계는 평탄한 곳에 주차하고 점검한다.
④ 유압 작동유 탱크의 유량을 확인하고 부족할 경우에는 보충한다.

해설
건설기계 유압장치의 운전 전 점검사항
• 종류가 다른 유압유를 혼합해서 사용하지 않는다.
• 유압 작동유의 누유가 있는지 확인한다.
• 건설기계는 평탄한 곳에 주차하고 점검한다.
• 유압 작동유 탱크의 유량을 확인하고 부족할 경우에는 보충한다.

43 덤프트럭이 평탄한 도로를 제3속으로 주행하고 있을 때 엔진의 회전수가 2,800rpm이라면 현재 이 차량의 주행속도는?(단, 제3속 변속비 1.5 : 1, 종감속비 6.2 : 1, 타이어 반경 0.6m이다)

① 68km/h ② 72km/h
③ 78km/h ④ 82km/h

해설
$$차속 = \frac{\pi \times 타이어지름 \times 엔진회전수 \times 60}{변속비 \times 종감속비 \times 1,000}$$
$$= \frac{\pi \times (0.6 \times 2) \times 2,800 \times 60}{1.5 \times 6.2 \times 1,000} = 68.1 km/h$$

44 공기압축기의 제원표에 공기 토출량이 750cfm로 표기되어 있다. m³/min으로 변환한 값은?

① 18.6 ② 20.5
③ 21.2 ④ 23.4

해설
cfm = $(0.3048)^3$ m³/min
750cfm = $750 \times (0.3048)^3$ = 21.2m³/min

45 에어컨 점검 시 엔진룸 내부의 리시버 드라이어(Receiver Drier)를 점검하였더니 기포가 가득 차 있었다. 원인으로 알맞은 것은?

① 냉매 부족
② 냉매 과다
③ 압력 부족
④ 압력 과다

해설
리시버 드라이어(Recevier Drier) 점검 시 기포가 가득 차 있다면 냉매가 부족한 것으로 냉매의 양을 확인하여 정비하여야 한다.

46 건설기계의 축거가 4.8m, 외측 차륜의 조향각도가 30°, 내측 차륜의 조향각도가 40°, 킹핀과 바퀴접지면까지의 거리가 0.5m인 경우 최소 회전반경은 얼마인가?

① 8.0m ② 8.5m
③ 9.6m ④ 10.1m

해설
최소 회전반경 = $\dfrac{L(축거)}{\sin\theta(외측 바퀴의 각도)} + \alpha(킹핀과의 거리)$
= $\dfrac{4.8}{\sin 30°} + 0.5 = 10.1$m

47 굴착기 점검·정비 시 주의사항 중 옳지 않은 것은?

① 평탄한 곳에 주차하고 점검·정비를 한다.
② 버킷을 높게 유지한 상태로 점검·정비를 하지 않는다.
③ 유압펌프 압력을 측정하기 위해 압력계는 엔진 시동을 걸고 설치한다.
④ 붐이나 암으로 차체를 들어 올린 상태에서 차체 밑에는 들어가지 않는다.

해설
유압펌프 압력을 측정하기 위해 압력계는 엔진가동을 정지시킨 상태에서 설치한 후 엔진 시동을 걸고 측정한다.

44 ③ 45 ① 46 ④ 47 ③

48 건설기계의 유압회로에서 실린더로 전송되는 오일의 압력을 조정하는 밸브는?

① 릴레이 밸브
② 리턴 밸브
③ 릴리프 밸브
④ 시퀀스 밸브

해설
릴리프 밸브
회로의 압력이 밸브의 설정치에 도달하였을 때, 흐름의 일부 또는 전량을 기름탱크 측으로 흘려보내서 회로 내의 압력을 설정값으로 유지하는 밸브

49 유압펌프에서 소음이 나는 이유로 적당치 않은 것은?

① 릴리프 밸브의 설정압이 너무 낮다.
② 흡입되는 작동유에 기포가 있다.
③ 펌프 구동축의 베어링이 마모되었다.
④ 펌프 상부 커버의 볼트가 풀렸다.

해설
유압펌프에서 소음이 발생하는 원인
- 흡입 오일 속에 기포가 있다.
- 펌프축의 센터와 원동기축의 센터가 맞지 않다.
- 펌프의 상부 커버의 고정 볼트가 헐겁다.
- 펌프 흡입관의 결합부에서 공기가 누입되고 있다.
- 흡인관이나 흡입여과기의 일부가 막힌다.
- 펌프의 회전이 너무 빠르다.
- 오일의 점도가 너무 진하다.
- 여과기가 너무 작다.

50 에어컨 장치에서 대기 중에 함유되어 있는 유해가스를 감지하여 가스의 실내 유입을 자동적으로 차단하여 차 실내의 공기청정도를 유지하는 것은?

① AQS(Air Quality System) 센서
② 핀 서모 센서
③ 습도 센서
④ 일사량 센서

해설
① AQS(Air Quality System) 센서 : 유해가스차단장치
② 핀 서모 센서 : 에어컨장치의 증발기에 설치되어 증발기 출구 측의 온도를 감지하여 증발기의 빙결을 예방할 목적으로 설치한 것
③ 습도 센서 : 전기저항식이나 광전식 등으로 습도를 검출하는 센서
④ 일사량 센서 : 포토다이오드를 사용하며 포토다이오드는 빛의 양에 따른 일종의 가변전원이다.

51 기관에 사용되는 밸브 스프링 점검과 관계없는 것은?

① 직각도
② 코일의 수
③ 자유높이
④ 스프링 장력

해설
밸브 스프링 점검 시 규정값
- 자유고 3% 이내 : 버니어 캘리퍼스를 사용하여 측정
- 직각도 3% 이내 : 직각자와 밸브 스프링 상부의 틈새에 필러게이지로 측정
- 장력 15% 이내 : 장력게이지를 규정 장력만큼 압축시켰을 때 길이 측정 또는 장력게이지를 규정 길이만큼 압축시켰을 때 장력 측정

52 작업현장에서 정비 작업을 위하여 변속기를 이동시키려고 할 때 가장 안전한 이동방법은?

① 체인블록이나 호이스트를 사용한다.
② 지렛대를 이용하여 이동한다.
③ 로프로 묶어서 이동한다.
④ 여러 사람이 들고 이동한다.

해설
체인블록 사용 시 외부 검사를 잘하여 변형 마모손상을 점검한다.

53 기계식 조향 장치에서 조향 기어의 구성부품이 아닌 것은?

① 웜 기어
② 섹터 기어
③ 조정 스크루
④ 하이포이드 기어

해설
하이포이드 기어는 종감속 기어의 구성품이다.

54 압축비 7.25, 행정체적 300cm³인 기관의 연소실 체적은?

① 47cm³
② 48cm³
③ 49cm³
④ 50cm³

해설
압축비(ε) = 1 + $\dfrac{행정체적}{연소실체적}$

연소실체적 = $\dfrac{행정체적}{(압축비-1)} = \dfrac{300}{(7.25-1)} = 48\text{cm}^3$

55 다음 중 기계 작업을 할 때의 주의사항으로 적합하지 않은 것은?

① 기어와 벨트 전동 부분에는 보호 커버를 씌운다.
② 스위치를 OFF하고 기계를 빨리 정지시키기 위하여 손이나 공구 등을 사용하여 정지시킨다.
③ 운전 중에는 기계로부터 이탈하지 말아야 한다.
④ 기계에 주유를 할 때에는 운전을 정지한 상태에서 오일 건을 사용하여 주유한다.

해설
일반 기계 작업 시 유의사항
- 철분 등을 입으로 불거나 손으로 털어서는 안 된다.
- 운전 중에는 기계로부터 이탈하지 않도록 한다. 이탈할 때에는 기계를 정지시켜야 한다.
- 정전 시에는 기계의 스위치를 모두 내린다.
- 스위치를 내리고 작동 중인 기계를 멈추기 위해 손, 발, 공구 등으로 기계를 정지시켜서는 안 된다.
- 기계에 주유할 때에는 운전을 정지시킨 상태에서 오일 건을 사용하여 주유하여야 한다.

56 볼트나 너트를 완전히 감싸서 오픈엔드 렌치보다 큰 토크를 걸 수 있고 오프셋 각도를 가지는 공구는?

① 오프셋 복스 렌치
② 오프셋 태핏 렌치
③ 휠 너트 렌치
④ 소켓 렌치

57 기관 분해·조립 시 스패너 사용자세로 옳지 않은 것은?

① 몸의 중심을 유지하게 한 손은 작업물을 지지한다.
② 스패너 자루에 파이프를 끼우고 발로 민다.
③ 너트에 스패너를 깊이 물리고 조금씩 앞으로 당기는 식으로 풀고, 조인다.
④ 항상 몸의 균형을 잡아 넘어지는 것을 방지한다.

해설
스패너의 사용자세
• 스패너의 입이 너트의 치수에 맞는 것을 사용해야 한다.
• 스패너의 자루에 파이프를 이어서 사용해서는 안 된다.
• 스패너 등을 해머 대신 써서는 안 된다.
• 너트에 스패너를 깊이 물리고 조금씩 앞으로 당기는 식으로 풀고 조인다.
• 항상 몸의 균형을 잡아 부상을 방지한다.

58 최대 정격 2차 전류가 160A, 허용사용률이 30%, 실제의 용접전류가 140A일 때 정격사용률은 약 몇 %인가?

① 23
② 33
③ 43
④ 53

해설
$$\text{정격사용률} = \frac{\text{허용사용률} \times (\text{실제용접전류})^2}{(\text{최대 정격 2차 전류})^2} \times 100$$
$$= \frac{0.3 \times 140^2}{160^2} \times 100 = 23\%$$

59 다이얼게이지 취급 시 주의사항으로 잘못된 것은?

① 게이지는 측정 면에 직각으로 설치한다.
② 충격은 절대로 금해야 한다.
③ 게이지 눈금은 0점 조정을 하여 사용한다.
④ 스핀들에는 유압유를 급유하여 둔다.

해설
다이얼게이지 취급 시 유의사항
• 스핀들에는 유압유 등을 급유하거나 그리스를 바르지 않는다.
• 분해소제나 조정은 하지 않는다.
• 다이얼인디케이터에 어떤 충격이라도 가해서는 안 된다.
• 측정할 때는 측정물에 스핀들을 직각으로 설치하고 무리한 접촉은 피한다.
• 게이지 눈금은 0점 조정을 하여 사용한다.

60 축거가 1.2m인 지게차의 핸들을 왼쪽으로 완전히 꺾었을 때 오른쪽 바퀴의 각도가 30°이고 왼쪽 바퀴의 각도가 45°일 때 최소 회전반지름은?

① 1.2m
② 1.68m
③ 2.1m
④ 2.4m

해설
$$\text{최소 회전반지름} = \frac{\text{축거}}{\sin\alpha} = \frac{1.2}{\sin 30°} = 2.4\text{m}$$

2021년 제2회 과년도 기출복원문제

01 축압기(어큐뮬레이터) 취급상의 주의사항으로 틀린 것은?

① 축압기에 봉입하는 가스는 폭발성 기체를 사용하면 안 된다.
② 유압펌프 맥동방지용 축압기는 펌프의 입구 측에 설치한다.
③ 충격 흡수용 축압기는 충격 발생원에 가깝게 설치한다.
④ 축압기에 용접을 하거나 가공, 구멍 뚫기 등을 해서는 안 된다.

해설
유압펌프 맥동방지용 축압기는 펌프의 출구 측에 설치한다.

02 유량제어 밸브에 해당되는 밸브는?

① 체크밸브
② 교축밸브
③ 포트밸브
④ 감압밸브

해설
교축밸브(스로틀밸브) : 작동유의 점성에 관계없이 유량을 조절할 수 있으며, 조정범위가 크고 미세량도 조정 가능한 밸브이다.
• 방향제어 밸브 : 체크밸브, 포트밸브
• 유압제어 밸브 : 감압밸브

03 연강용 피복아크용접봉의 종류, 피복제, 용접자세를 바르게 연결한 것은?

① E4301 - 고산화타이타늄계 - F, V, O, H
② E4303 - 저수소계 - F, V, O, H
③ E4311 - 철분 저수소계 - F, H-Fill
④ E4327 - 철분 산화철계 - F, H-Fill

해설
① E4301 - 일미나이트계 - F, V, O, H
② E4303 - 라임티타니아계 - F, V, O, H
③ E4311 - 고셀룰로스계 - F, V, O, H

04 다음 그림은 무엇을 나타내는 경고표지인가?

① 부식성 물질 경고
② 폭발성 물질 경고
③ 산화성 물질 경고
④ 인화성 물질 경고

해설
경고표지

인화성 물질 경고	부식성 물질 경고	폭발성 물질 경고	산화성 물질 경고
🔥	🧪	💥	🔥

05 유류화재는 어느 화재에 속하는가?
① A급 ② B급
③ K급 ④ D급

해설
화재의 종류

분류	A급 화재	B급 화재	C급 화재	D급 화재
명칭	일반(보통) 화재	유류 및 가스화재	전기화재	금속화재
가연 물질	나무, 종이, 섬유 등의 고체 물질	기름, 윤활유, 페인트 등의 액체 물질	전기설비, 기계 전선 등의 물질	가연성 금속(Al 분말, Mg 분말)

06 해머작업 시 안전수칙과 거리가 먼 것은?
① 타격면 모양이 찌그러진 것으로 작업하지 않는다.
② 해머와 자루의 흔들림 상태를 점검한다.
③ 타격 시 불꽃이 생기거나 파편이 생길 수 있는 작업에서는 반드시 보호안경을 써야 한다.
④ 열처리된 재료는 열처리된 해머를 사용한다.

해설
열처리된 재료는 해머작업을 하지 않는다.

07 무한궤도식 굴착기에서 접지면적이 4.5m², 장비중량이 20ton일 때 접지압은?
① 0.3kgf/cm² ② 0.4kgf/cm²
③ 0.5kgf/cm² ④ 0.6kgf/cm²

해설
$$접지압 = \frac{작용하중(kg)}{접지면적(cm^2)} = \frac{20 \times 10^3}{4.5 \times 10^4} ≒ 0.4 kgf/cm^2$$

08 기관의 밸브기구 구성부품인 캠(Cam)에 대한 설명으로 틀린 것은?
① 기관이 밸브수와 같은 캠이 배열되어 있다.
② 열려 있는 시간은 길어야 하며 빨리 열리고 늦게 닫혀야 한다.
③ 종류에는 캠의 형상에 따라 전부동식캠, 반부동식캠이 있다.
④ 밸브 운동 상태, 열려 있는 기간, 밸브 양정 등은 캠의 형상에 따라 정해진다.

해설
종류에는 캠의 형상에 따라 접선캠, 오목캠, 볼록캠 등이 있다.

09 다음 기호가 나타내는 것은?

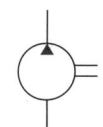

① 압력스위치 ② 정용량 유압펌프
③ 릴리프밸브 ④ 오일여과기

해설
① 압력스위치
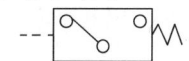
③ 릴리프밸브
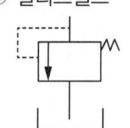
④ 오일여과기
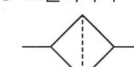

정답 5 ② 6 ④ 7 ② 8 ③ 9 ②

10 윤활유의 작용에 대한 설명으로 적합하지 않은 것은?

① 윤활유는 기관에서 많은 열을 흡수하므로 냉각시켜야 한다.
② 윤활유의 온도가 오르면 점도는 높아진다.
③ 마찰부에 유막을 형성하여 소음과 진동을 감소시킨다.
④ 기관 부품이 가진 열을 흡수하므로 부품이 과열되지 않게 보호한다.

[해설]
윤활유의 온도가 오르면 점도는 낮아진다.

11 12V, 30W의 전구를 켰을 때 전구의 저항은?

① 2.5Ω
② 3.2Ω
③ 4.8Ω
④ 5.6Ω

[해설]
$P = VI \to I = \dfrac{P}{V} = \dfrac{30\text{W}}{12\text{V}} = 2.5\text{A}$

$V = IR \to R = \dfrac{V}{I} = \dfrac{12\text{V}}{2.5\text{A}} = 4.8\Omega$

여기서, P : 전력(W)
　　　　V : 전압(V)
　　　　I : 전류(A)
　　　　R : 저항(Ω)

12 스패너 및 렌치를 사용한 작업 시 주의사항으로 틀린 것은?

① 스패너의 자루가 짧다고 느낄 때는 긴 파이프를 연결하여 사용한다.
② 스패너나 렌치는 몸쪽으로 당기면서 볼트·너트를 풀거나 조인다.
③ 파이프렌치는 한쪽 방향으로만 힘을 가하여 사용한다.
④ 파이프렌치는 반드시 둥근 물체에만 사용한다.

[해설]
스패너의 자루에 파이프를 이어서 사용하면 안 된다.

13 디젤기관 예열장치에 사용되는 코일형 예열플러그(Glow Plug)에 대한 설명으로 틀린 것은?

① 수명이 길다.
② 예열시간이 짧다.
③ 기계적 강도가 약하다.
④ 예연소실에 직접 열선이 노출되어 있다.

[해설]
코일형은 열선이 예연소실에 그대로 드러나 예열이 빠르지만 연소열이나 충격을 그대로 받아 열선의 수명이 짧은 것이 단점이다.

14 유압작동유의 기능과 거리가 먼 것은?

① 열을 흡수하는 작용을 한다.
② 윤활작용을 한다.
③ 밀봉작용을 한다.
④ 촉매작용을 한다.

[해설]
유압작동유의 기능
• 부식을 방지한다.
• 윤활작용, 냉각작용을 한다.
• 압력에너지를 이송한다(동력 전달 기능).
• 필요한 요소 사이를 밀봉한다.

15 엔진오일펌프 출구 쪽에 설치된 릴리프밸브의 설치목적은?

① 오일을 빨리 압송하기 위해
② 유압계통 내의 유압이 과도하게 상승되는 것을 방지하기 위해
③ 윤활계통 내 오일의 양을 조절하기 위해
④ 순환되는 오일을 깨끗이 여과하기 위해

해설
릴리프밸브 : 유압회로의 최고 압력을 제어하고, 회로의 압력을 일정하게 유지시키는 밸브로, 펌프와 제어밸브 사이에 설치한다.

16 하체작업을 하기 위해 지게차를 들어 올리고 차체 밑에서 작업할 때 주의사항으로 틀린 것은?

① 고정 스탠드로 차체의 4군데를 받치고 작업한다.
② 잭으로 받쳐 놓은 상태에서는 밑부분에 들어가지 않는 것이 좋다.
③ 바닥이 견고하면서 수평한 곳에 놓고 작업하여야 한다.
④ 고정 스탠드로 3군데를 받치고 한 군데는 잭으로 들어 올린 상태에서 작업하면 작업효율이 증대된다.

해설
고정 스탠드로 4곳을 받치고 작업하면 작업효율이 증대된다.

17 굴착기 점검·정비 시 주의사항 중 옳지 않은 것은?

① 평탄한 곳에 주차하고 점검·정비를 한다.
② 버킷을 높게 유지한 상태로 점검·정비를 하지 않는다.
③ 유압펌프의 압력을 측정하기 위해 압력계는 엔진 시동을 걸고 설치한다.
④ 붐이나 암으로 차체를 들어 올린 상태에서 차체 밑에는 들어가지 않는다.

해설
유압펌프의 압력을 측정하기 위해 압력계는 엔진을 정지시킨 상태에서 설치한 후 엔진 시동을 걸고 측정한다.

18 용접법을 크게 융접, 압접, 납땜을 분류할 때 압접에 해당하는 것은?

① 전자빔용접
② 초음파용접
③ 원자수소용접
④ 일렉트로슬래그용접

해설
• 압접 : 초음파용접
• 융접 : 전자빔용접, 원자수소용접, 일렉트로슬래그용접

19 전기장치를 정비할 경우 안전수칙으로 바르지 못한 것은?

① 절연되어 있는 부분을 세척제로 세척한다.
② 전압계는 병렬접속하고, 전류계는 직렬접속한다.
③ 축전지 케이블은 전장용 스위치를 모두 OFF 상태에서 분리한다.
④ 배선 연결 시에는 부하 측으로부터 전원 측으로 접속하고 스위치는 OFF로 한다.

정답 15 ② 16 ④ 17 ③ 18 ② 19 ①

20 변속기에서 기어변속이 잘되나 동력 전달이 좋지 못한 원인으로 가장 적합한 것은?

① 클러치가 끊어지지 않을 때
② 변속기 축 스플라인 홈이 마모되었을 때
③ 싱크로나이저 링과 접촉이 불량할 때
④ 클러치 디스크가 마모되었을 때

해설
클러치 디스크는 플라이휠과 압력판 사이에 끼어져 있으며 기관의 동력을 변속기 입력 축을 통하여 변속기로 전달하는 마찰판이다.

21 굴착기의 작업장치 구성요소가 아닌 것은?

① 붐   ② 트 랙
③ 암   ④ 버 킷

해설
굴착기의 작업장치는 붐, 암, 버킷으로 구성되며, 3~4개의 유압 실린더에 의해 작동된다.

22 실린더 헤드 볼트를 풀 때의 요령은?

① 풀기 쉬운 것부터 푼다.
② 중심에서 외측으로 향해 푼다.
③ 외측에서 대각선 방향으로 풀어 중앙으로 온다.
④ 고정 토크로 한 번에 전부 일렬로 푼다.

해설
실린더 헤드의 볼트는 중앙에서 바깥쪽을 향하여 대각선 방향으로 조이므로, 풀 때는 바깥쪽에서 중앙을 향하여 대각선 방향으로 푼다.

23 기관의 피스톤 링이 끼워지는 홈과 홈 사이의 명칭은?

① 리브(Rib)
② 랜드(Land)
③ 스커트(Skirt)
④ 히트 댐(Heat Dam)

해설
링이 끼워지는 홈은 링 홈(Ring Groove), 홈과 홈 사이는 랜드(Land)라고 한다.

24 엔진의 실린더 내에서 피스톤 링이 하는 역할로 옳은 것은?

① 냉각, 밀봉 및 오일 제어
② 밀봉, 피스톤 슬랩의 방지와 방축 유지
③ 밀봉, 압축 및 제어
④ 밀봉, 블로바이 발생, 압축 유지

해설
피스톤 링의 3대 작용
• 열전도(냉각작용)
• 기밀 유지
• 오일 제어(오일을 긁어내려 준다)

25 기계작업을 할 때의 주의사항으로 적합하지 않은 것은?

① 기어와 벨트 전동 부분에는 보호 커버를 씌운다.
② 스위치를 OFF하고 기계를 빨리 정지시키기 위하여 손이나 공구 등을 사용하여 정지시킨다.
③ 운전 중에는 기계로부터 이탈하지 말아야 한다.
④ 기계에 주유할 때는 운전을 정지한 상태에서 오일 건을 사용하여 주유한다.

해설
일반 기계작업 시 유의사항
• 철분 등을 입으로 불거나 손으로 털어서는 안 된다.
• 운전 중에는 기계로부터 이탈하지 않는다. 이탈할 때는 기계를 정지시켜야 한다.
• 정전 시에는 기계의 스위치를 모두 내린다.
• 스위치를 내리고 작동 중인 기계를 멈추기 위해 손, 발, 공구 등으로 기계를 정지시켜서는 안 된다.
• 기계에 주유할 때에는 운전을 정지시킨 상태에서 오일 건을 사용하여 주유해야 한다.

26 굴착기 전부 작업장치인 브레이커 설치로 암반 파쇄작업을 수행하였으나 타격(작동)이 되지 않는 경우 그 원인이 아닌 것은?

① 호스 및 파이프의 배관 결함
② 컨트롤밸브의 결함
③ 축압기의 압력 부족
④ 메인펌프의 결함

해설
축압기는 유압펌프에서 발생한 유압을 저장하고 맥동을 소멸시키는 장치이다.

27 유압작동유 및 유압작동부의 온도가 이상적으로 상승할 때의 원인으로 틀린 것은?

① 유압작동유가 부족하다.
② 유압펌프 내부 누설이 증가하고 있다.
③ 유압실린더의 행정이 너무 크다.
④ 밸브의 누유가 많고 무부하시간이 짧다.

해설
유압유(작동유)의 온도가 높아지는 원인
• 유압작동유가 부족할 때
• 유압펌프 내부 누설이 증가되고 있을 때
• 밸브의 누유가 많고 무부하시간이 짧을 때
• 유압작동유가 노화되었을 때
• 유압의 점도가 부적당할 때
• 펌프의 효율이 불량할 때
• 오일냉각기의 냉각핀이 오손되었을 때
• 냉각팬의 회전속도가 느릴 때
• 릴리프밸브가 과도하게 작동할 때

28 이산화탄소 아크용접 결합에서 일반적으로 다공성의 원인이 되는 가스가 아닌 것은?

① 질 소
② 수 소
③ 일산화탄소
④ 산 소

해설
이산화탄소(CO_2)가스 아크용접에서 일반적으로 다공성의 원인이 되는 가스는 질소, 수소 및 일산화탄소(CO)이다.

29 변속할 때 기어의 물림 소리가 심하게 나는 경우 가장 큰 원인은?

① 윤활유의 부족
② 기어 사이의 백래시 과다
③ 클러치가 끊어지지 않을 때
④ 시프트 포크와 시프트 레일의 관계 불량

해설
변속할 때 클러치가 끊어지지 않으면 기어끼리 부드럽게 맞물리지 못해 소음이 발생한다.

30 클러치 페달의 자유간극을 조정하는 방법은?

① 클러치 페달을 움직여서 조정한다.
② 클러치 스프링의 장력을 조정한다.
③ 클러치 페달 리턴 스프링의 장력을 조정한다.
④ 클러치 링키지의 길이를 조정한다.

해설
자유간극 조정은 클러치 링키지에서 하고, 클러치가 미끄러지면 페달 자유간극부터 점검하고 조정해야 한다.

31 기중기의 전부(작업)장치가 아닌 것은?

① 드래그라인
② 파일 드라이버
③ 클램셸
④ 스캐리파이어

해설
스캐리파이어(쇠스랑)
건설 도로 공사용 굴착기계에서 사용하는 도구의 하나로, 지반의 견고한 흙을 긁어 일으키기 위하여 모터 그레이더나 로드롤러에 부착하는 도구이다.
※ 기중기의 6대 전부(작업)장치 : 훅, 드래그라인, 파일 드라이버, 클램셸, 셔블, 백호

32 건설기계 작업장치의 붐을 용접 수리하기 위해 이음 부분을 깨끗한 상태로 청소하는 것은 매우 중요하다. 용접부의 이물질을 제거하는 방법으로 가장 거리가 먼 것은?

① 와이어 브러시를 사용한다.
② 스크레이퍼를 사용한다.
③ 쇼트브라이트를 사용한다.
④ 화학약품을 사용한다.

해설
다층 용접 시 용접이음부의 청정방법
• 그라인더를 이용하여 이음부 등을 청소한다.
• 많은 양의 청소는 쇼트브라이트를 이용한다.
• 와이어 브러시를 이용하여 용접부의 이물질을 깨끗이 제거한다.
※ 스크레이퍼는 기계의 분진이나 쇠 부스러기를 청소하기 위해서 사용하는 공구로 적당하다.

33 기계작업에 대한 설명 중 적합하지 않은 것은?

① 치수 측정은 기계 회전 중에 하지 않는다.
② 구멍 깎기 작업 시에는 기계 운전 중에도 계속 구멍 속을 청소해야 한다.
③ 기계의 회전 중에는 다듬면 검사를 하지 않는다.
④ 베드 및 테이블(Bed & Table)의 면을 공구대 대용으로 쓰지 않는다.

해설
구멍 깎기 작업 시 기계 운전 중에는 구멍 속을 청소하면 안 된다.

34 용착효율이 가장 높은 용접법은?

① 서브머지드 아크용접
② FCAW 용접
③ TIG, MIG 용접
④ 피복아크용접

해설
용착효율
- 서브머지드 아크용접 : 100%
- MIG 용접 : 92%
- FCAW(플럭스 코어드 아크) 용접 : 75~85%
- 피복아크용접 : 65%

35 전동기에 대한 설명으로 틀린 것은?

① 직권전동기는 계자코일과 전기자 코일이 직렬로 연결되어 있다.
② 분권전동기는 계자코일과 전기자 코일이 병렬로 연결되어 있다.
③ 직권전동기는 주로 시동모터에 사용된다.
④ 분권전동기는 일반적으로 직권전동기보다 기동 회전력이 크다.

해설
직권전동기는 변속도 특성 때문에 제어용으로 부적합하고, 자동차의 시동전동기, 크레인, 전동차 등에 사용된다.

36 철사 등을 당길 때 가늘고 길게 늘어나는 성질은?

① 전 성   ② 연 성
③ 전연성   ④ 인 성

해설
② 연성 : 끊어지지 않고 길게 선으로 뽑힐 수 있는 성질
① 전성 : 부서짐 없이 넓게 늘어나며 펴지는 성질
③ 전연성 : 펴지고 늘어나는 성질
④ 인성 : 휘거나 비틀거나 구부렸을 때 버티는 힘

37 전기용접 작업 시 주의사항으로 틀린 것은?

① 용접작업자는 용접기 내부에 손을 대지 않도록 한다.
② 용접전류는 아크가 발생하는 도중에 조절한다.
③ 용접 준비가 완료된 후 용접기 전원 스위치를 ON시킨다.
④ 용접 케이블의 접속 상태가 양호한지 확인한 후 작업해야 한다.

해설
용접전류의 볼륨을 적절한 위치로 조정한 후 아크를 발생시킨다.

38 배터리에 사용되는 전해액을 만들 때 올바른 방법은?

① 황산을 가열하여야 한다.
② 철재의 용기를 사용한다.
③ 물을 황산에 부어야 한다.
④ 황산을 물에 부어야 한다.

해설
전해액을 만들 때는 절연체 용기를 사용하며, 황산을 물에 부어야 한다.

39 지게차에서 리프트 실린더의 상승력이 부족한 원인과 거리가 먼 것은?

① 유압펌프의 불량
② 오일필터의 막힘
③ 리프트 실린더의 피스톤실부 손상
④ 틸트 컨트롤 제어부 손상

해설
틸트(Tilt) 컨트롤 제어부 손상은 틸트 실린더에 영향을 준다.

40 트랙과 아이들러가 정확한 정렬 상태에서 일어나는 마모현상이 아닌 것은?

① 아이들러 플랜지의 양면이 마모된다.
② 양쪽 링크의 양면이 같이 마모된다.
③ 트랙롤러의 플랜지 4개가 같이 마모된다.
④ 아이들러의 바깥 플랜지만 마모된다.

해설
아이들러의 바깥 플랜지만 마모되는 경우는 트랙 정렬에서 아이들 롤러가 중심부에서 바깥쪽으로 밀린 상태로 조립되었을 때 일어나는 현상이다.

41 전기로 인한 화재 시 부적합한 소화기는?

① 할론 소화기
② CO_2 소화기
③ 포말 소화기
④ 분말 소화기

해설
화재의 종류에 따른 사용 소화기

분류	A급 화재	B급 화재	C급 화재	D급 화재
명칭	일반(보통)화재	유류 및 가스화재	전기화재	금속화재
소화기	물·분말 소화기, 포(포말) 소화기, 이산화탄소 소화기, 강화액 소화기, 산·알칼리 소화기	분말 소화기, 포(포말) 소화기, 이산화탄소 소화기	분말 소화기, 유기성 소화기, 이산화탄소 소화기, 무상강화액 소화기, 할로겐화합물 소화기	건조된 모래 (건조사)

42 유압호스가 가장 바르게 설치된 것은?

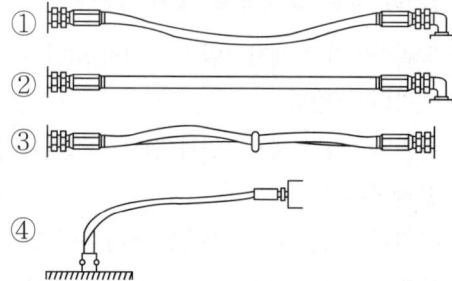

해설
호스 길이에 여유가 충분하지 않으면 호스 피팅 연결부에 압력이 가해졌을 때 누유가 발생하거나 호스가 피팅에서 풀리면서 치명적인 사고가 발생할 수 있다. 반대로 너무 느슨하면 호스 마모 또는 주변 구성요소에 걸리는 위험이 발생할 수 있다.

43 등화장치에서 어떤 방향에서의 빛의 세기를 나타내는 것을 무엇이라 하는가?

① 조 도
② 럭스(lx)
③ 데시벨(dB)
④ 칸델라(cd)

해설
측광단위

구 분	정 의	기 호	단 위
조 도	단위면적당 빛의 도달 정도	E	lx
광 도	빛의 강도	I	cd
광 속	광원에 의해 초(sec)당 방출되는 가시광의 전체량	f	lm
휘 도	어떤 방향으로부터 본 물체의 밝기	L	cd/m^2, nt
램프효율	소모하는 전기에너지가 빛으로 전환되는 효율성	h	lm/W

44 건설기계로 사용되는 콘크리트 플랜트의 작업능력을 산정하는 요소가 아닌 것은?

① 최대 인양능력
② 재료의 저장용량
③ 믹서의 용량과 대수
④ 단위시간당 혼합능력

해설
배치 플랜트(Batch Plant)의 작업능력 산정방법
콘크리트 재료의 저장용량, 콘크리트 믹서의 대수, 단위시간당 혼합능력 등을 가지고 표현한다. 따라서 믹서의 크기 0.6~3m³, 믹서의 대수 2~4대 정도를 일반적으로 많이 사용하며 플랜트의 용량은 단위시간당 혼합능력(m³/h)으로 표시하고 믹서의 용량, 대수, 계량방식에 따라 다르다.

45 축전지를 급속 충전 또는 보충전할 때 안전에 주의하지 않아도 되는 것은?

① 화 기
② 스위치
③ 환기장치
④ 전해액 온도

해설
① 축전지를 충전할 때는 음극에서 폭발성 가스인 수소가스가 발생하기 때문에 충전 중인 축전지 근처에 불꽃을 가까이 하면 안 된다.
③ 충전하는 장소에는 반드시 환기장치를 설치해야 한다.
④ 충전 중 전해액의 온도를 45℃ 이상으로 상승시키지 않는다.

46 건설기계에서 유압펌프를 교환한 후 시운전 요령에 해당하지 않는 것은?

① 유압라인의 공기빼기작업을 한다.
② 펌프의 회전 방향이 틀리지 않도록 한다.
③ 유압 작동유가 탱크에 채워져 있는가를 확인한다.
④ 펌프의 성능 확인을 위해 시동 후 2~3초 이내에 최대부하운전을 한다.

해설
유압펌프를 교환한 후 시운전 요령
- 유압작동유가 탱크에 채워져 있는가를 확인한다.
- 유압라인의 공기빼기작업을 한다.
- 유압작동유 탱크의 유면을 수시로 점검한다.
- 펌프의 회전 방향이 틀리지 않도록 한다.
- 펌프가 작동 중일 때는 펌프에 손을 대지 않는다.
- 유압작동유가 정상 온도에 도달했을 때 부하운전을 한다.

47 무한궤도식 장비에서 트랙 프레임 앞에 설치되어서 트랙 진행 방향을 유도해 주는 것은?

① 스프로킷(Sprocket)
② 상부 롤러(Upper Roller)
③ 하부 롤러(Lower Roller)
④ 전부 유동륜(Front Idler, 프런트 아이들러)

해설
전부 유동륜(Front Idler, 프런트 아이들러)
• 트랙의 진로를 조정하면서 주행 방향으로 트랙을 유도한다.
• 트랙 프레임 앞에 설치되어 있다.
• 트랙의 장력을 조정하기 위하여 트랙 프레임 위를 전후로 움직이는 구조로 되어 있다.

48 감전사고나 전기화상사고를 미연에 방지하기 위하여 작업자가 미리 갖추어야 할 것은?

① 구명구를 착용한다.
② 구급용구를 비치한다.
③ 신호기를 설치한다.
④ 보호구를 착용한다.

해설
보호구는 재해나 건강장해를 방지하기 위한 목적으로, 작업자가 착용하여 작업하는 기구나 장치이다.

49 다음 제원의 굴착기 선회 rpm은?

- 선회모터 회전수 : 1,200
- 유성치차(유성기어) 감속비 : 19.47
- 피니언기어 잇수 : 14
- 링기어 잇수 : 90

① 약 10   ② 약 20
③ 약 30   ④ 약 40

해설

종감속비 $= \dfrac{\text{링기어 잇수}}{\text{구동 피니언 잇수}} = \dfrac{90}{14} ≒ 6.43$

∴ 링기어(뒤 액슬축) 회전수 $= \dfrac{\text{엔진 회전수}}{\text{변속비} \times \text{종감속비}}$

$= \dfrac{\text{추진축 회전수}}{\text{종감속비}}$

$= \dfrac{1,200}{19.47 \times 6.43} ≒ 10\,\text{rpm}$

50 6실린더, 4행정 1사이클, 지름 220mm, 행정 300mm, 분당 회전수 300, 도시평균유효압력 9kgf/cm²일 때, 도시마력은?

① 약 51PS   ② 약 102PS
③ 약 205PS   ④ 약 410PS

해설
도시마력(지시마력, IHP)

$IHP = \dfrac{P \times A \times L \times N \times R}{75 \times 60 \times 100}$

$= \dfrac{9 \times \dfrac{\pi \times 22^2}{4} \times 30 \times 6 \times \dfrac{300}{2}}{75 \times 60 \times 100}$

$≒ 205.27\,\text{PS}$

여기서, P : 도시평균유효압력(kgf/cm²)

A : 실린더 단면적(cm²) $= \dfrac{\pi \times D^2}{4}$

L : 행정(cm)
N : 실린더수
R : 엔진 회전수

• 4행정 사이클의 경우 : $\dfrac{R}{2}$
• 2행정 사이클의 경우 : R

51 어떤 건설기계로 300m의 언덕길을 왕복하는 데 0.15L의 연료가 소비되었다. 내려올 때 연료소비율이 8km/L이었다면 올라갈 때의 연료소비율은?

① 1.0km/L
② 1.5km/L
③ 2.7km/L
④ 3.3km/L

해설
언덕길을 왕복하는 데 소비한 연료량
= 올라갈 때 소비한 연료량 + 내려올 때 소비한 연료량
= $\dfrac{\text{올라갈 때 움직인 거리}}{\text{올라갈 때 연료소비율}} + \dfrac{\text{내려올 때 움직인 거리}}{\text{내려올 때 연료소비율}}$

$0.15\text{L} = \dfrac{0.3\text{km}}{\text{올라갈 때 연료소비율}} + \dfrac{0.3\text{km}}{8\text{km/L}}$

∴ 올라갈 때 연료소비율 ≒ 2.7km/L

52 기관이 중속 상태에서 2,000rpm으로 회전하고 있을 때, 회전토크가 7m-kgf라면 회전마력은?

① 약 9.8PS
② 약 19.5PS
③ 약 25.5PS
④ 약 39.5PS

해설
회전마력(PS) = $\dfrac{TR}{716} = \dfrac{7 \times 2,000}{716} ≒ 19.55\text{PS}$

여기서, T : 회전토크
　　　　R : 회전속도

53 브레이크 장치의 마스터 실린더에서 피스톤 1차 컵이 하는 일은?

① 오일 누출
② 베이퍼 로크 생성
③ 유압 발생 시 유밀 유지
④ 잔압 방지

해설
피스톤 컵 : 1차, 2차 컵이 있으며 1차 컵의 기능은 유압을 발생시키고, 2차 컵은 마스터실린더의 오일이 누출되는 것을 방지한다.

54 인바 스트럿 피스톤(Invar Strut Piston)의 주성분은?

① 니켈 + 망간 + 탄소
② 알루미늄 + 니켈 + 크롬
③ 망간 + 마그네슘 + 탄소
④ 망간 + 철 + 구리

해설
인바(Invar)는 니켈(35~36%) + 망간(0.4%) + 코발트(1~3%) + 철의 합금으로 열 팽창계수가 0에 가까워 정밀기구류의 재료에 사용한다.
인바 스트럿 피스톤(Inver Strut Piston) : 열 팽창계수가 작은 인바 스트럿을 스커트 윗부분에 넣고 일체 주조하여 만든 피스톤으로 온도 변화에 따른 피스톤 간극을 일정하게 유지할 수 있다.

정답　51 ③　52 ②　53 ③　54 ①

55 가변저항을 가리키는 부호는?

① ─/\/\/\─
② ─/\/\/\─
③ ─∞∞∞─
④ ─→├─

해설
회로도에서 저항의 표시기호

명 칭	회로도 기호	설 명
저 항	─/\/\/\─	고정값을 갖는 저항기를 말하며, 회로도나 부품록에서는 기호 R로 표시한다.
가변저항	─/\/\/\─	저항값이 변하는 가변저항이며 표시된 용량은 가변 범위의 최대 저항값이다.
어레이저항(Array Resistor), 네트워크저항(Network Resistor)		1개의 패키지에 저항이 여러 개 들어 있는 부품이다.
서미스터 (Thermistor)		온도에 따라 저항값이 변하는 저항의 일종이다.
배리스터(Varistor)		전압에 따라 저항값이 변하는 저항의 일종이다.

56 부동액의 성분이 아닌 것은?

① 알코올
② 글리세린
③ 에틸렌글리콜
④ 벤 졸

해설
부동액의 성분에는 메탄올(알코올), 에틸렌글리콜, 글리세린 등이 있다.

57 유니버설 조인트의 설치목적에 대한 설명 중 맞는 것은?

① 추진축의 길이 변화를 가능하게 한다.
② 추진축의 회전속도를 변화해 준다.
③ 추진축의 신축성을 제공한다.
④ 추진축의 각도 변화를 가능하게 한다.

해설
유니버설 조인트 : 동력전달장치에서 두 축 간의 충격완화와 각도 변화를 융통성 있게 하면서 동력을 전달하는 기구이다.

58 실린더 총체적(V)이 1,000cc이고, 행정체적이 600cc인 엔진의 압축비는?

① 2.5 : 1
② 3.6 : 1
③ 4.2 : 1
④ 5.4 : 1

해설
연소실체적 = 실린더 총체적 − 행정체적

$$압축비 = 1 + \frac{행정체적}{연소실체적} = 1 + \frac{600}{1,000-600} = 2.5$$

59 축전지 충전 시 안전수칙으로 맞지 않는 것은?

① 전해액 온도는 45℃ 이상 되지 않게 한다.
② 충전장소는 반드시 환기장치를 해야 한다.
③ 각 셀의 벤트 플러그는 닫아 두지 않는다.
④ 충전 시에는 발전기와 병렬접속하여 충전한다.

해설
2개 이상 동시에 충전할 때에는 반드시 직렬접속해야 한다.

60 작업안전 준수사항으로 적합하지 않은 것은?

① 스패너의 크기가 너트에 맞는 것이 없을 때는 끼움판을 사용한다.
② 스패너로 너트를 조일 때는 몸 안쪽으로 당기면서 조인다.
③ 연료 파이프라인의 피팅을 풀고 조일 때는 오픈엔드 렌치로 한다.
④ 가스용접 시 먼저 아세틸렌밸브를 열고 불을 붙인 후 산소밸브를 연다.

해설
스패너 또는 렌치와 너트 사이의 틈에는 다른 물건을 끼워서 사용하지 않는다.

2022년 제1회 과년도 기출복원문제

01 4행정 기관과 비교했을 때 2행정 기관의 가장 큰 장점은?

① 기계적 효율이 높다.
② 배기 작용이 충분하므로 연료 소비가 적다.
③ 열효율, 체적효율이 높다.
④ 동일 출력에 대해 체적이 적어 중량을 적게 할 수 있다.

해설
4행정 사이클 기관에 비하여 2행정 기관은 1.6~1.7배의 출력이 있다.

02 실린더 블록과 헤드 사이에 끼워져 압력가스의 누출을 방지하는 것은?

① 실린더 헤드
② 물 재킷
③ 실린더 로커 암
④ 헤드 개스킷

해설
헤드 개스킷은 실린더 헤드와 블록 사이에 삽입하여 압축과 폭발가스의 기밀을 유지하고, 냉각수와 엔진오일이 누출되는 것을 방지하는 역할을 한다.

03 밸브 시트에 침하가 생기면 일어나는 현상으로 틀린 것은?

① 밸브 스프링의 장력이 약화된다.
② 밸브가 완전히 닫히지 않는다.
③ 밸브와 로커 암의 틈새가 커진다.
④ 압축이 샌다.

해설
밸브 시트가 마모되면 침하현상에 의해 밸브 페이스의 접촉이 불량해져서 밸브 간극이 좁아진다.

04 디젤기관에서 회전운동을 하지 않는 장치로 가장 적합한 것은?

① 캠 축
② 로터리식 오일펌프
③ 피스톤
④ 크랭크축

해설
피스톤은 상하 왕복운동을 한다.

05 크랭크축이 회전할 때 받는 힘이 아닌 것은?

① 휨(Bending)
② 전단력(Shearing)
③ 비틀림(Torsion)
④ 관통력(Penetration)

해설
크랭크축은 회전체이므로 비틀림 모멘트가 존재한다. 축은 베어링으로 고정되어 있지만, 하중은 가운데로 몰리므로 휨이 발생하고, 비틀림에 의한 전단응력이 발생한다.

06 윤활유의 작용이 아닌 것은?

① 응력 분산 작용
② 밀봉 작용
③ 방청 작용
④ 산화 작용

해설
윤활유의 작용
- 실린더 사이의 기밀 유지 작용
- 냉각 작용(열전도 작용)
- 응력 분산 작용(충격 완화 작용)
- 산화 및 부식 방지 작용
- 마찰 감소 및 마멸 방지 작용
- 청정 작용

07 다음 중 기관 냉각수의 수온을 측정하는 곳으로 가장 적당한 것은?

① 수온 조절기 내부
② 실린더 헤드 물 재킷부
③ 라디에이터 하부
④ 라디에이터 상부

해설
기관 냉각수의 수온을 측정하는 곳은 실린더 헤드 물 재킷(물 통로) 부분이다.

08 다음 중 공기청정기에 대한 설명으로 틀린 것은?

① 흡입공기의 먼지 등을 여과한다.
② 흡입공기의 소음을 감소시킨다.
③ 역화가 발생할 때 불길을 저지하는 역할을 한다.
④ 건식 여과기는 압축공기를 바깥쪽에서 안쪽으로 불어내어 청소한다.

해설
건식 여과기는 압축공기를 안쪽에서 바깥쪽으로 불어내어 청소한다.

09 배기가스 중에 매연 함량이 많은 이유는?

① 불완전한 윤활
② 연료 공급 과다
③ 기관이 고속일 때
④ 날씨가 덥기 때문에

해설
흑색 매연은 연료의 공급 과다로 불완전연소된 연료가 배출되는 경우이다.

10 디젤기관의 연소과정에서 연료가 분사됨과 동시에 연소가 일어나며, 비교적 느리게 압력이 상승하는 연소구간은?

① 착화 지연 기간
② 폭발 연소(화염 전파) 기간
③ 제어 연소(직접 연소) 기간
④ 후기 연소(팽창) 기간

해설
디젤엔진의 연소과정
- 착화 지연 기간 : 노즐에서 연료가 분사된 후에서 연소가 일어나기까지의 기간(노킹의 원인이 되는 기간)
- 폭발 연소 기간(화염 전파 기간) : 착화 지연 기간에 축적된 연료가 일시에 연소하는 기간(노킹이 일어나는 기간)
- 제어 연소 기간(직접 연소 기간) : 최고 압력이 형성되는 시기로, 노즐에서 분사되는 연료가 화염에 의해 직접 연소되는 기간(노즐의 분사가 끝나는 기간)
- 후 연소 기간(후기 연소 기간) : 미연소가스나 불완전연소한 연료가 연소하는 기간(후적이 생기면 이 기간이 길어진다)

정답 6 ④ 7 ② 8 ④ 9 ② 10 ③

11 디젤 연료계통에 공기빼기 작업이 불량할 때 발생할 수 있는 사항으로 가장 거리가 먼 것은?

① 변속이 잘 안 된다.
② 엔진 기동이 잘 안 된다.
③ 분사펌프의 연료압송이 불량해진다.
④ 분사노즐의 분사 상태가 불량해진다.

해설
연료계통 속에 공기가 들어 있을 때 발생할 수 있는 사항
- 기동성이 떨어지고, 엔진의 진동이 발생한다.
- 기관의 회전 상태가 고르지 못하고, 심할 때에는 정지된다.
- 연료 분사펌프에서 연료의 압송이 불량해진다.
- 분사노즐로부터의 연료 분사가 불량해진다.

12 MAP 센서의 역할은?

① 매니폴드의 절대압력 측정
② 매니폴드 내의 공기변동 측정
③ 연료 분사량을 조절하기 위한 외부 대기압 측정
④ 매니폴드 내의 대기압력 흡입

해설
흡기 다기관 압력센서(MAP)
흡입 다기관(흡입 매니폴드)의 압력을 측정하여 엔진부하에 따른 변화를 측정하고 출력전압으로 변환한다.

13 전자제어 엔진에 쓰이는 압력 센서 중 압력 형식이 게이지 압이 아닌 것은?

① 대기압력
② EGR 압력
③ 연료압력
④ 배기가스 압력

해설
전자제어 엔진에 쓰이는 압력센서에서의 게이지 압 : EGR 압력, 연료압력, 배기가스 압력

14 기관 실린더 내에서 실제로 발생한 마력을 무엇이라 하는가?

① 지시마력
② 제동마력
③ 마찰마력
④ 피스톤 마력

해설
① 지시마력 : 실제 발생시킨 힘(= 이론상 힘)
② 제동마력 : 실제 사용되는 힘
③ 마찰마력 : 마찰에 의해 손실된 힘(= 기계적 손실)

15 크랭크 케이스에 환기장치를 두는 이유는?

① 윤활유의 청결을 위하여
② 과열과 배압을 막기 위하여
③ 엔진 과랭을 방지하기 위하여
④ 엔진 작용 온도를 올리기 위하여

해설
크랭크 케이스에는 PCV(Positive Crankcase Ventilation) 같은 환기장치를 설치해, 블로바이 가스를 연소실로 환원함으로써 과열과 배압을 방지한다.

16 클러치를 정비하여 설치한 후 소음 검사를 할 때 자동차의 운전 상태로 가장 적당한 것은?

① 가속 운전 시
② 감속 운전 시
③ 공전 운전 시
④ 등속 운전 시

해설
클러치를 정비하여 설치한 후 소음 검사를 할 때 자동차는 공전 운전 상태로 한다.

17 변속기에서 기어변속이 잘되나 동력전달이 좋지 못한 원인으로 가장 적합한 것은?

① 클러치가 끊어지지 않을 때
② 변속기 축 스플라인 홈이 마모되었을 때
③ 싱크로나이저 링과 접촉이 불량할 때
④ 클러치 디스크가 마모되었을 때

해설
클러치 디스크
플라이휠과 압력판 사이에 끼어져 있으며 기관의 동력을 변속기 입력축을 통하여 변속기로 전달하는 마찰판이다.

18 다음 중 감속비를 가장 크게 할 수 있는 기어는?

① 내접 기어
② 웜 기어
③ 베벨 기어
④ 헬리컬 기어

19 현가장치에 사용되는 공기 스프링의 특징이 아닌 것은?

① 차체의 높이를 항상 일정하게 유지한다.
② 작은 진동을 흡수하는 효과가 있다.
③ 다른 기구보다 단순하고 값이 싸다.
④ 고유진동을 낮게 할 수 있다.

해설
공기 스프링의 특징
• 감쇠작용이 있기 때문에 작은 진동 흡수에 좋다.
• 차체 높이를 일정하게 유지한다(레벨링 밸브).
• 구조가 복잡하고 제작비가 비싸다.

20 조향 바퀴 얼라인먼트의 요소가 아닌 것은?

① 캠버(Camber)
② 토인(Toe In)
③ 캐스터(Caster)
④ 부스터(Booster)

해설
조향 바퀴 얼라인먼트의 요소에는 캠버, 토인, 캐스터, 킹핀 경사각 등이 있다.

21 브레이크 장치가 갖추어야 할 조건 중 틀린 것은?

① 작동이 확실하고 효과가 클 것
② 신뢰성과 내구성이 우수할 것
③ 최대 제동거리를 확보할 것
④ 점검이나 조정이 용이할 것

해설
제동장치의 구비조건
• 작동이 확실하고 잘되어야 한다.
• 신뢰성과 내구성이 뛰어나야 한다.
• 점검 및 조정이 용이해야 한다.
• 마찰력이 커야 한다.

22 트랙이 밑으로 처지지 않도록 받쳐 주는 역할을 하는 것은?

① 상부 롤러
② 하부 롤러
③ 프런트 아이들러
④ 롤러 가드

해설
상부 롤러 : 전부 유동륜과 스프로킷 사이의 트랙이 밑으로 처지지 않도록 받쳐 주며, 트랙의 회전을 바르게 유지하는 역할을 한다.

정답 17 ④ 18 ② 19 ③ 20 ④ 21 ③ 22 ①

23 베르누이 정리를 옳게 나타낸 것은?(단, A : 면적, V : 속도, Q : 유량, P : 압력, h : 높이, γ : 비중량)

① $AV = Q$
② $PA = \gamma$
③ $\dfrac{P}{\gamma} + h + \dfrac{V^2}{2g} = const$
④ $PV = GRT$

해설
베르누이 정의
밀폐된 관 속을 흐르는 연속 유체의 에너지 보존법칙을 의미하며, 위치에너지와 운동에너지와 압력에너지의 합은 보존된다.

24 유압 작동유가 갖추어야 할 조건에 대한 설명으로 틀린 것은?

① 방청성이 좋을 것
② 온도에 대하여 점도 변화가 작을 것
③ 인화점이 낮을 것
④ 화학적으로 안정될 것

해설
윤활유의 구비조건
• 기포 발생이 없고 방청성이 있을 것
• 점도가 적당할 것(점도지수가 클 것)
• 인화점 및 발화점이 높을 것
• 열과 산에 대하여 안정성이 있을 것
• 비중이 적당할 것
• 응고점이 낮을 것
• 카본 생성이 적을 것

25 유압회로에 공기가 혼입되어 있을 때 일어나는 현상이 아닌 것은?

① 열화현상
② 유동현상
③ 공동현상
④ 숨돌리기 현상

해설
유압회로에 공기가 혼입되었을 때 나타나는 현상
• 숨돌리기 현상 발생
• 공동현상 발생
• 작동유 열화 촉진
• 실린더 작동 불량 및 불규칙

26 유압회로 안에 있어야 할 3종류의 밸브는?

① 유량조절 밸브, 플로 밸브, 압력제어 밸브
② 압력제어 밸브, 유량조절 밸브, 방향전환 밸브
③ 방향전환 밸브, 디렉셔널 밸브, 압력제어 밸브
④ 압력조정 밸브, 압력제어 밸브, 유량조절 밸브

해설
유압회로에 사용되는 3종류의 제어 밸브
• 압력제어 밸브 : 일의 크기제어
• 유량조절 밸브 : 일의 속도제어
• 방향전환 밸브 : 일의 방향제어

27 피스톤형식 유압모터 정비 시 주의해야 될 사항 중 틀린 것은?

① 모든 O링은 교환한다.
② 분해 조립 시 무리한 힘을 가하지 않는다.
③ 볼트·너트 체결 시에는 규정 토크로 조인다.
④ 크랭크축의 베어링 조립은 냉간 상태에서 망치로 때려 넣는다.

해설
피스톤형식 유압모터 정비 시 주의 사항
• 모든 O링은 교환한다.
• 분해조립 시 무리한 힘을 가하지 않는다.
• 볼트·너트 체결 시에는 규정 토크로 조인다.

정답 23 ③ 24 ③ 25 ② 26 ② 27 ④

28 유압실린더의 종류가 아닌 것은?

① 단동형 실린더
② 복동형 실린더
③ 차동식 실린더
④ 부동식 실린더

해설
유압실린더의 종류
직선왕복운동을 하는 직선왕복 실린더와 수직운동을 하는 요동 실린더로 분류된다.
- 직선왕복 실린더의 종류 : 단동형 실린더, 복동형 실린더(편로드식, 양로드식, 차동식), 차동형 실린더(편로드식, 양로드식)
- 요동 실린더의 종류 : 베인식 실린더, 레버식 실린더, 나사식 실린더

29 엔진오일 여과방식 중 엔진 내부의 베어링이 손상될 우려가 깊은 형식은?

① 분류식
② 샨트식
③ 전류식
④ 반류식

해설
엔진오일 여과방식
- 전류식 : 오일펌프에서 내보낸 오일을 모두 여과하여 윤활부로 보내는 방식으로, 깨끗한 오일로 윤활 작용을 하기 때문에 베어링 손상이 없다.
- 분류식 : 오일펌프에서 내보낸 오일의 일부만 여과하여 오일팬으로 바이패스(By-pass)시키고, 여과되지 않은 나머지 오일은 윤활부로 보내 윤활 작용을 하는 방식으로, 베어링이 손상될 우려가 높다.
- 샨트식 : 전류식과 분류식의 단점을 보완한 방식으로, 오일의 청정 작용이 높다.

30 유압펌프를 표시하는 기호는?

해설
유압 기호

명 칭	기 호	비 고
펌프 및 모터	유압펌프 / 공기압 모터	일반 기호
유압펌프		• 1방향 유동 • 정용량형 • 1방향 회전형
유압모터		• 1방향 유동 • 가변용량형 • 조작기구를 특별히 지정하지 않는 경우 • 외부 드레인 • 1방향 회전형 • 양축형
공기압 모터		• 2방향 유동 • 정용량형 • 2방향 회전형
정용량형 펌프·모터		• 1방향 유동 • 정용량형 • 1방향 회전형
가변용량형 펌프·모터 (인력 조작)		• 2방향 유동 • 가변용량형 • 외부 드레인 • 2방향 회전형

31 전기장치 회로에 사용하는 퓨즈의 재질로 적당한 것은?

① 안티몬 합금
② 구리 합금
③ 알루미늄 합금
④ 납과 주석 합금

해설
퓨즈의 재질은 납과 주석의 합금이다.

정답 28 ④ 29 ① 30 ③ 31 ④

32 12V, 100Ah의 축전지 2개를 직렬로 접속하면?

① 12V, 100Ah
② 12V, 200Ah
③ 24V, 100Ah
④ 24V, 200Ah

해설
축전지의 연결방법
- 직렬연결방법 : 용량은 1개일 때와 동일하고, 전압은 2배이다.
- 병렬연결방법 : 용량은 2배이고, 전압은 1개일 때와 동일하다.

33 디젤기관에서만 볼 수 있는 회로는?

① 예열플러그 회로
② 시동 회로
③ 충전 회로
④ 동화 회로

해설
예열플러그 회로는 디젤기관에서만 볼 수 있다.

34 기관의 시동을 보조하는 장치가 아닌 것은?

① 공기 예열장치
② 실린더의 감압장치
③ 히트레인지
④ 과급장치

해설
디젤기관의 시동을 보조하는 장치에는 예열장치, 실린더 감압장치, 히트레인지(흡기 히터) 등이 있다.

35 발전기가 정지되어 있거나 발생전압이 낮을 때 배터리에서 발전기로 전류가 역류하는 것을 방지하는 것은?

① 전류조정기
② 전압조정기
③ 컷아웃 릴레이
④ 다이오드

해설
직류 발전기의 역류방지 : 컷아웃 릴레이

36 디젤엔진에서 공기 예열 경고등의 기능이 아닌 것은?

① 흡입공기의 예열 상태를 표시한다.
② 예열 완료 시 소등된다.
③ 엔진의 온도로 작동된다.
④ 시동이 완료되면 소등된다.

해설
디젤엔진에서 공기 예열 경고등은 흡입공기를 예열하여 연소 효율을 높이기 위한 기능을 수행하며, 이를 표시하기 위한 것이다. 따라서 이 경고등은 엔진의 온도와는 무관하게 작동된다.

37 건설기계의 등화장치에 대한 설명 중 틀린 것은?

① 램프용 벌브(Bulb)는 전압을 공급하자마자 정격전력에 도달하도록 되어 있다.
② 벌브에 사용하는 릴레이는 벌브의 정격전력보다 높게 설정한다.
③ 제동등은 직렬로 접속되어 있다.
④ 전조등의 하이와 로는 병렬로 접속되어 있다.

해설
제동등의 좌우 램프는 병렬로 접속되어 있다.

38 냉매의 구비조건으로 틀린 것은?

① 증발압력이 저온에서 대기압 이하일 것
② 응축압력이 되도록 낮을 것
③ 응고온도가 낮을 것
④ 냉매증기의 비열비는 작을 것

해설
냉매의 구비조건
- 저온에서 증발압력이 대기압보다 높고, 상온에서는 응축압력이 낮을 것
- 임계온도가 높고, 응고온도가 낮을 것
- 증발잠열이 크고, 액체의 비열이 작을 것
- 동일한 냉동능력인 경우 소요동력이 작을 것
- 동일한 냉동능력인 경우 냉매 가스의 비체적이 작을 것
- 화학적으로 안정하고, 냉매 증기가 압축열에 의해 분해되지 않을 것
- 액상 및 기상의 점도는 낮고, 열전도도는 높을 것
- 불활성으로서, 금속 등과 화합하여 반응을 일으키지 않고 윤활유를 열화시키지 않을 것
- 전기저항이 크고, 절연파괴를 일으키지 않을 것
- 인화성 및 폭발성이 없고, 인체에 무해하며, 자극성이 없을 것
- 가격이 저렴하고, 구입하기 쉬울 것
- 쉽게 누설되지 않으며, 누설 시에는 발견하기 쉬울 것
- 오존층 붕괴 및 지구온난화 효과에 영향을 주지 않을 것

39 냉난방 장치에 사용되는 수동식 송풍기 모터 회전수 제어는 주로 무엇을 이용하는가?

① 저항
② 전력
③ 반도체
④ 릴레이

해설
냉난방 장치에서 사용되는 수동식 송풍기 모터 회전수 제어는 주로 저항을 이용한다.

40 도저의 블레이드 높이가 600mm이고, 길이가 2,000mm일 때 블레이드 용량은?

① $0.72m^3$
② $1.2m^3$
③ $2.4m^3$
④ $3.6m^3$

해설
$Q = BH^2$
$= 2 \times 0.6^2 = 0.72m^3$
여기서, Q : 블레이드 용량(m^3)
B : 블레이드 길이(m)
H : 블레이드 높이(m)

41 굴착기 작업장치의 구성요소가 아닌 것은?

① 붐
② 트랙
③ 암
④ 버킷

해설
굴삭기의 작업장치는 붐, 암, 버킷으로 구성되며, 3~4개의 유압실린더에 의해 작동한다.

42 로더의 동력전달 순서로 맞는 것은?

① 엔진 → 변속기 → 토크컨버터 → 종감속장치 → 구동륜
② 엔진 → 변속기 → 종감속장치 → 토크컨버터 → 구동륜
③ 엔진 → 토크컨버터 → 변속기 → 종감속장치 → 구동륜
④ 엔진 → 토크컨버터 → 종감속장치 → 변속기 → 구동륜

해설
로더의 동력전달순서
엔진 → 토크컨버터 → 변속기 → 종감속장치 → 구동륜

정답 38 ① 39 ① 40 ① 41 ② 42 ③

43 지게차의 작업장치 중 석탄, 소금, 비료 등 비교적 흘러내리기 쉬운 물건의 운반에 이용하는 장치는?

① 로테이팅 포크 ② 사이드 시프트
③ 블록 클램프   ④ 힌지드 버킷

해설
④ 힌지드 버킷 : 포크가 아닌 버킷을 장착한 것으로 소금, 석탄, 비료 등 흘러내리기 쉬운 화물의 운반 작업이 가능하다.
① 로테이팅 포크 : 백 레스트와 포크 360° 회전으로 용기에 들어 있는 화물 운반이 가능하다.
② 사이드 시프트 : 백 레스트와 포크를 좌우 이동시켜 차체 이동 없이 적재 및 적하작업이 가능하다.
③ 블록 클램프 : 클램프를 안쪽으로 이동시켜 화물을 고정시키는 지게차이다.

44 덤프트럭의 토인을 조정하는 것은?

① 타이어 공기압력
② 현가 스프링
③ 타이로드 엔드
④ 조향핸들

해설
조향기어, 피트먼 암, 드래그 링크, 너클 암, 타이로드, 타이로드 엔드로 구성되어 있고, 텀프트럭의 토인을 조정하는 것은 타이로드 엔드이다.

45 용접의 장점으로 알맞은 것은?

① 잔류응력 증가
② 공정수의 절감
③ 변형과 수축
④ 저온 취성 파괴

해설
용접의 장단점
• 장점 : 재료의 절약, 공정수의 절감, 성능 및 수명의 향상 등
• 단점 : 재질의 변화, 수축 변형 및 잔류응력의 존재, 응력집중, 품질검사의 곤란

46 이산화탄소 아크용접 방법에서 전진법의 특성이 아닌 것은?

① 용접선이 잘 보이므로 운봉을 정확하게 할 수 있다.
② 비드 높이가 낮고 평탄한 비드가 형성된다.
③ 비드 형상이 잘 보이기 때문에 비드폭 높임을 얻을 수 있다.
④ 용착금속이 아크보다 앞서기 쉬워 용입이 얕아진다.

해설
전진법과 후진법의 특성

전진법	• 토치각을 용접 진행 방향 반대쪽으로 15~20°를 유지하는 방식이다. • 용접선이 잘 보이므로 운봉을 정확하게 할 수 있다. • 비드 높이가 낮고 평탄한 비드가 형성된다. • 스패터가 비교적 크고 많으며 진행 방향 쪽으로 흩어진다. • 용착금속이 아크보다 앞서기 쉬워 용입이 낮아진다. • 주로 박판에 사용된다. • 다층용접이나 용접면에 요철이 있는 경우 융합 불량이 생길 수 있다.
후진법	• 토치각을 용접 진행 방향으로 15~20°를 유지하는 방식이다. • 용접선이 노즐이나 용접봉에 가려 정확하게 운봉하기 어렵다. • 비드 높이가 약간 높고 폭이 좁은 비드가 생긴다. • 스패터의 발생이 전진법보다 적다. • 용융금속이 용접지보다 앞으로 나가지 않으므로 깊은 용입을 얻을 수 있다. • 비드형상이 잘 보이기 때문에 비드폭/높이 등을 억제하기 쉽다. • 주로 후판용접에 사용된다.

47 정격 2차 전류가 160A, 허용사용율이 30%, 실제의 용접전류가 140A일 때 정격사용률은?

① 23%   ② 33%
③ 43%   ④ 53%

해설
$$정격사용률 = \frac{허용사용률 \times (실제용접전류)^2}{(최대 정격 2차 전류)^2} \times 100$$
$$= \frac{0.3 \times (140)^2}{(160)^2} \times 100 = 23\%$$

48 중량물을 들어 올리거나 내릴 때 손이나 발이 중량물과 지면 등에 끼어 발생하는 재해는?

① 파 열　　② 충 돌
③ 전 도　　④ 협 착

해설
재해 형태별 분류
- 파열 : 용기 또는 장치가 외력에 의해 파열되는 경우
- 충돌 : 사람, 장비가 정지한 물체에 부딪치는 경우
- 전도 : 사람, 장비가 넘어지는 경우
- 협착 : 물체 사이에 끼인 경우
- 추락 : 사람이 높은 곳에서 떨어지거나 계단 등에서 굴러 떨어지는 경우
- 낙하 : 떨어지는 물체에 맞는 경우
- 비래 : 날아온 물체에 맞는 경우
- 붕괴 및 도괴 : 적재물, 비계, 건축물이 무너지는 경우
- 감전 : 전기에 접촉되거나 방전에 의해 충격을 받는 경우
- 폭발 : 압력이 갑자기 증대하거나 개방되어 폭음을 일으키며 폭발하는 경우
- 화재 : 불이 난 경우
- 무리한 동작 : 무거운 물건 들기, 몸을 비틀어 작업하기 등과 같은 경우
- 이상 온도 접촉 : 고온이나 저온에 접촉한 경우
- 유해물 접촉 : 유해물 접촉으로 중독이나 질식된 경우

49 전기로 인한 화재 시 부적합한 소화기는?

① 할론 소화기　　② CO_2 소화기
③ 포말 소화기　　④ 분말 소화기

해설
화재의 종류에 따른 사용 소화기

분 류	A급 화재	B급 화재	C급 화재	D급 화재
명 칭	일반(보통) 화재	유류 및 가스 화재	전기 화재	금속 화재
소화기	물·분말 소화기, 포(포말) 소화기, 이산화탄소 소화기, 강화액 소화기, 산·알칼리 소화기	분말 소화기, 포(포말) 소화기, 이산화탄소 소화기	분말 소화기, 유기성 소화기, 이산화탄소 소화기, 무상강화액 소화기, 할로겐화합물 소화기	건조된 모래 (건조사)

50 제1종 유기용제의 색상 표시기준은?

① 빨 강　　② 파 랑
③ 노 랑　　④ 흰 색

해설
유기용제 취급 장소의 색 표시
- 제1종 : 빨강
- 제2종 : 노랑
- 제3종 : 파랑

51 안전보건표지의 종류별 용도, 사용 장소, 형태 및 색채에서 바탕은 노란색, 기본모형 관련 부호 및 그림은 검은색으로 된 것은?

① 금지표지　　② 지시표지
③ 경고표지　　④ 안내표지

해설
안전보건표지의 종류별 용도, 사용 장소, 형태 및 색채

구 분	바 탕	기본모형	관련 부호 및 그림
금지표지	흰 색	빨간색	검은색
경고표지	노란색	검은색	검은색
지시표지	파란색	–	관련 그림 : 흰색
안내표지	흰 색	–	녹 색
	녹 색	–	흰 색

52 줄 작업 시 주의사항으로 틀린 것은?

① 사용 전 줄의 균열 유무를 점검한다.
② 줄 작업은 전신을 이용할 수 있도록 한다.
③ 작업의 효율을 높이기 위해 줄에 오일을 칠하여 작업한다.
④ 작업대 높이는 작업자의 허리 높이로 한다.

해설
줄 작업 시 줄에 오일을 칠하면 안 된다.

정답　48 ④　49 ③　50 ①　51 ③　52 ③

53 옷에 묻은 먼지를 털 때 사용하면 안 되는 것은?

① 먼지털이개
② 손수건
③ 솔
④ 압축공기

54 전동공구를 사용하여 작업할 때의 준수사항으로 옳은 것은?

① 코드는 방수제로 되어 있기 때문에 물이나 기름이 있는 곳에 놓아도 좋다.
② 무리하게 코드를 잡아당기지 않는다.
③ 드릴의 이동이나 교환 시는 모터를 손으로 멈추게 한다.
④ 코드는 예리한 걸이에 걸어도 절단이나 파손이 되지 않으므로 걸어도 좋다.

55 엔진 정비용 수공구 사용 시 주의사항으로 옳지 않은 것은?

① 공구 사용 후에는 정해진 장소에 보관한다.
② 수공으로 적당히 만든 공구를 사용해도 좋다.
③ 작업대 위에서 떨어지지 않게 안전한 곳에 둔다.
④ 수공구는 용도 이외에 사용하지 않는다.

[해설] 수공으로 적당히 만든 공구를 사용하면 안 된다.

56 기관에서 압축압력 저하가 얼마 이하이면 해체정비를 해야 하는가?

① 50% 이하
② 60% 이하
③ 70% 이하
④ 80% 이하

[해설] 기관에서 압축압력 저하가 70% 이하이면 해체정비를 해야 한다.

57 작업장에서 지켜야 할 안전사항으로 적합하지 않은 것은?

① 도료 및 용제는 위험물로 화재에 특히 유의하여 관리해야 한다.
② 인화성 도료 및 용제를 사용하는 작업장은 장소와 관계없이 작업이 가능하다.
③ 작업에 소요되는 규정량 이상의 도료 및 용제는 작업장에 적재하지 않는다.
④ 도장작업 시 배출되는 유해물질을 안전하게 처리하여야 한다.

[해설] 인화성 물질 또는 가연성의 가스나 증기 및 분진 등으로 화재·폭발 위험이 있는 장소에서는 정전기의 발생을 억제하거나 제거하기 위한 제반조치가 필요하다.

58 불도저 유압장치의 일일점검 정비사항으로 틀린 것은?

① 펌프, 밸브, 유압실린더의 오일 누유 점검
② 작동유의 교환, 스트레이너 세척 또는 필터 교환
③ 이음 부분과 탱크 급유구 등의 풀림 상태 점검
④ 실린더로드 손상과 호스의 손상 및 접촉면 점검

해설
불도저 유압장치에서 일일점검 정비사항
- 펌프, 밸브, 유압실린더의 오일 누유 점검
- 탱크의 오일량 점검, 이음 부분의 누유 점검
- 이음부분과 탱크 급유구 등의 풀림 상태 점검
- 실린더로드 손상과 호스의 손상 및 접촉면 점검

59 건설기계 점검사항 중 기관 시동을 걸고 할 수 있는 작업은?

① 밸브 간극 점검
② 엔진 오일량 점검
③ 팬 벨트 장력 점검
④ 충전 경고등 점검

해설
기관이 작동되는 상태에서 점검 가능한 사항
냉각수의 온도, 충전 상태, 기관오일의 압력

60 현장에서 금속아크 용접을 마쳤는데 시간이 경과할수록 눈이 따갑고, 견디기 어렵다. 이때 예상되는 가장 적합한 원인은?

① 무의식중에 아크 빛에 눈이 노출되었다.
② 작업시간을 초과하여 작업하였다.
③ 적정전류보다 높은 전류를 사용하였다.
④ 스패터가 많이 발생하도록 작업하였다.

해설
아크 용접 시 발생되는 빛 속에 강한 자외선과 적외선이 눈의 각막을 상하게 할 수 있다.

정답 58 ② 59 ④ 60 ①

2022년 제2회 과년도 기출복원문제

01 실린더 내경보다 행정이 큰 기관은?

① 장행정기관 ② 정방 행정기관
③ 단행정기관 ④ 가변 행정기관

해설
피스톤 행정과 실린더 내경의 크기
• 장행정기관 : 피스톤 행정 > 실린더 내경
• 단행정기관 : 피스톤 행정 < 실린더 내경
• 정방 행정기관 : 피스톤 행정 = 실린더 내경

02 실린더 블록의 동파 방지를 위해 설치하는 것은?

① 오일 히터 ② 예열플러그
③ 서모스탯 밸브 ④ 코어 플러그

해설
코어 플러그는 실린더 헤드와 블록에 설치한 동파방지용 플러그이다.

03 밸브면과 시트부의 접촉 상태가 불량한 경우 가장 적절한 조치는?

① 래핑작업을 한다.
② 분해하여 밸브면을 깨끗이 닦고 다시 조립한다.
③ 밸브를 교환한다.
④ 밸브 스템을 연마한 후 다시 조립한다.

해설
래핑작업은 공작물의 표면에 랩을 대고 연마제를 쳐서 공작면이 매끈해지도록 정밀하게 다듬는 작업이다.

04 피스톤 링의 절개구를 서로 120~180° 방향이 되도록 끼우는 이유는?

① 벗겨지지 않게 하기 위해
② 절개구 쪽으로 압축이 새는 것을 방지하기 위해
③ 피스톤의 강도를 보강하기 위해
④ 냉각을 돕기 위해

해설
피스톤 링은 절개구 쪽으로 압축가스 및 폭발가스가 새는 것을 방지하기 위하여 절개구를 핀보스와 측압을 피하여 120~180°로 조립한다.

05 맥동적인 출력을 원활하게 하는 것은?

① 크랭크축 ② 캠 축
③ 클러치 ④ 플라이휠

해설
플라이휠은 관성 회전을 크게 하여 회전을 원활하게 하며, 기통수가 작을수록 크다.

06 윤활유의 성질 중 가장 중요한 것은?

① 점 도 ② 내부식성
③ 비 중 ④ 인화점

해설
점도는 윤활유의 물리·화학적 성질 중 가장 기본이 되는 성질 중의 하나로서, 액체가 유동할 때 나타나는 내부 저항을 의미한다.

정답 1① 2④ 3① 4② 5④ 6①

07 인터쿨러(Inter Cooler)의 설치 위치는?

① 배기 다기관과 터보차저 사이
② 터보차저와 흡기 다기관 사이
③ 에어클리너와 터보차저 사이
④ 터보차저와 배기관 사이

해설
인터쿨러는 터보차저 임펠러와 흡기 다기관 사이에 설치하여 과급된 공기를 냉각시키는 역할을 한다.

08 연소에 필요한 공기를 실린더로 흡입할 때, 먼지 등의 불순물을 여과하여 피스톤 등의 마모를 방지하는 역할을 하는 장치는?

① 과급기(Super Charger)
② 에어클리너(Air Cleaner)
③ 냉각장치(Cooling System)
④ 플라이휠(Fly Wheel)

09 배기관이 불량하여 배압이 높을 때 기관에 생기는 현상 중 틀린 것은?

① 기관이 과열된다.
② 냉각수 온도가 내려간다.
③ 기관의 출력이 감소된다.
④ 피스톤의 운동을 방해한다.

해설
배압이 높으면 냉각수 온도는 상승한다.

10 디젤기관에서 연료분사에 대한 요건으로 적합하지 않은 것은?

① 관통력(Penetration)
② 조정(Adjustment)
③ 분포(Distribution)
④ 무화(Atomization)

해설
디젤 엔진의 연료분사 3대 요건 : 무화, 분포도, 관통력

11 디젤기관에서 연료장치의 구성요소가 아닌 것은?

① 분사노즐   ② 분사펌프
③ 연료필터   ④ 예열플러그

해설
예열플러그는 디젤기관 시동 보조장치이다.

12 전자제어 엔진에 구성되어 있는 센서의 설명으로 틀린 것은?

① 공기유량센서(AFS)는 엔진으로 흡입되는 공기량에 비례하는 신호를 보낸다.
② 크랭크 각센서는 크랭크축의 위치를 판별하여 준다.
③ 산소센서는 냉간 시 폐회로상태로 열간 시는 개회로상태로 작동한다.
④ 수온센서(WTS)는 냉각수 온도를 감지하여 신호를 보낸다.

해설
산소센서에 의한 피드백은 열간 시 폐회로상태로 작동한다. 산소센서 신호를 기준으로 피드백 작용을 하지 않는 개회로상태는 시동 시, 냉간 시, 가속 시이다.

정답 7 ② 8 ② 9 ② 10 ② 11 ④ 12 ③

13 다음 중 전자제어 연료분사장치의 온도센서로 가장 많이 사용되는 것은?

① 저항
② 다이오드
③ TR
④ NTC 서미스터

해설
서미스터
- 부특성(NTC) 서미스터는 주로 온도 감지, 온도 보상, 액위·풍속·진공 검출, 돌입전류 방지, 저연소자 등으로 사용된다.
- 정특성(PTC) 서미스터는 모터 기동, 자기소거, 정온 발열, 과전류 보호용으로 사용된다.

14 안지름 60mm의 유압실린더에 의해서 450kgf의 추력을 발생시키려면 최소유압은 약 얼마인가?

① 18kgf/cm²
② 23kgf/cm²
③ 16kgf/cm²
④ 20kgf/cm²

해설
$$P = \frac{W}{A} = \frac{450}{\frac{\pi}{4} \times 6^2} = 15.92 \text{kgf/cm}^2$$

여기서, P : 유압
W : 추력
A : 단면적

15 기관의 크랭크 케이스 환기에 대한 대기오염방지를 위한 장치는?

① 강제환기장치(PCV)
② 증발제어장치(ECS)
③ 증발물질 제어장치(EEC)
④ 공기분사장치(ARS)

해설
강제환기장치(PCV) : 기관의 크랭크 케이스 환기에 대한 대기오염방지를 위한 장치

16 동력전달장치에서 클러치 용량이 의미하는 것은?

① 클러치 하우징 내에 담기는 오일의 양
② 클러치 마찰판의 개수
③ 클러치 수동판 및 압력판의 크기
④ 클러치가 전달할 수 있는 회전력의 세기

해설
클러치는 엔진의 회전력을 단속하는 장치이므로 전달할 수 있는 회전력을 고려하여야 한다. 클러치 용량이란 클러치가 전달할 수 있는 회전력의 크기이다.

17 토크컨버터가 설치된 건설기계에서 변속기를 안전하게 분리하고자 할 때 틀린 것은?

① 변속기와 토크컨버터의 오일을 빼낸다.
② 시트프레임 지지대와 걸침대를 분리한다.
③ 변속기와 토크컨버터 오일 공급라인을 분리시킨다.
④ 조향 클러치와 브레이크 로드를 분리한 후 길이별로 분류시켜 놓는다.

해설
토크컨버터가 설치된 건설기계에서 변속기 분리방법
- 토크컨버터에 아이 볼트를 설치 후 호이스트를 연결한다.
- 플라이휠 하우징과 컨버터 연결 너트와 와셔를 분리한다.
- 시트프레임 지지대와 걸침대를 분리한다.
- 변속기와 토크컨버터 오일 공급라인을 분리시킨다.

18. 종감속장치 링 기어의 심한 힐 접촉을 수정하려고 할 때 이동시켜야 하는 장치와 방법으로 옳은 것은?

① 구동 피니언을 안쪽으로, 링 기어를 바깥쪽으로 이동시킨다.
② 구동 피니언과 링 기어를 동시에 안쪽으로 이동시킨다.
③ 구동 피니언과 링 기어를 동시에 바깥쪽으로 이동시킨다.
④ 구동 피니언을 바깥쪽으로, 링 기어를 안쪽으로 이동시킨다.

해설
구동 피니언과 링 기어의 접촉 상태 및 수정방법
- 정상 접촉 : 구동 피니언과 기어의 접촉이 링 기어의 중심부 쪽으로 50~70% 물리는 접촉
- 힐(Heel) 접촉 : 기어 잇면의 접촉이 힐 쪽으로 치우친 접촉, 수정방법은 구동 피니언을 밖으로 이동 → 구동 피니언을 안쪽으로 링 기어를 바깥쪽으로
- 토(Toe) 접촉 : 기어 잇면의 접촉이 토 쪽으로 치우친 접촉, 수정방법은 구동 피니언을 안으로 이동 → 구동 피니언을 바깥쪽으로 링 기어를 안쪽으로
- 페이스(Face) 접촉 : 기어의 물림이 이뿌리 부분에 접촉, 수정방법은 구동 피니언을 밖으로 이동 → 구동 피니언을 안쪽으로 링 기어를 바깥쪽으로
- 플랭크(Flank) 접촉 : 구동 피니언의 물림이 링기어 잇면의 이뿌리 부분에 접촉, 수정방법은 구동 피니언을 바깥쪽으로 링 기어를 안쪽으로

19. 디젤기관의 진동 원인이 아닌 것은?

① 분사시기의 불균형
② 분사량의 불균형
③ 분사압력의 불균형
④ 프로펠러 샤프트의 불균형

해설
디젤기관의 진동 원인
- 분사시기, 분사간격, 분사압력, 분사량의 불균형
- 각 피스톤의 중량차가 클 때
- 피스톤 및 커넥팅로드의 중량 차이
- 4실린더 엔진에서 1개의 분사노즐이 막혔을 때
- 크랭크축의 불균형

20. 동력조향장치 분해 정비 시 작업 안전사항으로 잘못된 것은?

① 유압실린더 로드를 움직이면 유압오일이 흘러나오므로 주의한다.
② 오일실과 부품은 반드시 가솔린으로 세척한다.
③ 오일 출입구의 유압호스 제거 시 먼지가 들어가지 않도록 한다.
④ 반드시 시동을 정지시킨 후 탈거 및 조립한다.

해설
오일실과 부품은 반드시 경유로 세척한다.

21. 유압 브레이크 회로 내에서 마스터 실린더 리턴 스프링은 항상 체크 밸브를 밀고 있기 때문에 회로 내에 어느 정도 압력이 남는데 이를 잔압이라 한다. 잔압의 역할이 아닌 것은?

① 공기의 침입 방지
② 브레이크 제동력 증가
③ 오일의 누설 방지
④ 베이퍼 로크 방지

해설
잔압의 역할
공기의 침입 방지, 오일의 누설 방지, 베이퍼 로크 방지, 제동지연 방지 등

정답 18 ① 19 ④ 20 ② 21 ②

22 무한궤도식 건설기계용 트랙 프레임의 종류가 아닌 것은?

① 박스형 ② 모노코크형
③ 솔리드 스틸형 ④ 오픈 채널형

해설
무한궤도식 하부 구동체의 트랙 프레임의 종류
- 박스형(Box Section Type)
- 솔리드 스틸형(Solid Steel Type)
- 오픈 채널형(Open Channel Type)
※ 자동차는 프레임형과 일체형 구조(모노코크) 타입으로 나눈다.

23 유압기기의 작동은 어떤 원리를 이용한 것인가?

① 베르누이 정리
② 파스칼의 원리
③ 아르키메데스의 원리
④ 돌턴의 유압법칙

해설
파스칼의 원리
밀폐된 유체의 일부에 압력을 가하면 그 압력이 유체 내의 모든 곳에 같은 크기로 전달된다는 원리로, 유압식 브레이크나 지게차, 굴착기와 같이 작은 힘을 주어 큰 힘을 내는 장치들은 모두 파스칼의 원리를 이용한다.

24 유압 작동유의 특성 중 틀린 것은?

① 운전, 온도에 따른 점도 변화를 최소로 줄이기 위하여 점도지수는 높아야 한다.
② 겨울철 낮은 온도에서 충분한 유동을 보장하기 위하여 유동점은 높아야 한다.
③ 마찰손실을 최대로 줄이기 위한 점도가 있어야 한다.
④ 펌프, 실린더, 밸브 등의 누유를 최소로 줄이기 위한 점도가 있어야 한다.

해설
유압 작동유는 겨울철 낮은 온도에서 충분한 유동을 보장하기 위하여 유동점은 낮아야 한다.

25 유압회로 내의 공기 혼입 시 조치방법 중 틀린 것은?

① 시동을 건 채로 유압을 상승시키고 작업한다.
② 시동을 걸어 유압을 상승시킨 후 시동을 끄고 한다.
③ 제어 밸브와 공기빼기 플러그를 이용하여 한다.
④ 공기빼기 플러그를 조금씩 풀면서 한다.

해설
유압제동에 공기 혼입 시 공기빼기 순서
1. 먼저 엔진을 시동하여 저속 공회전시키거나 엔진을 정지한다.
2. 제어 밸브를 움직여서 대부분의 유압을 제거한다.
3. 공기빼기 플러그를 조금씩 느슨하게 풀고 제어 밸브의 레버를 가볍게 움직여 공기가 전부 배출될 때까지 계속한다.
4. 작업이 완료되면 탱크 유면을 점검하여 부족한 경우에는 보충한다.

26 다음 중 유압제어 밸브가 아닌 것은?

① 릴리프 밸브
② 카운터밸런스 밸브
③ 언로드 밸브
④ 스로틀 밸브

해설
스로틀 밸브는 유량제어 밸브에 속한다.

27 유압펌프와 비교하여 유압모터의 가장 큰 특징은?

① 일방향으로 구동되는 것이다.
② 공급되는 유량으로 회전속도가 제어되는 것이다.
③ 펌프 작용을 하지 못하는 것이다.
④ 구조가 훨씬 간단한 것이다.

해설
가변용량형 펌프나 미터링 밸브에 의해 시동, 정지, 역전, 변속, 가속 등이 간단히 제어되고, 힘의 속도제어, 연속제어, 운동방향 제어가 용이하다.

28 유압실린더에 사용되는 패킹의 재질로서 갖추어야 할 조건이 아닌 것은?

① 운동체의 마모를 작게 할 것
② 마찰계수가 클 것
③ 탄성력이 클 것
④ 오일 누설을 방지할 수 있을 것

해설
유압실린더에 사용되는 패킹 재질의 구비 조건
• 운동체의 마모를 적게 할 것
• 마찰계수가 작을 것
• 탄성력이 클 것
• 오일 누설을 방지할 수 있을 것

29 오일여과기의 설명으로 틀린 것은?

① 오일여과기의 역할은 오일 세정작용이다.
② 오일의 여과방식에는 샨트식, 전류식, 분류식 등이 있다.
③ 오일여과기의 교환시기는 윤활유 3회 교환 시 1회 교환한다.
④ 여과기가 막히면 유압이 높아진다.

해설
오일여과기의 교환시기는 윤활유 1회 교환 시 1회 교환한다.

30 불도저의 유압 회로도에서 유압탱크에 해당하는 것은?

① ⊔ ② ○
③ ▭ ④ ⋀⋁

해설
기호 회로도

정용량 유압펌프		압력 스위치	
가변용량형 유압펌프		단통 실린더	
복통 실린더		릴리프 밸브	
무부하 밸브		체크 밸브	
축압기(어큐뮬레이터)		공기·유압 변환기	
압력계		오일탱크	⊔
유압 동력원		오일여과기	
정용량형 펌프·모터		회전형 전기 액추에이터	
가변용량형 유압모터		솔레노이드 조작 방식	
간접 조작 방식		레버 조작 방식	
기계 조작 방식		복통 실린더 양로드형	
드레인 배출기		전자·유압 파일럿	

31 전류의 3대 작용이 아닌 것은?

① 발열 작용   ② 화학 작용
③ 물리 작용   ④ 자기 작용

해설
전류의 3대작용
• 발열 작용 : 전구, 예열 플러그 등에서 이용
• 화학 작용 : 축전지 및 전기 도금에서 이용
• 자기 작용 : 발전기와 전동기에서 이용

정답 28 ② 29 ③ 30 ① 31 ③

32 축전지 격리판의 구비조건에 대한 설명으로 틀린 것은?

① 비전도성일 것
② 단공성일 것
③ 전해액의 확산이 잘될 것
④ 기계적 강도가 양호할 것

해설
축전지 격리판의 구비조건
• 전해액의 확산이 잘될 것
• 다공성, 비전도성일 것
• 전해액에 부식되지 않을 것
• 기계적 강도가 있을 것

33 디젤기관의 예연소실식 예열 방식에서 연소실 내의 압축공기를 직접 예열하는 방식은?

① 예열플러그식
② 흡기가열식
③ 흡기히터식
④ 히트레인지식

해설
예열플러그는 예연소실식 예열 방식에서 연소실 내의 압축공기를 직접 예열하는 부품이다.

34 최초의 흡입과 압축행정에 필요한 에너지를 외부로부터 공급하여 엔진을 회전시키는 장치는?

① 충전장치
② 흡입장치
③ 시동장치
④ 폭발장치

해설
시동장치 : 최초의 흡입과 압축행정에 필요한 에너지를 외부로부터 공급하여 엔진을 회전시키는 장치

35 교류 발전기의 조정기에는 전류 조정기가 쓰이지 않는다. 그 이유로 옳은 것은?

① 회전속도 증가에 따라 스테이터 코일에서 전류제한 작용을 하므로
② 전압 조정기로서 여자 전류를 조정하므로
③ 다이오드가 부하회전 전류를 조정하므로
④ 여자, 타여자 전류가 작아 자동조절되므로

36 기관이 정지하고 있을 때, 시동 스위치를 ON에 위치하여도 오일압력 경고등이 켜지지 않을 때의 원인이 아닌 것은?

① 시동 스위치 고장
② 축전지 릴레이 고장
③ 기관 오일의 누유
④ 경고등 고장

37 방향지시등에 대한 설명으로 틀린 것은?

① 플래셔 유닛에 점멸된다.
② 등광색은 흰색이어야 한다.
③ 점멸주기는 1분에 60~120회 이내이어야 한다.
④ 작동이 확실한가를 운전석에서 확인할 수 있어야 한다.

해설
방향지시등의 등광색은 황색 또는 호박색이어야 한다.

정답 32 ② 33 ① 34 ③ 35 ① 36 ③ 37 ②

38 냉방장치 회로를 구성하는 구성품이 아닌 것은?

① 압축기
② 응축기
③ 팽창 밸브
④ 촉매기

> **해설**
> 냉방장치의 구성품 : 압축기, 응축기, 건조기, 팽창 밸브, 증발기

39 난방장치의 송풍기에 대한 설명으로 틀린 것은?

① 송풍기의 종류는 분리식과 일체식이 있다.
② 속도 조절을 위해 직류 복권식 전동기를 사용한다.
③ 전동기 축에는 유닛의 열을 강제적으로 방출시키는 팬이 부착되어 있다.
④ 장시간 고속 회전을 위해 특수한 무급유 베어링을 사용한다.

> **해설**
> 난방장치의 송풍기는 거의 일정한 속도와 회전력을 유지하기 위해 직류 분권식 전동기를 사용한다.

40 불도저의 동력계통에서 기관 회전속도가 일정하면 변속기를 조작해도 회전속도가 변하지 않는 것은?

① 조향 클러치
② 변속기 출력 축
③ 가로축 베벨기어
④ 작업동력의 배출 축(PTO)

> **해설**
> 불도저 작업동력의 배출 축(PTO)은 기관 회전속도가 일정하면 변속기를 조작해도 회전속도가 변하지 않는다.

41 휠 구동식 굴착기의 조향각도가 규정보다 작다면 무엇으로 수정해야 하는가?

① 스톱 볼트
② 타이로드
③ 드래그 링크
④ 조향 실린더 로드 길이

> **해설**
> 타이어식(휠 구동식) 굴착기의 조향각도가 규정보다 작을 때 스톱 볼트로 수정한다.

42 차체 굴절식 로더의 조향장치에 필요한 부품이 아닌 것은?

① 유압실린더
② 유압펌프
③ 제어밸브
④ 언로더 밸브

> **해설**
> 언로더 밸브(Unloader Valve) : 일정한 설정 유압에 달했을 때 유압펌프를 무부하로 하기 위한 밸브이다.

43 지게차의 작업용도에 의한 분류가 아닌 것은?

① 프리 리프트 마스트형
② 로테이팅 클램프형
③ 하이 마스트형
④ 크롤러 마스트형

> **해설**
> 지게차의 작업용도에 의한 분류
> 프리 리프트 마스트형, 로테이팅 클램프형, 하이 마스트형, 힌지드 버킷, 드럼 클램프 등이 있다.

정답 38 ④ 39 ② 40 ④ 41 ① 42 ④ 43 ④

44 덤프트럭이 300m를 통과하는 데 15초 걸렸다. 이 트럭의 속도는?

① 45km/h ② 72km/h
③ 85km/h ④ 120km/h

해설
속도 = $\dfrac{거리}{시간}$
= $\dfrac{300}{15}$ = 20m/s = 20 × 3,600
= 72,000m/h = 72km/h

45 용접 시 발생한 잔류응력을 제거하는 방법이 아닌 것은?

① 저온응력 완화법
② 기계적 응력 완화법
③ 스킵법
④ 피닝법

해설
잔류응력 제거방법으로는 노 내 풀림법, 국부 풀림법, 저온응력 완화법, 기계적 응력 완화법, 피닝법 등이 있다.

46 이산화탄소 아크용접과 관련이 없는 것은?

① 탄산가스 용기
② 용접기
③ 산 소
④ 와이어 송급장치

해설
이산화탄소 아크용접 시 실드 가스(용접아크를 보호하기 위한 가스)로는 액화 이산화탄소가 사용된다.

47 다음 중 용착효율이 가장 높은 용접법은?

① 서브머지드 아크용접
② FCAW 용접
③ TIG, MIG 용접
④ 피복아크 용접

해설
용착효율
• 서브머지드 아크용접 : 100%
• MIG 용접 : 92%
• FCAW(플럭스 코어드 아크) 용접 : 75~85%
• 피복아크 용접 : 65%

48 재해의 원인 중 생리적인 원인은?

① 작업자의 피로
② 작업복의 부적당
③ 안전장치의 불량
④ 안전수칙의 미준수

해설
생리적 원인은 작업하는 주체인 인간이 그 작업에 대한 체력의 부족, 생리 기능적인 결함 또는 피로, 수면 부족, 질병 등에 의해서 재해를 발생시킨 경우이다.

49 산업재해는 직접원인과 간접원인으로 구분되는데 다음 직접원인 중에서 인적 불안전 행위가 아닌 것은?

① 작업 태도 불안전
② 위험한 장소의 출입
③ 기계공구의 결함
④ 작업복의 부적당

해설
기계공구 결함은 불안전 상태(물적 원인)에 속한다.

50 연 근로시간 1,000시간 중에 발생한 재해로 인하여 손실된 근로일수로 나타내는 것은?

① 연천인율   ② 강도율
③ 도수율   ④ 손실률

해설
산업재해 척도
- 연천인율 : 근로자 1,000명을 기준으로 한 재해발생건수의 비율이다.

$$연천인율 = \frac{연간\ 재해자수}{연평균\ 근로자수} \times 1,000$$

- 강도율 : 연간 총근로시간에서 1,000시간당 근로손실일수이다.

$$강도율 = \frac{근로손실일수}{연간\ 총근로시간} \times 1,000$$

- 도수율 : 연간 총근로시간에서 100만시간당 재해발생건수이다.

$$도수율 = \frac{재해발생건수}{연간\ 총근로시간} \times 1,000,000$$

51 다음 중 안전표지의 종류가 아닌 것은?

① 금지표지   ② 허가표지
③ 경고표지   ④ 지시표지

해설
안전보건표지의 종류 : 금지표지, 경고표지, 지시표지, 안내표지

52 기계작업에 대한 설명 중 적합하지 않은 것은?

① 치수 측정은 기계 회전 중에 하지 않는다.
② 구멍깎기 작업 시에는 기계 운전 중에도 계속 구멍 속을 청소해야 한다.
③ 기계 회전 중에는 다듬면 검사를 하지 않는다.
④ 베드 및 테이블(Bed & Table)의 면을 공구대 대용으로 쓰지 않는다.

해설
구멍깎기 작업 시 기계 운전 중에 구멍 속을 청소해서는 안 된다.

53 그라인더 작업 시의 주의사항 중 부적합한 것은?

① 숫돌 받침대는 3mm 이상 간극을 벌려야 한다.
② 작업 전 숫돌을 나무 해머로 두드려 보고 균열 여부를 점검한다.
③ 작업 중에는 반드시 보안경을 착용해야 한다.
④ 작업 시 정면을 피해서 작업한다.

해설
그라인더 작업 시 숫돌차와 받침대 사이의 간격은 3mm 이하로 한다.

54 드릴링 머신 사용 시 안전수칙으로 틀린 것은?

① 구멍뚫기를 시작하기 전에 자동이송장치를 사용하지 말 것
② 드릴을 회전시킨 후 테이블을 조정하지 말 것
③ 드릴을 끼운 뒤에는 반드시 척키를 꽂아 놓을 것
④ 드릴 회전 중에는 쇳밥(칩)을 맨손으로 털지 말 것

해설
드릴을 끼운 뒤에는 반드시 척키를 빼 놓아야 한다.

55 해머작업 시 안전수칙과 거리가 먼 것은?

① 타격면 모양이 찌그러진 것으로 작업하지 않는다.
② 해머와 자루의 흔들림 상태를 점검한다.
③ 타격 시 불꽃이 생기거나 파편이 생길 수 있는 작업에서는 반드시 보호안경을 써야 한다.
④ 열처리된 재료는 열처리된 해머를 사용한다.

해설
열처리된 재료는 해머작업을 하지 않는다.

56 기관정비 시 안전 유의사항에 맞지 않는 것은?

① TPS, ISC Servo 등은 솔벤트로 세척하지 않는다.
② 공기압축기를 사용하여 부품 세척 시 눈에 이물질이 튀지 않도록 한다.
③ 캐니스터 점검 시 흔들어서 연료증발가스를 활성화 시킨 후 점검한다.
④ 배기가스 시험 시 환기가 잘되는 곳에서 측정한다.

57 기계작업을 할 때의 주의사항으로 적합하지 않은 것은?

① 기어와 벨트 전동 부분에는 보호 커버를 씌운다.
② 스위치를 OFF하고 작업기계를 빨리 정지시키기 위하여 손이나 공구 등을 사용하여 정지시킨다.
③ 운전 중에는 기계로부터 이탈하지 않는다.
④ 기계에 주유를 할 때에는 운전을 정지한 상태에서 오일 건을 사용하여 주유한다.

해설
일반 기계작업 시 유의사항
- 철분 등을 입으로 불거나 손으로 털어서는 안 된다.
- 운전 중에는 기계로부터 이탈하지 않는다. 이탈할 때는 기계를 정지시켜야 한다.
- 정전 시에는 기계의 스위치를 모두 내린다.
- 스위치를 내리고 작동 중인 기계를 멈추기 위해 손, 발, 공구 등을 사용하면 안 된다.
- 기계에 주유할 때에는 운전을 정지시킨 상태에서 오일 건을 사용하여 주유한다.

58 유압 작동유에 혼입된 공기의 압축 팽창차에 의해 피스톤의 동작이 불안정해지고 느려지며, 압력이 낮거나 공급량이 적을수록, 그 정도가 심한 현상은?

① 기포현상
② 캐비테이션 현상
③ 유압유의 열화 촉진
④ 숨돌리기 현상

해설
숨 돌리기 현상
공기가 실린더에 혼입되면 피스톤의 작동이 불량해져 작동시간의 지연을 초래하는 현상으로 오일공급 부족과 서징(Surging)이 발생한다.

59 겨울철 건설기계 보관 시 유의해야 할 사항 중 가장 거리가 먼 것은?

① 장시간 사용하지 않을 때에도 배터리 케이블을 분리해서는 안 된다.
② 부동액과 물의 비율을 50 : 50 수준으로 유지한다.
③ 예열표시등이 소등될 때까지 예열을 하고 시동한다.
④ 시동 후 난기(煖氣) 운전을 5~10분간 반복하여 유압 작동유의 유온이 상승하도록 한다.

해설
건설기계를 장시간 사용하지 않을 때에는 배터리 케이블을 분리하여 보관한다.

60 건설기계 정비업체에 근무하는 초보자가 용접 작업 시 지켜야 하는 일반적인 주의사항으로 옳지 않는 것은?

① 아크의 길이는 가능한 한 짧게 한다.
② 날씨가 추울 때는 적당히 예열한 후 용접한다.
③ 전류는 항상 적정 전류를 선택한다.
④ 중요 부분이 비드의 시작점과 끝점에 오도록 한다.

정답 56 ③ 57 ② 58 ④ 59 ① 60 ④

2023년 제1회 과년도 기출복원문제

01 실린더 내경보다 행정이 큰 기관은?

① 장행정기관 ② 정방행정기관
③ 단행정기관 ④ 가변행정기관

해설
피스톤행정과 실린더 내경 크기
- 장행정기관 : 피스톤행정 > 실린더 내경
- 단행정기관 : 피스톤행정 < 실린더 내경
- 정방행정기관 : 피스톤행정 = 실린더 내경

02 디젤기관의 실린더 헤드 변형을 점검하는 것은?

① 마이크로미터와 강철자
② 다이얼 게이지와 직각자
③ 플라스틱 게이지와 필러 게이지
④ 직각자와 필러 게이지

해설
실린더 헤드 변형 점검
실린더 헤드나 블록의 평면도 점검은 직각자(또는 곧은 자)와 필러(틈새) 게이지를 사용한다.

03 직접 분사식의 연료 분사압력 범위로 가장 적합한 것은?

① 60~100kgf/cm²
② 100~120kgf/cm²
③ 200~300kgf/cm²
④ 3,000~4,000kgf/cm²

해설
연료 분사개시 압력(kgf/cm²)
- 직접 분사식 : 200~300
- 예연소실식 : 100~120
- 와류실식, 공기실식 : 100~140

04 피스톤이 상사점에 있을 때의 용적은?

① 간극용적
② 행정용적
③ 실린더용적
④ 배제용적

해설
② 행정용적 : 실린더 내의 상사점과 하사점 사이의 용적
③ 실린더용적 : 피스톤이 하사점에 있을 때 실린더의 용적
④ 배제용적 : 용적형 펌프 또는 모터 1회전당 배제되는 기하학적 체적

05 기관에서 밸브의 헤드 부분과 밸브의 스템 부분을 큰 원호로 연결하여 가스의 흐름을 원활하게 하고, 강도를 크게 한 것으로 제작이 용이하기 때문에 일반적으로 많이 사용되고 있는 밸브는?

① 플랫형(Flat Head Type)
② 튤립형(Tulip Head Type)
③ 머시룸형(Mushroom Head Type)
④ 개량 튤립형(Semi-tulip Head Type)

해설
② 튤립형 : 밸브의 헤드면을 오목하게 제작한 밸브로 열을 받는 면적이 크지만, 중량이 가볍고 견고하며 가스 흐름에 대한 유동 저항이 작고 유연성이 있어 밸브 시트의 변형에 적응하기 쉽다. 그러므로 고출력용 엔진에 주로 사용한다.
③ 머시룸형 : 헤드면은 불룩하고 밑쪽은 원뿔 모양으로 만든 밸브로, 중심부의 강도는 크지만 전체적으로 무게가 무겁고 연소 시 열을 받는 면이 넓다.
④ 개량 튤립형 : 플랫형과 튤립형의 중간으로 헤드면을 중간 깊이로 오목하게 제작하여 튤립형의 결점인 연소 시 열을 받는 면적이 작다.

정답 1 ① 2 ④ 3 ③ 4 ① 5 ①

06 캠 축의 캠 점검에 대한 설명으로 옳은 것은?

① 캠의 높이(Lift)가 심하게 마멸되면 연마하여 수정한다.
② 캠이 마멸하면 그만큼 밸브 틈새가 커진다.
③ 캠이 한계값 이상 마멸되면 교환하여야 한다.
④ 캠의 단붙임(Riddge) 마멸은 중목의 줄로서 수정한다.

해설
캠의 마멸로 인해 밸브 리프트가 감소하고, 엔진 성능이 저하되기 때문에 캠이 한계값 이상 마멸되면 교환하여야 한다.

07 피스톤 구조 부분의 명칭이 아닌 것은?

① 피스톤 헤드
② 링 홈
③ 스커트부
④ 랜 덤

해설
피스톤은 피스톤 헤드, 링 지대(링 홈과 랜드로 구성), 스커트부, 보스부 등으로 구성되어 있다.

08 엔진의 실린더 내에서 피스톤 링이 하는 역할로 옳은 것은?

① 냉각, 밀봉 및 오일 제어
② 밀봉, 피스톤 슬랩의 방지와 방축 유지
③ 밀봉, 압축 및 제어
④ 밀봉, 블로바이 발생, 압축 유지

해설
피스톤 링의 3대 작용
• 열전도(냉각작용)
• 기밀 유지
• 오일 제어(오일을 긁어내려 준다)

09 기관의 피스톤에서 피스톤 핀이 빠져나오지 않도록 양쪽 보스에 홈을 파서 스냅 링(Snap Ring)이나 엔드 와셔(End Washer)를 끼워서 지지하는 피스톤 핀 설치 방식은?

① 고정식
② 요동식
③ 전부동식
④ 반부동식

해설
피스톤 핀 설치 방식
• 고정식 : 피스톤 핀을 피스톤 보스에 볼트로 고정하는 방식
• 전부동식 : 피스톤 핀을 피스톤 보스, 커넥팅 로드 어느 부분에도 고정하지 않는 방식
• 반부동식(요동식) : 피스톤 핀을 커넥팅 로드의 소단부에 압입하는 방식

10 피스톤과 실린더와의 간극을 측정하는 가장 올바른 부분은?

① 피스톤 헤드
② 피스톤 보스
③ 피스톤 핀
④ 피스톤 스커트부

해설
피스톤 간극은 진원 부분인 피스톤 스커트부에서 측정한다.

11 터보차저 터빈축의 축방향 유격을 측정하는 것은?

① 외경 마이크로미터
② 내경 마이크로미터
③ 다이얼 게이지
④ 직각자

해설
다이얼 게이지 측정
- 터보차저 터빈축의 축방향 유격을 측정한다.
- 구동 피니언 기어와 링 기어의 백래시를 점검한다.
- 크랭크축의 휨의 정도와 기어의 백래시를 검사한다.

12 크랭크축의 오버랩에 대한 설명으로 옳은 것은?

① 핀저널과 메인저널이 겹치는 부분
② 핀저널과 메인저널과의 직경 차
③ 핀저널과 메인저널과의 길이 차
④ 크랭크 암과 메인저널이 겹치는 부분

해설
크랭크축의 오버랩은 핀저널과 메인저널이 겹치는 부분으로 기계적 강도를 높이기 위함이다.

13 4행정 사이클 엔진에서 3사이클을 완성하려면 크랭크 회전 각도는 몇 도인가?

① 1,080°
② 2,160°
③ 540°
④ 720°

해설
1행정 = 180°
4행정 = 1사이클
3사이클 = 12행정
따라서, 180° × 12 = 2,160°

14 크랭크축 베어링에 관한 사항 중 틀린 것은?

① 온도 변화에 따른 베어링이 저널에 따라 움직임을 방지하는 것은 스프레드이다.
② 베어링 러그는 축방향이나 회전방향으로 움직이지 못하도록 하는 것이다.
③ 베어링 크러시는 베어링의 외경과 하우징 둘레와의 차이를 의미한다.
④ 베어링 두께는 반원부 중앙의 두께로 표시하고 베어링 양끝 부분이 조금 얇다.

해설
베어링 스프레드는 베어링을 장착하지 않은 상태에서 바깥지름과 하우징의 지름의 차이로, 조립 시 밀착을 좋게 하고 크러시의 압축에 의한 변형을 방지한다.
※ 베어링 크러시(Bearing Crush)
베어링을 하우징과 완전 밀착시켰을 때 베어링 바깥둘레가 하우징 안쪽 둘레보다 약간 크다. 이 차이를 크러시라 하며 볼트로 압착시키면 차이는 없어지고 밀착된 상태로 하우징에 고정된다.

15 윤활유의 작용이 아닌 것은?

① 응력분산작용
② 밀봉작용
③ 방청작용
④ 산화작용

해설
윤활유의 역할
- 마찰 감소 작용
- 피스톤과 실린더 사이의 기밀작용
- 마찰열을 흡수, 제거하는 냉각작용
- 내부의 이물을 씻어내는 청정작용
- 운동부의 산화 및 부식을 방지하는 방청작용
- 운동부의 충격 완화(응력 분산) 및 소음 방지작용 등

정답 11 ③ 12 ① 13 ② 14 ① 15 ④

16 윤활유의 성질 중 가장 중요한 것은?

① 점 도
② 내부식성
③ 비 중
④ 인화점

해설
점도는 윤활유의 물리·화학적 성질 중 가장 기본이 되는 성질 중 하나로서, 점도는 액체가 유동할 때 나타나는 내부 저항을 의미한다.

17 클러치의 동력차단이 불량한 이유가 아닌 것은?

① 릴리스 레버의 마멸
② 클러치판의 비틀림
③ 페달유격 과대
④ 토션 스프링의 파손

해설
클러치 차단 불량의 원인
• 클러치 페달의 자유간격이 너무 크거나 릴리스 베어링이 손상 및 파손된 경우이다.
• 클러치 디스크의 흔들림(Run Out)이 크거나 유압 라인에 공기가 침입, 클러치의 각 부가 심하게 마멸된 경우이다.

18 종감속 기어에서 구동 피니언의 물림이 링기어 잇면의 이뿌리 부분에 접촉하는 것은?

① 플랭크 접촉
② 페이스 접촉
③ 토 접촉
④ 힐 접촉

해설
② 페이스(Face) 접촉 : 구동 피니언이 링기어의 잇면 끝부분에 접촉
③ 토(Toe) 접촉 : 구동 피니언이 링기어의 토부(소단부)에 접촉
④ 힐(Heel) 접촉 : 구동 피니언이 링기어의 힐부(대단부)에 접촉

19 판 스프링에 대한 설명 중 틀린 것은?

① 내구성이 좋다.
② 판 스프링은 강판의 소성 성질을 이용한 것이다.
③ 판 사이의 마찰에 의하여 진동을 억제하는 작용을 한다.
④ 판 사이의 마찰로 인하여 작은 진동의 흡수가 곤란하다.

해설
판 스프링은 강판의 탄성 성질을 이용한 것이다.

20 마스터 실린더의 피스톤 지름이 30mm, 작동유압이 40kgf/cm²일 때 브레이크 페달을 미는 힘은?

① 120.8kgf
② 141.4kgf
③ 282.7kgf
④ 1,130kgf

해설
$F = PA$
$= 40 \times \dfrac{\pi \times 3^2}{4} = 282.7\,\text{kgf}$

여기서, F : 푸시로드를 미는 힘
P : 작동유압
A : 마스터 실린더의 단면적

21 지게차의 포크를 상승 또는 하강시키는 데 사용되는 레버는?

① 틸트 레버
② 리프트 레버
③ 사이드 시프트 레버
④ 로드 스태빌라이저 레버

해설
리프트 실린더의 주된 역할은 포크를 상승·하강시킨다.

22 무한궤도식 장비에서 트랙 프레임 앞에 설치되어서 트랙 진행방향을 유도하여 주는 것은?

① 스프로킷(Sprocket)
② 상부 롤러(Upper Roller)
③ 하부 롤러(Lower Roller)
④ 전부 유동륜(Idle Roller)

해설
① 스프로킷 : 최종 감속 기어의 동력을 트랙으로 전달해 준다.
② 상부 롤러 : 전부 유동륜과 스프로킷 사이의 트랙이 밑으로 처지지 않도록 받쳐주며, 트랙의 회전을 바르게 유지한다.
③ 하부 롤러 : 장비의 전체 중량을 지지하고, 전체 중량을 트랙에 균등하게 분배해 준다.

23 유압계가 부착된 건설기계에서 유압계 지침이 정상으로 압력상승이 되지 않았다. 그 원인으로 틀린 것은?

① 오일 파이프 파손
② 오일펌프 고장
③ 유압계의 고장
④ 연료 파이프 파손

해설
유압계의 지침이 움직이지 않는 것은 유압라인의 원인이므로 연료와는 관계가 없다.

24 건설기계의 유압장치 구조 중 유압에너지를 기계적 에너지로 변환시켜 주는 것은?

① 오일 제어 밸브
② 유압 액추에이터
③ 유압 펌프
④ 오일 탱크

해설
유압 액추에이터(Actuator)는 작동유의 압력에너지를 기계적 에너지로 바꾼다.

25 용기 내에 고압유를 압입한 것으로서 유압유의 에너지를 일시적으로 축적하는 역할을 하는 유압기기는?

① 액추에이터
② 엑시얼 플런저
③ 레이디어얼 플런저
④ 어큐뮬레이터

해설
어큐뮬레이터(축압기)는 유압펌프에서 발생한 유압을 저장하고 맥동을 소멸시키는 장치이다.

정답 21 ② 22 ④ 23 ④ 24 ② 25 ④

26 건설기계에서 로더의 유압탱크 점검결과 오일이 부족하여 점도가 다른 오일로 보충하려고 할 때의 문제점으로 가장 옳은 것은?

① 제작사가 같으면 점도는 달라도 큰 문제는 없다.
② 혼합하는 비율만 일치시키면 기능상 문제는 없다.
③ 첨가제의 작용으로 열화현상을 일으킨다.
④ 경제적이고 체적계수가 커 액추에이터의 효율이 높아진다.

해설
유압유에 점도가 서로 다른 두 종류의 오일을 혼합하면 열화현상이 발생한다.

27 클로즈 회로의 유압장치에서 펌프나 모터 등에 누설이 생겼을 때 작동유를 보충해 주는 회로는?

① 탠덤 회로(Tandem Circuit)
② 미터 인 회로(Meter In Circuit)
③ 오픈 회로(Open Circuit)
④ 피드 회로(Feed Circuit)

해설
① 탠덤 회로(Tandem Circuit) : 제어 밸브 2개를 동시에 조작할 때 뒤에 있는 제어 밸브의 액추에이터는 작동되지 않는 회로이다.
② 미터 인 회로(Meter In Circuit) : 유압실린더 입구에 유량제어 밸브를 설치하여 속도를 제어한다.
③ 오픈 회로(Open Circuit) : 작동유가 탱크에서 펌프로 흡입되어 펌프에서 제어 밸브를 거쳐 액추에이터에 이르고 액추에이터에서 다시 밸브를 거쳐 탱크로 되돌아오는 유압 회로이다.

28 작동유에 공기가 유입되었을 때 발생하는 현상이 아닌 것은?

① 유압실린더의 숨돌리기 현상이 발생된다.
② 작동유의 열화가 촉진된다.
③ 유압장치 내부에 공동현상이 발생한다.
④ 작동유 누출이 심하게 된다.

해설
공기가 작동유 관 내에 들어갔을 경우 나타나는 현상
• 실린더 숨돌리기 현상이 발생한다.
• 작동유의 열화가 촉진된다.
• 공동현상이 발생한다.

29 유압 회로에서 그림과 같은 기호는?

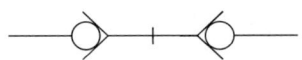

① 한쪽에 체크 밸브가 있는 급속이음
② 체크 밸브가 없는 급속이음
③ 양쪽에 체크 밸브가 있는 급속이음
④ 관로의 접속

해설
유압기호

| 체크 밸브 | ◇ |

30 유압펌프의 기호는?

① 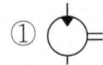   ②

③    ④

해설
① 정용량 유압펌프
② 가변용량형 유압펌프
④ 압력계

31 전류의 자기작용을 응용한 것은?

① 발전기
② 전 구
③ 축전기
④ 예열 플러그

해설
전류의 3대 작용
- 발열작용(전구, 예열 플러그 등에서 이용)
- 화학작용(축전지 및 전기 도금에서 이용)
- 자기작용(발전기와 전동기 등에서 이용)

32 12V 축전지의 구성으로 맞는 것은?

① 셀(Cell) 3개를 병렬로 접속
② 셀(Cell) 3개를 직렬로 접속
③ 셀(Cell) 6개를 병렬로 접속
④ 셀(Cell) 6개를 직렬로 접속

해설
12V 축전지는 2V의 셀(Cell) 6개를 직렬로 접속한 것이다.

33 기관에서 예열 플러그의 사용 시기는?

① 기온이 낮을 때
② 축전지가 과충전되었을 때
③ 축전지가 방전되었을 때
④ 냉각수의 양이 많을 때

해설
예열장치의 기능 : 겨울철 외기의 온도가 낮거나 기관이 냉각되었을 때 시동을 쉽게 하기 위하여 흡입공기를 미리 가열하는 장치이다.
예열장치의 종류 : 흡기 가열식, 예열 플러그식

34 디젤기관에서 시동을 용이하게 하는 장치에 해당되지 않는 것은?

① 디콤프 장치
② 글로 플러그 장치
③ 터보차저 장치
④ 연소 촉진제 공급장치

해설
터보차저
- 과급기라고도 한다.
- 흡입관과 배기관 사이에 설치한다.
- 기관 출력을 증가시킨다.

35 충전장치에서 축전지 전압이 낮을 때의 원인으로 틀린 것은?

① 조정전압이 낮을 때
② 다이오드가 단락되었을 때
③ 축전지 케이블 접속이 불량할 때
④ 충전회로에 부하가 작을 때

해설
충전장치에서 축전지 전압이 낮을 때 원인은 ①, ②, ③ 이외에 충전회로에 부하가 클 때이다.

36 디젤엔진에서 공기 예열 경고등의 기능이 아닌 것은?

① 흡입공기의 예열 상태를 표시한다.
② 예열 완료 시 소등된다.
③ 엔진의 온도로 작동된다.
④ 시동이 완료되면 소등된다.

해설
디젤엔진에서 공기 예열 경고등은 흡입공기를 예열하여 연소 효율을 높이기 위한 기능을 수행하며, 이를 표시하기 위한 것이다. 따라서 이 경고등은 엔진의 온도와는 무관하게 작동된다.

37 헤드라이트의 형식 중 내부에 불활성 가스가 들어 있고, 대기조건에 따라 반사경이 흐려지지 않는 등의 장점이 많은 헤드라이트의 형식은?

① 세미 실드빔식
② 실드빔식
③ 환구식
④ 로빔식

해설
전조등에는 실드빔형과 세미 실드빔형이 있다.
• 실드빔
 – 1개의 전구(반사경, 렌즈, 필라멘트)가 일체형으로 되어 있다.
 – 내부에 불활성 가스가 들어 있고 대기조건에 따라 반사경이 흐려지지 않는다.
 – 수명이 길고, 가격이 비싸다.
 – 사용에 따른 광도의 변화가 작다.
 – 필라멘트가 끊어지면 전조등 전체를 교환해야 한다.
• 세미 실드빔
 – 반사경과 렌즈는 일체형이고, 필라멘트는 별개로 되어 있다.
 – 반사경이 흐려지기 쉽다.
 – 필라멘트가 끊어지면 전구만 교환한다.

38 냉난방장치의 능력은 일정한 차실의 내외조건에 대하는 차량의 열부하에 의해 정해진다. 차량의 열부하 항목에 속하지 않는 것은?

① 면적부하
② 관류부하
③ 승원부하
④ 복사부하

해설
차량의 열부하 : 환기부하, 관류부하, 승원부하, 복사부하

39 냉난방 장치에서 사용되는 수동식 송풍기 모터 회전수 제어 시 주로 이용하는 것은?

① 저 항
② 센 서
③ 반도체
④ 릴레이

해설
냉난방 장치에서 사용되는 수동식 송풍기 모터 회전수 제어는 주로 저항을 이용한다.

40 불도저의 언더 캐리지 부품이 아닌 것은?

① 트 랙
② 리 퍼
③ 트랙 롤러
④ 트랙 프레임

해설
리퍼는 도저의 뒤쪽에 설치되며 굳은 지면, 나무뿌리, 암석 등을 파헤치는 데 사용한다.

41 무한궤도식 굴삭기에서 주행 시 동력전달 순서로 옳은 것은?

① 엔진 → 메인유압펌프 → 고압파이프 → 트랙 → 주행모터
② 엔진 → 컨트롤 밸브 → 고압파이프 → 메인유압펌프 → 트랙
③ 엔진 → 고압파이프 → 컨트롤밸브 → 메인유압펌프 → 트랙
④ 엔진 → 메인유압펌프 → 컨트롤밸브 → 센터조인트 → 주행모터 → 트랙

해설
무한궤도식 굴삭기의 동력전달 순서 - 유압식
- 주행 시 : 기관 → 유압펌프 → 유압밸브(컨트롤밸브) → 센터조인트 → 주행모터(유압모터) → 트랙
- 굴삭 시 : 기관 → 유압펌프 → 유압밸브(컨트롤밸브) → 유압실린더 → 트랙
- 스윙 시 : 기관 → 유압펌프 → 유압밸브(컨트롤밸브) → 선회장치(스윙모터) → 링기어 → 트랙

42 트랙이 벗겨지는 원인이 아닌 것은?

① 급선회 시
② 트랙의 유격이 너무 클 때
③ 전후부 트랙의 중심 거리가 같을 때
④ 트랙 정렬이 잘되어 있지 않을 때

해설
트랙이 벗겨지는 원인
- 트랙이 너무 이완되었을 때(트랙의 장력이 너무 느슨할 때, 트랙의 유격이 너무 클 때)
- 전부 유동륜과 스프로킷의 상부 롤러의 마모가 클 때
- 전부 유동륜과 스프로킷의 중심이 맞지 않을 때(트랙 정렬 불량)
- 고속주행 중 급커브를 돌았을 때(급선회 시)
- 리코일 스프링의 장력이 부족할 때
- 경사지에서 작업할 때

43 지게차의 구성부품에 해당되는 것은?

① 상부 및 하부 롤러
② 레이크 블레이드
③ 버 킷
④ 포 크

해설
지게차 구조 : 마스트, 포크, 틸트 실린더, 컨트롤 밸브, 유압실린더 등

44 덤프트럭이 평탄한 도로를 제3속으로 주행하고 있을 때 엔진의 회전수가 2,800rpm이라면 현재 이 차량의 주행속도는?(단, 제3속 변속비 1.5 : 1, 종감속비 6.2 : 1, 타이어 반경 0.6m이다)

① 약 68km/h
② 약 72km/h
③ 약 78km/h
④ 약 82km/h

해설
$$차속 = \frac{\pi \times 타이어\ 지름 \times 엔진회전수 \times 60}{변속비 \times 종감속비 \times 1,000}$$
$$= \frac{\pi \times (0.6 \times 2) \times 2,800 \times 60}{1.5 \times 6.2 \times 1,000} = 68.1 \text{km/h}$$

45 기중기의 전부(작업)장치가 아닌 것은?

① 드래그 라인
② 파일 드라이버
③ 클램셸
④ 스캐리파이어

해설
스캐리파이어
건설 도로 공사용 굴삭 기계에서 사용하는 도구 중 하나로, 지반의 견고한 흙을 긁어 일으키기 위하여 모터 그레이더나 로드 롤러에 부착한다.
※ 기중기의 6대 전부(작업)장치 : 훅, 드래그 라인, 파일 드라이버, 클램셸, 셔블, 백호

정답 41 ④ 42 ③ 43 ④ 44 ① 45 ④

46 포크 리프트나 기중기의 최후단에 붙어서 차체의 앞쪽에 화물을 실었을 때 쏠리는 것을 방지하기 위한 것은?

① 이퀄라이저
② 밸런스 웨이트
③ 리닝 장치
④ 마스트

해설
밸런스 웨이트(균형추, 평형추) : 기중기의 안정상 매달림 하중과 평형을 취하기 위해 뒷부분에 붙이는 추이다.

47 기계식 모터그레이더에서 작업 중 과다한 하중이 걸리면 스스로 절단되어 작업조정장치의 파손을 방지하는 것은?

① 시어 핀
② 스너버 바
③ 탠 덤
④ 머캐덤

해설
시어 핀은 작업조정장치와 변속기 뒷부분 수직 축에 설치되어 과다한 하중이 걸리면 스스로 절단되어 조정장치의 파손을 방지한다.

48 규격이 300ton/h인 쇄석기로 골재 36만 톤을 생산하려면 몇 시간을 가동해야 되는가?

① 1,000시간
② 1,200시간
③ 1,400시간
④ 1,600시간

해설
가동시간 = $\dfrac{360,000}{300}$ = 1,200시간

49 다음 용접법의 분류 중 융접(Fusion Welding)이 아닌 것은?

① 저항용접
② 피복금속아크용접
③ 이산화탄소아크용접
④ 가스용접

해설
용접법의 종류

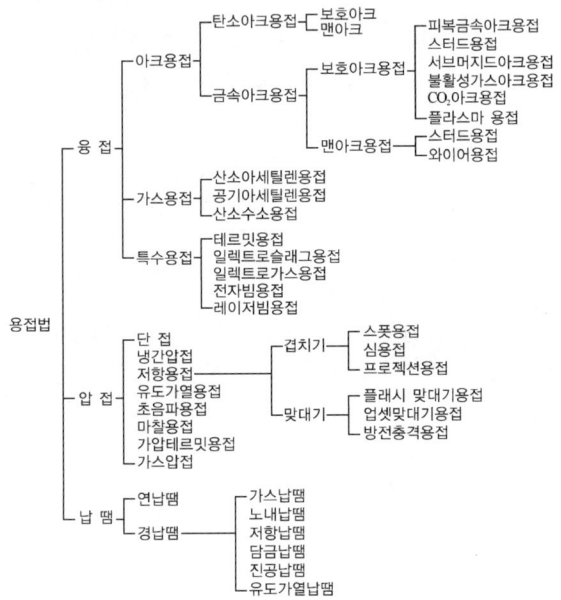

50 점(Spot)용접의 3대 요소가 아닌 것은?

① 가압력
② 전압의 세기
③ 통전시간
④ 전류의 세기

해설
점용접의 3대 요소 : 가압력, 통전시간, 전류의 세기

51 일반적인 용접의 장점은?

① 잔류응력 증가
② 공정수의 절감
③ 변형과 수축
④ 저온 취성 파괴

해설
용접의 장단점
- 장점 : 재료의 절약, 공정수의 절감, 성능 및 수명의 향상 등
- 단점 : 재질의 변화, 수축변형 및 잔류응력의 존재, 응력집중에 민감, 품질검사의 곤란 등

52 작업장에 공기압축기 설치 시 주의사항으로 거리가 먼 것은?

① 설치장소는 온도가 낮고 습도가 높은 곳에 설치한다.
② 설치기반은 견고한 장소를 택한다.
③ 연약한 기반은 설치장소로 선택하지 않는다.
④ 소음, 진동으로 주위에 방해가 되지 않는 장소에 설치한다.

해설
공기압축기는 가급적 온도 및 습도가 낮은 곳에 설치해서 응축수 발생을 줄인다.

53 담금질한 강에 인성을 주기 위하여 A_1변태점 이하의 적당한 온도로 가열한 후 서서히 냉각시키는 열처리 방법은?

① 담금질
② 뜨 임
③ 불 림
④ 풀 림

해설
① 담금질 : 강을 Fe-C상태도상에서 A_3 및 A_1 변태선 이상 30~50℃로 가열 후 급랭시켜 오스테나이트조직에서 마텐자이트조직으로 강도가 큰 재질을 만드는 열처리작업
③ 불림 : 단단해지거나 너무 연해진 금속을 표준화 상태로 되돌리는 열처리 방법으로 표준 조직을 얻고자 할 때 사용하는 열처리 방법
④ 풀림 : 재질을 연하고 균일화시킬 목적으로 목적에 맞는 일정 온도 이상으로 가열한 후 서랭시키는 작업

54 다음 중 재해 예방의 4원칙에 해당되지 않는 것은?

① 예방가능의 원칙
② 사고발생의 원칙
③ 손실우연의 원칙
④ 원인연계의 원칙

해설
재해 예방 대책의 4원칙
- 예방가능의 원칙 : 천재지변을 제외한 모든 인재는 예방이 가능하다.
- 손실우연의 원칙 : 사고의 결과 손실의 유무 또는 대소는 사고 당시의 조건에 따라 우연적으로 발생한다.
- 원인연계의 원칙 : 사고에는 반드시 원인이 있고, 대부분 복합적 연계 원인이다.
- 대책선정의 원칙 : 사고의 원인이나 불안전 요소가 발견되면 반드시 대책이 선정되고 실시되어야 한다.

55 화재의 분류 기준에서 휘발유(액상 또는 기체상의 연료 성화재)로 인해 발생한 화재는?

① A급 화재
② B급 화재
③ C급 화재
④ D급 화재

해설
화재의 종류
- A급(일반 화재) : 보통 잔재의 작열에 의해 발생하는 연소에서 보통 유기 성질의 고체물질을 포함한 화재
- B급(유류 화재) : 액체 또는 액화할 수 있는 고체를 포함한 화재 및 가연성 가스 화재
- C급(전기 화재) : 통전 중인 전기 설비를 포함한 화재
- D급(금속 화재) : 금속을 포함한 화재

정답 51 ② 52 ① 53 ② 54 ② 55 ②

56 다음 중 인화성 물질이 아닌 것은?

① 아세틸렌가스 ② 가솔린
③ 프로판가스 ④ 산 소

해설
산소는 다른 연소 물질이 타는 것을 도와주는 조연성 가스이다.

57 유류 화재 시 불을 끄기 위한 방법으로 틀린 것은?

① 물을 사용한다.
② 소화탄을 사용한다.
③ 모래를 사용한다.
④ 탄산(CO_2)가스를 사용한다.

해설
유류 화재 시 소화기 이외의 소화 재료로 모래가 적당하며, 물을 사용하면 위험하다.

58 안전·보건표지의 종류와 형태에서 다음 그림이 나타내는 것은?

① 인화성물질경고
② 폭발성물질경고
③ 금 연
④ 화기금지

해설
안전·보건표지의 종류와 형태

인화성물질 경고	폭발성물질 경고	금 연	화기금지

59 기계 가공 중 기계에서 이상한 소리가 날 때 조치하여야 할 사항으로 가장 적합한 것은?

① 계속 가공하여 작업을 완료한 후 점검한다.
② 기계 가공 중에 손으로 점검한다.
③ 속도를 낮추어 계속 작업한다.
④ 즉시 기계를 멈추고 점검한다.

해설
이상음이 발생하면 즉시 정지하고, 전원 차단 후 원인을 점검한다.

60 산소가 적고 아세틸렌이 많을 때의 불꽃은?

① 중성 불꽃
② 탄화 불꽃
③ 표준 불꽃
④ 프로판 불꽃

해설
산소-아세틸렌 용접의 불꽃 종류
• 탄화 불꽃(아세틸렌 과잉 불꽃) : 아세틸렌의 양이 산소보다 많을 때 생기는 불꽃으로 백심과 겉불꽃과의 사이에 연한 백심의 제3의 불꽃이다. 즉, 아세틸렌 깃이 존재하는 과잉 불꽃으로 알루미늄, 스테인리스강의 용접에 이용된다.
• 중성 불꽃(표준 불꽃) : 산소와 아세틸렌의 용적비가 약 1 : 1의 비율로 혼합될 때 얻어지며 이론상의 혼합비는 산소 2.5에 아세틸렌 1로서 모든 일반 용접에 이용된다.
• 산화 불꽃(산소 과잉 불꽃) : 산소의 양이 아세틸렌의 양보다 많은 불꽃으로 금속을 산화시키는 성질이 있어 구리, 황동 등의 용접에 이용된다.

2024년 제1회 과년도 기출복원문제

01 가솔린기관과 디젤기관의 근본적인 차이는?

① 엔진의 마력
② 연소의 점화과정
③ 엔진의 강도
④ 액세서리 부품의 위치

[해설]
가솔린기관은 점화 플러그를 사용하는 반면, 디젤기관은 자체 압축을 통해 연소를 시작한다.

02 행정체적이 240cc이고, 압축비가 9일 때 연소실 체적은 몇 cc인가?

① 20cc
② 30cc
③ 40cc
④ 65cc

[해설]
압축비(ε) = $\dfrac{V_c + V_s}{V_c}$ = $1 + \dfrac{V_s}{V_c}$

$V_c = \dfrac{V_s}{\varepsilon - 1} = \dfrac{240cc}{9-1} = 30cc$

여기서, V_c : 연소실체적
V_s : 행정체적

03 캠 축의 캠 점검에 대한 설명으로 옳은 것은?

① 캠의 높이(Lift)가 심하게 마멸되면 연마하여 수정한다.
② 캠이 마멸하면 그만큼 밸브 틈새가 커진다.
③ 캠이 한계값 이상 마멸되면 교환하여야 한다.
④ 캠의 단붙임(Riddge) 마멸은 중목의 줄로서 수정한다.

[해설]
캠의 마멸로 인해 밸브 리프트가 감소하고, 엔진 성능이 저하되기 때문에 캠이 한계값 이상 마멸되면 교환하여야 한다.

04 피스톤과 실린더 사이의 간극이 클 경우 나타나는 현상은?

① 레이싱 현상
② 블로바이(Blowby) 현상
③ 스틱 현상
④ 런온 현상

[해설]
기관의 피스톤 간극이 클 경우 생기는 현상
• 압축압력 저하
• 블로바이(Blowby) 가스 발생
• 피스톤 슬랩 발생
• 엔진 출력 저하

[정답] 1 ② 2 ② 3 ③ 4 ②

05 피스톤 링의 역할은?

① 냉각, 밀봉 및 오일 제어
② 밀봉, 피스톤 슬랩의 방지와 방축 유지
③ 밀봉, 압축 및 제어, 냉각
④ 밀봉, 블로바이(Blowby) 발생, 압축 유지

해설
피스톤 링은 압축 링과 오일 링으로 구성되어 있다.
- 압축 링 : 기밀작용, 열전도작용(냉각작용)
- 오일 링 : 오일 제어작용(오일을 긁어내림)

06 기관의 커넥팅 로드 베어링 위쪽 부분에 오일 분출 구멍을 설치하는 목적으로 가장 옳은 것은?

① 오일의 소비를 적게 하기 위해
② 오일의 압력을 낮게 하기 위해
③ 실린더 벽에 오일을 공급하기 위해
④ 커넥팅 로드 비틀림을 방지하기 위해

07 크랭크축과 저널 베어링 틈새 측정에 쓰이는 게이지 중 가장 적합한 것은?

① 필러 게이지(Feeler Gauge)
② 다이얼 게이지(Dial Gauge)
③ 플라스틱 게이지(Plastic Gauge)
④ 텔레스코핑 게이지(Telescoping Gauge)

해설
플라스틱 게이지 : 베어링 등의 결합에 의해 눌린 넓이를 이용하여 측정한다.
플라스틱 게이지의 용도
- 크랭크축 베어링의 마모나 파손의 원인을 찾기 위해 사용(베어링의 간극 측정)
- 크랭크 핀의 테이퍼와 진원도 측정

08 윤활유 소비의 원인이 아닌 것은?

① 각 계통에서의 누유
② 엔진 구성 재료와의 화학적 결합
③ 배기가스와 함께 배출
④ 연소실 내에서 연소

해설
윤활유 소비의 원인
- 크랭크 케이스 혹은 크랭크축 오일 실에서의 누유
- 기관 열에 의하여 증발되어 외부로 방출 및 연소
- 기관 연소실에서 연소에 의한 소비 증대

09 다음 중 인터쿨러(Intercooler)의 기능은?

① 라디에이터로 공급되기 전에 엔진 냉각수를 식힌다.
② 터보차저를 떠난 배기가스를 식힌다.
③ 흡입공기를 냉각시켜 공기 밀도를 증가시킨다.
④ 터보차저로 들어오는 공기의 온도를 상승시킨다.

해설
인터쿨러(Intercooler) : 왕복형 공기압축기에 설치하는 장치로, 저압 실린더에서 공기를 압축할 때 발생한 열을 냉각시켜 고압 실린더로 보내는 역할을 한다.

10 디젤엔진의 공기여과기가 막혔을 때 나타나는 현상이 아닌 것은?

① 가속 불량   ② 연료소비 과다
③ 매연 과다 배출   ④ 엔진오일 연소

해설
공기여과기가 막히면 실린더에 유입되는 공기량이 적기 때문에 진한 혼합비가 형성되고, 불완전 연소로 배출가스의 색이 검게 되고 출력은 저하된다.

11 디젤기관용 경유가 갖추어야 할 조건 중 맞지 않는 것은?

① 착화성이 좋을 것 ② 협잡물이 없을 것
③ 유황분이 많을 것 ④ 세탄가가 높을 것

해설
디젤기관용 경유는 황의 함유량이 적어야 한다.

12 디젤기관에서 연료장치의 구성을 순서대로 바르게 나타낸 것은?

① 연료탱크-분사노즐-분사펌프-연료필터-엔진
② 연료탱크-분사펌프-연료필터-분사노즐-엔진
③ 연료탱크-분사펌프-분사노즐-연료필터-엔진
④ 연료탱크-연료필터-분사펌프-분사노즐-엔진

해설
디젤엔진에서 연료장치의 구성 순환 순서
연료탱크 → 연료공급펌프 → 연료필터 → 분사펌프 → 분사노즐

13 다음 중 전자제어 연료분사장치의 온도센서로 가장 많이 사용되는 것은?

① 저 항   ② 다이오드
③ TR   ④ NTC 서미스터

해설
서미스터
• 부특성(NTC) 서미스터 : 주로 온도 감지, 온도 보상, 액위·풍속·진공 검출, 돌입전류 방지, 지연소자 등으로 사용된다.
• 정특성(PTC) 서미스터 : 모터 기동, 자기소거, 정온 발열, 과전류 보호용으로 사용된다.

14 기관의 크랭크 케이스 환기에 대한 대기오염방지를 위한 장치는?

① 강제환기장치(PCV)
② 증발제어장치(ECS)
③ 증발물질 제어장치(EEC)
④ 공기분사장치(ARS)

해설
강제환기장치(PCV) : 기관의 크랭크 케이스 환기에 대한 대기오염 방지를 위한 장치

15 기관이 공회전할 때 배기가스가 검게 배출되는 것을 정비하고자 한다. 정비 작업 중 잘못된 것은?

① 피스톤 링을 교환한다.
② 밸브 및 인젝션 타이밍을 조정한다.
③ 라이너 및 피스톤을 교환한다.
④ 윤활유 펌프를 교환한다.

해설
기관이 공회전할 때 배기가스가 검게 배출되는 경우의 정비
• 피스톤 링을 교환한다.
• 밸브 및 인젝션 타이밍을 조정한다.
• 라이너 및 피스톤을 교환한다.
• 공기청정기를 청소 및 교환한다.
• 분사노즐을 교환한다.

16 유체 클러치에서 와류를 감소시키는 것은?

① 베 인
② 커플링 케이스
③ 가이드 링
④ 클러치

해설
가이드 링 : 유체 클러치 내부에 일어나는 와류를 감소시켜 유체 충돌을 방지하고, 중심부에 원형의 모양으로 위치한다.

17 토크 변환기에서 스테이터의 역할은?

① 출력 축의 회전속도를 빠르게 한다.
② 발열을 방지한다.
③ 저속·중속에서 회전력을 크게 한다.
④ 고속에서 회전력을 크게 한다.

해설
스테이터 : 회전력을 증대시키고 오일 흐름의 방향을 바꿔 주며, 저속·중속에서 회전력을 크게 한다.

18 변속기 케이스에서 입력 축을 떼어내는 작업을 할 때 사용되는 공구로 가장 알맞은 것은?

① 니들 노스 플라이어
② 스냅 링 플라이어
③ 브레이크 스프링 플라이어
④ 다이애그널 플라이어

해설
스냅 링 플라이어는 피스톤 핀, 변속기, 축이나 구멍 등에 설치되고 스냅 링을 빼내거나 끼울 때 사용하는 도구이다.

19 유압장치에 사용되는 관(Pipe) 이음의 종류에 속하지 않는 것은?

① 플레어 이음(Flare Joint)
② 플랜지 이음(Flange Joint)
③ 나사 이음(Screw Joint)
④ 개스킷 이음(Gasket Joint)

해설
유압장치 파이프 이음의 종류 : 나사 이음(Screw Joint), 용접 이음(Welding Joint), 플랜지 이음(Flange Joint), 플레어 이음(Flare Joint, 압축접합), 플레어리스 이음, 소켓접합, 기계적 접합, 빅토릭 접합, 타이톤 접합, 신축 이음(Expansion Joint)

20 판 스프링에 대한 설명 중 틀린 것은?

① 내구성이 좋다.
② 판 스프링은 강판의 소성 성질을 이용한 것이다.
③ 판 사이의 마찰에 의하여 진동을 억제하는 작용을 한다.
④ 판 사이의 마찰로 인하여 작은 진동의 흡수가 곤란하다.

해설
판 스프링은 강판의 탄성 성질을 이용한 것이다.

정답 16 ③ 17 ③ 18 ② 19 ④ 20 ②

21 휠 구동식 건설기계에서 시미(Shimmy)의 원인과 관련이 가장 적은 것은?

① 바퀴의 변형
② 쇼크 옵서버(Shock Observer)의 작동 불량
③ 조향 너클의 휨
④ 조향 킹핀의 마모

해설
시미(Shimmy) : 조향장치에서 킹핀이 마모되어 바퀴의 동적 불평형으로 인한 바퀴의 좌우 진동현상

22 건설기계의 공기 브레이크에서 유압 브레이크의 휠 실린더와 같은 기능을 하는 것은?

① 브레이크 체임버   ② 브레이크 밸브
③ 릴레이 밸브   ④ 퀵 릴리스 밸브

해설
브레이크 체임버 : 제동장치에서 공기압력을 기계적 일로 바꾸는 역할을 한다.

23 휠 로더의 앞바퀴를 교환할 때 가장 안전하게 작업하는 방법은?

① 침목만 확실히 고인다.
② 버킷을 들고 작업한다.
③ 잭으로 확실히 고인 다음 작업한다.
④ 버킷을 이용하여 차체를 들고 돌을 안전하게 고인다.

해설
무게가 매우 무거운 휠 로더는 앞바퀴 교체 시 차체가 불안정해지므로 잭으로 확실히 고정하고 작업하는 방법이 가장 안전하다.

24 트랙이 벗겨지는 원인이 아닌 것은?

① 고속주행 중 급선회를 할 때
② 프런트 아이들러와 스프로킷의 중심이 다를 때
③ 트랙이 이완(늘어짐)되었을 때
④ 리코일 스프링의 장력이 클 때

해설
트랙이 벗겨지는 원인
- 트랙이 너무 이완되었을 때(트랙의 장력이 너무 느슨할 때, 트랙의 유격이 너무 클 때)
- 전부 유동륜과 스프로킷의 상부 롤러의 마모가 클 때
- 전부 유동륜과 스프로킷의 중심이 맞지 않을 때(트랙 정렬 불량)
- 고속주행 중 급커브를 돌았을 때(급선회 시)
- 리코일 스프링의 장력이 부족할 때
- 경사지에서 작업할 때

25 휠 구동식 건설기계의 클러치 작용 시 회전 충격을 흡수하여 클러치판을 보호하는 스프링은?

① 쿠션 스프링   ② 댐퍼 스프링
③ 앵귤러 스프링   ④ 릴리프 스프링

해설
클러치판의 비틀림 코일 스프링(토션 스프링, 댐퍼 스프링)의 역할 : 클러치를 접속할 때 회전 충격을 흡수한다.

26 도저의 트랙을 분리해서 정비해야 할 경우는?

① 상부 롤러 교환 시
② 스프로킷 교환 시
③ 트랙 긴도 조정 실린더 실 교환 시
④ 트랙 롤러 교환 시

정답 21 ③ 22 ① 23 ③ 24 ④ 25 ② 26 ②

27 유압 잭의 기본원리로 알맞은 것은?

① 베르누이 정리 ② 파스칼의 원리
③ 상대성 원리 ④ 아르키메데스의 원리

해설
파스칼(Pascal)의 원리 : 밀폐된 유체의 일부에 압력을 가하면 그 압력이 유체 내의 모든 곳에 같은 크기로 전달된다는 원리이다. 유압식 브레이크나 지게차, 굴착기와 같이 작은 힘을 주어 큰 힘을 내는 장치는 모두 이 원리를 이용한다.

28 다음 중 유압작동유의 점도가 너무 낮을 경우 발생하는 현상이 아닌 것은?

① 유동저항의 증대 ② 누유 증대
③ 압력 유지 곤란 ④ 마멸 증대

해설
유압회로 내의 유압 작동유 점도가 너무 낮을 때 생기는 현상
• 유압펌프, 모터 등의 용적효율 저하
• 내부 오일 누설의 증대
• 압력 유지의 곤란
• 기기 마모의 증대 및 수명 저하
• 압력 발생 저하로 정확한 작동 불가
• 펌프 효율 저하에 따른 온도 상승(누설에 따른 원인)

29 유압펌프의 유압이 상승하지 않을 때 점검 사항이 아닌 것은?

① 유압 회로의 점검
② 릴리프 밸브의 점검
③ 설치면의 충분한 강도 점검
④ 유압펌프 작동유 토출 점검

해설
유압펌프의 유압이 상승하지 않을 때 점검 사항
• 유압 회로의 점검
• 릴리프 밸브의 점검
• 유압펌프 작동유 토출 점검

30 유압 밸브 중 일의 크기를 결정하는 밸브는?

① 압력제어 밸브 ② 유량조정 밸브
③ 방향전환 밸브 ④ 교축 밸브

해설
유압회로에 사용되는 3종류의 제어 밸브
• 압력제어 밸브 : 일의 크기제어
• 유량제어 밸브 : 일의 속도제어
• 방향제어 밸브 : 일의 방향제어

31 피스톤형식 유압모터 정비 시 주의해야 할 사항 중 틀린 것은?

① 모든 O링은 교환한다.
② 분해·조립 시 무리한 힘을 가하지 않는다.
③ 볼트·너트 체결 시에는 규정 토크로 조인다.
④ 크랭크축의 베어링 조립은 냉간 상태에서 망치로 때려 넣는다.

해설
피스톤형식 유압모터 정비 시 주의 사항
• 모든 O링은 교환한다.
• 분해조립 시 무리한 힘을 가하지 않는다.
• 볼트·너트 체결 시에는 규정 토크로 조인다.

32 피스톤 지름이 15mm인 유압실린더에 유압 70kgf/cm²이 작용할 경우 실린더에서 낼 수 있는 힘은?

① 39.6kgf ② 61.9kgf
③ 123.7kgf ④ 1,050kgf

해설
$F = PA$
$= 70 \times \dfrac{\pi \times 1.5^2}{4} = 123.7 \text{kgf}$
여기서, F : 힘(kgf)
P : 압력(kgf/cm²)
A : 단면적(cm²)

33 건설기계에서 유압 배관을 정비 및 탈거하는 경우의 주의사항으로 틀린 것은?

① 회로의 잔압이 없는 것을 확인하고 작업한다.
② 버킷을 땅 위에 내려놓고 작업한다.
③ 배관은 마찰이 있을 때 직각으로 구부려 조립한다.
④ 복잡한 배관은 꼬리표를 붙인다.

해설
배관은 마찰이 있을 때 적절한 각도로 구부려 조립한다.

34 유압 구성기기의 외관을 그림으로 표시한 회로도는?

① 기호 회로도   ② 그림 회로도
③ 조합 회로도   ④ 단면 회로도

해설
유압 회로도의 종류
- 그림 회로도 : 구성 요소의 실제 모양에 가깝게 나타낸 회로도로, 각 부품의 외형과 배치를 직관적으로 이해할 수 있도록 하고 주로 교육이나 간단한 시스템 설명에 사용된다.
- 기호 회로도 : 가장 널리 사용되는 유형으로, 국제적으로 표준화된 기호를 사용해 유압 시스템을 나타낸다. 시스템의 기능과 흐름을 간결하게 표현하여, 전문가들이 복잡한 시스템을 빠르게 분석하고 이해할 수 있게 한다.
- 조합 회로도(복합 회로도) : 그림 회로도와 기호 회로도의 요소를 결합하여, 시스템의 외형적 특성과 기능적 특성을 함께 표현한 회로도이다. 특히 설계 단계에서 유용하며, 구성 요소의 배치와 연결 방식을 명확히 보여준다.
- 단면 회로도 : 구성 요소들의 내부 구조와 작동 원리를 자세히 나타내기 위해 사용되며, 특히 복잡한 유압장치의 내부 메커니즘을 설명할 때 유용하다.

35 12V 축전지 4개를 병렬로 연결했을 때 전압(V)은?

① 48   ② 36
③ 24   ④ 12

해설
전지의 연결 – 전압
- 병렬연결 : 전지를 여러 개 병렬연결하더라도 전체 전압은 하나의 전압과 같다.
- 직렬연결 : 전지를 직렬연결하게 되면 전체 전압은 각 전지의 전압의 합과 같다.

36 AC 발전기와 축전기가 접속된 상태로 급속충전을 할 때 손상되는 것은?

① 브러시   ② 축전지 극판
③ 스테이터 코일   ④ 다이오드

해설
급속충전할 때 축전지의 양쪽 단자를 탈거하지 않고 충전하면 발전기 다이오드가 손상된다.

37 디젤기관 예열장치에서 예열 플러그가 단선되는 주원인으로 옳지 않은 것은?

① 엔진이 과열되었을 때
② 엔진을 작동 중에 예열시켰을 때
③ 예열시간이 너무 길 때
④ 예열 플러그의 설치 시 죔이 양호할 때

38 다음 중 시동을 쉽게 해 주는 보조장치가 아닌 것은?

① 감압장치
② 예열장치
③ 연소촉진제 공급장치
④ 과급기

해설
과급기는 실린더 내의 흡기 공기량을 증대시켜 기관 출력을 증가시킨다.

39 교류 발전기에 대한 설명으로 옳지 않은 것은?

① 컷아웃 릴레이는 필요하고, 전류 조정기는 필요 없다.
② 소형·경량이고 출력이 크다.
③ 기계적 내구성이 우수하므로 고속 회전에 견딘다.
④ 저속에 있어서도 충전 성능이 우수하다.

해설
교류 발전기는 실리콘 다이오드가 있기 때문에 컷아웃 릴레이와 전류 조정기가 필요 없다.

40 디젤엔진에서 공기 예열 경고등의 기능이 아닌 것은?

① 흡입공기의 예열 상태를 표시한다.
② 예열 완료 시 소등된다.
③ 엔진의 온도로 작동된다.
④ 시동이 완료되면 소등된다.

해설
디젤엔진에서 공기 예열 경고등은 흡입공기를 예열하여 연소 효율을 높이기 위한 기능을 수행하며, 이를 표시하기 위한 것이다. 따라서 이 경고등은 엔진의 온도와는 무관하게 작동된다.

41 등화장치에서 어떤 방향에서의 빛의 세기를 나타내는 것은?

① 조 도 ② 럭스(lx)
③ 데시벨(dB) ④ 칸델라(cd)

해설
광도 : 어떤 방향에서의 빛의 세기로, 단위는 칸델라(cd)를 사용한다.

42 난방장치의 송풍기에 대한 설명으로 틀린 것은?

① 송풍기의 종류는 분리식과 일체식이 있다.
② 속도 조절을 위해 직류 복권식 전동기를 사용한다.
③ 전동기 축에는 유닛의 열을 강제적으로 방출시키는 팬이 부착되어 있다.
④ 장시간 고속 회전을 위해 특수한 무급유 베어링을 사용한다.

해설
난방장치의 송풍기는 거의 일정한 속도와 회전력을 유지하기 위해 직류 분권식 전동기를 사용한다.

정답 38 ④ 39 ① 40 ③ 41 ④ 42 ②

43 아크용접 시 발생하는 빛을 가리는 이유는?

① 빛이 너무 밝기 때문에 눈이 나빠질 염려가 있어서
② 빛이 너무 세기 때문에 피부가 탈 염려가 있어서
③ 빛이 자주 깜박거리기 때문에 화재의 위험이 있어서
④ 빛 속에 강한 자외선과 적외선이 눈의 각막을 상하게 하므로

해설
아크의 빛은 복합광이며 파장에 따라 가시광선, 자외선, 적외선 등의 여러 가지 유해광선이 포함되어 있다. 따라서 빛에 대한 재해를 방지하기 위해 반드시 적절한 차광보호구를 착용해야 한다.

44 탄산가스 아크용접 장치에서 보호가스 설비에 해당되지 않는 것은?

① 콘택트 튜브   ② 히터
③ 조정기   ④ 유량계

해설
탄산가스 아크용접 보호가스 설비는 용기(Cylinder), 히터(Heater), 조정기(Regulator), 유량계(Flow Meter) 및 가스 연결용 호스로 구성되어 있다.

45 산업재해는 직접원인과 간접원인으로 구분되는데 직접원인 중에서 인적 불안전 행위가 아닌 것은?

① 작업 태도 불안전
② 위험한 장소의 출입
③ 기계공구의 결함
④ 작업복의 부적당

해설
사고의 직접 원인

불안전한 상태 - 물적원인	불안전한 행동 - 인적원인
• 물(공구, 기계 등) 자체 결함	• 위험 장소 접근, 출입
• 안전방호장치 결함	• 안전 장치의 기능 제거
• 복장, 보호구의 결함	• 복장, 보호구의 잘못된 사용
• 물의 배치, 작업장소 결함	• 기계기구의 잘못된 사용
• 작업환경의 결함	• 운전중인 기계장치의 손질
• 생산공정의 결함	• 불안전한 속도 조작
• 경계표시, 설비의 결함	• 위험물 취급 부주의
	• 불안전한 상태 방치
	• 불안전한 자세 동작
	• 감독 및 연락 불충분

46 안전·보건표지의 종류와 형태에서 그림이 나타내는 것은?

① 출입금지   ② 보행금지
③ 차량통행금지 ④ 사용금지

해설
안전·보건표지의 종류와 형태

출입금지	보행금지	차량통행금지

47 드라이버 사용 시 유의사항이 아닌 것은?

① 날 끝이 홈의 폭과 길이가 같은 것을 사용한다.
② 날 끝이 수평이어야 한다.
③ 작은 공작물은 한 손으로 잡고 사용한다.
④ 전기 작업 시 절연된 자루를 사용한다.

해설
작은 공작물이라도 손으로 잡지 않고 바이스 등으로 고정시킨다.

48 전동 공구 및 전기기계의 안전 대책으로 옳지 않은 것은?

① 전기 기계류는 사용 장소와 환경에 적합한 형식을 사용하여야 한다.
② 운전, 보수 등을 위한 충분한 공간이 확보되어야 한다.
③ 리드선은 기계 진동이 있을 시 쉽게 끊어질 수 있어야 한다.
④ 조작부는 작업자의 위치에서 쉽게 조작이 가능한 위치여야 한다.

해설
전동 공구의 리드선은 기계 진동이 있을 시 쉽게 끊어지지 않아야 한다.

49 해머 작업방법으로 안전상 가장 옳은 것은?

① 해머로 타격 시에 처음과 마지막에 힘을 특히 많이 가해야 한다.
② 타격하려는 곳에 시선을 고정시킨다.
③ 해머의 타격면에 기름을 발라서 사용한다.
④ 해머로 녹슨 것을 때릴 때에는 반드시 안전모만 착용한다.

해설
① 해머는 처음과 마지막 작업 시 타격하는 힘을 작게 할 것
③ 해머의 타격면에 기름을 바르지 말 것
④ 해머로 녹슨 것을 때릴 때에는 반드시 보안경을 쓸 것

50 부품 분해정비 시 반드시 새것으로 교환해야 하는 것이 아닌 것은?

① 오일 실   ② 볼트·너트
③ 개스킷   ④ O링

51 전기장치를 정비할 경우 안전수칙으로 바르지 못한 것은?

① 절연되어 있는 부분을 세척제로 세척한다.
② 전압계는 병렬접속하고, 전류계는 직렬접속한다.
③ 축전지 케이블은 전장용 스위치를 모두 OFF 상태에서 분리한다.
④ 배선 연결 시에는 부하 측으로부터 전원 측으로 접속하고 스위치는 OFF로 한다.

해설
절연되어 있는 부분을 세척제로 세척하지 않는다.

52 굴삭기의 차체를 용접 수리할 때 접지해서는 안되는 것은?

① 유압 모터의 외부 몸체
② 유압 실린더의 로드
③ 차 체
④ 유압 펌프의 외부 몸체

해설
로드는 붐과 암이 은색으로 빛나는 금속 봉으로, 용접 수리 시 접지를 하면 안 되는 부분이다.

53 유압기기 정비 작업 시 주의해야 할 사항 중 옳지 않은 것은?

① 유압 펌프나 모터를 개조해서 사용한다.
② 펌프, 모터 등을 밟고 올라가지 않는다.
③ 유압 작동유가 바닥에 떨어지지 않도록 한다.
④ 유압라인 가까이에서 산소 용접이나 전기 용접을 하지 않는다.

해설
유압기기 정비 작업 시 유의사항
• 유압펌프나 모터를 개조해서 사용하지 않는다.
• 펌프, 모터 등을 밟고 올라가지 않는다.
• 유압 작동유가 바닥에 떨어지지 않도록 한다.
• 유압라인 가까이에서 산소 용접이나 전기 용접을 하지 않는다.

54 굴착기 점검·정비 시 주의사항으로 옳지 않은 것은?

① 평탄한 곳에 주차하고 점검·정비를 한다.
② 버킷을 높게 유지한 상태로 점검·정비를 하지 않는다.
③ 유압 펌프 압력을 측정하기 위해 압력계는 엔진 시동을 걸고 설치한다.
④ 붐이나 암으로 차체를 들어 올린 상태에서 차체 밑으로 들어가지 않는다.

해설
유압펌프의 압력을 측정하기 위해 압력계는 엔진 가동을 정지시킨 상태에서 설치한 후 엔진 시동을 걸고 측정한다.

55 유압장치 사용 시 고장의 주원인과 거리가 먼 것은?

① 온도의 상승으로 인한 것
② 이물질, 공기, 물 등의 혼입은 무관하다.
③ 기기의 기계적 고장으로 인한 것
④ 조립과 접속의 불완전으로 인한 것

해설
유압장치의 고장 원인
• 온도의 상승으로 인한 고장
• 이물질, 공기, 수분 등의 혼입으로 인한 고장
• 기기의 기계적인 고장
• 조립 및 접속의 불완전으로 인한 고장

56 굴착기 붐 실린더의 외부 누유 원인이 아닌 것은?

① 실린더 튜브 용접부의 결함
② 피스톤 로드의 휨
③ 실린더 헤드 패킹의 마모
④ 피스톤의 패킹 마모

해설
피스톤의 패킹 마모는 내부 누유 원인이다.

정답 52 ② 53 ① 54 ③ 55 ② 56 ④

57 도저의 트랙을 조정하는 것은?

① 캐리어 롤러의 이동
② 스프로킷의 이동
③ 프런트 아이들러의 이동
④ 트랙 롤러의 이동

해설
프런트 아이들러(전부 유동륜) : 트랙의 장력과 진로를 조정하면서 주행방향으로 트랙을 유도한다.

58 다음 중 불도저의 클러치 정비에 대한 설명으로 옳지 않은 것은?

① 주압력 안전 밸브가 열린 채 고착되어 있으면 압력이 낮다.
② 주압력 안전 밸브의 스프링이 약해져 있으면 압력이 낮다.
③ 변속기 케이스의 흡입 스크린이 막혀 있으면 압력이 높다.
④ 모듈레이팅 밸브 커버 밑의 심이 두꺼우면 압력이 높다.

해설
변속기 케이스의 흡입 스크린이 막혀 있으면 압력이 낮다.

59 아세틸렌 용접기에서 가스가 새어 나오는 것을 검사하는 방법으로 가장 적당한 것은?

① 비눗물을 사용한다.
② 순수한 물을 사용한다.
③ 기름을 사용한다.
④ 촛불을 사용한다.

해설
가스누설 시험은 비눗물을 사용한다.

60 건설기계의 차체에 금이 간 부분을 용접하려고 할 때 작업 및 안전사항으로 틀린 것은?

① 작업장 주변은 소화기를 비치한다.
② 우천 시에는 옥내 작업장에서 해야 한다.
③ 녹 방지를 위해 페인트 부분 위에 용접한다.
④ 보호장비를 완전히 갖추고 작업에 임해야 한다.

해설
용접 전 이음부에는 페인트, 기름, 녹 등의 불순물이 없는지 확인한 후 제거한다.

2025년 제2회 최근 기출복원문제

01 4행정 4기통 기관에서 3번 실린더의 배기행정을 할 때 압축행정을 하는 실린더는?(단, 점화 순서는 1-2-4-3이다)

① 4번
② 3번
③ 2번
④ 1번

해설
1-2-4-3 순서인 기관에서는 1-배기, 2-폭발, 4-압축, 3-흡입이다. 3-배기이면 배기 → 폭발 → 압축 → 흡입 순서이므로 3배기 → 1폭발 → 2압축 → 4흡입이 된다.

02 실린더 헤드 볼트를 풀 때의 요령은?

① 풀기 쉬운 것부터 푼다.
② 중심에서 외측으로 향해 푼다.
③ 외측에서 대각선 방향으로 풀어 중앙으로 온다.
④ 고정 토크로 한 번에 전부 일렬로 푼다.

해설
실린더 헤드의 중앙에서 바깥쪽을 향하여 대각선 방향으로 조이므로 풀 때는 바깥쪽에서 중앙을 향하여 대각선 방향으로 푼다.

03 실린더 블록의 동파 방지를 위해 설치하는 것은?

① 오일 히터
② 예열플러그
③ 서모스탯 밸브
④ 코어 플러그

해설
코어 플러그는 실린더 헤드와 블록에 설치하는 동파 방지용 플러그이다.

04 디젤기관의 직접 분사식 연료 분사압력 범위로 옳은 것은?

① $60 \sim 100 kgf/cm^2$
② $100 \sim 120 kgf/cm^2$
③ $200 \sim 300 kgf/cm^2$
④ $3,000 \sim 4,000 kgf/cm^2$

해설
디젤기관 연소실 분사압력
• 직접 분사식 : $200 \sim 300 kgf/cm^2$
• 예연소실식 : $100 \sim 120 kgf/cm^2$
• 와류실식, 공기실식 : $100 \sim 140 kgf/cm^2$

05 연료분사 펌프에서 연료의 분사량을 조정하는 것은?

① 딜리버리 밸브
② 태핏간극
③ 제어 슬리브
④ 노 즐

해설
제어 슬리브
• 제어 피니언의 회전운동을 플런저에 전달하는 역할을 한다.
• 플런저의 유효행정을 변화시켜 연료의 분사량을 조절한다.

정답 1 ③ 2 ③ 3 ④ 4 ③ 5 ③

06 기관의 밸브기구 구성부품인 캠(Cam)에 대한 설명으로 옳지 않은 것은?

① 기관이 밸브 수와 같은 캠이 배열되어 있다.
② 열려 있는 시간은 길어야 하며 빨리 열리고 늦게 닫혀야 한다.
③ 캠의 형상에 따라 전부동식 캠, 반부동식 캠으로 나뉜다.
④ 밸브 운동 상태, 열려 있는 기간, 밸브 양정 등은 캠의 형상에 따라 정해진다.

해설
캠의 형상에 따라 접선 캠, 오목 캠, 볼록 캠 등으로 나뉜다.
※ 전부동식, 반부동식은 피스톤 핀 설치 방식에 따른 분류이다.

07 기관의 피스톤에서 피스톤 핀이 빠져나오지 않도록 양쪽 보스에 홈을 파서 스냅 링(Snap Ring)이나 엔드 와셔(End Washer)를 끼워서 지지하는 피스톤 핀 설치 방식은?

① 고정식   ② 요동식
③ 전부동식   ④ 반부동식

해설
피스톤 핀 설치 방식
- 고정식 : 피스톤 핀을 피스톤 보스에 볼트로 고정하는 방식이다.
- 반부동식(요동식) : 커넥팅 로드의 작은 쪽에 피스톤 핀이 압입되는 방식이다.
- 전부동식 : 피스톤 보스, 커넥팅 로드 소단부 등 어느 부분에도 고정하지 않고, 핀의 양 끝단에 스냅 링이나 와셔를 끼워서 지지하는 방식이다.

08 엔진의 실린더 내에서 피스톤 링이 하는 역할은?

① 냉각, 밀봉 및 오일 제어
② 밀봉, 피스톤 슬랩의 방지와 방축 유지
③ 밀봉, 압축 및 제어
④ 밀봉, 블로바이 발생, 압축 유지

해설
피스톤 링의 3대 작용
- 열전도(냉각작용)
- 기밀 유지
- 오일 제어(오일을 긁어내려 준다)

09 피스톤 측압과 직접적인 관계가 있는 것은?

① 피스톤의 무게와 실린더 수
② 배기량과 실린더의 직경
③ 혼합비와 실린더 수
④ 커넥팅 로드의 길이

해설
커넥팅 로드의 길이
- 길이가 길면 측압이 낮아져 진동, 마찰 등을 작게 할 수 있어 엔진의 수명이 길어지나 중량이 증대하고 엔진의 높이가 높아진다.
- 길이가 짧으면 엔진의 높이가 낮아지고 중량을 감소할 수 있으나 측압이 높아져 엔진의 수명이 짧아진다.

10 다음 게이지 중 크랭크축과 저널 베어링 틈새 측정에 쓰이는 것은?

① 필러 게이지(Feeler Gauge)
② 다이얼 게이지(Dial Gauge)
③ 플라스틱 게이지(Plastic Gauge)
④ 텔레스코핑 게이지(Telescoping Gauge)

해설
플라스틱 게이지 : 베어링 등의 결합에 의해 눌린 넓이를 이용하여 측정한다.
플라스틱 게이지의 용도
- 크랭크축 베어링의 마모나 파손의 원인을 찾기 위해 사용(베어링 간극 측정)한다.
- 크랭크 핀의 테이퍼와 진원도를 측정한다.

11 엔진 작동 시 플라이휠의 링기어와 관련이 있는 부품은?

① 발전기
② 배전기
③ 기동 전동기
④ 연료 펌프

해설
기동 전동기는 엔진의 플라이휠 링기어와 기동 전동기의 피니언 기어의 기어비로 엔진을 구동시키며, 직류직권식의 전동기를 많이 적용하고 있다.

12 엔진 배출가스가 흑색인 경우의 원인은?

① 엔진의 과열
② 불충분한 연료 분사
③ 혼합비의 희박
④ 불완전 연소

해설
배기가스의 색깔과 연소 상태
- 무색(무색 또는 담청색) : 정상 연소
- 백색 : 기관의 오일 연소
- 흑색 : 혼합비 농후, 장비의 노후 및 연료의 질 불량, 불완전 연소
- 엷은 황색 또는 자색 : 혼합비 희박
- 황색에서 흑색 : 노킹 발생
- 회백색 : 피스톤 · 피스톤링의 마모가 심할 때, 연료유에 수분이 함유되었을 때, 폭발하지 않는 실린더가 있을 때, 소기압력이 너무 높을 때

13 냉방장치 점검 시 조건으로 옳지 않은 것은?

① 엔진을 1,500rpm으로 2~3분간 작동시킬 것
② 에어컨의 송풍기 스위치는 최대 속도로 할 것
③ 온도 컨트롤 스위치는 최소 냉방으로 할 것
④ 콘덴서 전면에 보조 팬을 설치할 것

해설
냉방장치 점검 시 온도 컨트롤 스위치는 최대 냉방으로 한다.

14 냉각수 양이 정상임에도 불구하고 기관이 과열되는 원인은?

① 에어클리너의 불량
② 팬 벨트의 헐거움
③ 온도계의 고장
④ 워터 펌프의 고회전

해설
팬 벨트의 장력이 약하면 엔진이 과열된다.

[정답] 10 ③ 11 ③ 12 ④ 13 ③ 14 ②

15 독립식 연료 분사 장치(열형 펌프)의 연료 공급 순서는?

① 연료 탱크 → 열형 연료 분사 펌프 → 연료 여과기 → 연료 공급 펌프 → 분사 노즐
② 연료 탱크 → 열형 연료 분사 펌프 → 연료 공급 펌프 → 연료 여과기 → 분사 노즐
③ 연료 탱크 → 연료 공급 펌프 → 연료 여과기 → 열형 연료 분사 펌프 → 분사 노즐
④ 연료 탱크 → 분사 노즐 → 연료 여과기 → 연료 공급 펌프 → 열형 연료 분사 펌프

해설
독립식 연료 분사 장치(열형 펌프)의 연료공급 순서
연료 탱크 → 연료 공급 펌프 → 연료 여과기 → 열형 연료 분사 펌프 → 분사 노즐

16 연료 파이프 내에 베이퍼 로크가 발생할 때 나타나는 현상은?

① 엔진 부조의 원인이 된다.
② 연료의 송출량이 많아진다.
③ 기관 압축력이 저하된다.
④ 기관 출력과는 관계없다.

해설
베이퍼 로크 현상
연료 계통 내에 증발가스나 공기가 유입되어 연료의 이동이 불가능한 현상으로, 엔진이 부조를 일으키거나 정지한다.

17 전자 제어 엔진에 구성되어 있는 센서의 설명으로 옳지 않은 것은?

① 공기유량센서는 흡입되는 공기량에 비례하는 신호를 보낸다.
② 크랭크 각 센서는 크랭크축의 회전 위치를 감지한다.
③ 산소센서에 의한 피드백은 냉간 시 폐회로 상태로 작동한다.
④ 수온센서는 기관의 냉각수 온도를 감지한다.

해설
산소센서에 의한 피드백은 열간 시 폐회로 상태로 작동한다.
※ 산소센서의 신호를 기준으로 피드백 작용을 하지 않는 개회로 상태는 시동 시, 냉간 시, 가속 시이다.

18 디젤기관에서 시동이 되지 않는 원인은?

① 분사 펌프 내에 공기가 차 있다.
② 분사압력이 낮다.
③ 노즐의 시트가 나쁘다.
④ 노즐 홀더의 조임이 나쁘다.

해설
디젤기관에서 시동이 되지 않는 원인
• 연료가 부족하다.
• 연료 공급 펌프가 불량하다.
• 연료계통에 공기가 유입되어 있다.
• 엔진의 회전속도가 느리다.
• 기동전압이 낮다.
• 분사 시기, 분사 노즐이 불량하다.
• 연료의 착화점이 높다.
• 압축압력이 불량하다.

19 에어컨 장치에서 대기 중에 함유되어 있는 유해가스를 감지하여 가스의 실내 유입을 자동적으로 차단하여 차내의 공기청정도를 유지하는 것은?

① AQS(Air Quality System) 센서
② 핀 서모 센서
③ 습도센서
④ 일사량 센서

해설
② 핀 서모 센서 : 에어컨 장치의 증발기에 설치되어 증발기 출구 측의 온도를 감지하여 증발기의 빙결을 예방할 목적으로 설치하는 센서이다.
③ 습도센서 : 전기저항식이나 광전식 등으로 습도를 검출하는 센서이다.
④ 일사량 센서 : 포토다이오드를 사용하며 빛의 양에 따라 센서의 동작 범위를 조절한다.

20 디젤기관이 가솔린기관보다 압축비가 높은 이유는?

① 압축된 공기의 열로 착화 연소시키기 위하여
② 연료의 분사압력을 높여 공기와의 혼합을 잘 시키기 위하여
③ 연료의 무화와 관통력을 크게 하기 위하여
④ 기관의 과열을 방지하고 진동과 소음을 적게 하기 위하여

해설
디젤기관은 예열 플러그가 없어서 압축된 공기의 열로 연소시켜야 하므로 높은 압축비를 가진다.

21 토크컨버터에서 소음이 발생하는 원인은?

① 유압이 낮다.
② 오랜 시간 작업하였다.
③ 공기가 흡입되었다.
④ 오일의 온도가 높다.

해설
토크 컨버터에 공기가 흡입되면 소음이 발생한다.

22 터보차저의 기능과 관계없는 것은?

① 회전력 증대
② 열효율 증대
③ 엔진의 출력 증대
④ 배기가스 온도 증가

해설
터보차저(과급기)는 일반적으로 연소 후에 버려지는 배기가스를 구동 동력으로 재활용하는 장치이다. 실린더 내에 고밀도의 압축 공기를 공급하고 엔진의 성능(출력, 토크)을 향상시켜 연료 소비효율을 개선한다.

23 유니버설 조인트의 설치 목적에 대한 설명 중 맞는 것은?

① 추진축의 길이 변화를 가능하게 한다.
② 추진축의 회전속도를 변화시킨다.
③ 추진축의 신축성을 제공한다.
④ 추진축의 각도 변화를 가능하게 한다.

해설
유니버설 조인트 : 동력전달장치에서 두 축 간의 충격 완화와 각도 변화를 융통성 있게 하면서 동력을 전달하는 기구이다.

정답 19 ① 20 ① 21 ③ 22 ④ 23 ④

24 변속기 기어(Gear)의 육안 점검사항과 무관한 것은?

① 기어의 백래시
② 이 끝의 절손 유무
③ 기어의 강도 점검
④ 기어의 균열 상태

해설
변속기 기어의 육안 점검사항
• 기어의 백래시
• 이 끝의 절손 유무
• 기어의 균열 상태

25 동력전달장치에서 클러치 용량이 의미하는 것은?

① 클러치 하우징 내에 담긴 오일의 양
② 클러치 마찰판의 개수
③ 클러치 수동판 및 압력판의 크기
④ 클러치가 전달할 수 있는 회전력의 세기

해설
클러치는 엔진의 회전력을 단속하는 장치이므로 전달할 수 있는 회전력을 고려하여야 한다. 클러치 용량이란 클러치가 전달할 수 있는 회전력의 크기이다.

26 건설기계에서 토크컨버터를 탈착하고자 할 때 안전작업방법 중 틀린 것은?

① 토크컨버터에 아이 볼트를 설치 후 호이스트를 연결한다.
② 플라이휠 하우징과 컨버터 연결 너트와 와셔를 분리한다.
③ 유성 캐리어 둘레의 와이어는 토크컨버터를 플라이휠에서 분리한 다음 설치한다.
④ 변속기나 토크컨버터 탈착 시에는 오일 배출라인과 흡인라인을 분리한다.

해설
토크컨버터 탈착방법
• 토크컨버터에 아이 볼트를 설치 후 호이스트를 연결한다.
• 플라이휠 하우징과 컨버터 연결 너트와 와셔를 분리한다.
• 변속기와 토크컨버터 오일 공급라인을 분리시킨다.

27 클러치 페달의 자유간극을 조정하는 방법은?

① 클러치 페달을 움직여서 조정한다.
② 클러치 스프링의 장력을 조정한다.
③ 클러치 페달 리턴 스프링의 장력을 조정한다.
④ 클러치 링키지의 길이를 조정한다.

해설
자유간극 조정은 클러치 링키지에서 하고, 클러치가 미끄러지면 페달 자유간극부터 점검하고 조정해야 한다.

28 타이어식 굴착기 추진축의 스플라인 부가 마모되어 나타나는 현상은?

① 미끄럼 현상이 발생한다.
② 굴착기의 전진이 곤란하다.
③ 차동기어장치의 기어 물림이 불량해진다.
④ 주행 중 소음을 내고 추진축이 진동한다.

29 유압식 주행장치를 장착한 진동 롤러(Roller)의 동력전달 순서로 맞는 것은?

① 기관 - 유압펌프 - 유압모터 - 제어장치 - 종감속장치 - 차동장치 - 차륜
② 기관 - 유압모터 - 제어장치 - 유압펌프 - 차동장치 - 종감속장치 - 차륜
③ 기관 - 유압펌프 - 제어장치 - 유압모터 - 차동장치 - 종감속장치 - 차륜
④ 기관 - 유압모터 - 유압펌프 - 제어장치 - 차동장치 - 종감속장치 - 차륜

30 가로 방향의 미끄럼을 방지하기 위하여 양쪽에 리브를 설치한 슈는?

① 단일 돌기 슈
② 2중 돌기 슈
③ 암반용 슈
④ 평활 슈

해설

트랙 슈
- 단일 돌기 슈 : 돌기가 1개인 것으로 견인력이 크며, 중하중용 슈이다.
- 2중 돌기 슈 : 돌기가 2개인 것으로, 중하중에 의한 슈의 굽음을 방지할 수 있으며 선회성능이 우수하다.
- 3중 돌기 슈 : 돌기가 3개인 것으로 조향할 때 회전저항이 작아 선회성능이 양호하며 견고한 지반의 작업장에 알맞다.
- 습지용 슈 : 슈의 단면이 삼각형이나 원호형이며, 접지면적이 넓어 접지압력이 작다.
- 고무 슈 : 도면을 보호하고 진동과 소음을 방지한다.
- 암반용 슈 : 가로 방향의 미끄럼을 방지하기 위하여 양쪽에 리브를 설치한 슈이다.
- 평활 슈 : 도로를 주행할 때 포장 노면의 파손을 방지하기 위해 주로 사용하는 트랙 슈이다.

31 릴리프 밸브의 오리피스 작동압력 중 전량압력과 크랭킹 압력과의 차는?

① 압력 오버라이드
② 핑거보드
③ 탠덤압력
④ 서클 드로바

해설

압력 오버라이드 : 밸브가 열리기 시작하는 압력과 전량 압력과의 차

32 브레이크 오일이 갖추어야 할 조건으로 거리가 먼 것은?

① 알맞은 점도를 가지고 온도에 대한 점도 변화가 작을 것
② 금속 고무제품에 대해 부식, 연화, 팽윤(澎潤) 등을 일으키지 않을 것
③ 비점이 높아 베이퍼 로크(Vapour Lock)를 일으키지 않을 것
④ 빙점이 높고 인화점이 높을 것

해설
브레이크 오일의 구비조건
• 적당한 점도를 가질 것
• 온도 변화에 따른 점도의 변화가 작을 것
• 비등점이 높고, 베이퍼 로크를 일으키지 않을 것
• 빙점이 낮고, 인화점이 높을 것
• 화학적으로 안정될 것
• 금속, 고무 등을 부식시키지 말 것
• 침전물이 생기지 말 것

33 유압펌프의 장점에 대한 설명 중 옳지 않은 것은?

① 플런저 펌프 : 고압에 적당하며 누설이 적고 효율이 좋다.
② 베인펌프 : 장시간 사용해도 성능 저하가 작다.
③ 기어펌프 : 구조가 간단하고 소형이다.
④ 스크루 펌프 : 소음이 크고 내구성이 작다.

해설
스크루 펌프 : 소음이 작고, 내구성이 좋다.

34 유압펌프가 정지했을 때 도저 파워시프트 변속기의 스피드 밸브를 자동적으로 중립 위치로 되돌리는 밸브는?

① 안전밸브
② 방향 선택 밸브
③ 급속귀환밸브
④ 모듈레이팅 밸브

해설
모듈레이팅 밸브 : 불도저 파워시프트 변속기에서 원활한 변속 및 발진을 위해 사용된다.

35 유압모터의 출력이 낮을 경우 대책으로 옳은 것은?

① 브레이크 밸브를 점검하고 규정된 설정압으로 조정한다.
② 릴리프 밸브를 점검하고 규정된 설정압으로 조정한다.
③ 작동유의 온도를 점검하고 높으면 정지시켜 냉각한다.
④ 밸런스 밸브를 분해 점검하고 규정의 압력으로 조정한다.

해설
유압모터의 출력이 낮을 경우 릴리프 밸브를 점검하고 규정된 설정압으로 조정한다.
※ 릴리프 밸브 : 유압 회로의 최고 압력을 제어하는 밸브로서 회로의 압력을 일정하게 유지시키는 밸브

36 건설기계에 사용되는 유압기기 중 압력을 보상하거나 맥동 제거, 충격 완화 등의 역할을 하는 것은?

① 유압필터
② 압력 측정계
③ 어큐뮬레이터
④ 유압실린더

해설
어큐뮬레이터(축압기)의 사용목적은 충격압력 흡수, 유체의 맥동 감쇠, 압력 보상 등이다.

37 유압장치에서 유압이 낮은 원인으로 옳지 않은 것은?

① 유압조정밸브의 스프링이 쇠손된 경우
② 유압펌프의 흡입구가 막힌 경우
③ 유압작동유의 점도가 높은 경우
④ 탱크 내의 유압작동유가 부족한 경우

해설
유압이 낮아지는 원인
- 오일 펌프가 마모되었을 때
- 오일 펌프의 흡입구가 막혔을 때
- 윤활유의 점도가 낮을 때
- 오일 팬 내의 오일이 부족할 때
- 윤활통로 내에 공기가 유입되거나 베이퍼 로크 현상이 났을 때
- 윤활통로가 파손되었을 때
- 윤활간극이 클 때
- 유압조절 밸브의 밀착이 불량할 때
- 오일 펌프의 흡입구가 막혔을 때
※ 유압작동유의 점도가 높으면 유압이 높아진다.

38 건설기계 정비작업 시 볼트·너트를 풀거나 조립할 때 재해가 자주 발생할 수 있는 신체 부위는?

① 손 ② 다 리
③ 머 리 ④ 얼 굴

39 건설기계의 제동등에 관한 설명으로 옳지 않은 것은?

① 제동등의 등광색은 적색이다.
② 제동등 스위치는 브레이크 페달에 설치한다.
③ 제동등의 좌우 램프는 병렬로 접속되어 있다.
④ 제동등 전구는 50~60W를 가장 많이 사용한다.

해설
브레이크등(제동등)
- 브레이크등은 적색이어야 하며 다른 등화와 겸용하는 경우에는 그보다 광도가 높아야 한다.
- 브레이크등은 브레이크 스위치에 의해 점멸된다.
- 브레이크등은 주야간 모두 점등되며, 후미등의 3배 이상의 광도를 가지고 있다(브레이크등의 한 등당 광도는 40~420cd일 것).
- 브레이크등과 후미등은 각각 병렬로 접속되어 있다.

40 배기량 3,000cc의 디젤기관 회전저항이 10kgf·m일 때 이 기관을 가동시키기 위한 기동 전동기의 최소 회전력은?(단, 링기어 잇수 : 120, 기동 전동기 피니언기어 잇수 : 8)

① 0.67kgf·m ② 6.7kgf·m
③ 15kgf·m ④ 1,507kgf·m

해설
$$회전력 = \frac{회전저항(R) \times 피니언기어\ 잇수}{링기어\ 잇수}$$
$$= \frac{10 \times 8}{120} = 0.67 kgf \cdot m$$

41 기동전동기의 고장 유무 또는 정비 및 상태를 확인하기 위하여 쉽게 하는 시험으로, 기준전압을 가했을 때 소모전류와 회전수를 점검하는 성능시험은?

① 무부하시험   ② 중부하시험
③ 회전력 시험   ④ 저항시험

해설
기동전동기의 성능 시험항목
• 무부하시험 : 무부하 상태에서 시동 전동기의 전류와 회전속도를 측정하는 시험이다.
• 회전력 시험 : 부하 상태에서 시동 전동기의 전류와 회전력을 측정하는 시험이다.
• 저항시험 : 시동 전동기를 고정시킨 상태에서 전류를 측정하는 시험이다.

42 교류발전기의 스테이터 코일에서 발생한 교류를 직류로 정류하는 부품은?

① 브러시   ② 다이오드
③ 스테이터   ④ 컷아웃 릴레이

해설
교류를 직류로 정류하는 데 실리콘 다이오드를 사용한다.

43 축전지 셀의 극판 수를 증가시키면?

① 용량이 감소한다.
② 저항이 증가한다.
③ 이용전류가 증가한다.
④ 허용전압이 증가한다.

해설
축전지 셀의 극판 수가 증가하면 용량이 증가하여 이용전류가 증가한다.

44 디젤기관의 타이머의 역할로 옳은 것은?

① 기관의 연료를 조절한다.
② 분사시기를 조절한다.
③ 펌프작용과 연료 조절을 한다.
④ 기관의 조속기 작용을 조절한다.

해설
연료 분사 펌프에는 연료 분사량과 분사시기를 조정하는 조속기와 조절기(타이머)가 붙어 있다.

45 도로 주행 건설기계의 2등식 전조등에서 좌·우측 회로의 구성 방식은?

① 병렬 회로   ② 직렬 회로
③ 직병렬 회로   ④ 단식 회로

해설
양쪽의 전조등은 하이 빔과 로 빔이 각각 병렬로 접속되어 있다.

46 건설기계에 사용되는 에어컨의 부품 중 고압의 액체 냉매를 저압으로 감압시키는 것은?

① 증발기   ② 압축기
③ 응축기   ④ 팽창 밸브

해설
에어컨 시스템의 순환과정 : 압축기 - 응축기 - 건조기 - 팽창 밸브 - 증발기
• 압축기 : 증발기에서 열을 흡수하여 기화된 냉매를 고온·고압의 가스로 변환시켜 응축기로 보낸다.
• 응축기 : 고압의 기체 냉매를 냉각시켜 액화시킨다.
• 건조기 : 냉매 회로에 유입된 이물질이나 수분을 걸러주고, 열 부하에 따라 증발기로 보내는 냉매의 양이 정해지고 남은 냉매는 건조기에 저장시킨다.
• 팽창 밸브 : 증발기에 공급되는 액체 냉매의 양을 자동적으로 조정한다.
• 증발기 : 고압의 냉매가 증발하여 온도가 급강하한다.

47 연강용 피복아크용접봉의 종류, 피복제, 용접자세를 바르게 연결한 것은?

① E4301 – 고산화타이타늄계 – F, V, O, H
② E4303 – 주수소계 – F, V, O, H
③ E4311 – 철분 저수소계 – F, H-Fill
④ E4327 – 철분 산화철계 – F, H-Fill

해설
① E4301 – 일미나이트계 – F, V, O, H
② E4303 – 라임티타니아계 – F, V, O, H
③ E4311 – 고셀룰로스계 – F, V, O, H

48 이산화탄소 아크용접 결합에서 일반적으로 다공성의 원인이 되는 가스로 옳지 않은 것은?

① 질 소 ② 수 소
③ 일산화탄소 ④ 산 소

해설
이산화탄소(CO_2) 가스아크용접에서 일반적으로 다공성의 원인이 되는 가스는 질소, 수소 및 일산화탄소(CO)이다.

49 중량물을 들어 올리거나 내릴 때 손이나 발이 중량물과 지면 등에 끼어 발생하는 재해는?

① 파 열 ② 충 돌
③ 전 도 ④ 협 착

해설
재해 형태별 분류
• 파열 : 용기 또는 장치가 외력에 의해 깨어져 터진 경우
• 충돌 : 사람이나 장비가 정지한 물체에 부딪치는 경우
• 전도 : 사람이나 장비가 넘어지는 경우
• 협착 : 물체의 사이에 끼인 경우
• 추락 : 사람이 높은 곳에서 떨어지거나 계단 등에서 굴러 떨어지는 경우
• 낙하 : 떨어지는 물체에 맞는 경우
• 비래 : 날아온 물체에 맞는 경우
• 붕괴 및 도괴 : 적재물, 비계, 건축물이 무너지는 경우
• 감전 : 전기에 접촉되거나 방전에 의해 충격을 받는 경우
• 폭발 : 압력이 갑자기 증대하거나 개방되어 폭음을 일으키며 폭발하는 경우
• 화재 : 불이 난 경우
• 무리한 동작 : 무거운 물건 들기, 몸을 비틀어 작업하기 등과 같은 경우
• 이상 온도 접촉 : 고온이나 저온에 접촉한 경우
• 유해물 접촉 : 유해물 접촉으로 중독이나 질식된 경우

50 화재 진화작업 시 소화방법으로 옳지 않은 것은?

① 화재가 일어나면 먼저 인명 구조를 해야 한다.
② 전기배선이 있는 곳을 소화할 때는 전기가 흐르는지 먼저 확인해야 한다.
③ 가스밸브를 잠그고 전기 스위치를 끈다.
④ 카바이드 및 유류에는 물을 끼얹는다.

해설
유류 화재와 카바이드, 생석회, 금속나트륨 등과 같이 물과 맹렬하게 반응하는 위험물의 화재에는 절대 물을 사용하면 안 된다.

51 안전·보건표지의 종류별 용도·사용장소·형태 및 색채에서 바탕은 노란색, 기본모형 관련 부호 및 그림은 검은색으로 된 것은?

① 금지표지 ② 경고표지
③ 지시표지 ④ 안내표지

해설
안전보건표지의 종류별 용도, 사용 장소, 형태 및 색채

구 분	바 탕	기본모형	관련 부호 및 그림
금지표지	흰 색	빨간색	검은색
경고표지	노란색	검은색	검은색
지시표지	파란색	–	관련 그림 : 흰색
안내표지	흰 색	–	녹 색
	녹 색	–	흰 색

52 공기공구 사용에 대한 설명 중 옳지 않은 것은?

① 공구 교체 시에는 반드시 밸브를 꽉 잠그고 해야 한다.
② 활동 부분은 항상 윤활유 또는 그리스를 급유한다.
③ 사용 시에는 반드시 보호구를 착용해야 한다.
④ 공기공구를 사용할 때에는 밸브를 빠르게 열고 닫는다.

해설
공기공구 사용 전에는 에어호스 연결 상태 및 에어 누설 여부를 점검한다. 사용할 때에는 반드시 보호구를 착용하고 밸브를 서서히 개폐해야 안전하다.

53 정반 위에서 공작할 강판에 금 긋기, 중심내기 등에 주로 사용되는 공구는?

① 서피스 게이지 ② 틈새 게이지
③ 다이얼 게이지 ④ 높이 게이지

해설
② 틈새 게이지(간극 게이지) : 좁은 틈새를 측정하는 표준계기
③ 다이얼 게이지 : 면의 요철(凹凸)이나 축의 진폭(振幅), 기계 가공에서의 움직인 거리 등 극히 미세한 길이를 측정하는 기구

54 나사의 풀림 방지방법으로 옳지 않은 것은?

① 로크너트를 사용한다.
② 분할 핀을 사용한다.
③ 세트 스크루를 사용한다.
④ 본드를 사용한다.

해설
너트의 풀림 방지법
• 로크너트를 사용한다.
• 분할 핀 또는 작은 나사를 사용한다.
• 세트 스크루를 사용한다.
• 와셔를 사용한다(스프링 와셔, 이붙이 와셔 등).
• 철사로 묶는다.
• 자동 죔 너트를 사용한다.

55 다음 중 건설기계 기관을 취급할 때 주의사항으로 옳지 않은 것은?

① 연료탱크의 연료 보급은 작업 시작 직전이 가장 좋다.
② 혹한 시 냉각수가 동결할 우려가 있으면 부동액을 미리 주입한다.
③ 정기적으로 연료여과기 교환과 연료탱크의 수분을 처리한다.
④ 냉각수는 정기적으로 교환, 세정하며 냉각계통의 물때를 배출한다.

해설
동절기 사용연료는 작업 후 탱크에 가득 채워 사용한다.

51 ② 52 ④ 53 ① 54 ④ 55 ①

56 감전 사고나 전기화상 사고를 미연에 방지하기 위하여 작업자가 미리 갖추어야 할 것은?

① 구명구를 착용한다.
② 구급용구를 비치한다.
③ 신호기를 설치한다.
④ 보호구를 착용한다.

해설
보호구는 재해나 건강장해를 방지하기 위한 목적으로, 작업자가 착용하여 작업하는 기구나 장치이다.

57 건설기계의 차동기어장치 분해정비 시 안전작업방법의 설명으로 옳지 않은 것은?

① 뒤 차축을 빼낸 후 브레이크 뒤판 고정 볼트를 분리한다.
② 차동기어 케이스 커버와 케이스에 맞춤 표시를 한다.
③ 사이드기어를 들어낼 때 심의 위치, 장수, 두께에 주의한다.
④ 분해 부품의 세척 시에는 실(Seal)이 분실되지 않도록 한다.

해설
브레이크 뒤판 고정 볼트를 풀어 뒤판을 분리한 후 뒤 차축을 빼낸다.

58 뒤 차축 양쪽에서 기어 오일이 새어 나오는 원인은?

① 디프렌셜 기어의 마모
② 구동 피니언 기어 베어링의 손상
③ 오일 실의 손상
④ 사이드 기어의 마모

해설
오일 실(Oil Seal)은 합성 고무나 나일론 등으로 만든 패킹의 선단부와 축과의 접촉 부분에 경계 윤활 상태를 유지시켜 이것에 의해 베어링 안의 기름이 누출하는 것을 방지하거나 외부로부터의 이물이 침입하는 것을 방지하는 기계요소이다.

59 굴착기 전부 작업장치인 브레이커 설치로 암반 파쇄작업을 수행하였으나 타격(작동)이 되지 않는 경우의 원인이 아닌 것은?

① 호스 및 파이프의 배관 결함
② 컨트롤 밸브의 결함
③ 축압기의 압력 부족
④ 메인 펌프의 결함

해설
축압기는 유압펌프에서 발생한 유압을 저장하고 맥동을 소멸시키는 장치이다.

60 먼지가 많은 토목공사 현장에서 하루 동안 작업을 마친 장비를 보관하기 전에 점검할 사항으로 옳지 않은 것은?

① 에어클리너 : 엘리먼트 집진 캡을 청소한다.
② 라디에이터 : 코어가 막히지 않도록 압축공기로 청소한다.
③ 전장품 : 단선, 쇼트 및 느슨한 단자 점검과 청소를 한다.
④ 작동유 : 유압탱크, 오일 교환 및 청소한다.

정답 56 ④ 57 ① 58 ③ 59 ③ 60 ④

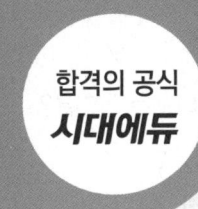

교육이란 사람이 학교에서 배운 것을 잊어버린 후에 남은 것을 말한다.

– 알버트 아인슈타인 –

Win-Q 건설기계정비기능사 필기

개정5판1쇄 발행	2026년 01월 05일 (인쇄 2025년 06월 19일)
초 판 발 행	2021년 01월 05일 (인쇄 2020년 07월 21일)
발 행 인	박영일
책 임 편 집	이해욱
편 저	최광희
편 집 진 행	윤진영 · 천명근
표지디자인	권은경 · 길전홍선
편집디자인	정경일 · 이현진
발 행 처	(주)시대고시기획
출 판 등 록	제10-1521호
주 소	서울시 마포구 큰우물로 75 [도화동 538 성지 B/D] 9F
전 화	1600-3600
팩 스	02-701-8823
홈 페 이 지	www.sdedu.co.kr
I S B N	979-11-383-9482-6(13550)
정 가	26,000원

※ 저자와의 협의에 의해 인지를 생략합니다.
※ 이 책은 저작권법의 보호를 받는 저작물이므로 동영상 제작 및 무단전재와 배포를 금합니다.
※ 잘못된 책은 구입하신 서점에서 바꾸어 드립니다.

기능사 / 기사·산업기사 / 기능장 / 기술사

단기합격을 위한 완전 학습서
Win-Q 윙크시리즈
WIN QUALIFICATION

Win-Q
승강기기능사
필기+실기

Win-Q
전기기능사
필기

Win-Q
피복아크용접기능사
필기

Win-Q
컴퓨터응용선반·밀링기능사
필기

Win-Q
설비보전기능사
필기+실기

Win-Q
자동화설비기능사
필기

Win-Q
전산응용기계제도기능사
필기

Win-Q
화학분석기능사
필기+실기

자격증 취득에 승리할 수 있도록 **Win-Q시리즈**가 완벽하게 준비하였습니다.

Win-Q
위험물기능사
필기

Win-Q
환경기능사
필기+실기

Win-Q
화훼장식기능사
필기

Win-Q
원예기능사
필기+실기

Win-Q
공조냉동기계산업기사
필기

Win-Q
화학분석기사
필기

Win-Q
위험물산업기사
필기

Win-Q
소방설비기사[전기편]
필기

Win-Q
설비보전산업기사
필기+실기

Win-Q
가스산업기사
필기

Win-Q
에너지관리기사
필기

Win-Q
실내건축산업기사
필기

※ 도서의 이미지 및 구성은 변경될 수 있습니다.

기출분석에 집중하여 합격을 현실로!

무조건 단기에 뽀개기

이런 분들에게 추천해요!

| 이론도, 문제 풀이도 막막해서 **책 한 권으로 해결**하고 싶은 분들 | 노베이스에 혼자 공부하기 어려워 **동영상 강의 도움**이 필요하신 분들 | CBT 시험이 처음이라 시험 전 실전처럼 **온라인 모의고사**를 경험해 보고 싶은 분들 |

무단뽀 한권으로 한번에! 초단기 합격전략!
무단뽀가 곧 합격이다!